LANDES-ELEKTRIZITÄTSWERKE

VON

A. SCHÖNBERG UND E. GLUNK

MIT 144 TEXTABBILDUNGEN
4 TAFELN UND 56 LISTEN

MÜNCHEN UND BERLIN 1926
DRUCK UND VERLAG VON R. OLDENBOURG

OSKAR VON MILLER
zum 7. Mai 1925

Vorwort.

Das vorliegende Buch entstand aus dem Wunsche der langjährigen Mitarbeiter Oskar von Millers, ihm zum 70. Geburtstage aus seinem reichen Arbeitsgebiet einige Blätter der Erinnerung zu widmen, indem sie versuchten, Erfahrungen und Erkenntnisse festzuhalten, die, von ihm ausgehend, sich in traditioneller Weise auf die Mitglieder seines Bureaus übertragen hatten und deren Aufzeichnung auch für weitere Kreise einigen Nutzen versprach.

Nur ein Teil der Millerschen Einflußsphäre konnte hierbei Berücksichtigung finden: die Übertragung der Naturkräfte mit Hilfe des elektrischen Stromes und ihre Verteilung über ganze Kreise und Länder.

Bereits im Jahre 1882 hatte Oskar von Miller, damals ein jugendlicher Baupraktikant, als Organisator der ersten deutschen elektrischen Ausstellung im Glaspalast zu München den Ingenieur M. Deprez veranlaßt, seine Theorie der elektrischen Kraftübertragung in die Praxis umzusetzen und eine Übertragung großen Stiles zwischen Miesbach und München auf 57 km Entfernung einzurichten. Dieser erste bedeutungsvolle Versuch gelang, wenn auch der wirtschaftliche Erfolg noch sehr gering war, und eine Zerstörung der verwendeten Maschine schon nach kurzer Betriebsdauer eintrat.

Im Anschluß an die Münchener Ausstellung wurde Oskar von Miller durch Emil Rathenau in die Direktion der damaligen Edison-Gesellschaft, der späteren Allgemeinen Elektricitäts-Gesellschaft berufen, und er hat sich dort in einer siebenjährigen Schaffensperiode in der Hauptsache mit dem Ausbau der Berliner Elektrizitätswerke und der sonstigen Städtezentralen befaßt.

Nachdem die gewaltigen Schwierigkeiten der elektrischen Energieverteilung im Gebiete großer Städte überwunden waren und die Berliner Elektrizitätswerke einen gesicherten Bestand erreicht hatten, trat Oskar von Miller aus der Allgemeinen Elektricitäts-Gesellschaft aus, um unabhängig von den Interessen bestimmter Fabriken und dem damals entstandenen Widerstreit der verschiedenen Stromsysteme den geplanten Unternehmungen diejenigen Einrichtungen geben zu können, welche nach Lage der Verhältnisse am zweckmäßigsten erschienen.

Eine der ersten Aufgaben Millers war nunmehr die Leitung der internationalen elektrotechnischen Ausstellung zu Frankfurt a. M., die auf Veranlassung des damaligen Stadtverordneten Leopold Sonnemann im Jahre 1891 stattfand. Die Gelegenheit benutzte von Miller, um die überragende Bedeutung der Kraftübertragung auf weite Entfernung in einem großartig angelegten Versuch den Ingenieuren und Wirtschaftlern der ganzen Welt vor Augen zu führen.

Die technischen Voraussetzungen für einen solchen Versuch waren durch die Erfindung der Transformatoren, durch die Benutzung von Öl als Isolationsmittel usw. gegeben. Gleichwohl war die Willenskraft, die Begeisterungsfähigkeit und der Wagemut eines Oskar von Miller erforderlich, um all die zahllosen Schwierigkeiten zu überwinden, die der Verwirklichung des Problemes sich entgegenstellten, und die ausführenden Firmen, die Allgemeine Elektricitäts-Gesellschaft und die Maschinenfabrik Oerlikon sowie deren Chefkonstrukteure immer von neuem zum Festhalten an dem einmal gefaßten Plan zu bewegen. Das Wagnis ist bekanntlich geglückt. Die Messungen der Prüfungskommission hatten ergeben, daß die in Lauffen erzeugte Kraft von 234 PS bei einer Spannung von 25 000 Volt auf 178 km nach Frankfurt a. M. mit dem hohen Nutzeffekt von mehr als 77% übertragen wurde.

Damit war in einer epochemachenden Weise der Weg eröffnet, um große besonders günstige Naturkräfte auf eine beliebige Entfernung zu übertragen und auf beliebig viele Abnehmer zu verteilen.

An der nunmehr einsetzenden Entwicklung hat sich Oskar von Miller durch den Ausbau einer großen Zahl von Elektrizitätswerken für kleine und große Städte beteiligt. Mustergültige Anlagen dieser Art bilden die Etschwerke für die Versorgung von Bozen-Meran und die Gemeinden des Etschtales, die Übertragung von Wasserkräften der Karpathen nach Hermannstadt, die gemeinsam mit dem Ingenieur Heilmann errichteten Isarwerke bei München usw.

Überblickt man heute die in jener Zeit durch Oskar von Miller erbauten Werke, so muß man staunen über die Großzügigkeit, mit der jedes einzelne derselben angelegt wurde, gleichgültig ob es sich um die Zentralen einfacher Dorfgemeinden wie Holzkirchen oder Dachau, oder um die Kraftwerke großer Industriestädte wie Nürnberg, Ludwigshafen oder Riga handelt. Allen Werken ist gemeinsam die Ausnützung der jeweils neuesten technischen Fortschritte, die klare und zweckmäßige Gliederung, die Übersichtlichkeit und vor allem die Einfachheit; sie erscheinen so selbstverständlich, als ob sie überhaupt nicht anders hätten gebaut werden können.

Wieviel an all diesen Anlagen unter strengster Prüfung der Pläne immer wieder verbessert und vereinfacht wurde, wie unter Ablehnung jeder Komplikation, aber unter Festhaltung größter Wirtschaftlichkeit und größter Betriebssicherheit das Endergebnis herbeigeführt wurde, wissen am besten seine Mitarbeiter, die gerade darin den bedeutenden Ingenieur erkennen.

Nicht alle Bestrebungen für die Ausnutzung der neugewonnenen Erkenntnisse verliefen in den ruhigen und zielsicheren Bahnen Oskar von Millers. Der Wunsch mancher Unternehmer, möglichst viele und möglichst rentable Anlagen zu bauen, kam mitunter in Widerstreit mit den höheren Interessen der Volkswirtschaft. Da und dort wurde der wirtschaftliche Ausbau ganzer Flußstrecken durch Raubbau verdorben, indem aus dem Gesamtgefälle nur eine kleine aber besonders billig auszunutzende Strecke herausgeschnitten wurde. Im Gegensatz hierzu zogen sich für einzelne Großwasserkräfte die Projektierungsarbeiten jahrzehntelang hin, weil sich die Ingenieure über den rationellsten Ausbau nicht zu einigen vermochten.

Mächtige Industriekonzerne suchten sich besonders günstige Wasserkräfte für spezielle Verwendungszwecke zu sichern, ohne daß feststand, ob nach Abgabe der von der Privatwirtschaft begehrten Kräfte noch genügend große und genügend billige Kräfte für die Allgemeinheit zur Verfügung standen. Anderseits suchten einzelne Länder im Übermaß Kräfte für Bahnbetriebe u. dgl. zu reservieren, ohne über den Kraftbedarf und die Kraftdarbietung die nötigen Unterlagen zu besitzen.

In manchen Provinzen wurden auf Grund der technischen Fortschritte leistungsfähige Überlandwerke errichtet, die mit den älteren städtischen Werken in erfolgreichen Wettbewerb traten, wodurch das in diesen Anlagen investierte Kapital vernichtet wurde. Anderseits suchten sich Notverbände großer Städte vor dem Wettbewerb privater Überlandwerke dadurch zu schützen, daß sie für ihre Sonderzwecke und unter Ausschaltung der Überlandwerke die Kräfte des Landes mit Beschlag belegten.

In allen diesen Fällen hat Oskar von Miller als Ingenieur und Volkswirt durch umfangreiche eigene Arbeiten wie auch durch Anregung aufklärend und richtunggebend gewirkt.

Um den Raubbau an Wasserkräften zu verhindern und über den Umfang der überhaupt verfügbaren Leistungen Klarheit zu gewinnen, hat er Methoden für ihre rechnerische Ermittlung und Richtlinien für die Aufstellung eines Generalplanes der Wasserkräfte gegeben. Anderseits hat er die langjährigen Projektierungsarbeiten für die Ausnützung der Walchenseekraft, die den Bau um viele Jahre verzögerten, bei seiner Ernennung zum Staatskommissar unverzüglich abgeschnitten und jeden weiteren Angriff auf das zur Ausführung bestimmte Projekt abgewehrt.

Bei Errichtung der Pfalzwerke hat er gezeigt, wie man ein großes Kreis-Überlandwerk organisieren kann, ohne den vorhandenen städtischen Elektrizitätswerken zu schaden. Umgekehrt hat er in Sachsen dazu beigetragen, daß die dortigen Städte den Plan einer gemeinsamen Selbstversorgung aufgaben und sich den umfassenderen Plänen der sächsischen Regierung auf eine allgemeine Landesversorgung anschlossen. Als ein Muster der Stromversorgung ganzer Länder hat er als seine eigenste Schöpfung das Bayernwerk errichtet und auch in diesem Falle auf weiteste Sicht einfach und kunstlos das große Werk gestaltet.

Die Durchführung des Bayernwerkes als einheitliche Landesversorgung blieb nicht vereinzelt. Immer klarer entwickelten sich nach den gegebenen Beispielen die Grundsätze für die Elektrizitätsversorgung ganzer Kreise und Länder. Das Ingenieurbureau Oskar von Miller hat sich an einer Anzahl dieser Projekte beteiligt und auch seinerseits die Methoden der Projektierung und Organisation, die bei den Pfalzwerken und beim Bayernwerk angewendet wurden, weiter ausgearbeitet.

In dem nachstehenden Buch ist an Hand dieser Erfahrungen geschildert, wie die Elektrizitätsversorgung sich auf Grund der technischen, wirtschaftlichen und rechtlichen Voraussetzungen im Laufe der Jahre folgerichtig entwickelte und wie sie heute unter dem Gesichtspunkt der einheitlichen Versorgung ganzer Länder anzusehen ist. Es werden gezeigt die Methoden der Vorerhebungen über Stromverbrauch und Kraftbeschaffung, die Erwägungen bezüglich Auswahl der Kräfte, Disposition und Berechnung der Leitungsnetze. Es sind die Kostenberechnungen erläutert, welche nötig sind, um die richtigen technischen Dispositionen zu finden, und es sind mit freundlicher Unterstützung der beteiligten Firmen eine Reihe von Kostenangaben gemacht, die für generelle Vergleichsrechnungen erwünscht sein könnten. Die grundsätzlichen Erwägungen für die Organisation der Landeswerke sind angegeben und durch einige Vertragsbeispiele erläutert.

Bei Heranziehung der Beispiele sind vorwiegend die im eigenen Wirkungskreis entstandenen Werke berücksichtigt, weil bei diesen die Beweggründe, die zu bestimmten Maßnahmen führten, am sichersten bekannt waren und gerade diese für den Leser von Interesse sind. Neben diesen Anlagen sind Landesversorgungen großen Stiles in Sachsen, in Sachsen-Anhalt, in Baden, Württemberg usw. entstanden und noch im Entstehen begriffen und auch diese Ausführungen bieten vorzügliche Beispiele für die Versorgung ganzer Länder mit elektrischem Strom.

Es würde dem Gedankengang Oskar von Millers nicht entsprechen, wenn sich dieses Buch ausschließlich an die Fachwelt wenden würde. Die Darstellung ist deshalb so gewählt, daß sie auch den Nichttechnikern, den mit Errichtung und Verwaltung von Landeswerken befaßten Beamten, den für den Zusammenschluß maßgebenden Leitern großer Gemeinwesen, den Volkswirten und Juristen die für sie wissenswerten Aufschlüsse vermittelt.

Im allgemeinen hatten die Verfasser nicht die Absicht, ein Lehrbuch über die Errichtung von Landeselektrizitätswerken zu schreiben, sie sind zufriedengestellt, wenn es ihnen gelungen ist, einige Erfahrungen aus ihrem seit vielen Jahren besonders gepflegten Arbeitsbereich mitzuteilen und einige Anregungen für weitere Studien auf dem zurzeit so wichtigen Gebiet zu geben.

Verfasser des Buches sind die technischen Leiter des Ingenieurbureaus Oskar von Miller, Mitwirkende sind die Mitglieder des Bureaus; hervorzuheben ist die Tätigkeit der Herren Diplom-Ingenieure Poschenrieder und Müller, die sich an den Arbeiten in dankenswerter Weise beteiligten.

Möge das Buch, das im Sinne einer Ehrung des Meisters und Führers durch alle seine Mitarbeiter und als ein Zeichen treuer Dankbarkeit geschrieben wurde, eine freundliche Aufnahme bei den Lesern finden.

München, 7. Mai 1925.

Die Verfasser.

Inhaltsverzeichnis.

Abschnitt I.

Die Entwicklung der öffentlichen Elektrizitätsversorgung.

Seite

1. Die aufeinanderfolgenden Stufen der öffentlichen Elektrizitätsversorgung 1
2. Abhängigkeit der erreichbaren Stufe der Elektrizitätsversorgung von technischen, wirtschaftlichen und rechtlichen Voraussetzungen 4
3. Bedeutung der Elektrizitätsmonopole 5
4. Entstehung von Überlandwerken in freier Konkurrenz 6
5. Plangemäße Entstehung von Kreiselektrizitätswerken 8
6. Plangemäße Entstehung von Landeselektrizitätswerken 10

Abschnitt II.

Vorerhebungen.

1. Art und Umfang der Vorerhebungen 13
2. Ermittlung des Strombedarfs und der vorhandenen Kraftwerke und Leitungsnetze .. 13
3. Sammlung von Unterlagen für neu auszubauende Großkraftwerke 25
4. Sammlung von Unterlagen für die Projektierung neu zu errichtender Leitungsnetze .. 42
5. Erhebungen über Baustoffe, Preise usw. 42

Abschnitt III.

Feststellung des Strombedarfs.

1. Gliederung des Unterbaues 44
2. Aufgaben der Strombedarfsfeststellung 50
3. Durchführung der Strombedarfsfeststellung 52
4. Bedeutung des Wärmebedarfs 56
5. Herstellung der Konsumpläne 58
6. Bedeutung der Stromkurven 61
7. Schätzung des Strombedarfs auf weite Sicht zwecks Disposition über die Kraftquellen eines Landes 65

Abschnitt IV.

Feststellung der zu verwendenden Kräfte.

1. Erforderliche Gesamtleistung 74
2. Art der zu verwendenden Kräfte 74
3. Charakteristik der Wasserkräfte 75
4. Beurteilung der Speicherwasserkräfte 75
5. Bedeutung der Talsperren 81
6. Gesichtspunkte für die Auswahl von Wärmekräften 82
7. Leistungsverteilung auf verschiedenartige Energiequellen an Hand der Stromdiagramme 83
8. Lage, Zahl und Größe der Einzelkräfte 86
9. Wesen und Anordnung der Kraftreserven 88
10. Zeitliche Einreihung der Kräfte 90

Abschnitt V.

Einzelheiten der Kraftwerke.

A. Wasserkraftanlagen

1. Allgemeine Disposition der Anlagen 92
2. Bauliche Einzelheiten 105

   a) Stauwerke 105
   b) Triebwasserzuführung 114
   c) Vorbecken und Wasserschlösser 120
   d) Rohrleitungen 125

Seite

3. Turbinen und Generatoren 128
  a) Turbinen 128
  b) Generatoren 142
4. Disposition der Krafthäuser 146
5. Hilfseinrichtungen und Zubehör 152
6. Beispiele ausgeführter Anlagen 154
  a) Mittlere Isar 154
  b) Etschwerke 156
  c) Walchenseewerk 156
7. Forschungs-Institut für Wasserbau und Wasserkraft am Walchensee 158

B. Wärmekraftanlagen

I. Dampfkraftanlagen 161
  1. Steinkohlenwerke 161
    a) Bauplatz; Kohlen- und Wasserversorgung 161
    b) Kesselanlage 163
    c) Rohrleitungen 179
    d) Maschinenanlage 180
    e) Transformatoren- und Schaltanlage 189
    f) Bauliche Einrichtungen 189
  2. Braunkohlenwerke 192
  3. Kraftwerke mit Staubkohlenfeuerung 194
  4. Dampfkraftwerke mit öl- und gasförmigen Brennstoffen 198
    a) Öldampfwerke 198
    b) Gasdampfwerke 199

II. Verbrennungs-Kraftanlagen 199
  1. Dieselkraftwerke 200
  2. Gaskraftwerke 203

Abschnitt VI.

Disposition und Berechnung der Leitungsnetze.

1. Disposition der Leitungsnetze 206
  a) Wahl der Spannungen 206
  b) Leitungsführung 209
2. Die Grundeigenschaften der Stromverbraucher, Leitungen und Leitungsbaustoffe . 210
  a) Die Art der Stromverbraucher 211
  b) Die elektrischen Eigenschaften der Leitungen 213
  c) Die Eigenschaften der Leitungsbaustoffe 218
3. Berechnung der Landesnetze 220
  a) Ableitung von Näherungsformeln 221
  b) Vorläufige Bestimmung der Leitungsquerschnitte 225
  c) Untersuchungen über das Verhalten der Netze im Betrieb 228
  d) Beispiel für die Untersuchung des Betriebsverhaltens von Landesnetzen . . . 229
4. Spannungsregelung in Landesnetzen 242

Abschnitt VII.

Einzelheiten der Landesnetze.

A. Leitungsanlagen

1. Maste 245
2. Isolatoren und Armaturen 252
  a) Isolatoren 252
  b) Armaturen 254
3. Mastzubehör 254
4. Höchstspannungskabel 255

Seite

B. Transformator- und Schaltstationen

  1. Disposition der Netzstationen 255

    a) Platzwahl 255

    b) Gliederung der Stationen 257

    c) Größe der Stationen 260

  2. Besondere Gesichtspunkte für Kraftwerkstationen 260

  3. Bauliche Ausgestaltung der Stationen 262

  4. Anordnung der Schaltanlagen 263

  5. Die Transformatoren 266

    a) Mechanischer und elektrischer Aufbau 266

    b) Elektrische Eigenschaften 267

  6. Ausführungsbeispiele 269

C. Hilfseinrichtungen für den Netzbetrieb

  1. Sicherheitseinrichtungen 272

    a) Überspannungsschutz 272

    b) Überstromschutz 273

    c) Erdschlußschutz 275

  2. Einrichtungen zur Befehlübermittlung 277

  3. Meß- und Signaleinrichtungen 278

Abschnitt VIII.
Kostenberechnungen.

A. Anlagekosten

  1. Die Kostenelemente und ihre Bedeutung für die Ermittlung genereller Vergleichskosten . 281

  2. Preisberechnung aus den Grundelementen 285

  3. Kosten von Wasserkraftanlagen 291

  4. Kosten von Wärmekraftanlagen 309

  5. Kosten von Leitungsanlagen und Transformatorstationen . . . 319

  6. Übernahmepreis für bestehende Kraftwerke 328

  7. Gliederung der Anlagekosten 332

  8. Deckung der Anlagekosten 333

B. Betriebskosten

  1. Verzinsung und Tilgung 336

  2. Abschreibungen 337

  3. Unterhaltung und Reparaturen 339

  4. Betriebsstoffe 340

  5. Bedienung und Verwaltung 343

  6. Allgemeine Unkosten 344

  7. Zusammenstellung und Auswertung der Betriebskosten . . . 345

C. Wirtschaftlichkeitsberechnungen und Tarif

  1. Vergleich der Selbstkosten bei Einzelversorgung und bei Gesamtversorgung 350

  2. Verteilung des Nutzens der Gesamtversorgung auf die beteiligten Wirtschaftseinheiten . 359

  3. Wirtschaftsklauseln 367

Abschnitt IX.
Organisation.

  1. Grad der Zusammenfassung 372

  2. Unternehmerform 373

  3. Sicherung der Organisation durch Verträge 374

  4. Gesellschaftsvertrag 374

  5. Konzessionsvertrag für ein Landeselektrizitätswerk 380

  6. Konzessionsvertrag für ein Kreiselektrizitätswerk 388

Schlußbemerkung 392

Abschnitt I.

Die Entwicklung der öffentlichen Elektrizitäts- versorgung.

1. Die aufeinander folgenden Stufen der öffentlichen Elektrizitätsversorgung.

Als öffentliche Elektrizitätsversorgung bezeichnen wir jede Elektrizitäts- versorgung, welche für die Verlegung von Leitungen zur Stromverteilung öffentliche Verkehrswege in Anspruch nimmt.

Bei dem gegenwärtigen Stand der technischen und wirtschaftlichen Entwicklung unterscheiden wir grundsätzlich vier Stufen der öffentlichen Elektrizitätsversorgung, und zwar: die Ortswerke, die Kreiswerke, die Landeswerke, welche den Gegenstand dieses Werkes bilden, und die Reichswerke.

Die erste und unterste Stufe, die Ortswerke, besorgen die Kleinverteilung der Elektrizität im Gebiet einer Gemeinde. Für den Begriff der Ortswerke genügt das Vorhandensein selbständig betriebener Leitungsnetze, deren Verteilungsspannungen bei dem derzeitigen Stand der Technik 100 bzw. 200 oder 400 Volt betragen. Dazu kommt in ausgedehnteren Städten ein sog. Hochspannungsnetz von 3000 bis 6000 Volt, in Großstädten wohl auch bis 20000 oder 30000 Volt Spannung. Für den Begriff der Ortswerke ist es ohne Belang, ob für die Speisung der Leitungsnetze eigene Kraft- werke vorhanden sind, oder ob der erforderliche Strom von dem Kraftwerk eines anderen Betriebes, z. B. einer Fabrikanlage, einer benachbarten Stadt u. dgl. be- zogen wird.

Nicht alle Stromverbraucher eines Gemeindegebietes beziehen die elektrische Energie aus dem zugehörigen Ortswerk. Es gibt einzelne Fabriken u. dgl., die ihren Strom in „Eigenanlagen" selbst erzeugen, und es bestehen nicht selten im Arbeits- bereich eines Ortswerkes sog. „Blockstationen", das sind Stromerzeugungsanlagen, die ohne Benutzung öffentlicher Wege mehrere benachbarte Betriebe, z. B. innerhalb eines Häuserblockes, daher der Name, mit Strom versorgen.

Die zweite Stufe der öffentlichen Elektrizitätsversorgung bilden die Kreis- werke. Als Kreiswerke bezeichnen wir Überlandwerke mit entsprechend abgerundeten Versorgungsgebieten im Umfange einer Provinz oder eines Kreises, welche mittels selbständig betriebener Leitungsnetze mit Spannungen von etwa 20000 bis 40000 Volt, die verschiedenen Ortswerke ihres Gebietes mit Strom versorgen, soweit diese Orts- werke keine eigenen Kraftzentralen von genügender Wirtschaftlichkeit besitzen, oder als Ergänzung zu einem wirtschaftlichen Kraftwerk, z. B. einer voll ausgenutzten Wasser- kraft, Zusatzstrom benötigen.

Die Kreiswerke sind Großverteiler der Elektrizität. Die Abnehmer der Kreis- werke bestehen aus den Ortswerken. Die Ortswerke verteilen ihrerseits die von den Kreiswerken bezogene, sowie die selbst erzeugte elektrische Energie mittels ihrer selbstverwalteten Leitungsnetze an die Elektrizitätsverbraucher ihrer Gemeindegebiete. Die Kreiswerke verhalten sich zu den Ortswerken ihres Gebietes, wie sich die Ortswerke zu ihren Abnehmern verhalten. Ortswerke mit eigenen Stromerzeugungsanlagen im Gebiete eines Kreiswerkes entsprechen den „Eigenanlagen" im Gebiete eines Ortswerkes. Kleine Überlandwerke, eingestreut in das Gebiet eines Kreiswerkes, entsprechen, wirtschaftlich gesehen, den Blockstationen im Gebiete eines Ortswerkes.

Die vorbeschriebene reinste Form der Kreiswerke kommt in der Praxis nur selten vor.

Eine Durchbrechung des Prinzips erfolgt, wenn einzelne Bauerngüter, Fabriken u. dgl. in größerer Entfernung von einem dichtbesiedelten Gemeindegebiet liegen und deshalb von dem zugehörigen Ortsnetz mit seiner verhältnismäßig niedrigen Spannung nur unter Aufwendung starker Leitungsquerschnitte und entsprechend hoher Zuleitungskosten beliefert werden können, während die Leitungen des Kreiswerkes, die mit wesentlich höherer Spannung betrieben werden, diese zerstreut liegenden Abnehmer mit mäßigen Leitungsquerschnitten und entsprechend niedrigen Anlagekosten erreichen, wodurch die direkte Belieferung dieser Außenlieger wirtschaftlicher als über das Ortswerk erfolgen kann.

Eine weitere Durchbrechung des reinen Kreiswerkprinzipes erfolgt mit Rücksicht auf die Verwaltung der Ortsnetze in kleinen Gemeinden. Diese verfügen häufig nicht über die technischen und kaufmännischen Kräfte, die für den Betrieb der Ortsnetze nötig sind, und es pflegen deshalb die Kreiswerke in den kleineren Gemeinden ihres Gebietes auch die Ortsnetze auf Grund besonderer Verträge, Konzessions- oder Zustimmungsverträge zu errichten und zu betreiben.

In diesen Fällen unterhält das Kreiswerk zwei Geschäfte nebeneinander, vergleichbar mit einem Fabrikanten, der neben dem Großvertrieb seiner Erzeugnisse an Wiederverkäufer auch den Kleinverkauf durch eigene Fabrikniederlagen bewirkt.

Für den Begriff der Kreiswerke genügt das Vorhandensein eines Kreisnetzes. Nicht unbedingt erforderlich ist der Eigenbetrieb der Stromerzeugungsanlagen. Die Kreiswerke können vielmehr ebenso wie die Ortswerke den Strom ganz oder teilweise von fremden Kraftwerken beziehen.

Die dritte Stufe der öffentlichen Elektrizitätsversorgung bilden die Landeswerke, worunter wir grundsätzlich Größtverteiler der Elektrizität verstehen, die mit Leitungsnetzen von etwa 60000 bis 100000 Volt Spannung die verschiedenen Kreiswerke ihres Gebietes mit Strom versorgen, soweit diese nicht über genügend wirtschaftliche Kraftwerke verfügen, oder neben einer wirtschaftlichen Eigenerzeugung Zusatzstrom benötigen.

Auch bei den Landeswerken ist die teilweise oder vollständige Mitnahme der tiefer gelegenen Versorgungsstufen möglich. Es gibt Landeswerke, die nicht nur die Größtverteilung des Stromes an die Kreiswerke ihres Gebietes vornehmen, sondern ihre Tätigkeit auch auf die Aufgaben der Kreiswerke und sogar der Ortswerke erstrecken, indem sie die Weiterverteilung des Stromes mittels besonderer Kreisnetze bzw. auch der Ortsnetze mit übernehmen.

Die Landeswerke pflegen sich auf besonders günstige Kraftquellen eines Landes, Großwasserkräfte, Kohlenbergwerke u. dgl. zu stützen, die sie selbst besitzen und betreiben, mitunter beziehen sie aber auch den Strom ganz oder teilweise aus fremden staatlichen oder privaten Kraftquellen.

Die vierte und oberste Stufe der öffentlichen Elektrizitätsversorgung bilden die Reichswerke. Sie sind grundsätzlich zunächst mit der Beschränkung der Stromlieferung bzw. des Stromausgleiches für die Landeswerke mittels Leitungen von wesentlich mehr als 100000 Volt Spannung zu denken.

Umfassender wird die Aufgabe eines Reichswerkes, wenn es auf Grund gesetzlicher Maßnahmen den Wirkungsbereich der Landeswerke einschließt, während die

Kreiswerke und die Ortswerke als selbständige Versorgungsstufen bestehen bleiben. Eine noch weitergehende Zusammenfassung der öffentlichen Elektrizitätsversorgung würde die Übernahme der Kreiswerke und in letzter Folge der Ortswerke mit den zugehörigen technischen Einrichtungen durch ein einheitlich organisiertes Reichselektrizitätswerk bedingen.

Nachstehendes Schema (Abb. 1) zeigt den geschilderten Aufbau der öffentlichen Elektrizitätsversorgung, besonders in Deutschland.

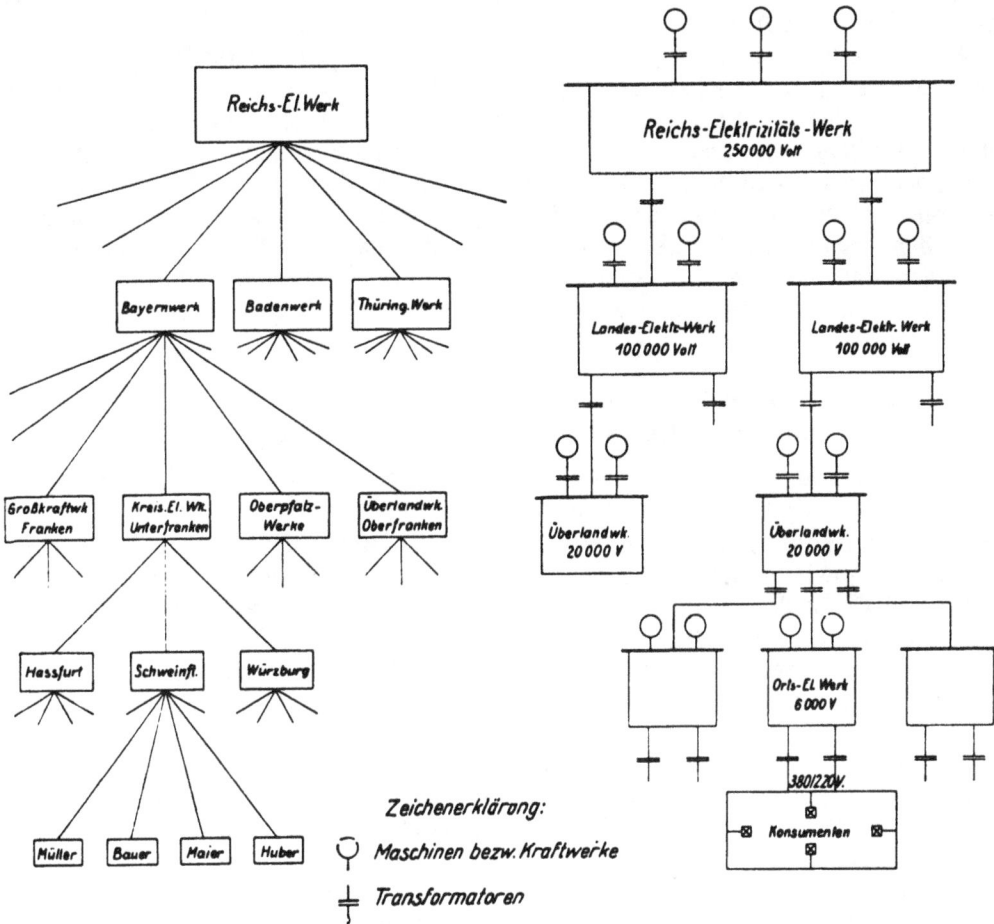

Abb. 1. Aufbau der öffentlichen Elektrizitätsversorgung Deutschlands.

In der untersten Reihe sind die Elektrizitätsverbraucher — Müller, Bauer, Huber usw. — angegeben, welchen der Strom von den in der zweiten Reihe gekennzeichneten Ortselektrizitätswerken zugeführt wird.

In der zweiten Reihe sind die Ortswerke wie Haßfurt, Schweinfurt, Würzburg dargestellt, die den Strom teils selbst erzeugen, teils von den Kreiswerken beziehen.

Die dritte Reihe von unten enthält die Darstellung der Kreiswerke — Kreiselektrizitätswerk Unterfranken, Oberpfalzwerke usw., — die den Strom teils selbst erzeugen, teils von den Landeselektrizitätswerken beziehen.

Die vierte Reihe verzeichnet die Gruppe der Landeswerke — Bayernwerk, Badenwerk, Thüringenwerk, — die den Strom in der Regel den günstigsten Kraftquellen des Landes entnehmen.

1*

Die oberste Reihe deutet die Aufgabe eines Reichselektrizitätswerkes an, das den Stromausgleich zwischen den einzelnen Landeswerken zu bewirken hätte.

Ausgeführte Beispiele für die oberste Versorgungsstufe, die Reichselektrizitätswerke, liegen noch nicht vor, obwohl in verschiedenen Staaten, namentlich auch in Deutschland, generelle Pläne, Organisationsentwürfe und Gesetzesvorlagen hiefür erstellt und eingehend beraten wurden.

Die Ausführungen des vorliegenden Buches beziehen sich auf die Darstellung der Landeselektrizitätsversorgung, als welche wir die Landeselektrizitätswerke einschließlich ihrer Unterstufen ansehen.

Wir verstehen demnach unter einer Landeselektrizitätsversorgung die nach einem einheitlichen Plan durchgeführte Elektrizitätsversorgung eines ganzen Landes, die in der Regel aus den Ortswerken, den Kreiswerken und dem Landeswerk besteht. Der Begriff des Landes deckt sich hierbei im allgemeinen mit dem politischen Begriff, doch ist es nicht ausgeschlossen, daß in den selbständig verwalteten Provinzen oder Kreisen eines großen Landes, z. B. Preußens, mehrere technisch und wirtschaftlich verschieden organisierte Landesversorgungen nebeneinander errichtet werden, und es ist möglich, daß mehrere benachbarte Länder, z. B. in Österreich, mit wirtschaftlich ähnlicher Struktur gemeinsam eine Landesversorgung nach einheitlichem Plane errichten.

2. Abhängigkeit der erreichbaren Stufe der Elektrizitätsversorgung von technischen, wirtschaftlichen und rechtlichen Voraussetzungen.

Die Entwicklung der Elektrizitätsversorgung eines Landes ist abhängig von technischen, wirtschaftlichen und rechtlichen Voraussetzungen.

Die technischen Voraussetzungen beziehen sich auf die Größe der gewinnbaren Kräfte sowie auf die Höhe der mit Sicherheit zu beherrschenden Spannung. Die Art und Größe der gewinnbaren Kräfte ist von Bedeutung, weil die höheren Versorgungsstufen größere Kräfte als die niedrigeren Stufen bedingen. Die Höhe der Spannung bildet einen Faktor im Aufbau der Elektrizitätsversorgung, weil von ihr die Möglichkeit der Stromübertragung und Stromverteilung über ausgedehnte Gebiete abhängt.

Auf Grund der technischen Entwicklung ist es zurzeit fast in jedem Lande möglich, jede beliebige Stufe der Elektrizitätsversorgung zu erreichen, weil sowohl die erreichbare Größe der Kraftwerke als auch die Höhe der betriebsmäßig beherrschbaren Spannungen für die praktisch vorkommenden Fälle wohl immer genügen, aber es sind nicht in jedem Lande die wirtschaftlichen Voraussetzungen gegeben, um eine bestimmte Stufe der Elektrizitätsversorgung mit Erfolg durchzuführen.

Die wirtschaftlichen Voraussetzungen betreffen die Dichte des Konsums, die industrielle Entwicklung sowie die Art und die räumliche Verteilung der verfügbaren Kraftquellen.

Ein Land mit geringer Bevölkerungsdichte, mit sehr weit auseinander liegenden Ortschaften, mit wenig vorgeschrittener Industrie kann auch bei plangerechter Projektierung nur durch einheitlich disponierte Ortswerke versorgt werden, wenn im Verhältnis zur geringen Konsumdichte die Leitungen von Kreiswerken oder gar von Landeswerken so teuer werden, daß deren Betrieb nicht lohnend wird.

Es sind anderseits Fälle denkbar, in welchen trotz dichter Bevölkerung und hochentwickelten Strombedarfes die wirtschaftlichen Voraussetzungen zwar für die Errichtung von Kreiswerken, aber nicht für ein Landeswerk gegeben sind. In England z. B. ist trotz einer vom Staat beabsichtigten weitgehenden Konzentration die Elektrizitätsversorgung zunächst auf der Stufe der Kreiswerke stehengeblieben, weil die Kraftquellen, d. s. in diesem Falle die Kohlen, überall so preiswert sind, daß eine Verteilung einiger weniger größter und außergewöhnlich billiger Kräfte durch ein neu hinzukommendes Landesnetz ihnen gegenüber keine weitere Erhöhung der Wirtschaftlichkeit erwarten läßt.

Nur in Ländern, in welchen sehr billige Kräfte an bestimmten Stellen ausnutzbar, an anderen aber nicht erhältlich sind, in welchen der Konsum genügend dicht ist, um die Übertragungskosten für diese Kräfte zu rechtfertigen, wohl auch ein Ausgleich verschiedenartiger Kraftquellen — z. B. Wasser und Wärme — möglich und zweckmäßig ist, läßt sich neben den Orts- und Kreiswerken auch die dritte Stufe der Elektrizitätsversorgung, das Landeswerk, mit Erfolg durchführen. Für welche Stufe die wirtschaftlichen Grundlagen gegeben sind, muß von Fall zu Fall durch die Projektierung geprüft werden, wie dies in Abschnitt VIII bei Besprechung der Wirtschaftlichkeitsberechnungen näher erläutert ist.

3. Bedeutung der Elektrizitätsmonopole.

Unter den rechtlichen Voraussetzungen ist neben dem allgemeinen Stand der Gesetzgebung, insbesondere des Bergrechtes, des Wasserrechtes, des Enteignungsrechtes, des Wegerechtes u. dgl. die Möglichkeit der Monopolbildung von großer Bedeutung für die erreichbare Stufe der Elektrizitätsversorgung.

Die öffentliche Elektrizitätsversorgung ist auf den Schutz ihrer Absatzgebiete durch wirksame Monopole, d. h. auf den Ausschluß fremden Wettbewerbs angewiesen, wenn sie ihre Aufgabe, die Bereitstellung ausreichender und billiger Energiemengen in allen Teilen ihres Versorgungsgebietes und für alle Abnehmergruppen in befriedigender Weise erfüllen soll. Für ein Elektrizitätsunternehmen würde es unmöglich sein, die zahlreichen schlechten Strombezieher seines Gebietes zu beliefern, wenn ihm die besten Abnehmer durch ein Konkurrenzunternehmen, welches durch die Versorgung verlustbringender Kunden nicht belastet ist, unter Gewährung billiger Kampfpreise abgenommen werden könnten.

Aber nicht nur für die Elektrizitätswerke, sondern auch für die Abnehmer ist eine durch Monopol gesicherte Elektrizitätsversorgung von großer Bedeutung. In einer Stadt, in welcher ohne Regelung durch ein Monopol verschiedene voneinander unabhängige Elektrizitätswerke das Stromlieferungsgeschäft betreiben, würde die Anwendung verschiedener Stromarten und Spannungen zu vielen Unzuträglichkeiten führen. Um die besten Stadtgebiete, die Geschäftsstraßen, die Fabrikviertel u. dgl. würde ein Konkurrenzkampf unter Zubilligung niedrigster Preise entstehen, während die ungünstigen Außenbezirke gemieden oder nur zu drückenden Bedingungen angeschlossen würden.

Diese für das Gebiet einer Stadt einleuchtenden Nachteile ungenügender Monopole wurden freilich für die oberen Wirtschaftsstufen lange Zeit nicht erkannt, obwohl gerade diese der rechtlichen Grundlage eines einwandfreien Monopols um so mehr bedürfen, je umfassender sie ausgebaut werden sollen.

Für die Elektrizitätsversorgung kommen drei verschiedene Arten der Monopole, die kommunalen, die delegierten und die freien Monopole in Frage.

Bei den kommunalen Monopolen benutzt ein Selbstverwaltungskörper sein Eigentumsrecht auf die öffentlichen Verkehrswege, um die Elektrizität unter Ausschluß fremder Wettbewerber zu verteilen.

Bei den delegierten Monopolen erteilt ein Selbstverwaltungskörper einem bestimmten Unternehmer das Recht der ausschließlichen Benutzung seiner Verkehrswege zur Stromverteilung gegen vertraglich gesicherte Auflagen, Konzessionsbedingungen.

Bei dem freien Monopol sichert sich ein Unternehmer ein Absatzgebiet, ohne mit dem zuständigen Selbstverwaltungskörper einen Vertrag abgeschlossen zu haben.

Am einfachsten liegt die Monopolfrage in der untersten Versorgungsstufe. Die Gemeinden sind in der Regel Eigentümer der Ortswege und sie pflegen ihr Eigentumsrecht zur Errichtung eines kommunalen oder delegierten Monopols fast immer zu benutzen, sobald die Frage der Elektrizitätsversorgung zur Entscheidung gelangt. Die Ortswerke können deshalb in einem genau abgegrenzten Versorgungsgebiet, das gewöhnlich mit der Gemeindegrenze zusammenfällt, über das ausschließliche Recht zur Abgabe von Elektrizität verfügen, soweit hiefür öffentliche Wege in Betracht kommen.

In der zweiten Versorgungsstufe benötigen die Kreiswerke zur Errichtung wirksamer Monopole die Zustimmung verschiedener Selbstverwaltungskörper.

Sie müssen zunächst Verträge mit den Gemeinden haben, an welche sie Strom zum Weiterverkauf liefern, oder innerhalb deren Gebiete sie Elektrizität direkt an die Abnehmer verteilen wollen. Sie müssen außerdem für ihre Kreisleitungen, die den Strom von den Kraftwerken zu den einzelnen Gemeinden führen, die Zustimmung zur ausschließlichen Benutzung der öffentlichen Wege — Bezirksstraßen, Distriktsstraßen, Staatsstraßen — von den zuständigen Verwaltungskörpern besitzen.

Denn, wie bei einem Ortswerk zu fordern ist, daß das gesamte Ortsgebiet von einem Elektrizitätsunternehmen, und zwar auf Grund eines Monopols, versorgt wird, so muß auch bei einem Kreiswerk die restlose Versorgung eines durch Vertrag abgegrenzten Versorgungsgebietes auf Grund eines Monopols als die allein wünschenswerte Lösung bezeichnet werden.

4. Entstehung von Überlandwerken in freier Konkurrenz.

Die Vorläufer der Kreiswerke, die noch heute vielfach bestehenden Überlandwerke, haben derartige Monopole in der Regel nicht, denn die zuständigen Verwaltungsorgane der Kreise, Provinzen oder Länder haben vielfach versäumt, rechtzeitig solche Monopole zu errichten bzw. zu vergeben, und es sind deshalb die meisten Überlandwerke nicht auf Grund eines vorbedachten Planes im Einvernehmen mit den zuständigen Verwaltungsorganen, sondern planlos auf Grund freier Konkurrenz entstanden.

Diese Entwicklung geschah entweder in der Weise, daß Gemeinden mit zweckmäßig disponierten und erweiterungsfähigen Ortswerken allmählich die günstigen Nachbargemeinden durch Einzelverträge anschlossen, oder indem sich für irgendwelche günstige Konsumgebiete Unternehmer fanden, die, gestützt auf eine geeignete Kraftquelle, die Stromversorgung für eine Reihe von Gemeinden ebenfalls auf Grund von Einzelverträgen übernahmen.

In beiden Fällen waren zwar in den durch Vertrag gesicherten Gemeinden wirksame Ortsmonopole geschaffen, es war aber kein Monopol und keine Gewähr für die einheitliche Versorgung aller Gemeinden eines abgerundeten Versorgungsgebietes erzielt.

Es konnte nicht ausbleiben, daß um die günstigen Gemeinden eines Versorgungsgebietes ein Wettbewerb verschiedener Überlandwerke einsetzte, während gleichzeitig die ungünstigen Gemeinden unversorgt blieben oder nur zu wesentlich erschwerten Bedingungen angeschlossen wurden.

Da die Belieferung einiger weniger günstiger Gemeinden für die Wirtschaftlichkeit eines Überlandwerkes von ausschlaggebender Bedeutung werden konnte, haben mitunter geschäftstüchtige Unternehmer sich für ausgedehnte Konsumgebiete ziemlich unangreifbare freie Monopole dadurch geschaffen, daß sie nur mit den wichtigsten Gemeinden des von ihnen gewählten Arbeitsfeldes Verträge abschlossen. Waren auf diese Art die besten Gemeinden in ihrer Hand, so konnte die Konkurrenz ihnen nicht mehr schädlich werden, weil die minder günstigen Gemeinden, auch wenn sie sehr zahlreich waren, für sich allein eine Versorgung durch die erforderlichen ausgedehnten und teuren Leitungsnetze nicht lohnten. Diese freien Monopole, die unter stillschweigender Duldung der zuständigen Verwaltungsbehörden entstanden und die wir als strategische Monopole bezeichnen wollen, haben den großen Nachteil, daß für die Überlandwerksversorgung vielfach die unerfreulichen Zustände geschaffen wurden, wie wir sie an dem Beispiel einer in freier Konkurrenz belieferten Stadt geschildert haben.

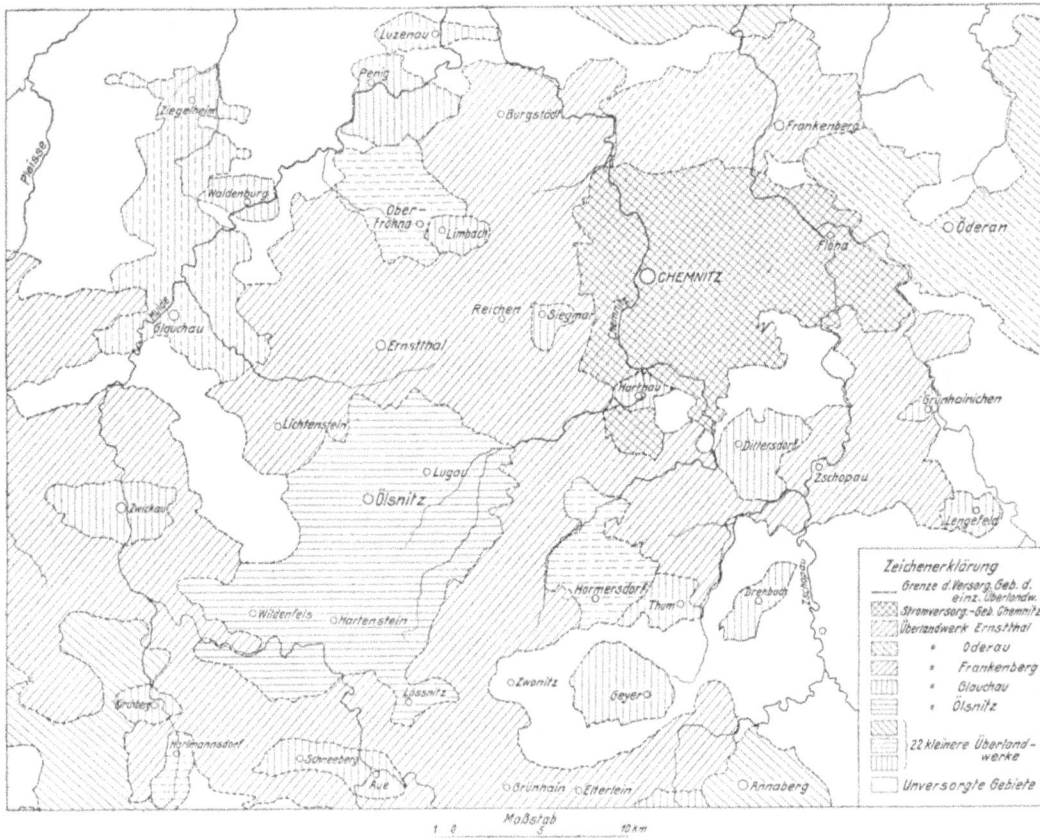

Abb. 2. Beispiel für die Entstehung von Überlandwerken auf Grund freier Konkurrenz in einem Industriegebiet (Sachsen 1913).

Wie sich diese Entwicklung in der zweiten Stufe der Elektrizitätsversorgung in industriell weit vorgeschrittenen Ländern auswirkte, ist aus Abb. 2 ersichtlich, in welcher in einem Ausschnitt die in Sachsen eingetretenen Zustände in dem Zeitpunkt gekennzeichnet sind, als dort die Unhaltbarkeit der Verhältnisse zu einer Klärung drängte, die freilich erst viel später durch eine planmäßige Errichtung der dritten Versorgungsstufe erreichbar war.

Etwas anders wie in den industriell vorgeschrittenen Ländern gestaltete sich die Entwicklung der Überlandwerke auf Grund freier Monopole in Ländern mit zum Teil landwirtschaftlicher Bevölkerung, indem hier einzelne begehrenswerte Landstriche in mehr oder weniger sachgemäßer Weise von Überlandwerken versorgt wurden, während daneben weite Gebiete, die eine rasche Entwicklung des Stromabsatzes nicht erhoffen ließen, unversorgt blieben. Als Beispiel einer solchen Entwicklung ist die Stromversorgung in Bayern in Abb. 3 nach dem Stand im Jahre 1912 gekennzeichnet.

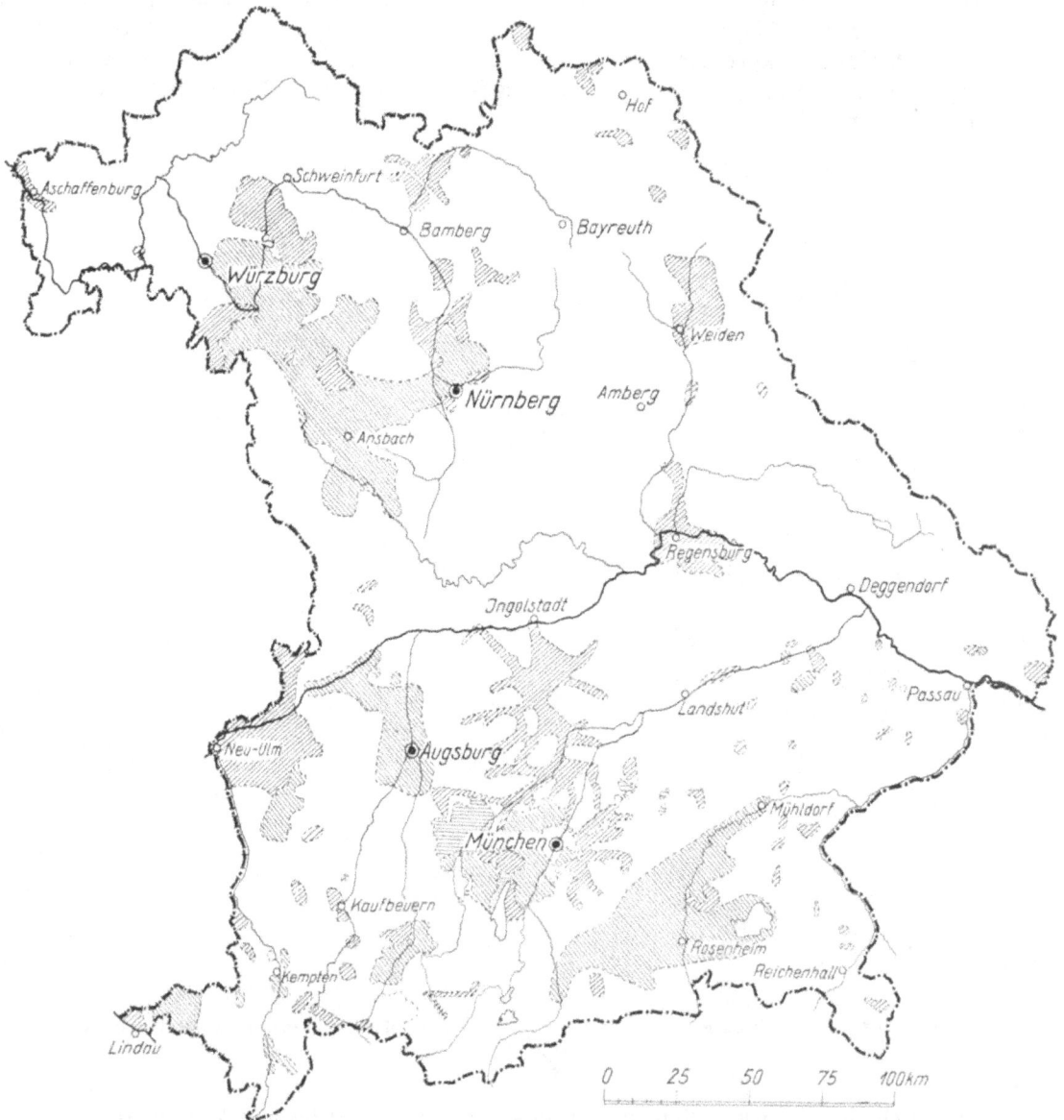

Abb. 3. Beispiel für die Entstehung von Überlandwerken auf Grund freier Konkurrenz in einem Lande mit industriellen und landwirtschaftlichen Gebieten (Bayern 1912).

5. Plangemäße Entstehung von Kreiselektrizitätswerken.

Nur in einzelnen Fällen haben Kreisregierungen und Provinzverwaltungen rechtzeitig Maßnahmen getroffen, um ihr Gesamtgebiet auf Grund geregelter Monopole in großzügiger Weise mit Strom zu versorgen.

Eines der ersten Beispiele dieser Art dürften die von Oskar von Miller organisierten Pfalzwerke bilden, bei welchen der Grundsatz aufgestellt wurde, daß einem unantastbaren Monopol der einzelnen Gemeinden für die Elektrizitätsversorgung innerhalb ihres Gebietes ein ebenso unantastbares — selbstverständlich mit Auflagen verknüpftes — Monopol eines Kreiswerkes auf Errichtung und Betrieb der Kreisleitungen im Gesamtbereich der Provinz entsprechen müsse, wenn eine technisch, wirtschaftlich und organisatorisch einwandfreie Stromversorgung eines abgerundeten Verwaltungsgebietes gesichert werden soll.

Abb. 4. Beispiel für die Bildung von Kreis-Elektrizitätswerken auf Grund kommunaler oder delegierter Monopole (Bayern 1920).

Auch für das rechtsrheinische Bayern wurde nach dem Beispiel der Pfalzwerke zum ersten Male im Jahre 1911 der Vorschlag einer einheitlichen planmäßigen Elektrizitätsversorgung durch Oskar von Miller gemacht.

Zwar scheiterte der Vorschlag damals an dem Widerstand einzelner Konsumgebiete, immerhin gelang es der bayerischen Staatsregierung, den größten Teil des Landes allmählich auf eine Anzahl abgerundeter Versorgungsgebiete aufzuteilen und für jedes derselben ein Kreiswerk mit kommunalem oder delegiertem Monopol, (vgl. Abb. 4) zu errichten[1]).

Der damit beschrittene Weg ist vergleichbar mit dem Vorgehen einzelner Großstädte, welche zu einer Zeit, als das ausgedehnte Stadtgebiet für die Strombelieferung durch ein einheitliches Unternehmen zu groß erschien, eine Aufteilung dieses Gebietes in mehrere Teilgebiete (Sektoren in Paris) vornahm, deren jedes einer gesonderten Gesellschaft zur Stromverteilung überlassen wurde.

Notwendig ist es, die Monopole derartiger Kreiswerke so zu gestalten, daß die Aufteilung des Gesamtgebietes restlos erfolgt, daß die technischen und wirtschaftlichen Dispositionen auf das künftige Landeswerk abgestimmt sind und daß die rechtlichen Bedingungen der Konzessionsverträge die spätere Überordnung des Landeswerkes nicht erschweren.

6. Plangemäße Entstehung von Landeselektrizitätswerken.

Je nachdem in einem Lande die zweite Stufe der Elektrizitätsversorgung noch gar nicht oder in freier Konkurrenz, oder bereits unter der führenden Hand der Landesregierung sich entwickelt hat, kann ein neu zu errichtendes Landeswerk ein mehr oder weniger vollkommenes Monopol für die Größtverteilung des elektrischen Stromes erhalten und dadurch der wesentlichsten Bedingung einer richtig disponierten Landesversorgung entsprechen. Gestützt kann dieses Monopol werden durch ein Vorrecht auf die Ausnutzung der staatlichen Kraftquellen, der Wasserkräfte, Bergwerke u. dgl.

Die vorstehend kurz dargelegten technischen, wirtschaftlichen und rechtlichen Grundlagen für die Durchführung einer Landeselektrizitätsversorgung eingehend zu studieren und richtig zu werten, ist eine der Aufgaben des projektierenden Ingenieurs. Selbstverständlich muß hierbei die Regelung der Unterstufen, d. h. der Ortswerke und Kreiswerke klarliegen, wenn eine Landesversorgung mit Erfolg errichtet werden soll.

Vollständige Freiheit in der Disposition ist nur möglich, wenn in einem Lande zur Zeit der Projektierung eine nennenswerte Stromversorgung überhaupt noch nicht besteht, weil in diesem Falle der geeignetste Unterbau durch richtig disponierte Ortswerke und Kreiswerke ohne weiteres gesichert werden kann. Die Projektierung einer Landeselektrizitätsversorgung in einem noch unversorgten Gebiet erfordert unter allen Umständen zunächst die Projektierung der Kreisnetze und nötigenfalls auch die Disposition der Ortswerke.

Für den Gang der Projektierung ist es hierbei gleichgültig, ob die Kreiswerke und die Ortswerke als selbständige Organisationen errichtet werden, oder ob die Landesversorgung ganz oder teilweise die Aufgaben der Unterstufen mit übernehmen soll.

Unwesentlich ist es auch für die Projektierung, ob die gesamte Organisation in einem Zuge geschaffen werden kann oder ob die natürliche Entwicklung durchlaufen werden muß, indem zuerst nur die Bildung von Kreiswerken unter Beachtung des Endzieles und erst später die Errichtung des Landeswerkes erfolgt.

Liegt eine weitgehende Versorgung eines Landes durch Ortswerke und Überlandwerke bereits vor, so ist diese nur in seltenen Fällen als Unterbau einer Landeselektrizitätsversorgung brauchbar. In diesem Falle müssen gleichzeitig mit der Errichtung der Landesversorgung auch diejenigen Maßnahmen getroffen werden, welche den Unterbau soweit beeinflussen, daß ein einwandfreies Zusammenarbeiten der Landesversorgung mit den an Stelle der Überlandwerke zu bildenden Kreiswerken und dieser mit den Ortswerken möglich wird.

---

[1]) Die in Abb. 4 dargestellte Aufteilung der Versorgungsgebiete weicht von der später erreichten etwas ab, sie zeigt aber klarer als diese das verfolgte Prinzip.

Zusammenfassend soll der wesentliche Unterschied einer in freier Konkurrenz entstandenen Elektrizitätsversorgung gegenüber einem plangemäß errichteten Landeselektrizitätswerk an Hand der nachstehenden Abbildungen 5 und 6 nochmals kurz dargestellt werden.

Abb. 5 zeigt das typische Bild der ungeregelten Entstehung der Überlandwerke. Einige der hierbei vorkommenden Fehler sind besonders gekennzeichnet.

Eine durch Zufall herbeigeführte langgestreckte Gestalt des Überlandwerkes *A* hindert die rationelle Ausnutzung des zugehörigen Kraftwerkes, indem die erzeugten Strommengen in einer Richtung auf unverhältnismäßig weite Entfernungen transportiert werden, während bei richtiger Abgrenzung des Versorgungsgebietes eine zentrale Lage der Kraftstation und dadurch eine wirtschaftlichere Ausnutzung möglich gewesen wäre.

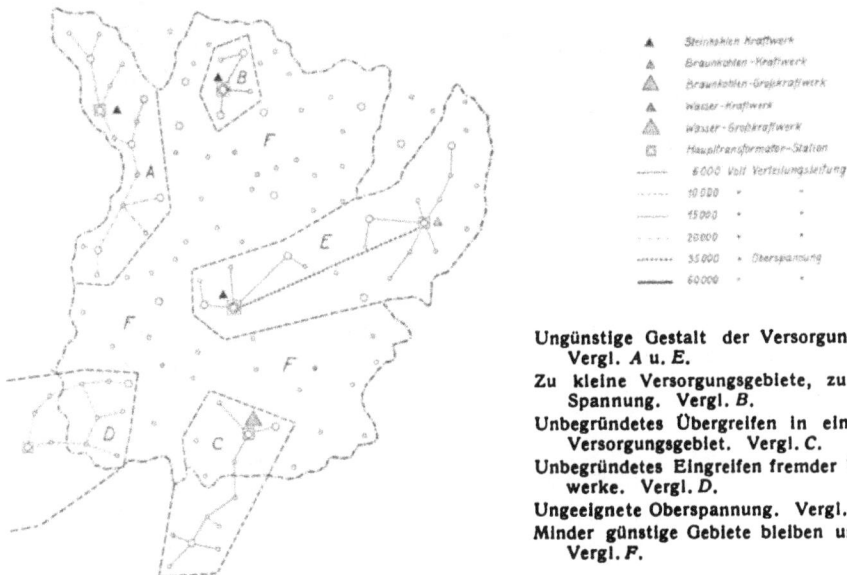

▲	Steinkohlen-Kraftwerk
▲	Braunkohlen-Kraftwerk
⬛	Braunkohlen-Großkraftwerk
▲	Wasser-Kraftwerk
⬛	Wasser-Großkraftwerk
▣	Haupttransformator-Station
——	6000 Volt Verteilungsleitung
——	10000 " "
——	15000 " "
——	20000 " "
——	35000 " Oberspannung
——	60000 " "

Ungünstige Gestalt der Versorgungsgebiete. Vergl. *A* u. *E*.
Zu kleine Versorgungsgebiete, zu niedrige Spannung. Vergl. *B*.
Unbegründetes Übergreifen in ein fremdes Versorgungsgebiet. Vergl. *C*.
Unbegründetes Eingreifen fremder Überlandwerke. Vergl. *D*.
Ungeeignete Oberspannung. Vergl. *E*.
Minder günstige Gebiete bleiben unversorgt. Vergl. *F*.

Abb. 5. Die hauptsächlichsten Fehler bei der Entstehung von Überlandwerken auf Grund zufälliger Entwicklung.

Bei verhältnismäßig richtiger Lage der Kraftwerke wird das Überlandwerk *E* dadurch besonders ungünstig, daß es aus einem geschlossenen Gebiet einen wirtschaftlich günstigen Streifen herausschneidet, wodurch die weiten Flächen *F* nicht mehr versorgt werden können.

Sehr häufig ist, wie unter *B* angedeutet, die Bildung zu kleiner Überlandwerke mit zu niedrigen Spannungen. Nicht selten ist auch die Anordnung zweier Spannungsstufen im Falle *E*, von welchen die Unterspannung zu niedrig für ein richtig disponiertes Kreiswerk und die Oberspannung zu niedrig für das künftige Landeswerk ist.

Eine weitere Folge planloser Entwicklung ist das unbegründete Übergreifen in fremde Versorgungsgebiete *C* sowie das unbegründete Eingreifen fremder Überlandwerke in ein geschlossenes Wirtschaftsgebiet *D*.

Wie sich in dem gleichen Gebiete eine Landesversorgung auf Grund eines einheitlichen Planes aus richtig zu disponierenden Unterstufen zu entwickeln hätte, ist aus dem Gegenbeispiel (Abb. 6) ersichtlich.

Dieses zeigt unter a) zunächst die Abrundung und Aufteilung des Versorgungsgebietes, wobei Abtrennungen und Einbeziehungen gegenüber den Nachbargebieten nicht auf Grund zufälliger Entwicklung, sondern nach technisch wirtschaftlichen Erwägungen erfolgen und wobei die Ansätze zur Bildung von größeren Kreiswerken mit einheitlicher Spannung angedeutet sind.

Unter b) ist der Zeitpunkt dargestellt, in welchem in den einzelnen abgerundeten Bezirken die Kreiswerke voll ausgebaut sind, wobei auf Grund der erteilten Monopole neben den wirtschaftlich guten Gemeinden auch die minder günstigen Orte mit Strom versorgt werden.

a) Abrundung und Aufteilung des Versorgungsgebietes.

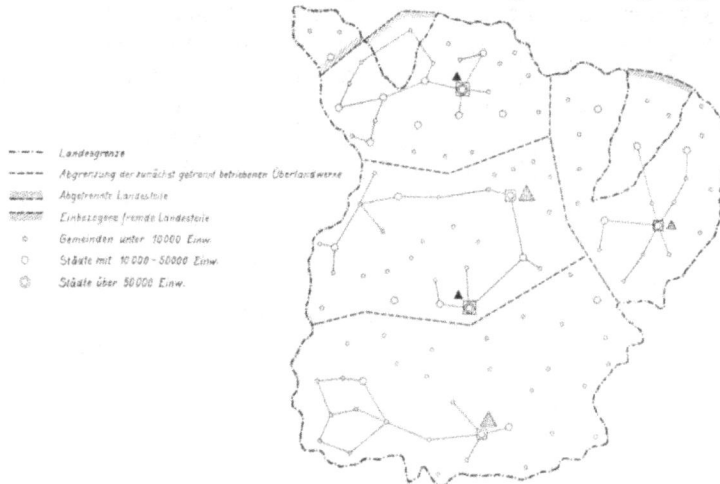

b) Entwicklung zunächst getrennt betriebener Überlandwerke.

c) Technischer und wirtschaftlicher Zusammenschluß zur einheitlichen Elektrizitätsversorgung.

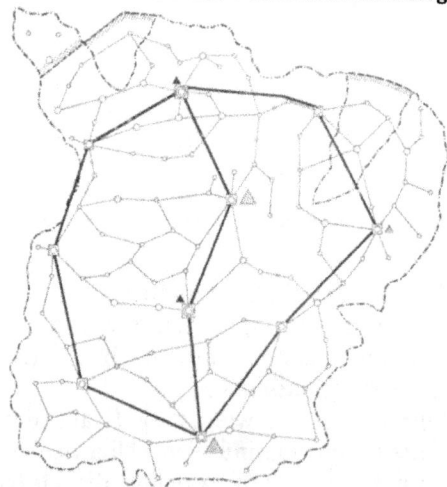

Abb. 6. Allmähliche Entstehung einer Landesversorgung auf Grund eines einheitlichen Planes.

Unter c) ist der Zusammenschluß durch ein Landeswerk gekennzeichnet, wobei die Grenzen zwischen den einzelnen Versorgungsgebieten in der Annahme aufgehoben sind, daß in dem speziellen Falle nicht nur technisch sondern auch wirtschaftlich eine Einheit das Endziel der Organisation bildet.

Sind in einem größeren Staatsgebiet mehrere Landeswerke nebeneinander entstanden und erscheint zur Hebung der Wirtschaftlichkeit die Errichtung eines Reichswerkes als vierte Versorgungsstufe erforderlich, so ist dessen Errichtung, insbesondere seine Monopolstellung, durch Vereinbarung mit den Ländern oder durch eine besondere Reichsgesetzgebung sicherzustellen.

Abschnitt II.

Vorerhebungen.

1. Art und Umfang der Vorerhebungen.

Die Projektierung einer Landeselektrizitätsversorgung bedingt umfangreiche Vorerhebungen, welche umfassen:

die Ermittlung des vorhandenen und künftigen Strombedarfs;

die Feststellung der für die Deckung des Strombedarfs vorhandenen Kräfte und die Sammlung von Unterlagen für die neu auszubauenden Großkraftwerke;

die Erhebung der vorhandenen Stromverteilungsanlagen mit Klarstellung ihrer technischen, wirtschaftlichen und rechtlichen Ausgestaltung und die Sammlung von Unterlagen für die neu auszuführenden Leitungsnetze;

die Feststellung der im Lande erhältlichen Baustoffe und deren Kosten, die Erhebung der örtlichen Löhne für Bauarbeiter, Monteure usw., sowie die Prüfung der Transportverhältnisse, der Frachten, Zölle, Zollerleichterungen u. dgl.;

die Ermittlung gesetzlicher Bestimmungen, betreffend Enteignungsrechte, Straßenbenutzung usw.;

die Ermittlung geeigneter Unternehmer für die Herstellung von Hoch- und Tiefbauten, maschinellen und elektrischen Einrichtungen, Leitungsanlagen usw.

Die angeführten Erhebungen werden, soweit es sich um den Konsum und um die vorhandenen Anlagen handelt, am zweckmäßigsten mit Hilfe von Fragebogen durchgeführt.

Die Art dieser Fragebogen ist verschieden je nachdem in dem zu bearbeitenden Gebiet eine Elektrizitätsversorgung nur in geringem oder bereits in weitgehendem Umfange eingerichtet ist.

Wo eine Elektrizitätsversorgung nur in geringem Umfang vorhanden ist, sind die Fragebogen für die Beantwortung durch die einzelnen Gemeinden und Fabriken einzurichten.

Wo eine weitgehende Elektrizitätsversorgung bereits vorliegt, werden Fragebogen für die Beantwortung durch die bestehenden Elektrizitätsunternehmungen verwendet.

In einem Lande, in welchem eine teilweise Elektrizitätsversorgung besteht, müssen unter Umständen beide Erhebungen nebeneinander durchgeführt werden.

2. Ermittlung des Strombedarfs und der vorhandenen Kraftwerke und Leitungsnetze.

Die wichtigste Unterlage für die Projektierung einer Landeselektrizitätsversorgung bildet die Ermittlung des Strombedarfs nach Leistung und Jahresarbeitsmenge. Diese Ermittlung darf sich nicht auf den vorhandenen bzw. bei der Inbetriebnahme der Landesversorgung zu erwartenden Strombedarf im ersten Ausbau des Werkes beschränken, sondern sie muß auch den künftigen Strombedarf in einem zweiten und gegebenenfalls dritten Ausbau möglichst zutreffend erfassen.

Als Unterlage für die Feststellung des Strombedarfs hat sich bei der Projektierung der Pfalzwerke und des Bayernwerkes die Verwendung der in Liste 1 angegebenen Fragebogen bewährt, die durch Vermittlung der Landesbehörden, Kreisämter u. dgl. den einzelnen Gemeinden und Fabriken zur Ausfüllung zugestellt wurden (s. Liste 1).

Diese Fragebogen erhalten am Kopfe eine Nummer für die spätere Registrierung, sowie den Namen der Gemeinde und des zugehörigen Kreises, Bezirksamtes o. dgl.

In Spalte 1 beziehen sich die gestellten Fragen auf die Zahl der Einwohner und der Haushaltungen, auf das Vorhandensein von Elektrizitätswerken und Gaswerken, bzw. den Anschluß an bestehende Überlandwerke.

In Spalte 2 ist bezüglich der etwa vorhandenen öffentlichen Elektrizitätswerke zu erheben die Zahl der Abnehmer, der angeschlossenen Kilowatt und der jährlich nutzbar abgegebenen Kilowattstunden getrennt für Licht und Kraft. Dabei sind neben dem Gesamtanschluß größere Einzelanschlüsse besonders zu vermerken. Die Zahl der Abnehmer sowie die Angabe der größeren Anlagen bietet dabei gewisse Anhaltspunkte für die Schätzung des künftigen Stromverbrauchs.

In Spalte 3 sind die analogen Fragen bezüglich etwa bestehender Gaswerke zu beantworten.

In Spalte 4 sind die besonders wichtigen Angaben über die Anlagen mit eigener Licht- und Kraftversorgung einzutragen, weil gerade diese durch den späteren Anschluß an die allgemeine Stromversorgung für den vorzusehenden Konsum von ausschlaggebender Bedeutung sein können.

Die Fragen beziehen sich hier auf die Bezeichnung der Verbrauchsstellen, auf die Art der bisher verwendeten Licht- und Krafterzeugung sowie auf die Flammenzahl, bzw. die installierten Pferdestärken und auf die durchschnittliche Betriebsdauer der Kraftmaschinen.

Zur Zeit der Hinausgabe der beschriebenen Fragebogen — 1911 bis 1918 war die Verwendung des elektrischen Stromes für Wärmezwecke — Kochen, Warmwasserbereiten, industrielle Wärmeerzeugung — noch nicht in Erwägung zu ziehen. Gegenwärtig kommt dieser Verwendung eine große Bedeutung zu, und es wären deshalb die Fragebogen entsprechend zu ergänzen, oder es wäre der Wärmebedarf, wie in Abschnitt III näher angegeben, besonders zu schätzen.

In Spalte 5 können Bemerkungen über den besonderen Charakter der Ortschaften und die vermutete industrielle Entwicklung beigefügt werden.

In Spalte 6 ist für den projektierenden Ingenieur der Raum für die Eintragung des von ihm vorzusehenden Konsums in angeschlossenen Kilowatt und in Kilowattstunden für einen ersten und zweiten, gegebenenfalls auch für einen dritten Ausbau freigelassen.

Um eine richtige Ausfüllung der Fragebogen durch die Gemeindevertretungen zu erleichtern, hat es sich als zweckmäßig erwiesen, am Kopf derselben ein oder mehrere Beispiele einzutragen.

Am Schlusse des Fragebogens ist ein Raum für Datum und Unterschrift freigelassen.

Die Erfahrungen, welche mit diesen Fragebogen gemacht wurden, waren im allgemeinen günstig, indem die gestellten Fragen von der Mehrzahl der Gemeinden zutreffend beantwortet wurden.

Fehlerhafte Ausführungen ergaben sich bei kleinen Gemeinden häufiger als bei großen Gemeinden; sie wurden bei der Zusammenstellung unschwer entdeckt und richtiggestellt.

	1	2 Öffentliches Elektrizitätswerk							3 Öffentliche...		
	Name der Gemeinde, Einwohnerzahl, Haushaltungen, Gemeindliches od. priv. Elektrizitätswerk, Anschluß an eine Überlandzentrale, Gemeindliches od. priv. Gaswerk	Bezeichnung der Verbrauchsstellen	Licht			Kraft			Bezeichnung der Verbrauchsstellen	Licht	
			Zahl der Abnehmer	angeschlossene kW	Nutzbar abgegebene kWh im Jahr	Zahl der Abnehmer	angeschlossene kW	Nutzbar abgegebene kWh im Jahr		Zahl der Abnehmer	angeschlossene Gasflammen
Beispiel I	*Landberg* *18000 Einwohner* *4500 Haushaltungen* *Städt. Elektrizitätswerk* *Städt. Gaswerk*	Gesamtanschluß: hierunter größere Anlagen wie: Straßenbeleuchtung Bahnhof Farbenfabrik Günter	*1500*	*480* *20* *40* *5*	*220000* *40000* *120000* *3000*	*400*	*210* *10* *30*	*130000* *10000* *60000*	Gesamtanschluß: hierunter größere Anlagen wie: Straßenbeleuchtung Amtsgericht Städt. Wasserwerk	*800*	*10000* *300* *500*
Beispiel II	*Brunnen* *1500 Einwohner* *280 Haushaltungen* *An Überlandwerk* *Fürstenhof ange-* *schlossen*	Gesamtanschluß: hierunter größere Anlagen wie: Keine	*50*	*20*	*5000*	*50*	*40*	*15000*	Gesamtanschluß: hierunter größere Anlagen wie:	—	—
	Bernau *22000 Einwohner* *5200 Haushaltungen* *Städt. El.-Werk* *Städt. Gaswerk*	Gesamtanschluß: hierunter größere Anlagen wie:	*1900*	*820*	*260000*	*480*	*260*	*180000*	Gesamtanschluß: hierunter größere Anlagen wie: Straßenbeleuchtg. Rathaus Schlachthof Gaswerk	*1000*	*12000* *220* *350*

		4							5	6			
		Anlagen mit eigener Licht- und Kraftversorgung							Bemerkungen (Besonderer Charakter der Orte, der Industrie, des Gewerbes, voraussichtliche industrielle Entwicklung)	In Betracht zu ziehender Konsum einschließlich der Fabriken **unter 100 PS** (nicht auszufüllen)			
raft		Bezeichnung der Verbrauchsstellen	Licht		Kraft		Durchschnittliche Betriebsdauer			I. Ausbau		II. Ausbau	
...ge- ...ssene ...tore PS	Nutzbar abgegebene cbm im Jahr		Art der Beleuchtung	Zahl der Brennstellen	Art der Betriebskraft	PS	Tage im Jahr	Std. pro Tag		angeschloss. kW	kWh	angeschloss. kW	kWh
40	*150000*	*ca. 2500 Haushaltg.*	*Petroleum*	*8000*	—	—	—	—	*Stadt mit vorwiegend geschlossener Bauweise mit viel Kleingewerbebetrieben. Errichtung einer Schuhfabrik beabsichtigt.*				
		Infanterie-Kaserne	*Petroleum*	*300*	—	—	—	—					
		Warenhaus Manz	*elektrisch*	*200*	*Dieselmotor*	*20*	*290*	*10*					
		Metallwarenfabrik	*Azetylen*	*180*	*Dampfmaschine*	*60*	*300*	*8*					
		Brauerei z. Löwen	*elektrisch*	*150*	*Sauggas*	*30*	*300*	*16*					
30	*90000*	*Sägewerk*	*v. St.E.W.*	—	*Lokomobile*	*70*	*280*	*12*					
		Ban.fabrik	*elektrisch*	*120*	*Dampfmaschine*	*120*	*300*	*10*					
—	—	*ca. 200 Haushaltg.*	*Petroleum*	*600*					*Marktgemeinde mit den Ortschaften Frickenbach, Großthalen und Kreuzhofen und 2 Einöden. Landwirtschaft, vorwiegend Ackerbau. Anlage einer Wasserleitung mit Pumpwerk geplant.*				
		Rathaus	*Azetylen*	*25*									
		Gasthof zum Stern	*Petroleum*	*40*									
		Mühle von Hecht	*elektrisch*	*20*	*Wasserturb.*	*20*	*310*	*20*					
		Hufschmiede			*Wasserrad*	*50*	*300*	*10*					
		Dreschgenossenschaft			*Lokomobile*	*12*	*100*	*10*					
		6 Bauernhöfe			*Pferdegöpel*								
80	*180000*	*ca. 3000 Haushaltg.*	*Petroleum*	*9000*					*Stadt mit geschlossener Bauweise mit vorwiegend Kleinindustrie*	*1200*	*600000*	*1800*	*160000*
		Brauerei Rank	*elektrisch*	*200*	*Dampfmaschine*	*60*	*320*	*20*					
		Sägewerk Auler	„	*110*	*Lokomob.*	*50*	*300*	*10*					
		Vereinsziegelei	„	*60*	*Sauggas*	*70*	*300*	*10*					
12	*20000*	*Metallwarenfabrik*	„	*200*	*Dampfmaschine*	*300*	*300*	*10*					
25	*70000*	*Malzfabrik*	„	*120*	„	*80*	*280*	*12*					
		Warenhaus Kunz	„	*350*	*Dieselmot.*	*30*	*290*	*10*					
		Bahnhofanlagen	*Gasolin*	*280*	—	—	—	—					

Datum .... Unterschrift ....

Da überdies der Elektrizitätsverbrauch der kleinen Gemeinden auf das Gesamtergebnis nur von untergeordneter Bedeutung war, ergaben die Fragebogen sehr brauchbare Unterlagen für die Schätzung des insgesamt vorhandenen Strombedarfs, soweit es sich um den Licht- und Kraftkonsum der Kleinabnehmer, der Haushaltungen, landwirtschaftlichen Betriebe, Kleingewerbetreibenden usw. handelte.

Für größere Fabriken war eine geeignete Unterlage für die Beurteilung des Strombedarfs an Hand der Gemeindeerhebungsbogen nicht zu erwarten. Es sind deshalb für alle Fabriken mit Leistungen von 100 PS und darüber besondere Erhebungsbogen durch Vermittlung der Bezirksämter bzw. der Gemeinden hinausgegeben worden. Das Muster eines solchen Fragebogens für Fabriken ist in Liste 2 angegeben.

Die Fragebogen für Fabriken erhalten am Kopfe die Nummer für die spätere Registrierung, den Fabrikationsort, die Firma und den Fabrikationszweig.

Die gestellten Fragen betreffen:

in Spalte 1 das System, das Alter und die Leistung der vorhandenen Krafterzeugungsanlagen;

in Spalte 2 die Verwendung der Antriebsmaschinen;

in Spalte 3 den etwaigen Verbrauch von Dampf für Heiz- oder Kochzwecke;

in Spalte 4 die Art und den Umfang der Beleuchtung;

in Spalte 5 den Brennstoffverbrauch;

in Spalte 6 die durchschnittliche Betriebsdauer der Anlage;

in Spalte 7 können allgemeine Bemerkungen eingetragen werden;

in Spalte 8 ist der Raum für den vom projektierenden Ingenieur einzutragenden Strombedarf freigelassen.

Die Antworten über das System und das Alter der vorhandenen Krafterzeugungsanlagen gestatten Schlüsse über die Wahrscheinlichkeit und den Zeitpunkt eines späteren Strombezuges, der um so näher rückt, je älter die vorhandenen Eigenanlagen sind und je weniger wirtschaftlich das System der Kessel, Maschinen usw. erscheint.

Die Verwendung der Antriebsmaschinen läßt erkennen, ob bereits elektrischer Betrieb vorhanden ist, oder ob eine Umstellung der gesamten Fabrikanlage noch erfolgen muß. Die betreffenden Antworten geben auch Anhaltspunkte über etwaige Transmissionsverluste, die bei der Strombeschaffung wegfallen.

Die Frage nach der Verwendung des Dampfes für Heiz- oder Kochzwecke soll weitere Anhaltspunkte für die Möglichkeit einer Stromversorgung bieten, da bei Fabriken mit weitgehender Verwendung von Abwärme nur besonders wirtschaftlich arbeitende Elektrizitätswerke auf Anschluß rechnen können.

Die Frage nach dem Brennstoffverbrauch soll über die Wirtschaftlichkeit der eigenen Krafterzeugung Aufschlüsse verschaffen. Es darf nicht erwartet werden, daß die betreffenden Angaben von allen Fabriken gemacht werden und daß sie in allen Fällen die tatsächlichen Verhältnisse mit großer Annäherung darstellen. Der erfahrene Ingenieur wird indessen Unstimmigkeiten gerade an dieser Stelle unschwer bemerken und richtigstellen.

Die Angaben über die durchschnittliche Betriebsdauer der Anlagen dienen zur Ermittlung der in den verschiedenen Ausbauten vorzusehenden Jahresarbeit.

Aus den von den Fabriken eingetragenen Bemerkungen kann die allgemeine Neigung für den Strombezug entnommen werden.

Durch Eintragung verschiedener Beispiele ist auch hier die Ausfüllung der Bogen erleichtert.

Datum und Unterschrift sind am Schlusse der Eintragung anzubringen.

Nr. ....

Fabrikationsort: *Bernau.*   Firma: *Metallwaren-*

1							2	3	4	
Vorhandene Krafterzeugungsanlage								Etwaige Verwendung von Dampf zu Heiz- u. Kochzwecken	Beleuchtung	
Kessel				Antriebsmaschine			Verwendung der Antriebsmaschinen			
System	Aufstellungsjahr	qm Heizfläche	Druck in Atm.	System	Aufstellungsjahr	PS			Art der Beleuchtung	Zahl der Brennstellen
Flammrohrkessel	*1875* *1878*	*80* *80*	*6* *6*	*Liegende Schiebermaschine*	*1875*	*120*	*zum Antrieb einer Transmission*	—	*Azetylen*	*75*
Wasserrohrkessel mit Überhitzer	*1900* *1909*	*150* *150*	*12* *12*	*Dampfturbine*	*1900*	*400*	*Dynamoantrieb und Akkumulatorenladung*	*Frischdampf zum Eindampfen, außerdem Abdampf für Fabrikheizung*	*elektrisch*	*320*
—	—	—	—	*Sauggasmotor*	*1907*	*100*	*Transmissionsantrieb*	—	*Gas*	*60*
Flammrohr-Heizrohr-Kessel	*1902* *1902*	*175* *156*	*12* *12*	*2 liegende Zweifach-Expansionsmaschinen mit Einspritzkondensation*	*1902*	*2×150* *= 300*	*Transmissions- u. Dynamoantrieb*	—	*elektrisch*	*200*

(Seitenbeschriftung links: Beispiele)

Die vorstehend erläuterten Fragebogen wurden bei der Projektierung des Bayernwerks von den Fabriken fast ausnahmslos in sorgfältiger Weise ausgefüllt und bildeten nicht nur eine wertvolle Unterlage für die eigentliche Projektierung, sondern darüber hinaus auch das Material, auf Grund dessen die Betriebsleiter der zuständigen Stromverteiler die Verhandlungen mit den in Betracht kommenden Anschlußwerbern aufnehmen konnten.

Über die Zusammenstellung der von den einzelnen Gemeinden und Fabriken ausgefüllten Fragebogen sind die erforderlichen Angaben in Abschnitt III enthalten.

Die Einzelerhebung des Strombedarfs bei Gemeinden und Fabriken kann unterbleiben, wenn in einem Lande nahezu die ganze Bevölkerung durch Ortswerke und Überlandwerke bereits versorgt ist, weil in diesem Falle die Leiter der betreffenden

Strombedarf der Fabriken.

fabrik A. G.   Fabrikationszweig: *Metallwaren.*

5			6		7	8			
Brennstoffverbrauch			Durchnittl. Betriebs-dauer		Bemerkungen	in Betracht zu ziehender Konsum (nicht ausfüllen)			
Art der Brennstoffe	Kosten der Brennstoffe					I. Ausbau		II. Ausbau	
	pro kg Pf.	im Jahre 19.... bei der neben-stehenden Betriebsdauer Mk.	Tage im Jahre	Std. pro Tag		angeschl. kW	kWh	angeschl. kW	kWh
Oberbayerische Kohle	*1,8*	*9200*	*300*	*10*	*20—30 PS in längstens 2 Jahren erforderlich für eine Holz-schleiferei*				
Ruhrkohle	*2,5*	*55000*	*320*	*20*	*Einkauf zusätzlicher Kraft nicht benötigt, da Ausbau einer Wasserkraft beabsichtigt ist*				
Anthrazit	*4,0*	*5600*	*280*	*8*	*Übergang auf elektrischen Einzelantrieb erwünscht*				
Schlesische Kohle	*2,2*	*16500*	*300*	*10*	*Anschluß mit Übergang auf Gruppen- und Einzelantrieb erwünscht*	*230*	*250000*	*350*	*400000*

Datum:.... .... ..   Unterschrift:....................

Elektrizitätswerke am besten in der Lage sind, nicht nur ihren derzeitigen Konsum, sondern auch den künftig zu erwartenden Stromverbrauch anzugeben. In solchen Fällen ist es zweckmäßig, die Erhebung bezüglich des Strombedarfs mit der Fest-stellung der vorhandenen Kräfte und Stromverteilungsanlagen zu verbinden.

Je nachdem in einem Lande nur wenige Stromerzeugungs- und Verteilungs-anlagen oder sehr viele Einzelwerke zu befragen sind, können die betreffenden Frage-bogen individuell oder allgemein gehalten werden.

Bei der Projektierung der Pfalzwerke und des Bayernwerkes hat sich die indi-viduelle Fragestellung bewährt, wobei eine örtliche Besichtigung der Werke mit persönlicher Rücksprache ein rasches und zuverlässiges Ergebnis lieferte. Ein Beispiel für eine solche Fragestellung ist nachstehend angegeben.

Fragebogen

für ....

1. Höchstleistung am Schaltbrett der Kraftwerke in Kilowatt ausschließlich Eigenverbrauch   im Jahre 1913:
    Vermutete Höchstleistung im Jahre 1918:
    Desgleichen im Jahre 1923:

2. Gefälle und Wassermengen der im Betrieb befindlichen und der für den künftigen Ausbau vorgesehenen Wasserkräfte, und zwar:

	Gefälle	Wassermenge		
		im Minimum an ca. 15 Wintertagen	im Winter durchschnittl. v. 1. Oktober bis 31. März	im Sommer durchschnittl. v. 1. April bis 30. September
	m	cbm/sec	cbm/sec	cbm/sec
Im Betrieb:				
Kraftwerk X				
Kraftwerk Y				
Für den künftigen Ausbau vorgesehen:				
Kraftwerk Z				

3. Liste der in den Wasserkraftanlagen aufgestellten Turbinen mit Angabe des Systems und der Größe.

4. Liste der in den Dampfanlagen aufgestellten Dampfkessel und Maschinen mit Angabe des Systems und der Größe.
    Die Beigabe einfacher Planskizzen zu 3. und 4. ist erwünscht.

5. Kurze Angaben über die Einrichtung zur Stromverteilung:
    Haupttransformatoren — Überlandwerksleitungen — Ortstransformatoren.
    Die Beigabe eines Netzplanes mit einfachem Schaltungsschema ist erwünscht.

6. Anlagekosten der Wasserkräfte mit den unter Ziffer 3. angegebenen Einrichtungen.
    Anlagekosten der Dampfanlagen mit den unter Ziffer 4. angegebenen Einrichtungen.
    Anlagekosten der Stromverteilung mit den unter Ziffer 5. angegebenen Einrichtungen.

7. Jahresarbeit am Schaltbrett der Kraftwerke in Kilowattstunden ausschließlich Eigenverbrauch   im Jahre 1913:
    Vermutete Jahresarbeit im Jahre 1918:
    Desgleichen im Jahre 1923:
    Angabe der hiervon auf die einzelnen Wasserkräfte und Dampfkräfte entfallenden Arbeitsmengen.

8. Art, durchschnittlicher Heizwert und durchschnittlicher Tonnenpreis der verfeuerten Kohle frei Kesselhaus der Kraftwerke im Jahre 1913.

9. Angabe, an welchen Stellen des Konsumgebietes Haupttransformatorstationen der Landeselektrizitätsversorgung erwünscht wären, welche Leistung und welche sekundäre Spannung für dieselben vorgeschlagen wird.

................, den ....

Unterschrift ....

Wie aus vorstehendem Fragebogen ersichtlich, empfiehlt es sich, nur die wichtigsten technischen und wirtschaftlichen Angaben zu erbitten, um einerseits die Ausfüllung der Fragebogen nicht zu verzögern und um anderseits nicht in Geschäftsgeheimnisse einzudringen, deren Preisgabe den befragten Unternehmungen unerwünscht sein könnte.

Als Beispiel einer allgemeinen Fragestellung in bezug auf vorhandene Stromerzeugungs- und Stromverteilungsanlagen in Verbindung mit den erforderlichen Konsumerhebungen ist nachstehend der Fragebogen angegeben, wie er im Einvernehmen mit dem Thüringischen Wirtschaftsministerium bei der Projektierung des Thüringenwerkes Verwendung fand (Listen 3_1 bis 3_4).

Der Fragebogen diente nicht nur für die Erhebungen bei den öffentlichen Elektrizitätswerken, sondern auch für die Erhebungen bei den Fabrikanlagen mit mehr als 100 PS, die vorher durch ein besonderes Rundschreiben seitens der Bezirksämter ermittelt waren.

Eine Vorbemerkung weist darauf hin, welche Energieerzeugungs- und Energieverteilungsanlagen die Fragebogen ausfüllen sollten.

Angesichts der in Thüringen besonders gelagerten Verhältnisse war es wichtig, bei den Energieverteilungsanlagen auch diejenigen aufzunehmen, deren Leitungen über thüringisches Staatsgebiet führen, ohne Strom in Thüringen selbst abzugeben. Es war ferner zu berücksichtigen, daß zahlreiche außerthüringische Kraftwerke Strom nach Thüringen und umgekehrt in Thüringen gelegene Kraftwerke Strom nach außerthüringischen Ländern abgeben.

In der Vorbemerkung ist angegeben, welche Beigaben an Planskizzen, Belastungskurven usw. als erwünscht und welche Beilagen an Karten, Listen usw. als erforderlich angesehen wurden.

Im übrigen enthält die erste Seite des Fragebogens die allgemeinen Angaben über Sitz, Name, Anschrift, Besitzer, Gesellschaftsform usw. sowie eine kurze Beschreibung des Unternehmens mit Raum für Datum und Unterschrift.

Die Angaben über die Besitzverhältnisse und die Gesellschaftsform sind deshalb von Wichtigkeit, weil sie Anhaltspunkte für die etwa nötige oder mögliche Zusammenfassung, Umgestaltung oder Auflösung bestehender Überlandwerke bieten, die unter Umständen als Unterbau für die künftige Landesversorgung nicht geeignet sind.

Die eigentlichen Fragen betreffen auf Seite 2 die Energieerzeugungsanlagen und beziehen sich

A) auf die etwa ausgenutzten Wasserkräfte,
B) „ „ vorhandenen Antriebsmaschinen,
C) „ „ Kessel,
D) „ „ Stromerzeuger,
E) „ „ Haupttransformatoren,
F) „ „ etwa vorhandenen Umformer, Akkumulatoren u. dgl.

Seite 3 des Fragebogens enthält die Fragen, betreffend die Energieverteilung, und zwar:

G) Bezüglich etwa vorhandener Fernleitungen (Speiseleitungen),
H) bezüglich etwa vorhandener Haupttransformatoren zur Umsetzung der Fernspannung auf Verteilungsspannung,
J) bezüglich der eigentlichen Verteilungsleitungen,
K) bezüglich der Ortstransformatoren,
L) bezüglich der angeschlossenen Städte und Gemeinden,
M) bezüglich der Einzelabnehmer.

2*

Liste 3₁.

Vorhandene Energie-Erzeugungs- und Verteilungs-Anlagen
(Thüringenwerk Projekt 1922).

Allgemeine Übersicht.

Unter Energie-Erzeugungsanlagen sind alle Anlagen über 100 Pferdestärken Leistung anzuführen, auch wenn sie die erzeugte Energie nur für eigenen Bedarf (Fabrikzentralen) liefern.

Für reine Fabrikzentralen entfallen die Fragen unter J, K und L

Unter Energieverteilungsanlagen sind alle öffentlichen Elektrizitätswerke und Überlandwerke anzuführen, die in Thüringen Strom abgeben oder deren Leitungen über thüringisches Staatsgebiet führen.

Erwünscht ist die Beigabe von Planskizzen der Kraftwerke, von Belastungskurven sowie von etwa vorhandenen Geschäftsberichten.

Erforderlich ist bei Überlandwerken die Beigabe einer Karte des Stromversorgungsgebietes mit Eintragung:

    a) der Kraftwerke und Haupttransformatorstationen,

    b) der vorhandenen und geplanten Leitungsstrecken mit Kennzeichnung von Material, Spannung und Querschnitt,

    c) aller angeschlossenen bzw. für den Anschluß vorgesehenen Städte und Gemeinden sowie der etwa direkt versorgten Einzelabnehmer mit über 100 kW Leistung.

Name oder Firma des Unternehmers: .... *Überlandwerk Meingast* ....

Anschrift der Verwaltung oder Betriebsleitung: .... *„* ....

Anschrift einer etwaigen Hauptverwaltung: .... *„* ....

Besitzer: .... *Meingaster Elektrizitätswerke A.G.*

Gesellschaftsform (Aktien-Ges., G. m. b. H. und dergl.): .... *Aktiengesellschaft*

bei gemischtwirtschaftlichen Unternehmen Angaben über die Kapitalbeteiligung der öffentlichen

Körperschaften: ....

Kurze Beschreibung: (z. B. Zweck des Unternehmens; Art der eigenen Energie-Erzeugungsanlagen; etwaiger Wärmeverbrauch für besondere Zwecke; Bezug von Fremdstrom; System der Stromverteilung. Bei Überlandwerken kurze Angaben über diejenigen Stromerzeugungs- und Verteilungsanlagen, die außerhalb Thüringens liegen, aber mit dem thüringischen Unternehmen eine wirtschaftliche Einheit bilden, und dergl.

Das Unternehmen versorgt ca. 80 Gemeinden mit elektrischem Strom. Zur Energieerzeugung dienen

zwei Niederdruck-Wasserkraftanlagen in Meingast und Oberbruck und eine neuzeitliche, erweiterungs-

fähige Dampfzentrale in Rotdorf. Fremdstrom wird nicht bezogen. Als Stromversorgungssystem ist Dreh-

strom mit 50 Perioden gewählt. Die Hauptspeiseleitungen werden mit einer Spannung von 25000 Volt

betrieben. In 4 Haupttransformator-Stationen wird der Strom von 25000 Volt auf 10000 Volt herunter-

transformiert und an die einzelnen Gemeinden weiterverteilt. Die Gebrauchsspannung beträgt 380/220 Volt.

Datum der Ausfüllung: .... Unterschrift: ....

Energie-Erzeugungsanlagen.

Bezeichnung des Werkes	A. dem Betrieb von Turbinen dienen folgende Wasserkräfte:					Mögliche	
	Ausgenutzter Flußlauf, Nutzinhalt etwa vorhandener Stauweiher cbm	Durchschnittl. Gefälle m	Wassermenge			Höchstleistung PS	Jahresarbeit PS-St
			Minimum an 14 Tagen cbm/sec	Winter cbm/sec	Sommer cbm/sec		
Meingast	Lauter	4	7	20	12	900	5 600 000
Oberbruck	,,	3	5	14	8	450	2 900 000

	B. Antriebsmaschinen, wie Wasserturbinen, Dampfmaschinen, Dieselmotoren u. dergl.			Leistung	
	Nr.	Stück	System, Bauart, Drehzahl u. dergl.	einzeln PS	im ganz. PS
Meingast	1	3	Francisturbinen mit vertikaler Welle n = 120	300	900
Oberbruck	2	3	,, ,, ,, ,, ,, n = 90	150	450
Rotdorf	3a	2	Dampfturbinen, Fabr. A.E.G. n = 3000	1000	2000
	3b	1	Dampfturbine, ,, ,, n = 3000	2000	2000

	C. Kessel			Heizfläche	
	Nr.	Stück	System, Feuerung, Überhitzer, Dampfdruck, Dampferzeugung pro qm Heizfläche	einzeln qm	im ganz. qm
Rotdorf	4	4	Steilrohrkessel mit Wanderrosten und Überhitzer, für 15 Atm. Betriebsdruck, bis 30 kg/qm Dampferzeugung	250	1000

	D. Stromerzeuger				Leistung	
	Nr.	Stück	angetrieben durch Nr.	Stromart, Spannung, Frequenz	einzeln kW	im ganz. kW
Meingast	5	3	1	Drehstrom, 3000 Volt, 50 ~	200	600
Oberbruck	6	3	2	,, ,, ,, 50 ,,	100	300
Rotdorf	7a	2	3a	Drehstrom, 3000 Volt, 50 ~	1000	2000
	7b	1	3b	,, ,, ,, 50 ,,	2000	2000

	E. Haupttransformatoren:			Leistung	
	Nr.	Stück	Zur Umwandlung des von den Stromerzeugern gelieferten Stromes auf Fernspannung, Stromart, Unterspannung, Oberspannung, Frequenz	einzeln kW	im ganz. kW
Meingast	8	3	Drehstrom 3000/25000 Volt, 50 ~	200	600
Oberbruck	9	3	,, ,, ,, 50 ,,	100	300
Rotdorf	10	2	,, ,, ,, 50 ,,	2000	4000

	F. Umformer, Akkumulatoren			Leistung	
	Nr.	Stück	System, Spannung u. dergl.	einzeln kW	im ganz. kW
	—	—	—	—	—

Liste 3₃.

Energieverteilungsanlagen [hiezu Planbeilage Nr. ....].

G. Fernleitungen zur Übertragung des Stromes von den Kraftquellen zu den Speisepunkten

in Betrieb km	in Bau km	Projekt km	Maste Holz Eisen	Leiter Zahl	qmm	Metall	Spannung Volt
30			Eisen	3	50	Cu	25 000
70			,,	3	25	,,	25 000
7			,,	6	25	,,	25 000

H. Haupttransformatoren zur Umsetzung der Fernspannung, z. B. 30 000 V. auf Verteilungsspannung, z. B. 10 000 V.

Stück	Spannung prim. Volt	sekund. Volt	Leistung einzeln kW	i. ganz. kW
2	25 000	10 000	800	1600
8	25 000	10 000	400	3200

J. Verteilungsleitungen zur Übertragung des Stromes von den Speisepunkten zu den Gemeinden

in Betrieb km	in Bau km	Projekt km	Maste Holz Eisen	Leiter Zahl	qmm	Metall	Spannung Volt
25			Holz	3	35	Cu	10 000
17			,,	3	25	,,	10 000
350	—	30	,,	3	16	,,	10 000

K. Ortstransformatoren, in Gruppen summarisch einzutragen

Stück	prim. Volt	sekund. Volt	einzeln kW	i. ganz. kW
4	10 000	380/220	200	800
10	,,	,,	120	1200
20	,,	,,	80	1600
35	,,	,,	40	1400
25	,,	,,	24	600
50	,,	,,	16	800

L. Angeschlossene Städte und Gemeinden, größere Städte sind einzeln, kleinere Gemeinden nur summarisch einzutragen

Name	Einwohner	Stromart, Spannung, Frequenz	1920/21 abgegebene Höchstleistung kW	Jahresarbeit kWh
Meingast	3524	Drehstrom 380/220 Volt 50 ∼	110	165 000
Oberbruck	2826	,,	100	123 000
Rotdorf	8760	,,	360	744 000
Hamm	7825	,,	320	622 000
Leutau	5324	,,	170	335 000
Umdorf	2657	,,	110	137 000
75 sonstige Gemeinden mit zus.	37 354	,,	1780	1 964 000
Summe:	68 270		2950	4 090 000

M. Einzelabnehmer, soweit sie nicht unter L inbegriffen sind, größere einzeln, kleinere summarisch

Name	1920/21 abgegebene Höchstleistung kW	Jahresarbeit kWh
„Rekord"-Fahrradwerke Leutau	220	620 000
Karl Bayer, Masch.-Fabrik, Hamm	180	440 000
7 sonstige Einzelabnehmer mit zusammen	300	680 000
Summe:	700	1 740 000

Energieerzeugung und Abgabe.

N. Gegenwärtige Energieerzeugung			1920/21	
			Höchst-leistung kW	Jahres-arbeit kWh
Für die Versorgung der unter L und M genannten thüringischen Städte, Gemeinden und Einzelabnehmer waren erforderlich:			3130	7 200 000
An Verbraucher außerhalb Thüringens wurden abgegeben:			—	—
Die gesamte Stromabgabe betrug:			3130	7 200 000
Hievon wurden in eigenen Werken erzeugt:	kW	kWh		
mittelst Wasser von Werk *Meingast*	540	3 500 000		
von Werk *Obertruck*	280	1 050 000		
von Werk	—	— zus.	820	4 550 000
mittelst Dampf von Werk *Rotdorf*	2310	2 650 000		
von Werk	—	—		
von Werk	—	— zus.	2310	2 650 000
mittelst Treiböl von Werk				
von Werk	—	—		
von Werk	—	— zus.		
Insgesamt in eigenen Werken erzeugt			3130	7 200 000
Aus fremden Werken wurden bezogen:	kW	kWh		
Wasserkraft von Werk	—	—		
von Werk	—	—		
Dampfkraft von Werk	—	—		
von Werk	—	— zus.	—	—
Summe aus eigener Erzeugung und Strombezug:			3130	7 200 000

O. Brennstoffverbrauch.

Die in eigenen Dampf- und sonstigen Wärmekraftanlagen erzeugte und vorstehend eingetragene Jahresarbeit erforderte

in Werk *Rotdorf* 3800 Tonnen *Stein*-Kohle von 6500 Cal.

in Werk — ,, — ,, ,, — ,,

in Werk — ,, — ,, ,, — ,,

in Werk — Tonnen — Treiböl von — Cal.

in Werk — ,, — ,, ,, — ,,

in Werk — ,, — ,, ,, — ,,

Schätzung des künftigen Strombedarfs	1926		1932	
	kW	kWh	kW	kWh
Unseren künftigen Strombedarf schätzen wir einschl. der geplanten Erweiterungen auf:	4000	10 000 000	6000	15 000 000

Die Seite 4 des Fragebogens enthält die Fragen über die jetzige und künftige Energieerzeugung und -Abgabe und zwar:

N) Die Energieerzeugung im Zeitpunkt der Fragestellung,
O) den Brennstoffverbrauch als Hauptgrundlage für die Beurteilung der Wirtschaftlichkeit,
P) die Schätzung des künftigen Strombedarfs.

Die Fragebogen wurden, abgesehen von den Fabrikanlagen, von insgesamt etwa 70 öffentlichen Elektrizitätswerken ordnungsgemäß ausgefüllt und mit den erforderlichen Beilagen versehen. Die sehr eingehende Beantwortung wurde erzielt,

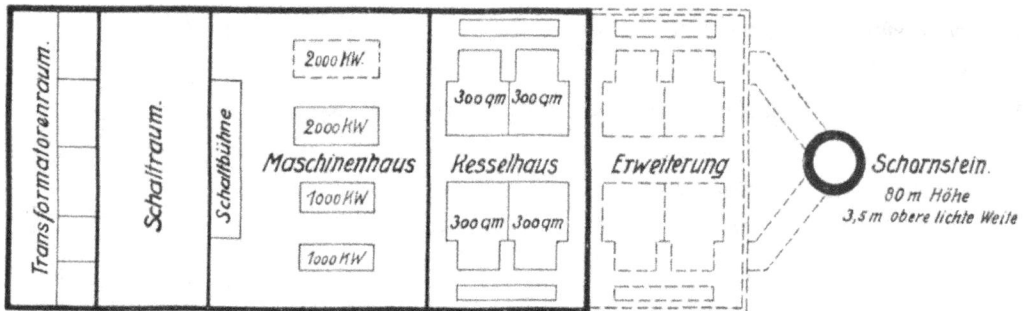

Abb. 7. Beilage zum Fragebogen Liste 3: Schema des Hauptkraftwerkes.

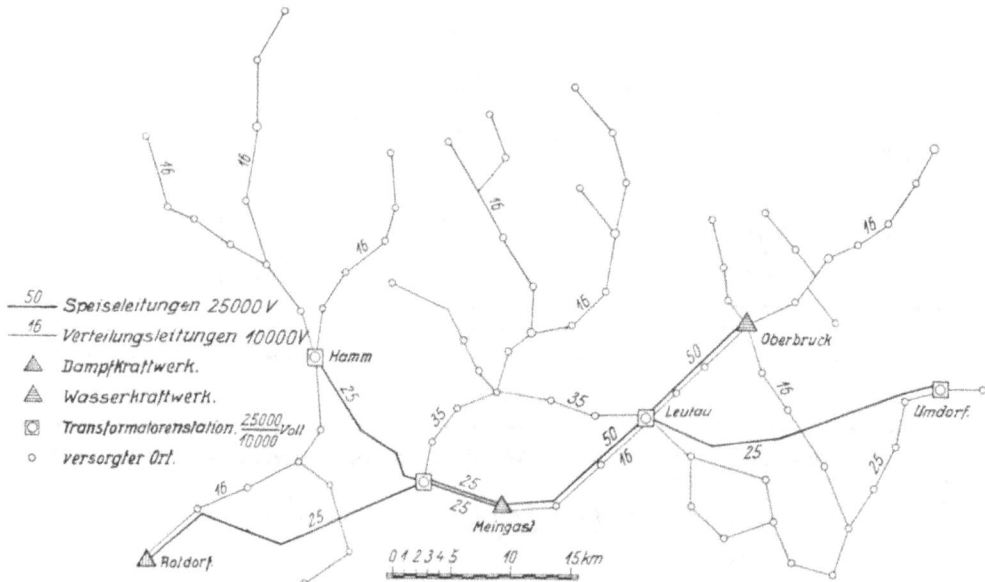

Abb. 8. Beilage zum Fragebogen Liste 3: Übersichtsplan des Leitungsnetzes.

weil das Interesse an einer Regelung der Elektrizitätswirtschaft angesichts der großen Zersplitterung in Thüringen besonders lebhaft war, abgesehen davon bestand für die befragten Werke ein Zwang zur Beantwortung der Fragen auf Grund der thüringischen Gesetzgebung.

Um die richtige Ausfüllung der Fragebogen zu zeigen, ist in Liste 3 eine individuelle Beantwortung eingetragen und es sind in Abb. 7, 8 und 9 auch Beispiele der Kartenskizzen, Stromkurven usw. aufgenommen, wie sie zur Ergänzung dieser Angaben eingeliefert wurden.

Die Vollständigkeit der eingegangenen Fragebogen wurde von den einzelnen Bezirksämtern überprüft, die Vollständigkeit der Beantwortung wurde nötigenfalls durch besondere Rückfragen erreicht, außerdem wurden die sämtlichen größeren Werke besichtigt und bei dieser Gelegenheit etwaige Unstimmigkeiten oder Unklarheiten in der Beantwortung der Fragebogen richtiggestellt.

Über die weitere Behandlung des auf diese Weise erhältlichen Materials ist das Nähere in den Abschnitten III und IV angegeben.

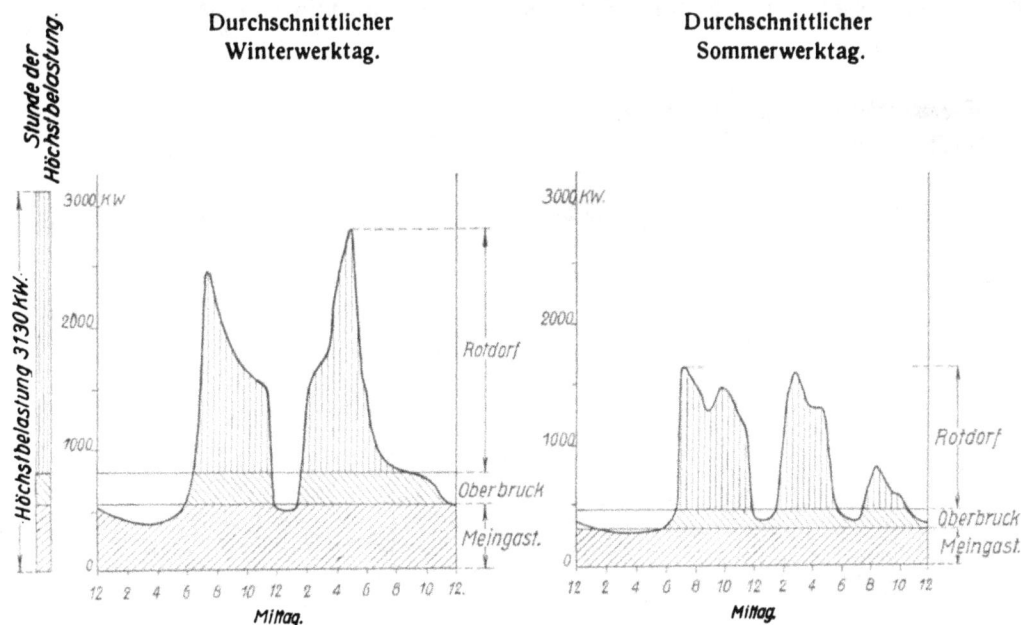

Abb. 9. Beilage zum Fragebogen Liste 3: Stromverbrauchskurven.

3. Sammlung von Unterlagen für neu auszubauende Großkraftwerke.

Wichtiger als die Ermittlung der vorhandenen Anlagen, die für die Landesversorgung in der Regel nur zu einem Teil Verwendung finden können, sind die Ermittlungen bezüglich neu auszubauender Großkraftwerke und Leitungsanlagen, wobei es sich in erster Linie um die Ausnutzung besonders günstiger Wasserkräfte, um die Errichtung von Kohlenkraftwerken im Anschluß an vorhandene Bergwerke, um die etwa mögliche Ausnutzung von Torflagern, von natürlich vorkommenden Petroleum- oder Erdgasquellen u. dgl. sowie um die zu ihrer Übertragung nötigen Leitungen handelt.

Bezüglich der Wasserkräfte stehen in den meisten europäischen Ländern eingehende staatliche Erhebungen zur Verfügung. Da in Bayern in dieser Hinsicht besonders gründliche Untersuchungen angestellt wurden, sollen an Hand der bayerischen Verhältnisse die Möglichkeiten der statistischen Erfassung und die Nutzanwendung derselben kurz erläutert werden.

Im Jahre 1903, als die staatlichen Behörden sich mit der Wasserkraftausnutzung noch wenig befaßten, hatte Oskar von Miller[1]) zum ersten Male den Versuch zur vollständigen Erfassung der bayerischen Wasserkraftleistungen gemacht, wobei er

[1]) Oskar von Miller, Die Wasserkräfte am Nordabhange der Alpen. Vortrag, gehalten auf der 44. Hauptversammlung des Vereins Deutscher Ingenieure, veröffentlicht in der Festnummer der Zeitschrift des VDI 1903.

von der Möglichkeit des vollständigen Ausbaues ganzer Flußsysteme ausging. Die hiebei angewendete Methode soll nachstehend angegeben werden, weil sie in Ländern, die über ein behördlich gesammeltes Material noch nicht verfügen, einen verhältnismäßig raschen Überblick über die vorhandenen Wasserkräfte gewährt.

Nach dieser Methode wurden, wie aus Abb. 10 ersichtlich, die einzelnen bayerischen Flüsse durch hervortretende Punkte, Mündung von Nebenflüssen, Gefällsänderungen u. dgl., in Strecken von etwa 20 bis 50 km Länge geteilt und für jeden dieser Punkte die Wassermenge in cbm/sec nach den damals allerdings noch spärlichen Messungen des hydrotechnischen Bureaus sowie die Höhenlage in Metern eingetragen.

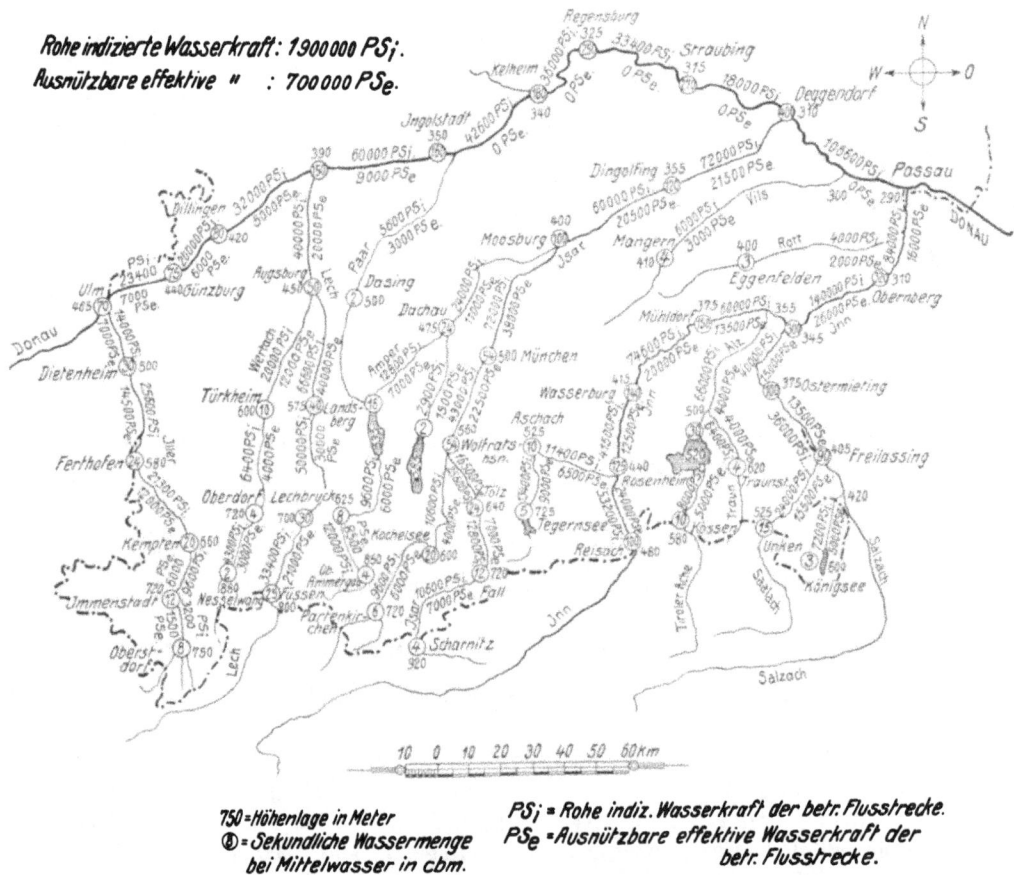

Abb. 10. Ermittlung der Gesamtleistung der bayerischen Wasserkräfte südlich der Donau.
(Osk. v. Miller 1903).

Unter Benutzung dieser Angaben konnten in der Zahlentafel S. 28, in Spalte 1 bis 6, die vorhandenen rohen Wasserkräfte berechnet werden.

Zu diesem Zwecke sind in der Zahlentafel für die einzelnen Flußstrecken 5 Spalten: für den Namen des Flusses, für die Bezeichnung der jeweiligen Flußstrecke, für die aus der Landkarte entnommene Länge derselben, für das Gefälle zwischen Anfangs- und Endpunkt der Strecken und für die sekundliche Wassermenge vorgesehen, während in Spalte 6 auf Grund dieser Daten für die einzelnen Flußstrecken die vorhandenen Rohwasserkräfte nach der Formel

$$R = \frac{\text{cbm/sec} \cdot \text{m} \cdot 1000}{75}$$

in PS eingetragen sind. Das Ergebnis dieser Rechnung ist in die Karte Abb. 10 als rohe Wasserkraft der einzelnen Flußstrecken in Pferdestärken eingezeichnet.

Legt man bei dieser Ermittlung, wie geschehen, für jede Flußstrecke die für den höher gelegenen Anfangspunkt ermittelte Wassermenge zugrunde, so ist die hieraus berechnete Gesamtleistung an rohen Wasserkräften etwas zu niedrig, da sich die Wassermenge durch die einmündenden Nebenflüsse gegen Ende der betreffenden Flußstrecke stetig vermehrt.

Als Wassermenge überhaupt wurde diejenige Wassermenge angenommen, welche mindestens 9 Monate oder 270 Tage im Jahr vorhanden ist.

Bekanntlich werden mit der fortschreitenden Erkenntnis des hohen Wertes der Wasserkräfte jetzt auch noch Wassermengen ausgebaut, die nur 6 oder nur 3 Monate im Jahr zur Verfügung stehen.

Von den rohen Wasserkräften ist nur ein bestimmter Teil wirklich ausnutzbar.

Einen Anhaltspunkt für die Bestimmung der ausnutzbaren Wasserkräfte bietet der Umstand, daß von dem Gesamtgefälle jeder Flußstrecke ein Teil für die Zuleitung des Wassers zum Turbinenhaus und für die Rückleitung zum Flusse verlorengeht oder in dem gestauten Flußbette zur Fortbewegung des Wassers benutzt werden muß, so daß nur der Unterschied aus dem vorhandenen Gefälle und dem in den Kanälen oder gestauten Flußläufen auftretenden Gefällsverlusten für die Gewinnung nutzbarer Wasserkräfte zur Verfügung steht.

Dem damaligen Stand der Technik entsprechend hatte Oskar von Miller das Verhältnis des ausnutzbaren Gefälles zum vorhandenen Gefälle, bzw. der ausnutzbaren Wasserkraft zur rohen Wasserkraft, wie in nachstehender Zahlentafel ersichtlich, angenommen.

Vorhandenes Gefälle auf 1 km	Vorhandenes Gefälle auf 1 km abzüglich des Kanalgefälles von 0,6 m auf 1 km; d. i. ausnutzbares Gefälle auf 1 km	Verhältnis des ausnutzbaren Gefälles zum vorhandenen Gefälle bzw. der ausnutzb. Wasserkraft zur rohen Wasserkraft rund
m	m	%
0,6	0	0
0,65	0,05	7,5
0,7	0,1	15
0,75	0,15	20
0,8	0,2	25
0,85	0,25	30
0,9	0,3	35
1	0,4	40
1,1	0,5	45
1,2	0,6	50
1,35	0,75	55
1,5	0,9	60
1,7	1,1	65
2,0	1,4	70
2,4	1,8	75
3	2,4	80
4	3,4	85
6	5,4	90
12	11,4	95
24	23,4	97,5

Vorhandene und ausnutzbare Wasserkräfte im südlichen Bayern.

Nach Oskar v. Miller 1903.

1	2	3	4	5	6	7	8	9	10
Name des Flusses	Bezeichnung der Flußstrecke	Länge der Strecke	Gefälle zwischen Anfang- und Endpunkt der Strecke	mittlere Wassermenge am Anfangspunkt der Strecke	rohe Wasserkraft der Strecke	durchschnittliches Relativgefälle der Strecke	Verhältnis der ausnutzbaren Wasserkraft zur rohen Wasserkraft	ausnutzbare Wasserkraft	effektive Leistung der ausnutzbaren Wasserkraft
		km	m	cbm/sec	PSi	%/₀	%	PSi	PSe
Donau	von Ulm bis Günzburg	25	25	70	23 400	1,0	40	9 400	7 000
	„ Günzburg bis Dillingen	20	20	75	20 000	1,0	40	8 000	6 000
	„ Dillingen bis zur Lechmündung	40	30	80	32 000	0,75	20	6 400	5 000
	„ der Lechmündung bis Ingolstadt	40	30	150	60 000	0,75	20	12 000	9 000
	„ Ingolstadt bis Kelheim	40	20	160	42 600	0,5	—	—	—
	„ Kelheim bis Regensburg	30	15	180	36 000	0,5	—	—	—
	„ Regensburg bis Straubing	40	10	250	33 400	0,25	—	—	—
	„ Straubing bis zur Isarmündung	35	5	270	18 000	0,15	—	—	—
	„ der Isarmündung bis zur Innmündung	50	20	400	106 600	0,4	—	—	—
		320	175		372 000				27 000
Iller	von Oberstdorf bis Immenstadt	15	30	8	3 200	2,0	70	2 200	1 500
	„ Immenstadt bis Kempten	20	60	12	9 600	3,0	80	7 700	6 000
	„ Kempten bis Ferthofen	30	80	20	21 300	2,7	75	16 000	12 000
	„ Ferthofen bis Dietenheim	30	80	24	25 600	2,7	75	19 200	14 500
	„ Dietenheim bis zur Donau	20	35	30	14 000	1,7	65	9 100	7 000
		115	285		73 700				41 000
Lech	von Füssen bis Lechbruck	25	100	25	33 400	4,0	85	28 400	21 000
	„ Lechbruck bis Landsberg	40	125	30	50 000	3,1	80	40 000	30 000
	„ Landsberg bis zur Wertachmündung	40	125	40	66 600	3,1	80	53 400	40 000
	„ der Wertachmündung bis zur Donau	35	60	50	40 000	1,7	65	26 000	20 000
		140	410		190 000				111 000
Wertach	von Nesselwang bis Oberdorf	20	160	2	4 300	8,0	90	3 800	3 000
	„ Oberdorf bis Türkheim	35	120	4	6 400	3,4	80	5 100	4 000
	„ Türkheim bis zum Lech	40	150	10	20 000	3,7	80	16 000	12 000
		95	430		30 700				19 000
Paar	von Dasing bis zur Donau	55	140	3	5 600	2,5	75	4 200	3 000

Isar	von Scharnitz bis Fall	25	200	4	10 600	8,0	90	9 500	7 000
	„ Fall bis Tölz	30	80	12	12 800	2,7	75	9 600	7 000
	„ Tölz bis Wolfratshausen	20	80	24	25 600	3,6	85	21 700	16 500
	„ Wolfratshausen bis München-Schwabing	30	60	54	43 000	2,0	70	30 100	22 500
	„ München-Schwabing bis Moosburg	45	100	54	72 000	2,2	70	50 400	38 000
	„ Moosburg bis Dingolfing	40	45	100	60 000	1,1	45	27 000	20 500
	„ Dingolfing bis zur Donau	45	45	120	72 000	1,0	40	28 800	21 500
		235	610		296 000				133 000
Loisach	von Partenkirchen bis zum Kochelsee	35	120	6	9 600	3,4	80	7 700	6 000
	vom Kochelsee bis zur Isar	30	40	20	10 600	1,3	55	5 800	4 000
		65	160		20 200				10 000
Amper	von Oberammergau bis Rottenbuch	20	225	4	12 000	11,0	95	11 400	8 500
	„ Rottenbuch bis zum Ammersee	30	90	8	9 600	3,0	80	7 700	6 000
	vom Ammersee bis Dachau	30	60	16	12 800	2,0	70	9 000	7 000
	von Dachau bis zur Isar	50	75	24	24 000	1,5	60	14 400	11 000
		130	450		58 400				32 500
Würm	vom Starnberger See bis zur Amper	30	110	2	2 900	3,7	80	2 300	1 500
Große Vils	von Mangern bis zur Donau	60	110	4	6 000	1,7	65	3 900	3 000
Inn	von Reisach bis Rosenheim	25	40	100	53 200	1,6	60	32 000	24 000
	„ Rosenheim bis Wasserburg	25	25	125	41 500	1,0	40	16 600	12 500
	„ Wasserburg bis Mühldorf	45	40	140	74 600	0,9	35	26 000	20 000
	„ Mühldorf bis zur Salzachmündung	35	30	150	60 000	0,85	30	18 000	13 500
	der Salzachmündung bis Obernberg	40	35	300	140 000	0,8	25	35 000	26 000
	„ Obernberg bis zur Donau	25	20	320	84 000	0,8	25	21 000	16 000
		195	190		453 300				112 000
Mangfall	von Gmund bis Aschach	20	200	5	13 400	10,0	90	12 000	9 000
	„ Aschach bis Rosenheim	30	85	10	11 400	2,8	75	8 600	6 500
		50	285		24 800				15 500
Tiroler Ache bezw. Alz.	von Kössen bis zum Chiemsee	20	60	10	8 000	3,0	80	6 400	5 000
	vom Chiemsee bis zum Inn	50	165	30	66 000	3,3	80	53 000	40 000
		70	225		74 000				45 000
Traun	von Traunstein bis zur Alz	20	120	4	6 400	6,0	90	5 700	4 000
Salzach	von Freilassing bis Ostermieting	25	30	90	36 000	1,2	50	18 000	13 500
	„ Ostermieting bis zum Inn	25	30	100	40 000	1,2	50	20 000	15 000
		50	60		76 000				28 500
Berchtesgad. Ache	vom Königssee bis zur Salzach	20	180	3	7 200	9,0	90	6 500	5 000
Saalach	von Unken bis zur Salzach	30	120	15	24 000	4,0	85	20 400	15 500
Rott	von Eggenfelden bis zum Inn	50	100	3	4 000	2,0	70	2 800	2 000
	Quellflüsse u. kleinere Nebenflüsse sowie zur Abrundung				174 800				91 500
	Summe der Wasserkräfte, gültig für den Stand der Technik 1903.				1 900 000				700 000

Die in vorstehender Zahlentafel angenommenen durchschnittlichen Kanalgefälle von 0,6⁰/₀₀ entsprechen den damals üblichen Erdkanälen mit rauher Wandung und großen Gefällsverlusten.

Würde man die gleiche Rechenmethode gegenwärtig anwenden, so hätte man für die zurzeit fast ausschließlich verwendeten glatten Betonkanäle als Kanalgefälle anstatt 0,6⁰/₀₀ im Durchschnitt nur etwa 0,2⁰/₀₀ einzusetzen, womit das Verhältnis des ausnutzbaren Gefälles zum vorhandenen Gefälle bzw. der ausnutzbaren Wasserkraft zur rohen Wasserkraft, namentlich an den Flachstrecken der Flüsse, wesentlich günstiger wird.

Aus dem Verhältnis der ausnutzbaren zur rohen Wasserkraft sind in Spalte 8 bis 10 der Zahlentafel die ausnutzbaren indizierten Leistungen der einzelnen Flußstrecken, und mit Einführung eines Turbinenwirkungsgrades von durchschnittlich 75% die effektiven Leistungen in PSe berechnet. Die hiebei ermittelte Gesamtleistung der bayerischen Wasserkräfte südlich der Donau beträgt 700000 effektive Pferdestärken. Die gleiche Rechenmethode unter Zugrundelegung der zurzeit verwendeten Betonkanäle würde eine Gesamtleistung von etwa 1200000 effektiven Pferdestärken südlich der Donau ergeben, was mit den genauen Ermittlungen der letzten Jahre gut übereinstimmt.

Diese Ermittlungen wurden in außerordentlich eingehender Weise von der im Jahre 1908 gegründeten „Abteilung für Wasserkraftausnutzung und Elektrizitätsversorgung" der Bayerischen Obersten Baubehörde durchgeführt[1]). Sie gipfeln in dem von Oskar von Miller angeregten Generalplan der Wasserkräfte, welcher folgende Aufgaben lösen sollte:

1. Feststellung der ausgebauten, der im Bau begriffenen und der insgesamt ausnutzbaren Wasserkräfte.
2. Auswahl unter den für bestimmte Flußstrecken vorliegenden Projekten, wenn nötig Aufstellung neuer Gesichtspunkte für die Projektierung der Staueinrichtungen, der Kanäle usw.
3. Aufstellung von Grundsätzen für den Ausbau der noch nicht ausgenutzten Flußstrecken, bezüglich Wassermenge, Gefällseinteilung usw.
4. Ausarbeitung von Vorschlägen über die Ausführung und Verwendung von Speicherbecken.
5. Herstellung von Kostenanschlägen für die verschiedenen Projekte auf einheitlicher Grundlage, um einen zuverlässigen Überblick über die Wirtschaftlichkeit der verschiedenen Varianten zu erhalten.
6. Auswahl der für die allgemeine Landesversorgung, für den Bahnbetrieb und für Industrien zu verwendenden Kräfte.
7. Disposition über die Reihenfolge des Ausbaues.

In Erledigung von Punkt 1 dieser Aufgaben hat die genannte Abteilung unter Leitung von Ministerialrat Holler die Gesamtleistung der bayerischen Wasserkräfte mit immer größerer Genauigkeit festgestellt. Das letzte Ergebnis dieser umfangreichen Arbeiten ist im Übersichtsplan (Abb. 11) angegeben, in welchem die theoretische Kraftleistung bei mittlerer Wassermenge durch Streifen längs der einzelnen Flüsse dar-

[1]) Die Ausnutzung der Wasserkräfte Bayerns im Jahre 1908 und 1909, bearbeitet vom Staatsministerium des Innern, Febr. 1910.
Bericht über den Stand der Wasserkraftausnutzung und Elektrizitätsversorgung in Bayern in den Jahren 1910 und 1911. Bearbeitet vom Staatsministerium des Innern.
Die Wasserkraftwirtschaft in Bayern, herausgegeben vom Staatsministerium des Innern, Oberste Baubehörde, Abteilung für Wasserkraftausnutzung und Elektrizitätsversorgung 1921.

gestellt ist, so zwar, daß die Breite dieser Streifen die Anzahl der Pferdestärken je km Flußlänge, die Gesamtfläche der Streifen die Gesamtzahl der Pferdestärken für die gesamte Flußstrecke darstellt.

Die mittlere Jahresleistung der einzelnen Flüsse ist in Abb. 12 für die Jahre 1901 bis 1918 dargestellt.

Eine interessante graphische Darstellung der Wasserkraftleistung nach Poebing, Wassermengenhöhenplan genannt, ist im Anschluß an die genannten Ermittlungen

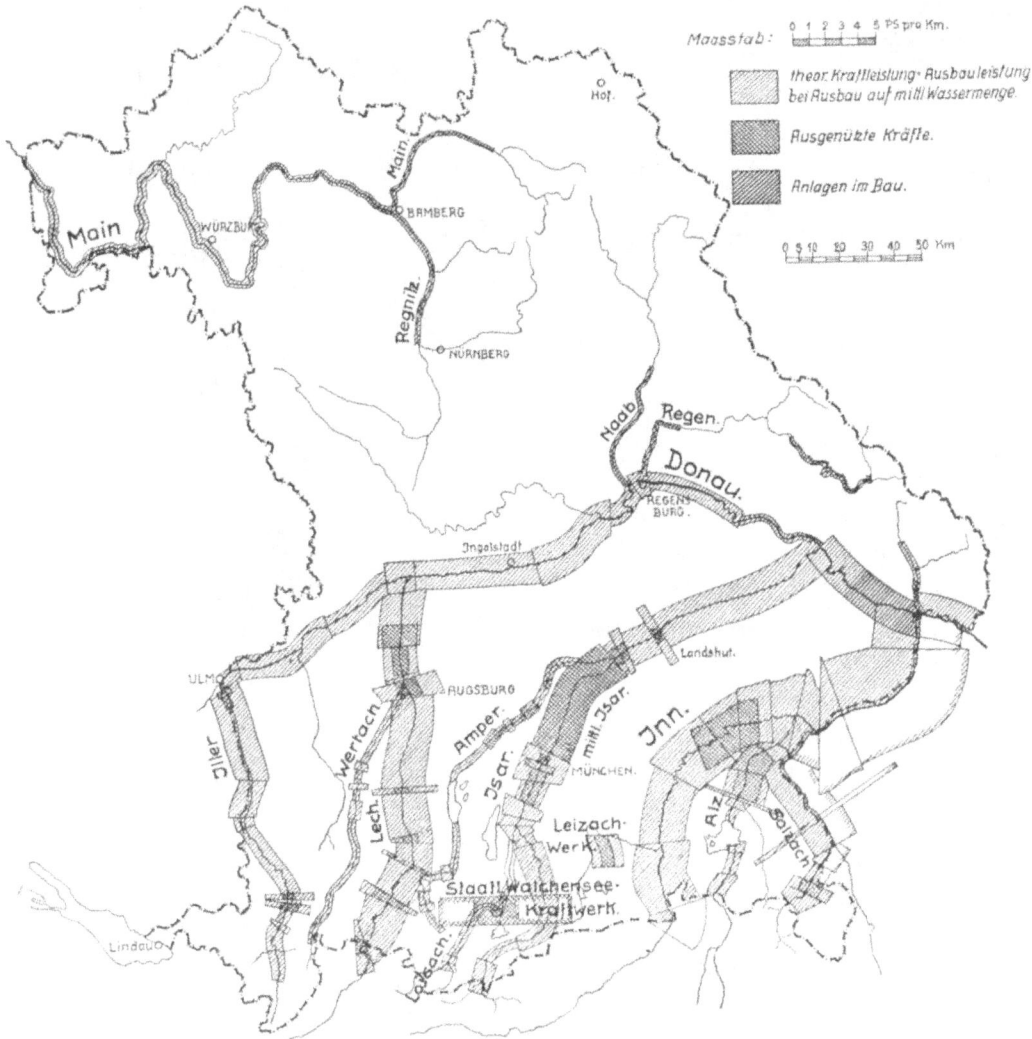

Abb. 11. Theoretische Kraftleistung der bayerischen Flüsse nach den Ermittlungen der O.B.B. 1923.

in Abb. 13 angegeben. Sie enthält für die einzelnen Flüsse in senkrechter Anordnung die Gefällshöhe, in wagrechter Anordnung die Wassermengen pro Sekunde und somit der Fläche nach die theoretische Kraftleistung in Pferdestärken.

Es empfiehlt sich, bei den Vorerhebungen über vorhandene und neu zu errichtende Kraftwerke ähnliche Studien eingehend zu prüfen, um hieraus insbesondere zu entnehmen, welche von den vorhandenen oder gewinnbaren Naturkräften sich am besten für die Ausnutzung durch die allgemeine Landeselektrizitätsversorgung eignen.

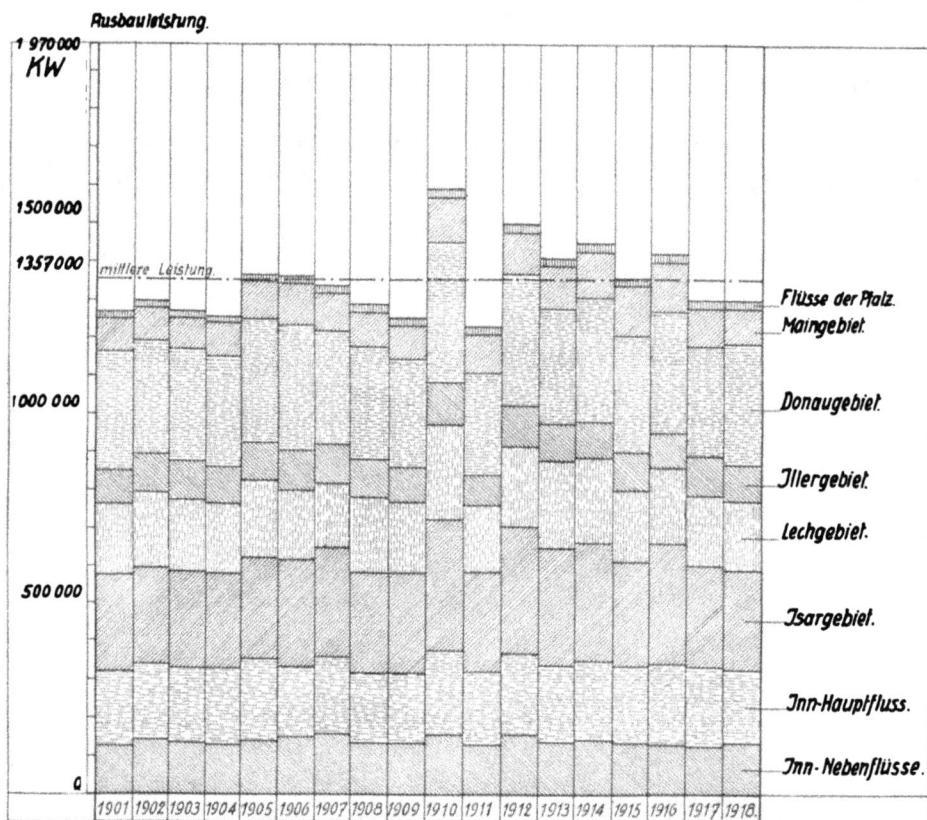

Abb. 12. Mittlere Jahresleistung der bayerischen Wasserkräfte (1901—1918).

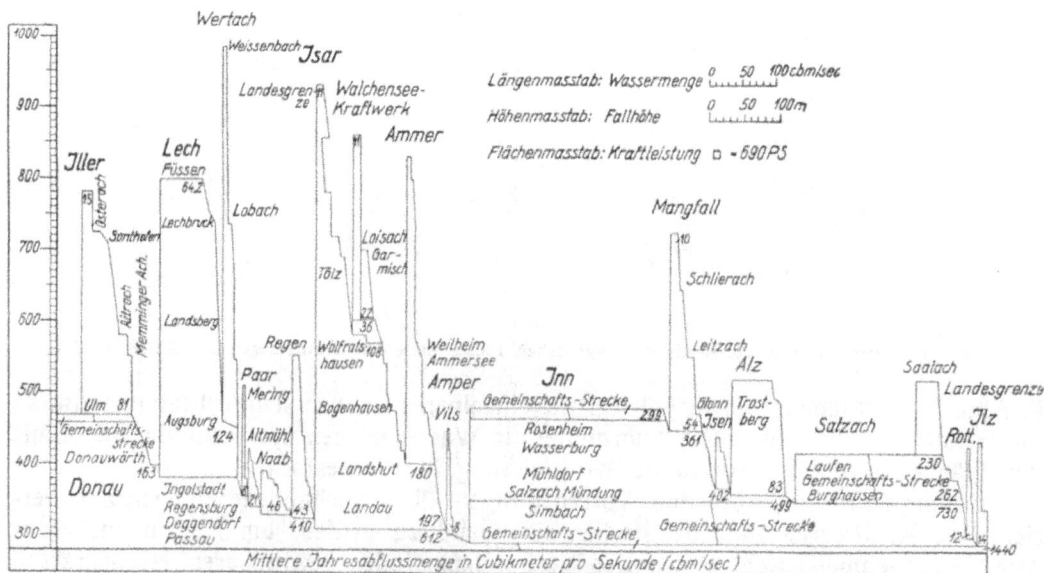

Abb. 13. Wassermengenhöhenplan der bayerischen Flüsse nach Poebing.

Soweit auf Grund eines staatlichen Generalplanes der Wasserkräfte eine Auswahl der für die Landesversorgung geeigneten Großwasserkräfte getroffen werden kann, sind Erhebungen über die bezüglich dieser Wasserkräfte etwa vorliegenden generellen Projekte erforderlich, die als Unterlage für die endgültigen Entschließungen dienen können.

Soweit Projekte nicht vorliegen oder in einem noch wenig erforschten Gebiet örtliche Aufnahmen gemacht werden müssen, sind für die wichtigsten Kräfte Skizzen in solcher Ausführung herzustellen, daß hieraus die Art des Ausbaues, die Leistung, die Jahresarbeit und die Kosten der ausgewählten Kräfte ermittelt werden können.

Durch die Aufnahmen für eine Wasserkraft sind insbesondere zu beschaffen:

der Lageplan der näheren und weiteren Umgebung des Flusses mit Schichtenlinien und, wenn möglich, eine geologische Karte;

der Höhenplan der auszubauenden Flußstrecke;

die Angaben über die vorhandenen und ausnutzbaren Wassermengen.

Der Lageplan ist so weit auszudehnen, daß das Gelände in der Nähe des Flusses, die Nebenbäche und die Verkehrswege genügend dargestellt sind, um über die zweckmäßige Anlage von Stauwerken, Kanälen usw., über die Wirkung des Staues u. dgl. Aufschluß zu geben.

Der Höhenplan des Flusses muß sowohl den Verlauf der Sohle als auch des Spiegelgefälles nachweisen und gegebenenfalls die Höhenmarken für die Wasserkräfte der Oberlieger und Unterlieger enthalten, durch die Anfang und Ende der Ausnutzungsstrecke bestimmt sind.

Durch eine Begehung der Flußstrecke ist festzustellen, an welchen Stellen Wehre oder Talsperren am besten errichtet werden, welche Trasse für die Anlegung von Kanälen oder Stollen in Frage kommt, an welchen Stellen die Krafthäuser zweckmäßig erstellt werden können.

Für die Errichtung von Wasserbauten sind nicht nur die Geländeverhältnisse, sondern auch die geologische Beschaffenheit des Untergrundes von Wichtigkeit.

Eine geologische Karte, die speziell den Bedürfnissen des Wasserbaues angepaßt ist, erschien für Bayern unter dem Titel: „Geologische Übersichtskarte von Bayern r. d. Rh." bearbeitet von Dr. M. Schuster, Verlag von R. Oldenbourg, München und Berlin.

Soweit geologische Karten nicht vorhanden sind, müssen an besonders wichtigen Stellen Schürfungen vorgenommen werden.

Zur Ermittlung der Wassermenge sind etwa vorliegende Pegelbeobachtungen in möglichst großem Umfange zu sammeln.

Für die verschiedenen Pegelstellen pflegen eine Anzahl von Wassermessungen vorzuliegen, die in sog. Schlüsselkurven (Abb. 14) verzeichnet werden, aus welchen sodann die zu jedem Pegelstand gehörige Wassermenge ermittelt wird.

Derartige Schlüsselkurven sind durch Vermittlung der beteiligten Ämter beizubringen, wobei jedoch festzustellen ist, ob das Profil an der in Betracht gezogenen Pegelstelle im Verlaufe der Jahre keine Änderung erfahren hat, so zwar, daß für einen Teil der Pegelstände die Schlüsselkurve eine andere sein würde.

Wenn über die Bedeutung einer Reihe von Pegelablesungen ein Zweifel besteht, ist es besser, diese aus den Betrachtungen auszuscheiden und sich zur Berechnung der Wassermengen lieber auf eine kürzere, aber zuverlässige Jahresreihe zu beschränken.

Die Stelle der vorhandenen Pegel stimmt in der Regel nicht überein mit der Stelle der künftigen Wasserentnahme. In solchen Fällen sind die aus den Pegelständen abzuleitenden Wassermengen nicht identisch mit den für die Wasserkraftanlagen in Rechnung zu ziehenden Wassermengen. Es müssen deshalb die vorhandenen Pegel in dem Lageplan eingetragen werden und es müssen für etwaige Umrechnung der

Wassermengen die Einzugsgebiete für die vorhandenen Pegel sowie für die in Aussicht genommenen Wasserentnahmestellen ermittelt werden.

Auf Grund der Häufigkeit der Pegelstände und der aus den Schlüsselkurven hiefür zu entnehmenden Wassermengen pflegt man Wassermengendauerkurven zu verzeichnen.

Eine derartige Kurve für den Verlauf eines Jahres, die jährliche Wassermengendauerkurve, ist in Abb. 15 dargestellt.

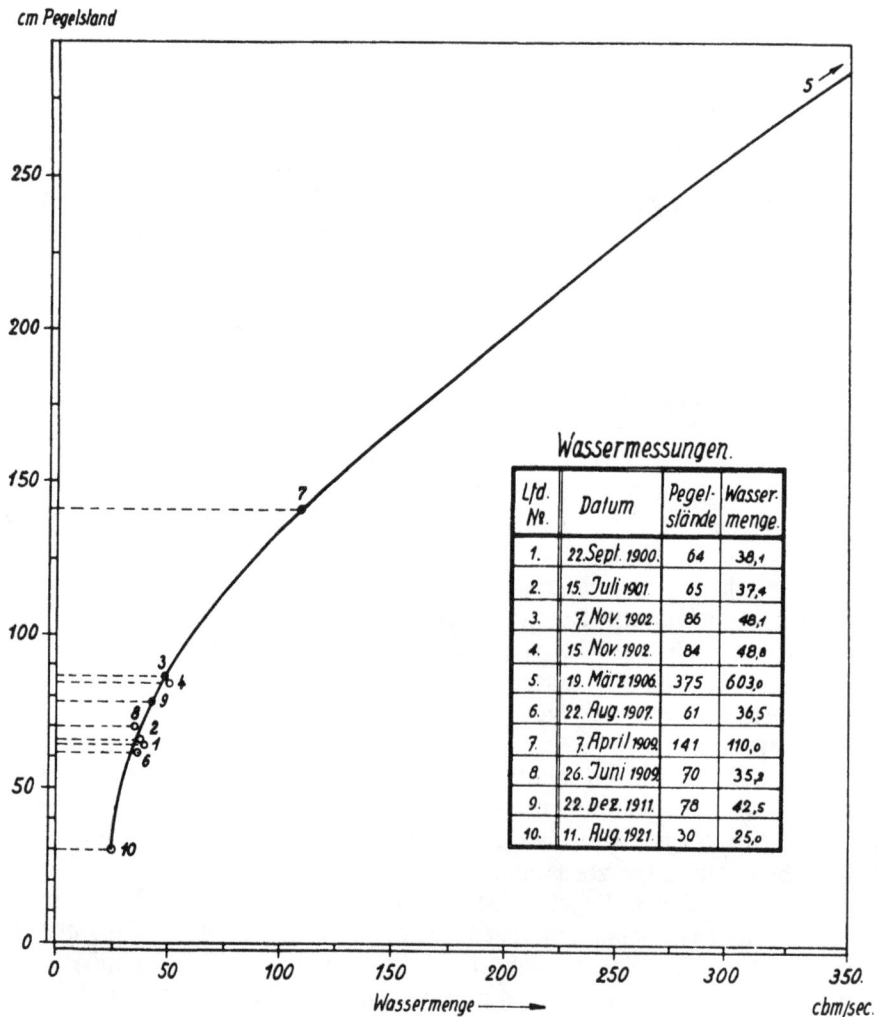

Wassermessungen.

Lfd. Nr.	Datum	Pegelstände	Wassermenge
1.	22. Sept. 1900.	64	38,1
2.	15. Juli 1901.	65	37,4
3.	7. Nov. 1902.	86	48,1
4.	15. Nov. 1902.	84	48,8
5.	19. März 1906.	375	603,0
6.	22. Aug. 1907.	61	36,5
7.	7. April 1909.	141	110,0
8.	26. Juni 1909.	70	35,2
9.	22. Dez. 1911.	78	42,5
10.	11. Aug. 1921.	30	25,0

Abb. 14. Wassermengenschlüsselkurve für den Hauptpegel im Main bei Schweinfurt.

Bei den Jahresdauerkurven pflegt man gewöhnlich neben der Kurve für ein Durchschnittsjahr auch die Kurven für ein trockenes und für ein nasses Jahr zu ermitteln.

Die Jahresdauerkurven geben zwar ein allgemeines Bild über die gesamte Wasserführung des Flusses. Sie sind aber für die Projektierung von Landeselektrizitätswerken nicht vollkommen brauchbar, weil es bei diesen nicht nur auf die erreichbare Gesamtjahresarbeit, sondern vor allem auch auf ihre Verteilung über die einzelnen Monate ankommt.

Es empfiehlt sich deshalb, neben den Jahresdauerkurven auch die sog. Monats-dauerkurven (Abb. 16), die den durchschnittlichen Verlauf der Wasserführung in den einzelnen Monaten erkennen lassen, zur Beurteilung der Wassermengen heranzu-ziehen.

Als Ergänzung hiezu wird für einige charakteristische Jahre die tägliche Wasser-führung, wie aus Abb. 17 ersichtlich, verzeichnet, die den besten Aufschluß über die Verteilung der Wassermengen bietet.

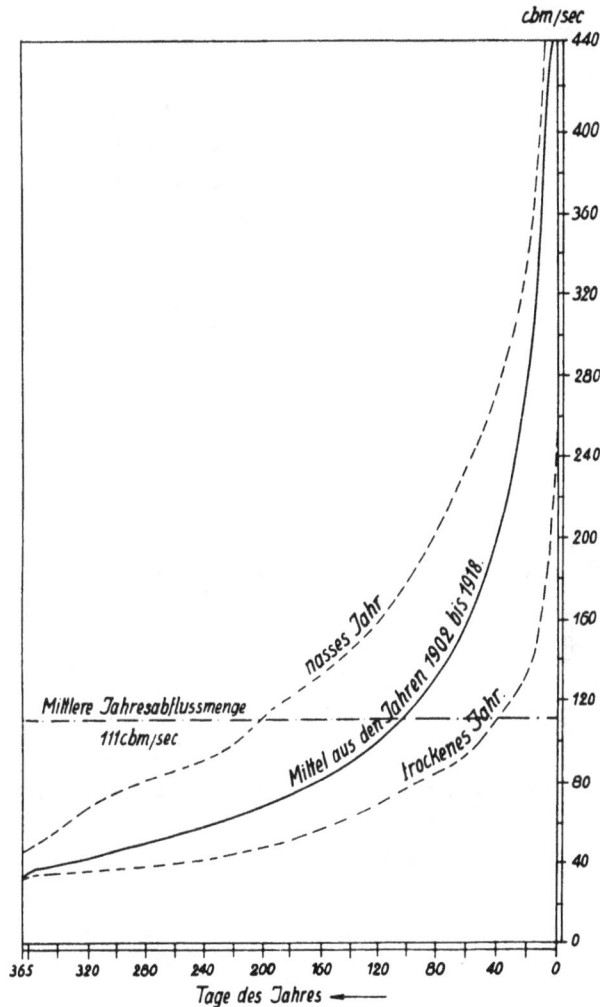

Abb. 15. Jährliche Wassermengendauerkurven des Mains bei Schweinfurt.

Mit der Ermittlung der überhaupt vorhandenen Wassermenge eines Flusses sind die Erhebungen über die ausnutzbaren Wassermengen noch nicht abgeschlossen, es ist noch festzustellen, welche Mindestwassermengen für anderweitige Nutzungen, wie Wasserversorgung, Schwemmkanalisationen, Bewässerungsanlagen u. dgl. im Flusse zu belassen sind. Von Wichtigkeit sind in dieser Hinsicht auch die Ansprüche für Flößerei, Schiffahrt, Fischerei u. dgl.

Wenn eine Wasserkraft an einer Flußstrecke errichtet werden soll, an der bereits andere weniger wertvolle Kräfte ausgebaut sind, hat man über diese die nötigen Er-hebungen bezüglich des ausgenutzten Gefälles, der konzessionierten Wassermenge, der aufgestellten Maschinen, der Benutzungsdauer usw. zu pflegen, um Anhaltspunkte für etwa nötige Ablösungskosten zu gewinnen. Wenn infolge geplanter Überstauungen Wege und Brücken umgebaut werden müssen, Ländereien, Häuser u. dgl. unter Wasser gesetzt werden, sind diesbezügliche Aufnahmen zu machen, da die hierdurch entstehenden Kosten eine sehr beträchtliche Rolle spielen können.

Festzustellen ist auch, welcher Einfluß auf die Grundwasserstände durch Hebung oder Senkung des Wasserspiegels in der Nachbarschaft eintreten kann. Hiebei ist

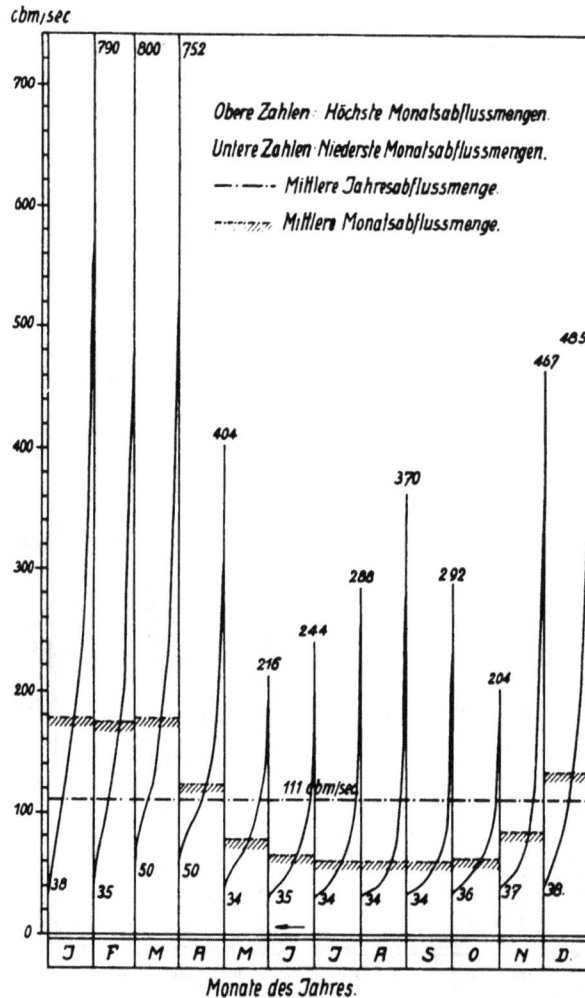

Abb. 16. Monatliche Wassermengendauerkurven des Mains bei Schweinfurt.

besonders wichtig die Bewässerung und Entwässerung von Kulturland, die Wirkung auf Brunnenanlagen insbesondere im Gebiet größerer Wasserversorgungsanlagen u. dgl.

Auf Grund der vorstehend angegebenen Erhebungen lassen sich bei der Projektierung die ausnutzbaren Rohgefälle und Wassermengen nach den später angegebenen Gesichtspunkten festlegen. Bei Speicheranlagen bieten die Vorerhebungen Anhaltspunkte über die Zulässigkeit der Aufstauung bzw. der Absenkung und der hierdurch zu erwartenden Ansprüche der Geschädigten.

Mitunter ist es nötig, auf Grund der Vorerhebungen eine generelle Skizze über die Möglichkeit und die Kosten eines Wasserkraftausbaues zu entwerfen.

Abb. 18 zeigt eine derartige Skizze, die alle für die weitergehenden Entschließungen erforderlichen Anhaltspunkte enthält.

Hat man eine geeignete Auswahl unter den verfügbaren Wasserkräften getroffen, so empfiehlt sich bei größerer Zahl derselben eine Zusammenstellung, wie sie z. B. gemäß Liste 4 für die Projektierung des Bayernwerks verwendet wurde.

In dieser Liste sind für die verschiedenen in Betracht kommenden Wasserkräfte eingetragen:

Die sekundliche Wassermenge

im Minimum, im Winterdurchschnitt, im Sommerdurchschnitt;

das durchschnittliche Gefälle;

die Leistung in Kilowatt

im Minimum, im Winterdurchschnitt, im Jahresdurchschnitt, im Sommerdurchschnitt.

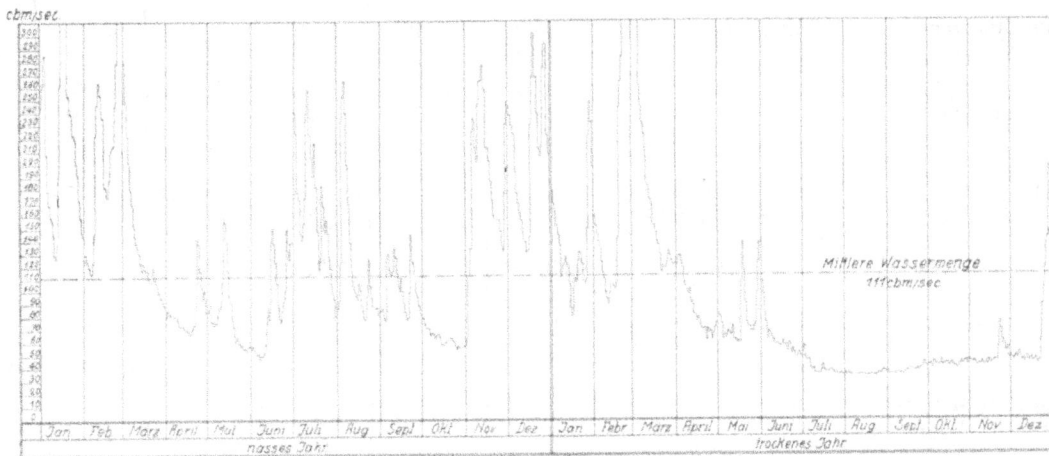

Abb. 17. Tägliche Abflußmenge des Mains bei Schweinfurt.

Bei Hochdruckkräften ist außerdem angegeben die durch die installierte Maschinenleistung ermöglichte Maximalleistung.

Schließlich enthält die Zahlentafel für jede Wasserkraft die bei voller Ausnutzung mögliche Jahresarbeit in Kilowattstunden

für das Winterhalbjahr, für das Sommerhalbjahr und für das ganze Jahr.

Auf Grund einer solchen Zusammenstellung lassen sich die Projektierungsarbeiten wesentlich erleichtern, sobald es sich darum handelt, Bestimmungen darüber zu treffen, welche Kräfte in den verschiedenen Ausbauten am zweckmäßigsten eingeschaltet werden und mit welcher Leistung und Jahresarbeit sie in Rechnung zu stellen sind.

Nicht minder wichtig wie die Wasserkräfte sind die in einem Lande etwa vorhandenen Rohbraunkohlenlager, weil die Rohbraunkohlen durch Verbrennung an Ort und Stelle und Verteilung des erzeugten Stromes die beste Ausnutzung insofern erfahren, als ihre Verfrachtung wegen des im Verhältnis zum Heizwert zu großen Gewichtes auf längere Strecken nicht in Frage kommt.

Leistung und Jahresarbeit der
(Bayernwerk

		München Gesamtleistung der vorhandenen Wasserkräfte	München neu geplante Wasserkraft bei Hirschau[1]	Isarwerke Höllriegelskreuth und Pullach	Isarwerke neue Anlage bei Icking	Amperwerke Kranzberg Unterbruck	Amperwerke neue Anlage am Lech	Lechwerke Gersthofen und Langweid[2]
						a) Nicht speicherfähige		
Wassermenge im Minimum . .	cbm/sec		39	27	27	24	24	36
,, Winter . . .	,,		52	36	36	32	32	48
,, Sommer. . .	,,		78	54	54	48	48	72
Gefälle im Durchschnitt . . .	m		27,6	10,0	15,0	11,2	26,4	17,5
Leistung im Minimum	kW	4 500	7 200	1 800	2 700	1 800	4 200	4 200
,, Winter	,,	6 000	9 600	2 400	3 600	2 400	5 600	5 600
,, Jahresdurchschnitt	,,	7 500	12 000	3 000	4 500	3 000	7 000	7 000
,, Sommer	,,	9 000	14 400	3 600	5 400	3 600	8 400	8 400
Jahresarbeit Winter	kWh	26 250 000	42 000 000	10 500 000	15 750 000	10 500 000	24 500 000	24 500 000
,, Sommer.	,,	39 375 000	63 000 000	15 750 000	23 625 000	15 750 000	36 750 000	36 750 000
,, zusammen . . .	,,	65 625 000	105 000 000	26 250 000	39 375 000	26 250 000	61 250 000	61 250 000
						b) Speicherfähige		
Wassermenge im Minimum . .	cbm/sec							
,, Winter . . .	,,							
,, Sommer . .	,,							
Gefälle im Durchschnitt . . .	m							
Leistung im Minimum	kW							
,, Winter	,,							
,, Jahresdurchschnitt	,,							
,, Sommer. . . .	,,							
Maximalleistung	,,							
Jahresarbeit Winter	kWh							
,, Sommer	,,							
,, zusammen	,,							

[1] Statt dieser Kräfte wurde die Mittlere Isar ausgebaut.
[2] Inzwischen wurde eine weitere Stufe bei Meitingen gebaut.

verfügbaren Wasserkräfte. II. Ausbau.

Projekt 1918.)

Augsburg bei Pritt-riching	Isarkraft unterhalb Freising[1])	Illerkraft Kellmünz bis Donau	Ver-schiedene kleinere Nieder-druck-kräfte zusammen	Saalach-werk	Leitzach-werke	Walchen-see Hauptstufe abzüglich Bahn	Obernach-werk	Schongau-werk	Ilz bei Passau	Weißach bei Lindau
Wasserkräfte.										
24	39	18								
32	52	24								
48	78	36								
15,0	13,8	25,0								
2 400	3 600	3 000	4 200							
3 600	4 800	4 000	5 600							
4 000	6 000	5 000	7 000							
4 800	7 200	6 000	8 400							
14 020 000	21 000 000	17 500 000	24 500 000							
21 030 000	31 500 000	26 250 000	36 750 000							
35 050 000	52 500 000	43 750 000	61 250 000							
Wasserkräfte.										
				(9)	(3,3)	—	(7,5)	(22,5)		
				12	4,4	10,4	10	30		
				18	6,6	15,6	15	45		
				20	120	200	60	47		
				—	—	—	—	—	—	—
				1 600	3 600	13 600	4 000	9 400	2 400	1 600
				2 000	4 500	17 000	5 000	11 750	3 000	2 000
				2 400	5 400	20 400	6 000	14 100	3 600	2 400
				5 000	18 000	48 000	6 000	27 000	4 000	2 400
				7 000 000	15 750 000	59 500 000	17 500 000	41 125 000	10 500 000	7 000 000
				10 500 000	23 625 000	89 250 000	26 250 000	61 675 000	15 750 000	10 500 000
				17 500 000	39 375 000	148 750 000	43 750 000	102 800 000	26 250 000	17 500 000

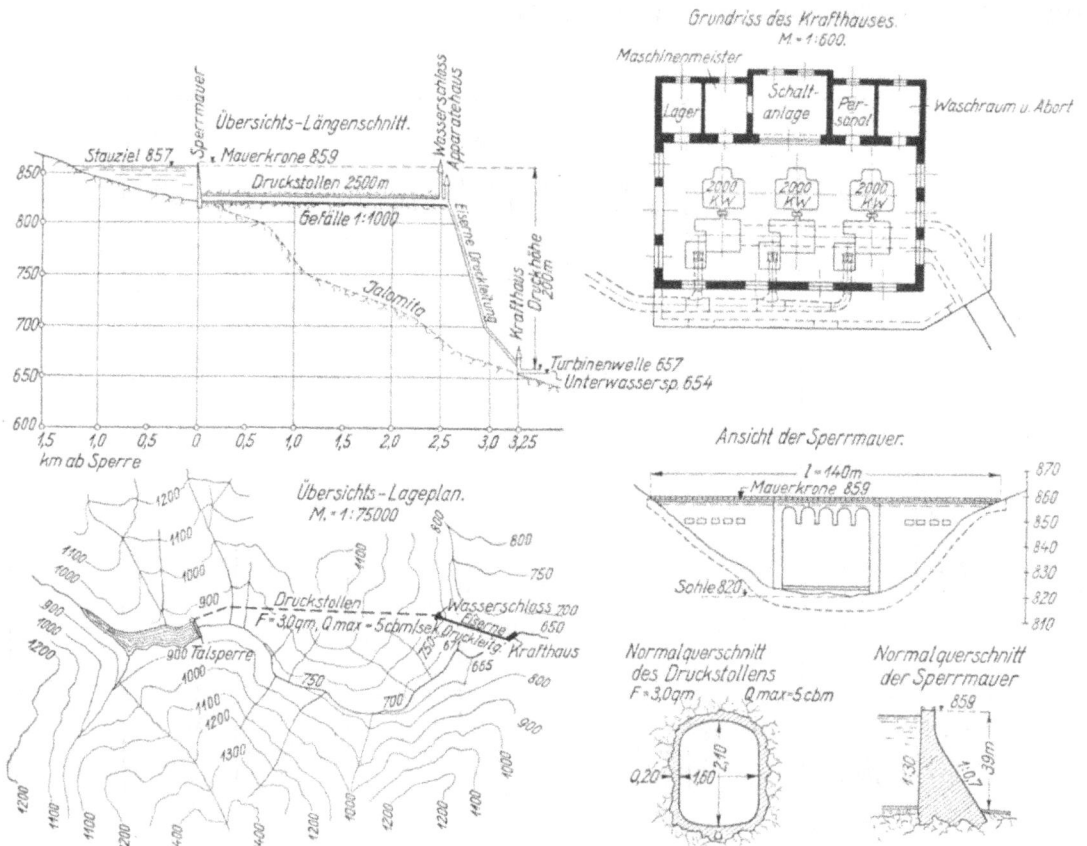

Zusammenstellung der Baukosten.

(Preise gültig für Frühjahr 1925.)

Staumauer: 45000 cbm zu M. 40 p. cbm . . . . M. 1˙800 000
Druckstollen: Ausbruchsquerschnitt = 4,40 qm
           Auskleidung = 1,40 qm
           Länge: 2500 lfd. m zu M. 400 . . . . ,, 1 000 000
Wasserschloß mit Apparatehaus: Tiefbau und Hochbau . . . . ,, 100 000
Krafthaus: Tiefbau und Hochbau . . . . ,, 200 000
Eiserne Druckleitung: 2 Rohre für je 2,5 cbm/sec Wasserführung
     ca. 400 Tonnen fertig verlegt zu je M. 600 . . . . ,, 240 000
Turbinen: 3 Stück à 3000 PS, je M. 50 000 . . . . ,, 150 000
Generatoren: 3 Stück à 2000 kW je M. 70 000 . . . . ,, 210 000
Nebenanlagen des maschinellen und elektrischen Teiles: Schützen, Rechen,
     Kran, Schaltanlage . . . . ,, 200 000
Bauliche und sonstige Nebenanlagen wie Rohrbahn, Wege, Einfriedigungen u. dgl. ,, 300 000
Verpackung, Fracht, Montage, allg. Unkosten, Diverses und Unvorhergesehenes . . . . . . ,, 800 000

Gesamtanlage: M. 5 000 000

Abb. 18. Skizze einer Hochdruckwasserkraft mit genereller Massen- und Kostenberechnung.

In bezug auf die vorhandenen Rohbraunkohlen ist in Verbindung mit den Berg-
behörden zu prüfen:

Die Menge bzw. der Rauminhalt der abbauwürdigen Kohle,

die Zusammensetzung, der Heizwert und die sonstigen Eigenschaften der Kohle,

die Lage, Größe und die Untergrundverhältnisse des für das Kraftwerk zur Verfügung stehenden Bauplatzes,

die Feststellung der für Kesselspeisewasser und Kühlzwecke erhältlichen Wassermengen, die besonders wichtig ist, weil in der Nähe von Braunkohlenfeldern
sehr häufig Wassermangel vorliegt,

die Transportmöglichkeiten für die Beförderung der Kohle von der Grube zum Kesselhaus,

die Kosten der Kohle frei Kesselhaus unter Berücksichtigung sämtlicher Ausgaben für Erwerb der Felder, Aufschließung, Förderung, Transport usw.

Stehen mehrere Kohlenfelder zur Auswahl, so ist eine Zusammenstellung der Erhebungen erforderlich, wie sie aus nachstehendem Beispiel ersichtlich ist:

Liste 5.

Zusammenstellung der verfügbaren Kohlenfelder

Besitzer	Steubener Kohlenverein Berndorf	Dornheimer Bergwerks- A. G.	Steinauer Braunkohlen- werke	Hornberger Braunkohlenwerke		Altdorfer Bergbau- Ges.
Name der Zeche . . .	„Helene" Berndorf	„Dusnitz" b. Dornheim	„Adelgunde" b. Erbach	Hornberg	Bornau	Altdorf
Abbauwürdige Kohlen- menge in Millionen t	12	18	36	24	20	55
Art der Kohle	Rohbraun- kohle	Rohbraun- kohle	Rohbraun- kohle	Rohbraun- kohle	Rohbraun- kohle	Rohbraun- kohle
Wassergehalt	46%	50%	52%	42%	44%	48%
Aschengehalt	7%	6%	5%	6%	8%	8%
Heizwert	2400 cal	2200 cal	2100 cal	2600 cal	2400 cal	2200 cal
Platz zur Errichtung eines Kraftwerkes. .	an der Grube	an der Grube	5 km von der Grube	an der Grube	an der Grube	2 km von der Grube
Größe des zur Ver- fügung steh. Platzes .	6 ha	8 ha	10 ha	7 ha	6 ha	10 ha
Untergrundverhält- nisse	gut	gut	gut	?	gut	gut
Wasserbeschaffung .						
Entnahmestellen . . .	Wurza	Elz	Schmutter	Grundwas- serbrunnen	Grundwas- serbrunnen	Atter
Menge a) in wasserarmer Zeit	2000 cbm/h	1500 cbm/h	3000 cbm/h	800 cbm/h	1000 cbm/h	20000 cbm/h
b) im Jahresdurch- schnitt	3000 cbm/h	2500 cbm/h	5000 cbm/h	1100 cbm/h	1400 cbm/h	30000 cbm/h
Transportmöglich- keiten für die Beförderung der Kohle von der Grube zum Kesselhaus . . .	Elektro- Hängebahn	Elektro- Hängebahn	Normalspur- Eisenbahn	Schmalspur- bahn und Seilaufzug	Schmalspur- bahn und Seilaufzug	Normalspur- Eisenbahn
Kohlenpreis für 10 t loko Kesselhaus, inkl. aller Ausgaben für Er- werb der Felder, Auf- schließung, Förderung, Transport usw.	26 Mk.	25 Mk.	28 Mk.	26 Mk.	26 Mk.	28 Mk.

Seltener als die Rohbraunkohle wird für Landeselektrizitätswerke die Steinkohle durch Errichtung der Kraftwerke in unmittelbarer Nähe der Gruben ausgenutzt, weil die Steinkohle infolge ihres größeren Heizwertes auch an entfernt gelegenen Stellen verbrannt werden kann.

Immerhin kommt die Verlegung von Kraftwerken unmittelbar an die Stein- kohlengruben in Frage, wenn erhebliche Mengen minderwertiger Abfallkohle, wie

Staubkohle, Schlammkohle u. dgl. zur Verfügung stehen, die entweder allein oder in Verbindung mit hochwertiger Kohle zweckmäßig an Ort und Stelle verfeuert werden.

Die Erhebungen haben sich in diesen Fällen auf die Art der verfügbaren Abfälle, deren Menge, Heizwert und Kosten zu erstrecken.

In ähnlicher Weise wie für die Wasserkräfte, die Braunkohlen und Steinkohlen sind gegebenenfalls örtliche Aufnahmen bezüglich vorhandener Torflager, Petroleum- oder Erdgasvorkommen erforderlich, weil gerade in diesen Fällen möglichst große Sicherheit dafür gewonnen werden muß, ob die angetroffenen Vorkommen für den Betrieb eines Großkraftwerkes ausreichen. Diese Untersuchung ist namentlich dann von Bedeutung, wenn das betreffende Vorkommen abseits von Verkehrsstraßen liegt und wenn der Bau des zu errichtenden Kraftwerkes auf die Verwendung des besonderen Brennstoffes abgestellt werden muß, so zwar, daß bei Versiegen der örtlichen Brennstoffquelle die Benutzung anderer Brennstoffe nur mit erheblichen Umbauten möglich ist.

Erforderlichenfalls sind über die Heizwerte, die Ergiebigkeit der Vorkommen, die Kosten der Aufschließung und des Betriebes, Gutachten von Spezialsachverständigen, Bergingenieuren, Chemikern u. dgl. einzuholen.

4. Sammlung von Unterlagen für die Projektierung neu zu errichtender Leitungsnetze.

Die Ermittlung geeigneter Wege für die neu zu errichtenden Leitungsanlagen ist bei den Vorerhebungen nur für die wichtigsten Leitungen erforderlich. Sie erfolgt auf Grund allgemeiner Erwägungen zunächst an Hand möglichst genauer Karten, doch muß in zweifelhaften Fällen eine Überprüfung der in Aussicht genommenen Trasse durch Befahren mittels Wagen oder Auto erfolgen.

Je genauer schon bei den Vorerhebungen die verschiedenen Möglichkeiten der Leitungsführung ermittelt werden, desto leichter gestaltet sich die Projektierung und desto eher ist sie von Fehlern freizuhalten, die darin bestehen können, daß eine beabsichtigte Leitungsstraße durch schlechte Untergrundverhältnisse, durch wertvollen Waldbestand u. dgl. verteuert wird. Wichtig für die Vorerhebungen sind auch Feststellungen über Windbruchgefahr und Rauhreifbildungen, worüber in der Regel die Landeswetterwarten Aufschluß geben können.

5. Erhebungen über Baustoffe, Preise usw.

Die Feststellung der im Lande erhältlichen Baustoffe ist für die Projektierung der Landeselektrizitätswerke wichtig, weil hiernach nicht nur die technische Ausgestaltung der einzelnen Bauteile, sondern auch die Kosten in erheblichem Maße beeinflußt werden. Die Ausführung von Tief- und Hochbauten hängt wesentlich von den an Ort und Stelle gewinnbaren Baustoffen, wie Stein, Kies, Sand, Traß u. dgl. ab, so zwar, daß grundlegende Entscheidungen, z. B. über Ausführung großer Bauteile in Bruchsteinmauerwerk, in Beton u. dgl., je nach den vorkommenden Baustoffen zu treffen sind.

In bezug auf die Leitungsanlagen ist die Beschaffungsmöglichkeit für Holz, Beton und Eisen von Bedeutung. In holzreichen Ländern ohne eigene Eisenindustrie kann die Verwendung hölzerner Leitungsmaste für hohe Spannungen und große Querschnitte gerechtfertigt sein, für die sie in Ländern mit eigener Eisenindustrie nicht in Frage käme. In Gegenden, in welchen Kies und Zement oder Traß für die Herstellung von Betonmasten an Ort und Stelle erhältlich sind, kann dieser Umstand für die Verwendung dieser Art von Masten ausschlaggebend sein.

Die Kosten der Baustoffe sind für die richtige Berechnung der Anlagekosten maßgebend, ebenso wie die Erhebung der örtlichen Löhne für Bauarbeiter, Monteure

u. dgl., wobei in Ländern mit geringer Industrie auch ermittelt werden muß, ob und in welchem Umfange überhaupt heimische Arbeitskräfte für die Ausführung umfangreicher Bauten Verwendung finden können, ob geeignete Vorarbeiter zur Verfügung stehen oder ob sie von auswärtigen Unternehmern unter Aufwand erheblicher Kosten beizustellen sind.

Die Transportverhältnisse eines Landes sind für die Projektierung von Landeselektrizitätswerken insoferne von Bedeutung, als schlechte Transportmöglichkeiten die Verwendung größter Maschineneinheiten ausschließen können, oder zumindest eine Berücksichtigung durch Unterteilung der Gewichte erfordern. Für die Errichtung der Leitungsnetze sind die Transportmöglichkeiten eingehend zu erheben, um festzustellen, in welchem Umfange die Versendung von Masten, Leitungsseilen usw. mittels Bahn möglich ist und in welchem Maße der Weitertransport von den Eisenbahnstationen bis zur Verwendungsstelle mittels Kraftwagen, Pferdefuhrwerken, Ochsengespannen u. dgl. notwendig ist. Die sich hiernach ergebenden Kosten der Frachten, des Landtransportes usw. sind eingehend zu ermitteln.

Bezüglich des Zolles sind nicht nur die normalen Zollsätze zu erheben, sondern auch festzustellen, ob für gemeinnützige Unternehmungen, wie dies häufig der Fall ist, Zollerleichterungen erhältlich sind.

Die Ermittlung der gesetzlichen Bestimmungen über Wegebenutzung, Enteignungsrechte usw. ist von Bedeutung namentlich in bezug auf die zu machenden Organisationsvorschläge; hierbei sind auch die wasserrechtlichen Bestimmungen, die Eigentumsrechte des Staates an Kohlenfeldern, Wasserkräften usw., die ihm diesbezüglich etwa zustehenden Enteignungsrechte, festzustellen.

Gleichzeitig hiermit erfolgen auch die Erhebungen über die rechtliche Ausgestaltung der bereits vorhandenen Stromverteilungsanlagen, deren Konzessionsverträge am besten bei den staatlichen Behörden eingesehen werden.

Die Ermittlung geeigneter Unternehmer für die Herstellung von Bauten, die Ausführung von Leitungsnetzen usw. ist deshalb von Bedeutung, weil viele Länder mit Recht Wert darauf legen, daß soweit als möglich ansässige Unternehmer und Arbeiter mit der Ausführung der Bauten beschäftigt werden, zumal einheimische Unternehmer vielfach billiger als auswärtige arbeiten können, weil sie mit den Verhältnissen des Landes besser vertraut sind und weil die von ihnen beschäftigten einheimischen Ingenieure und Vorarbeiter weniger kosten als wenn dieses Personal mit erheblichen Zulagen von auswärtigen Firmen gestellt werden muß.

Die Ermittlung geeigneter Unternehmer für die Ausführung von Anlagen ist auch deshalb von Bedeutung, weil unter sachverständiger Oberleitung, wie sie bei der Ausführung großer Anlagen stets vorhanden ist, auch kleine Firmen zu verhältnismäßig schwierigen Aufgaben, sowohl für die Herstellung der Bauten als auch der maschinellen und elektrischen Einrichtungen herangezogen werden können, wodurch ein wesentlicher Ansporn für die Entwicklung der heimischen Industrie geschaffen wird.

Abschnitt III.

Feststellung des Strombedarfs.

1. Gliederung des Unterbaues.

Es wurde bereits ausgeführt, daß es nicht möglich ist, eine Landeselektrizitätsversorgung richtig zu organisieren, wenn nicht Klarheit über den vorhandenen oder neu zu schaffenden Unterbau des die Stufenfolge abschließenden Landeswerkes besteht, wobei insbesondere auch die Gruppierung des Strombedarfs eine wesentliche Rolle spielt. Die erste Aufgabe nach Beendigung der Vorerhebungen besteht deshalb darin, zumindest die technische Ausgestaltung des Unterbaues durch Schaffung einer Anzahl größerer, technisch richtig disponierter Kreiswerke als geeignete Abnehmer des Landeselektrizitätswerkes sicherzustellen, während die Entscheidung über das wirtschaftliche und organisatorische Zusammenarbeiten dieser Kreiswerke mit dem Landeswerk der späteren Entschließung vorbehalten bleiben kann.

Wenn in einem Lande eine Elektrizitätsversorgung noch nicht in weitgehendem Umfange eingerichtet ist, so ist es nicht schwierig, eine Anzahl gleichwertiger, in sich abgeschlossener Konsumgebiete abzugrenzen, deren Ortsnetze durch ein gemeinsames Kreisnetz versorgt werden, das seinerseits wieder Strom aus dem Landeswerk in einem oder mehreren Speisepunkten bezieht.

Die Einteilung in Kreiswerke wird zweckmäßigerweise in Anlehnung an die größeren Städte getroffen, indem je eine oder mehrere Städte mit dem umliegenden Landgebiet zu einer technischen Einheit zusammengeschlossen werden, wie dies z. B. bei der Projektierung der Karpathenwerke geschehen ist.

Wenn eine Elektrizitätsversorgung bereits vorliegt, ist eine Anzahl von Überlandwerken vorhanden, die jedoch nur in seltenen Fällen als geeignete Konsumgebiete gelten können, indem die durch Zufall entstandenen Gebiete teils zu groß, teils zu klein sind, teils zu verschiedene Spannungen aufweisen u. dgl., und es muß in solchen Fällen zunächst eine vorläufige Ordnung des Unterbaues erfolgen.

Befriedigende Dispositionen lassen sich in dieser Hinsicht leichter treffen, wenn in einem Lande die allgemeine Elektrizitätsversorgung noch jungen Datums ist, weil in diesem Falle bereits richtige Ansätze zu einer elektrischen Großwirtschaft vorhanden sind. Schwierig kann die Organisation des Unterbaues in Ländern sein, die schon seit vielen Jahren weitgehend mit Elektrizität versorgt sind, weil in solchen Fällen zwar ein Haupterfordernis einer Landesversorgung, nämlich ein ausreichender Strombedarf vorhanden ist, anderseits aber technische und wirtschaftliche Dispositionen vorliegen, die nur bei allseitigem guten Willen diejenigen Verbesserungen erfahren können, die für ein Gedeihen der Gesamtversorgung nötig sind.

In solchen Fällen sind Zusammenlegungen verschiedener Unternehmungen, mitunter wohl auch die Abtrennung einzelner Gebiete, der teilweise Umbau von Leitungsnetzen, die Stillegung und der Umbau von Kraftwerken u. dgl. nötig, die eine große Erfahrung und eine starke Autorität zu ihrer Durchführung bedingen.

Bei Gliederung des Unterbaues sind diese Schwierigkeiten zwar in ihren verschiedenen Folgen ins Auge zu fassen, sie dürfen aber bei Beginn der Projektierung nicht hindern, die etwa erforderliche Neuordnung in möglichst großzügiger Weise vorzusehen, d. h. eine Anpassung an die richtigste Disposition zu erstreben, soweit dies irgend mit den gegebenen Tatsachen noch vereinbar ist.

Die Gesichtspunkte für die Ordnung des Unterbaues durch Zusammenlegung verschiedener Netze, durch Umbau von Leitungsanlagen, durch Abtretung technischer Einrichtungen an das Landeswerk usw. sind von Fall zu Fall sehr verschieden; nur einige derselben können hier angeführt werden.

Der Umfang der einzelnen in sich abgeschlossenen Versorgungsgebiete darf nicht zu klein sein, denn es ist für ein mit hoher Spannung betriebenes Landesnetz nicht möglich, kleine Leistungen an zahlreiche Unterverteiler abzugeben, für die Projektierung müssen deshalb benachbarte kleine Überlandwerke zu größeren Kreiswerken zusammengefaßt werden.

Für die Zusammenfassung sind in erster Linie die Disposition und die Spannung der Leitungsnetze maßgeblich. Soweit benachbarte Leitungsnetze verschiedener Unternehmungen die gleiche und für eine ökonomische Unterverteilung ausreichende Spannung aufweisen, ist deren Zusammenlegung vielfach geboten. Es darf dabei angenommen werden, daß die wirtschaftlichen Interessen der beteiligten Werke einen gerechten Ausgleich finden werden, weil der Vorteil eines gemeinsamen Anschlusses an die Landesversorgung in der Regel so groß ist, daß ihm gegenüber die etwa divergierenden Sonderinteressen unschwer geordnet werden können.

Soweit innerhalb eines größeren Versorgungsgebietes, das an und für sich für den Zusammenschluß mit dem Landeswerk geeignet ist, einzelne eingestreute Überlandwerke kleinen Umfanges sich finden, wird man bei Projektierung der Landesversorgung annehmen dürfen, daß deren Belieferung dem größeren Überlandwerk überlassen bleibt, wobei für eine gerechte Verteilung des durch die Landesversorgung entstehenden Nutzens durch entsprechende Gestaltung der Verträge Sorge zu tragen ist.

Wichtig für die Zusammenlegung verschiedener Versorgungsgebiete ist deren Wirtschaftlichkeit. Man wird für die Projektierung den gutrentierenden Überlandwerken die minder wirtschaftlichen Gebiete angliedern, weil eine Aufsaugung der unrentablen durch die rentablen Unternehmungen der natürlichen Entwicklung entspricht.

Auch die Ausdehnungsbestrebungen der einzelnen Werke bieten geeignete Hinweise für die zweckmäßigste Neuordnung. Schlecht geleitete Unternehmungen mit fehlerhaft disponierten Kraftwerken und Leitungsnetzen zeigen in der Regel kein Verlangen nach weiterer Ausdehnung, sie begnügen sich mit dem ihnen zugefallenen Gebiet, während Werke mit leistungsfähigen Kraftwerken, mit gut disponierten Leitungsnetzen in der Regel ein starkes Ausdehnungsbedürfnis zeigen, dem bei der Neuordnung nach Möglichkeit Rechnung zu tragen ist.

Vielfach bilden die geschäftlichen Beziehungen benachbarter Überlandwerk Anhaltspunkte für eine zweckmäßige Zusammenlegung. Unternehmungen, die dem gleichen Wirtschaftskreis angehören, deren Kapitalbeziehungen die gleichen sind, lassen sich leichter zusammenschließen als Unternehmungen fremder Gesellschaften.

Grundsätzlich wird man bei der Projektierung davon ausgehen dürfen, daß technisch richtig disponierte, gut organisierte und gut geleitete Unternehmungen sich behaupten bzw. vergrößern, während schlecht disponierte oder schlecht geleitete Anlagen allmählich unterdrückt oder aufgeteilt werden.

Sehr häufig liegt der Fall vor, daß in einem geschlossenen Wirtschaftsgebiet einzelne Gegenden bereits stark mit Elektrizität versorgt sind, während andere oft sehr große Gebiete, z. B. mit vorwiegend landwirtschaftlicher Bevölkerung, unversorgt geblieben sind.

Eine Landeselektrizitätsversorgung hat nicht die Aufgabe, diesen Zustand zu erhalten oder gar zu vertiefen, indem sie den Strom aus den Hauptkraftquellen des Landes nur den versorgten Gebieten zuleitet. Sie muß vielmehr von Anfang an darnach streben, auch die unversorgten Gebiete in den Bereich ihrer Wirksamkeit zu ziehen, nicht nur um die natürlichen Kraftquellen des Landes für alle seine Teile nutzbar zu machen, sondern auch um in den zunächst noch schlecht versorgten Gegenden eine Hebung der Landwirtschaft und des Gewerbes und eine Heranziehung von Industrien zu ermöglichen. Die Erschließung solcher Landesteile für die Elektrizitätsversorgung durch Anschluß an das allgemeine Landesnetz ist vergleichbar der

Ingenieurbüro Oskar von Miller G.m.b.H.

Abb. 19. Stromversorgungsgebiete in Thüringen nach dem Stande im Jahre 1922.

Erschließung abgelegener Gegenden für den allgemeinen Verkehr durch Errichtung von Zweigbahnen, auch wenn diese, für sich allein betrachtet, zunächst keine ausreichende Wirtschaftlichkeit aufweisen.

Es ist deshalb nötig, in denjenigen Landesgebieten, in welchen der Unterbau für die Landesversorgung noch fehlt, diesen vorzusehen, indem man hierfür neue, möglichst günstig disponierte Kreiswerke als Abnehmer der Landesversorgung in Betracht zieht.

Wie immer die Ordnung des Unterbaues in einem Lande mit bereits bestehender Elektrizitätsversorgung erfolgt, wird sie niemals die Zustimmung aller Beteiligten finden. Es bedeutet deshalb jede solche Neuordnung zunächst nur eine Projektierungs-

und Verhandlungsgrundlage, die sich je nach dem Gang der Verhandlungen ändert, und die je nach den gegebenen Verhältnissen in kurzer, manchmal aber erst in jahrelanger Frist zu dem angestrebten Endziele führt.

Als ein Beispiel für die Ordnung des Unterbaues in einem noch ziemlich unversorgten Gebiet kann der Entwurf für die Karpathenwerke dienen, bei welchem die Zusammenfassung der größeren Städte mit den umliegenden Landgebieten zu je einer „Bezirksgesellschaft" den Unterbau der Landesversorgung bildet.

Ein Beispiel für die Ordnung des Unterbaues in einem nur teilweise versorgten Gebiet bilden die bereits in Abschnitt I erläuterten Maßnahmen der bayerischen

Ingenieurbüro Oskar von Miller G. m. b. H.

Abb. 20. Vorschlag für die Zusammenfassung der Stromversorgungsgebiete in Thüringen nach dem Projekt des Ingenieurbüros Oskar von Miller.

Staatsregierung zur Bildung wirtschaftlich arbeitender Kreiswerke (Abb. 3 und 4), die allerdings nicht in dieser, sondern in einer noch einfacheren Form der Projektierung des Bayernwerks zugrunde gelegt wurden.

Ein Beispiel für die versuchte Ordnung des Unterbaues in einem bereits weitgehend mit Elektrizität versorgten Land bilden die Abb. 19 und 20, in welchen der Zustand der Überlandversorgung in Thüringen bei der Projektierung der Landesversorgung und das angestrebte Endziel dieser Projektierung gekennzeichnet ist.

In einer Liste, vgl. Liste 6, ist die Art der Zusammenlegung und deren ziffermäßiges Ergebnis, wie es sich aus der Zusammenstellung der Fragebogen, vgl. Ziffer 2 und 3 dieses Abschnittes, ergibt, festzuhalten.

Liste der Höchstleistungen
geordnet nach den Strom-
(Thüringenwerk

Hauptgruppe	Beteiligte Stromversorgungsgebiete	Ungefähre Einwohnerzahl	Zum Vergleich Angaben für die Jahre 1920/21		
			Höchstleistung	Benutzungsdauer rund	Jahresarbeit
			kW	Std.	kWh
Jena	Thür. Elektr. Versorgungs-Ges. Jena	55 000	1 600	3 100	5 016 766
	Jenaer Elektr.-Werk A. G.	49 000	1 175	2 450	2 860 182
	Zeißwerke mit Schott und Gen.	—	2 095	2 250	4 692 000
	Neu anzuschl. Industrie	—	—	—	—
Gispersleben	Überlandwerk Camburg	17 000	450	2 750	1 250 000
	Thür. Elektr. u. Gasw. A. G. Apolda	22 500	1 200	1 680	2 000 000
	Städt. Elektr.-Werk Weimar	37 500	800	2 740	2 196 232
	Kraftw. Thüringen A. G. Gispersleben	190 000	4 340	2 660	11 566 410
	Verschiedene kleinere Elektr.-Werke	25 000	480	2 000	1 018 812
	Neu anzuschl. Industrie	—	—	—	
Breitungen	Thür. Elektr.-Lieferungs-Ges. Gotha	240 000	11 100	2 550	28 000 000
	Verschiedene kleinere Elektr.-Werke	30 000	720	1 150	834 829
	Neu anzuschl. Industrie	—	—	—	
Eisfeld	Überlandwerk Rhön	40 000	—	—	—
	Kreiselektrizitätsamt Eisfeld	75 000	1 100	1 500	1 635 000
	Verschiedene kleinere Elektr.-Werke	80 000	1 686	1 350	2 240 867
	Neu anzuschl. Versorgungs-Gebiete	25 000	—	—	—
	Neu anzuschl. Industrie	—	—	—	—
Probstzella	Überlandzentrale Probstzella	70 000	1 100	2 850	3 120 391
	„Saale" E.-W.	75 000	1 855	2 760	5 134 620
	Verschiedene kleinere Elektr.-Werke und neu anzuschl. Versorg.-Gebiete	60 000	625	2 200	893 495
	Neu anzuschl. Industrie	—	—	—	—
Auma	K.-W. Sachsen-Thüringen, Auma	90 000	1 800	2 220	4 000 000
	Verschiedene kleinere Elektr.-Werke	40 000	405	2 200	890 700
	Neu anzuschl. Industrie	—	—	—	
Gera	Überlandzentrale Langenberg-Reuß	40 000	600	3 250	1 949 352
	Elektr. Werke in Gera	75 000	4 000	2 250	8 975 000
	Elektr. Genossenschaft Osterland	50 000	1 400	2 150	3 014 026
	Altenburger Landkraftwerke	35 000	840	3 370	2 826 728
	Straßenbahn u. E.-W. Altenburg	37 000	600	2 300	1 379 819
	E.-W. Gößnitz u. E.-W. Schmölln	22 000	890	2 200	1 968 218
	Verschiedene kleinere Elektr.-Werke	20 000	250	1 400	350 000
	Neu anzuschl. Industrie	—	—	—	—
	Summe	1 500 000	41 111	2 260	97 813 447

Stromverluste in der 50 000 Volt Verteilungsanlage

Erforderliche Stromerzeugung unter Berücksichtigung des Ausgleichs der Höchstleistung

und Jahresarbeiten

versorgungsgebieten.

Projekt 1922.)

I. Ausbau			II. Ausbau			Bemerkungen
Höchst-leistung	Be-nutzungs-dauer rund	Jahresarbeit	Höchst-leistung	Be-nutzungs-dauer rund	Jahresarbeit	
kW	Std.	kWh	kW	Std.	kWh	
3000	2660	8000000	4500	3550	16000000	
2000	2500	5000000	3000	3450	10400000	
2500	2000	5000000	3000	2600	7800000	
1500	2000	3000000	3000	2600	7800000	
1000	2500	2500000	1500	3330	5000000	
2000	2000	4000000	3000	2660	8000000	
1500	2660	4000000	2250	3550	8000000	Einschl. Arnstadt, Apolda und der z. Z. versorgten preuß. Gebiete
6000	2660	16000000	9000	3550	32000000	E.-W. Ilmenau, Überlandzentrale Oberroßla u. a.
1000	2000	2000000	1500	2660	4000000	
3500	2000	7000000	5250	2660	14000000	
14000	2660	37500000	21000	3550	75000000	Einschl. E.-W. Eisenach
1000	2000	2000000	1500	2600	4000000	Überlandw. Stockhausen, Überlandw. Creuzburg,
3000	2000	6000000	4500	2660	12000000	E.-W. Herbsleben u. a.
2000	2000	4000000	3000	2660	8000000	
3000	2000	6000000	4500	2660	12000000	Einschl. Themar.
3000	2000	6000000	4500	2660	12000000	E.-W. Meiningen, Dermbach, E.-W. Vacha,
1000	2000	2000000	1500	2660	4000000	E.-W. im Kreise Sonnenberg u. a.
3000	2000	6000000	4500	2660	12000000	
2000	2500	5000000	3000	3330	10000000	
3000	2660	8000000	4500	3550	16000000	
2000	2000	4000000	3000	2660	8000000	Eltwerke im Bezirk Gehren, Königsee u. a.
5000	2000	10000000	7500	2660	20000000	Einschl. abzulösender Saale-Wasserkräfte
3000	2500	7500000	4500	3330	15000000	
2000	2000	4000000	3000	2660	8000000	E.-W. Triebes, E.-W. Greiz u. a.
7000	2000	14000000	10500	2660	28000000	Einschl. abzulösender Saale-Wasserkräfte
1000	2500	2500000	1500	3330	5000000	
6000	2500	15000000	9000	3330	30000000	
2000	2500	5000000	3000	3330	10000000	
1500	2660	4000000	2250	3550	8000000	
1000	2000	2000000	1500	2660	4000000	
1500	2000	3000000	2250	2660	6000000	
1000	2000	2000000	1500	2660	4000000	E.-W. Hermsdorf u. a.
4000	2000	8000000	6000	2660	16000000	
96000	2300	220000000	144000	3000	440000000	
		20000000			40000000	
80000		240000000	120000		480000000	

Schönberg-Glunk, Landeselektrizitätswerke.

4

Aus den Abbildungen und der Liste 6 ist ersichtlich, wie die Vielheit von etwa 70 Orts- und Überlandwerken mit verschiedenen Spannungen zu 7 Hauptgruppen mit nur drei verschiedenen Spannungen zusammengelegt werden sollten, wobei selbstverständlich der freien gegenseitigen Vereinbarung für die Erreichung dieses Zustandes weitester Spielraum gelassen wurde und wobei auch der Zeitpunkt für die Erreichung des Endzustandes keineswegs als ein feststehender anzusehen ist, ganz abgesehen davon, daß erhebliche Abweichungen von dem nach bestem Ermessen gemachten Vorschlag je nach dem Verlauf der Verhandlungen als möglich und zweckmäßig angenommen waren.

Um nach den erläuterten Gesichtspunkten die Gliederung des Unterbaues in einem bereits versorgten Gebiet zu entwerfen, sind auf Grund der von den vorhandenen Unternehmungen eingereichten Pläne die gegebenen Verhältnisse in eine Gesamtkarte des Gebietes einzutragen. Auf Grund dieser Karte sind eine Reihe verschiedener Dispositionen zu entwerfen, deren zweckmäßigste der weiteren Projektierung zugrunde gelegt wird. Es ist möglich, daß sich bei der Einzelbearbeitung eine von der erstgewählten abweichende Gruppierung als wünschenswert herausstellt, indem für ein oder das andere Stromversorgungsgebiet eine größere oder kleinere Ausdehnung, eine günstigere Abgrenzung o. dgl. erforderlich wird. Die hierdurch bedingten Abänderungen in den Listen, Plänen usw. sind indessen nicht schwierig oder zeitraubend und es ist deshalb zweckmäßig, die Gliederung des Unterbaues möglichst frühzeitig zu entwerfen, da hiedurch die weitere Projektierung erheblich erleichtert wird.

2. Aufgaben der Strombedarfsfeststellung.

Nachdem über die allgemeine Gliederung des Unterbaues eine Entscheidung getroffen ist, erfolgt die Feststellung des Strombedarfs in den verschiedenen Ausbaustufen, wobei der erste Ausbau die Verhältnisse nach Ablauf einer 3- bis 5jährigen Anlaufperiode berücksichtigen soll, während der 2. und 3. Ausbau etwa 10 bzw. 20 Jahre später liegen mögen.

Die Feststellung des Strombedarfs bezieht sich auf:

die angeschlossene Leistung in Kilowatt,
die gleichzeitig benutzte Höchstleistung in Kilowatt,
die erforderliche Jahresarbeit in Kilowattstunden.

Die angeschlossene Leistung in Kilowatt erhält man durch die Ermittlung der bei den einzelnen Abnehmern installierten Lampen, Motore und sonstigen Stromverbrauchsapparate.

Jede Schätzung des Strombedarfs muß ihren Ausgang von dieser Ermittlung nehmen, weil primär nur die angeschlossenen oder anzuschließenden Verbrauchsapparate durch Befragen der Abnehmer feststellbar sind. Diese Feststellung erfolgt durch die Vorerhebungen gemeindeweise und sie ergibt demnach die Zahl der angeschlossenen Kilowatt getrennt für jede einzelne Gemeinde.

Die in einer Gemeinde angeschlossenen Kilowatt bilden zwar die Grundlage für die Dimensionierung der Ortsverteilungsnetze und können für diesen Zweck unmittelbar Verwendung finden, soweit im Zusammenhang mit einer Landeselektrizitätsversorgung auch über die Ausgestaltung der Ortsnetze Entscheidungen zu treffen sind.

Die angeschlossene Leistung in Kilowatt ist aber nicht mehr maßgeblich für die Dimensionierung der etwa zu errichtenden Ortskraftwerke bzw. für die von den Überlandwerken an den Hauptspeisepunkten der Ortsnetze bereitzustellenden Leistungen. Die zahlreichen an das Ortsnetz angeschlossenen Verbrauchsapparate werden nämlich nicht gleichzeitig mit ihrer größten Leistung benutzt, es findet vielmehr ein weitgehender Ausgleich in der Benutzung statt, so zwar, daß die gleichzeitig benutzte

Höchstleistung in Kilowatt in der Regel nur einen Bruchteil, etwa 30 oder 20 % der angeschlossenen Leistung beträgt.

Die an den Hauptspeisepunkten der Ortsnetze gleichzeitig auftretenden Höchstleistungen in Kilowatt bilden nun ihrerseits die angeschlossenen Leistungen für die Kreiswerke. Nach diesen richtet sich die Dimensionierung der Kreisnetze. Nicht maßgeblich sind die gemeindeweise auftretenden Höchstleistungen für die Dimensionierung der von den Kreiswerken benötigten Kräfte, weil auch die Höchstleistungen der einzelnen Gemeinden zeitlich nicht zusammenfallen.

Der in den Kreisnetzen stattfindende Ausgleich ist in der Regel kleiner wie der in den Ortsnetzen, er kann aber immerhin soweit gehen, daß die ausgeglichene Höchstleistung an den Hauptspeisepunkten der Kreisnetze nur 80 bis 60% der Summe der in den einzelnen Ortsnetzen auftretenden Höchstleistungen beträgt.

Die Höchstleistungen an den Hauptspeisepunkten der Kreisnetze bilden die angeschlossenen Leistungen für die Landesnetze, und es richtet sich nach diesen Leistungen die Dimensionierung der Landesnetze. Ein weiterer, wenn auch nur geringer Ausgleich findet in den Landesnetzen in der Weise statt, daß die Kraftwerke der Landeselektrizitätsversorgung nicht die Summe aller an den Speisepunkten angeschlossenen Höchstleistungen, sondern nur eine nochmals ausgeglichene Höchstleistung zu befriedigen haben. Ein Schema dieses mehrstufigen Ausgleichs ist aus Abb. 21 ersichtlich.

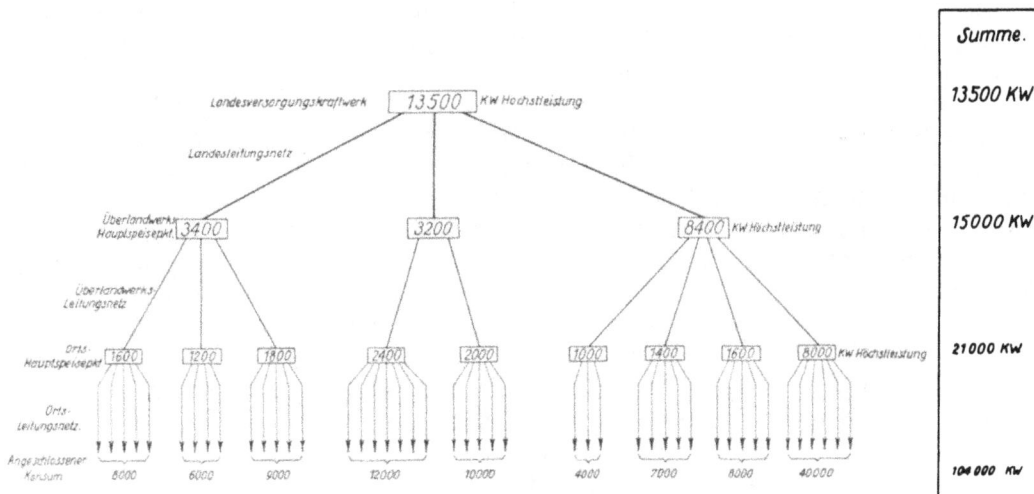

Abb. 21. Schema des Leistungsausgleichs innerhalb der einzelnen Stufen einer Landesversorgung.

Über die Größenbestimmung des Ausgleichs unter Berücksichtigung der zusätzlichen Übertragungsverluste in den Leitungsnetzen folgen die näheren Angaben später.

Die Jahresarbeitsmengen werden ebenso wie die Leistungen zunächst für die einzelnen Abnehmer in den verschiedenen Gemeinden ermittelt.

Um die an den Hauptspeisepunkten der Ortsnetze von den Kreiswerken zu liefernden Arbeitsmengen zu erhalten, sind die bei den Abnehmern benötigten Arbeitsmengen um die Jahresverluste in den Ortsnetzen zu erhöhen.

Die Summe der an den Hauptspeisepunkten der Ortsnetze erforderlichen Jahresarbeiten vermehrt um die Jahresverluste in den Kreisnetzen gibt die Summe der an die Hauptspeisepunkte der Kreisnetze zu liefernden Arbeitsmengen.

Diese Arbeitsmengen, vermehrt um die Verluste im Landesnetz, ergibt die von den Kraftwerken der Landesversorgung aufzubringenden Arbeitsmengen.

4*

3. Durchführung der Strombedarfsfeststellung.

Im einzelnen erfolgt die Feststellung des Strombedarfs auf Grund der Vorerhebungen. Zu diesem Zwecke werden zunächst die von den Gemeinden und Fabriken bzw. von den Stromverteilungsunternehmen ausgefüllten Fragebogen geordnet und in übersichtlicher Weise zusammengestellt.

Wenn die Fragestellung nach Liste 1 und 2 bei den einzelnen Gemeinden und Fabriken erfolgte, werden zunächst die Angaben der Fabriken den zugehörigen Gemeindebogen beigefügt, die Gemeinde- und Fabrikbogen werden nach Verwaltungsbezirken geordnet, mit Nummern versehen und gebunden, um dieses Quellenmaterial für künftige Erhebungen jederzeit zur Hand zu haben.

Gleichzeitig mit der Ordnung des Materials erfolgt in den freigehaltenen Spalten der Originalbogen die Eintragung des für den ersten und zweiten, eventuell dritten Ausbau vorgesehenen Strombedarfs. Das Ergebnis wird in Listen, wie Nr. 7, eingetragen, wobei die Angaben der Fragebogen nur soweit aufgenommen werden, als sie für eine rasche Nachprüfung des Konsums erforderlich sind. Insbesondere werden neben dem allgemeinen Konsum der Gemeinden für Licht und Kleinkraft unter 100 PS die Fabriken mit über 100 PS gesondert angeführt.

Neben dem angeschlossenen Konsum wird der gleichzeitig benutzte Konsum, d. h. die Höchstleistung am Kraftwerk bzw. am Hauptspeisepunkt des Ortsnetzes eingetragen.

Die Ermittlung der Höchstleistung bedarf einer weitgehenden Erfahrung, da sich allgemeine Regeln für das Verhältnis der angeschlossenen zur gleichzeitig benutzten Höchstleistung nicht angeben lassen.

Im allgemeinen ist der Ausgleich um so größer, je verschiedenartiger die Lebenslage der Bewohner ist, je verschiedenartiger die angeschlossenen Betriebe sind u. dgl. Eine Gemeinde mit rein landwirtschaftlicher Bevölkerung weist unter sonst gleichen Umständen einen geringeren Ausgleich auf als eine Gemeinde mit Landwirtschaft, Gewerbe, Beamtenfamilien usw., weil eine homogene Bevölkerung gleichartige Gewohnheiten hat und deshalb auch ihre Stromverbrauchsapparate — Lampen, Futterschneidemaschinen usw. — ziemlich zu den gleichen Stunden in Betrieb nimmt.

In einer Fabrikstadt wird der Ausgleich geringer, wenn lauter gleichartige Fabriken, z. B. lauter Schreinereien, vorhanden sind, die alle in den gleichen Monaten Hochbetrieb haben und die alle zu den gleichen Tageszeiten ihre Motoren benutzen, während in einer Fabrikstadt mit verschiedenartigen Betrieben, wie Brauereien, Mühlen, Textilfabriken usw. der Hochbetrieb in den einzelnen Fabrikationszweigen in verschiedene Jahreszeiten und in verschiedene Tagesstunden fällt.

Besonders wichtig für die Beurteilung des Ausgleichs ist die Unterteilung eines gegebenen Gesamtkonsums bzw. die Größenordnung der Einzelanschlüsse. Ist z. B. in einer Gemeinde der Gesamtanschlußwert der Kraft 3000 kW und verteilt sich dieser auf etwa 1000 Einzelanschlüsse von Kleingewerbetreibenden mit je 1 bis 10 kW-Leistung, so ist es leicht möglich, daß diese zahlreichen kleinen und in jedem Einzelfalle nur wenig benutzten Anschlüsse einen Ausgleich bis auf 20%, d. i. 600 gleichzeitig benutzte Kilowatt, erfahren.

Würde sich der gleiche Anschlußwert von 3000 kW auf zehn Fabriken von je 300 kW Einzelleistung verteilen, so dürfte die gleichzeitig benutzte Leistung kaum weniger als 1500 kW = 50% des Anschlußwertes betragen.

Würde die gleiche Leistung sich auf nur drei Fabriken zu je 1000 kW verteilen, so wäre die gleichzeitig zu befriedigende Leistung mit 2000 bis 2500 kW, also 65 bis 80% des Anschlußwertes zu schätzen.

Würde sich die Leistung von 3000 kW auf eine Fabrik mit 1000 kW und etwa 600 Kleingewerbetreibende mit zusammen 2000 kW verteilen, so würde als gleich-

Lfd. Nr.	Verbrauchstelle	Einwohner-zahl	Öffentliches Elektrizitätswerk				Öffentliches Gaswerk				Art de Beleuchtu
			Licht		Kraft		Licht		Kraft		
			ange-schlossene kW	nutzbar abgegebene kWh im Jahr	ange-schlossene kW	nutzbar abgegebene kWh im Jahr	ange-schlossene Gas-flammen	nutzbar abgegebene cbm im Jahr	ange-schlossene Motore PS	nutzbar abgegebene cbm im Jahr	
225	**Bernau** Öffentliche Werke und Fabriken unter 100 PS	22 000	520	260 000	260	180 000	12 000	500 000	180	180 000	elektrisc. Petroleu Gasolin
	Metallwarenfabrik A.G.										elektrisc
226	**Krautheim** Öffentliche Werke und Fabriken unter 100 PS	3 000	70	40 000	50	30 000	—	—	—	—	Petroleur elektrisch
227	**Mertingen** Öffentliche Werke und Fabriken unter 100 PS	8 000	150	90 000	150	150 000	—	—	—	—	Petroleum elektrisch Azetylen
	Spielwarenfabrik										elektrisch
	Möbelfabrik Weil										elektrisch
	Kunststeinwerke										Azetylen

efüllten Fragebogen.

Licht- und Krafterzeugung				In Betracht zu ziehender Konsum			
Kraft		Durchschnittliche Betriebsdauer		I. Ausbau		II. Ausbau	
er kraft	PS	Tage im Jahr	Std. pro Tag	Bemerkungen	ange-schlossene kW	kWh	ange-schlossene kW	kWh

	PS	Tage im Jahr	Std. pro Tag	Bemerkungen	ange-schlossene kW	kWh	ange-schlossene kW	kWh
zus.	190	280—320	10—20	*Stadt mit geschlossener Bauweise, mit vorwiegend Kleinindustrie*	1200	600 000	1800	1 600 000
us zus.	70	300	10					
	30	290	10					
	300	300	10	*Anschluß mit Übertragung auf Gruppen- und Einzelantrieb erwünscht*	230	250 000	350	400 000
				zusammen:	1430	850 000	2150	2 000 000
				Gleichzeitig erforderliche Höchstleistung und Jahresarbeit einschließlich Verluste . . .	500	1 000 000	800	2 300 000
	60	300	10	*Bevölkerung treibt vorwiegend Gartenbau u. Landwirtschaft*	140	80 000	280	300 000
				Gleichzeitig erforderliche Höchstleistung und Jahresarbeit einschließlich Verluste . . .	80	105 000	160	350 000
pf	155	290—320	10—12	*Aufstrebende Stadt mit starker Industrie*	500	300 000	1000	600 000
el	40	300	10					
kraft	120	320	20					
pf	220	300	10	*Übergang auf Einzelantrieb erwünscht*	160	250 000	320	500 000
er	100	300	12	*ca. 20 PS in längstens einem Jahr erforderlich*	20	20 000	100	200 000
el	120	300	8		90	100 000	140	200 000
				zusammen:	770	670 000	1 560	1 500 000
				Gleichzeitig erforderliche Höchstleistung und Jahresarbeit, einschließlich Verluste	300	800 000	600	1 800 000

zeitig benutzte Leistung diejenige der Fabrik mit 1000 kW zuzüglich etwa 20% des Kleinkonsums, d. s. 400 kW, demnach zusammen mit etwa 1400 kW anzusetzen sein.

Bei den vorstehend geschilderten Beispielen ist nicht nur der Ausgleich des angeschlossenen Konsums berücksichtigt, sondern auch der Verlust mit eingerechnet, welcher zwischen dem Ortskraftwerk und den einzelnen Konsumstellen bei der höchsten Belastung im Leitungsnetz eintritt, so daß die gleichzeitigen Höchstbelastungen einschließlich dieses Verlustes, gemessen am Schaltbrett des Ortswerkes bzw. am Hauptspeisepunkt des Ortsnetzes zu denken sind.

Die in den Listen Nr. 7 weiterhin einzutragenden Jahresarbeiten werden für den angeschlossenen Kleinkonsum auf Grund der Erfahrungen angenommen, wobei im allgemeinen für den angeschlossenen Lichtkonsum eine jährliche Benutzungsdauer von 200 bis 300 h, für Kleinmotoren in landwirtschaftlichen Betrieben 100 bis 200 h, für Kleinmotoren in Gewerbebetrieben 400 bis 600 h angenommen werden können. Für größere Fabriken ist die Jahresarbeit auf Grund der in den Fragebogen gemachten Angaben von Fall zu Fall zu ermitteln. Da man im allgemeinen als Anschlußwert der Fabriken nicht die Leistung der einzelnen Motoren, sondern die am Schaltbrett der Fabrik gleichzeitig auftretende Gesamtleistung, wie sie durch die Betriebsmaschinen der Fabrik oder durch den Fabriktransformator zu decken ist, in Betracht zieht, kann man für den Anschlußwert einer größeren Fabrik bei einschichtigem, d. h. achtstündigem Betrieb, eine durchschnittliche Jahresbenutzungsdauer von 1500 bis 2000 h rechnen. Findet ein teilweiser Nachtbetrieb statt, so ist diese Ziffer entsprechend zu erhöhen, bei einem vollständigen Zweischichtenbetrieb wird man für den angeschlossenen Fabrikkonsum eine jährliche Benutzungsdauer von 3000 bis 4000 h, und bei durchgehendem Dreischichtenbetrieb 4500 bis 6000 h zu rechnen haben.

Die Jahresverluste im Leitungsnetz betragen in gut disponierten Ortsnetzen im allgemeinen, je nach der Benutzungsdauer der Höchstleistung, etwa 10 bis 15%, aber auch 30% und darüber, sie sind den für die Konsumstellen ermittelten Jahresarbeiten hinzuzuzählen.

Da für den späteren Gebrauch die vorstehend gekennzeichnete Zusammenstellung zu umfangreich sein würde, wird das Ergebnis dieser Listen in eine besondere Konsumliste eingetragen, die für jede einzelne Gemeinde nur mehr den gleichzeitig benutzten Gesamtkonsum am Hauptspeisepunkt und die erforderliche Jahresarbeitsmenge, ebenfalls bezogen auf den Hauptspeisepunkt des Ortsnetzes, in den verschiedenen Ausbauten enthält.

Konsumliste

Liste 8.

geordnet nach Gemeinden.

Lfd. Nr.	Name der Gemeinde	Ein- wohner- zahl	I. Ausbau		II. Ausbau		Bemerkungen
			Höchst- leistung kW	Jahresarbeit kWh	Höchst- leistung kW	Jahresarbeit kWh	
219	Landberg	20 000	500	700 000	800	1 200 000	
220	Brunnen	1 500	50	30 000	60	40 000	
221	Schoningen	2 000	100	100 000	150	200 000	
222	Kurzheim	800	40	30 000	50	40 000	
223	Brandstetten . . .	1 200	60	50 000	80	80 000	
224	Uhlstadt	4 000	250	200 000	400	400 000	
225	Bernau	22 000	500	1 000 000	800	2 300 000	
226	Krautheim	3 000	80	105 000	160	350 000	
227	Mertingen	8 000	300	800 000	600	1 800 000	
. .	. . . .	. .	. . .	. . . .	. . .	. . . .	
. .	. . . .	. .	. . .	. . . .	. . .	. . . .	

Konsum-

geordnet nach Konsumschwerpunkten,

(Bayernwerk

Ein-wohner-zahl	Konsumschwerpunkte Name	Höchstleistung I. Ausbau kW	Höchstleistung II. Ausbau kW	Speisepunkte Name	Höchstleistung unter Berücksichtigung d. Ausgleichs I. Ausbau kW	Höchstleistung unter Berücksichtigung d. Ausgleichs II. Ausbau kW	Hauptkonsumgebiete Name	Höchstleistung unter Berücksichtigung d. Ausgleichs I. Ausbau kW	Höchstleistung unter Berücksichtigung d. Ausgleichs II. Ausbau kW
607 600	München	32 000	40 000	München . . .	32 000	40 000	München . . .	32 000	40 000
8 000	Riedenburg-West	200	300						
40 200	Neuburg a. D..	1 000	1 500						
21 700	Schrobenhausen	500	700						
17 700	Mainburg	400	600						
19 000	Pfaffenhofen-Nord . . .	450	600						
54 900	Ingolstadt	1 200	1 800						
		3 750	5 500	Ingolstadt . .	3 200	5 000			
19 000	Pfaffenhofen-Süd	450	600						
49 500	Freising	1 200	1 700						
43 800	Erding	1 200	1 700						
		2 850	4 000	Kranzberg . .	2 500	3 600			
—	—	—	—	—	—	—			
—	—	—	—	—	—	—			
		2 100	2 800	Mühldorf . . .	2 000	2 600			
		35 400	48 000		32 500	44 300	Oberbayern . .	30 000	40 000
36 800	Donauwörth	1 000	1 550						
10 200	Wertingen-West	250	400						
45 400	Dillingen	1 200	1 950						
		2 450	3 900	Dillingen . . .	2 000	3 400			
10 100	Wertingen-Ost	250	450						
9 200	Zusmarshausen-Ost . . .	300	500						
29 500	Aichach	700	1 100						
19 500	Friedberg	1 200	1 800						
173 400	Augsburg	12 100	16 000						
		14 550	19 850	Augsburg . . .	14 200	19 000			
—	—	—	—	—	—	—			
—	—	—	—	—	—	—			
		1 700	2 550	Oberstaufen . .	1 500	2 300			
		28 250	41 400		26 000	37 700	Schwaben . . .	24 000	35 000
40 000	Pfarrkirchen	700	1 000						
34 100	Griesbach	600	1 000						
44 100	Vilshofen	800	1 150						
20 100	Grafenau	300	500						
31 000	Wolfstein	500	750						
17 700	Wegscheid	300	500						
62 500	Passau	1 300	2 100						
		4 500	7 000	Passau	4 200	6 500			
31 900	Bogen	550	950						
28 900	Regen	600	950						
47 700	Deggendorf	1 050	1 650						
		2 200	3 550	Deggendorf . .	2 000	3 200			
—	—	—	—	—	—	—			
—	—	—	—	—	—	—			
		4 700	6 500	Amberg. . . .	4 200	5 800			
		26 200	38 900		23 800	35 400	Niederbayern u. Oberpfalz .	22 000	33 000
3 474 100	Übertrag	—	—	Übertrag	—	—	Übertrag . . .	108 000	148 000

Liste
Speisepunkten und Hauptkonsumgebieten.

Projekt 1918.)

Ein-wohner-zahl	Konsumschwerpunkte Name	Höchstleistung I. Ausbau kW	Höchstleistung II. Ausbau kW	Speisepunkte Name	Höchstleistung unter Berücksichtigung d. Ausgleichs I. Ausbau kW	Höchstleistung unter Berücksichtigung d. Ausgleichs II. Ausbau kW	Hauptkonsumgebiete Name	Höchstleistung unter Berücksichtigung d. Ausgleichs I. Ausbau kW	Höchstleistung unter Berücksichtigung d. Ausgleichs II. Ausbau kW
3 474 100	Übertrag	—	—	Übertrag . . .	—	—	Übertrag . . .	108 000	148 000
18 500	Neustadt a. Wn.-Nord	350	500						
39 500	Tirschenreuth	800	1 100						
11 900	Kemnath-Ost	150	250						
50 900	Wunsiedel	1 600	2 300						
		2 900	4 150	Arzberg . . .	2 600	3 700			
28 300	Münchberg	950	1 400						
30 400	Rehau	1 100	1 500						
24 200	Naila	700	1 000						
66 400	Hof	2 750	3 700						
		5 500	7 600	Hof	5 100	6 900			
—	—	—	—		—	—			
—	—	—	—		—	—			
—	—	—	—		—	—			
		5 450	7 050	Bamberg . .	4 700	6 300			
		21 700	30 450		19 600	27 500	Oberfranken	18 500	25 500
30 100	Uffenheim	500	950						
18 300	Scheinfeld	300	600						
30 800	Neustadt a. A.	500	950						
28 300	Rothenburg o. T.	500	850						
26 600	Feuchtwangen	500	900						
32 600	Dinkelsbühl	500	900						
15 000	Gunzenhausen-Nord	300	500						
54 400	Ansbach	1 200	1 650						
		4 300	7 300	Ansbach . . .	3 700	6 400			
39 100	Erlangen	850	1 500						
24 500	Lauf	500	950						
23 400	Hersbruck	500	950						
26 100	Neumarkt-West	600	950						
13 100	Hilpoltstein-Nord	250	450						
38 400	Schwabach	1 000	1 900						
453 800	Nürnberg-Fürth	25 800	32 500						
		29 500	39 200	Nürnberg . .	28 700	38 200			
—	—	—	—		—	—			
		3 300	4 700	Weißenburg	2 600	4 200			
		37 100	51 200		35 000	48 800	Mittelfranken	33 000	47 000
25 700	Alzenau	1 400	2 200						
65 800	Aschaffenburg	3 550	5 200						
29 000	Obernburg	650	1 200						
		5 600	8 600	Dettingen . .	5 500	8 500			
—	—	—	—		—	—			
—	—	—	—		—	—			
		4 400	7 500	Würzburg . .	3 500	6 000			
		18 550	28 750		16 500	25 900	Unterfranken	15 500	24 000
5 958 000	Summe	199 200	278 700		185 400	259 600		175 000	244 500

Bayernwerk unter Berücksichtigung des Ausgleichs 165 000   230 000

Bei der Projektierung sehr großer Landeselektrizitätsversorgungen, wie z. B. des Bayernwerkes, würde eine Stromverbrauchsliste, die den Strombedarf jeder einzelnen Gemeinde enthält, zu umfangreich werden. Man kann in einem solchen Falle den Stromverbrauch einer größeren Anzahl von Gemeinden zu Konsumschwerpunkten, z. B. für jeden Verwaltungsbezirk, in Bayern für jedes Bezirksamt, zusammenfassen, und man erhält hierdurch für jedes Bezirksamt eine Konsumziffer, wie dies in Liste 9 dargestellt ist.

In der als Beispiel aufgenommenen Stromverbrauchsliste des Bayernwerkprojektes ist für die einzelnen Konsumschwerpunkte lediglich die gleichzeitig benutzte Leistung in Kilowatt, nicht aber die Jahresarbeit eingetragen, weil für die Verzeichnung der Jahresarbeit beim Bayernwerk eine besondere Zusammenstellung benutzt wurde.

Hingegen ist aus der Stromverbrauchsliste zu ersehen, wie neben den gleichzeitigen Höchstleistungen an den Konsumschwerpunkten, welche für die Berechnung der Kreisnetze dienten, zur Dimensionierung des Landesnetzes auch die gleichzeitig benutzten Höchstleistungen an den Speisepunkten der Kreisnetze eingetragen wurden. Die Höchstleistungen an den Speisepunkten wieder sind zusammengefaßt zu den Höchstleistungen der Hauptkonsumgebiete. Die Zusammenfassung der Hauptkonsumgebiete ergibt unter Berücksichtigung eines entsprechenden Ausgleichs die Höchstleistung für die Kraftwerke des Bayernwerks.

Sind die Konsumerhebungen nicht bei den einzelnen Gemeinden, sondern in einem bereits weitgehend mit Elektrizität versorgten Gebiet nur bei den bestehenden Ortswerken und Überlandwerken gemacht worden, wobei zugleich mit dem Konsum auch die Einrichtungen der betreffenden Werke gemäß Fragebogen 2 und 3 ermittelt wurden, so sind die Konsumschätzungen der einzelnen Werke zunächst einer eingehenden Prüfung zu unterziehen.

Es ist klar, daß in ein und demselben Konsumgebiet zu klein disponierte Werke mit unwirtschaftlichen Maschinenanlagen, mit unzweckmäßiger Verteilungsspannung u. dgl. die Zunahme ihres Stromkonsums niedriger einschätzen als zweckmäßig disponierte Werke mit erweiterungsfähigen, neuzeitlichen Maschinenanlagen und mit ausreichend hoher Netzspannung. Man wird deshalb zu prüfen haben, ob bei der durch die Landeselektrizitätsversorgung in allen Teilen des Landes gleich günstigen Strombeschaffung die Angaben kleinerer Werke nicht ganz erheblich erhöht werden müssen, wobei im Zweifelsfalle Rückfragen und persönliche Rücksprachen erforderlich sind. Das Ergebnis der Prüfung wird zweckmäßig in Listen, wie Nr. 10, eingetragen.

Diese Listen enthalten neben der laufenden Nummer den Verwaltungsbezirk, den Namen und die Gesellschaftsform des Unternehmens, die Zahl der versorgten Gemeinden und der versorgten Einwohner, die erforderlichen Daten über die Stromerzeugungs- und Stromverteilungsanlagen, die Mitteilungen der Werke über die abgesetzte Jahresarbeit und die wirtschaftlichen Angaben über Stromverluste, Kohlenverbrauch u. dgl. Die letzten Spalten der Zusammenstellung sind für den vom projektierenden Ingenieur vorgesehenen Konsum in Kilowatt und Kilowattstunden freigehalten.

4. Bedeutung des Wärmebedarfs.

Die neuere Entwicklung der Elektrizitätsversorgung auf der Grundlage besonders billiger Stromerzeugung dürfte der Elektrizität vor allem ein neues Gebiet eröffnen, das ihr bisher ziemlich verschlossen war: die Deckung eines Teiles des Wärmebedarfs der Industrie und des Wärmebedarfs für Koch- und Heizzwecke im Haushalt.

Die industrielle Wärmebeschaffung aus Kohle, aus Koks oder sonstigen Brennstoffen arbeitet allerdings im Gegensatz zur Kraftbeschaffung mit sehr günstigen Wirkungsgraden, so daß die Verwendung von Wärmestrom für industrielle Zwecke

Lfd. Nr.	Verwaltungs-Bezirk	Unternehmen	Gesell-schafts-form	versorgte Ge-meinden	versorgte Ein-wohner	Kraftwerke					Leitungsnetze				
						Ort	Betriebs-kraft	installierte Leistung			Speiseleitungen		Verteilungs-leitungen		in
								Kessel qm	Maschin. kW		km	Volt	km	Volt	
1	Südkreis . .	Kraftwerk Südgau	A. G.	309	185 000						44	50 000	950	10 000	6
						Sennheim	Wasser	—	30						
							Dampf	1900	6300						
						Oberaltach	Wasser	—	60						
							Dampf	290	470						
						Buttberg	Diesel	—	240						
2	Südkreis . .	El. Werk Hollstadt	Städt.	3	44 000						7	10 000	53	380/220	3
						Hollstadt	Dampf	1020	2800						
							Diesel		400						
3	Westkreis	Überlandwerk Goslau	G. m b. H.	40	16 000						—	—	87	5 000	
						Goslau	Wasser		70						
							Diesel		100						
						Waldheim	Wasser		170						
							Diesel		170						
						Jägersdorf	Wasser		40						
4	Westkreis	Porzellanfabrik Gerau	Privat	7	5 000						—	—	12	3 000	
						Gerau	Wasser	—	60						
							Gasmotor	—	55						

Stromerzeugung		Ver-luste	Kohlenverbrauch		Bemerkungen	Für das Projekt zugrunde zu legende Ziffern					
insgesamt	hievon in eigenen Werken		insgesamt	je erzeugte kWh		1921		1926		1932	
kWh	kWh	%	t	kg		kW	kWh	kW	kWh	kW	kWh
9 902 000		34			Bezog im Jahre 1921 322 000 kWh Fremdstrom von der Steinkohlenzeche Dornheim	4 000	9 902 000*)	6 000	18 000 000	9 000	27 000 000
	182 000		—	—	*) Unter der Annahme, daß das außerhalb des Landes gelegene Konsumgebiet zwecks Abrundung in das Projekt einbezogen wird.						
	8 120 000		21 800	2,7							
	21 000		—	—							
	1 116 000		4 500	4,0							
	141 000		—	—							
	zus. 9 580 000										
3 955 000		11				1 400	3 955 000	2 000	6 000 000	3 000	9 000 000
	3 793 000		10 278	2,7							
	162 000		—	—							
	zus. 3 955 000										
264 000		14			Anschluß von 12 weiteren Gemeinden projektiert	300	264 000	800	800 000	1 200	1 200 000
	72 000		—	—							
	12 000		—	—							
	124 000		—	—							
	18 000		—	—							
	38 000		—	—							
	zus. 264 000		—	—							
83 000		13				70	83 000	100	120 000	150	200 000
	72 000		—	—							
	11 000		—	—							
	zus. 83 000										

wohl nur dort in Frage kommt, wo nicht der Preis allein ausschlaggebend ist, sondern daneben auch die Sauberkeit des Betriebes, die Gleichmäßigkeit oder genaue Regulierbarkeit der Temperatur, wie z. B. bei Backöfen, Härteöfen u. dgl. eine Rolle spielen.

Der elektrische Strom dürfte den Wärmebedarf der Fabriken namentlich im Bereich höherer Temperaturen decken, für die nicht mehr die Erwärmung durch den besonders billigen Abdampf von Maschinen ausreicht.

Im Haushalt arbeiten die derzeitigen Wärmequellen, insbesondere die Kohlenherde und Kohlenöfen, im Durchschnitt mit einem sehr schlechten Wirkungsgrad, der namentlich bei Küchenherden auf 20% und weniger sinken kann. Abgesehen davon, spielen im Haushalt die Bequemlichkeit, die Reinlichkeit, die rasche Betriebsbereitschaft, die Regulierbarkeit eine große Rolle und es ist deshalb, namentlich für Kochzwecke, künftig ein erheblicher Anteil für die Elektrizitätswerke zu rechnen.

Eingehende Untersuchungen im Ingenieurbureau Oskar von Miller haben ergeben, daß richtig konstruierte Speicherkochapparate, Warmwasserbereiter usw., die in den Nachtstunden oder gleichmäßig über 24 h aufgeladen werden, mit einem Jahresnutzeffekt von 60% betrieben werden können, und daß bei ihrer Verwendung die Warmwasserbereitung und das Kochen bei geeigneten Tarifen nicht teurer zu stehen kommt als das Kochen mit Gas, daß aber auch ohne weitgehende Speicherung Dispositionen getroffen werden können, die den Verbrauch an Wärmestrom im Haushalt außerordentlich steigern dürften.

Hierbei ist anzunehmen, daß das elektrische Kochen nicht zuerst in den großen Städten eingeführt wird, sondern vor allem in den kleinen Städten, in denen Gaswerke fehlen, und auf Bauernhöfen, in denen jetzt noch vielfach die ungünstigste Art des Kochens, nämlich das Kochen mit kostbarem Holz erfolgt. Gerade auf dem Lande dürfte das elektrische Kochen eine ähnlich rasche Verbreitung wie die elektrische Beleuchtung finden, die allgemein nicht zuerst in den Großstädten, sondern in den kleinen Landgemeinden erfolgte, in welchen wenige Jahre nach Errichtung der Elektrizitätswerke jedes Haus und jeder Stall elektrisch beleuchtet waren.

Die Heizung der Wohnungen wird in nächster Zeit noch nicht in großem Umfange möglich sein, da selbst die mit Wasserkraft erzeugte Elektrizität hierfür zu teuer ist. Sie wäre erst konkurrenzfähig mit der Kohle, wenn es gelingen würde Speicher zu beschaffen, die im Sommer überschüssige Wasserkraftenergie als Wärme aufspeichern, um sie im Winter abzugeben. Eine derartige Speicherung liegt, sowohl für einzelne Häuser als auch für ganze Stadtteile, unter besonders günstigen Verhältnissen im Bereiche der wirtschaftlichen Möglichkeit.

Je nach dem Preis der Kohle einerseits und dem bei großen Landesversorgungen erreichbaren Preis des elektrischen Stromes anderseits wird man bei künftigen Landesversorgungen annehmen dürfen, daß etwa 10 bis 30% des gesamten Wärmebedarfs in den Haushaltungen mittels Elektrizität gedeckt werden kann und es empfiehlt sich deshalb bei der Feststellung des Stromverbrauchs, eine allmähliche Vermehrung des Konsums für diese Zwecke zu berücksichtigen, was durch angemessene Erhöhung der für den Licht- und Kraftbedarf ermittelten Zahlen, insbesondere in einem etwa vorgesehenen zweiten und dritten Ausbau erfolgen kann. Wie groß die hier zu berücksichtigenden Werte werden können, geht daraus hervor, daß der Strombedarf eines bürgerlichen Haushalts für Kochzwecke einschließlich der Verluste rd. 1 bis 1,5 kWh pro Kopf und Tag beträgt, was bei Verwendung von Speicherherden mit einer Verteilung der Ladeleistung auf 10 h 100 bis 150 W pro Kopf und bei direkt beheizten Kochapparaten mit einer täglich 3stündigen Benutzungsdauer etwa 300 bis 500 W pro Kopf gleichkommt.

Hiernach würde beispielsweise in einer Kleinstadt mit 10000 Einwohnern ohne Gaswerk, in der Annahme, daß 50% der Bevölkerung Kochstrom beziehen, sich hiefür ein Jahresstromverbrauch von 5000 × 1 kWh × 365 = rd. 2 Mill. kWh ergeben. Zur Deckung dieser Strommenge würde bei Verwendung von Speicherapparaten mit einer Ladezeit von 20 h eine gleichzeitige Leistung von etwa 300 kW, bei 10 stündiger Ladung von etwa 600 kW und bei Verwendung direkt betriebener Kochapparate von etwa 1500 kW unter Berücksichtigung des Ausgleichs benötigt.

Eine Großstadt von 500 000 Einwohnern, wovon bei Vorhandensein eines leistungsfähigen Gaswerkes etwa 10% als Abnehmer von Kochstrom gerechnet werden, würde hiefür einen Bedarf von etwa 20 Mill. kWh aufweisen und je nach der Verwendung von Speicherherden oder direkt beheizten Apparaten eine Leistung von 3000 bis 15 000 kW benötigen.

Anschlüsse der vorstehend angegebenen Größenordnung dürften für Kochzwecke erzielbar sein, wenn der elektrische Strom den Abnehmern je kWh etwa um den Kleinverkaufspreis von 2 bis 3 kg guter Steinkohle bzw. um den Preis von 400 bis 600 l Kochgas geliefert werden kann.

Inwiefern sich der elektrische Strom in den Haushaltungen, Wirtschaften, Hotels usw. auch für Raumheizung einführen läßt, ist noch mehr als beim Kochen eine Preisfrage. Ein erheblicher Strombedarf für Heizzwecke kann eintreten, wenn der Strom für diesen Zweck den Abnehmern, z. B. als Zusatzstrom zu einem bereits vorhandenen höherwertigen Konsum, in den Nachtstunden um einen Betrag geliefert wird, der dem Kleinverkaufspreis von 1 bis 1½ kg guter Steinkohle entspricht.

Wo diese Möglichkeit vorliegt, wird man gut tun, den für Kochzwecke ermittelten Bedarf für die Wintermonate um einen angemessenen Prozentsatz für zusätzlichen Heizstrom zu erhöhen.

Abb. 22 zeigt die Konsumentwicklung eines städtischen Elektrizitätswerkes für Licht- und Kraftbedarf nebst einer Schätzung des künftigen Stromverbrauchs unter Berücksichtigung eines angemessenen Wärmeabsatzes.

Wie ersichtlich, ist hierbei mit einem jährlichen Stromverbrauch von 400 kWh pro Einwohner gerechnet, eine Zahl, die noch lange nicht die bei richtig disponierten Landeselektrizitätswerken erreichbare Grenze darstellen dürfte.

5. Herstellung der Konsumpläne.

Sind die Stromverbrauchslisten nach einer der angegebenen Methoden fertiggestellt und gegebenenfalls durch die Ziffern für den Wärmebedarf in den einzelnen Gemeinden ergänzt, so wird zur Beurteilung der räumlichen Verteilung des Stromverbrauchs ein Konsumplan entworfen.

Bei Anlagen kleineren Umfanges wird der Konsum für jede einzelne Gemeinde in Kilowatt der erforderlichen Höchstleistung gemäß Liste 8 eingetragen, wobei Kreise oder Rechtecke je nach dem Flächeninhalt die Größe der Höchstleistung darstellen, um hierdurch ein möglichst anschauliches Bild über die Größenordnung der verschiedenen Abnahmestellen zu erhalten.

Wenn eine ausgedehnte Landesversorgung zu projektieren ist, empfiehlt es sich, die Konsumzahlen nicht für jede einzelne Gemeinde, sondern nur für die Zusammenfassung mehrerer Gemeinden einzutragen. Man kann hiefür beispielsweise die Hauptorte der untersten Verwaltungsgebiete, Bezirksämter, wählen, die sodann gewissermaßen die Konsumschwerpunkte für das betreffende Gebiet darstellen, wie dies auch in dem Beispiel der Liste 9 geschehen ist.

Hat man als Unterlage des Strombedarfs in einem bereits weitgehend mit Elektrizität versorgten Land die Angaben der einzelnen Stromversorgungsunternehmen gemäß Liste 10 zugrunde gelegt, so kann man in den Konsumplan für jedes dieser Stromversorgungsunternehmen die Höchstleistung in Kilowatt an den Stellen der bestehenden Stromerzeugungsanlagen eintragen.

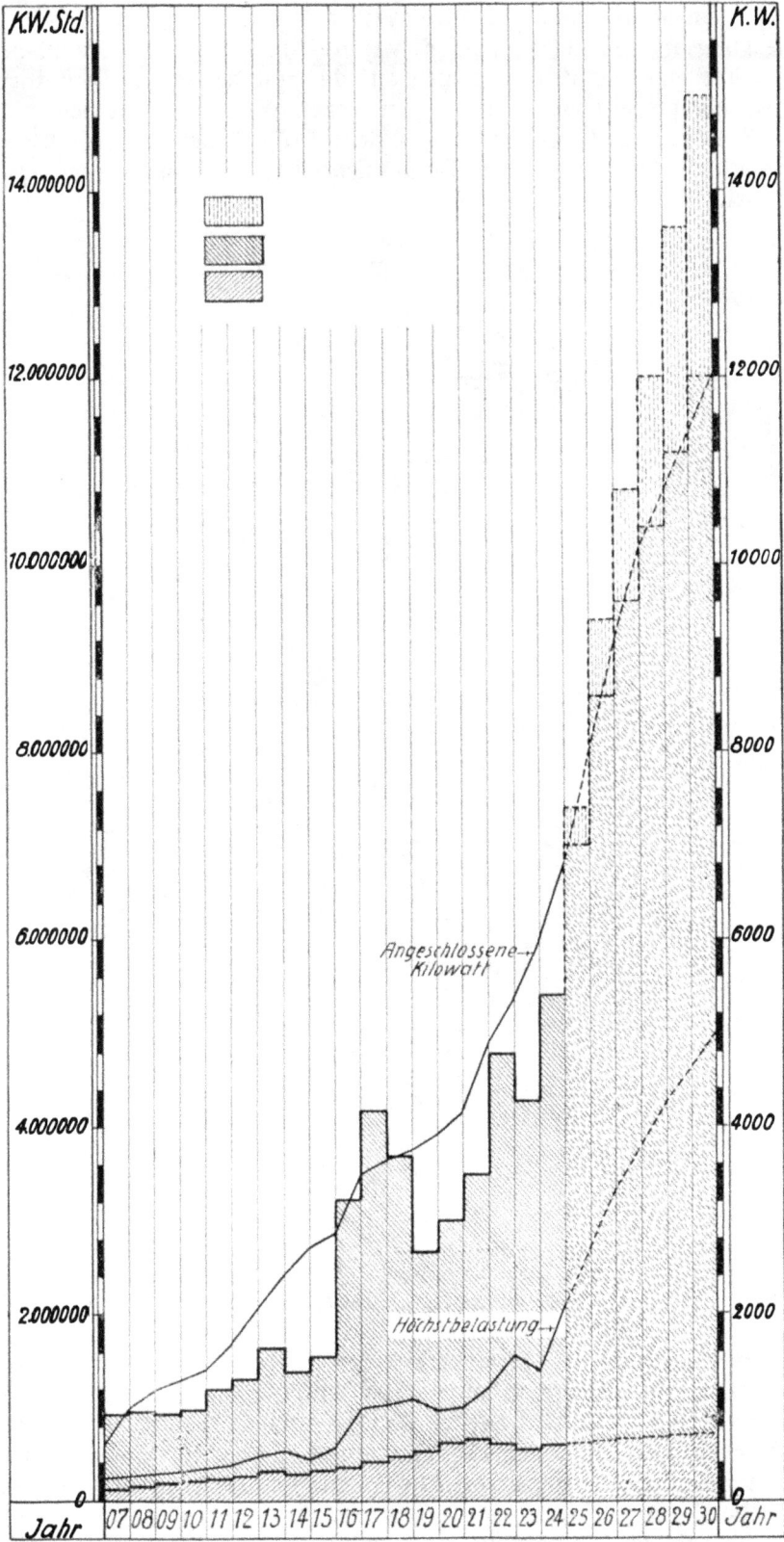

Abb. 22. Konsumentwicklung des Elektrizitätswerkes einer Industriestadt mit etwa 40000 Einwohnern mit Schätzung des künftigen Wärmebedarfs.

Sind in einem vorhandenen Stromversorgungsgebiet neben den bestehenden Stromerzeugungsanlagen für die Zukunft weitere Kraftwerke oder Hauptspeisepunkte geplant, so hat man die Konsumzahlen auf die bestehenden und künftigen Kraftwerke bzw. Hauptspeisepunkte in angemessener Weise zu verteilen.

Abb. 23 zeigt den Konsumplan aus dem Projekt des Bayernwerkes, welcher nach der Methode der Liste 9 unter Berücksichtigung der Konsumschwerpunkte aufgezeichnet ist.

Ingenieurbüro Oskar von Miller G. m. b. H.

Abb. 23. Konsumplan des Bayernwerkes.

Die Verschiedenheit des Stromverbrauchs in den aufeinander folgenden Ausbauten wurde bei dem Konsumplan des Bayernwerkprojektes in der Weise berücksichtigt, daß für den ersten und zweiten Ausbau zwei getrennte Pläne aufgezeichnet wurden. Man kann an Stelle von zwei getrennten Konsumplänen auch einen einheitlichen Konsumplan für 2 oder mehrere Ausbauten in der Weise entwerfen, daß für jede Abnahmestelle 2 oder 3 Zahlen mit entsprechenden konzentrischen Kreisen in der Größe der betreffenden Ausbauziffern verzeichnet werden.

6. Bedeutung der Stromkurven.

Wie bei der Höchstleistung die räumliche Verteilung auf das Stromversorgungsgebiet für die Disposition und die Kosten der Leitungsnetze von Bedeutung ist, so ist bezüglich der Jahresarbeiten die zeitliche Verteilung über die einzelnen Jahreszeiten sowie über die einzelnen Tagesstunden für die Auswahl der Kräfte und für die Beurteilung der Betriebskosten von besonderer Wichtigkeit.

Die zeitliche Verteilung der Jahresarbeiten wird in den sog. Stromkurven festgehalten, in welchen als Abszissen die 24 Tagesstunden und als Ordinaten die jeweils vorzusehenden Höchstleistungen in kW aufgetragen sind, so daß die Flächen die Arbeitsleistungen in kWh ergeben.

Solange die Elektrizitätswerke in der Hauptsache die elektrische Beleuchtung und nur nebenher etwas Kraft lieferten, waren die Stromkurven in den einzelnen Jahreszeiten außerordentlich verschieden, weil an den kurzen Wintertagen infolge des großen Lichtkonsums eine viel größere Arbeitsleistung wie an den langen Tagen der Sommermonate zu liefern war.

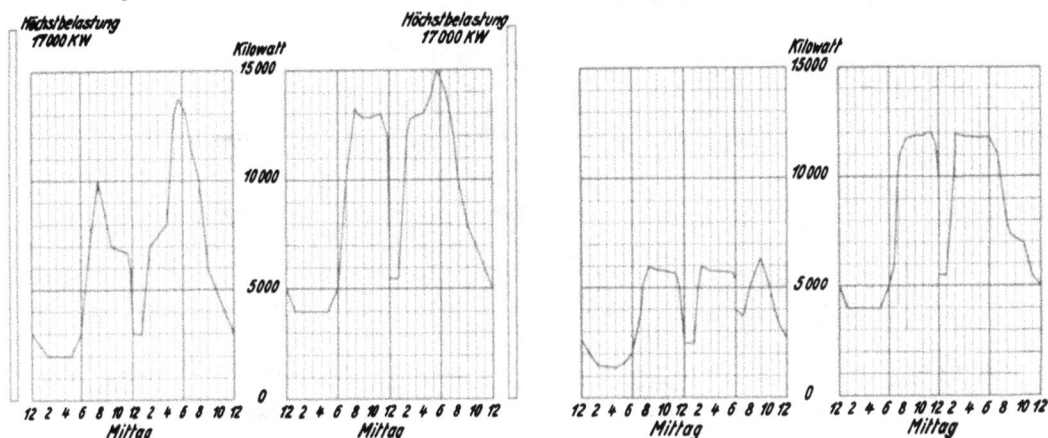

Abb. 24. Stromkurven zweier Werke: A mit überwiegendem Lichtkonsum; B mit überwiegendem Kraftkonsum.

Man pflegte deshalb früher die Stromkurven für je einen Durchschnittstag der verschiedenen Monate des Jahres zu entwerfen, oder sie wenigstens für je einen Frühjahrs-, Sommer-, Herbst- und Wintertag zu zeichnen.

Je mehr die Beleuchtung neben der Kraftverteilung zurücktritt, desto gleichmäßiger werden die Stromkurven in den einzelnen Jahreszeiten, so zwar, daß es gegenwärtig in der Mehrzahl der Fälle genügt, eine durchschnittliche Winterkurve und eine durchschnittliche Sommerkurve zu entwerfen, um die Verhältnisse für die Stromlieferung genügend klarzulegen.

Abb. 24 zeigt zum Vergleich die Stromkurven zweier Werke A und B mit gleicher Höchstbelastung, deren eines jedoch überwiegend Lichtanschlüsse hat, während das andere überwiegend Kraftbetriebe beliefert.

Ein wesentlicher Unterschied besteht bei überwiegender Kraftverteilung zwischen den Werktagen und den Sonn- und Feiertagen, weil an den letzteren Tagen der Strombedarf der Industrie zum großen Teil wegfällt. Es ist deshalb für genaue Untersuchungen, wie sie zum Beispiel für das Bayernwerk nötig waren, zweckmäßig, Stromkurven für Werktage und Sonntage getrennt zu zeichnen. Man kann aber auch auf die Zeichnung der Sonntagskurven verzichten, wenn man die aus den Werktagskurven entnommenen Tagesarbeiten zur Ermittlung der Jahresarbeiten nicht mit 365, sondern wegen des geringeren Sonntagskonsums mit einer kleineren Zahl, zum Beispiel 320 multipliziert, wobei die Sonntagsarbeit mit etwa einem Drittel der normalen Werktags-arbeit gerechnet wäre.

Für die Aufzeichnung der Stromdiagramme stehen zwei Wege zur Verfügung, je nachdem die Landesversorgung für ein bereits mit Elektrizität versorgtes Gebiet oder für ein völlig neu aufzuschließendes Land zu projektieren ist.

Ist eine Elektrizitätsversorgung bereits vorhanden, so haben die einzelnen Orts-werke und Überlandwerke mit den Fragebogen auch Stromkurven übersandt, die in geeigneter Weise richtiggestellt, ergänzt und zusammengesetzt, die Stromkurven für die gesamte Landesversorgung ergeben.

Da die eingeforderten Stromkurven selbstverständlich ein Bild über den Strom-verlauf der einzelnen Werke nur zur Zeit der Fragestellung ergeben, müssen sie für den erhöhten Konsum des ersten und zweiten Ausbaues umgezeichnet werden.

Dabei kommt jedoch nicht eine proportionale Änderung der Diagramme im Ver-hältnis zur Erhöhung der Leistung in Frage, es wird vielmehr die Gestalt der Strom-kurven je nach der Art des Konsumzuwachses eine andere.

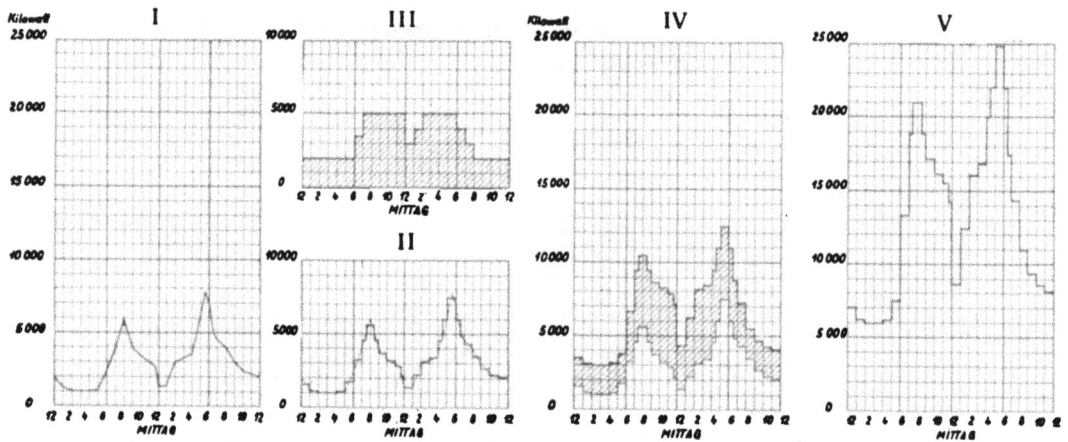

Abb. 25. Änderung eines gegebenen Stromdiagrammes je nach Art der Konsumzunahme.

In Abb. 25 ist ein Beispiel für die Abänderung eines Stromdiagrammes gegeben, bei welchem zu einem aus Licht- und Kraftverbrauch bestehenden Konsum ein zusätzlicher Kraftbedarf für größere Fabriken zu berücksichtigen war.

Die Abbildung zeigt unter I das Originaldiagramm, und zwar mit einer stetig verlaufenden Kurve wie sie entweder durch ein Registrierinstrument oder durch viertelstündige oder halbstündige Aufzeichnungen der Maschinenmeister erhalten wird.

Um die weiteren Arbeiten der Änderung, Ergänzung und Zusammensetzung der Diagramme zu erleichtern, pflegt man dieselben zunächst in eine Stufenform umzu-zeichnen, wie dies unter II der Abb. 23 angegeben ist, weil man auf diese Weise die vielfach nötigen Flächenberechnungen durch Hilfskräfte mittels Abzählung der Recht-ecke leicht durchführen lassen kann.

Unter III ist der erwartete Konsumzuwachs in Gestalt einer normalen Fabrik-kurve aufgezeichnet.

Unter IV ist dieser Konsumzuwachs zu dem Originaldiagramm graphisch addiert, womit das Stromdiagramm für den ersten Ausbau erhalten wird.

Nimmt man an, daß hiermit auch der spätere Charakter der Stromdiagramme des betreffenden Elektrizitätswerkes bereits getroffen ist, daß also im II. Ausbau das Ver-hältnis zwischen Licht- und Kraftstrom das gleiche bleibt wie im I. Ausbau, so kann man dieses Diagramm wie unter V für den II. Ausbau proportional vergrößern.

Bezeichnung der Hauptabnehmer.	Winter		Sommer		Gesamtjahresarbeit
	1 Werktag K.W.Std.	153 Werk-u.30 Sonntage K.W.Std.	1 Werktag K.W.Std.	152 Werk-u.30 Sonntg. K.W.Std.	305 Werk-u.60 Sonntg. K.W.Std.
Jena	131.000	22.500000	113.000	19.500000	42.000000
Gispersleben	219.000	38.000000	191.000	33.000000	71.000000
Breitungen	285.000	49.500000	241.000	41.500000	91.000000
Eisfeld	152.500	26.500000	124.500	21.500000	48.000000
Probstzella	168.000	29.000000	145.000	25.000000	54.000000
Auma	160.000	27.500000	136.000	23.500000	51.000000
Gera	260.000	45.000000	221.500	38.000000	83.000000

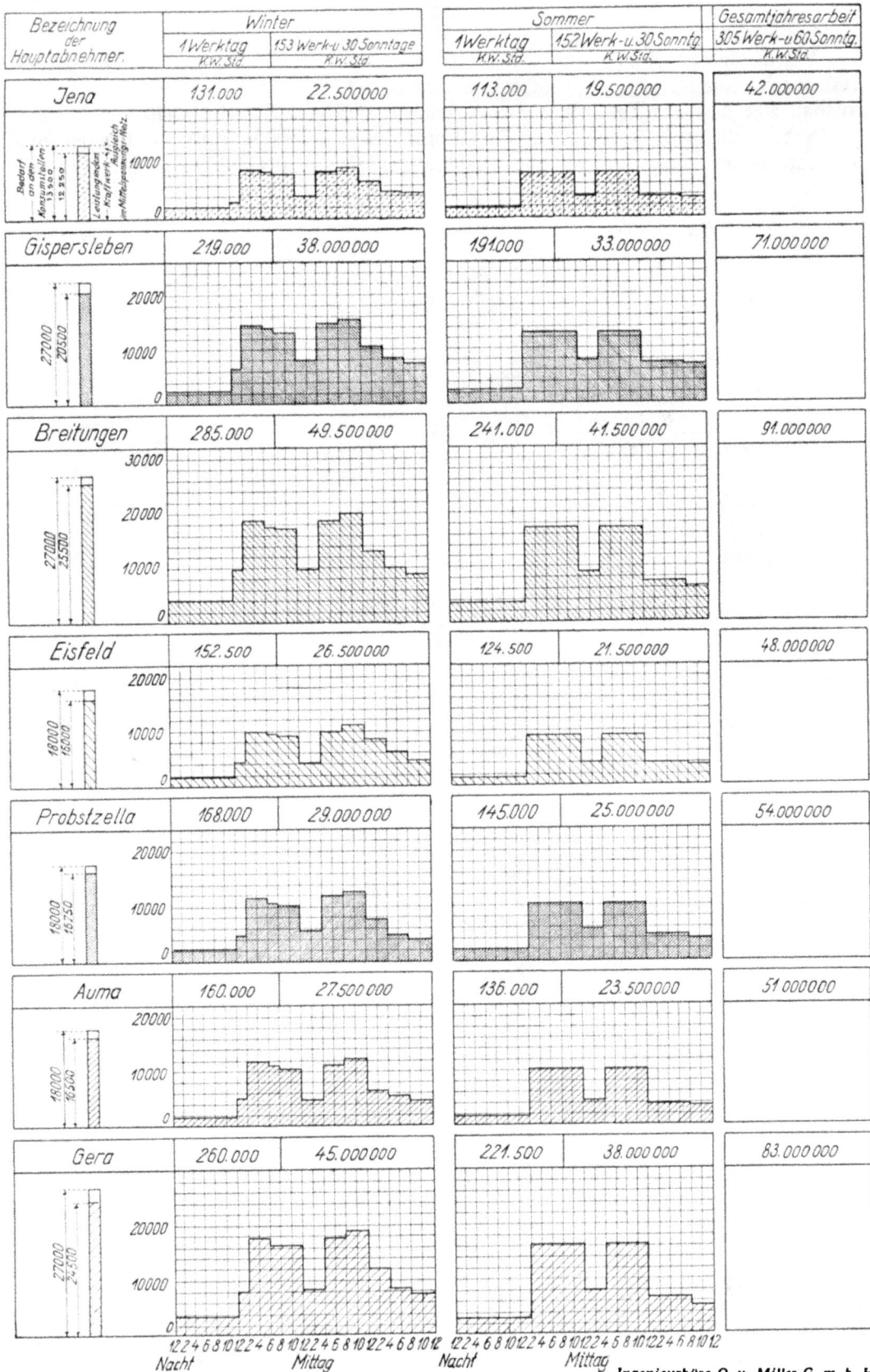

Ingenieurbüro O. v. Miller G. m. b. H.

Abb. 26. Einzelstromdiagramme der Hauptkonsumgebiete aus dem Projekt für das Thüringenwerk.

Würde man annehmen, daß auch in der Folge die Vermehrung zum überwiegenden Teil durch Zunahme des Fabrikkonsums stattfindet, so müßte man für den zweiten Ausbau eine ähnliche Zusammensetzung wie für den ersten vornehmen.

Sobald die wichtigsten Stromdiagramme für den ersten und zweiten Ausbau der Landesversorgung umgezeichnet und nötigenfalls in ihrem Verlauf entsprechend

Hauptgruppe	Winter-Werktag.		Sommer-Werktag.		Gesamtjahresarbeit.
	1 Werktag	153 Werktage +30 Sonntage	1 Werktag	152 Werktage +30 Sonntage	305 Werktage+50 Sonntage
	KWStd.	KWStd.	KWStd.	KWStd.	KWStd.
Jena	131.000	22.500.000	113.000	19.500.000	42.000.000
Gispersleben	219.000	38.000.000	191.000	33.000.000	71.000.000
Breitungen	285.000	49.500.000	241.000	41.500.000	91.000.000
Eisfeld	152.500	26.500.000	124.500	21.500.000	48.000.000
Probstzella	158.000	29.000.000	145.000	25.000.000	54.000.000
Auma	160.000	27.500.000	136.000	23.500.000	51.000.000
Gera	260.000	45.000.000	221.500	38.000.000	83.000.000
Summe		238.000.000		202.000.000	440.000.000
Verluste im 50.000 V.-Netz.	124.500	22.000.000	108.000	18.000.000	40.000.000
Summe	1.500.000	260.000.000	1.280.000	220.000.000	480.000.000

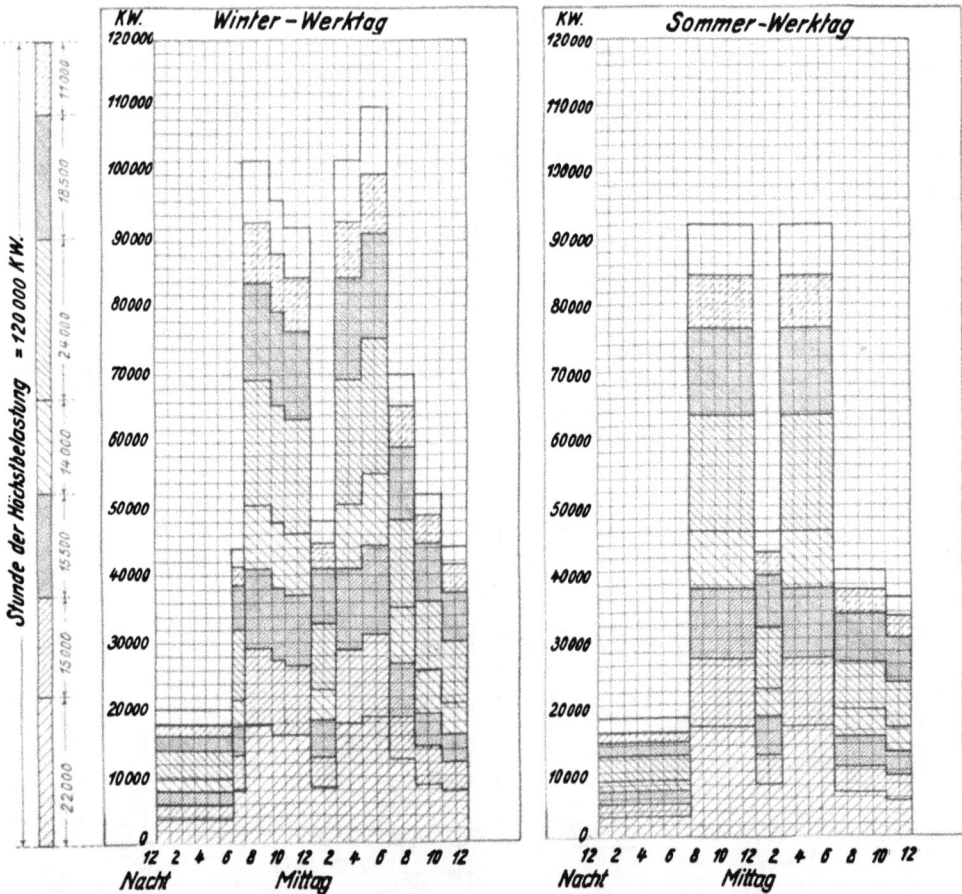

Ingenieurbüro Oskar v. Miller G. m. b. H.

Abb. 27. Gesamtstromdiagramme aus dem Projekt für das Thüringenwerk.

abgeändert wurden, läßt sich durch graphische Zusammensetzung aller Einzeldiagramme das Gesamtdiagramm der Landesversorgung ermitteln. Dabei ist es nicht zweckmäßig, die mitunter sehr große Zahl der einzelnen Ortswerks- und Überlandwerksdiagramme unmittelbar zusammenzusetzen, sondern man faßt die

Einzeldiagramme zunächst nach den in Aussicht genommenen Hauptkonsumgebieten zusammen und erhält hierdurch für jedes dieser Hauptkonsumgebiete nur ein Diagramm, worauf diese wenigen Hauptdiagramme zu dem Gesamtdiagramm vereinigt werden.

Bei der Zusammensetzung der einzelnen Stromdiagramme ist der im Höchstspannungsnetz der Landesversorgung auftretende Arbeitsverlust durch Hinzufügen einer entsprechenden Verlustkurve zu berücksichtigen.

Abb. 26 und 27 zeigen den Vorgang der Zusammensetzung der Hauptdiagramme zu dem Einheitsdiagramm der Landesversorgung auf Grund des Projektes für das Thüringenwerk, bei welchem für jedes der sieben Hauptkonsumgebiete je ein durchschnittlicher Winter- und Sommerwerktag mit Angabe der zugehörigen Tages- und Jahresarbeitsmengen verzeichnet wurde.

Liegt eine Stromversorgung in einem Lande noch nicht vor, so müssen je nach dem Charakter des zu erwartenden Stromverbrauchs — Beleuchtung, Kleingewerbebetriebe, Großindustrie, Landwirtschaft — die Stromkurven auf Grund allgemeiner Erfahrung entworfen werden. Auch in diesem Falle empfiehlt es sich, nicht von vornherein eine einheitliche Stromkurve für das ganze Land aufzustellen, sondern für jedes der in Aussicht genommenen Hauptkonsumgebiete besondere Stromkurven zu entwerfen, die dann erst zu der Gesamtkurve vereinigt werden.

7. Schätzung des Strombedarfs auf weite Sicht zwecks Disposition über die Kraftquellen eines Landes.

Mitunter liegt die Aufgabe vor, über die Kraftquellen eines Landes auf eine große Reihe von Jahren soweit zu disponieren, daß ein Überblick über die zweckmäßigste Verwendung der Kräfte gewonnen wird. Derartige Untersuchungen wurden für Bayern durch Oskar von Miller und unabhängig davon durch die Oberste Baubehörde angestellt. Die hierbei von Oskar von Miller angewendete Methode der Konsumschätzung soll nachstehend kurz erläutert werden[1]).

Um festzustellen, welche Mengen an Rohenergie -- Kohle, sonstige Brennstoffe, Wasserkräfte — in Bayern insgesamt gebraucht werden und wie sie sich auf die verschiedenen Verwendungszwecke verteilen, wurde das Jahr 1913 zugrunde gelegt, nicht nur weil es das letzte normal verlaufene Friedensjahr war, sondern auch, weil für dieses Jahr anläßlich der Projektierung des Bayernwerkes eingehende Konsumerhebungen gepflogen waren.

Aus der Statistik konnte zunächst nur der Verbrauch an Steinkohle und Braunkohle mit Sicherheit festgestellt werden, während für den Verbrauch an Holz, Torf u. dgl., die in Bayern in der Hauptsache von der Landbevölkerung für Hausbrand verwendet werden, eine ergänzende Schätzung nötig war. Um ein einheitliches Maß für den Verbrauch an Brennstoffen zu gewinnen, wurden dieselben auf Steinkohlen von 6000 cal umgerechnet. Der jährliche Verbrauch an Brennstoffenergie in Bayern nach dem Stand von 1913 ergab sich hiebei wie folgt:

Art der verwendeten Brennstoffe	Verbrauch in Milliarden kg	das sind Milliarden cal	Gleichwert in Milliarden kg Steinkohle von 6000 cal
Steinkohle von 6000 cal	6	36000	6
Oberb. u. böhm. Braunkohle von 4500 cal .	4	18000	3
Holz, Torf, Rohbraunkohle u. dgl. 2250 cal	4	9000	1,5
	14	63000	10,5

---

[1]) Vergl. ETZ. 1925, Heft 1.

Um festzustellen, welche Nutzarbeit mit dieser Brennstoffmenge geleistet wurde, war vor allem zu ermitteln, wie sich dieselbe auf die verschiedenen Verwendungszwecke verteilt.

Hierbei wurde unterschieden:

1. Der Bedarf für Industrie und Landwirtschaft, und zwar:
   a) für Krafterzeugung,
   b) für Wärmeerzeugung;
2. der Bedarf für Beleuchtungszwecke;
3. der Bedarf für Hausbrand, und zwar:
   a) für Kochen,
   b) für Heizen;
4. der Bedarf für den Bahnbetrieb;
5. der Bedarf für Rohstofferzeugung.

In folgender Zahlentafel ist für die einzelnen Verwendungszwecke der Kohlenverbrauch in Milliarden kg Steinkohle in der Horizontalreihe 1 eingetragen. Es ist ersichtlich, daß der Hauptbedarf für die Industrie und Landwirtschaft mit etwa 3,5 Milliarden kg und für Hausbrand, d. h. Kochen und Heizen, mit 5,5 Milliarden kg benötigt wurde, während für die Bahn nur 1,3 Milliarden kg, für Licht und Rohstofferzeugung nur sehr geringe Mengen an Brennstoffen erforderlich waren.

Um aus dem Brennstoffverbrauch die Nutzenergie in PSh, cal usw. an den Verwendungsstellen zu ermitteln, ist in Reihe 2 der Zahlentafel angegeben, wieviel 1 kg Steinkohle nutzbare PSh bzw. cal usw. an den verschiedenen Verwendungsstellen liefert. Die Zahlentafel zeigt, daß beispielsweise 1 kg Steinkohle in den industriellen Kraftanlagen durchschnittlich $^1/_2$ PSh, in den industriellen Feuerungsanlagen durchschnittlich 2800 cal, in den Beleuchtungsanlagen durchschnittlich 12 Normallampenbrennstunden zu 25 HK usw. zu liefern vermag.

Diese Umsetzungsziffern von kg Steinkohle in nutzbar erzeugte PSh, cal usw. mögen zum Teil niedrig erscheinen, es ist aber zu beachten, daß sich die angestrebte Berechnung der Nutzenergie nicht auf die jetzige Zeit, sondern auf das Jahr 1913 bezieht, und daß für die Umwandlungen Einrichtungen verwendet wurden, die damals im Durchschnitt 10 bis 15 Jahre alt waren, so daß die für die Berechnung zugrunde zu legenden Nutzeffekte dem Stand der Technik vor etwa 20 bis 25 Jahren anzupassen waren.

Es ist ferner zu beachten, daß bei der Umrechnung der Nutzenergie aus der verbrauchten Brennstoffmenge auch die verschiedenen Verluste durch geringe Belastung, durch Leerfeuern u. dgl. zu berücksichtigen waren.

Unter Zugrundelegung der in Reihe 2 ermittelten Umrechnungsziffern ist in Reihe 3 für die verschiedenen Verwendungszwecke die insgesamt gelieferte Nutzenergie in den üblichen Nutzeinheiten angegeben.

Um die verschiedenen Nutzeinheiten auf ein gemeinsames Maß zu bringen und zugleich den zur Deckung erforderlichen Bedarf an elektrischem Strom zu ermitteln, ist eine Umrechnung der in PSh, cal usw. ermittelten Nutzeinheiten in kWh vorgenommen. Hierbei handelt es sich nicht etwa um eine theoretische Umrechnung, sondern die jeweils angegebene Anzahl von kWh bedeutet diejenige Strommenge, welche die Gesamtheit aller Abnehmer einer Verwendungsgruppe im Durchschnitt am Schaltbrett ihrer Installationen beziehen müßte, um die erforderlichen Nutzenergien mit den zurzeit erhältlichen Umsetzungsapparaten, Elektromotoren, elektrischen Öfen, elektrischen Herden usw. zu erzielen.

Energiebedarf in Bayern und dessen Verteilung auf Wasserkraft und Wärmekraft 1913 und 1940.

Nach Oskar von Miller.

Lfd. Nr.		Industrie und Landwirtschaft		Licht	Hausbrand		Bahn	Rohstofferzeugung	Ausfuhr	Summe
		Kraft	Wärme		Kochen	Heizen				
		1913								
1	Kohlenverbrauch in kg Steinkohle von 6000 cal.	3,0 Md. kg	0,5 Md. kg	0,1 Md. kg	2,2 Md. kg	3,3 Md. kg	1,3 Md. kg	0,1 Md. kg	—	10,5 Md. kg
2	1 kg Steinkohle von 6000 cal erzeugt Nutzeinheiten an der Verwendungsstelle	0,5 PSh	2800 cal	12 Brennh à 25 Kerz.	600 cal	1350 cal	0,4 PSh	3900 cal	—	
3	Somit insgesamt gelieferte Nutzenergie (PSh, cal usw.) an den Verwendungsstellen	1,5 Md. PSh	1400 Md. cal	1,2 Md. Brennh.	1300 Md. cal	4500 Md. cal	0,53 Md. PSh	390 Md. cal	—	
4	Für 1000 Nutzeinheiten (PSh bzw. cal usw.) sind erforderlich kWh.	1000 kWh	1,43 kWh	33,3 kWh	1,89 kWh	1,47 kWh	1000 kWh	1,28 kWh	—	
5	Somit entspricht die gelieferte Nutzenergie einem Strombedarf an den Verwendungsstellen von Milliarden kWh = A	1,5 Md. kWh	2,0 Md. kWh	0,04 Md. kWh	2,45 Md. kWh	6,6 Md. kWh	0,53 Md. kWh	0,5 Md. kWh	—	13,62 Md. kWh
	Neben den Brennstoffen wurde aufgewendet:									
6	Wasserkraftenergie an den Erzeugungsstellen in Milliarden kWh	0,67 Md. kWh	—	0,08 Md. kWh	—	—	—	0,05 Md. kWh	—	0,80 Md. kWh
7	Abzüglich Verluste von den Erzeugungsstellen bis zu den Verwendungsstellen Milliarden kWh	0,17 Md. kWh	—	0,02 Md. kWh	—	—	—	~0	—	0,19 Md. kWh
8	Somit entspricht die durch Wasserkraft erzeugte Energie einem Strombedarf an den Verwendungsstellen von Milliarden kWh = B	0,50 Md. kWh	—	0,06 Md. kWh	—	—	—	0,05 Md. kWh	—	0,61 Md. kWh
9	Gesamter Nutzstrombedarf an den Verwendungsstellen in Milliarden kWh = $A + B = C$	2,0 Md. kWh	2,0 Md. kWh	0,10 Md. kWh	2,45 Md. kWh	6,6 Md. kWh	0,53 Md. kWh	0,55 Md. kWh	—	14,23 Md. kWh
10	Der Anteil der Brennstoffe beträgt %	75%	100%	40%	100%	100%	~100%	90%	—	~95%
11	Der Anteil der Wasserkräfte beträgt %	25%	—	60%	—	—	—	10%	—	~5%
		1940								
12	Steigerung des Nutzstrombedarfes C von 1913 bis 1940 in %	60%	50%	100%	20%	20%	70%	250%	—	~50%
13	Somit erhöht sich der Nutzstrombedarf an den Verwendungsstellen auf Milliarden kWh = D	3,2 Md. kWh	3,0 Md. kWh	0,2 Md. kWh	3,0 Md. kWh	8,0 Md. kWh	0,9 Md. kWh	2,0 Md. kWh	1,6 Md. kWh	21,9 Md. kWh
14	Hiervon sollen durch Wasserkraft gedeckt werden in %	70%	5%	75%	25%	5%	90%	80%	100%	35%
15	Das sind Milliarden kWh = E	2,25 Md. kWh	0,15 Md. kWh	0,15 Md. kWh	0,75 Md. kWh	0,45 Md. kWh	0,8 Md. kWh	1,6 Md. kWh	1,6 Md. kWh	7,75 Md. kWh
16	Verluste von der Verwendungsstelle bis zur Erzeugungsstelle in Milliarden kWh	0,75 Md. kWh	0,05 Md. kWh	0,05 Md. kWh	0,25 Md. kWh	0,15 Md. kWh	0,3 Md. kWh	—	0,4 Md. kWh	1,95 Md. kWh
17	Somit i. d. Wasserkraftwerken erforderl. Wasserkrafterzeugung in Md. kWh	3,0 Md. kWh	0,2 Md. kWh	0,2 Md. kWh	1,0 Md. kWh	0,6 Md. kWh	1,1 Md. kWh	1,6 Md. kWh	2,0 Md. kWh	9,7 Md. kWh

5*

Zu diesem Zwecke ist in Reihe 4 der Zahlentafel zunächst angegeben, wieviel kWh für 1000 PSh bzw. cal usw. unter Berücksichtigung der in den Umsetzungsapparaten erzielbaren Nutzeffekte benötigt werden.

In Reihe 5 ist mit Hilfe dieser spezifischen Stromverbrauchsziffern für jede Verwendungsgruppe die Gesamtenergie in Milliarden kWh berechnet. Sie ergibt sich zu insgesamt 13,62 Milliarden kWh.

Zu diesen dem Brennstoffverbrauch entsprechenden Strommengen sind noch diejenigen zu addieren, welche unmittelbar in Form von Wasserkraftelektrizität erzeugt wurden. Wie aus der Zahlentafel ersichtlich, erstreckte sich die Verwendung des mit Wasserkraft erzeugten Stromes auf die Gruppen Industrie, Licht und Rohstofferzeugung. Bekannt waren zunächst nur die in den Kraftwerken erzeugten Strommengen, Reihe 6. Durch Abzug der Verluste, Reihe 7, von der Erzeugungsstelle bis zur Verwendungsstelle, konnte die tatsächliche Nutzenergie an den Verwendungsstellen, Reihe 8, ermittelt werden.

Durch Addition der aus dem Brennstoffverbrauch und aus der Wasserkrafterzeugung sich ergebenden Nutzarbeit in kWh erhält man in Reihe 9 den gesamten Nutzstromverbrauch an den Verwendungsstellen für das Jahr 1913. Wie aus der Zahlentafel zu entnehmen ist, betrug derselbe für Industrie und Landwirtschaft 4 Milliarden kWh, von denen zwei auf Krafterzeugung und zwei auf Wärmeerzeugung entfallen.

Der Energieverbrauch für Beleuchtung war unbedeutend. Er betrug insgesamt nur rd. 0,1 Milliarde kWh. Bei weitem der größte Energieverbrauch entfiel auf die Gruppe Hausbrand. Für das Kochen waren 2,45 Milliarden, für das Heizen 6,6 Milliarden kWh erforderlich.

Für den gesamten Bahnbetrieb hätte man bei einer Bruttofahrleistung von rund 16 Milliarden tkm nur etwa 0,53 Milliarden kWh benötigt, wenn man die Bahn statt mit Kohle elektrisch betrieben hätte.

Die Rohstofferzeugung einschließlich des Hüttenwesens verbrauchte im Jahre 1913 ein Äquivalent von rd. 0,55 Milliarden kWh; eine Ausfuhr von Energie außerhalb Bayerns war nicht vorhanden.

Zur Deckung des gesamten Energiebedarfes wären in Bayern im Jahre 1913 etwa 14 Milliarden kWh an den Schaltbrettern der Verwendungsstellen erforderlich gewesen.

Neben dem gesamten Nutzstrombedarf ist in der Zahlentafel noch angegeben, wieviel prozentual durch Brennstoff und Wasserkraft gedeckt wurde. Es entfielen auf die Wasserkraft insgesamt nur 5%, während 95% des gesamten Energiebedarfes durch Brennstoffe gedeckt wurden.

Wenn nun untersucht wurde, wie die bayerischen Wasserkräfte am zweckmäßigsten zu verteilen wären, so durfte hierfür nicht das Jahr 1913 zugrunde gelegt werden, sondern es mußte, um die Zukunft zu berücksichtigen, ein Zeitpunkt gewählt werden, in welchem der Energiebedarf eine angemessene Zunahme erfahren hat Es wurde der Zeitpunkt gewählt, in welchem der Energieverbrauch von 14 Milliarden kWh um etwa 50% auf etwa 22 Milliarden kWh gestiegen sein wird. Das könnte, wie in der Zahlentafel angegeben, etwa im Jahre 1940 der Fall sein. Die Jahreszahl als solche ist hierbei von untergeordneter Bedeutung. Wesentlich ist die Zunahme um 50%, gleichgültig ob sie um einige Jahre früher oder später eintritt.

Nicht alle Verwendungsarten werden im gleichen Verhältnis zunehmen. Wie sich die Zunahme auf die verschiedenen Verwendungsarten verteilen dürfte, ist aus der Zahlentafel ersichtlich, in der sowohl die Steigerung in Prozenten, Reihe 12, als auch der erhöhte Energiebedarf, Reihe 13, angegeben sind.

Es ist angenommen, daß der Kraftverbrauch der Industrie und Landwirtschaft um 60%, d. h. von 2 auf 3,2 Milliarden kWh zunimmt, daß die Beleuchtung durch Verwendung stärkerer Lampen sich verdoppelt, daß der Bedarf für Hausbrand entsprechend der Zunahme der Bevölkerung oder noch richtiger infolge der Zunahme der Wohnungen sich um etwa 20% erhöht.

Beim Bahnbetrieb ist angenommen, daß er eine Steigerung um 70% erfährt, nicht so sehr durch den Bau neuer Bahnen, sondern durch eine Verdichtung des Verkehrs auf den bestehenden Linien.

Für Rohstofferzeugung, für die bis jetzt in Bayern recht wenig aufgewendet wurde, ist ein Vielfaches des Energieverbrauchs im Jahre 1913 angenommen.

Was dann noch an vorhandenen Wasserkräften übrigbleibt, könnte nach außerbayerischen Ländern ausgeführt werden.

Bei der angenommenen Steigerung ergab sich die erforderliche Nutzarbeit im Jahre 1940, für deren Deckung die Wasserkräfte, soweit möglich, in erster Linie heranzuziehen sind. In Reihe 14 und 15 der Zahlentafel ist der Anteil der Wasserkräfte an der Energiedeckung für das Jahr 1940 auf Grund besonderer Erwägungen über Wirtschaftlichkeit und Zweckmäßigkeit des elektrischen Betriebes angenommen.

Von der Gesamtenergie, die für Kraftzwecke der Industrie und Landwirtschaft nötig ist, dürften etwa 70% = 2,25 Milliarden kWh durch die Wasserkräfte gedeckt werden, weil die Brennstoffe bei der Krafterzeugung verhältnismäßig schlecht ausgenutzt werden.

Zur Deckung des industriellen Wärmebedarfs wird der elektrische Strom nur in geringem Maße beteiligt sein; es ist angenommen, daß auf Wasserkräfte 5% entfallen.

Für Beleuchtungszwecke dürfte ein Anteil von 75% durch Wasserkräfte gedeckt werden.

Was den Hausbrand betrifft, so wurde angenommen, daß von dem Bedarf für Kochzwecke auf die Elektrizität künftig 25% entfallen, während vom gesamten Heizungsbedarf nur 5% durch Wasserkraftstrom gedeckt werden.

Bezüglich der Bahnen wurde eine nahezu volle Umwandlung der Dampfbahnen in elektrische Bahnen angenommen.

Bei der Rohstofferzeugung ist berücksichtigt, daß alle Prozesse, welche nicht Kohle als Ausgangsstoff benötigen, mit Hilfe des elektrischen Stromes durchgeführt werden. Diese Prozesse, bei denen in erster Linie an Aluminium-, Stickstoff- und Karbiderzeugung gedacht ist, dürften etwa 80% der gesamten Rohstofferzeugung umfassen.

Für die im Jahre 1940 angenommene Ausfuhr ist ausschließlich durch Wasserkraft erzeugter elektrischer Strom zu verwenden.

Insgesamt ergab sich, daß durch Wasserkraft in Bayern im Jahre 1940 etwa 7,75 Milliarden kWh gedeckt werden; rechnet man die Verluste der elektrischen Übertragung von den Schaltbrettern der Installationen bis zu den Kraftwerken mit 1,95 Milliarden kWh hinzu, so erhält man die Gesamterzeugung der Wasserkräfte mit 9,7 Milliarden kWh, was zuzüglich eines kleinen Betrages für unausgenutztes Wasser der Gesamtenergie der bayerischen Wasserkräfte entspricht.

Wie ersichtlich, wäre es möglich, mit Hilfe der Wasserkräfte einen sehr erheblichen Teil des Energiebedarfes in Bayern, nämlich rd. 35%, zu decken.

Die Aufteilung der bayerischen Wasserkräfte auf die verschiedenen Verwendungszwecke, wie sie hier geschildert wurde, ist in Abb. 28 auch graphisch aufgetragen.

Unter Berücksichtigung einer weitgehenden Jahresspeicherung konnte angenommen werden, daß nach Abzug der kleinen Verluste für unausgenutztes Wasser im Sommer 5,15, im Winter 4,55 Milliarden kWh zur Verfügung stehen.

Die Abb. 28 zeigt, wie sich die verfügbare Gesamtenergie im Winter und im Sommer auf die einzelnen Verwendungszwecke aufteilt. Der Bedarf für Industrie, Gewerbe und Landwirtschaft ist im Winter und im Sommer gleich angenommen. Der Lichtbedarf entfällt naturgemäß in der Hauptsache auf den Winter. Er ist so klein, daß er auf die Gesamtverteilung kaum von Einfluß ist. Der Bedarf für Hausbrand, der hauptsächlich auf Kochen entfällt, ist im Winter wegen des Hinzutretens verhältnismäßig geringer Mengen von Heizstrom größer als im Sommer. Der Energiebedarf der Bahn verteilt sich gleichmäßig über das ganze Jahr. Die Hauptschwankungen, die in den Wasserkräften zwischen Winter und Sommer auftreten, können durch die anpassungsfähigen Verwendungszwecke, die Rohstofferzeugung und durch die Ausfuhr aufgenommen werden. Immerhin steht auch für diese Zwecke noch soviel Kraft konstant über das ganze Jahr zur Verfügung, daß sie von der chemischen Industrie und von den Nachbarländern gerne genommen werden dürfte.

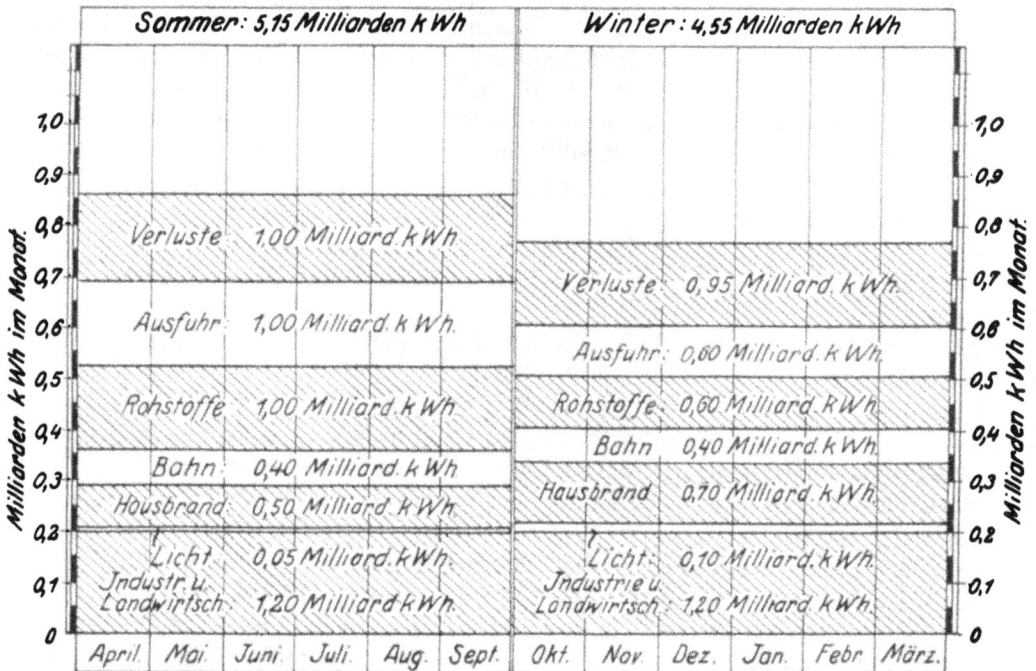

Abb. 28. Gesamtstromverbrauch in Bayern 1940.

Abb. 28 zeigt zwar, daß die gesamten Energiemengen durch die Wasserkräfte Bayerns beschafft werden können, daß auch die Verteilung auf die Winter- und Sommermonate den Jahresschwankungen der Wasserkräfte sich gut anpassen läßt. Ob aber diese Art der Ausnutzung der Wasserkräfte möglich ist, hängt nicht allein von der Verteilung auf die verschiedenen Jahreszeiten ab, sondern es ist auch noch zu prüfen, ob die sehr ungleiche Verteilung des Verbrauches über die 24 Stunden eines Tages die restlose Ausnutzung der abfließenden Wassermengen ermöglicht.

Um auch hierüber die nötigen Aufschlüsse zu erhalten, sind in Abb. 29 zwei durchschnittliche Stromverbrauchskurven, und zwar für einen Wintertag und für einen Sommertag, gezeichnet.

In diesen Kurven zeigt die Verwendung des Stromes für Industrie, Gewerbe und Landwirtschaft das charakteristische Bild eines 10stündigen Tagbetriebes mit teilweisem Anschluß von ein und zwei Nachtschichten. Die Leistung für die Nacht-

schichten ist verhältnismäßig hoch gewählt, weil die Wasserkräfte namentlich die
Fabriken mit Tag- und Nachtbetrieb außerordentlich billig beliefern können.

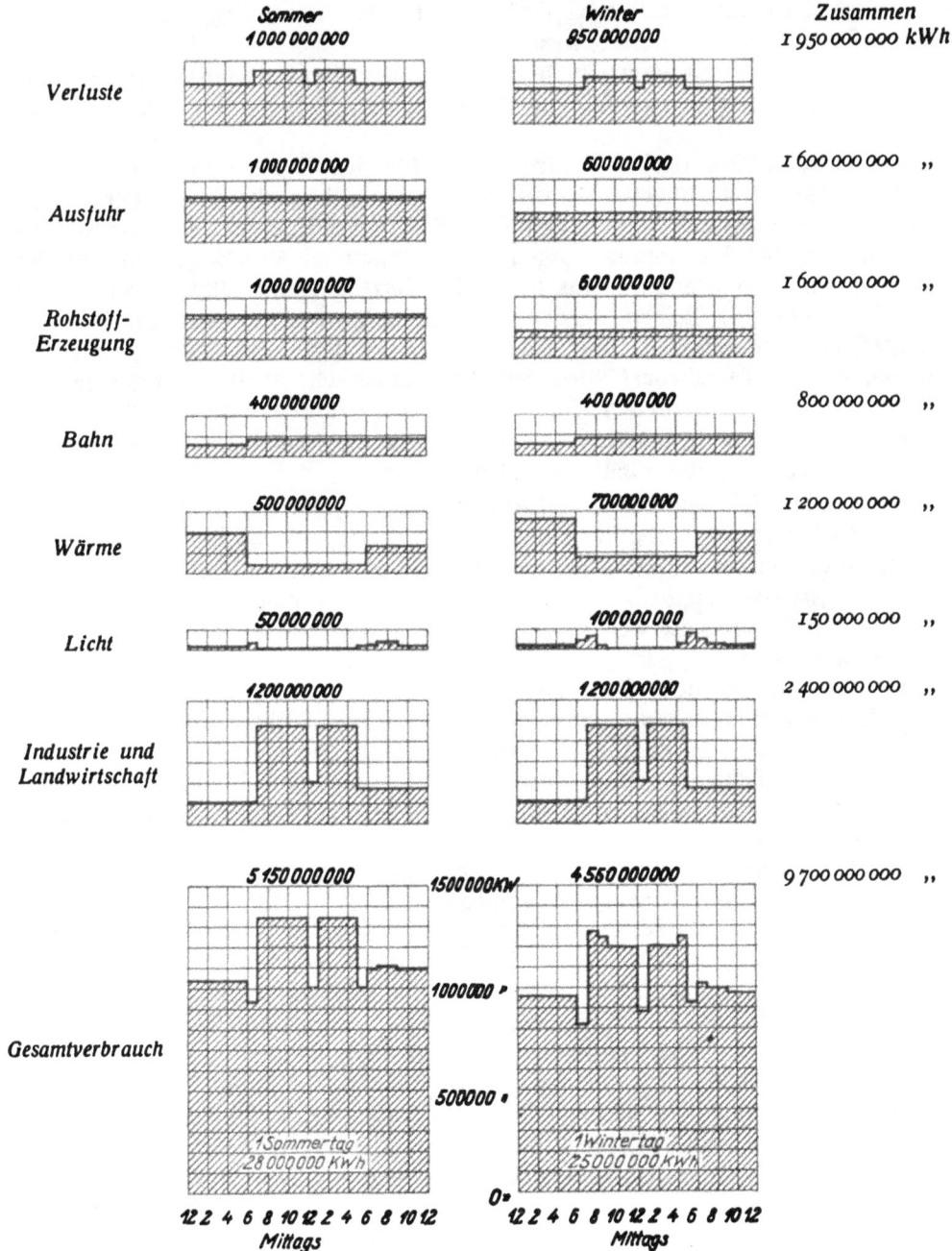

Abb. 29. Durchschnittliche Stromverbrauchskurven für Sommer und Winter.
(Bayern 1940.)

In zweiter Reihe ist die Lichtversorgung dargestellt, welche die charakteristischen
Spitzen während der Hauptbeleuchtungszeit aufweist, die im Winter zu anderen
Zeiten und in größerem Ausmaße anfallen wie im Sommer.

Die Bereitstellung von Wärme für Koch- und Heizzwecke im Haushalt dürfte künftig vielfach unter Verwendung von Wärmespeichern erfolgen. Mit Rücksicht auf diese Wärmespeicherung ist angenommen, daß von der für Koch- und Heizzwecke erforderlichen Gesamtenergie zwei Drittel in den Nachtstunden und nur ein Drittel in den Tagesstunden geliefert wird.

Die Versorgung mit Kraft, Licht und Wärme bildet zusammen die Aufgabe der Landeselektrizitätswerke, wie sie in Bayern durch das Bayernwerk übernommen wurde.

Die in Abb. 29 gezeichnete Stromkurve für den Bahnbetrieb weicht von der üblichen Form der Bahnkurven insofern ab, als sie nicht mehr die gewohnten großen Schwankungen aufweist. Diese ungewohnte Form einer Bahnkurve ist darauf zurückzuführen, daß bei Versorgung ausgedehnter Bahnnetze durch gemeinsame Kraftwerke ein nahezu vollständiger Ausgleich aller Einzelspitzen erfolgt. Soweit trotzdem noch Einzelspitzen verbleiben, werden sie durch die großen Ausgleichsbecken, Wasserschlösser usw. ausgeglichen. Der Nachtbedarf der Bahn ist etwas geringer angenommen als der Tagesbedarf, weil der Personenverkehr auch künftig eine gewisse Mehrung des Konsums in den Tagesstunden herbeiführen wird.

Die Kurven für Rohstofferzeugung und für Ausfuhr wurden als gleichmäßig über den ganzen Tag durchlaufend angenommen.

An letzter Stelle sind die Verluste aufgetragen, welche in den Tagesstunden wegen der höheren Belastung der Leitungsnetze größer sind als in den Nachtstunden.

Durch graphische Addition der gezeichneten Einzelkurven für die verschiedenen Verwendungszwecke ergibt sich die Gesamtkurve des künftigen täglichen Stromverbrauchs in Bayern. Sie weicht von den gewohnten Tageskurven der Elektrizitätswerke wesentlich ab.

Während die jährliche Benutzungsdauer der Höchstleistung bei den Elektrizitätswerken zurzeit im allgemeinen zwischen 3000 und 4000 Stunden schwankt, finden wir für die künftige bayerische Kraftwirtschaft eine Ausnutzung von nahezu 7000 Stunden. Das günstige Ergebnis wird erzielt durch die Zusammenfassung der verschiedenen Verwendungsarten und durch die Verlegung bestimmter Konsumgruppen in die Nachtstunden.

Zur Erreichung dieses günstigen Ergebnisses ist es nur erforderlich, das bereits vorhandene Bayernwerknetz durch gewisse Ausgleichsleitungen zu ergänzen, um zeitweise vorhandene Überschüsse an chemische Betriebe und an die Nachbarländer abführen zu können.

Um zu prüfen, ob die gezeichneten Konsumkurven restlos durch die verfügbaren Wasserkräfte gedeckt werden können, ist deren durchschnittliche Tagesleistung in Betracht zu ziehen. Wie ersichtlich, müssen nur mehr verhältnismäßig kleine Schwankungen ausgeglichen werden. Dieser Ausgleich erfolgt am besten durch Wasserkräfte mit Tagesspeicherung. Die Abbildung zeigt, daß eine tägliche Speicherleistung von etwa 2 bis 3 Millionen kWh, wie sie in Bayern leicht beschafft werden kann, für den Ausgleich der Schwankungen genügen würde.

Die Untersuchungen Oskar von Millers zeigen, daß tatsächlich ein sehr erheblicher und ein sehr wichtiger Teil des Energiebedarfs in Bayern durch Wasserkräfte gedeckt werden kann, wenn der Ausbau der Wasserkräfte zielbewußt von den staatlichen Behörden geleitet wird.

Der von den Wasserkräften nicht gedeckte Rest des Energiebedarfes wird durch Brennstoffe zu decken sein. Unter Zugrundelegung der im Jahre 1940 etwa zu erwartenden Nutzeffekte für die Umsetzung der Kohlen, Öle u. dgl. in Nutzarbeit wurde zur Ergänzung des Gesamtbildes auch berechnet, wieviel Brennstoffe neben der Wasserkraftenergie in Bayern im Zeitpunkte der vollen Ausnutzung der Wasserkräfte noch gebraucht werden dürften. Das Gesamtergebnis ist nachstehend angegeben und mit den Zahlen für 1913 verglichen.

	1913 Milliarden	1940 Milliarden
Gesamte Nutzarbeit kWh	14,23	21,9
Hiervon gedeckt durch Wasserkräfte kWh	0,61	7,75
d. ist %	5 %	35 %
Brennstoffe kWh	13,62	14,15
d. i. %	95 %	65 %
Für den Wasserkraftanteil erforderliche Erzeugung kWh . . .	0,8	9,7
Für den Brennstoffanteil erforderliche Kohle kg	10,5	5,14

In dieser Zusammenstellung dürfte auffallen, daß der Verbrauch an Brennstoffen im Jahre 1940 nur ungefähr halb so groß ist als im Jahre 1913, obwohl die durch Brennstoffe zu deckende Energiemenge in beiden Jahren ungefähr die gleiche ist. Diese Erscheinung beruht einerseits darauf, daß für das Jahr 1940 für die Umsetzung von Brennstoffenergie in Nutzenergie ganz allgemein wesentlich bessere Nutzeffekte angenommen werden konnten als für das Jahr 1913. Der günstige Brennstoffverbrauch beruht insbesondere aber auch darauf, daß die Wasserkraftenergie in erster Linie diejenigen Gebiete sich erobern wird, auf welchen die Brennstoffenergie nur mit schlechtem Nutzeffekt umgesetzt wird, so daß für die künftige Brennstoffverwendung eine Auslese der gerade für diese Zwecke noch am besten geeigneten Verwendungszwecke übrigbleibt.

Die vorstehenden Untersuchungen wurden etwas ausführlicher wiedergegeben, weil sie zeigen, in welcher Weise über die Gesamtenergiequellen eines Landes auf viele Jahre hinaus disponiert werden kann, sobald der Strombedarf in möglichst zuverlässiger Weise geschätzt wird. Im einzelnen ist das Erforderliche über die Auswahl und Verwendung der Energiequellen im folgenden Abschnitt enthalten.

Abschnitt IV.

Feststellung der zu verwendenden Kräfte.

1. Erforderliche Gesamtleistung.

Auf Grund der gemachten Vorerhebungen, der Konsumaufnahmen, der Konsumpläne und der Stromdiagramme ist eine Entscheidung über die zu verwendenden Kräfte möglich.

Für die Auswahl der Kräfte sind in der Hauptsache bestimmend:

die erforderliche Leistung,
die Art der erhältlichen Kräfte,
die Lage, Zahl und Größe der Einzelkräfte,
die Kosten der Kräfte,
die Verteilung der Reserven,
die Reihenfolge des Ausbaues.

Die erforderliche Leistung der Kräfte in ihrer Gesamtheit ist durch die in den verschiedenen Ausbauten benötigte Höchstleistung in Kilowatt bestimmt, wie sie sich beispielsweise aus der Stromverbrauchsliste Nr. 6 oder 9 ergibt. Über diese Leistung hinaus sind Reserven erforderlich, damit im Falle einer Störung in einem Kraftwerk oder auch in einer Leitungsstrecke der benötigte Strom noch voll gedeckt werden kann. Die Größe dieser Reserven ist für die verkuppelten Kraftwerke einer Landesversorgung mit etwa 10 bis 20% anzunehmen und es kann hiernach die Gesamtleistung der erforderlichen Kräfte in den verschiedenen Ausbauten bestimmt werden.

2. Art der zu verwendenden Kräfte.

In bezug auf die Art der erhältlichen Kräfte unterscheidet man unvergängliche Energiequellen, d. s. Windkräfte, Wasserkräfte u. dgl. und vergängliche Energiequellen, d. s. Braunkohlen- und Steinkohlenlager, Erdgas- und Ölquellen, Torflager u. dgl.

Für Landeselektrizitätswerke sind, soweit irgend möglich, die unvergänglichen Energiequellen in erster Linie heranzuziehen, um die vergänglichen nach Möglichkeit zu schonen, bzw. für die Zwecke zu reservieren, für die sie nicht entbehrt werden können.

Unter den unvergänglichen Energiequellen kommen bei dem derzeitigen Stand der Technik für Landeselektrizitätswerke die Windkräfte noch nicht in Frage, da sie sehr großen und nicht vorhersehbaren Schwankungen unterworfen sind und die Einrichtungen für die Umsetzung der Rohenergie in mechanische bzw. elektrische Energie für große Windkräfte noch nicht genügend durchgebildet sind. Immerhin ist damit zu rechnen, daß in nicht zu ferner Zeit die sehr ergiebige Energie des Windes mit in den Dienst der Elektrizitätswirtschaft gestellt werden dürfte.

Im Gegensatz zu der Verwertung der Windkräfte hat die Ausnutzung der Wasserkräfte in den letzten Jahrzehnten große Fortschritte gemacht und es kommen deshalb, wo immer in einem Lande Wasserkräfte verfügbar sind, diese als Hauptkraftquellen der Landeselektrizitätswerke vor allen anderen in Frage.

3. Charakteristik der Wasserkräfte.

Im Hinblick auf ihre wichtigste Eigenschaft als Energieträger unterscheidet man
die Wasserkräfte in Laufkräfte und Speicherkräfte.

Laufkräfte sind die gewöhnlich an den Flachstrecken der Flüsse gewinnbaren
Kräfte, deren Leistung von der Ausbaugröße des Werkes, d. h. von der Dimensionierung
der Wasserbauten und Turbinen und innerhalb der Ausbaugröße von der jeweiligen
Wasserführung des betreffenden Flusses abhängt. Das Wasser fließt bei den Laufkräften den Turbinen ohne Einschaltung irgendwelcher Vorratsbecken unmittelbar
zu, weshalb sie nur so „laufen" können, wie es der jeweilige Wasserzufluß gestattet.

Wird an einem Flußlauf mit schwankender Wasserführung eine Laufkraft nur
für das Niederwasser, d. h. für diejenige Wassermenge, die das ganze Jahr hindurch
zur Verfügung steht, ausgebaut, so kann bei einer solchen Kraft zwar die betreffende
Werkanlage voll, die mögliche Jahresarbeit des Flusses aber nur zu einem Bruchteil
ausgenutzt werden. Für die Mehrzahl der bayerischen Flüsse z. B. ist ermittelt, daß
der Ausbau auf Niederwasser nur ein Drittel der gesamten jährlichen Arbeitsmöglich-
keit des betr. Flusses erfaßt.

Würde man die Ausbauleistung einer Laufwasserkraft so groß wählen, daß mit
Ausnahme der größten Hochwasser alle vorkommenden Wassermengen des Flusses
verarbeitet werden können, so würde bei einer solchen Wasserkraft zwar das Arbeits-
vermögen des Flusses voll, die Werkanlage aber nur zu einem Bruchteil ausgenutzt.
Die richtige Wahl der wirtschaftlichen Ausbaugröße ist von Fall zu Fall durch besondere Studien festzulegen.

Für die bayerischen Flüsse wurde von der obersten Baubehörde ermittelt, daß
eine Ausbaugröße, welche der Jahresmittelwassermenge, d. h. der gesamten Jahres-
abflußmenge geteilt durch die Anzahl der Jahressekunden, entspricht, in der Regel eine
etwa 70proz. Ausnutzung des Jahresarbeitsvermögens des Flusses an der Stelle des
Kraftwerkes gestattet. Ob man diese Ausbaugröße wählt, darüber hinausgeht oder
darunter bleibt, hängt von einer Reihe weiterer Umstände ab. Wasserkräfte, die
sehr billig auszubauen sind, bei welchen namentlich eine Vergrößerung der zu verarbeitenden Wassermenge nur eine geringe Vermehrung der Baukosten verursacht,
rechtfertigen eine große Ausbauleistung. Die Ausbauleistung kann um so mehr gesteigert werden, wenn die erhöhte Wasserführung des Flusses in die Monate größten
Strombedarfs fällt, wie dies bei den Mittelgebirgsflüssen der Fall ist, die ihre Hauptwasserführung im Winter haben, während sie in der sommerlichen Trockenperiode
eine Niederwasserperiode aufweisen.

Man wird in der Ausbauleistung einer Laufkraft sich beschränken, wenn infolge
besonders langer Wasserzuleitungen die Baukosten mit der Wassermenge erheblich
steigen und wenn die Zeiten größter Wasserführung in die Monate geringen Strombedarfs fallen, wie dies für die alpinen Flüsse zutrifft, die infolge der Schneeschmelze
im Sommer erhöhte Wassermengen führen.

4. Beurteilung der Speicherwasserkräfte.

Eine wesentlich günstigere Verwendung als die Laufkräfte können die Speicherkräfte finden.

Als Speicherkräfte bezeichnet man jene Wasserkräfte, bei welchen vor Eintritt
des Wassers in die Turbinen ein natürliches oder künstlich geschaffenes Vorrats-

becken eingeschaltet ist, bei welchem deshalb die Arbeitsleistung der Turbinen unabhängig von dem natürlichen Wasserzufluß ist, indem Wassermengen, die den jeweiligen Bedarf übersteigen, im Vorratsbecken gespeichert und Wassermengen, die an dem jeweiligen Bedarf fehlen, dem Vorratsbecken entnommen werden.

Je nach dem relativen Fassungsvermögen des Vorratsbeckens unterscheidet man Jahresspeicher, Monats- bzw. Wochenspeicher und Tagesspeicher.

Manche Flußgebiete verfügen an und für sich über natürliche Speicher, da die in den Seenplateaus liegenden, zum Teil ziemlich ausgedehnten Gebirgsseen einen nicht unerheblichen Teil der zu gewissen Zeiten auftretenden Niederschlagsmengen, Schmelzwasser u. dgl. ansammeln und diese erst allmählich wieder abgeben. Diese natürlichen Seen bedingen zwar eine mehr oder weniger starke Vergleichmäßigung der Abflußmenge in den aus ihnen austretenden Flußläufen, doch sind sie nicht als regulierbare Speicher im Sinne der vorstehenden Ausführungen anzusprechen.

Will man einen natürlichen See als regulierbaren Speicher eines Flußlaufes ausnutzen, so muß man das ablaufende Gerinne derart vertiefen bzw. bei Stollenkraftwerken so tief legen, daß eine beträchtliche Senkung des Seespiegels und damit die Schaffung eines großen Vorratsbeckens ermöglicht wird, dessen Auffüllung und Entleerung durch Verschlüsse mit veränderlichen Querschnitten nach Bedarf geregelt wird.

Die hierbei zulässigen Spiegelschwankungen können besonders groß gewählt werden bei Gebirgsseen mit steilen Ufern, weil bei diesen eine Senkung des Wasserspiegels um mehrere Meter möglich ist, ohne große Seeflächen trockenzulegen.

Den Gebirgsseen stehen Talsperren nahe, bei welchen die Bildung eines Vorratsbeckens durch Verschluß tief eingeschnittener Täler künstlich herbeigeführt wird.

Die Möglichkeit der Absenkung ist im allgemeinen nur gering bei Seen mit flachen Ufern, weil dort eine Senkung auch nur um 1 bis 2 m große Seeflächen trockenlegt, wodurch Unzuträglichkeiten aller Art bedingt sein können.

Wird der Abfluß eines Sees mittels der angegebenen Vorkehrungen so geregelt, daß in den Jahreszeiten starken Wasserzuflusses die Ablaufquerschnitte verengt, in den Jahreszeiten geringen Wasserzuflusses erweitert werden, so spricht man von Jahresspeichern. Bei ihnen erstreckt sich die Wirkung der Speicherung nicht nur auf die etwa unmittelbar angeschlossene Wasserkraftanlage, sondern über die ganze seeabwärts gelegene Flußstrecke, weshalb im allgemeinen die hochgelegenen Seen an den Oberläufen der Flüsse die günstigsten Jahresspeicher bilden, wobei die Vorteile der Speicherung unter Umständen nicht nur der Kraftwirtschaft, sondern auch dem Hochwasserschutz, der Trinkwasserversorgung usw. zugute kommen.

Um die große Bedeutung ausgiebiger Jahresspeicher für eine Landesversorgung klarzulegen, ist in Abb. 30 als Beispiel der ideale Speicher des Walchenseewerkes dargestellt.

Die Grundrißzeichnung läßt erkennen, daß der Walchensee mit einer Oberfläche von rd. 16 qkm das Speicherbecken für das unmittelbar angeschlossene Walchenseekraftwerk mit einer Maschinenleistung von 144000 PS darstellt.

Wird der Walchensee um etwa 5 m abgesenkt, so ergibt sich ein nutzbarer Stauraum von 80 Mill. cbm, nachdem die Neigung der Ufer so gering ist, daß sie für die Berechnung des Stauraumes vernachlässigt werden kann.

In dem Schaubild der Jahresspeicherung ist der durchschnittliche Wasserverbrauch des Walchenseewerkes mit 15 cbm/sec angenommen; dieser Verbrauch entspricht bei einem Gefälle von 200 m einer Leistung von 30000 PS = 20000 kW, die im Jahr rd. 180000000 kWh liefert.

Der durchschnittliche Monatszufluß des Walchensees schwankt zwischen 5 cbm/sec und der maximalen Leistung der Wasserüberleitung von 25 cbm/sec. Soweit der

Wasserüberleitung v. d. Isar 25 cbm/sec

Walchensee 16 qkm
Nutzbarer Stauraum
80 Mill. cbm.

Krafthaus.
Wasserschloss
144000 PS.
Ausbauleistung.
Einlaufbauwerk

Kochelsee.

Loisach

Regulierschleuse.

Loisach

Tagesausgleichsbecken

Schleuse

normales Nutzgefälle der Anlage: 200 m.

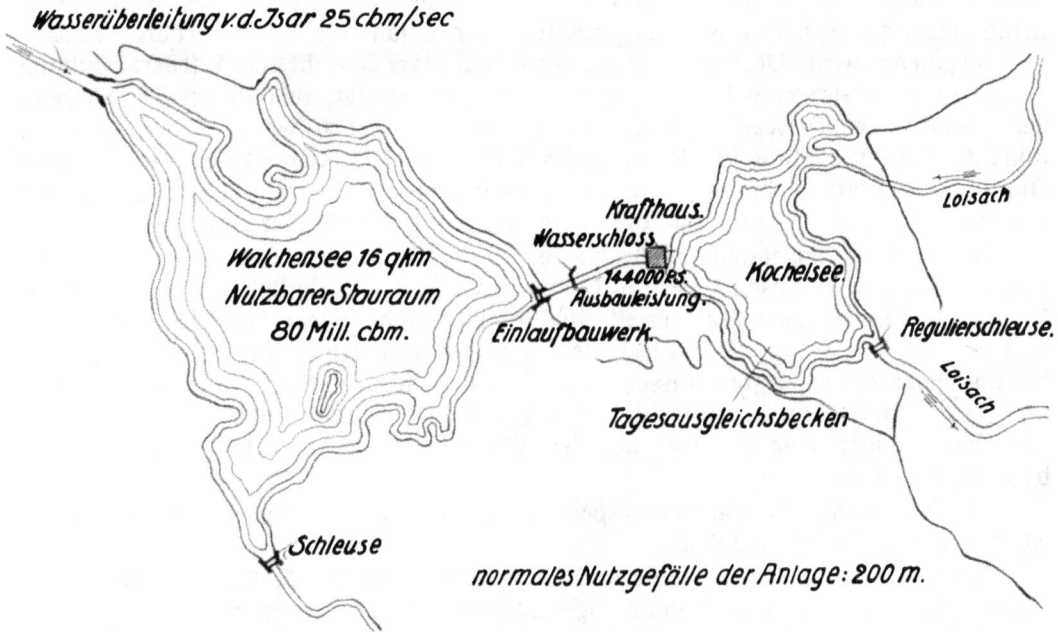

Schaubild einer Jahresspeicherung in einem trockenen und einem nassen Jahr.

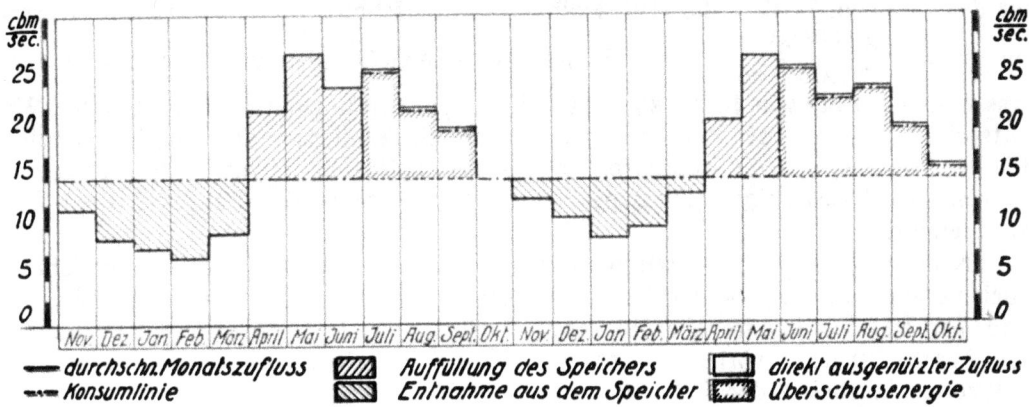

$\frac{cbm}{sec.}$ 25   20   15   10   5   0

$\frac{cbm}{sec.}$ 25   20   15   10   5   0

Nov. Dez. Jan. Feb. März April Mai Juni Juli Aug. Sept. Okt. Nov. Dez. Jan. Feb. März April Mai Juni Juli Aug. Sept. Okt.

— durchschn. Monatszufluss   Auffüllung des Speichers   direkt ausgenützter Zufluss
--- Konsumlinie   Entnahme aus dem Speicher   Überschussenergie

Spiegelschwankungen des Walchensees.

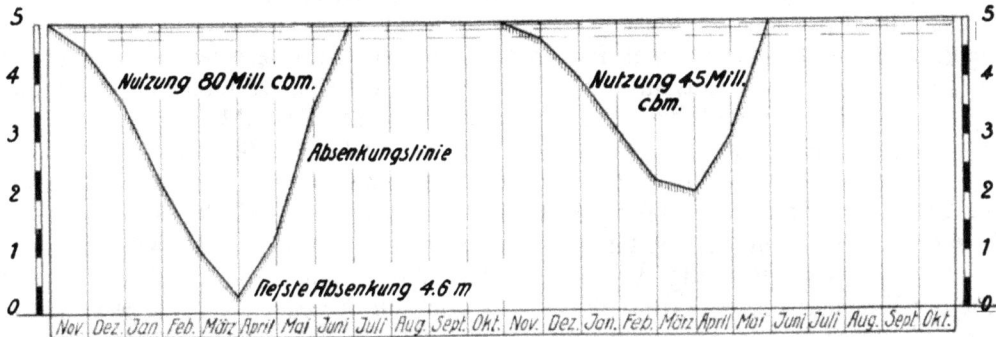

5 4 3 2 1 0

Nutzung 80 Mill. cbm.

Nutzung 45 Mill. cbm.

Absenkungslinie

Tiefste Absenkung 4.6 m

Nov. Dez. Jan. Feb. März April Mai Juni Juli Aug. Sept. Okt. Nov. Dez. Jan. Feb. März April Mai Juni Juli Aug. Sept. Okt.

Abb. 30. Jahresspeicher des Walchenseewerkes.

Zufluß weniger als 15 cbm/sec beträgt, wird er aus dem Becken des Walchensees entnommen, das hiebei in dem dargestellten Trockenjahr bis auf die größte zulässige Tiefe abgesenkt wird. Der tiefste Stand wird Ende März erreicht, die Wiederauffüllung durch die Frühjahrsschmelzwasser ist bis Ende Juni erfolgt, so daß der See während der sommerlichen Reisezeit seinen normalen Wasserstand aufweist. Wie ersichtlich, führt die Wasserzuleitung für den Rest des Jahres soviel Wasser, daß über die normale Durchschnittsleistung hinaus eine nicht unerhebliche Überschußleistung geliefert werden könnte, die in der Figur durch Schraffierung der Ränder gekennzeichnet ist.

In dem darauffolgenden nassen Jahr ist zur Erzielung einer Durchschnittsleistung von 30000 PS eine Absenkung nur bis zu etwa 2 m erforderlich. Die Wiederauffüllung ist bereits Ende Mai erzielt, im Sommer steht eine erhebliche Überschußleistung zur Verfügung. Die durch den Speicher von den Wintermonaten auf die Sommermonate umgelegte Wassermenge beträgt im trockenen Jahr 80 Millionen, im nassen Jahr 45 Mill. cbm. Diese Wassermengen entsprechen bei dem Gefälle von 200 m einer vom Sommer auf den Winter umgelegten Arbeitsmenge von 30 bzw. 16 Mill. kWh.

Die Bedeutung des Walchenseespeichers für die Elektrizitätsversorgung Bayerns ist damit noch nicht erschöpft.

Die im Speicher zurückgehaltene Wassermenge kommt nämlich, wie bereits erörtert, nicht nur dem unmittelbar angeschlossenen Walchenseewerk, sondern allen unterhalb gelegenen Loisach- und Isarwasserkräften und den Donauwerken bis zum Austritt aus Bayern zugute. Da auf dieser Strecke neben dem Gefälle des Walchenseewerkes von 200 m noch eine Reihe weiterer Gefälle von zusammen 250 m ausgenutzt werden können, wirkt die im Halbjahr durchschnittlich speicherbare Wassermenge von $\frac{80\,000\,000 \text{ cbm}}{15\,000\,000 \text{ sec}} = 5,4$ cbm/sec auf eine Gefällshöhe von insgesamt 450 m, was einer Leistung von 16000 kW bzw. einer Speicherfähigkeit von ca. 70 Mill. kWh entspricht, die von den Sommermonaten auf die Wintermonate umgelegt werden können, woraus sich die außerordentlich große Bedeutung möglichst hoch gelegener und möglichst ausgiebiger Jahresspeicher an einem besonders charakteristischen Beispiel ergibt.

Neben der Aufgabe der Jahresspeicherung kann selbstverständlich jeder Jahresspeicher auch die Aufgabe der Monats-, Wochen- und Tagesspeicherung übernehmen. Die Tagesspeicherung ist allerdings nur möglich, wenn unterhalb des Kraftwerkes ein Ausgleichsbecken vorhanden ist, wie dies beim Walchenseewerk durch den vorgelagerten Kochelsee der Fall ist.

Das Ausgleichsbecken hat den Zweck, die beim Betrieb des Speicherkraftwerkes ungleich über die 24 Tagesstunden abfließenden Wassermengen wieder zu vergleichmäßigen, bevor sie den weiteren Nutzungsberechtigten zugeführt werden.

Um das Prinzip eines Wochenspeichers zu erläutern, ist in Abb. 31 eine Anlage dargestellt, wie sie dem Partensteinkraftwerk in Oberösterreich entspricht.

Hier ist ein verhältnismäßig kleiner Stauweiher von 750000 cbm Nutzraum vorhanden, dem ein Gefälle von 180 m angeschlossen ist. Der Ablauf aus dem Kraftwerk erfolgt in die Donau. Nimmt man die durchschnittliche Zuflußmenge mit 6 cbm/sec entsprechend 10000 PS bzw. 7000 kW an, so lassen sich bei Ausfall dieser Leistung von Samstag mittag bis Montag früh in 42 Stunden rd. 300000 kWh speichern, die in der Zeit von Montag früh bis Samstag mittag entnommen werden können, wobei pro Tag eine Zusatzleistung von ca. 60000 kWh erzielt wird. Neben der Aufgabe des Wochenspeichers erfüllt die Anlage auch die Aufgabe eines Tagesspeichers, indem die breite Donau als genügender Ausgleich für die ablaufenden Wassermengen anzusehen ist. Wie an den einzelnen Tagen die Belastung schwankt und wie dieselbe durch den Speicher ausgeglichen werden kann, ist aus dem zweiten Schaubild ersichtlich. Es findet in den Nachtstunden eine Hebung des Wasserspiegels durch Aufspeicherung der nicht benötigten Wassermengen statt, während in den Tagesstunden die entsprechende Absenkung erfolgt.

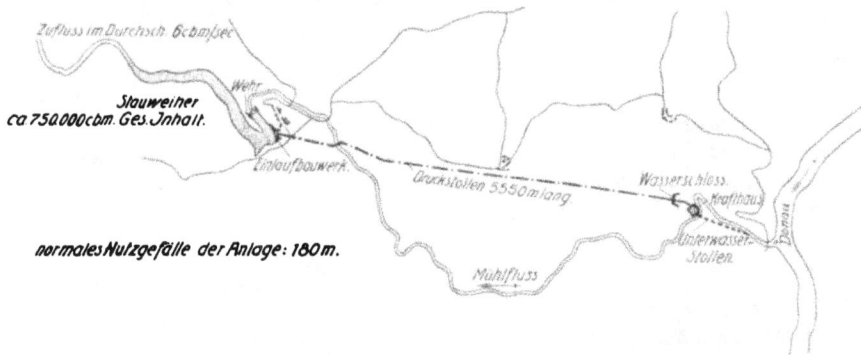

Schaubild der Wochenspeicherung. **Schaubild der Wochen- und Tagesspeicherung.**

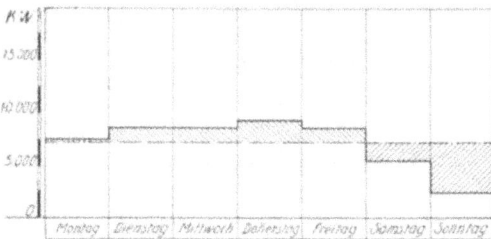

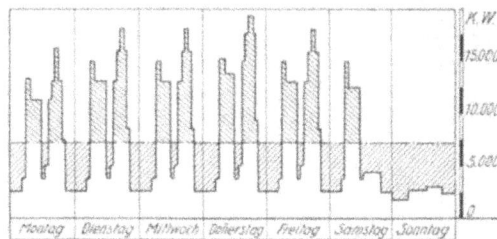

Spiegelschwankungen im Speicherbecken während einer Woche.

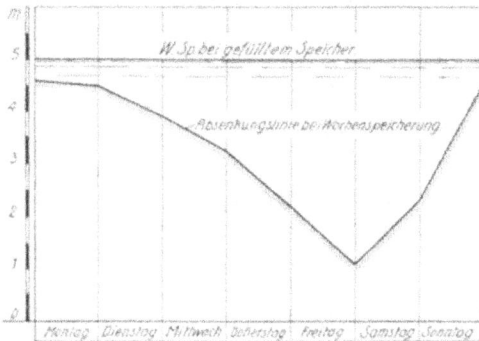

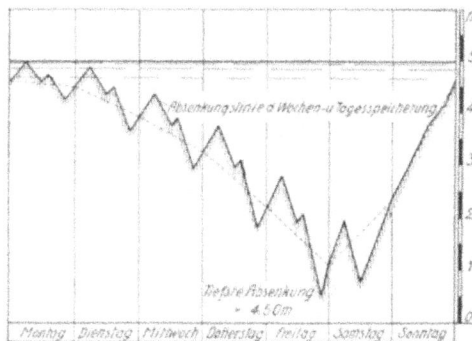

Abb. 31. Wirkung eines Wochenspeichers.

Die durchschnittliche Linie der Wochenabsenkung erfährt somit eine weitere Stufung durch das Steigen und Fallen des Spiegels in den einzelnen Tagesstunden, wobei das Spiel einerseits durch den höchstzulässigen Wasserspiegel und anderseits durch die vorgesehene tiefste Absenkung begrenzt ist.

Nur in seltenen Fällen liegen die Verhältnisse so günstig, daß Wasserkräfte mit Jahres-, Monats- oder Wochenspeichern ausgestattet werden können, weil die hiefür

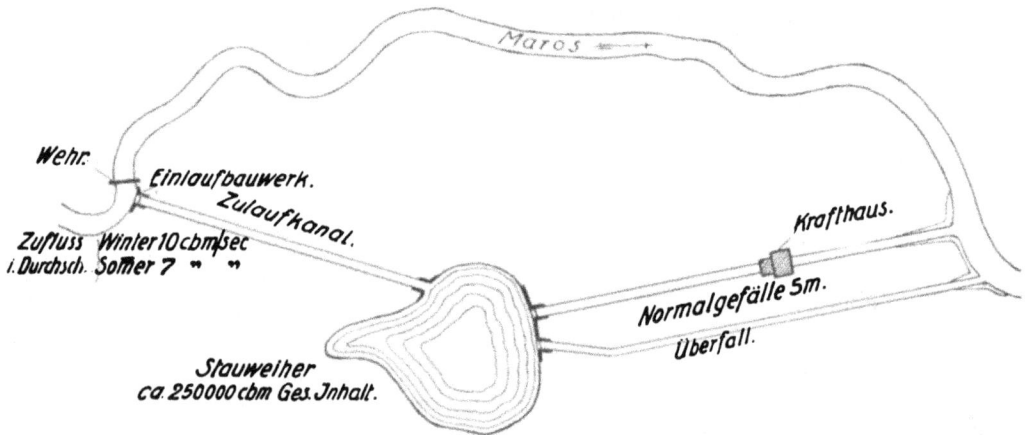

Durchschnittliche Tageskurven.

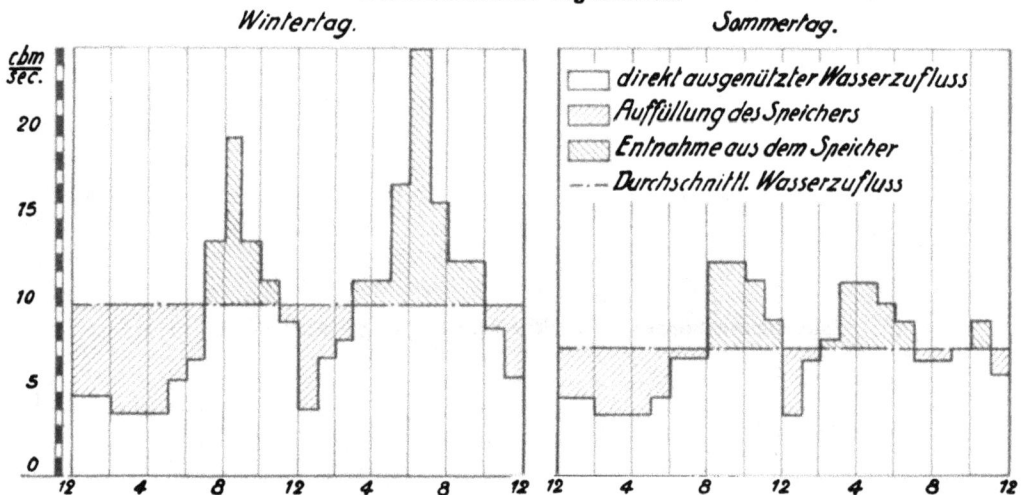

Spiegelschwankungen im Speicherbecken während eines Tages.

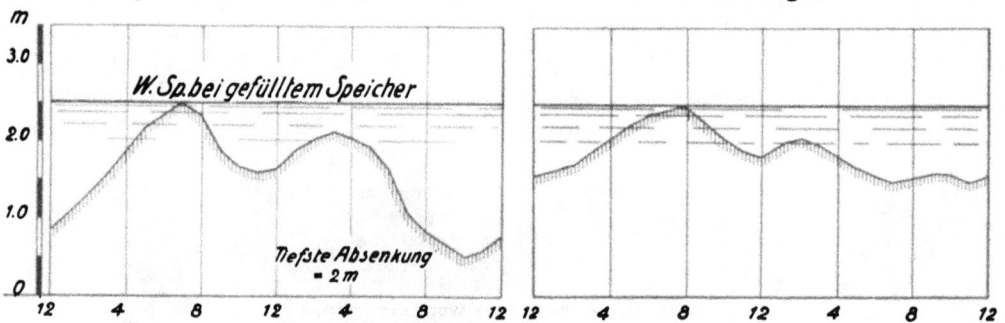

Abb. 32. Wirkung eines Tagesspeichers.

nötigen großen Vorratsbecken nicht vorhanden sind bzw. nur mit großen Kosten als künstliche Talsperren geschaffen werden können. Besonders in den Flachstrecken der Flüsse ist für die Ausnutzung von Jahres- oder Wochenspeichern nur selten Gelegenheit, weil bei den im Flachland verfügbaren kleinen Gefällen sehr große Wassermengen gespeichert werden müssen, um einen nennenswerten Arbeitsvorrat zu erzielen, wodurch die benötigten Vorratsbecken eine außergewöhnliche Größe erhalten. Immerhin wird man, wo irgend möglich, versuchen, auch in den Flachstrecken der Flüsse diejenigen Wasserkräfte zu bevorzugen, welche wenigstens mit einer Tagesspeicherung ausgestattet werden können.

Die Abb. 32 zeigt eine Tagesspeicheranlage an einem siebenbürgischen Fluß, wobei auch in diesem Falle neben dem Vorratsbecken von 250000 cbm Inhalt ein Ausgleichsbecken nicht notwendig ist, weil die breiten Flußbette der siebenbürgischen Tiefebene an und für sich einen weitgehenden Ausgleich des Wasserabflusses schon nach wenigen Kilometern herbeiführen. In dem gezeichneten Beispiel steht im Winter ein Wasserzufluß von 10 cbm/sec, im Sommer ein solcher von 7 cbm/sec zur Verfügung.

Die Abbildung läßt erkennen, daß im Winter in der Zeit von 10 Uhr abends bis 7 Uhr morgens sowie in den ersten Nachmittagsstunden eine Aufspeicherung des Wassers erfolgt, während in den Vormittagsstunden und namentlich in den Abendstunden eine Wasserentnahme stattfindet. Hierbei erfolgt im Winter eine Absenkung des Speichers bis zu 2 m, es muß demnach zur Erzielung der Speicherwirkung in den Stunden des Hauptbedarfs ein sehr erheblicher Teil des verfügbaren Gesamtgefälles von 5 m geopfert werden, was bei Berechnung der in den einzelnen Tagesstunden erzielbaren Leistungen und Arbeitsmengen zu berücksichtigen ist. In den Sommermonaten ist eine volle Ausnutzung des Speichers in der Regel nicht erforderlich, da sich hier die periodisch über die durchschnittliche Leistung hinaus erforderlichen Entnahmen in engen Grenzen halten.

Wie weit man bei Speicherwasserkräften mit der Opferung von Gefälle zugunsten der Vorratswirtschaft gehen soll, muß von Fall zu Fall überlegt werden.

5. Bedeutung der Talsperren.

Eine besondere Art von Speichern bilden die künstlich angelegten Talsperren.

Durch die Anordnung von Talsperren werden in der Regel zwei Absichten verfolgt. Man will Vorratsbecken schaffen, welche die zu bestimmten Zeiten anfallenden Hochwässer, die ungenutzt ablaufen müßten, auffangen, um sie gleichmäßig über das Jahr verteilt abfließen zu lassen, und man will weiters aus den Vorratsbecken über den gleichmäßigen Abfluß hinaus in Anlehnung an die Konsumverhältnisse zu bestimmten Jahres- und Tageszeiten Zusatzwasser abgeben.

Im Hinblick auf diese beiden Aufgaben ist die Bestimmung des nutzbaren Stauinhaltes bei Anlegung von Talsperren besonders wichtig, zumal dieser nur auf Kosten des verfügbaren Gefälles geschaffen werden kann. Je größer die zum Zwecke der Hochwasseraufnahme oder der Abgabe von Zusatzwasser periodisch wiederkehrende Absenkung des Stauspiegels ist, desto kleiner wird das im Jahresdurchschnitt verfügbare Nutzgefälle.

Die Grenze der wirtschaftlichen Speicherung ist von Fall zu Fall sorgfältig zu ermitteln. Hat im Zusammenwirken mit einer Landesversorgung die Speicherung einen sehr erheblichen Wert, weil sie Leistungen in Zeiten zur Verfügung stellt, wo dieselben durch andere Kräfte nur mit hohen Kosten gedeckt werden können, so kann man zugunsten einer möglichst weitgehenden Speicherung auf einen beträchtlichen Anteil des Gefälles und der damit erzielbaren Jahresarbeit verzichten. Tritt dagegen die Speicherung gegenüber dem Wert einer möglichst großen Jahresarbeit zurück, so ist die Absenkung des Stauspiegels und damit der nutzbare Stauinhalt zu beschränken.

Die Speicherbecken der Talsperren besitzen infolge der Geländegestaltung im wesentlichen die Form einer umgekehrten Pyramide; es ergibt sich deshalb bei fortgesetzter Absenkung eine Spiegelhöhe, bei der eine weitere Absenkung nur mehr einen sehr geringen Speicherzuwachs erbringt. Dazu kommt, daß bei stark abgesenktem Spiegel auch die Leistung der aufgestellten Turbinen stark zurückgeht, weil sie nicht nur mit einem kleineren Gefälle arbeiten, sondern hierdurch auch ihre Schluckfähigkeit und ihr Wirkungsgrad erheblich abnehmen.

Im Zweifelsfalle ist die günstigste Disposition durch Herstellung einer Anzahl von Betriebsplänen zu ermitteln, die je nach der installierten Maschinenleistung, je nach der gewählten größten Absenkung, je nach den für die Auffüllung und Entleerung aufgestellten Regeln eine verschieden große Jahresarbeit ergeben, wobei indessen neben der Größe dieser Jahresarbeiten auch der Wert je Kilowattstunde zu berücksichtigen ist, der, wie erwähnt, je nach der Verteilung der gewinnbaren Arbeitsmenge auf Sommer- und Wintermonate verschieden sein kann. Sehr ausführliche Untersuchungen dieser Art wurden für die an der Thüringischen Saale geplanten Sperren durchgeführt.

Um den Speichervorrat einer gegebenen Talsperre für ein möglichst großes Gefälle auszunutzen, kann man bei günstigen Geländeverhältnissen an das durch die Sperrmauer gewonnene Gefälle durch Anordnung eines Stollens noch ein Umleitungsgefälle anschließen.

6. Gesichtspunkte für die Auswahl von Wärmekräften.

Von den vergänglichen Energiequellen haben als Kraftwerke von Landesversorgungen die minderwertigen Brennstoffe, wie Rohbraunkohle, deshalb eine besondere Bedeutung, weil diese Brennstoffe durch Umsetzung in elektrische Energie an Ort und Stelle und Übertragung der Elektrizität, wie bereits erwähnt, wirtschaftlicher ausgenutzt werden können als wenn die Brennstoffe selbst transportiert würden. Rohbraunkohlenzentralen bedürfen allerdings für die Verbrennung der voluminösen Brennstoffe großer Feuerungsanlagen und sie können sich einem wechselnden Bedarf nur schlecht anpassen, weil große Mehrmengen von Kohlen rasch verfeuert werden müssen, um eine Mehrleistung an Kraft zu erzielen. Infolgedessen eignen sich Rohbraunkohlen für solche Kraftwerke, die viele Stunden mit gleichmäßiger Leistung in Betrieb gehalten werden können. Besonders wertvoll können Rohbraunkohlen als Energiequellen werden, wenn es gelingt, die betreffenden Kraftwerke mit entsprechend großen chemischen Fabriken, Fernheizwerken u. dgl. zu kuppeln, die imstande sind, die beträchtliche Abwärme der Dampfzentrale zu verwerten und dadurch das Wärmegefälle voll auszunutzen.

Eine solche Verkuppelung würde außerordentlich billige Kräfte ergeben und sollte deshalb, wo immer es möglich ist, ins Auge gefaßt werden.

In zweiter Linie sind unter den Energieträgern die Steinkohlen in Betracht zu ziehen. Die Steinkohle benötigt kleinere Roste als die Rohbraunkohle und es ist bei dem hochwertigen Brennmaterial auch eine raschere Anpassung an Betriebsschwankungen als bei der Rohbraunkohle möglich.

Um bei ausgesprochenen Spitzenkraftwerken eine sehr rasche Anpassung der Dampferzeugung an den jeweiligen Kraftbedarf zu erzielen, baut man derartige Werke in neuerer Zeit mit Staubkohlenfeuerungen und künstlicher Zugregulierung, um hiedurch die Brennstoffzufuhr in weitesten Grenzen rasch verändern zu können.

In der gleichen Richtung bewegen sich die Versuche zur Verölung oder Vergasung der Brennstoffe, die einen idealen Betrieb der Kraftwerke ermöglichen würden.

In manchen Ländern finden sich ausgedehnte Vorkommen von Heizölen oder Erdgasquellen, die als Energieträger eines Landeselektrizitätswerkes neben den Wasserkräften in Betracht gezogen werden müssen, weil sie die von der Technik angestrebte Veredelung der Brennstoffe zwecks Verbilligung und Vereinfachung der Kraftwerke bereits darbieten und einen Energieträger liefern, der sich den Schwankungen des Kraftbedarfes in vollkommener Weise anpassen läßt.

Eine sehr günstige Ausnutzung der Brennstoffwärme gestatten Großdieselanlagen. Da sie überdies rasch in Betrieb gesetzt werden können, dürften sie mit ihrer fortschreitenden Durchbildung für Spitzen- und Reservekräfte der Landesversorgungen sich als besonders zweckmäßig erweisen. Schon jetzt werden Maschinen mit Einzelleistungen bis zu 10000 kW gebaut und es ist damit eine Einheitsgröße geschaffen, die selbst für große Landesversorgungen durchaus verwendbar ist.

Neben den vorerwähnten, am häufigsten zur Auswahl stehenden Kräften sind Gichtgaszentralen, Torfzentralen u. dgl. je nach den besonderen Verhältnissen eines Landes in Betracht zu ziehen.

Gichtgaszentralen müssen sich dem Betrieb der zugehörigen Hochöfen anpassen und sie sind deshalb nur in Verbindung mit anderen Kraftquellen, welche die Schwankungen auszugleichen vermögen, verwendbar. Torfzentralen erfordern eine umfangreiche maschinelle Einrichtung, die eine möglichst lange Ausnutzung bedingt, wenn das Anlagekapital entsprechend ausgewertet werden soll. Soweit andere Kraftquellen zur Verfügung stehen, wird man die zum Teil sehr verbreiteten Torflager der späteren Verwertung überlassen.

In neuerer Zeit versucht man, die Wärmekräfte in ähnlicher Weise wie die Wasserkräfte mit Speichern auszustatten. Diese Speicher bestehen, z. B. in der Ausführung von Ruths, aus großen Wasserbehältern, die in den Stunden schwacher Belastung durch Einblasen überschüssigen Kesseldampfes aufgeheizt und unter Druck gesetzt werden, während in den Zeiten der Hauptbelastung ein Teil des Speicherinhaltes unter Verminderung des Druckes verdampft und zum Antrieb von besonderen Niederdruckmaschinen benützt wird. Da die Wärmespeicher billig herzustellen sind und wegen der Abwesenheit von Feuerungsanlagen keiner nennenswerten Abnützung unterliegen, sind sie für Landeswerke in Betracht zu ziehen, soweit andere Speichermöglichkeiten fehlen. Der Vorteil liegt in der durch sie ermöglichten gleichmäßigen Belastung der Kesselfeuerungen und in der Bereitstellung gewisser Momentreserven. Da für die Speicherung von 10000 kWh je nach den verwendeten Dampfdrücken 1000—2000 cbm Speicherinhalt nötig sind, erhalten die Speicher bei den für Landesversorgungen in Betracht kommenden Arbeitsmengen allerdings sehr große Abmessungen.

7. Leistungsverteilung auf verschiedenartige Energiequellen an Hand der Stromdiagramme.

Auf Grund der besprochenen Eigenschaften der verschiedenen Energieträger läßt sich eine zweckmäßige Verteilung der Gesamtleistung auf die einzelnen Kraftquellen an Hand der in Abschnitt III näher erläuterten Stromdiagramme vornehmen.

Die Stromdiagramme lassen ohne weiteres erkennen, welche Leistung als Grundbelastung etwa 20 bis 24 Stunden am Tag, d. h. ununterbrochen das ganze Jahr hindurch gebraucht wird und die deshalb, wenn irgend möglich, durch Laufwasserkräfte gedeckt werden sollte.

Stehen verschiedene Laufkräfte zur Wahl, so sind die Kräfte mit winterlichem Maximum der Wasserführung zu bevorzugen. Wenn solche nicht zur Verfügung stehen, sind Kräfte mit möglichst gleichmäßigem Jahresabfluß zu wählen. Derartige Kräfte findet man an Flüssen, die aus einem Seengebiet, einer Moorlandschaft, einem waldreichen Gebirge abfließen und dadurch eine ausgeglichenere Wasserführung haben als die Flüsse, welche ohne Einschaltung derartiger natürlicher Speicher aus felsigen Hochgebirgen kommen. Wo natürliche Speicher dieser Art fehlen, können künstliche Talsperren im Oberlauf der Flüsse die Gleichmäßigkeit der Wasserführung auf der gesamten Flußstrecke wesentlich verbessern und es sind deshalb Laufkräfte an Flüssen mit künstlich regulierten Abflußverhältnissen mit Vorteil zu verwenden.

Dem Charakter der Stromdiagramme entsprechend übernehmen die Laufkräfte einen verhältnismäßig kleinen Teil der erforderlichen Gesamtleistung, sie decken aber gleichwohl einen sehr erheblichen Teil der benötigten Jahresarbeit.

Denkt man sich (Abb. 33) eine Landesversorgung mit einer erforderlichen Höchstleistung von 100000 kW und einer Jahresarbeitsmenge von 450 Mill. kWh, so würde eine Laufkraft mit einer Leistung von 25000 kW, also nur einem Viertel der Gesamtleistung, bei einer Ausnutzung von 8000 Stunden bereits 200 Mill. kWh, also nahezu die Hälfte der erforderlichen Jahresarbeit decken.

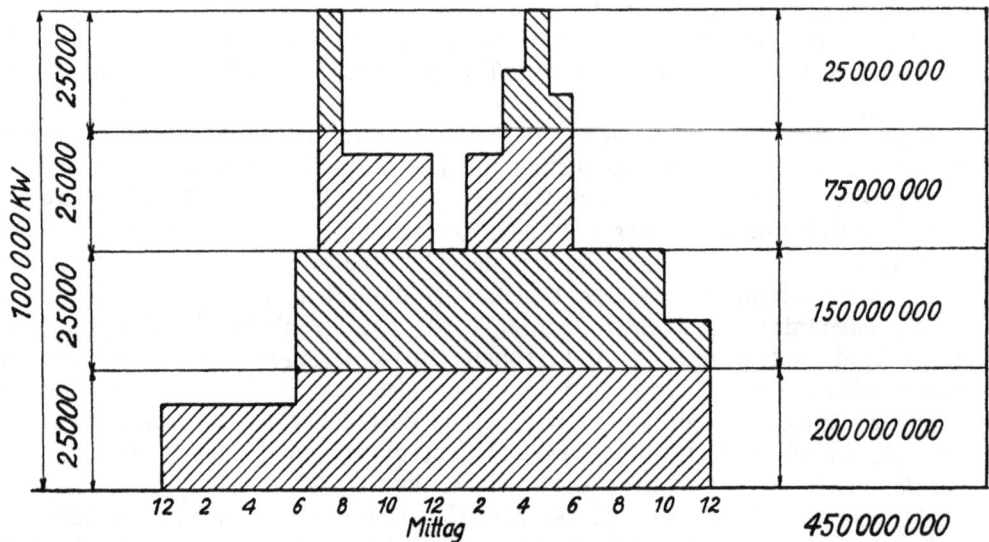

Abb. 33. Schema der Deckung einer gegebenen Jahresarbeit durch die verschiedenen Arten von Kräften.

Man hat unter diesen Umständen bei der Auswahl der Laufkräfte nicht allzusehr auf möglichst große Leistungen zu sehen, kann vielmehr auch kleinere Kräfte gut verwenden, wenn sie nur im übrigen, namentlich in bezug auf die Kosten, entsprechen.

Es ist nicht angezeigt, Laufkräfte lediglich für den durchgehenden 20- bis 24-stündigen Betrieb auszubauen, man kann vielmehr in wasserkraftreichen Ländern billige Laufkräfte auch dann noch mit Vorteil verwenden, wenn sie in den Nachtstunden nicht ausgenutzt werden können.

Fügt man bei dem behandelten Beispiel (Abb. 33) einer Laufkraft von 25000 kW eine zweite Laufkraft gleicher Leistung hinzu, so wäre diese etwa 6000 Stunden im Jahr benutzbar, sie würde eine Jahresarbeit von weiteren 150 Mill. kWh übernehmen und damit unter Umständen immer noch eine sehr billige Kraftdarbietung ergeben.

Die Deckung der weiters erforderlichen 25000 kW mittels Laufkräften würde kaum wirtschaftlich sein, denn diese würden am Tage nur etwa 10 Stunden, im Jahr unter Berücksichtigung des Ausfalls der Fabriken an den Sonn- und Feiertagen nur etwa 3000 Stunden ausgenutzt sein. Man muß deshalb versuchen, für die nur in den Tagesstunden erforderliche Leistung Wasserkräfte mit Tagesspeichern zu verwenden,

Bezeichnung der Kraftquellen	Winter-Werktag		Sommer-Werktag		Gesamtjahresarbeit.
	1 Werktag KWStd.	153 Werktage +30 Sonntage KWStd.	1 Werktag KWStd.	152 Werktage +30 Sonntage KWStd.	305 Werktage + 60 Sonntage KWStd.
Erforderliche Arbeit hievon leisten:	1.500.000	260.000.000	1.280.000	220.000.000	480.000.000
Wärmekraftwerke.	116.000	20.000.000	116.000	20.000.000	40.000.000
Speicherfähige Wasserkräfte.	346.000	60.000.000	233.000	40.000.000	100.000.000
Strombezug von benachbarten Überlandwerken.	346.000	60.000.000	406.000	70.000.000	130.000.000
Rohbraunkohlenwerke.	346.000	60.000.000	292.000	50.000.000	110.000.000
Nicht speicherfähige Wasserkräfte.	346.000	60.000.000	233.000	40.000.000	100.000.000

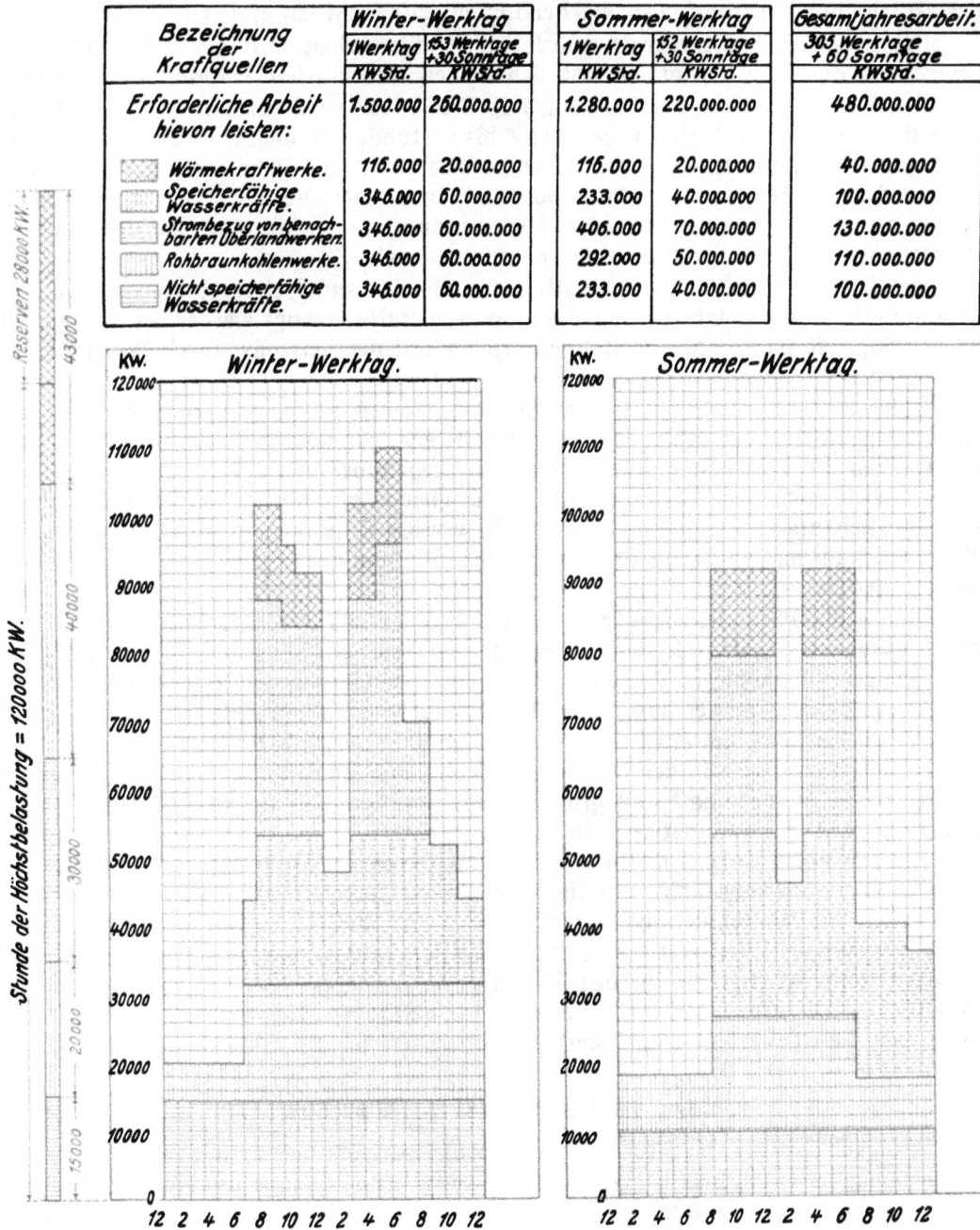

Abb. 34. Auswahl der Kräfte im Projekt des Thüringenwerkes.

Ingenieurbüro Oskar von Miller G. m. b. H.

wobei die in 14 Nachtstunden zufließende, aber nicht ausnutzbare Wassermenge in einem natürlichen oder künstlichen Staubecken aufgespeichert wird, um sie in den 10 Tagesstunden restlos zu verwerten.

Eine Wasserkraft, welche diesen Zweck in dem angeführten Beispiel zu erfüllen vermöchte, müßte mit einer Wassermenge arbeiten, die bei gleichmäßiger 24stündiger Ausnutzung eine Leistung von 10000 kW ergibt, wobei die in 14 Nachtstunden nicht benutzte Wassermenge verwendet wird, um in 10 Tagesstunden das $2^1/_2$fache der Durchschnittsleistung, also die benötigten 25000 kW zu erzielen.

Die gedachte Speicherkraft würde eine Jahresarbeit von etwa 75 Mill. kWh liefern und demnach zusammen mit den beiden Laufkräften 425 Mill. kWh decken.

Der Rest der benötigten Leistung mit 25000 KW wird bei dem in Abb. 33 dargestellten Beispiel durchschnittlich etwa 4 bis 6 Stunden an den Werktagen, und zwar nur in den Wintermonaten benötigt, wobei insgesamt eine Jahresarbeit von 25 Mill. kWh gedeckt werden muß. Unter besonders günstigen Verhältnissen könnte auch hierfür eine speicherfähige Wasserkraft Verwendung finden, die etwa auf den 5fachen Betrag ihrer Durchschnittsleistung auszubauen wäre.

Im allgemeinen liegen die Verhältnisse in einem Lande selten so günstig, daß die gesamte erforderliche Jahresarbeit durch Wasserkräfte erzeugt werden kann. Häufig ist es nötig, die ganze oder doch einen großen Teil der Leistung durch Wärmekräfte zu decken.

Dabei sind für die 8000stündige Leistung, soweit möglich, unmittelbar an den Gewinnungsstätten der Kohle gelegene Kraftwerke zu wählen, weil für diese lange Ausnutzung die Billigkeit des Brennmaterials gegenüber den etwa erhöhten Anlagekosten gewöhnlich den Ausschlag gibt. Das gleiche gilt häufig noch für die 6000-stündige Leistung, namentlich wenn minderwertige Braunkohlen oder Abfallkohlen, die einen Transport auf weite Entfernung mittels Bahn oder Schiff nicht lohnen, verwendet werden können.

Ob die 3000 Stunden benutzbare Leistung ebenfalls durch Grubenzentralen gedeckt werden soll, oder ob dieser Teil der Jahresarbeit billiger durch Verbrennen hochwertiger Steinkohle in Verbindung mit der besonders in der Nähe großer Städte möglichen Abdampfverwertung beschafft wird, ist von Fall zu Fall zu entscheiden.

Für die restliche, nur etwa 1000 Stunden im Jahr ausgenutzte Leistung spielen die Kosten der Brennstoffe in der Regel keine Rolle im Verhältnis zu den Erfordernissen rascher Betriebsbereitschaft und großer Anpassungsfähigkeit an wechselnde Spitzenbelastungen. Die Kombination mit Abdampfverwertung ist für diese Kräfte wegen ihres kurzfristigen Bedarfs kaum möglich. Man wählt deshalb für die Deckung der Spitzen, soweit leistungsfähige Speicherwasserkräfte nicht verfügbar sind, Steinkohlenkraftwerke mit Staubfeuerungen u. dgl. oder Großdieselanlagen.

Ein praktisches Beispiel für die Deckung der Jahresarbeitsmengen einer großen Landesversorgung zeigt die für das Thüringenwerk vorgesehene Auswahl der Kräfte (Abb. 34), wobei neben den im Lande selbst erhältlichen Kräften auch der Strombezug aus benachbarten Landeswerken vorgesehen ist.

8. Lage, Zahl und Größe der Einzelkräfte.

Bezüglich der Lage der Kräfte ist der projektierende Ingenieur, soweit es sich um die Deckung der Grundbelastung handelt, in weitgehendem Maße unabhängig, weil die Übertragung der 8000 Stunden im Jahr benötigten Kräfte nach den Konsummittelpunkten, auch wenn diese Kräfte ziemlich exzentrisch gelegen sind, nur geringe zusätzliche Kosten verursacht. Auch Kräfte, die nur 6000 Stunden im Jahr benutzt werden, sind einschließlich der Übertragungskosten in der Regel noch so günstig, daß auch hier die Lage keine ausschlaggebende Rolle spielt, indessen wird man unter gleich günstigen Kräften diejenigen bevorzugen, die den Hauptkonsumgebieten am nächsten liegen.

Kräfte, die nur 3000 Stunden oder gar nur 1000 Stunden im Jahr benutzt werden, sollen im allgemeinen möglichst an den Konsumzentren liegen, auch wenn hierdurch die Zufuhrkosten für das Brennmaterial eine Verteuerung erfahren, weil neben den geringeren Übertragungskosten auch die größere Reservefähigkeit in Betracht zu ziehen ist, die sich ergibt, wenn erhebliche Leistungen in unmittelbarer Nähe des Hauptkonsums bereitstehen.

In Verbindung mit ausgedehnten Leitungsnetzen, insbesondere wenn die Verteilung der Hauptkräfte über lange Strecken nicht zu vermeiden ist, gewinnt die Lage der weiters erforderlichen Kraftwerke auch insofern an Bedeutung, als man in solchen Fällen nahe den Endpunkten langer Ausläuferstrecken Spitzenkräfte einschaltet, um die Spannungsverhältnisse zu verbessern und im Falle von Leitungsstörungen die abgetrennten Ausläufer von ihrem Ende her noch speisen zu können. Dies ist z. B. bei dem lang ausgedehnten Bayernwerknetz geschehen, bei welchem die Hauptkräfte die im südlichen Bayern gelegenen Wasserkräfte bilden, während an den Enden der nördlichen Ausläufer des Netzes besondere Wärmekraftzentralen disponiert wurden, vergl. Abb. 35.

Die Zahl der für eine Landesversorgung zu verwendenden Einzelkräfte hängt zunächst davon ab, ob die Disposition unabhängig von vorhandenen Einrichtungen getroffen werden kann, oder ob in dem betreffenden Lande bereits Kräfte ausgebaut sind.

Hat man in der Disposition der Kräfte freie Hand, so wird man zur Erzielung eines möglichst günstigen Parallelbetriebs die Anzahl der Kraftwerke nach Möglichkeit beschränken und dadurch auch die Wirtschaftlichkeit heben. In diesem Falle pflegt man sämtliche Kraftwerke auf das Landesnetz arbeiten zu lassen, welches die Verteilung an die einzelnen Speisepunkte der Kreisnetze bewirkt. Es wurde bereits erwähnt, daß hierbei Laufwasserkräfte, auch wenn sie eine im Verhältnis zur Gesamtleistung geringe Größe haben, noch mit Vorteil verwendet werden können. Anderseits ist es wünschenswert, die einzelnen Wasserkräfte insbesondere mit Speicheranlagen möglichst groß auszubauen, da es gerade ein Vorteil der Landesversorgung ist, daß mit ihrer Hilfe selbst die größten Kräfte durch die Verteilung über weite Gebiete vollausgenutzt werden können.

Sind in einem Lande bereits Kräfte ausgebaut, so ist zunächst zu entscheiden, welche dieser Kräfte dauernd oder vorübergehend auf einige Jahre, welche für den regelmäßigen Betrieb oder nur zur Reserve Verwendung finden sollen.

Vorhandene Wasserkräfte sind unter allen Umständen für die Landesversorgung in Rechnung zu stellen, weil deren Ersatz, wenn sie einmal ausgebaut sind, durch andere Kräfte kaum wirtschaftliche Vorteile bietet. Wärmekräfte werden für die Landesversorgung beibehalten und dauernd verwendet, wenn sie auf Grund der Vorerhebungen als besonders wirtschaftlich erkannt sind oder durch entsprechenden Umbau wirtschaftlich werden.

Wenn Wärmekräfte vorhanden sind, die zwar nicht für dauernd, aber zur Ersparnis von Anlagekapital in den ersten Jahren geeignet sind, so können auch sie für diesen Zweck beibehalten werden, wobei ihre spätere Stillegung ins Auge zu fassen ist. Wärmekräfte, die zu klein oder zu ungünstig sind, um auch nur als Reserve zu dienen, werden stillgelegt.

Unabhängig von der Frage der Verwendung der Kräfte ist die Frage ihrer Einschaltung in die verschiedenen einander übergeordneten Leitungsnetze.

Nur die größten der vorhandenen Kräfte werden mittels besonderer Transformatoren direkt auf die Landesnetze geschaltet. Die kleineren Kräfte läßt man im allgemeinen auf die Kreis- bzw. Ortsnetze arbeiten, wodurch die Landesnetze eine entsprechende Entlastung erfahren.

9. Wesen und Anordnung der Kraftreserven.

Ist über die Auswahl der Kräfte im einzelnen und ihre Einschaltung auf die Netze entschieden, so ist noch über die Verteilung der Reserven zu disponieren.

Die Reserven für die verkuppelten Kraftwerke einer Landesversorgung sind anders zu beurteilen als die Reserven eines Einzelwerkes, z. B. eines Ortswerkes. Während bei einem Einzelwerk Maschinenreserven vorzusehen sind, die bei Ausfall einer Einheit genügen, um trotz der Störung die Höchstleistung des betreffenden Werkes gerade noch zu decken, erhalten die verkuppelten Einzelwerke einer Landesversorgung im allgemeinen keine Maschinenreserven, sondern es sind für alle Kraftwerke zusammen in einigen derselben gemeinsame Kraftreserven vorzusehen.

Unter einer Kraftreserve verstehen wir dabei im Gegensatz zur Maschinenreserve eine Leistung, die das betreffende Werk neben seiner normalen Eigenbelastung übernehmen kann, um sie bei Störung eines Nachbarwerkes mit Hilfe des Landesnetzes in den Wirkungsbereich des gestörten Werkes zu übertragen. Eine Kraftreserve dieser Art ist bei den verkuppelten Kraftanlagen der Landeselektrizitätsversorgungen auch deshalb erforderlich, weil die Landesnetze selbst streckenweise ausfallen können und die hierdurch ausgeschaltete Leistung eines Kraftwerkes durch die Kraftreserve eines anderen ersetzt werden muß.

Sind an einer Landesversorgung nur Laufwasserkräfte beteiligt, so muß die Gesamtleistung aller Laufkräfte in jedem Zeitpunkt um das Maß der gewünschten Kraftreserve größer sein als der gleichzeitig zu erwartende Strombedarf. Da die Leistung der Laufwasserkräfte nicht konstant ist, sondern in den verschiedenen Jahreszeiten wechselt, auch die günstigen und ungünstigen Wasserstände bei den verschiedenen Wasserkräften in verschiedene Jahreszeiten fallen, ist die Erfüllung der vorstehenden Bedingung sorgfältig zu prüfen, sie kann allerdings zu großen Anlagekosten führen.

Sind an einer Landesversorgung nur Dampfkraftwerke beteiligt, so ist jedes dieser Werke so auszubauen, daß sowohl die Kesselanlage als auch die Maschinenanlage der für dieses Werk vorgesehenen Höchstbelastung entspricht. Der bei Einzelwerken häufige Fall, daß die aufgestellte Gesamtleistung der Maschinenanlage größer als die aufgestellte Kesselleistung ist, hat bei verkuppelten Landeswerken keinen Zweck. Hingegen sind in ein oder zwei günstig gelegenen und deshalb mit Reserven ausgestatteten Werken sowohl die Kessel als auch die Maschinen für die normale Höchstbelastung zuzüglich der für erforderlich gehaltenen Reserveleistung zu dimensionieren.

Selbstverständlich müssen bei dauernd im Betrieb befindlichen Dampfkraftwerken die Kesselanlagen so groß sein, daß bei normaler Beanspruchung der Kessel jeweils die erforderliche Anzahl von Einheiten gereinigt werden kann.

Hievon kann abgesehen werden bei Dampfkraftwerken, welche lediglich zur Spitzendeckung im Winter dienen, weil zur Vornahme von größeren Kesselreinigungen in den betriebsschwachen Jahreszeiten ausreichende Gelegenheit gegeben ist und die trotzdem etwa erforderliche Herausnahme einzelner Kessel durch erhöhte Beanspruchung der im Betrieb verbleibenden ausgeglichen werden kann.

Im Sinne der vorstehenden Ausführungen ist es nicht als eine Kraftreserve anzusehen, wenn in einer besonders billigen Anlage Reservemaschinen deshalb aufgestellt werden, um bei einem größeren Maschinendefekt nicht eine weniger geeignete oder weniger wirtschaftliche Kraft für längere Zeit einschalten zu müssen. Derartige Reservemaschinen haben keine Bedeutung für die absolute Sicherstellung der erforderlichen Höchstleistung. Eine Kraftreserve liegt z. B. bei Wasserkräften nur dann vor, wenn nicht nur die Reservemaschine, sondern auch die erforderliche Mehrwassermenge vorhanden ist; bei Dampfanlagen nur, wenn über die normale Höchstbelastung hinaus Maschinen und Kessel in Bereitschaft stehen.

Über die endgültige Auswahl der Kräfte entscheiden neben den allgemeinen
Rücksichten auf zweckmäßige Speisung des Leitungsnetzes Lage und Größe, genügende Reserve usw., letzten Endes die Kosten der verschiedenen Kräfte einschließlich ihrer Übertragung. Soweit in dieser Hinsicht Zweifel bestehen, sind sie durch
Anstellung überschlägiger Vergleichsrechnungen, vgl. Abschnitt VIII, zu entscheiden,
wobei indessen nicht übersehen werden darf, daß Kräfte mit hohem Anlagekapital,

Ingenieurbüro Oskar von Miller G. m. b. H.

Abb. 35. Kräfteplan des Bayernwerkes.

auch wenn sie zunächst die teureren sind, im Laufe der Zeit zu den billigeren Kräften
zählen, wenn nur die Betriebskosten wie bei den Wasserkräften sehr niedrig sind,
weil der Zinsendienst mit zunehmender Tilgung sich von Jahr zu Jahr vermindert.

Die vorstehend angeführten Gesichtspunkte dürften die Auswahl der Kräfte
für eine Landesversorgung von Fall zu Fall unschwer ermöglichen.

Ist eine Entscheidung über die Kräfte getroffen, so hat man die räumliche Verteilung derselben in einem Kräfteplan (Abb. 35) zu verzeichnen, wobei unter Um-

ständen kleinere Kräfte nicht einzeln am Ort ihres Vorhandenseins, sondern in Summa bei den betreffenden Speisepunkten der Kreisnetze eingetragen werden.

Der Kräfteplan läßt die Art der verwendeten Kräfte als Laufkräfte, Speicherkräfte, Braunkohlenkräfte, Steinkohlenkräfte usw., die Größe derselben und soweit nötig, auch deren Besitzer erkennen.

10. Zeitliche Einreihung der Kräfte.

Neben der räumlichen Anordnung der Kräfte ist bei Landesversorgungen auch ihre zeitliche Einreihung von Wichtigkeit. Man darf neue Großkräfte nicht von Anfang an in zu weitgehendem Umfange ausbauen, da hierdurch die Rentabilität gerade in den ersten schwierigsten Jahren gefährdet werden kann. Man wird vielmehr in den ersten Betriebsjahren die noch vorhandenen und in gutem Zustand befindlichen Kräfte, soweit es sich wirtschaftlich irgend rechtfertigen läßt, mit verwenden und sie erst allmählich durch Neuanlagen ersetzen. Für die zeitliche Einreihung der Kräfte ist auch die Einhaltung eines richtigen Verhältnisses zwischen den Laufwasserkräften, den speicherfähigen Wasserkräften und den Wärmekräften derart zu beachten, daß die gesamten Krafterzeugungskosten jeweils ein Minimum bilden.

Im allgemeinen ist in Ländern, welche Laufwasserkräfte und Speicherkräfte zur Verfügung haben, fortgesetzt ein gewisses Verhältnis zwischen den beiden Kraftarten einzuhalten, wobei die Reihenfolge des Ausbaues in der Weise vor sich geht, daß auf den Bau einer Laufkraft alsbald die Errichtung einer Speicherkraft usw. folgt, weil hierdurch die vollständige Ausnutzung beider Kraftarten am besten gewährleistet ist.

Sind in einem Lande zwar Laufkräfte aber keine Speicherkräfte vorhanden, so daß die Spitzen durch Wärmekräfte gedeckt werden müssen, so findet auch hier ein Wechsel im Bau der Wasserkräfte und der zur Ergänzung dienenden Wärmekräfte statt.

Stehen Laufkräfte, Speicherkräfte und Wärmekräfte zur Auswahl, so ist von Fall zu Fall zu entscheiden, ob die in einem bestimmten Zeitpunkt ausgebauten Laufkräfte wirtschaftlicher durch eine Speicherkraft oder durch eine Wärmekraft ergänzt werden, Vergleichsrechnungen hiefür sind sehr einfach durchzuführen.

Wenn eine richtige Kombination zwischen Laufwasserkräften, Speicherkräften und Wärmekräften dauernd eingehalten wird, ist es selbst in Gebirgsländern mit winterlicher Niederwasserperiode möglich, die Wasserkräfte im Winter mit 100%, im Sommer bis zu 70%, im Jahresmittel mit etwa 90% ihrer möglichen Jahresarbeit auszunutzen. Über eine 90proz. Ausnutzung alpiner Wasserkräfte hinauszugehen, dürfte im allgemeinen nicht wirtschaftlich sein, es sei denn, daß man die Möglichkeit hat, Konsumverschiebungen derart vorzunehmen, daß sie sich der Kraftdarbietung anpassen.

In Mittelgebirgsgegenden, in welchen die Niederwasserperioden im Sommer eintreten, können Laufkräfte bei richtiger Kombination mit Speicherkräften oder Wärmekräften fast restlos ausgenutzt werden.

Um einen Überblick über die zeitliche Einordnung der Kräfte zu erhalten, empfiehlt es sich, Kraftlisten nach Jahren geordnet anzulegen, aus welchen wie in folgendem Beispiel Liste 11 ersichtlich ist, welche vorhandenen Kräfte verwendet und allmählich ausgeschaltet werden und welche neuen Wasserkräfte und Wärmekräfte teils an ihre Stelle treten, teils den Mehrkonsum übernehmen.

Liste II.

Liste der zu verwendenden Kräfte.

	1921	1922	1923	1924	1925	1926	I. Ausbau 1927	1828	1929	1930	1931	1932	II. Ausbau 1933
Erforderliche Höchstleistung: kW	44 000	50 000	56 000	62 000	68 000	74 000	80 000	86 000	92 000	98 000	105 000	112 000	120 000
Dieselbe wird gedeckt durch:													
A. Wasserkräfte													
1. Vorhandene Wasserkräfte für öffentl. Elektrizitätsversorgung:	5 000	5 000	5 000	5 000	5 000	5 000	5 000	5 000	5 000	5 000	5 000	5 000	5 000
2. Neu zu errichtende Wasserkräfte:													
Saale:	—	—	—	—	—	10 000	22 500	25 000	25 000	25 000	25 000	42 500	42 500
Werra und Ulster:	—	—	—	—	—	—	—	5 000	5 000	5 000	7 500	7 500	7 500
Summe der Wasserkräfte:	5 000	5 000	5 000	5 000	5 000	15 000	27 500	35 000	35 000	35 000	37 500	55 000	55 000
B. Dampfkraftanlagen													
1. Vorhandene Werke													
B	12 000	12 000	12 000	12 000	12 000	12 000	12 000	12 000	12 000	18 000	18 000	18 000	18 000
Ge	6 000	6 000	6 000	6 000	6 000	6 000	6 000	6 000	6 000	6 000	6 000	6 000	6 000
Go	6 000	6 000	6 000	6 000	6 000	6 000	6 000	6 000	6 000	6 000	6 000	6 000	6 000
A	2 000	4 000	4 000	4 000	4 000	4 000	4 000	4 000	4 000	4 000	4 000	4 000	4 000
J	4 000	4 000	4 000	4 000	4 000	4 000	4 000	4 000	4 000	4 000	4 000	4 000	4 000
P	1 500	2 500	2 500	2 500	2 500	2 500	2 500	2 500	2 500	2 500	2 500	2 500	2 500
S	2 500	2 500	2 500	2 500	2 500	2 500	2 500	2 500	2 500	2 500	2 500	2 500	2 500
Sonstige	20 000	20 000	20 000	20 000	20 000	20 000	—	—	—	—	—	—	—
2. Neu zu errichten:													
Rohbraunkohlen-Zentrale im Altenburger Revier	—	—	—	—	—	—	10 000	10 000	10 000	10 000	10 000	10 000	20 000
C. Strombezug													
von	—	—	—	10 000	10 000	10 000	10 000	10 000	15 000	15 000	15 000	15 000	15 000
von	—	—	—	—	10 000	10 000	10 000	10 000	10 000	15 000	15 000	15 000	15 000
Summe:	59 000	62 000	62 000	72 000	72 000	92 000	94 500	102 000	107 000	118 000	120 500	138 000	148 000
hievon sind Reserve:	15 000	12 000	6 000	10 000	14 000	18 000	14 500	16 000	15 000	20 000	15 500	26 000	28 000
= %	25,5	19,5	9,5	14	19,5	19,5	15,5	15,5	14	17	13	19	19

Abschnitt V.

Einzelheiten der Kraftwerke.

Sind an Hand der vorhergehenden Abschnitte die für eine Landesversorgung in Betracht zu ziehenden Kräfte ausgewählt, so ist es für den projektierenden Ingenieur von Interesse, auch die technischen Einzelheiten der Kraftwerke wenigstens insoweit zu überprüfen, als dieselben für die Wirtschaftlichkeit und für den Betrieb der Anlage von Einfluß sind. Bei Werken, für welche noch kein Projekt vorliegt, ist es hierzu nötig, ein generelles Projekt aufzustellen, um sich ein Bild über die Anordnung und die Kosten des Werkes machen zu können. Da für ein derartiges Projekt in der Regel noch keine genauen Unterlagen und Aufnahmen vorliegen, ist der projektierende Ingenieur zu einem großen Teil auf Schätzungen bzw. auf Vergleiche mit anderen Kraftwerken angewiesen.

Im nachstehenden werden die wichtigsten Einzelheiten der Kraftwerke beschrieben, soweit dies für den generellen Entwurf und für die Berechnung der Anlagekosten nötig erscheint. Es wird hierbei auch auf die Konstruktion der hauptsächlichsten Anlageteile eingegangen und es werden überschlägige Berechnungsformeln für die Größenbemessung u. dgl. angegeben, um an Hand dieser nur angenäherten aber einfachen Formeln schnell die für die Aufstellung genereller Projekte nötigen Unterlagen zu erhalten. Zur Herstellung eines genauen Detailprojektes sind in jedem Einzelfalle eingehende Aufnahmen, Untersuchungen und Berechnungen erforderlich, über deren Grundlagen die einschlägigen Fachhandbücher (für Wasserkraftanlagen von Ludin, Engels, Koehn u. a., für Wärmekraftwerke von Klingenberg u. a.) Aufschluß geben.

A. Wasserkraftanlagen.

1. Allgemeine Disposition der Anlagen.

Sind auf Grund der Vorerhebungen oder an Hand eines Generalplanes der Wasserkräfte die für die Landesversorgung auszubauenden Flußstrecken ermittelt und die in Betracht kommenden Rohgefälle und Rohwassermengen bestimmt, so ist für jede Strecke eine Disposition des Ausbaues zu suchen, bei welcher ein möglichst großer Teil der Rohkraft unter günstigen wirtschaftlichen Bedingungen in nutzbare Kraft umgewandelt wird. Dabei ist die Gesamtheit der zur Ausnützung nötigen Anlagen als eine wirtschaftliche Einheit anzusehen, auch wenn zunächst ein Teil der Flußstrecke unausgenutzt bleibt oder einem anderen Unternehmen zur Ausnutzung überlassen wird.

Eine Wasserkraftanlage umfaßt im allgemeinen:

das Stauwerk mit Wasserfassung,
die Zuleitung des Wassers zur Maschinenanlage mit den bei Speicherkräften etwa eingeschalteten Vorratsbecken,
das Kraftwerk mit Turbinen und Generatoren,
die Rückleitung des Wassers zum natürlichen Flußlauf mit dem bei Speicherkräften etwa vorgesehenen Ausgleichsbecken.

Hierzu treten die erforderlichen Nebeneinrichtungen, wie Leerschüsse, Entlastungsanlagen, Regulier- und Absperreinrichtungen u. dgl.

Das Stauwerk, Wehr, Talsperre, hat den Zweck, das Wasser zum Verlassen des natürlichen Flußgerinnes und zum Einlauf in die Zuleitung zum Kraftwerk zu veranlassen.

Durch das Stauwerk wird gleichzeitig das Wasser im Flusse angestaut, dies ist von besonderer Bedeutung bei Flüssen mit geringem Relativgefälle, bei welchen das Nutzgefälle zu einem erheblichen Teil durch die Anstauung erzielt wird.

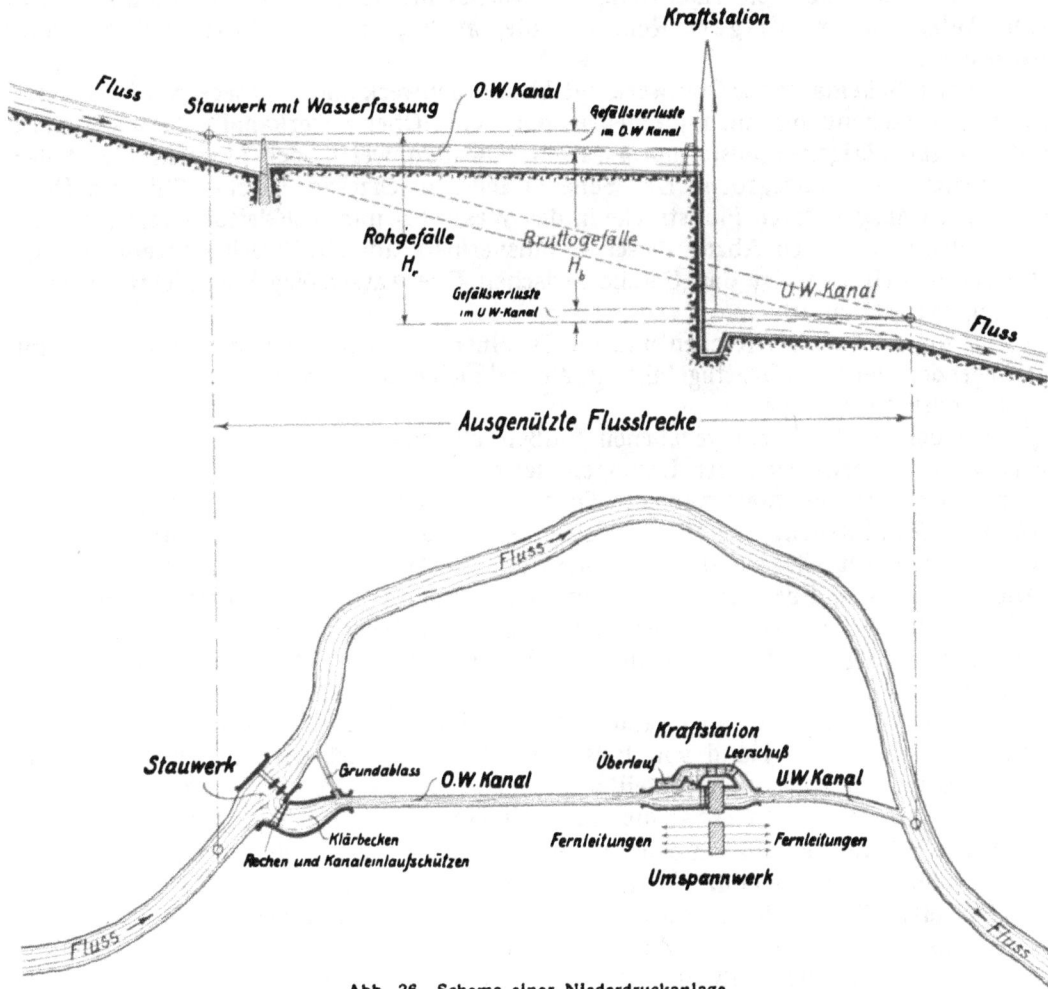

Abb. 36. Schema einer Niederdruckanlage.

Die Überführung des Wassers aus dem Flusse in die Zuleitung erfolgt durch das Einlaufbauwerk. Zum Einlaufbauwerk gehören die Absperrschützen, Regulierschützen u. dgl. sowie die zur Reinigung des Wassers und Entfernung der Geschiebe nötigen Einrichtungen, wie Einlaufschwelle, Klärbecken usw.

Hinter dem Einlaufbauwerk beginnt die Zuleitung des Wassers zum Kraftwerk. Erfolgt die Zusammenfassung des Gefälles lediglich durch das Stauwerk, so verschwindet die Zuleitung, während sie in anderen Fällen eine beträchtliche Länge erhalten kann.

Das Zuleitungsgerinne endigt in einem vor dem Kraftwerk befindlichen Wasserbecken, in dessen Verlängerung die Turbinen eingebaut sind, bei Anlagen mit höheren

Gefällen im sogenannten „Wasserschloß", von welchem das Wasser in eine zumeist steil abfallende Druckleitung gelangt, an deren Ende die Turbinen liegen.

In den Turbinen wird die Energie des zugeführten Wassers in mechanische und durch die mit den Turbinen verbundenen Stromerzeuger in elektrische Energie umgewandelt, die nach entsprechender Transformierung in das Netz der Landesversorgung abgegeben wird.

Nach Durchlaufen der Turbinen wird das Triebwasser durch einen Unterwasserkanal in das natürliche Flußbett zurückgeleitet.

Ein Schema über die Anordnung der vorbeschriebenen Teile ist in Abb. 36 für eine Anlage mit niedrigem Relativgefälle, auch „Niederdruck-Anlage" genannt, dargestellt.

In dem Schema ist das Stauwerk mit Einlaufbauwerk und Klärbecken, die Wasserführung, bestehend aus einem offenen Kanal, dem „Oberwasserkanal", das Kraftwerk mit der zugehörigen Transformatorstation (Umspannwerk), der Leerschuß und der Unterwasserkanal angegeben. Das Schema zeigt gleichzeitig, welcher Teil des Rohgefälles der ausgenutzten Flußstrecke in der Wasserzu- und Rückleitung verlorengeht, und welcher Teil nach Abzug dieser Gefällsverluste am Kraftwerk konzentriert als Bruttogefälle, das ist das Gefälle zwischen Oberwasserspiegel und Unterwasserspiegel, verwertbar ist.

Da die Verluste im Rechen und im Turbineneinlauf nur sehr gering sind, ist im vorliegenden Falle das Bruttogefälle annähernd gleich dem in den Turbinen wirksamen Netto- oder Nutzgefälle.

Für den Ausbau einer gegebenen Flußstrecke sind sehr häufig eine Anzahl verschiedener technisch richtiger Lösungen denkbar. In diesen Fällen ist die in wirtschaftlicher Hinsicht zweckmäßigste Disposition durch Anfertigung von Vergleichsprojekten festzustellen. Die Vergleichsprojekte sind hierbei nicht nur auf Varianten der einzelnen Bauteile, sondern vor allem auf die Disposition der Gesamtanlage zu beziehen und es sind bei der Wahl des auszuführenden Projektes nicht nur technische und wirtschaftliche, sondern meist auch allgemeine Gesichtspunkte, wie die Hochwasserregulierung, die Entwässerung, die Verbindung mit Schiffahrt u. dgl. zu berücksichtigen.

Einige vorzugsweise angewandte Dispositionen der Niederdruckwasserkräfte sollen nachstehend an Hand von Beispielen kurz erläutert werden. Ihre häufigste Form bilden die in Abb. 36 dargestellten Kanalkraftwerke. Von Wichtigkeit ist hierbei die Lage des Krafthauses, die sich in erster Linie nach dem Gelände richtet.

Das Kraftwerk kommt an den Anfang der Kanalstrecke, siehe Abb. 37, wenn das Gelände dort einen Steilabfall besitzt, um beim Oberwasserkanal allzuhohe Dämme zu vermeiden. Bei gleichmäßig abfallendem Gelände wird das Krafthaus in der Mitte der Kanalstrecke angelegt, um die Massenbewegung für den Einschnitt und für den Auftrag auf ein Mindestmaß zu beschränken. Das Krafthaus wird an das Ende der Kanalstrecke gelegt, wenn das Gelände am Ende der Stufe einen Steilabfall besitzt, um allzutiefe Einschnitte des Unterwasserkanals zu vermeiden.

Bei größeren Kanalkraftwerken ist häufig die Verbindung mit der Schiffahrt ins Auge zu fassen. Hierbei dient der Triebwasserkanal gleichzeitig als Schiffahrtskanal; er ist deshalb entsprechend zu dimensionieren und es sind die Krafthäuser so anzulegen, daß die Schiffahrt nicht behindert wird. Zu diesem Zwecke wird, wie das Schema Abb. 38 zeigt, das Krafthaus durch eine Schleuse umgangen, welche gleichzeitig zur Überwindung des Höhenunterschiedes zwischen Ober- und Unterwasser dient.

Zu beachten ist, daß bei Kanälen, die nicht nur der Wasserumleitung, sondern auch der Schiffahrt dienen, mit Rücksicht auf die Bergfahrt eine geringere Fließgeschwindigkeit als bei reinen Kraftwerkskanälen anzuwenden ist, wodurch deren

Abmessungen sich vergrößern. In der Ausgestaltung der Kanalwände und der Sohle besteht mit Rücksicht auf das Anlaufen der Schiffe, deren Verankerung usw. geringere Freiheit wie bei reinen Werkkanälen. Es ist deshalb in jedem Falle abzuwägen, welchem Zweck der Kanal vorwiegend zu dienen hat und hiernach ein Ausgleich zwischen den verschiedenen Bedingungen zu treffen.

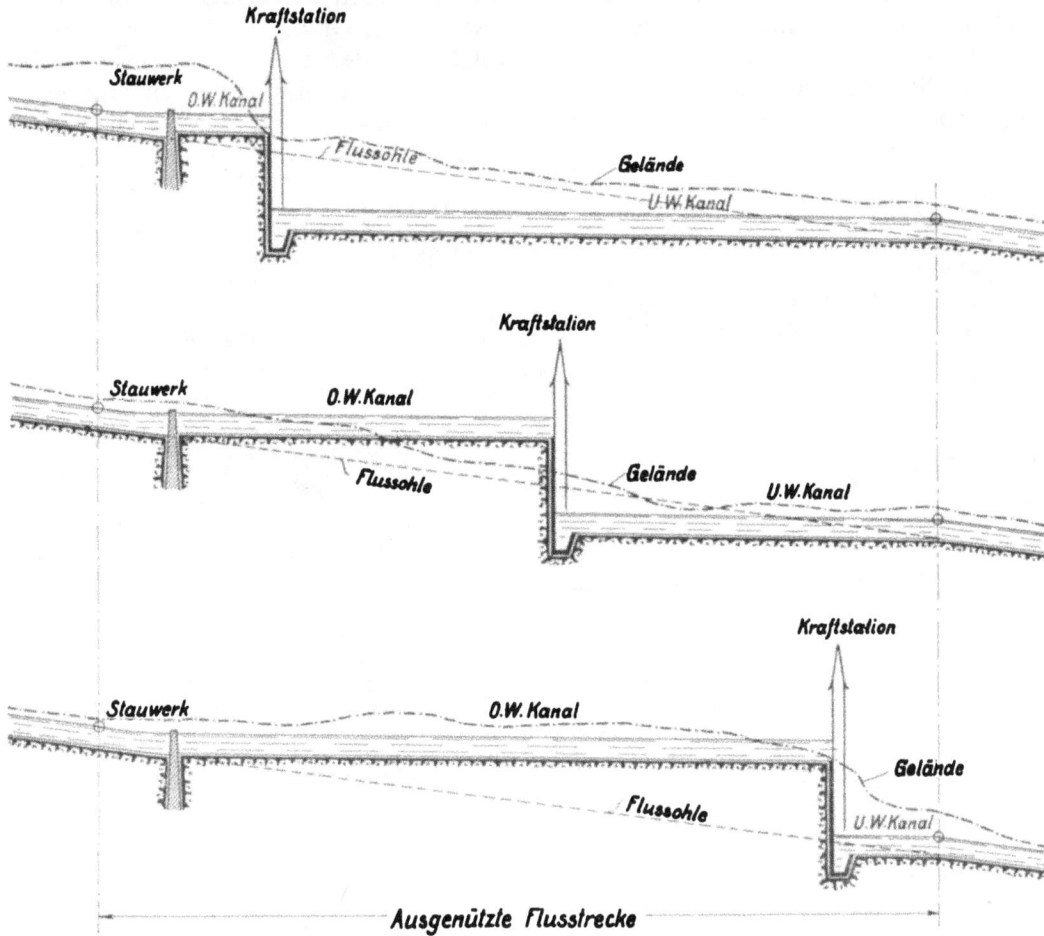

Abb. 37. Lage des Krafthauses in Abhängigkeit vom Gelände.

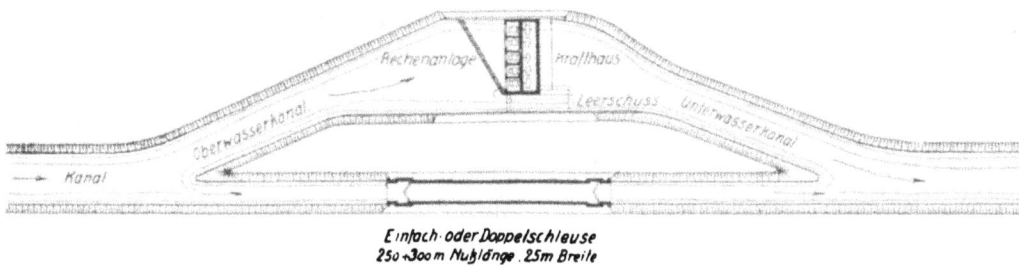

Abb. 38. Schema eines Kanalkraftwerkes in Verbindung mit Schiffahrt.

Bei den Schiffahrtskanälen bedingt das Durchschleusen der Schiffe nicht nur Wasser- und Energieverluste, sondern auch erhebliche Unregelmäßigkeiten in der Kraftdarbietung, welche durch Anwendung wassersparender Schleusen nach Möglichkeit herabgemindert werden müssen.

Die Rücksichtnahme auf die Kraftdarbietung kann allerdings bei den der Landes-versorgung dienenden Kräften zugunsten der Schiffahrt etwas zurücktreten, weil infolge des Parallelbetriebes mit andern Kraftwerken kurzzeitige Unterbrechungen oder Störungen leicht überwunden werden.

Mitunter ist die Ausdehnung einer einheitlich auszubauenden Flußstrecke so groß, daß sie durch ein Einzelwerk nicht wirtschaftlich ausgenutzt werden kann, sondern eine Reihe hintereinander geschalteter Anlagen nötig sind, deren jede ein Teilgefälle der Strecke ausnutzt. In einem solchen Falle ist in erster Linie auf eine zweckmäßige Stufeneinteilung hinzuwirken, um zu hohe Stauwerke, zu tief einge-schnittene Kanäle, zu große Abmessungen der Turbinen u. dgl. zu vermeiden.

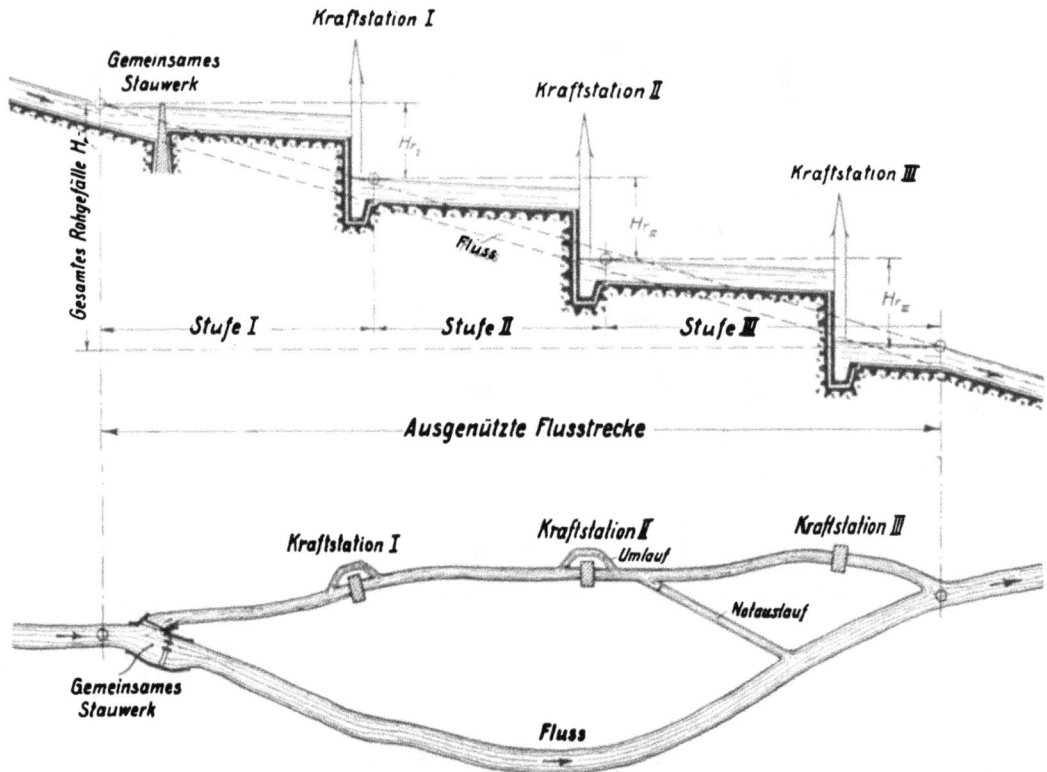

Abb. 39. Schema einer Kanalkraft mit mehreren Stufen.

Die Anordnung von Stufen bedingt bezüglich der Disposition der Kanäle, Kraft-häuser usw. im allgemeinen keine Änderung; doch können bei Stufenanlagen einzelne Bauteile, wie z. B. die Wehre, für mehrere Stufen gemeinsam vorgesehen werden. Die Aufteilung des Gefälles auf die einzelnen Stufen richtet sich nach den örtlichen Verhältnissen.

Das Schema einer derartigen Stufenanlage ist in Abb. 39 gegeben.

Für die einzelnen Stufen sind Umführungen, Leerschüsse oder ähnliche Ein-richtungen vorzusehen, die es ermöglichen, das gesamte im Kanal fließende Wasser um das Krafthaus herumzuführen, wenn sich eine teilweise oder vollständige Außer-betriebsetzung der betreffenden Stufe zwecks Kontrolle, Reparatur der baulichen oder maschinellen Anlagen u. dgl. als nötig erweist. Auch ist bei längeren Kanal-strecken mit größerer Stufenzahl die Erstellung eines oder mehrerer Notausläufe zum Flußbett zweckmäßig, um nötigenfalls eine Kanalstrecke außer Betrieb setzen zu können.

Die Zugehörigkeit eines Kraftwerkes zu einer Landesversorgung gestattet es, derartige Außerbetriebsetzungen weit leichter als bei Einzelkraftwerken vorzunehmen, da ein Ausfall an Leistung durch Heranziehung anderer Kraftwerke und deren Reserven gedeckt werden kann. Die Möglichkeit zeitweiliger Außerbetriebsetzung und damit einer dauernden Revision und Instandhaltung aller Einrichtungen von Kraftwerken der Landesversorgung gestattet ferner, in manchen Fällen größere Geschwindigkeiten bzw. größere Beanspruchungen als bei Einzelanlagen zuzulassen und hierdurch manche Anlage wirtschaftlich zu erstellen, die sonst nicht ausbaufähig wäre.

Bei großen Flüssen mit geringen Gefällen stößt die Anlage eines Umleitungsgerinnes mitunter auf Schwierigkeiten, weil ein solches für die großen Wassermengen zu teuer wird. In diesem Falle sucht man das Gesamtgefälle durch entsprechende Stauwerke unmittelbar im Flusse selbst zu schaffen und erhält hierdurch das sogenannte „Flußkraftwerk", bei welchem die Kraftstation mit dem Stauwerk ohne ausgeprägte Wasserzuführung und Rückleitung an einer Stelle vereinigt ist.

Flußkraftwerke werden zurzeit für Gefälle bis etwa 15 m besonders an den Unterläufen größerer Flüsse angewandt. Ein Schema einer derartigen Anlage zeigt Abb. 40.

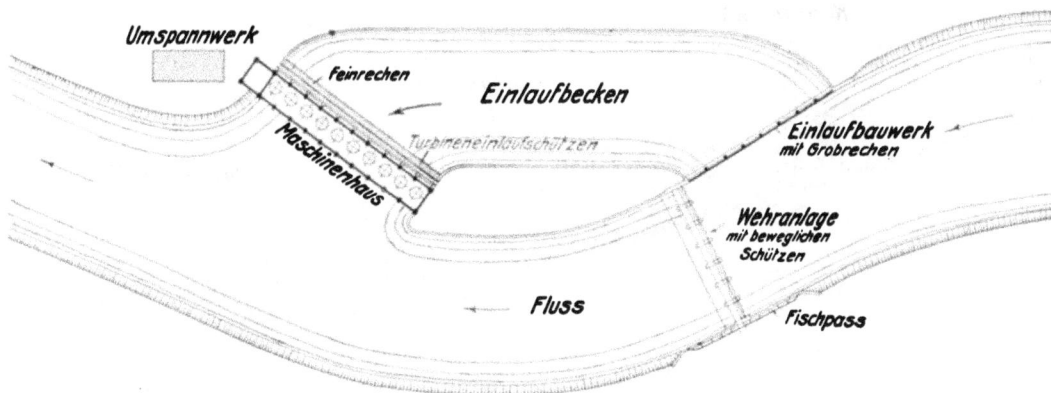

Abb. 40. Schema eines Flußkraftwerkes.

Das durch ein Wehr gestaute Wasser tritt nach dem Durchgang vorgebauter Rechen und Schützen unmittelbar in das Krafthaus ein. Diese Anordnung hat gegenüber den Kanalkraftwerken den Nachteil, daß das Eindringen von feinsten Geschiebeteilen in die Maschinen nicht leicht zu verhindern ist, namentlich wenn keine Gelegenheit zur Errichtung größerer Klärbecken u. dgl. vorliegt. Auch leiden derartige Anlagen mehr als Kanalkräfte durch die Schwankungen des Gefälles und der Wassermenge, weil hier die ausgleichende Wirkung eines langen Kanals wegfällt und die Kraftanlage deshalb unmittelbar den Schwankungen des Flußspiegels und der Flußwassermenge ausgesetzt ist. Bei Hochwasser ist durch Öffnen der Schleusen für Ablauf des überschüssigen Wassers zu sorgen; da sich hierbei die Wasserspiegel vor und hinter den Turbinen ausgleichen, findet im Gegensatz zu den Kanalkräften eine starke Verringerung des Gefälles statt, so daß die Leistung bis auf Null zurückgehen kann; doch wirkt diese Eigenschaft sich auch im Rahmen einer Landesversorgung weniger ungünstig aus als bei Einzelkraftwerken.

Die Verbindung eines Flußkraftwerkes mit Schiffahrt zeigt Abb. 41; es ist hier neben dem Stauwerk und dem Krafthaus ein besonderer Seitenkanal für die Durchleitung von Fahrzeugen angelegt; der Höhenunterschied zwischen Ober- und Unterwasser muß auch hier durch Schleusen überwunden werden.

Bei längeren einheitlich auszubauenden Flußstrecken kommt bei den Fluß-
kräften ebenso wie bei Kanalkräften die Ausnutzung mittels mehrerer Kraftstufen
in Betracht. Das Schema einer solchen Disposition zeigt Abb. 42.

Wie ersichtlich, geht hierbei der Unterwasserspiegel eines Kraftwerkes in den
gestauten Oberwasserspiegel der tiefer gelegenen Kraftstufe über; die Länge bzw.

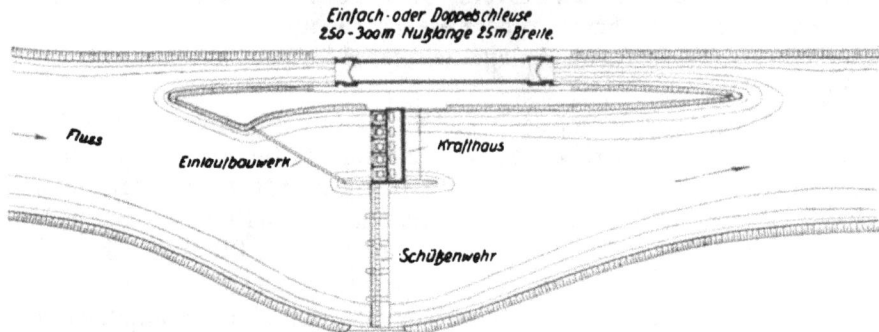

Abb. 41. Schema eines Flußkraftwerkes in Verbindung mit Schiffahrt.

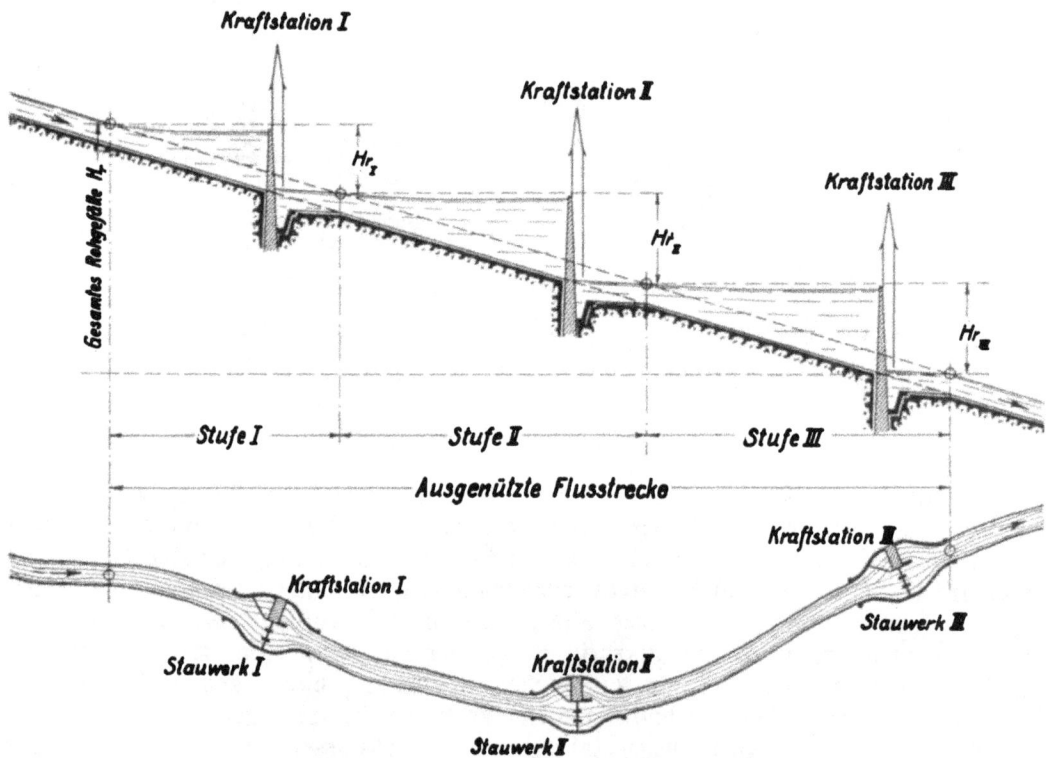

Abb. 42. Schema einer Flußkraft mit mehreren Stufen.

Disposition der einzelnen Stufen richtet sich nach den örtlichen Verhältnissen, insbesondere ist zu prüfen, ob nicht durch die sehr teuren Stauwerke die wirtschaftlichen Grenzen überschritten werden.

Anlagen zur Ausnutzung hoher Gefälle (Hochdruckanlagen) haben den gleichen
allgemeinen Aufbau wie die Niederdruckanlagen, sie unterscheiden sich jedoch von
diesen durch die Höhe des in einer Stufe ausgenutzten Gefälles.

Abb. 43 zeigt das Schema einer solchen Anlage.

Das Stauwerk und die Wasserfassung wird ähnlich angelegt wie bei Niederdruckanlagen; die Zuleitung besteht zum Teil aus einem Oberwasserkanal, zum Teil aus einem durch das Gebirge geführten Stollen. Der Stollen endigt im Wasserschloß, von welchem aus die Druckrohrleitungen zum Krafthaus führen. Das Wasserschloß dient zum Ausgleich der durch Belastungsschwankungen hervorgerufenen Druck-

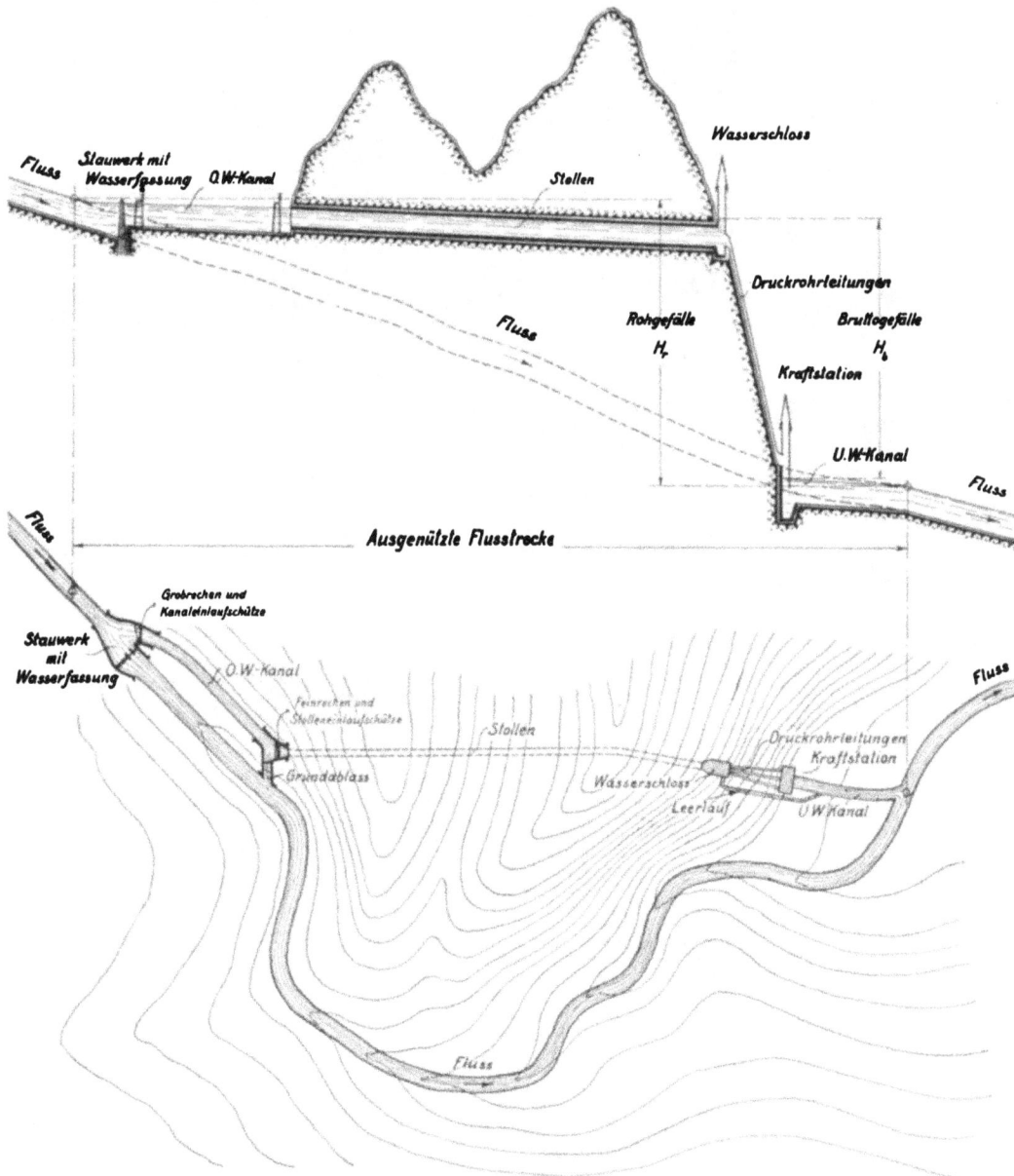

Abb. 43. Schema einer Hochdruckanlage.

schwankungen in den Druckleitungen und im Stollen. An Stelle der Druckrohrleitungen können auch Druckschächte verwendet werden.

Das Rohgefälle der ausgenutzten Flußstrecke und das Bruttogefälle ist in der Abbildung angegeben. Das Nettogefälle ergibt sich aus dem Bruttogefälle, indem von letzterem die Druckverluste in den Rohreinläufen, Leitungen und Absperrvorrichtungen abgezogen werden.

7*

Was die Stufenausbildung bei Hochdruckanlagen betrifft, so können bei sehr großen Gefällen hintereinanderliegende Druckstufen in Betracht kommen, um un-

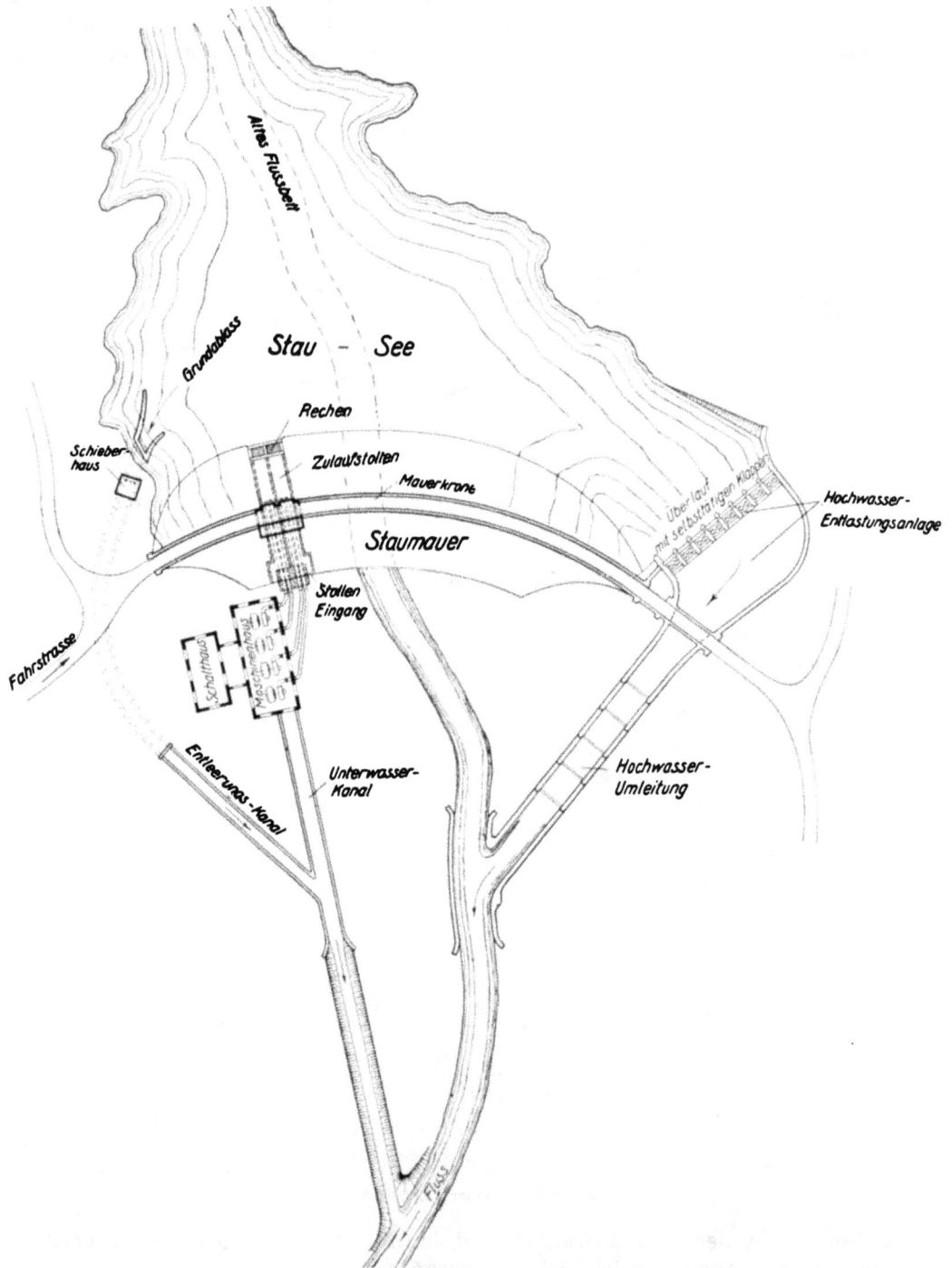

Abb. 44. Talsperre mit Kraftwerk am Fuße der Sperre.

zweckmäßige Abmessungen für die Leitungen und Maschinen zu vermeiden. Meist bildet aber bei hohen Gefällen jedes Kraftwerk für sich eine wirtschaftliche Einheit.

Sowohl bei Niederdruckanlagen als auch namentlich bei Hochdruckwerken können bei günstigen örtlichen Verhältnissen durch Anstauung des Flusses Vorratsbecken für die Speicherung des Wassers gebildet werden, welche, wie in Abschnitt IV erläutert, besonders im Rahmen einer Landesversorgung eine bedeutende Wertvergrößerung der Anlage bilden. Kommt man bei diesem Bestreben auf Stauhöhen von etwa über 15 m, so läßt sich die Anstauung nicht mehr durch Einbau normaler Wehre mit Schützen, Walzen o. dgl. erzielen, man muß vielmehr zur Errichtung von Dämmen oder Staumauern greifen und erhält dann die sogenannten „Sperrenstauwerke" oder „Talsperren", mit welchen Stauhöhen bis zu 100 m erreichbar sind.

Die Anordnung der Kraftwerke für diese Fälle ist in den Abb. 44 bis 48 nach ausgeführten neueren Anlagen dargestellt. Abb. 44 zeigt die Anordnung einer normalen, gemauerten Talsperre, wobei das Krafthaus unmittelbar am Fuße der Sperre errichtet ist. Das Triebwasser wird in diesem Falle durch in die Sperre eingebaute Schächte oder Rohre den Turbinen zugeführt.

Ein Querschnitt durch die Sperrmauer mit den Einzelheiten der Wasserzuführung ist in Abb. 45 angegeben.

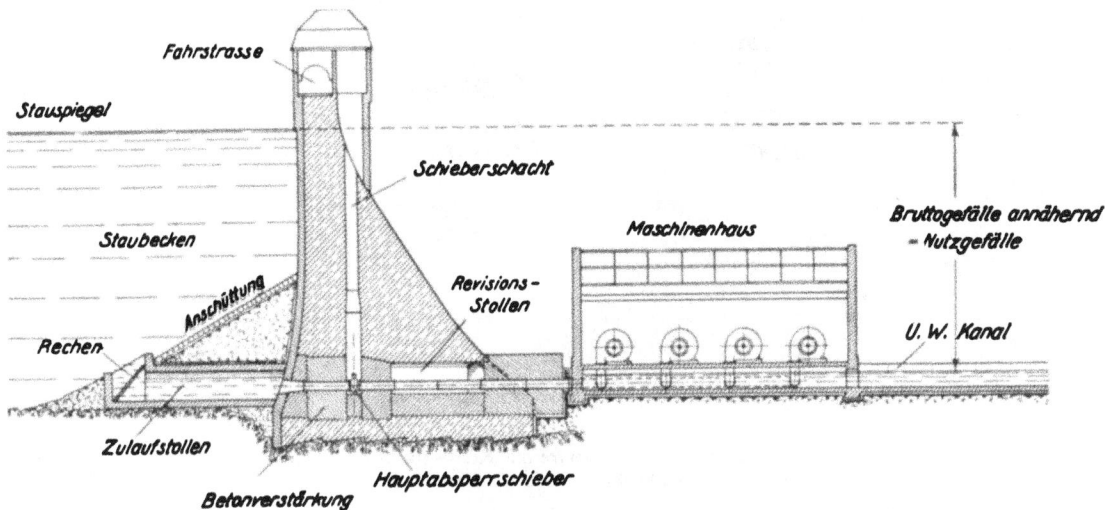

Abb. 45. Einzelheiten der Sperrmauer von Abb. 44.

Häufig, insbesondere bei Sperren mit aufgelöstem Staukörper (s. S. 102), wird die Maschinenanlage in die Sperre selbst hineingebaut, um an Stollen und Rohrleitungen zu sparen. Eine derartige Sperre mit ihren Einzelheiten, wie Hochwasserentlastung, Entleerung usw., ist in den Abb. 46 und 47 dargestellt.

Die Anordnung des Kraftwerkes am Fuße oder innerhalb der Sperre hat den Nachteil, daß die Triebwasserzuführung nicht nur eine Schwächung des Sperrkörpers bildet, sondern auch die Ursache von Sickerungsverlusten und Durchfeuchtung infolge von Undichtigkeiten werden kann.

Man wählt deshalb, wenn möglich, eine Disposition nach Abb. 48, bei welcher das Kraftwerk nicht unmittelbar an der Sperre, sondern in größerem Abstand von derselben liegt, wobei das Triebwasser den Turbinen durch eine besondere Leitung, Druckrohre, Stollen u. dgl., im vorliegenden Falle durch Druckrohre, zugeführt wird.

Diese Disposition wird angewendet, wenn eine Flußstrecke zur Ausnutzung gelangt, deren Gefälle zweckmäßig nicht nur durch Aufstau, sondern zum Teil auch durch Umleitungsgerinne nutzbar gemacht werden soll. Um die Nachteile der Durchdringung der Sperre zu vermeiden, werden hierbei die Druckrohre oder Stollen seitlich der Sperrmauer abgezweigt.

Zur Ableitung von Hochwässern bei gefülltem Becken dienen die Hochwasser-
entlastungsanlagen, welche in der Höhe des größten Stauspiegels angeordnet werden.
Zur vollständigen Entleerung des Staubeckens zwecks Vornahme von Revisionen,

Lageplan

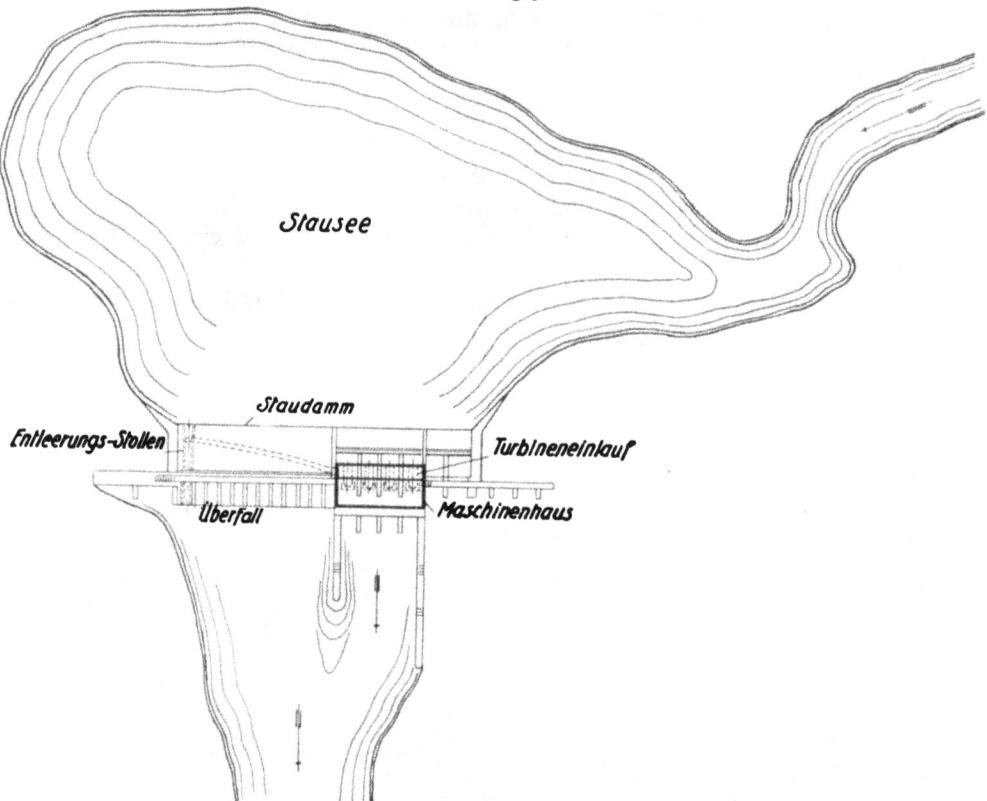

Abb. 46. Aufgelöste Talsperre mit Kraftwerk in der Sperre.
(Mathis-Staudamm, Nordamerika).

Querschnitt
durch das Überfallwehr

Querschnitt
durch Einlauf und Maschinenhaus

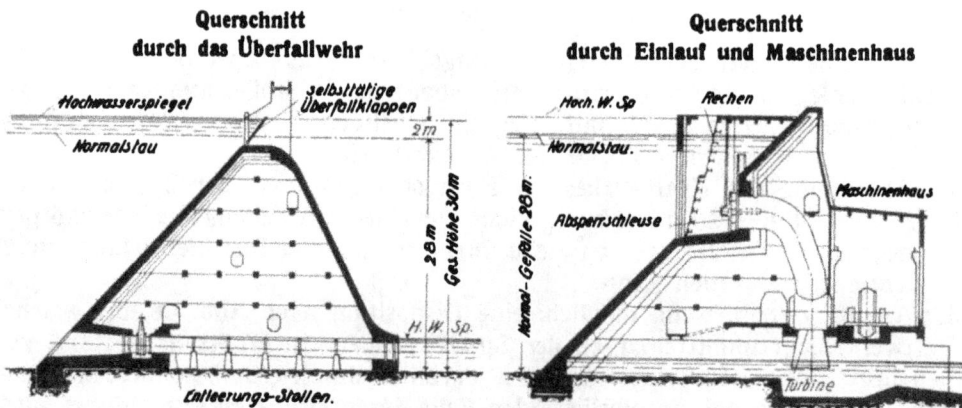

Abb. 47. Einzelheiten der Wasserführung zu Abb. 46.

Reparaturen usw. dienen Entleerungseinrichtungen, welche an der Sperrensohle durch
dieselbe hindurchgehen. Die Anordnung dieser Einrichtungen ist aus den Abb. 44
bis 48 ebenfalls ersichtlich.

Die Disposition einer Stufenanordnung bei Talsperrenwerken, wie sie insbesondere bei langen im Mittelgebirge eingeschnittenen Flußstrecken vorkommt, ist für zwei charakteristische Fälle in den Abb. 49 und 50 schematisch dargestellt.

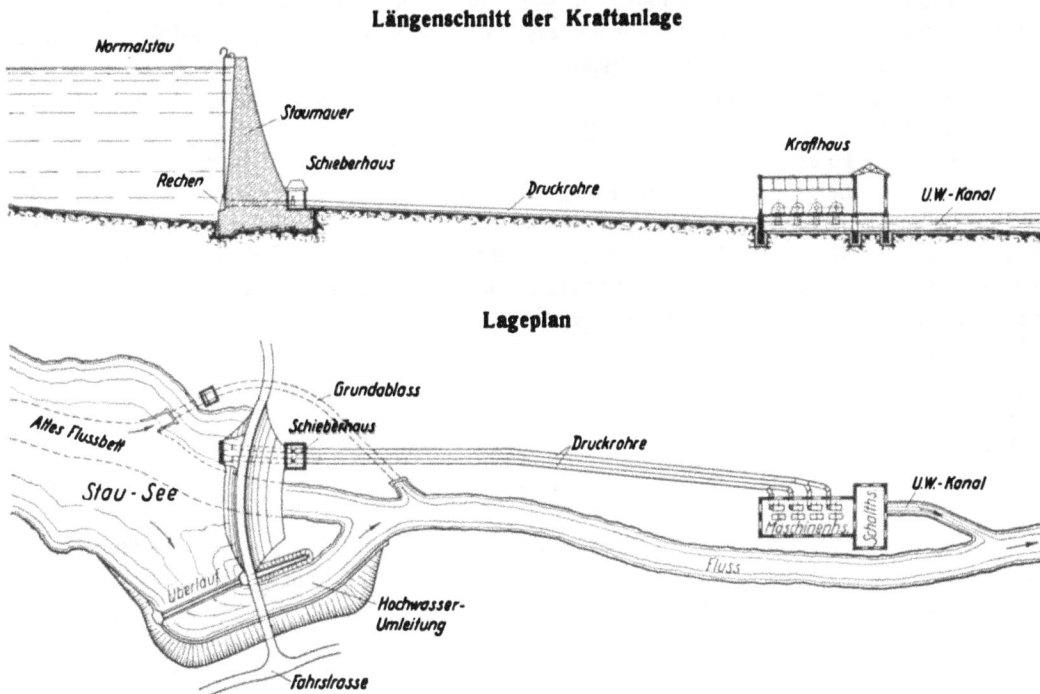

Längenschnitt der Kraftanlage

Lageplan

Abb. 48. Talsperre mit von der Sperre entfernt liegendem Kraftwerk.

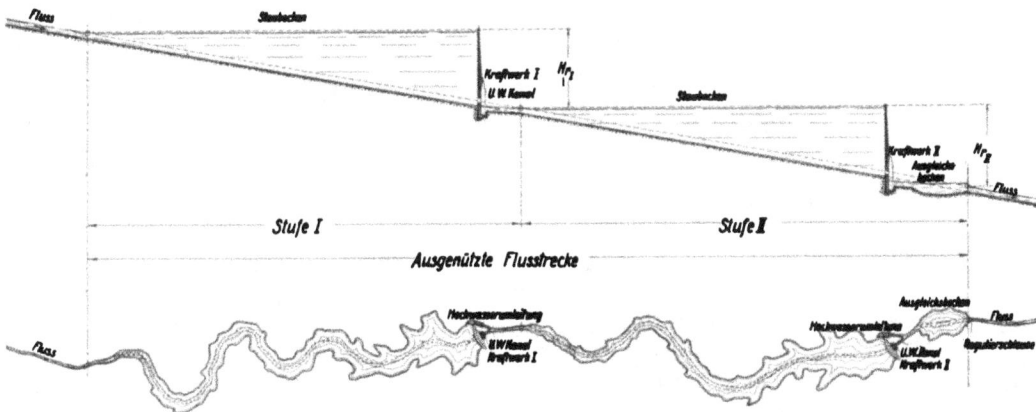

Abb. 49. Schema einer Talsperrenanlage in Stufenanordnung mit Kraftwerken am Fuße der Sperren.

Abb. 49 betrifft eine Anordnung, wo die Kraftwerke am Fuße der Sperren erstellt werden. Jede Stufe besteht hier in der Hauptsache aus dem Staubecken mit Sperre und dem Krafthaus; der Unterwasserspiegel des vorhergehenden Kraftwerkes geht in den Stauspiegel des folgenden Werkes über.

Wenn der Beckenspiegel des letzteren gesenkt wird, so senkt sich auch der Unterwasserspiegel des vorhergehenden Kraftwerkes, es kann hierbei durch geeignete Anordnung der Turbinen die in der unteren Stufe durch die Absenkung entstehende Gefällsminderung mittels der Saugrohre der oberen Stufe zum Teil ausgeglichen werden.

Abb. 50 zeigt die Ausnutzung eines Flusses, bei welchem die Staubecken nicht unmittelbar hintereinander liegen, sondern zwischen Sperre und Kraftwerk längere Stollen eingeschaltet sind. Hierbei ist das auf eine Stufe treffende Gefälle jeweils in ein Staugefälle und ein Umleitungsgefälle zerlegt.

Welche der beiden Dispositionen zu wählen ist, hängt von dem Verlaufe des Flußtales sowie von der Gestaltung und Beschaffenheit des Gebirges ab. Im allgemeinen ergeben sich für eine bestimmte Flußstrecke bei Anordnung der Kraftwerke am Fuße der Sperren höhere Staumauern wie bei Einschaltung von Stollen, bei Beurteilung der Kosten ist allerdings zu berücksichtigen, daß den Ersparnissen an Mauerkosten die Ausgaben für die Stollen gegenüberstehen. Es ist ferner abzuwägen, welchen Wert in jedem Einzelfalle der erzielbare Speicherraum, der bei hohen Sperrmauern größer ist als bei niedrigen, besitzt.

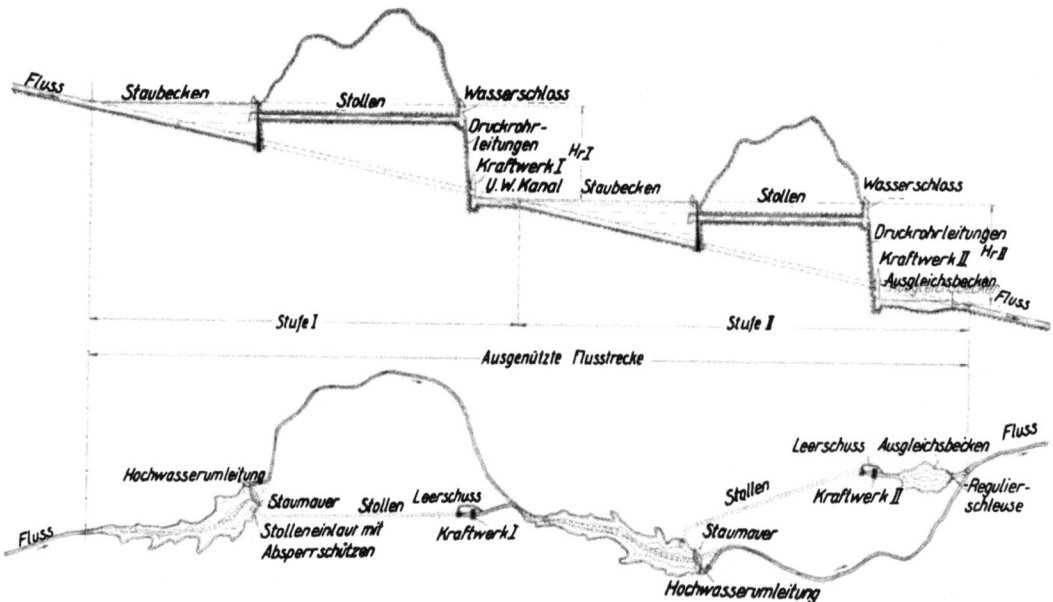

Abb. 50. Schema einer Talsperrenanlage in Stufenanordnung mit Druckstollen.

Eine Ergänzung der bisher erörterten Dispositionen ergibt sich bei Kraftwerken mit künstlicher Speicherung, bei welchen zur Verwertung von überschüssigen Wassermengen, z. B. in der Nacht, das Wasser in einen künstlich angelegten Hochwasserspeicher gepumpt und am Tage demselben mittels besonderer Hochdruckturbinen entnommen wird. Ein Schema hierfür zeigt Abb. 51, in welcher links die Turbinen einer normalen Niederdruckanlage gezeichnet sind, während rechts ein Motor-Generator dargestellt ist, welcher entweder als Motor eine direkt gekuppelte Kreiselpumpe zur Füllung des Hochbehälters antreibt oder von der gleichfalls direkt gekuppelten Hochdruckturbine als Generator betrieben wird.

Eine andere Art der künstlichen Speicherung ist im Zusammenhang mit einer Landesversorgung in der Weise möglich, daß der Speicher eines zur Landesversorgung gehörigen Spitzenkraftwerkes mittels Elektropumpen aufgefüllt wird, denen der Strom aus entfernt liegenden Niederdruckwerken durch das Landesnetz zugeführt wird.

Da hierbei größere Pumpenanlagen nötig sind und der Wirkungsgrad der künstlichen Speicherung meist unter 50% liegt, ist eine künstliche Speicherung nur in Ausnahmefällen wirtschaftlich, um so mehr als bei richtig disponierten Landesversorgungsanlagen eine Verwertung der überschüssigen Wasserkraftleistungen durch richtige Mitverwendung von Wärmekräften, durch Verwertung von Abfallenergie usw. meist auf einfacherem Wege möglich ist.

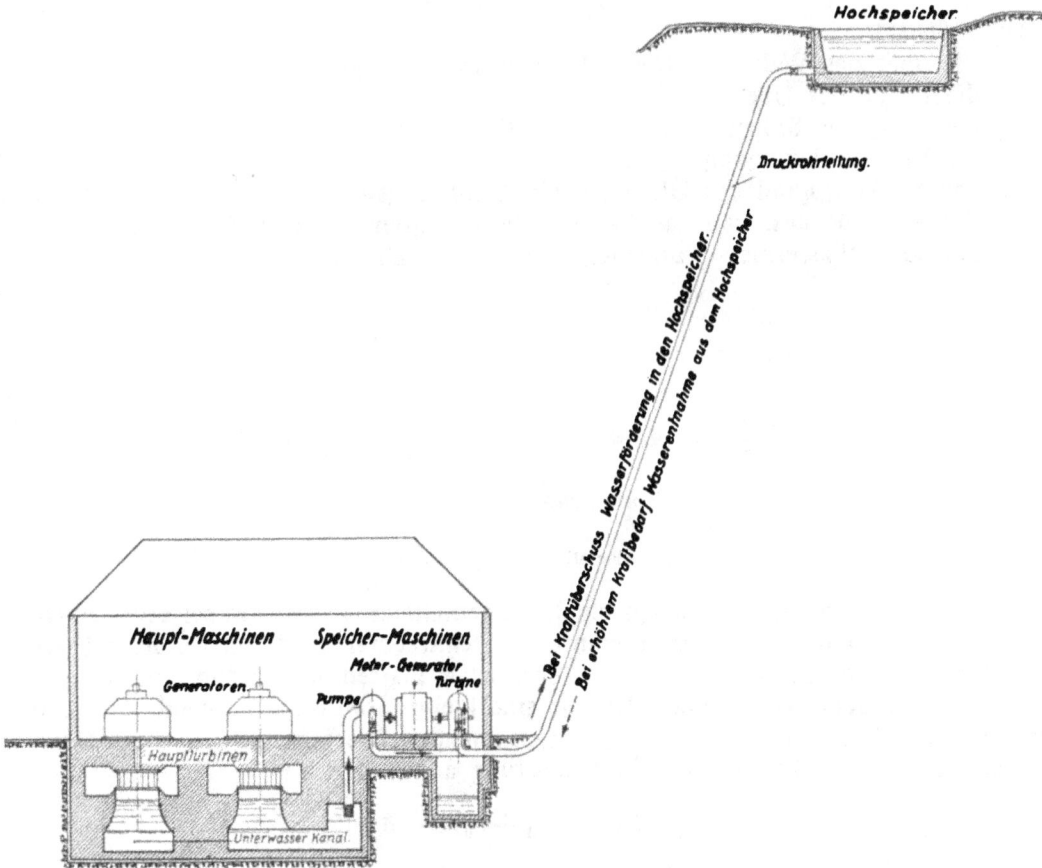

Abb. 51. Schema eines Kraftwerkes mit künstlicher Speicherung.

2. Bauliche Einzelheiten.

a) Stauwerke. Bezüglich der baulichen Einzelheiten von Wasserkraftanlagen sind die Stauwerke von besonderer Wichtigkeit. Sie können sowohl als feste wie als bewegliche Wehre oder als Verbindung beider Bauformen konstruiert werden. Bei den festen Wehren wird der Staukörper als feste Mauer mit dauernd gleichem Aufstau errichtet (Überfallwehr); die Hochwasser- und Geschiebeabfuhr muß hierbei über die Wehrkrone erfolgen. Bei den beweglichen Wehren besteht der Staukörper aus einer Anzahl beweglicher Teile, welche nicht nur eine Veränderung des Staues, sondern auch eine regulierbare Abfuhr von Hochwässern, Geschieben, Eis u. dgl. gestatten. Jede wichtigere Stauanlage wird deshalb mindestens zum Teil mit beweglichen Wehrkörpern ausgerüstet.

Bei größeren Flüssen wird zur Ersparnis an Wehrlänge das Stauwehr in seiner ganzen Länge aus beweglichen Teilen zusammengesetzt, um hierdurch die Zu- und Abflußverhältnisse besser regeln und durch Heben der auf die ganze Wehrlänge verteilten Schützen u. dgl. eine möglichst große Hochwassermenge abführen zu können.

Die **Hauptabmessungen** eines Wehres sind durch die gewünschte Stauhöhe sowie durch die Menge des abzuführenden Hochwassers bestimmt.

Die Abfuhrleistung eines Überfallwehres (Abb. 52) ist ohne Berücksichtigung der Geschwindigkeit des ankommenden Wassers, wie dies bei Vorhandensein größerer Stauflächen vor dem Wehr zulässig ist, bestimmt durch die Formel

$$Q = \frac{2}{3}\,\mu\,b\,h_1\,\sqrt{2\,g\,h_1},$$

worin bedeutet:

Q die über das Wehr abzuführende Hochwassermenge in cbm/sec,
b die Länge des Überfalles in m,
h_1 die Höhe des Stauspiegels über der Wehrkrone in m,
g die Fallbeschleunigung in m,
μ den Wirkungsgrad des Überfalls, ein Erfahrungswert, welcher von der Form des Wehrrückens, von den beiderseitigen Begrenzungen sowie von der überfallenden Wassermenge und der Überfallhöhe abhängig ist.

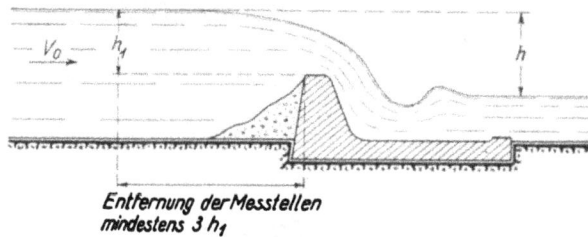

Abb. 52. Überfall über ein festes Wehr.

Im allgemeinen kann μ mit 0,6 bis 0,8 angenommen werden, wobei der kleinere Wert für Wehre mit scharfer Abflußkante und senkrechter Vorderfläche, der größere Wert für Wehre mit gut abgerundetem Wehrrücken, glatten Seitenwänden u. dgl. gilt.

Wenn vor dem Wehr keine oder nur eine kleine Staufläche vorhanden ist und demnach die Geschwindigkeit v_0 des ankommenden Wassers nicht vernachlässigt werden kann, so ergibt sich die Überfalleistung angenähert zu

$$Q = \frac{2}{3}\,\mu\,b\,\sqrt{2\,g}\,[(h_1+h_0)^{3/2} - h_0^{3/2}],$$

wobei $h_0 = \frac{v_0^2}{2\,g}$ die der Geschwindigkeit entsprechende Druckhöhe bedeutet.

Wäre z. B. über ein festes Wehr von 100 m Länge mit gut abgerundetem Rücken eine Hochwassermenge von 400 cbm/sec abzuführen und beträgt die hierbei zulässige Stauhöhe 1,5 m über Wehrkrone, so würde sich bei Vorhandensein einer größeren Staufläche vor dem Wehr, d. h. mit $h_0 = \sim 0$, ergeben:

$$400 = \frac{2}{3}\,\mu \cdot 100\,h_1\,\sqrt{2\,g\,h_1} \text{ und mit } \mu = 0,75,\ \sqrt{2\,g} = 4,43$$

$$400 = 221,5\,h_1\,\sqrt{h_1},$$

hieraus: $\underline{h_1 = 1,48 \text{ m}},$

womit der Nachweis für die Einhaltung der zulässigen Stauhöhe erbracht wäre.

Würde mangels einer genügenden Staufläche die Geschwindigkeit des ankommenden Wassers vor dem Wehr mit $v_0 = 1,5$ m/sec zu rechnen sein, so wäre

$$h_0 = \frac{v_0^2}{2\,g} = \frac{1,5^2}{19,62} = 0,115 \text{ m}$$

$$400 = 221,5\,[(h_1+0,115)^{3/2} - 0,115^{3/2}],$$

hieraus: $\underline{h_1 = 1,37 \text{ m}}.$

Der Vergleich zeigt, daß bei größerer Geschwindigkeit des ankommenden Wassers unter sonst gleichen Verhältnissen der Aufstau kleiner ist; es könnte daher im vorliegenden Falle das Wehr um 0,1 m erhöht werden, ohne daß die zulässige Stauhöhe überschritten würde.

Bei gegebener Stauhöhe kann aus den Formel die erforderliche Länge des Wehres unter Berücksichtigung der abzuführenden Hochwassermenge bestimmt werden. Die Formeln sind für Projektierungszwecke genügend genau; eine eingehendere Berechnung ist von Fall zu Fall unter Berücksichtigung aller örtlichen und hydraulischen Verhältnisse durchzuführen[1]).

Die Formeln gelten auch für bewegliche Wehre, soweit sich diese wie Überfallwehre verhalten, wie z. B. Hochwasserüberfälle u. dgl. Der Koeffizient μ ist in diesem Falle mit 0,6 anzunehmen.

Wenn das bewegliche Wehr nicht überströmt wird, sondern sich die Wehröffnung an der Sohle oder in halber Höhe befindet, wie z. B. bei Grundablässen, Floßgassen, Kanaleinläufen u. dgl., ist obige Formel nicht anwendbar, es sind vielmehr die Formeln für Grundablässe zu verwenden. Für den häufig vorkommenden Fall der Schützenverschlüsse eines Grundablasses oder Kanaleinlaufes (Abb. 53) gilt angenähert folgende Formel:

$$Q = \frac{2}{3}\,\mu\,b\,\sqrt{2\,g}\,(h^{3/2} - h_2^{3/2}) + \mu\,b\,\sqrt{2\,g\,h}\,(h_1 - h),$$

wobei bedeutet:

Q die Abflußmenge in cbm/sec,
b die Breite der die Wassermenge Q durchlassenden Öffnung,
h die Stauhöhe in m,
h_1 die Höhe des Oberwasserspiegels über der Flußsohle in m,
h_2 die Höhe des Oberwasserspiegels über der unteren Schützenkante in m.

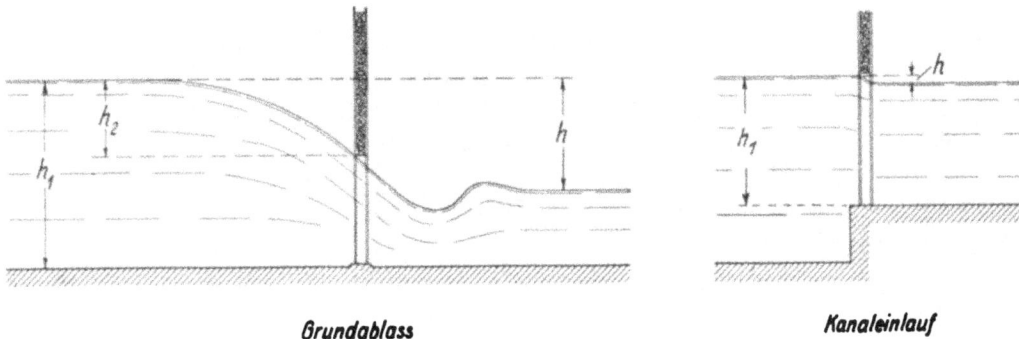

Grundablass   Kanaleinlauf

Abb. 53. Abfluß aus geöffneten Schützen.

Hierbei kann μ für Grundablässe mit 0,70 bis 0,80, für Kanaleinläufe mit 0,60 bis 0,65 eingesetzt werden. Nach dieser Formel würde sich z. B. die durchfließende Wassermenge durch eine geöffnete Grundablaßschütze von 5 m Breite, bei 5 m Wassertiefe vor der Schütze, 2 m Wassertiefe hinter der Schütze und 3 m freier Öffnung mit $\mu = 0,75$ ergeben zu:

$$Q = 2,2 \cdot 5 \cdot (3^{3/2} - 2^{3/2}) + 3,3 \cdot 5 \cdot \sqrt{3}\,(5-3) = 5\,(5,3 + 11,4) = \underline{\text{rund 84 cbm/sec.}}$$

Der durch den Einbau eines Stauwerkes hervorgerufene Aufstau macht sich auf eine längere Strecke — die Stauweite — flußaufwärts bemerkbar. Da hiermit

---

[1]) Näheres über die Berechnung und Konstruktion von Wehren siehe Engels, Handbuch des Wasserbaues; Ludin, Die Wasserkräfte.

eine Beeinträchtigung der Rechte der Angrenzer verbunden sein kann, ist es von Interesse, die Stauweite und die sich einstellende Spiegelkurve, „Staukurve" genannt, zu untersuchen.

Die genaue Berechnung der Stauweite und Staukurve ist ziemlich kompliziert und kann der Detailprojektierung vorbehalten bleiben, für überschlägige Rechnungen genügt folgende angenäherte Rechnungsweise (nach Tolkmitt):

Man teilt die Flußstrecke gemäß Abb. 54 vom Stauwerk ab nach oben in einzelne Teilstrecken Δx ein, dann ist beispielsweise für die Teilstrecke Δx_1:

$$\Delta y_1 = y_1 - y_2 = \left(\frac{Q}{k}\right)^2 \cdot \frac{p_1 \Delta x_1}{F_1^3},$$

wobei bedeutet:

Q die heranfließende Wassermenge in cbm/sec,
p_1 der mittlere benetzte Umfang auf der Strecke Δx_1 in m,
F_1 der mittlere benetzte Profilquerschnitt auf der Strecke Δx_1 in qm,
k der mittlere Rauhigkeitskoeffizient nach Kutter (s. S. 116).

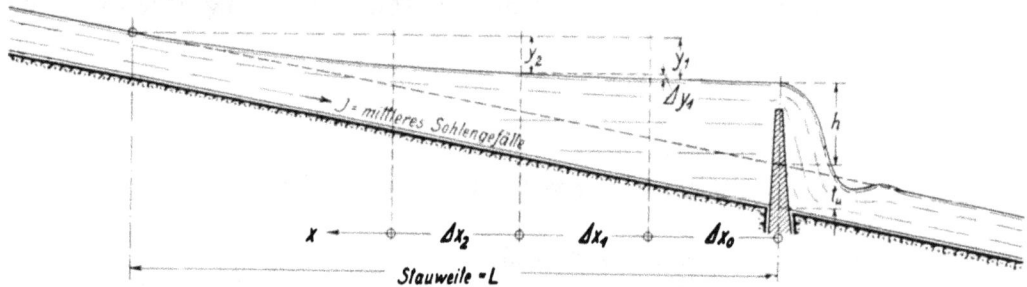

Abb. 54. Ermittlung der Stauweite.

Hieraus können stückweise die einzelnen Staupunkte berechnet werden, wobei für den Ausgangspunkt angenommen wird, daß die Staulinie auf der ersten kurzen Teilstrecke Δx_0 vor dem Wehr horizontal ist. Bei graphischer Auftragung der berechneten Staupunkte ergibt sich gleichzeitig die Stauweite.

Für gleichmäßig fließendes Wasser und wenn die Flußprofile der einzelnen Teilstrecken nicht zu sehr voneinander abweichen, ergibt sich aus der obigen Beziehung angenähert für die ganze Strecke:

$$\text{Stauweite } L = \frac{h}{J - \dfrac{Q^2 \cdot p_m}{k^2 \cdot F_m^3}},$$

wobei

h das Staugefälle in m,
J das mittlere Sohlengefälle,
p_m und F_m den mittleren benetzten Umfang bzw. das mittlere benetzte Profil auf der ganzen Staustrecke

bezeichnen.

Eine einfache Näherungsmethode zur Ermittlung der Stauweite ergibt sich für kleinere und größere Stauhöhen wie folgt:

Für kleine Stauhöhen (h kleiner als die mittlere Tiefe t_u des ungestauten Flusses am Wehr) ist die Stauweite $L = \sim \dfrac{2\,h}{J}$.

Man trägt hiernach gemäß Abb. 55 die Stauhöhe h vom Spiegelpunkt über dem Wehr nochmals nach oben an und zieht durch den Endpunkt eine Horizontale bis zum

Schnitt mit dem ungestauten Wasserspiegel des Flusses. Dieser Schnitt ergibt den Endpunkt der praktisch in Frage kommenden Stauweite.

Ist die Stauhöhe h größer als die mittlere Tiefe t_u, so ist angenähert:

$$\text{Stauweite } L = \frac{h + t_u}{J}.$$

Dieselbe wird nach Abb. 56 erhalten, indem durch den Stauspiegelpunkt eine Horizontale rückwärts bis zum Schnitt mit der Flußsohle gezogen wird; der darüber liegende Spiegelpunkt gibt das Ende der Stauweite.

Ein Wehr ist, wenn es nicht in eine gerade Flußstrecke gelegt werden kann, so anzuordnen, daß der Kanaleinlauf an die Innenseite der Krümmung kommt, da die mitgeführten Geschiebe sich erfahrungsgemäß auf der Außenseite ablagern. Die Wehre werden unter einem Winkel von 90° oder auch schiefwinklig in den Fluß eingebaut und erhalten geraden oder gekrümmten Grundriß.

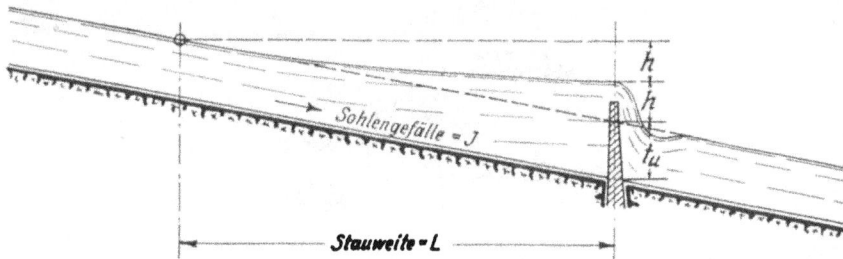

Abb. 55. Annäherungskonstruktion der Stauweite bei kleiner Stauhöhe.

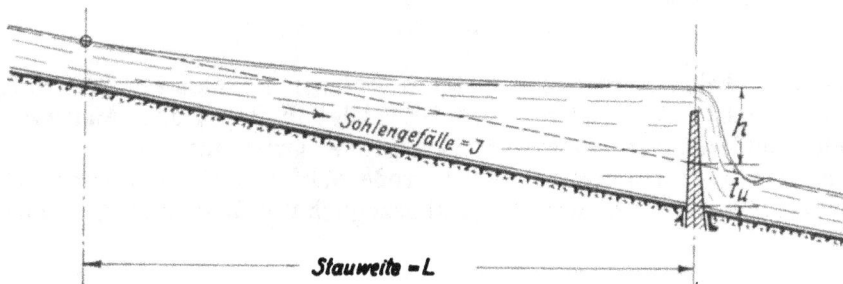

Abb. 56. Annäherungskonstruktion der Stauweite bei großer Stauhöhe.

Schiefwinkelige Wehre ergeben größere Überfallängen als senkrechte Wehre. Gekrümmte Wehre haben bei gleichem Materialaufwand eine größere Festigkeit als gerade Wehre.

Der Aufbau der Wehranlage in ihren einzelnen Teilen ist aus Abb. 57 ersichtlich.

Außer den festen und beweglichen Staukörpern gehören zur Anlage das „Sturzbett", welches einen Schutz gegen den Anprall der über die Wehrkörper abstürzenden Wassermassen bildet und die Auskolkung der Sohle unterhalb des Wassers verhindern soll; ferner die Einrichtungen, welche im Interesse der Schiffahrt, der Flößerei, der Fischzucht usw. zu treffen sind, um die durch das Wehr gebildete Staustufe zu überwinden.

Für die Ausbildung der einzelnen Wehrteile sind in erster Linie die Anforderungen bezüglich Sicherheit, Standfestigkeit und Widerstandsfähigkeit gegen den statischen Wasserdruck, gegen den Stoß des ankommenden Wasserschwalls sowie ankommender Schwimmkörper maßgebend. Es ist ferner Rücksicht zu nehmen auf Vermeidung der Unterspülung oder Durchfeuchtung, wodurch auch eine zusätzliche Beanspruchung infolge Auftriebes hervorgerufen werden kann. Zu diesem Zwecke sind die Wehre auf kräftige, tief in den Untergrund eingeschnittene Fundamente zu gründen, an die Ufer durch kräftige Widerlager anzuschließen und gegen Unterspülung flußaufwärts und flußabwärts durch Spundwände zu schützen.

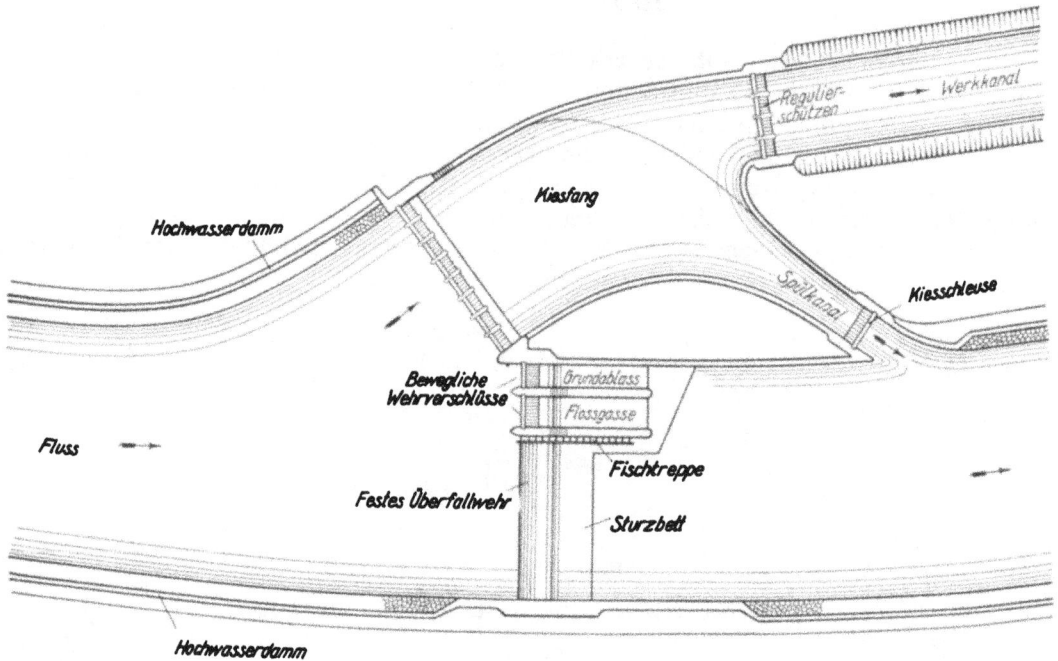

Abb. 57. Übersicht einer Wehranlage.

Die festen Wehre werden bei größeren Anlagen in massiver oder aufgelöster Bauweise ausgeführt. Die massive Bauweise erfolgt in Beton oder Mauerwerk, derartige Wehre sind ziemlich unempfindlich gegen Angriffe durch das Wasser, gegen Eisgang, Frost usw.; sie erfordern jedoch große Mauermassen mit entsprechendem Gewicht und sind deshalb sehr anspruchsvoll bezüglich der Gründung. Der Querschnitt

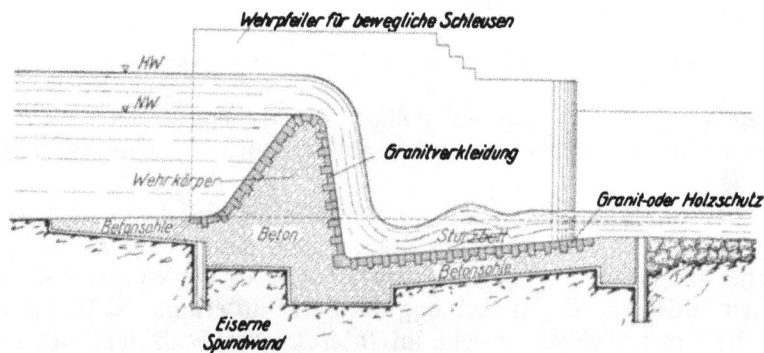

Abb. 58. Festes Wehr.

wird auf der Wasserseite mit geneigter Kante gewählt (s. Abb. 58), wobei damit zu rechnen ist, daß sehr bald durch Ansammlung von Geschieben eine Veränderung der Anlaufseite erfolgt. Auf der Luftseite wird die Überfallkrone zunächst abgerundet, die Überfallkante geht dann in senkrechter oder leicht geneigter Linie in ein am Fuße des Wehres angeordnetes kräftiges Sturzbett über.

Wenn an der Baustelle des Wehres nicht genügend Baustoffe zur Verfügung stehen, oder wenn die massive Bauweise aus anderen Gründen nicht erwünscht ist, stellt man das Wehr in „aufgelöster" Bauweise her, welche in bezug auf Schnelligkeit der Ausführung, Ersparnis an Materialaufwand bei gleicher Festigkeit usw., erhebliche Vorteile bieten kann. Der Wehrkörper besteht hierbei, ähnlich wie in Abb. 47, aus einer gegen das Wasser sorgfältig abgedichteten zusammenhängenden Wand, welche durch eine Anzahl pfeilerartig ausgebildeter Stützkörper gegen den Druck des Wassers abgestützt wird. Meist wird auch auf der Luftseite zur Führung des überströmenden Wassers eine geschlossene Absturzwand angeordnet.

Die beweglichen Wehre sind bezüglich ihrer Anordnung und Ausführung besonders sorgfältig zu konstruieren, da ihre Vorteile nur dann dauernd zur Geltung kommen, wenn ihre Sicherheit und Festigkeit ebenso groß wie bei festen Wehren ist, wenn eine leichte Beweglichkeit aller Wehrverschlüsse auch bei Hochwasser, Frost u. dgl. gesichert ist und Wasserverluste durch Undichtigkeiten dauernd vermieden werden.

Von den beweglichen Wehren haben die Schützenwehre weitaus die größte Verbreitung gefunden, sie werden für kleinere Wehröffnungen als Gleitschützen aus Holz oder Eisen, für größere Öffnungen als Stoneyschützen, Rollschützen usw. ausgebildet. Für große Flußbreiten und hohe Staudrücke werden die Schützen zwecks leichter Beweglichkeit mehrteilig ausgeführt und hierbei durch unabhängige Bewegung der einzelnen Teile größte Anpassungsfähigkeit an die verschiedenen Wasser-, Geschiebe- und Eisverhältnisse erzielt.

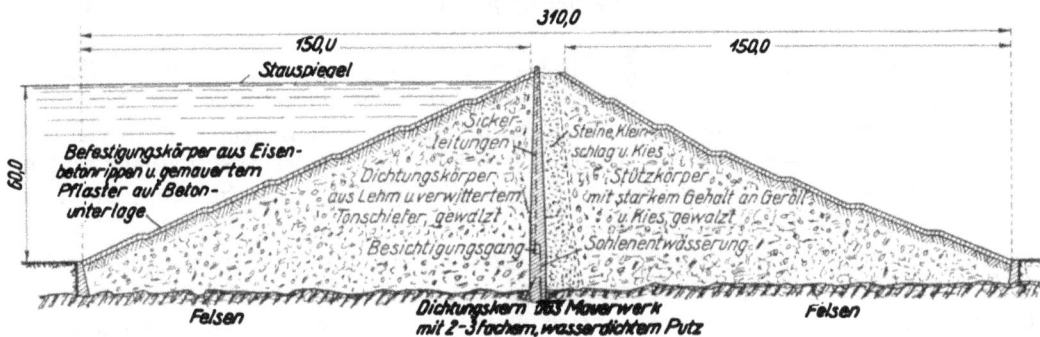

Abb. 59. Geschüttete Talsperre mit Dichtungskern.

Neben den Schützenwehren sind die Walzenwehre hervorzuheben. Sie bestehen aus einer eisernen Walze und gestatten, große Öffnungen ohne Einbau von Zwischenpfeilern durch einen einzigen Verschlußkörper dicht abzuschließen. Sie geben bei Öffnung des Verschlusses rasch den ganzen Querschnitt für die Abfuhr von Hochwasser, Geschieben usw. frei und sind deshalb sehr anpassungsfähig an stark wechselnde Verhältnisse. Sie werden für Spannweiten bis zu 50 m und Stauhöhen bis zu 10 m ausgeführt.

Zu erwähnen sind ferner die Klappen- und Segmentwehre, welche sowohl als selbständige Wehre wie als Aufbauten auf feste Wehre benutzt werden und insbesondere zu selbsttätigen Verschlüssen für Überfälle, für Hochwasserregulierung, für Leerschüsse u. dgl. geeignet sind.

Die Talsperren unterliegen bezüglich Ausführung und Konstruktion im allgemeinen den gleichen Grundsätzen wie die Wehre. Sie werden als geschüttete Staukörper in Form von Erd- oder Steindämmen, oder massiv in Beton oder Mauerwerk, oder in aufgelöster Bauweise errichtet.

Geschüttete Staukörper finden sich hauptsächlich in Nordamerika, wo derartige Talsperren für Stauhöhen bis zu 60 m ausgeführt sind und sich als sicher und zuverlässig bewähren. Die geschütteten Staukörper können mit oder ohne Dichtungskern ausgeführt werden, in allen Fällen erfordern sie sehr großen Raum, sicheren und wenig durchlässigen Untergrund, sehr sorgfältige Herstellung. Sie sind im allgemeinen billiger und verlangen keine größere Herstellungszeit als gemauerte Sperren.

Eine geschüttete Sperre von 60 m Stauhöhe mit Dichtungskern aus Mauerwerk, wie sie für eine Anlage im Sorpetal vorgesehen ist, zeigt Abb. 59.

Die voll gemauerten Sperren werden entweder aus Beton oder aus Bruchsteinmauerwerk gebaut. Diese Sperren haben den Vorteil, daß sie bei Verwendung guten Bausteines und festen Untergrundes eine große Standsicherheit besitzen, und daß sich mit ihnen bei Anwendung entsprechender Dichtungsmittel und Entwässerungsmethoden eine gute Wasserdichtigkeit erzielen läßt. Die Mauern wirken dem Wasserdruck durch ihr Gewicht entgegen; die Wirkung kann dadurch gesteigert werden, daß die Mauern im Grundriß wasseraufwärts kräftig gekrümmt und seitlich in die Felsen gut eingespannt werden; sie stellen in diesem Falle ein liegendes Gewölbe zur Aufnahme eines Teiles des Wasserdruckes dar und können gegebenenfalls schwächer als gerade oder nur mäßig gekrümmte Mauern gehalten werden. Die Berechnung der Mauern auf Festigkeit, die sowohl für das gefüllte als auch für das leere Staubecken durchgeführt werden muß, erfolgt meist nach graphischen Methoden, die auf Angaben von Intze beruhen.[1]

Die Anordnung und Ausführung derartiger Mauern ist aus den Abb. 44 und 45 ersichtlich.

Immerhin kommt auch bei gekrümmten Mauern noch ein erhebliches Mauergewicht in Frage, die massiven Sperren eignen sich daher vorzugsweise für Gegenden, wo sich Kies und Zement oder Traß für Betonmauern, oder Bruchsteine für Bruchsteinmauern leicht beschaffen lassen. In Gegenden, wo diese Voraussetzungen fehlen, wird man, falls Gewichtsmauern zu teuer werden, entweder zu geschütteten Dämmen oder zur aufgelösten Bauweise greifen.

Für die aufgelöste Bauweise hat sich eine große Anzahl der verschiedenartigsten Formen herausgebildet, welche vorzugsweise aus Eisenbeton hergestellt werden. Die Konstruktionen gehen durchwegs darauf hinaus, dem Wasserdruck durch kräftige Stützpfeiler mit biegungsfesten Zwischenwänden unter Heranziehung der Gewölbewirkung zu begegnen. Zu erwähnen sind hier Dachsperren mit dachförmig ausgebildeten Stützen; Zellensperren, bei welchen die Versteifung durch Längs- und Querrippen erzielt wird; Gewölbesperren, bei welchen die Mauer in einzelne kräftig verspannte Gewölbe aufgelöst ist, und andere mehr. Eiserne Sperren können verhältnismäßig einfach mit Stützpfeilern aus Eisenkonstruktion hergestellt werden. Sie erfordern eine besonders sorgfältige Aufsicht und Unterhaltung.

Die aufgelösten Bauweisen ergeben eine günstige Materialausnutzung und ermöglichen eine kurze Herstellungszeit[2]. Als Beispiel einer aufgelösten Sperre vgl. Abb. 46 und 47.

Von den Nebeneinrichtungen der Wehre und Talsperren sind die Überfälle wichtig, die fest oder beweglich sein können. Sie dienen zur selbsttätigen Regelung des Staues, indem sie eine unzulässige Überschreitung des Stauspiegels durch recht-

[1] Näheres über die Berechnung von Staumauern siehe
Th. Koehn. Der Wasserbau, Verlag Engelmann, Leipzig 1908;
H. Engels, Handbuch des Wasserbaues, Verlag Engelmann, Leipzig 1921.
[2] Siehe hierüber auch den Aufsatz von Mattern, Talsperrenbau im Auslande, VDJ. 1925, Nr. 48.

zeitiges Ableiten des etwa in zu großer Menge zufließenden Wassers verhindern. Die festen Übereiche werden seitlich des Wehres angebracht; dieselben ermöglichen allerdings keine großen Abfuhrleistungen und müssen, wenn sie wirksam sein sollen, bei größeren Wassermengen beträchtliche Längen erhalten. Bei größeren Anlagen werden deshalb selbsttätige Überfälle verwendet, welche aus beweglichen Wehrkörpern oder Segmenten bestehen, die durch ein Gegengewicht so abgestützt sind, daß sie sich bei normalem Stauspiegel in Staustellung befinden, bei Erhöhung des Spiegels jedoch sich langsam zu neigen beginnen und das Wasser zum Überfallen bringen.

Die Leistungsfähigkeit der festen und beweglichen Überfälle in der vorbeschriebenen Form ist beschränkt, man hat deshalb Überfälle konstruiert, deren Leistungsfähigkeit durch Anwendung der Heberwirkung erheblich gesteigert ist. Einen derartigen Überfall zeigt Abb. 60.

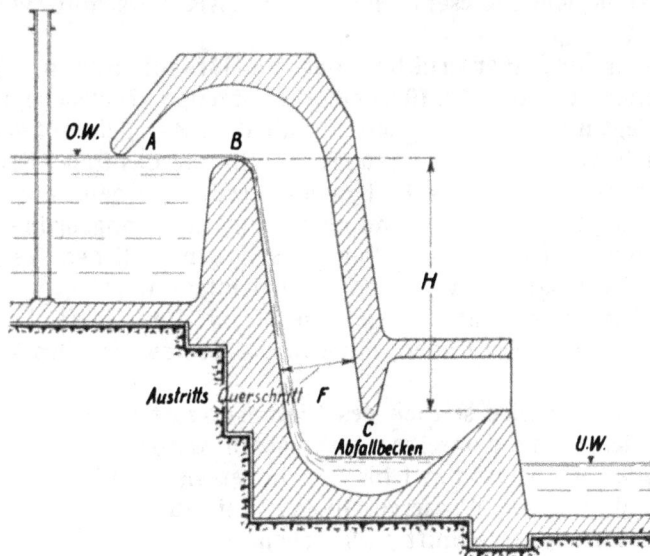

Abb. 60. Saugüberfall nach Heyn.

Er stellt im wesentlichen eine geschlossene S-förmig gebogene Saugröhre aus Blech, bei größeren Ausführungen aus Beton dar, deren obere Öffnung mit den beiden Kanten A und B sich ungefähr auf der Höhe des zulässigen Stauspiegels befindet. Bei Überschreitung des Stauspiegels taucht die Kante A in das Oberwasser, so daß die obere Öffnung des Hebers gegen die Luft abgeschlossen wird. Bei weiterem Steigen des Wassers fällt ein Teil in das Abfallbecken, welches sich allmählich füllt, so daß schließlich auch die untere Öffnung von der Luft abgeschlossen wird. Der über die Kante B abfallende Wasserstrahl reißt die im Heber befindliche Luft mit, so daß dort ein luftverdünnter Raum und durch den äußeren, auf dem Oberwasserspiegel ruhenden Luftdruck eine kräftige Saugwirkung hervorgerufen wird. Der Heber füllt sich nun sehr schnell mit Wasser an und wird dann mit seinem ganzen Querschnitt F und mit einer der Saughöhe H entsprechenden Geschwindigkeit wirksam.

Die Abfuhrwirkung beträgt demnach:

$$Q = \mu F \sqrt{2gH},$$

wobei bedeutet:

Q die abgeführte Wassermenge in cbm/sec,
μ einen Durchflußkoeffizienten (Wirkungsgrad des Hebers), welcher im vorliegenden Falle mit 0,50 angenommen werden kann,

F den Austrittsquerschnitt des Hebers in qm,
H die wirksame Saughöhe in m.

Die Saughöhe kann normal bis zu 7 m betragen.

Hiernach ist beispielsweise ein Saugheber mit 4 m Breite und 2 m Höhe, also 8 qm Querschnitt imstande, bei 6 m wirksamer Saughöhe eine Wassermenge von

$$Q = 0,50 \cdot 8 \sqrt{2\,g \cdot 6} = 43 \text{ cbm/sec}$$

abzuführen, während z. B. ein festes Überfich für die gleiche Abflußmenge bei 0,5 m Überfallhöhe eine Länge von ca. 60 m erhalten müßte.

Von Wichtigkeit bei den meisten Wehranlagen ist ferner der Grundablaß, welcher dazu bestimmt ist, die am Wehr sich bildenden Ablagerungen ins Unterwasser zu spülen. Da das Geschiebe die Tendenz hat, sich gemäß der verminderten Geschwindigkeit in der Nähe des Kanaleinlaufes anzusammeln, wird der Grundablaß am zweckmäßigsten neben diesem angeordnet. Als Verschluß wird eine Schütze oder Walze benutzt.

Bei Anordnung und Konstruktion der Schiffsschleusen und Floßgassen ist auf die Eigenart der durchzuführenden Fahrzeuge Rücksicht zu nehmen. Die Schiffsschleusen legt man, wenn möglich, auf die dem Kanaleinlauf gegenüber liegende Uferseite, um unabhängig vom Wehrbetrieb zu sein und das freie Ufer für den Schiffsbetrieb ausnutzen zu können. Die Floßgassen werden bei gemischten Wehren in der Regel zwischen dem festen Wehrteil und dem Grundablaß angeordnet, bei rein beweglichen Wehren richtet sich die Anordnung nach den örtlichen Verhältnissen, doch geht man auch hier möglichst weit vom Kanaleinlauf weg.

Die Fischpässe sind so anzulegen, daß die im Unterwasser befindlichen Fische den Aufstieg zum Oberwasser finden, ohne in die Sturzwellen des Wehrüberfalles zu gelangen.

Der Kanaleinlauf wird seitlich des Wehres derart angeordnet, daß Geschiebe, Kies u. dgl. möglichst von demselben abgewiesen werden. Zu diesem Zweck wird die Einlaufschwelle zum Kanal um 1 bis 2 m höher als die Flußsohle gelegt. Es wird ferner zur Verminderung der Wassergeschwindigkeit auf 0,8 m/sec und darunter ein möglichst großer Einlaufquerschnitt vorgesehen.

Weitere Hilfsmittel zur Abhaltung von Geschieben, Schwimmkörpern u. dgl. sind die Rechen, welche als Grob- und Feinrechen den Kanaleinläufen vorgesetzt werden.

Trotz dieser Maßnahmen wird im allgemeinen Kies und Sand in den Kanal gelangen, es ist deshalb zum Abfangen desselben nach dem Einlauf ein Klärbecken anzulegen, dessen Sohle tiefer als die Höhe der Einlaufschwelle liegen soll, damit die Wassergeschwindigkeit hinter dem Einlauf abnimmt und sich die Geschiebe ausscheiden. Querschnitt und Gefälle des Klärbeckens werden möglichst so gewählt, daß die Wassergeschwindigkeit nicht über 0,3 m/sec beträgt. Zur Abführung der im Klärbecken gesammelten Sinkstoffe ist ein Spülauslaß vorzusehen, welcher so anzuordnen ist, daß eine kräftige Durchspülung des Beckens mit mindestens 1,2 m/sec Geschwindigkeit ohne zu große Wasserverluste stattfinden kann.

In neuerer Zeit werden besondere Klär- und Spülkonstruktionen angewandt, z. B. Spülauslässe, welche unter der Kanaleinlaufsohle hinweg zum Unterwasser führen, womit die Ableitung der vor der Einlaufschwelle abgelagerten Geschiebe besonders wirksam vor sich gehen soll[1]).

b) Triebwasserzuführung. An die Einlaufeinrichtungen der Wehre oder Talsperren schließen sich die Anlagen für die Triebwasserzuführung an, welche

---

[1]) Ausführungsbeispiel: Wehr der „Mittleren Isar" unterhalb München.

je nach den örtlichen Verhältnissen als offene Gerinne oder Stollen auszuführen sind. Zum Transport des Wassers in Kanälen ist ein von der Wassergeschwindigkeit, der Profilform, der Beschaffenheit der Gerinnewandungen abhängiges Ringgefälle erforderlich, welches für die Kraftausnutzung verlorengeht. Dieser Verlust ist im Interesse der Wirtschaftlichkeit möglichst klein zu halten. Je weiter und glatter die Kanäle gebaut werden, desto kleiner ist der Gefällsverlust, desto höher sind allerdings auch die Baukosten.

Maßgebend für die Bemessung der Gerinne und für die Wahl des Ringgefälles ist in erster Linie die für die Fortleitung gewählte Wassergeschwindigkeit; je größer diese ist, desto kleiner kann der Querschnitt des Gerinnes gehalten werden. Die Geschwindigkeit ist jedoch nach oben begrenzt, da bei zu großen Geschwindigkeiten die Kanalwandungen in unzulässiger Weise angegriffen werden. Bei Anlagen mit kleinem Gefälle ist eine weitere Einschränkung der Geschwindigkeit durch die Forderung eines möglichst kleinen Gefällsverlustes bedingt.

Bei Kraftanlagen, die der Landesversorgung dienen, kommt häufig eine höhere Ausbauleistung zur Anwendung als man sie bei unabhängigen Kraftwerken wählen würde. Da diese erhöhte Ausbauleistung jeweils nur kurze Zeit ausgenützt wird, genügt es, die Kanäle, Rohrleitungen usw. für die normale Wasserführung zu bemessen und für die kurze Zeit des erhöhten Kraftanspruches größere Geschwindigkeiten zuzulassen.

Die Wassergeschwindigkeit kann angenommen werden:

in Erdkanälen mit . . . . . $v = 0,5 — 1,0 — 1,25$ m/sec,
in Betonkanälen mit . . . . $v = 1,0 — 1,25 — 1,6$ „

wobei die erste Ziffer ungefähr die Wassergeschwindigkeit bei Niederwasser, die letzte Ziffer diejenige bei der größten den Kanal durchfließenden Wassermenge darstellt. Unter 0,4—0,5 m/sec soll die Geschwindigkeit auch bei Niederwasser nicht sinken, weil sonst im Kanal Ablagerungen von Sand und Schlamm entstehen und mit starker Eisbildung zu rechnen ist.

Bei Werkkanälen, die auch Schiffahrtszwecken dienen, soll die Geschwindigkeit nicht über 0,8 m/sec betragen.

Bei sehr großen Wassermengen können zur Verringerung des Kanalquerschnittes Geschwindigkeiten bis über 2 m/sec unter der Voraussetzung glatter und sorgfältiger Betonauskleidung zugelassen werden.

Den vorstehenden Geschwindigkeiten entsprechend kann das Ringgefälle (Spiegelgefälle)

bei Erdkanälen mit 0,1—1 m auf 1 km Kanallänge,
bei Betonkanälen mit 0,05—0,2 m auf 1 km Kanallänge

vorgesehen werden. Hierbei gelten die niedrigen Ziffern für lange Kanäle mit großem Querschnitt, die hohen Ziffern für kurze Kanäle mit kleinem Querschnitt.

Aus der Triebwassermenge Q in cbm/sec und der gewählten Geschwindigkeit v in m/sec ergibt sich der erforderliche benetzte Kanalquerschnitt F in qm zu

$$F = \frac{Q}{v}.$$

Bezeichnet man für ein bestimmtes Profil vom Querschnitt F den benetzten Umfang mit p, den Profilradius mit $R = \frac{F}{p}$, das Ringgefälle pro Längeneinheit mit J_r, so ergibt sich die mittlere Geschwindigkeit v des in dem Kanalprofil fließenden Wassers aus der Beziehung:

$$v = k \sqrt{R J_r}.$$

8*

Diese Formel stellt die Grundgleichung für die gleichförmige Bewegung des Wassers dar.

Unter J_r ist hierbei das Spiegelgefälle des Wassergerinnes verstanden, d. h. das Verhältnis $\frac{h}{l}$ der Spiegelsenkung zur Länge der Strecke. Bei gleichbleibendem Gerinnequerschnitt und gleichförmiger Wasserbewegung kann das Spiegelgefälle mit dem Sohlengefälle gleichgesetzt werden, es kann deshalb in den Berechnungen für die praktisch vorkommenden Fälle zunächst angenähert J_r mit Hilfe des bekannten oder anzunehmenden Sohlengefälles bestimmt werden.

Der Koeffizient k, als „Rauhigkeitskoeffizient" bezeichnet, stellt einen Faktor dar, durch welchen die Rauhigkeit der Gerinnewände und der Gerinnesohle, die Ungleichförmigkeit des fließenden Wassers, die verschiedene Geschwindigkeit der einzelnen Wasserfäden u. dgl. berücksichtigt werden soll. Dieser Koeffizient wurde durch eine große Zahl von Forschern — Darcy, Bazin, Weisbach, Kutter, Biel u. a. — durch Versuche mit verschiedenen Geschwindigkeiten, Kanalformen usw. bestimmt bzw. abgeleitet.

Die Gültigkeit der Formeln ist jedoch beschränkt und sie geben nur ein ungefähres Bild über die tatsächlichen Verhältnisse. Es ist daher bei großen Anlagen vielfach üblich, die besonderen Verhältnisse der beabsichtigten Ausführung durch entsprechende Versuche zu berücksichtigen.

Am gebräuchlichsten für die Bestimmung des Koeffizienten k sind bisher die nachstehenden Formeln von Bazin und Kutter:

Formel von Bazin:

$$k = \frac{87}{1 + \frac{\gamma}{\sqrt{R}}},$$

worin γ einen von der Rauhigkeit der Gerinnewandungen abhängigen Faktor (Rauhigkeitsziffer) bedeutet. Derselbe kann nach Bazin eingesetzt werden:

für Erdkanäle je nach Zustand . . . . mit 1,3 —1,75
„ rauhes Mauerwerk . . . . „ 0,8 —0,9
„ gutes Bruchsteinmauerwerk . . . . „ 0,4 —0,5
„ glatten Beton . . . . „ 0,15—0,2
„ sehr glatte Wandungen (Verkleidungen, Zement-
glattstrich, Eisenleitungen u. dgl.) . . . . „ 0,05—0,1

Formel von Kutter:

$$k = \frac{23 + \frac{1}{n} + \frac{0,00155}{J_r}}{1 + \left(23 + \frac{0,00155}{J_r}\right) \frac{n}{\sqrt{R}}},$$

worin R in m einzusetzen ist. Die Ziffer n bedeutet wieder einen von der Beschaffenheit der Kanalwände und der Sohle abhängigen Faktor, der

für Erdkanäle . . . . mit 0,025—0,03
„ rauhes Mauerwerk . . . . „ 0,02
„ gutes Bruchsteinmauerwerk . . . . „ 0,017
„ glatten Beton . . . . „ 0,012—0,015
„ sehr glatte Wandungen . . . . „ 0,01 —0,012

angenommen werden kann.

Die vorstehenden Beziehungen zeigen, daß man günstige — d. h. hohe — Wassergeschwindigkeiten bei kleinen Verlusten durch Wahl einer zweckmäßigen Profilform mit möglichst großem Profilradius R erzielen kann. Dieser wird durch Anwendung eines günstigen Verhältnisses zwischen Kanaltiefe und Sohlenbreite erhalten, wie es sich bei Wahl größerer Kanaltiefe ergibt. Allerdings kann man hierbei durch örtliche Verhältnisse beschränkt sein; z. B. ist eine größere Tiefe bei aufgeschütteten Dämmen wegen des erhöhten Druckes nicht zweckmäßig.

Offene Kanäle werden meist trapezförmig angelegt, ihre Tiefe kann im allgemeinen

bei Erdkanälen mit 2—4 m,
bei befestigten Kanälen mit 3—8 m

vorgesehen werden.

Günstige Wassergeschwindigkeit wird ferner erreicht durch eine kleine Rauhigkeitsziffer. Diese Forderung bedingt möglichst glatte Gerinnewandungen, was sich am besten durch Befestigung derselben erreichen läßt; diese dient gleichzeitig zum Schutze der Wandungen gegen Wasserangriffe.

Abb. 61 zeigt ein trapezförmiges Kanalprofil, wie es z. B. bei der Mittleren Isar für eine Wasserführung von ca. 130 cbm/sec gewählt wurde.

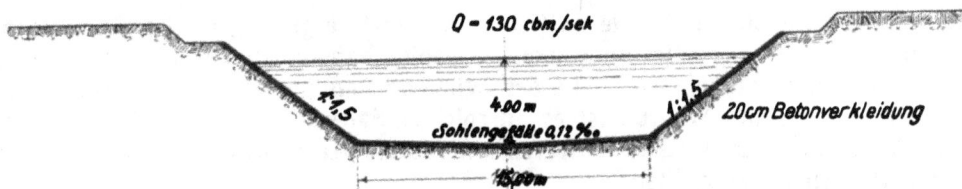

Abb. 61. Profil eines offenen Werkkanals.

Für diesen Kanal mit 15 m Sohlenbreite, 4 m Wassertiefe, mit durch Betonpflaster befestigten Böschungen 1:1,5, bei einem Sohlengefälle (= Spiegelgefälle) von $0,12^0/_{00}$, entsprechend $J_r = 0,00012$, berechnet sich die Abflußwassermenge wie folgt:

Es ist:

$$\text{Profil-Querschnitt } F = 4 \cdot \frac{27+15}{2} = 84 \text{ qm,}$$

$$\text{benetzter Umfang } p = 15 + 2 \cdot 7,2 = 29,4 \text{ m,}$$

$$\text{Profilradius } R = \frac{84}{29,4} = 2,86 \text{ m.}$$

Rauhigkeitskoeffizient k nach Bazin mit $\gamma = 0,15$ rund 80, nach Kutter mit $n = 0,013$ rund 88.

Die mittlere Fließgeschwindigkeit ergibt sich somit

$$\text{mit } k = 80 \text{ zu } v = 80 \sqrt{2,86 \cdot 0,00012} = \text{rund } 1,5 \text{ m/sec}$$

$$\text{mit } k = 88 \text{ zu } v = 88 \sqrt{2,86 \cdot 0,00012} = \text{rund } 1,6 \text{ m/sec,}$$

die Abflußwassermenge beträgt:

$$Q = v \cdot F = (1,5 \text{ bzw. } 1,6) \cdot 84 = \underline{125 \text{ bzw. } 135 \text{ cbm/sec.}}$$

Abb. 62 zeigt einen Kanal, der gleichzeitig für Schiffahrtszwecke dient und für eine Wasserführung von ca. 230 cbm/sec bei rd. 0,7 m/sec Geschwindigkeit bestimmt ist.

Außer den normalen, in Erde oder Fels geführten Kanälen kommen in der Zuleitung Strecken vor, wo infolge der Geländegestaltung eine natürliche Kanalausbildung nicht möglich ist. In diesen Fällen muß das Kanalgerinne künstlich gemauert werden und es ergibt sich eine meist trogartige Ausbildung mit rechteckigem Querschnitt.

Derartige Gerinne kommen z. B. vor bei Hangkanälen, d. s. an einem Berghang entlang gehende Kanäle, welche aus örtlichen Gründen nicht als normale offene Kanäle oder als Stollen errichtet werden konnten; ferner als Düker bei Unterkreuzungen von Normalkanälen mit Flüssen, Bahnen, Straßen u. dgl.; der Düker steht hierbei unter Druck, da er tiefer liegt als die beiderseitigen Anschlüsse des normalen Kanals; schließlich als Brückenkanäle beim Überschreiten von Talschluchten, Flüssen usw. Die Ausmaße der künstlichen Gerinne bestimmen sich, wie die der gewöhnlichen Kanäle, nach der Geschwindigkeit des durchfließenden Wassers, welche hier zwecks Verbilligung der Gerinnekosten meist etwas größer als bei jenen angenommen wird.

Abb. 62. Profil eines Werk- und Schiffahrtskanals.

Wenn sich für offene Kanäle zu tiefe Einschnitte ergeben, werden Stollen angeordnet. Mitunter verwendet man auch an Gebirgshängen Stollen als Ersatz für die vorerwähnten Hangkanäle, die leicht der Wirkung von Steinschlägen, Rutschungen u. dgl. ausgesetzt sind. Wichtig ist es, in solchen Fällen mit dem Stollen möglichst weit in das Gebirgsmassiv zurückzutreten, um die oft verwitterten äußeren Schichten der Hangpartien zu vermeiden.

Man unterscheidet Freispiegelstollen, welche nicht ganz voll laufen und Druckstollen, welche vollständig mit Wasser gefüllt und einem Überdruck, entsprechend der vor dem Stollen herrschenden Druckhöhe, ausgesetzt sind. Mitunter kommt es auch vor, daß ein Stollen bei höheren Wasserständen als Druckstollen, bei niedrigen Ständen als Freispiegelstollen betrieben werden muß.

Die Druckstollen haben den Vorteil, daß ihre Leistungsfähigkeit nicht allein durch das für den Stollen festgelegte Sohlengefälle bestimmt wird, sondern durch Ausnutzung der vor dem Stollen herrschenden Druckhöhe gesteigert werden kann. Sie müssen dem Überdruck entsprechend fester gebaut werden als Freispiegelstollen, sind aber für gleiche Leistungsfähigkeit meist nicht teurer als diese.

Maßgebend für die Bemessung des Durchflußquerschnittes ist, wie bei Kanälen, die Wassergeschwindigkeit v, welche hier zur Erzielung geringer Abmessungen erheblich größer gewählt wird als in Kanälen. Gewöhnlich nimmt man an:

in Freispiegelstollen $v = 1{,}5$—$2{,}5$ m/sec,
„ Druckstollen $v = 2{,}0$—$3{,}5$ „

Bei gut ausgekleideten glatten Druckstollen, reinem Betriebswasser und nicht zu großer Länge können Geschwindigkeiten bis zu 4 m/sec angewendet werden, doch ist hierbei zu beachten, daß dann bei längeren Stollen die Gefällsverluste sehr groß werden.

Das Sohlengefälle der Stollen kann je nach Größe, Wassermenge und Geschwindigkeit mit $0{,}5$—$2^0/_{00}$ angenommen werden, auch Gefälle von $2{,}5^0/_{00}$ und mehr können vorkommen.

Für die Berechnung der Wasserführung, der Gefällsverluste usw. gelten die gleichen Formeln und Unterlagen wie für Kanäle (s. S. 115/116). Der Reibungsverlust h_r in m in einem Stollen von L m Länge ergibt sich dann, indem das Rinngefälle J_r durch das Verhältnis $\frac{h_r}{L}$ (Druckhöhe zur Überwindung der Reibung je m Stollenlänge) ersetzt wird. Es ist dann mit früheren Bezeichnungen:

$$h_r = \frac{L \cdot v^2}{k^2 \cdot R}.$$

Um den gesamten Druckhöhenverlust h_{st} zu erhalten, ist hiezu noch die zur Erzeugung der Geschwindigkeit v nötige Druckhöhe $\frac{v^2}{2g}$, sowie die im Stolleneinlauf verbrauchte Druckhöhe, die jedoch bei gut ausgeführten Übergängen vernachlässigt werden kann, hinzuzufügen. Es ist dann:

$$h_{st} \text{ in m} = \frac{v^2}{2g} + \frac{v^2 \cdot L}{k^2 \cdot R}.$$

Für vollaufende kreisförmige Stollen vom Durchmesser D m wird $R = \frac{D}{4}$, somit

$$h_{st} = \frac{v^2}{2g} + \frac{v^2 \cdot 4L}{k^2 \cdot D}.$$

Als Querschnittsform wird zweckmäßig der Kreis oder wenigstens eine dem Kreis angenäherte Form gewählt. Diese entspricht den Festigkeitsbedingungen am besten und ergibt die günstigsten hydraulischen Verhältnisse (s. Abb. 63).

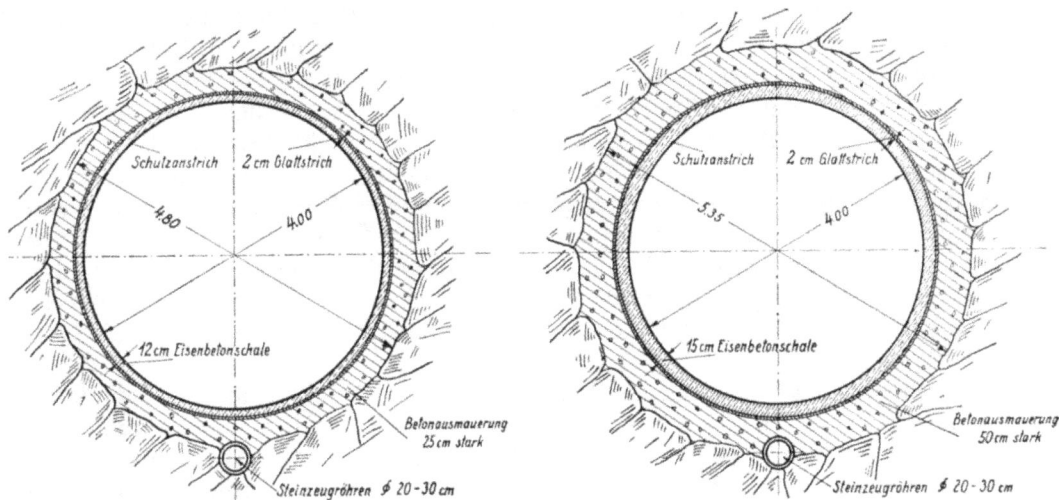

Abb. 63. Querschnitt eines Druckstollens mit Betonausmauerung.

Bei Wahl der Querschnittsform ist allerdings auch auf die Schwierigkeit der Herstellung, die beim kreisförmigen Stollen am größten ist, auf leichte Begehbarkeit u. dgl. Rücksicht zu nehmen.

Freispiegelstollen können in druckfestem Gebirge ohne Auskleidung bleiben, doch empfiehlt sich zur Verminderung der Gefällsverluste ein Glätten des Gesteins und die Aufbringung eines Verputzes oder einer Torkretschicht, das ist ein Spritzbewurf mittels der Zementkanone. Selbstverständlich müssen Sickerverluste nach Möglichkeit vermieden werden, bei schlechtem durchlässigem Gestein ist daher die Auskleidung auch von Freispiegelstollen nicht zu umgehen.

Für Druckstollen ist im allgemeinen eine Auskleidung auch dann nötig, wenn dieselben durch festes druckhaftes Gestein führen, um Wasserverluste zu vermeiden, die infolge des inneren Überdruckes auch bei festem Gestein auftreten würden, ferner um die hydraulische Leistungsfähigkeit zu erhöhen. Durch diese Erhöhung wird in den meisten Fällen die Ausmauerung an sich wirtschaftlich. Bei Ausmauerung mit Beton ergibt die Rücksichtnahme auf Festigkeit gewöhnlich eine Stärke von 30 bis 50 cm; an gefährlichen Druckstellen oder bei schlechtem Felsen ist eisenarmierte Ausmauerung vorzusehen.

Auf gute Anlage der Betonauskleidung am äußeren Gestein, gute Abdichtung u. dgl. ist zu achten; Einrichtungen für Entwässerung und Aufnahme von Sickerwasser sind vorzusehen.

c) Vorbecken und Wasserschlösser. Am Ende der Zuleitung wird ein Vorbecken oder ein Wasserschloß angeordnet, von dem aus das Wasser entweder zu den Turbineneinläufen oder zu den Rohrleitungen übergeführt wird.

Bei Niederdruckanlagen dienen diese Becken zur Beruhigung des aus dem Überleitungsgerinne kommenden Wassers sowie zum Ausgleich von Druckschwankungen, die infolge der im Betrieb vorkommenden Belastungsschwankungen in der Wasserzuführung, in den Rohrleitungen usw. entstehen. Gleichzeitig sollen in den Becken die in der Zuleitung noch etwa mitgeführten Kies- und Sandmengen vollends abgelagert werden. Zu diesem Zweck erhalten die Becken einen so großen Querschnitt, daß die Wassergeschwindigkeit unter 0,4 m/sec bleibt. Die Formgebung derselben wird unter Zugrundelegung des errechneten Querschnittes in der Hauptsache nach den örtlichen Verhältnissen sowie nach der Anzahl der Turbineneinläufe oder abgehenden Rohre bestimmt.

Bei Hochdruckanlagen dient das Wasserschloß in erster Linie dem Ausgleich von Druckschwankungen. Es wird bei diesen Anlagen zwischen dem Stollen und den Rohrleitungen als Wasserspeicher errichtet, der die Anpassung der Wasserführung an den wechselnden Bedarf der Turbinen erleichtern soll. Dieser Speicher hat die doppelte Aufgabe, daß einerseits bei Entlastungen, d. h. beim Schließen der Turbinen, die durch den Rückstau in den Rohrleitungen entstehenden Drucksteigerungen und Stöße nicht oder wenigstens nur abgemindert in den Stollen übertragen werden, und daß andererseits bei Belastungen, das ist beim Öffnen der Turbinen, die sich in den Rohrleitungen bewegende Wassersäule durch die einsetzende Beschleunigung des Wassers nicht abgerissen wird. Diesen Zwecken entsprechend wird bei Entlastungen Wasser im Wasserschloß aufgenommen, bei Belastungen Wasser aus demselben abgegeben.

Bei Beurteilung der vorstehenden Verhältnisse ist hauptsächlich der Vorgang der Entlastung wichtig, da dieser für die Bemessung des Wasserschlosses und für die Beanspruchung des Stollens maßgebend ist. Die bei einer Entlastung durch die Turbinenregulierung eingeleitete Schließbewegung hemmt den Wasserzustrom vor der Turbine und übt einen Stoß gegen die von oben her nachströmende Wassersäule aus, der sich rückwärts über die Rohrleitungen und den Stollen bis zum Staubecken fortpflanzt. Durch die Fortdauer der Schließbewegung entstehen weitere Stöße, die sich infolge der Trägheit und Reibung schließlich in Schwingungen der ganzen in Bewegung befindlichen Wassermassen und in erheblichen Drucksteigerungen äußern.

Durch die Zwischenschaltung eines Wasserschlosses werden die Drucksteigerungen unschädlich gemacht, indem der Spiegel des Wasserschlosses frei auf- und absteigen kann und die hierdurch ausgeübte Pufferwirkung die Überleitung von Druckstößen in den Stollen erheblich vermindert und die Schwingungen dämpft. Die Pufferwirkung dauert solange, bis der Zustrom im Stollen und in den Rohrleitungen der geänderten Belastung entspricht und der Beharrungszustand eingetreten ist, was je nach der Größe der Belastungsänderung und je nach den Dimensionen des Stollens, des Wasserschlosses und der Leitungen in etwa 2 bis 5 Minuten der Fall ist.

Um das Wasserschloß wirksam zu machen, muß es einen ausreichenden Ausgleichsraum erhalten und es muß ein günstiges Verhältnis zwischen Höhe (Differenz des höchsten und tiefsten Wasserschloßspiegels) und Querschnitt des Wasserschlosses bestehen. Der Querschnitt des Wasserschlosses soll nicht zu klein sein, weil hierdurch ein enges, aber hohes Wasserschloß entstünde, bei welchem die freien Spiegelschwingungen durch die Reibung an den Wandungen des Wasserschlosses stark gehemmt und außerdem große Spiegelanstiege entstehen würden, welche wieder ungünstige Drücke auf den Stollen zur Folge hätten. Der Querschnitt kann aber im allgemeinen auch nicht beliebig groß genommen werden, weil die Wasserschlösser meist an Bergabhängen liegen, bei denen eine Ausdehnung in die Breite nur mit hohen Kosten möglich ist. Abgesehen davon ist eine Mindesthöhe des Wasserschlosses dadurch bedingt, daß der Spiegel desselben im Ruhezustande in gleicher Höhe mit dem Spiegel des Staubeckens vor dem Stollen liegt.

Eine Verringerung des Speicherraumes, d. h. der Dimensionen des Wasserschlosses wäre möglich, wenn man dasselbe mit Überläufen versehen würde, über welche das Wasser bei Entlastungen frei abströmen könnte. Da jedoch hierdurch bei jeder größeren Entlastung Wasserverluste entstehen, die gerade bei den speicherfähigen Hochdruckanlagen der Landeswerke besonders unerwünscht sind, wird im allgemeinen auf dieses Mittel verzichtet und das Wasserschloß so groß dimensioniert, daß die normalen im Betrieb vorkommenden Entlastungen kein Überströmen von Wasser ergeben. Überläufe werden nur insoweit vorgesehen (s. Abb. 65), als hierdurch eine Entlastung des Wasserschlosses für außergewöhnliche Fälle, wie Leitungsbrüche, Kurzschlüsse u. dgl., bei welchen eine plötzliche Entlastung der ganzen Kraftanlage stattfinden kann, möglich ist.

Zur weiteren Verminderung der Drucksteigerung können selbsttätige Druckentlastungsvorrichtungen zwischen die Leitungen und Turbinen eingeschaltet werden.

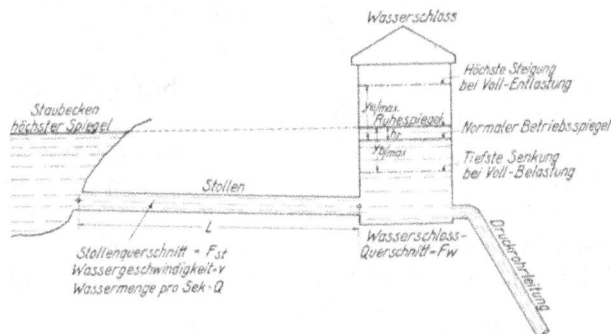

Abb. 64. Schematische Darstellung der Spiegelverhältnisse in Wasserschlössern.

Ein unter Berücksichtigung der vorkommenden Entlastungen richtig dimensioniertes Wasserschloß wird im allgemeinen auch für alle Belastungssteigerungen genügen, es ist nur darauf zu achten, daß die hierbei sich einstellende Spiegelsenkung nicht unter den Stollenscheitel heruntergeht, damit nicht Luft in den Stollen eingesaugt und hierdurch eine Störung des Wasserzuflusses hervorgerufen wird.

Bei Konstruktion und Dimensionierung eines Wasserschlosses sind die im vorstehenden geschilderten Verhältnisse unter Berücksichtigung der Wasserreibung im Stollen und in den Druckleitungen genau zu untersuchen, wobei auch zu berücksichtigen ist, daß der Spiegel des Staubeckens vor dem Stollen veränderlich ist. Die Berechnungen für die Spiegelveränderungen im Wasserschloß sind deshalb sowohl für den höchsten als auch für den niedrigsten Spiegel des Staubeckens durchzuführen. Die genauen Berechnungen sind ziemlich kompliziert.[1]

[1] S. D. Thoma: Beiträge zur Theorie des Wasserschlosses, Oldenbourg 1910. Forchheimer: VDI. 1912, Nr. 32 und 1913, Nr. 14. E. Braun: VDI. 1925, Nr. 29.

Zur schnellen Bestimmung der Dimensionen eines Wasserschlosses für Projekt-zwecke hat Thoma folgende näherungsweise Berechnung angegeben:

Bedeutet nach Abb. 64

Q_1 den Wasserverbrauch in cbm/sec v o r einer plötzlichen Belastungsänderung,

Q_2 den Wasserverbrauch in cbm/sec n a c h einer plötzlichen Belastungsänderung,

L die Länge des Stollens in m,

F_{st} den Stollenquerschnitt in qm,

F_w den Querschnitt des (zylindrisch gedachten) Wasserschlosses in qm,

y_{max} die größtzulässige Änderung des Wasserspiegels im Wasserschloß bei Ent-lastungen bzw. Belastungen gegenüber dem Spiegel vor der Schwankung, so wird, wenn die Reibung im Stollen zunächst unberücksichtigt bleibt:

$$F_w = \frac{(Q_2 - Q_1)^2 \cdot L}{g \cdot y_{max}^2 \cdot F_{st}}.$$

Ist der Querschnitt F_w auf Grund vorstehender Berechnung festgelegt, so ergeben sich bei Belastungsänderungen unter Berücksichtigung der Reibungshöhe h_{st} im Stollen folgende Änderungen des Wasserspiegels:

bei plötzlichen E n t lastungen:

$$y_e = (Q_2 - Q_1) \sqrt{\frac{L}{g \cdot F_{st} \cdot F_w}} - \frac{h_{st}}{2}$$

bei plötzlichen B e lastungen:

$$y_b = (Q_2 - Q_1) \sqrt{\frac{L}{g \cdot F_{st} \cdot F_w}} - \frac{h_{st}}{4}.$$

Hierbei wird nach früher gegebenen Beziehungen die Reibungshöhe im Stollen ermittelt zu:

$$h_{st} = \frac{v_2^2}{2g} + \frac{L v_2^2}{k^2 R},$$

wobei v_2 die Wassergeschwindigkeit im Stollen bei Führung der Wassermenge Q_2 nach Eintritt des Beharrungszustandes bedeutet.

Hiernach ergibt sich z. B. für das in Abb. 65 angegebene Wasserschloß des Walchen-seewerkes bei gleichzeitiger Entlastung von vier Turbinen mit 48 cbm/sec Wasser-verbrauch (entsprechend der vollen Drehstromleistung des Werkes), wenn hierbei eine maximale Wasserspiegelerhöhung von $y_{max} = 6$ m zugelassen wird, unter Berück-sichtigung einer Stollenlänge von 1160 m und eines Stollenquerschnittes von 18,7 qm:

$$F_w = \frac{48^2 \cdot 1160}{9,81 \cdot 6^2 \cdot 18,7} = \underline{400 \text{ qm,}}$$

Das Wasserschloß wurde in Wirklichkeit mit 480 qm Querschnitt bemessen, um dem Umstande Rechnung zu tragen, daß gleichzeitig mit einer plötzlichen Entlastung der vollen Drehstromleistung auch auf der Einphasenseite des Werkes Belastungsände-rungen vorkommen können.

Die größte Erhöhung $y_{e/max}$ des Wasserschloßspiegels bei plötzlicher Entlastung um 48 cbm/sec, bzw. die größte Senkung $y_{b/max}$ bei plötzlicher Steigerung des Wasser-verbrauches um 48 cbm/sec wird für das vorstehende Beispiel, wenn von dem Nor-malverbrauch des Walchenseewerkes bei Vollast von 60 cbm/sec ausgegangen wird, berechnet wie folgt:

Entlastung von 60 auf 12 cbm/sec:

$$y_{e/max} = (12 - 60) \sqrt{\frac{1160}{9,81 \cdot 18,7 \cdot 480}} - \frac{h_{st}}{2}$$

Belastung von 12 auf 60 cbm/sec:

$$y_{b/max} = (60 - 12) \sqrt{\frac{1160}{9,81 \cdot 18,7 \cdot 480}} - \frac{h_{st}}{4}.$$

h_r ergibt sich bei Entlastungen mit $v_2 = \dfrac{12}{18,7} = 0,65$ m/sec zu 0,06 m, bei Belastungen mit $v_2 = \dfrac{60}{18,7} = 3,2$ m/sec zu 1,9 m.

Hiernach wird

$$y_{e/max} = -5,5 - 0,03 \text{ m} = \underline{\text{rd. } -5,5 \text{ m}}$$
$$y_{b/max} = +5,5 - 0,5 \text{ m} = \underline{\text{rd. } +5,0 \text{ m}.}$$

Die Anordnung eines Wasserschlosses für Hochdruckanlagen ist in Abb. 65 im Grundriß und im Querschnitt gegeben.

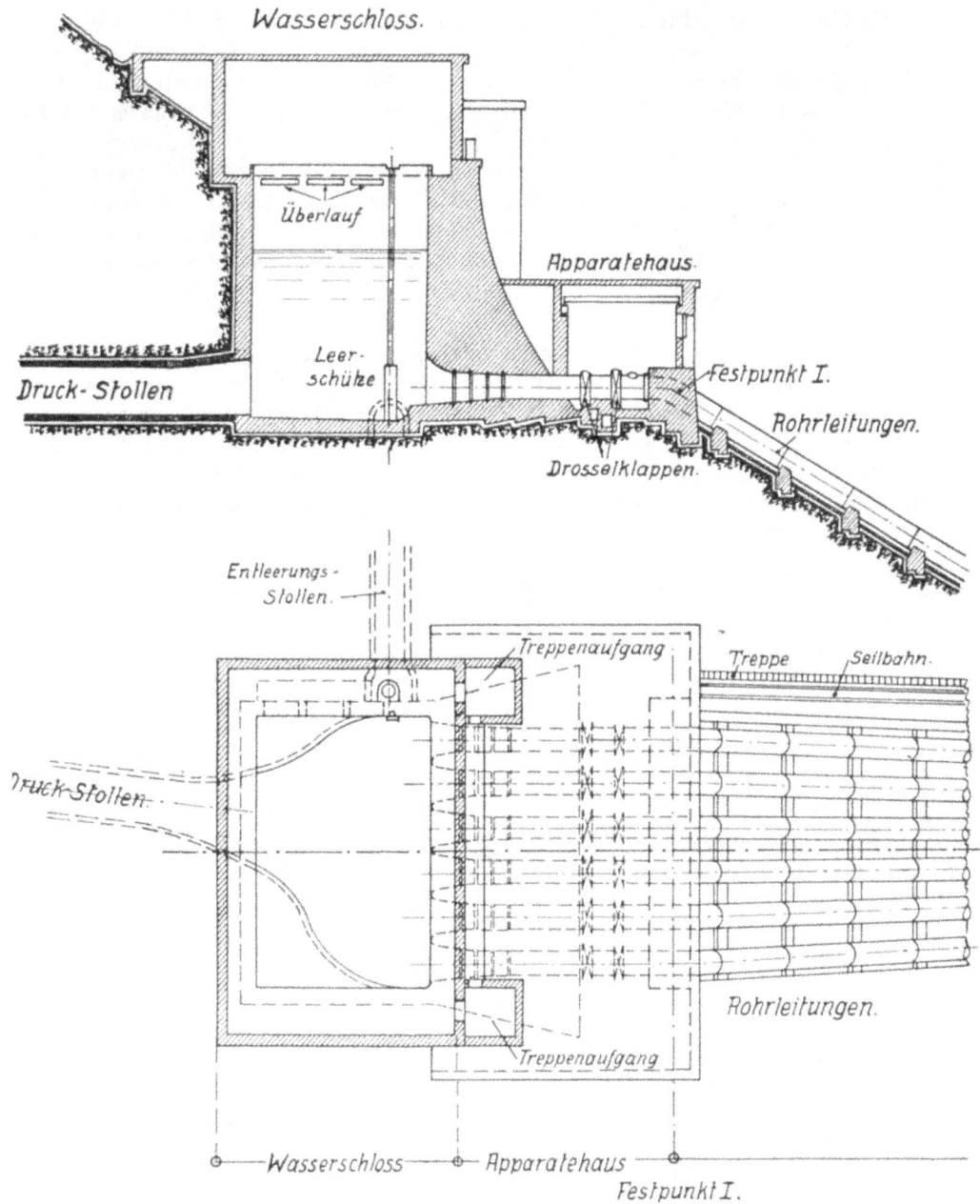

Abb. 65. Wasserschloß für eine Hochdruckanlage.

Derartige Wasserschlösser werden entweder in den Felsen eingebaut oder, wie in der Abbildung, an denselben angelehnt, wobei die äußere Mauer als Staumauer auszubilden ist. Sie werden aus Beton oder Eisenbeton hergestellt und sind mit einem wasserdichten Verputz zu versehen. Zur Vergrößerung des Querschnittes werden mitunter auch seitlich in den Felsen eingesprengte Stollen mit dem Wasserschloß verbunden.

Wenn das Wasserschloß nicht an festes Gestein angelehnt oder in den Berghang hineingebaut werden kann, werden freistehende Wasserschlösser angewandt, welche ähnlich wie Wassertürme ausgebildet und aus Mauerwerk, Beton oder Eisenbeton hergestellt werden.

Die Entlastungsanlagen der Wasserschlösser werden in ähnlicher Weise wie diejenigen von Talsperren als Überläufe, selbsttätige Klappenüberfälle oder Saugheberüberfälle ausgeführt. Ferner ist bei jedem Wasserschloß ein Leerschuß anzuordnen, der bei nicht speicherfähigen Anlagen von besonderer Wichtigkeit ist, da er bei Abstellung der Turbinen das gesamte überschüssige Wasser abführen und dessen Energie vernichten muß. Die Leerschußrinne wird zu diesem Zweck mit möglichst vielen Hindernissen (Absätzen, Überfällen) und am Ende mit Toskammern versehen. Auch glatte Schußgerinne mit Gefällen bis zu 70% und Wassergeschwindigkeiten von über 20 m/sec kommen vor, jedoch nur, wenn besonders guter Untergrund vorhanden ist und am Ende der Schußrinne ein geräumiges Aufnahmebecken angeordnet werden kann.

Bei größeren Anlagen und größeren Gefällen werden neuerdings besondere Energievernichter angewandt. Diese bestehen aus einer maschinellen Konstruktion, welche die Energie des Wassers durch Wasserstrahlzerteilung oder innerhalb einer Bremsturbine vernichten. Bekannt ist hierfür der Energievernichter von Kreuter, dessen Wesen darauf beruht, das das überschüssige Wasser in mehreren tangentialen und radialen Strahlen in ein kreisrundes Becken einschießt, wobei die Strahlen mittels geeigneter Führungsflächen aufeinanderprallen und sich gegenseitig zerwirbeln[1]). Andere Konstruktionen beruhen darauf, daß das Wasser mittels Stoßdüsen gegen schwere Roste geschleudert wird oder daß es innerhalb hintereinander geschalteter Düsen gegen Drosselplatten stößt.

Ferner kommt die Energievernichtung auf elektrischem Wege in Frage, d. h. es werden die voll belasteten Maschinen bei Entlastung automatisch auf einen elektrischen Wasserwiderstand umgeschaltet. Es entstehen demnach keine plötzlichen Schwankungen und es bleiben die hydraulischen Verhältnisse nahezu unverändert.

Außer den Entlastungs- und Energievernichtungs-Anlagen gehört zum Wasserschloß die Ausrüstung für die Rohreinläufe. Die Rohreinläufe setzen am Wasserschloß trichterförmig an, um einen wirbellosen Einlauf ohne größere Druckverluste zu erzielen. Vor die Einläufe wird ein Rechen gelegt, der etwa hereingefallene Gegenstände, losgelöste Stücke der Stollenmauerung u. dgl. abzuhalten hat.

Nach dem Einlauf sind die Absperrvorrichtungen der Rohrleitungen angeordnet, welche als Schützen, Drosselklappen oder Schieber ausgestaltet sein können. Die Absperrvorrichtungen sind in einem an das Wasserschloß angebauten Apparatehaus untergebracht. Bei wichtigeren Anlagen werden zwei Sätze von Absperrvorrichtungen angeordnet. Ihre Betätigung erfolgt mechanisch oder hydraulisch, wobei vorzusehen ist, daß dieselben bei Rohrbruch sich automatisch schließen.

Zur Anzeige des Wasserspiegels im Wasserschloß sind die nötigen Meßeinrichtungen vorzusehen; die Anzeigen werden durch eine Fernmeldeeinrichtung auch im Kraftwerk sichtbar gemacht.

---

[1]) Ausführungsbeispiel bei der Kraftanlage der Innwerke.

d) Rohrleitungen. Turbinen für höhere Gefälle, etwa über 15 m, erhalten ihr Wasser durch Rohrleitungen, welche vom Wasserschloß ausgehend nach dem Turbinenhaus führen. Sie sind mit möglichst geradliniger und gleichmäßig abfallender Trasse zu projektieren, so daß Krümmungen, Knickungen und Abbiegungen auf eine Mindestzahl beschränkt werden, um einesteils eine Vermehrung der Reibungsverluste, andernteils erhöhte Beanspruchung durch Schub zu vermeiden.

Die Rohre werden kreisförmig meist aus bestem Qualitätseisen von hoher Festigkeit — 36 bis 42 kg/qmm — und mindestens 25 % Dehnung hergestellt. Gußeiserne Rohre kommen nur für kleinere Wasserkräfte bei niedrigen Drücken in Frage. Außer Eisen wird in neuerer Zeit auch Beton oder Eisenbeton verwendet, wobei Betonrohre nur für kleinere Durchmesser bis etwa 1 m und Leitungen mit geringem Druck anwendbar sind, während Eisenbetonrohre oder Betonrohre mit Blechmantel für beliebig große Durchmesser und für Druckhöhen bis zu 100 m und mehr vorkommen.

Rohrleitungen aus Holz können für Druckhöhen bis 150 m ausgeführt werden, hierbei jedoch nur mit kleinen Durchmessern (bis 0,5 m). Bei größeren Durchmessern, das ist bei großen Wassermengen, ist die Anwendung auf kleine Druckhöhen beschränkt. Holzleitungen kommen bisher in der Hauptsache in Amerika vor.

An Stelle von Rohrleitungen können bei Vorhandensein druckfesten Gebirges auch Druckschächte, vergl. Etschwerke bei Meran, angelegt werden, für welche im allgemeinen die gleichen Grundsätze wie für Druckstollen gelten.

Für die Bemessung der Leitungen ist wieder die Geschwindigkeit in erster Linie maßgebend. Für die Wahl der Geschwindigkeit gelten ungefähr die gleichen Regeln wie bei Stollen. Hinzu kommt noch die Erwägung, daß an das Ende der Rohrleitung eine oder mehrere Turbinen angeschlossen sind und daß durch die Festlegung des Rohrdurchmessers auch deren Regulierung beeinflußt wird. Die wirtschaftlich günstigste Wassergeschwindigkeit liegt bei eisernen Rohren im allgemeinen zwischen 2 und 4 m/sec. Sie kann bei kleinen Rohrleitungslängen und großen Wassermengen noch auf 5 m und mehr gesteigert werden, bei großen Rohrleitungslängen oder kleinen Wassermengen empfiehlt es sich, nicht über 2—2½ m/sec zu gehen. Für Beton- und Eisenbetonrohre nimmt man die Geschwindigkeit etwas geringer an.

Durch Wahl der Geschwindigkeit ergibt sich der erforderliche Rohrquerschnitt zu

$$F = \frac{Q}{v}.$$

Da bei Rohrleitungen $F = \frac{D^2 \cdot \pi}{4}$, wird

$$D = \sqrt{\frac{4Q}{\pi \cdot v}} = 1{,}13 \sqrt{\frac{Q}{v}}.$$

Der bei einer Rohrleitung besonders wichtige Druckverlust h_{ro} ergibt sich für eine gerade Strecke von der Länge L m, für eine Rohrleitung von D m l. W. zu

$$h_{ro} = \frac{L \cdot v^2}{D} \cdot \frac{4}{k^2},$$

wobei k den Rauhigkeitskoeffizienten (s. S. 116) bedeutet. k kann entweder nach der allgemeinen Kutterschen Formel, oder bei Rohrleitungen in einfacherer Weise mit

$$k = \frac{100 \sqrt{R}}{m + \sqrt{R}}$$

berechnet werden. Bei vollaufenden Rohren wird Profilradius

$$R = \frac{D}{4} \text{ und damit } k = \frac{100\sqrt{D}}{2m + \sqrt{D}}.$$

m bedeutet den von der Beschaffenheit der inneren Rohrwände abhängigen Rauhigkeitsgrad, der bei Leitungen aus Eisen oder Eisenbeton mit 0,2—0,25, bei Leitungen aus glattem Holz mit 0,15—0,2 angenommen werden kann.

Bei größeren Rohrleitungen und hohem Gefälle wird der Durchmesser von oben nach unten in geeigneter Weise abgestuft, der Druckverlust ist in diesem Falle stufenweise zu berechnen.

Zu dem Verluste in den geraden Strecken sind noch die Verluste in Krümmern, bei Durchgang durch Absperrvorrichtungen usw. hinzuzurechnen. Für diese genügt im allgemeinen eine Erfahrungszahl oder ein Zuschlag zu den Verlusten in gerader Strecke. Für überschlägige Rechnungen kann angenommen werden:

Druckverlust in einem Krümmer mit Ablenkungswinkel δ

$$h_k = \nu \frac{\delta^0}{90} \cdot \frac{v^2}{2g},$$

hierbei beträgt der Durchflußkoeffizient ν für ein Verhältnis zwischen Krümmungshalbmesser und Rohrdurchmesser

von   1,   1,5,   2,   4,   6,
$\nu =$ 0,3,   0,18,   0,15,   0,13,   0,12.

Der Verlust in einem normalen Absperrschieber kann mit rd. 0,1 m, in einer Drosselklappe mit 0,15 m in Rechnung gestellt werden.

Als Beispiel zu vorstehenden Ausführungen seien nachfolgend die sechs Rohrleitungen des Walchenseewerkes berechnet: Dieselben haben am Anfang hinter dem Wasserschloß 2250 mm l. W. und sind auf ihre Gesamtlänge von rd. 450 m in vier Zonen abgestuft mit einer Durchmesserverringerung von je 100 mm. Eine fünfte Zone wird durch die Verteilleitungen gebildet. Die normale Wasserführung jedes Rohres beträgt 12 cbm/sec.

Die Rechnung wird zweckmäßig tabellenmäßig wie folgt vorgenommen:

Zonen	Länge	Lichte Weite	Wassergeschwindigkeit	Rauhigkeitskoeffizient	Druckverlust
	m	m	m/sec	k	h_{ro} in m
1. Zone	100	2,250	3,03	75	0,30
2. Zone	110	2,150	3,34	75	0,40
3. Zone	110	2,050	3,64	74,5	0,51
4. Zone	75	1,950	4,06	74	0,48
Verteilleitungen	55	1,850	4,5	73	0,46
Gesamtlänge	450	—	—	—	2,15

Der Druckverlust, auf die gerade Strecke bezogen, beträgt hiernach 2,15 m. Hierzu kommen die Verluste im Rohreinlauf mit ca. 0,05 m, in den Absperrvorrichtungen (zwei Drosselklappen von je 2,25 m Durchflußweite) mit zusammen 0,35 m, in den Rohrkrümmern und Knickpunkten mit zusammen 0,30 m, im Absperrschieber vor der Turbine mit 0,10 m, so daß der gesamte Druckverlust vom Einlauf am Wasserschloß bis vor die Turbine

$$2,15 + 0,05 + 0,35 + 0,30 + 0,10 = 2,95 \text{ m}$$

beträgt. Diese Druckhöhe ist vom Bruttogefälle abzuziehen, um das Nettogefälle zu erhalten.

Die Wandstärke s eiserner Rohrleitungen wird bei den meist vorkommenden Gefällen und Durchmessern wie folgt berechnet:

$$s^{cm} = \frac{p \cdot D}{2\,k_z} + 0{,}1 \text{ bis } 0{,}2 \text{ cm,}$$

wobei

    D den lichten Rohrdurchmesser in cm,

    p den inneren Überdruck in kg/qcm,

    k_z die zulässige Zugbeanspruchung des Bleches in der Naht bedeutet.

Bei Blechen aus bestem S.-M.-Stahl kann k_z mit 800—850 kg/qcm eingesetzt werden. Der Zuschlag von 0,1—0,2 cm ist für das allmähliche Abrosten vorgesehen.

Zu prüfen ist, ob die hiernach errechnete Rohrstärke auch für andere Beanspruchungen, z. B. durch den äußeren Luftdruck bei Leerlauf, durch Wasserschläge und Drucksteigerungen bei plötzlichen Entlastungen, durch Temperaturausdehnungen, durch Erddruck, Eigengewicht usw. ausreicht.

Die eisernen Rohre können sowohl genietet als auch geschweißt werden. Genietete Rohre können bezüglich ihrer Festigkeit genau berechnet und in jeder Kesselfabrik zuverlässig hergestellt werden, während die geschweißten Rohre wegen der Unsicherheit der Schweißnat sich rechnerisch nicht vollkommen erfassen lassen und zu ihrer Herstellung besonders geübte Arbeitskräfte benötigen. Die geschweißten Rohre haben jedoch etwas geringere Reibungsverluste als die genieteten Rohre. Die Verbindung der einzelnen Rohrschüsse erfolgt durch Flanschen oder Muffen; bei kleinen Durchmessern kann auch eine Zusammenschweißung der einzelnen Rohrschüsse in Frage kommen.

Beton- und Eisenbetonrohre werden meist an Ort und Stelle hergestellt und besondere muffenähnliche Konstruktionen zur Verbindung einzelner Teile benutzt. Diese Verbindungen sind sehr sorgfältig herzustellen, da sie wie überhaupt die Eisenbetonrohre schwierig zu dichten sind. Wegen ihrer geringen Elastizität sind Eisenbetonrohre in nachgiebigem Boden nur mit besonders guter Lagerung verwendbar.

Holzrohre werden für größere Drücke mit Eisendrahtspiralen oder Eisenbändern umwunden. Sie haben gegenüber anderen Rohrmaterialien den Vorzug größerer Leichtigkeit und Elastizität, geringerer Reibung und geringerer Empfindlichkeit gegen Frost und sind deshalb innerhalb ihrer Anwendungsgrenzen zu empfehlen.

Die Rohre können verdeckt oder offen verlegt werden. Die verdeckte Lagerung hat den Vorteil, daß die Leitung den Witterungs- und Temperatureinflüssen entzogen ist; die Deckung soll mindestens 0,8 m, besser 1—1,5 m stark sein. Offen verlegte Leitungen sind billiger und ständiger Beaufsichtigung zugänglich, jedoch allen äußeren Einflüssen ausgesetzt.

Die Auflagerung der Rohre erfolgt auf Betonklötzen, die bei offener Verlegung auf einem durchgehenden Betonfundament — der Rohrbahn — aufgesetzt sind. Zur Aufnahme des Rohr- und Wassergewichtes, des Schubes usw. wird die Rohrleitung in besonderen Festpunkten verankert, die in der Rohrbahn an Knick- oder Krümmungspunkten, nötigenfalls auch in der geraden Strecke angeordnet werden. Zum Ausgleich von Längenänderungen werden nach jedem Festpunkt Expansionsstücke eingelegt.

Neben der Rohrleitung ist eine Treppe und möglichst auch eine Seilbahn für die Montage und für Revisionen vorzusehen; ferner sei auf Einrichtungen für Entleerung, Abführung von Tagwasser u. dgl. hingewiesen.

Bei Druckleitungen kann ähnlich wie bei Kanälen die Über- oder Unterkreuzung von Flüssen, Bahnen, Straßen u. dgl. durch Heber- oder Dükerrohre ausgeführt werden.

3. Turbinen und Generatoren.

a) Turbinen. Die Umsetzung der potentiellen Energie des den Kraftwerken zufließenden Wassers in mechanische Energie findet in den Turbinen statt. Die potentielle Energie vor den Turbinen beträgt $1000 \cdot Q \cdot H$ mkg, wobei Q die in den Turbinen verarbeitete Wassermenge in cbm/sec und H das Nettogefälle in m ist.

Da diese Energie nicht verlustlos in mechanische Energie umgesetzt werden kann, sondern beim Durchströmen der Turbinen Gefälls- und Reibungsverluste, Wasserverluste und mechanische Verluste auftreten, ist die von den Turbinen abgegebene mechanische Energie um einen gewissen Betrag kleiner als die zur Verfügung stehende potentielle Energie; dieser Betrag wird durch den Wirkungsgrad der Turbine gekennzeichnet.

Die erzielbare Nutzenergie, auch Turbinenleistung genannt, ist

$$N^{PS} = \eta \cdot \frac{1000 \cdot Q \cdot H}{75}.$$

Der Wirkungsgrad η beträgt für neuzeitliche Turbinen der für Landeswerke in Betracht kommenden Größe etwa 0,85—0,90, er kann für die erste überschlägige Rechnung mit 0,75 eingesetzt werden, womit die Gleichung die bekannte Form

$$N^{PS} = 10 \cdot Q \cdot H$$

annimmt.

Das Prinzip der Turbine besteht darin, die potentielle Energie des Wassers zunächst in kinetische Energie und diese in mechanische Arbeit zu verwandeln. Diese Umsetzung findet in der Weise statt, daß das aus dem Oberwasserkanal oder den Druckleitungen mit geringer Geschwindigkeit zugeführte Wasser innerhalb des Turbinen-Leitapparates gefaßt wird und dort eine erhebliche Geschwindigkeitssteigerung erfährt; daß das Wasser mit der erhöhten Geschwindigkeit gegen das Turbinenlaufrad strömt, in welchem unter Verminderung der Geschwindigkeit die Energie des Wassers aufgenommen und für den Antrieb von Generatoren nutzbar gemacht wird. Eine Turbine setzt sich demnach aus zwei Hauptbestandteilen zusammen: aus einer zweckmäßig geformten feststehenden Zuleitung, dem Leitapparat, und aus dem mit den Laufschaufeln besetzten drehbaren Laufrad.

Der Leitapparat und das Laufrad sind so auszubilden, daß das Wasser unter möglichster Vermeidung von Stoß- und Reibungsverlusten die Turbine kontinuierlich durchläuft. Der Leitapparat besteht zu diesem Zwecke aus möglichst kurz gebauten Düsen oder zellenförmigen Organen, denen das Wasser mit geringer Strömungsgeschwindigkeit und innerem Überdruck zufließt und die das Wasser mit großer Strömungsgeschwindigkeit und vermindertem oder vollständig aufgehobenem Überdruck an das Laufrad abgeben.

Wenn im Leitapparat der volle Überdruck in Bewegungsenergie umgesetzt wird, das Wasser also ohne inneren Überdruck — im freien Strahl — in das Laufrad eintritt, erhält man die Freistrahlturbine, auch Druckturbine oder Pelton-Turbine genannt.

Wenn im Leitapparat nur ein Teil des Überdruckes in Bewegungsenergie, der Rest aber erst im Laufrad selbst umgesetzt wird, erhält man die Überdruckturbine, deren Formen als Francis-Turbine, Propeller- und Kaplan-Turbine bekannt sind.

Je nach der Durchflußrichtung des Wassers teilt man die Turbinen ein in Axialturbinen, bei welchen das Wasser das Laufrad parallel zur Turbinenachse durchströmt und in Radialturbinen, bei welchen es senkrecht zur Turbinenachse fließt. Bei den neueren Turbinenarten sind diese Formen allerdings nicht rein ausgeprägt, sie stellen vielmehr Kombinationen der beiden Systeme dar.

Eine weitere Unterscheidung wird je nach der Beaufschlagung des Laufrades getroffen: Turbinen, bei welchen der Leitapparat das Laufrad völlig umschließt und das Wasser am ganzen Umfang des Laufrades eintritt, heißen „Voll"-Turbinen oder vollbeaufschlagte Turbinen. Die Leitapparate werden in diesem Falle auch „Leiträder" genannt. Hierzu gehören alle heute ausgeführten Überdruckturbinen.

Turbinen, bei welchen das Wasser nur an einem Teil des Laufradumfanges eintritt, heißen „Partial-Turbinen" oder Turbinen mit teilweiser Beaufschlagung. Hierbei schrumpfen die Leitapparate auf eine oder mehrere Düsen zusammen, welche jeweils einen gesonderten Wasserstrahl auf die Laufschaufeln entsenden. In dieser Weise werden gewöhnlich die Druck- oder Freistrahl-Turbinen ausgebildet.

Durch Kombination der vorerwähnten hydraulischen und technischen Eigenschaften lassen sich zahlreiche Ausführungsformen gewinnen, welche noch dadurch variiert werden können, daß der Wassereintritt in das Laufrad entweder von außen oder von innen erfolgt. Tatsächlich fanden zu Beginn des Turbinenbaues eine große Anzahl von Ausführungsformen praktische Verwendung, von welchen jedoch im Laufe der Zeit nur zwei Hauptarten überragende Bedeutung gewannen:

von den Druckturbinen die Pelton-Turbine mit teilweiser Beaufschlagung von außen,

von den Überdruckturbinen die Francis-Turbine mit voller Beaufschlagung von außen.

Zu letzterem Turbinentyp gehören auch die neuerdings entwickelten „Schnellläuferturbinen", bei denen das Leitrad wie bei der normalen Francis-Turbine konstruiert ist, während das Laufrad durch eigenartige Anordnung und Ausbildung der Schaufeln gekennzeichnet ist.

Da bei den Druckturbinen (Pelton-Turbinen) infolge des aus dem Laufrade frei ausströmenden Wassers eine zwangsweise Führung des Durchflusses bis zum Unterwasser wegfällt, müssen diese Turbinen zur Vermeidung von Gegenströmungen aus dem Unterwasser herausgehoben werden. Die Entfernung zwischen Düse und Unterwasserspiegel wird als „Freihang" bezeichnet, dieser ist für die Energieausnutzung verloren und gehört zu den Gefällsverlusten.

Bei den Überdruckturbinen (Francis- und Schnellläuferturbinen) stellt hingegen das Laufrad einen vollständig wassergefüllten, unter Druck stehenden Körper dar, der Durchfluß ist bis in das Unterwasser zwangsweise geregelt. Es ist deshalb ohne Störung des Arbeitsprozesses möglich, mit dem Laufrad beliebig nahe bis zum Unterwasserspiegel heranzugehen oder auch völlig in dasselbe einzutauchen. Von dieser Möglichkeit wird bei besonders niedrigen Gefällen und bei schwankenden Wasserständen Gebrauch gemacht.

Es ist weiterhin möglich, die Aufstellung der Überdruckturbinen bis zu 7 m Höhe über dem Unterwasserspiegel vorzunehmen und diesen Höhenunterschied dadurch für die Turbinenleistung nutzbar zu machen, daß zwischen die Turbine und das Unterwasser ein Saugrohr eingeschaltet wird, das die volle Ausnutzung des Gefälles infolge der Wirkung des äußeren Luftdruckes ermöglicht.

Es wurde versucht, auch bei den Pelton-Turbinen durch Anwendung eines Saugrohres den durch den Freihang bedingten Gefällsverlust zu vermeiden. Da jedoch bei dieser Turbinenform infolge Wegfalls des inneren Überdruckes keine zwangsweise Wasserführung vorliegt, würde das Ansteigen des Unterwassers im Saugrohr durch Rückdruck auf die Laufschaufeln eine erhebliche Störung des Arbeitsprozesses hervorrufen, die sich in einem Sinken des Wirkungsgrades bemerkbar machen würde. Man verzichtet daher bei den Pelton-Turbinen auf das Saugrohr und kann dies um so mehr, als bei den hier in Betracht kommenden Gefällen ein Freihang von einigen Metern verhältnismäßig wenig ausmacht.

Entsprechend den hydraulischen Unterschieden beim Durchfluß des Wassers durch das Laufrad ergeben sich die Umfangsgeschwindigkeiten der verschiedenen Laufradformen.

Die Umfangsgeschwindigkeit u_1 kann bei Pelton-Turbinen mit etwa 0,45 bis $0,50 \cdot \sqrt{2gH}$ angenommen werden. Bei den Francis-Turbinen ist die Umfangsgeschwindigkeit wesentlich größer, da sich hier das Laufrad innerhalb eines durch den inneren Überdruck in rasche Drehung versetzten Wasserwirbels befindet; sie beträgt bei normalen Francis-Turbinen $0,60\text{—}1,20 \cdot \sqrt{2gH}$, bei den Schnelläufer-turbinen bis zu $2,5 \cdot \sqrt{2gH}$. Da der Umfangsgeschwindigkeit eines Laufrades die minutliche Umdrehungszahl desselben proportional ist, laufen die Pelton-Turbinen bei gleichem Gefälle wesentlich langsamer als die Francis-Turbinen. In der Regel ist zur Verbilligung der Turbinen und Generatoren eine hohe Drehzahl erwünscht, daher werden für niedrige und mittlere Gefälle die Francis-Turbinen mit ihren Abarten angewandt und Pelton-Turbinen erst für Gefälle verwendet, bei welchen auch für diese Turbinenart die erwünschten hohen Umdrehungszahlen erreicht werden.

Neben dem Gefälle und der Umdrehungszahl spielt die Menge des von der Turbine verarbeiteten Wassers — die sogenannte Schluckfähigkeit — eine wesentliche Rolle. Bei gleicher Größe und gleichem Gefälle schlucken die Francis-Turbinen erheblich mehr Wasser als die Pelton-Turbinen, und zwar um so mehr, je größer der Überdruck ist und je höher die Umfangsgeschwindigkeit des Laufrades getrieben wird.

Zwischen Gefälle, Schluckfähigkeit und Umfangsgeschwindigkeit bzw. Drehzahl besteht eine bestimmte Beziehung, durch welche die verschiedenen Turbinentypen charakterisiert sind.

Ist für eine ausgeführte Turbine bei einem bestimmten Gefälle H die Schluckfähigkeit Q bzw. die Leistung N und die Umdrehungszahl n bekannt, so lassen sich die entsprechenden Werte für ein beliebiges anderes Gefälle H' auf Grund des Umstandes ermitteln, daß alle Umfangs- und Wassergeschwindigkeiten innerhalb der Turbine proportional dem Betrag $\sqrt{H}$ sind. Es ergibt sich demnach — abgesehen von einer geringen Änderung des Wirkungsgrades —

$$Q' = Q\sqrt{\frac{H'}{H}}, \quad N' = N\frac{H'}{H}\sqrt{\frac{H'}{H}}, \quad n' = n\sqrt{\frac{H'}{H}}.$$

Um für derartige Vergleiche eine einheitliche Basis zu schaffen, pflegt man für jeden Turbinentyp die Schluckfähigkeit bzw. die Leistung sowie die Umdrehungszahl auf das Gefälle von 1 m umzurechnen. Die bezüglichen Werte werden mit dem Index I bezeichnet und es sind somit

Q_I die Schluckfähigkeit, N_I die Leistung und n_I die Umdrehungszahl,

welche eine gegebene Turbine bei einem Gefälle von 1 m besitzt. Sind diese Werte für einen bestimmten Turbinentyp bekannt, so ergeben sich für ein beliebiges anderes Gefälle H' die Werte

$$Q' = Q_I\sqrt{H'}, \quad N' = N_I H'\sqrt{H'}, \quad n' = n_I\sqrt{H'}.$$

Um Vergleiche verschiedener Turbinentypen zu erleichtern, pflegt man denselben ideelle Ausgangsturbinen mit der Gefällshöhe = 1, und zwar 1 m, und mit der Leistung = 1, und zwar 1 PS, zugrunde zu legen.

Alle ideellen Ausgangsturbinen, welchen Systems sie auch sein mögen, mit dem Gefälle = 1 m und der Leistung = 1 PS verarbeiten naturgemäß die gleiche Wassermenge. Dies ist bei verschiedenen Turbinentypen nur durch Variation der Drehzahl möglich. Da die Drehzahl, wie erwähnt, eines der wichtigsten Bestimmungsmerkmale der Turbinen darstellt, pflegt man die beim Gefälle 1 m und bei der Leistung 1 PS sich ergebenden Umdrehungszahlen der Ausgangsturbinen als wichtigstes Kennzeichen der verschiedenen Turbinentypen zu wählen und als „spezifische Drehzahlen" n_s zu bezeichnen.

Die Drehzahl n einer auszuführenden Turbine ergibt sich bei bekannter Gefällshöhe H für eine bestimmte Leistung N aus der bezüglichen Ausgangsturbine nach der Formel

$$n = n_s \frac{H \cdot \sqrt[4]{H}}{\sqrt{N}}.$$

Ist beispielsweise die spezifische Drehzahl einer Francis-Turbine $n_s = 100$, macht also die Ausgangsturbine dieses Typs bei 1 m Gefälle und bei einer Leistung von 1 PS 100 Umdrehungen pro Minute, so ergibt sich für die gleiche Turbine bei Ausnutzung eines Gefälles von 100 m und einer gewünschten Leistung von 1000 PS eine minutliche Umdrehungszahl von

$$n = 100 \frac{100 \sqrt[4]{100}}{\sqrt{1000}} = 1000.$$

Die hierbei verarbeitete Wassermenge würde bei einem Wirkungsgrad von 75%

$$Q = \frac{N}{10 \cdot H} = \frac{1000}{10 \cdot 100} = 1 \text{ cbm/sec}$$

betragen.

Zu jeder der besprochenen Turbinentypen gehören bestimmte spezifische Drehzahlen insoferne, als die Unterschreitung oder Überschreitung derselben ein starkes Sinken des Wirkungsgrades sowie andere hydraulische und technische Nachteile, z. B. die Gefahr des Anfressens, des Auftretens von Luftwirbeln, Korrosionen u. dgl. zur Folge hat.

Für die einzelnen Turbinenformen sind im allgemeinen folgende spezifische Drehzahlen praktisch verwendbar:

Pelton-Turbinen (Freistrahlturbinen) . . . . 2 — 40
Schmale Francis-Turbinen (Langsamläufer) . . . . 50 — 150
Normale ,, ,, (Normalläufer) . . . . 150 — 300
Breite ,, ,, (Schnelläufer) . . . . 250 — 400
Francis-Turbinen mit Sichelschaufeln (Sichelturbinen) . . 350 — 500
Diagonalturbinen (nach Lawaczeck), Propeller-Turbinen und
  ähnliche Formen . . . . 300 — 800
Kaplan-Turbinen und ähnliche Formen . . . . 600 —1200.

Die Anwendung höherer spezifischer Drehzahlen als 1200 (bis 1500) ist zwar möglich, man wird jedoch im allgemeinen nicht so hoch gehen, weil sich bei diesen hohen Drehzahlen ungünstige Verhältnisse insoferne einstellen, als der Wirkungsgrad bei Leistungsverminderung und bei der hiermit zusammenhängenden geringeren Beaufschlagung nicht mehr in gewünschter Weise beherrscht werden kann. Ferner machen sich bei hohen spezifischen Drehzahlen die sogenannten „Kavitationserscheinungen" bemerkbar, das sind Hohlraumbildungen im Laufrad und im Saugrohr, die durch Ablösung des Wassers von den Schaufeln entstehen und nicht nur eine erhebliche Herabminderung des Wirkungsgrades zur Folge haben, sondern auch durch Anfressungen und Korrosionen die Lebensdauer der Turbine stark beeinträchtigen.

Eine Erhöhung der spezifischen Drehzahl ist jedoch dadurch zu erreichen, daß die von einer Turbine zu verarbeitende Wassermenge bzw. Leistung innerhalb der Turbine unterteilt und bei den Pelton-Turbinen auf mehrere Strahlen, bei den Francis-Turbinen auf mehrere Laufräder verteilt wird. Die spezifische Drehzahl erhöht sich in diesem Falle, wie aus den vorhergehenden Formeln leicht abzuleiten ist, auf $n_s \cdot \sqrt{m}$,

9*

wenn n, die spezifische Drehzahl der betreffenden Turbinenform für einen Strahl bzw. ein Laufrad und m die Anzahl der Strahlen bzw. Laufräder bedeutet.

Zum Beispiel ergibt sich für eine Pelton-Turbine mit einem durch vier Düsen beaufschlagten Laufrad oder mit zwei durch je zwei Düsen beaufschlagte Laufräder die $\sqrt{4}$ fache, das ist die doppelte Drehzahl gegenüber einer Einstrahlturbine mit einem Laufrad. Ebenso hat eine Francis-Turbine mit zwei Laufrädern die $\sqrt{2}$ fache Drehzahl gegenüber der gleichen Turbine mit einem Laufrad.

Eine Darstellung über die Aufeinanderfolge der spezifischen Drehzahlen und deren Anwendung für die verschiedenen Turbinentypen ist in Abb. 66 gegeben.

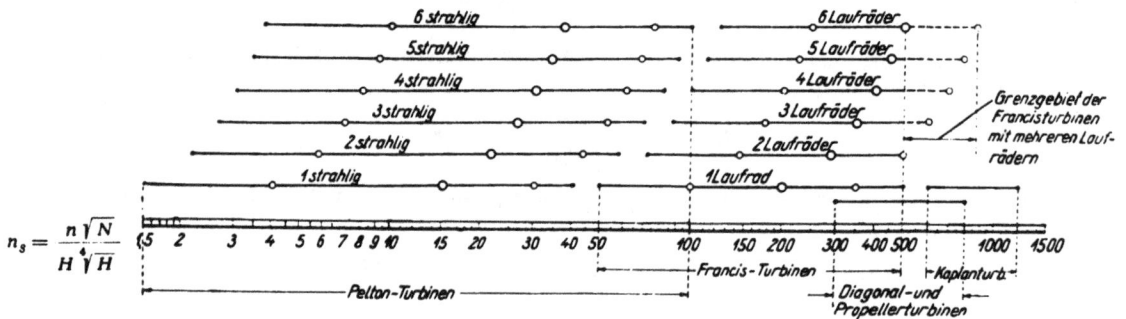

Abb. 66. Spezifische Drehzahlen der verschiedenen Turbinenarten.

Hierbei sind auf der Grundlinie die spezifischen Drehzahlen in logarithmischer Skala von 1—1500 aufgetragen und darüber die Geltungsbereiche der verschiedenen Turbinentypen für 1—6 Strahlen bei den Pelton-Turbinen und 1—6 Laufräder bei den Francis-Turbinen angegeben. Bei den Diagonal-, Propeller- und Kaplan-Turbinen sind Angaben für mehrere Laufräder nicht gemacht, da diese in der Regel nur mit einem Laufrad verwendet werden. Die Geltungsbereiche sind durch größere und kleinere Kreise unterteilt, und zwar bezeichnen die Zwischenräume zwischen den zwei kleinen Kreisen einer Linie denjenigen Bereich, der für den betreffenden Turbinentyp einfache Konstruktionen und gute Wirkungsgrade ergibt. Der große Kreis zeigt den Bereich des besten Wirkungsgrades an.

Die Reihe der spezifischen Drehzahlen gibt auch — allerdings nur relativ — ein ungefähres Bild über die Größe der verschiedenen Turbinentypen, da mit wachsender Schnelläufigkeit bei gleicher Schluckfähigkeit bzw. Leistung die Durchmesser der Turbinenlaufräder kleiner und die Breiten derselben größer werden. Es ergeben sich z. B. im unteren Bereich der spezifischen Drehzahlen für Francis-Turbinen große, verhältnismäßig schmale Turbinenformen, wie sie besonders bei Spiralturbinen für hohe Gefälle zur Anwendung gelangen, während sich im oberen Bereich der spezifischen Drehzahlen kleine Formen mit stark verbreiterten Laufrädern ergeben. Da bei diesen Turbinenformen der Zusammenbau mehrerer Laufräder konstruktiv schwieriger und umständlicher als bei den schmäleren Formen ist, macht man in der Praxis bei den Francis-Turbinen mit mehreren Laufrädern von den höheren spezifischen Drehzahlen keinen Gebrauch; das betreffende Gebiet ist in der Abbildung als „Grenzgebiet" bezeichnet.

Wie die Abbildung zeigt, ist die Folge der praktisch anwendbaren spezifischen Drehzahlen lückenlos geschlossen, und es lassen sich sogar für eine Reihe von Gefällen und Wassermengen mehrere brauchbare Turbinentypen verwenden, in welchen Fällen die nach den örtlichen Verhältnissen am besten geeignete und in ihrer Konstruktion einfachste Art gewählt wird.

Die einzelnen Turbinentypen sind in Abb. 67 a—h nach dem Grade ihrer Schnelläufigkeit und ihren charakteristischen Eigenschaften zusammengestellt.

Bei der Pelton-Turbine (Freistrahlturbine), Abb. 67a, erfolgt die Beaufschlagung durch eine oder mehrere Düsen. Am Laufrad sitzen je nach der zu verarbeitenden Wassermenge 14—40 becherförmige Schaufeln. Die Regulierung erfolgt durch Veränderung des Wasseraustritts aus den Düsen mittels verschiebbarer Nadeln, welche den Düsenquerschnitt mehr oder weniger freigeben.

Alle anderen Turbinentypen gehören zum System der Überdruckturbinen, es sind Francis-Turbinen oder Abarten derselben. Das Leitrad ist durchwegs gleich ausgebildet und erhält je nach der Schnelläufigkeit 12—40 Schaufeln. Die Laufräder besitzen bei geringer Schnelläufigkeit einen äußeren und einen inneren Kranz, zwischen denen die aus Gußeisen, Stahlguß oder Blech bestehenden Schaufeln eingespannt bzw. eingegossen sind, Abb. 67b—e. Bei den Abarten mit großer Schnelläufigkeit bleibt der äußere Kranz weg, und die flügel- oder propellerartig ausgebildeten Schaufeln sind nur am inneren Kranz befestigt, Abb. 67f—h. Dies trägt neben der Verringerung der Schaufelzahl und der Verkleinerung der Schaufelfläche zur Verminderung der Reibung und Erhöhung des Wirkungsgrades bei. Die Zahl der Laufradschaufeln beträgt bei langsam laufenden schmalen Francis-Turbinen 15—23, sie sinkt bei schnelllaufenden Kaplan- und Propellerturbinen bis auf 2.

Die Regulierung der Francis- und Schnelläuferturbinen erfolgt wie bei den Pelton-Rädern durch Veränderung der arbeitenden Wassermenge, indem der Austrittsquerschnitt aus dem Leitrad durch Verdrehung der Leitschaufeln erweitert bzw. bis auf Null verengt wird. Es ist zu diesem Zweck allgemein die Finksche Drehschaufelregulierung angewandt, bei welcher die Leitschaufeln mit durchgehenden Zapfen so gelagert sind, daß alle gleichzeitig durch einen mit dem Reguliergestänge verbundenen Ring bewegt werden können.

Da bei den Schnelläuferturbinen, insbesondere bei den Propellerturbinen mit hoher spezifischer Drehzahl, der Wirkungsgrad mit sinkender Belastung infolge starker Änderung der Strömungsbedingungen rasch abnimmt, hat Kaplan bei der von ihm konstruierten Turbine auch die Laufschaufeln drehbar gemacht, um auch bei geringer Belastung günstige Strömungsverhältnisse und Wirkungsgrade zu erhalten. Diese Turbinen haben demnach eine Doppelregulierung (s. auch Abb. 75).

Bezüglich des Wirkungsgrades sind die verschiedenen Turbinentypen nahezu gleichwertig, wenigstens soweit der Wirkungsgrad bei normaler Leistung in Frage kommt. Eine erhebliche Verschiedenheit der einzelnen Typen besteht jedoch in bezug auf ihr Verhalten bei Teilbeaufschlagung oder Überlastung.

In Abb. 68 sind die Wirkungsgrade einiger typischer Turbinenformen in Abhängigkeit sowohl von der Beaufschlagung als auch von der Leistung in Kurvenform aufgetragen.

Der Verlauf der Wirkungsgradkurven ist bei Pelton-Turbinen sowie bei Kaplan-Turbinen mit drehbaren Laufschaufeln ungefähr gleich. Diese Turbinen sind sehr anpassungsfähig bei Änderungen des Gefälles und der Wassermenge, sie ergeben noch bis zu $\frac{1}{4}$ der Beaufschlagung brauchbare Wirkungsgrade. Die Anpassungsfähigkeit nimmt — abgesehen von den mit Doppelregulierung versehenen Kaplan-Turbinen — ab mit der Zunahme der spezifischen Schnelläufigkeit. Am empfindlichsten sind die Propellerturbinen mit festen Laufschaufeln, die bei hoher spezifischer Drehzahl nur bis zu etwa $\frac{2}{3}$ Beaufschlagung gute Wirkungsgrade aufweisen. Wenn daher in einer Anlage mit stärkeren Belastungsschwankungen zu rechnen ist, sind — falls nicht zu Kaplan-Turbinen mit drehbaren Laufschaufeln gegriffen wird — Turbinen mit einer spezifischen Drehzahl unter 450 zu verwenden oder es ist die Betriebseinteilung so zu treffen, daß die Turbinen mit festen Laufradschaufeln dauernd mit möglichst hoher Belastung laufen, während die Belastungsschwankungen durch eine oder mehrere mit Doppelregulierung versehene Turbinen aufgenommen werden.

Abb. 67. **Typische**

a) Peltonturbine (Freistrahlturbine).
Extremlangsamläufer.
Spez. Drehzahl: $n_s = 2$—40.

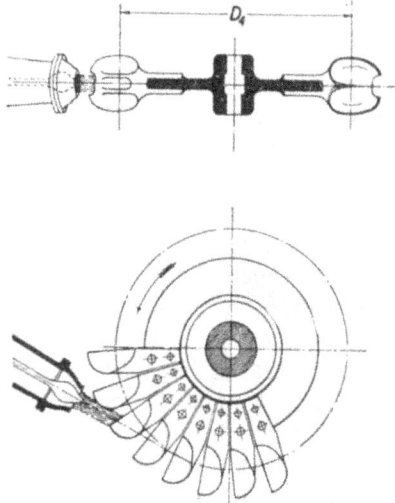

Anwendungsgrenzen für Gefälle: $H = 50$—1600 m,
für Wassermengen: $Q = 0,1$—15 m³/sec.
Einbau: in Gehäuse.
Leitapparat: Teilbeaufschlagung durch 1—4 Düsen.

Laufrad: Rad mit 14—40 becherförmigen Schaufeln.

Regulierung: durch verschiebbare Nadeln und Strahlablenkung.

b) Schmale Francisturbine.
Langsamläufer.
Spez. Drehzahl: $n_s = 50$—150.

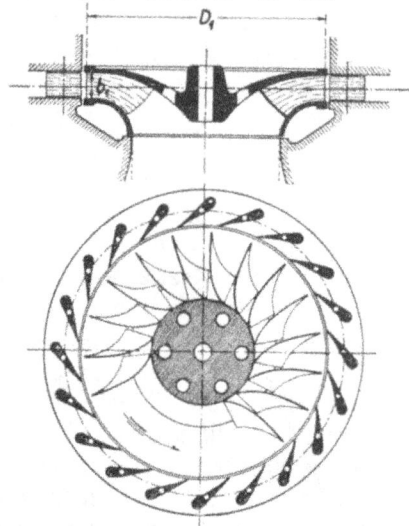

Anwendungsgrenzen für Gefälle: $H = 30 - 300$ m,
für Wassermengen: $Q = 0,5$—40 m³/sec.
Einbau: in Gehäuse.
Leitapparat: Vollbeaufschlagung durch Leitrad mit
16—24 Schaufeln.
Laufrad: Rad mit relativ kleiner Eintrittsbreite b_1 und
relativ großem Eintrittsdurchmesser D_1.
15—23 Laufschaufeln.
Regulierung: durch Verdrehung der Leitschaufeln.

e) Expreß–Francisturbine (Sichelturbine).
Schnelläufer.
Spez. Drehzahl: $n_s = 350$—500.

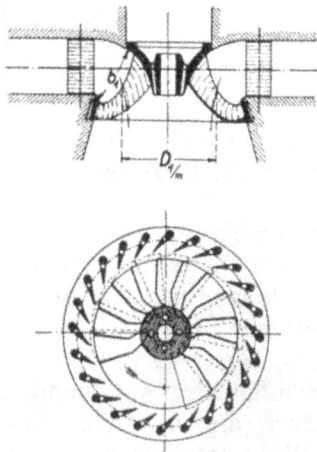

Anwendungsgrenzen für Gefälle: $H = 2$—20 m,
für Wassermengen: $Q = 5$—150 m³/sec.

Einbau: in offenem Schacht.
Leitapparat: Leitrad mit 20—32 Schaufeln.
Laufrad: Rad mit relativ großer Eintrittsbreite b_1 und
relativ kleinem mittl. Eintrittsdurchmesser $D_{1/m}$.
Großer Spalt zwischen Leit- und Laufrad.
9—17 sichelförmige Laufschaufeln.
Regulierung: wie bei b.

f) Diagonalturbine (Lawaczeckturbine und ähnliche).
Schnelläufer.
Spez. Drehzahl: $n_s = 300$—800.

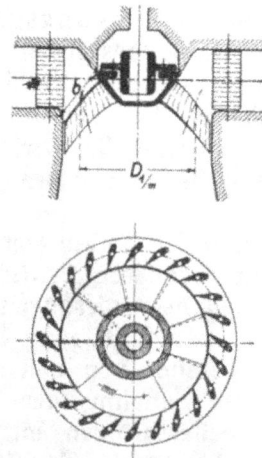

Anwendungsgrenzen für Gefälle: $H = 1 - 15$ m,
für Wassermengen: $Q = 5$—150 m³/sec.

Einbau: in offenem Schacht.
Leitapparat: Leitrad mit 12—32 Schaufeln.
Laufrad: Rad mit relativ großer Eintrittsbreite b_1 und
relativ kleinem mittl. Eintrittsdurchmesser $D_{1/m}$.
Großer Spalt zwischen Leit- und Laufrad.
4—11 schraubenförmig konvex gekrümmte Lauf-
Regulierung: wie bei b.   [schaufeln.

Turbinenarten.

c) Normale Francisturbine.
Normalläufer.
Spez. Drehzahl: $n_s = 150$—300.

Anwendungsgrenzen für Gefälle: $H = 10$—100 m,
für Wassermengen: $Q = 1$—80 m³/sec.
Einbau: in Gehäuse oder in offenem Schacht.
Leitapparat: Vollbeaufschlagung durch Leitrad mit 16—24 Schaufeln.
Laufrad: Rad mit mittlerer Eintrittsbreite b_1 und mittlerem Eintrittsdurchmesser D_1.
15—23 Laufschaufeln.
Regulierung: wie bei b.

d) Breite Francisturbine.
Schnelläufer.
Spez. Drehzahl: $n_s = 250$—400.

Anwendungsgrenzen für Gefälle: $H = 5$—25 m,
für Wassermengen: $Q = 2$—120 m³/sec.
Einbau: in offenem Schacht.
Leitapparat: Vollbeaufschlagung durch Leitrad mit 18—28 Schaufeln.
Laufrad: Rad mit relativ großer Eintrittsbreite b_1 und relativ kleinem Eintrittsdurchmesser D_1.
12—17 Laufschaufeln.
Regulierung: wie bei b.

g) Propellerturbine und Kaplanturbine mit festen Laufschaufeln.
Schnelläufer.
Spez. Drehzahl: Propeller- und Kaplanturbinen $n_s = 400$ bis 700,
,, ,, Bell-Flügelradturbinen $n_s = 700$—1100.

Anwendungsgrenzen für Gefälle: $H = 1$—18 m,
für Wassermengen: $Q = 5$—150 m³/sec.

Einbau: in offenem Schacht.
Leitapparat: Leitrad mit 16—32 Schaufeln.
Laufrad: Rad mit relativ kleinem mittlerem Eintrittsdurchmesser $D_{1/m}$.
Großer Spalt zwischen Leit- und Laufrad.
2—10 radial befestigte, propeller- oder flügelähnliche Laufschaufeln.
Regulierung: wie bei b.

h) Kaplanturbine mit drehbaren Laufschaufeln.
Extrem-Schnelläufer.
Spez. Drehzahl: $n_s = 600$—1200.

Anwendungsgrenzen für Gefälle: $H = 1$—16 m,
für Wassermengen: $Q = 5$—150 m³/sec bei stark wechselnder Beaufschlagung.
Einbau: in offenem Schacht.
Leitapparat: Leitrad mit 16—32 Schaufeln.
Laufrad: Rad mit relativ kleinem mittlerem Eintrittsdurchmesser $D_{1/m}$.
Großer Spalt zwischen Leit- und Laufrad.
2—8 radial befestigte flügelartige Laufschaufeln.
Regulierung: Doppelregulierung durch Verdrehung der Leitschaufeln und der Laufschaufeln.

Aus den Kurven ist ersichtlich, daß die Wirkungsgrade erhebliche Unterschiede aufweisen, je nachdem sie auf die Beaufschlagung oder auf die Leistung bezogen werden, und zwar sind die Wirkungsgrade, bezogen auf eine bestimmte Teilbeauf-

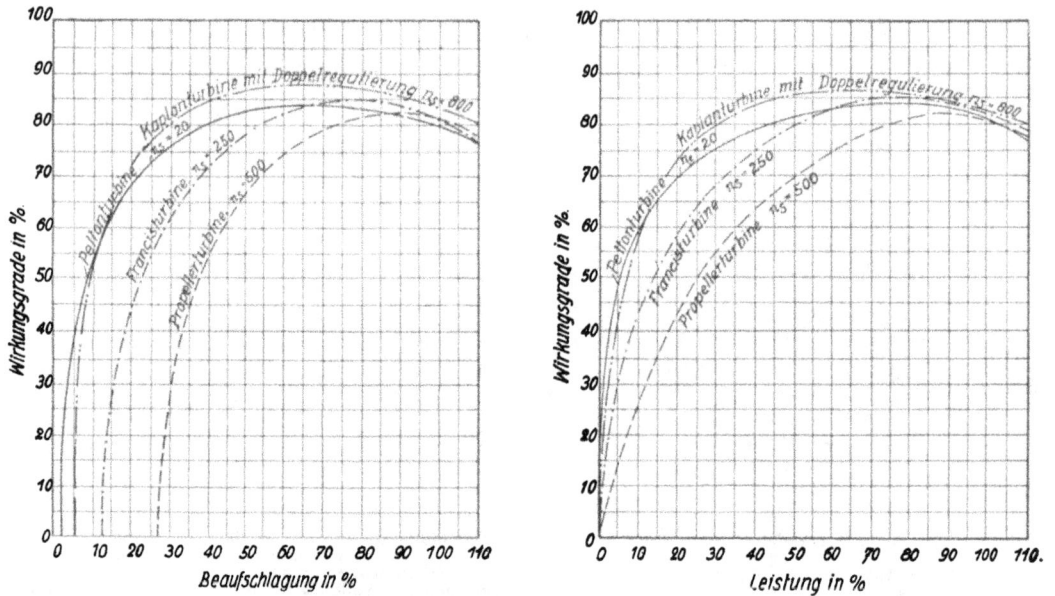

Abb. 68. Wirkungsgrade einiger typischer Turbinenarten.

schlagung in Prozenten, kleiner als die Wirkungsgrade bezogen auf den gleichen prozentualen Teil der Leistung. Die Unterschiede sind darin begründet, daß die Turbinen bei Leerlauf eine gewisse Wassermenge benötigen, die je nach dem Turbinentyp 2 bis 25 % der bei Vollast gebrauchten Wassermenge ausmachen kann. Die Unterschiede sind am größten bei den schnellaufenden Propellerturbinen, die Kaplan-Turbine mit drehbaren Schaufeln macht auch hier eine Ausnahme.

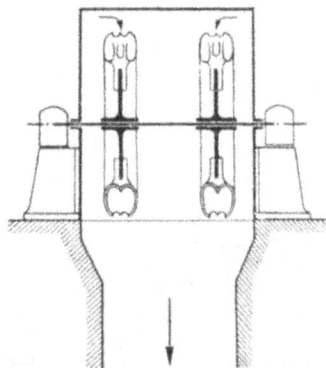

Abb. 69. Doppel-Zwillings-Pelton-Turbine.

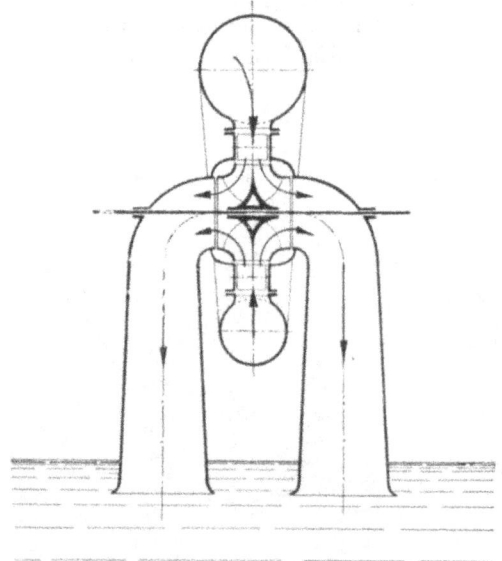

Abb. 70. Doppel-Francis-Turbine.

Es ist daher bei Beurteilung der von den Turbinenfabriken angegebenen Wirkungsgrade darauf zu achten, ob diese auf die Beaufschlagung oder auf die Leistung bezogen sind; maßgebend für die Beurteilung ist der auf die Beaufschlagung bezogene

Wirkungsgrad, weil die verfügbaren Wassermengen den Ausgang der wirtschaftlichen Erwägungen zu bilden haben.

Für Mehrfachturbinen gelten bezüglich der Regulierung, der Wirkungsgrade usw. die gleichen Grundsätze wie für einfache Maschinen; es sitzen lediglich zwei oder mehrere Laufräder auf einer gemeinsamen Welle. Bei den Mehrfach-Pelton-Turbinen sind hierbei gewöhnlich zwei Laufräder in ein gemeinschaftliches Gehäuse eingeschlossen und jedes Laufrad erhält einen besonderen Düsensatz, der aus einer oder zwei Düsen bestehen kann. Man erhält dann die Zwillings-Pelton-Turbine, oder die Doppel-Zwillings-Pelton-Turbine (Abb. 69).

Bei den Francis-Turbinen können zwei Laufräder zusammengebaut und durch ein Leitrad doppelter Breite beaufschlagt werden, man hat dann die Doppel-Francis-Turbine (Abb. 70) mit zwei getrennten Saugrohren.

Häufig werden bei den Francis-Turbinen die Laufräder völlig voneinander getrennt, es erhält dann jedes Laufrad ein besonderes Leitrad; die beiden Turbinen werden aber durch ein gemeinschaftliches Saugrohr verbunden. In diesem Falle hat man die Zwillings-Francis-Turbine (Abb. 71).

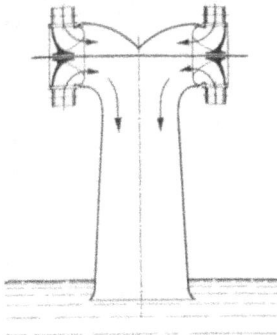

Abb. 71. Zwillings-Francis-Turbine.

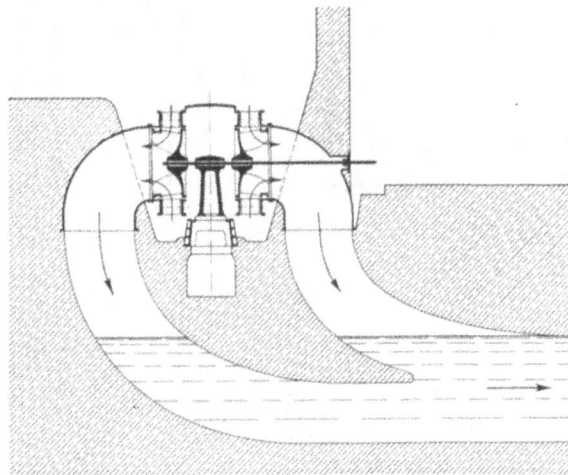

Abb. 72. Zweirad-Francis-Turbine.

Sind bei einer Mehrfach-Francis-Turbine sowohl die Laufräder als auch die Leiträder und die Saugrohre getrennt, so spricht man von einer „Zweirad-Francis-Turbine" (Abb. 72).

Bei Anordnung von 3 Laufrädern oder 4 Laufrädern erhält man die Dreifach-Francis-Turbine (Abb. 73) bzw. die Vierfach-Francis-Turbine (Abb. 74). Auch bei diesen sind Variationen bezüglich Anordnung der Leiträder und der Saugrohre möglich.

Die Doppel- und Zwillingsturbinen bzw. die Vierfachturbinen haben den Vorteil, daß der bei Einrad- oder Dreiradturbinen durch die ungleichen Wasserdrücke oberhalb und unterhalb des Laufrades auftretende Axialschub nahezu verschwindet, da die axialen Drücke der Laufräder bei der spiegelbildlichen Anordnung sich theoretisch aufheben.

Für den projektierenden Ingenieur dürften noch die Grenzwassermengen und Grenzgefälle von Interesse sein, die sich praktisch in einer Turbine verarbeiten lassen. Bezüglich der Wassermenge besteht eine Grenze nach oben insoferne, als sehr große Wassermengen zu großen und schweren Turbinen führen, die nicht nur in der Herstellung sehr schwierig sind und deshalb teuer werden, sondern auch auf Straßen und Bahnen nicht mehr transportiert werden können. Nach praktischen Ausführungen dürfte die obere Grenze für Francis-Turbinen in Form von Zwillings- oder Doppelturbinen bei etwa 120 cbm/sec Schluckfähigkeit erreicht sein; es ergeben sich hier schon

Laufraddurchmesser von 5 m und darüber und Laufradgewichte bis zu 40 t pro Rad. Bei Propeller- und Kaplan-Turbinen kann etwas höher — etwa bis 150 cbm/sec — gegangen werden, weil deren Laufräder einfacher sind und sich leichter teilen lassen.

Was das Gefälle betrifft, so ist eine obere Grenze dadurch gegeben, daß die Drehzahl und damit die Umfangsgeschwindigkeit der Turbinenlaufräder proportional zur Wurzel aus dem Gefälle steigt und daß die Umfangsgeschwindigkeit auch bei bestem Material eine gewisse Höhe nicht überschreiten darf. Die Verhältnisse liegen hierbei allerdings insoferne günstig, als für sehr hohe Gefälle das Pelton-Turbinensystem in Frage kommt und für die einfachen Laufräder dieses Systems Stahllegierungen von hoher Festigkeit verwendet werden können. Unter Voraussetzung derartigen Materials dürfte das im Maximum in einer Stufe zu verarbeitende Gefälle etwa bei 1600 m liegen. Bei den Francis-Turbinen liegt die obere Grenze etwa bei 300 m Gefälle; in der Praxis werden allerdings für Gefälle über 250 m meist Pelton-Turbinen verwendet.

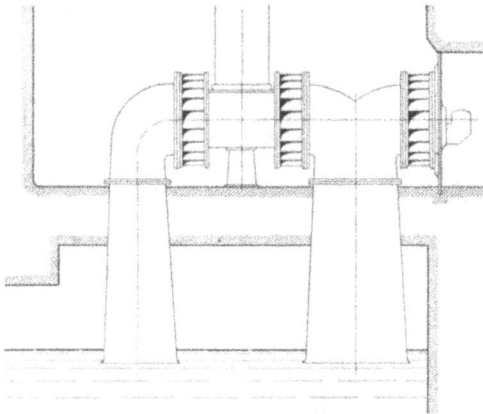

Abb. 73. Dreifach-Francis-Turbine.   Abb. 74. Vierfach-Francis-Turbine.

Die untere Grenze des wirtschaftlich ausbaufähigen Gefälles liegt etwa bei 1 m. Die Ausnutzung solch niedriger Gefälle erfolgt in den Schnelläuferturbinen; sie kommt für Landeskräfte nur bei reichlicher Wassermenge in Frage.

Schließlich ist bei Wahl der Turbinenform noch zu prüfen, ob die sich ergebende Drehzahl für den anzutreibenden Generator paßt. Zwischen Drehzahl, Pol- und Periodenzahl besteht nämlich die Beziehung:

$$n = 120 \times \frac{sekundliche\ Periodenzahl}{gesamte\ Polzahl}.$$

Die hiernach möglichen Drehzahlen sind für verschiedene Pol- und Periodenzahlen in nachstehender Zahlentafel zusammengestellt.

Umdrehungszahlen von Drehstrom- und Wechselstrom-Aggregaten.

Gesamte Polzahl des Generators 2 p:																	
2	4	6	8	10	12	14	16	20	24	28	32	36	40	48	56	64	72	80
Minutliche Umdrehungszahl der Generatorwelle bei 50 Perioden/sec:																	
3000	1500	1000	750	600	500	428,6	375	300	250	214,3	187,5	166,7	150	125	107,1	93,7	83,3	75
Minutliche Umdrehungszahl der Generatorwelle bei 16²/₃ Perioden/sec:																	
1000	500	333	250	200	167	143	125	100	83	71,5	62,5	55,6	50	42	35,7	31,2	27,8	25

Die in der Zahlentafel angeführten Polzahlen werden bei den normalen Konstruktionen der elektrotechnischen Fabriken nur zum Teil verwendet, da man aus Billigkeits- und anderen Gründen die Zahl der Konstruktionstypen nach Möglichkeit beschränkt. Wenn man deshalb nicht zu anormalen Konstruktionen greifen will, wird der Umfang der brauchbaren Drehzahlen noch weiter eingeschränkt, die üblichen Zahlen sind in der Zahlentafel hervorgehoben.

Zu den erörterten technischen Unterschieden, durch welche die verschiedenen Turbinenformen festgelegt sind, treten noch Unterschiede in der Anordnung, wobei insbesondere die Lage der Welle und der Einbau der Turbinen von Wichtigkeit sind. Je nachdem die Welle einer Turbine wagrecht oder senkrecht angeordnet ist, erhält man eine „Horizontalturbine" oder eine „Vertikalturbine", auch „liegende" bzw. „stehende" Turbine genannt. Die wagrechte Anordnung ergibt gegenüber der vertikalen eine bessere Übersicht, zweckmäßige einfache Lagerung, günstigen Anschluß der Stromerzeuger, einfache Bedienung, einfache Montage usw.; die Kosten werden sowohl für die Turbinen als auch für die Stromerzeuger am günstigsten.

Die senkrechte Anordnung ergibt besonders bei Francis-Turbinen wegen des einfachen und geradlinigen Wasserabflusses günstigere hydraulische Verhältnisse und daher etwas höhere Wirkungsgrade; sie gestattet eine Aufstellung der Generatoren über dem Hochwasserspiegel, ergibt kleinere Grundfläche des Kraftwerkes und ermöglicht durch Anwendung von Öldrucklagern den Ausgleich der Axialschübe und Lagerdrücke. Die Kosten dieser Anordnung sind allerdings größer als bei der wagerechten Aufstellung. Es hängt in jedem Einzelfalle von den örtlichen Verhältnissen, von der Art der Gründung, der Größe des Platzes, der Art der Wasserzuführung, von den Wasserschwankungen usw. ab, welche Aufstellung zu wählen ist. Bei großen Wassermengen, bei welchen mehrfache Turbinen in Frage kommen, ist im allgemeinen die wagrechte Aufstellung vorzuziehen, während bei Verwendung von Einradturbinen, insbesondere bei den neuzeitlichen Schnelläuferturbinen, die senkrechte Aufstellung von Vorteil ist.

Je nachdem die Turbinen in einem besonderen Gehäuse oder in einem offenen Schacht eingebaut sind, spricht man von „Gehäuseturbinen" oder „Schachtturbinen". Erstere kommen bei den Pelton-Turbinen und den langsam laufenden Francis-Turbinen zur Anwendung. Bei den Pelton-Turbinen dienen die Gehäuse lediglich zum Schutze gegen das Herumspritzen des Wassers. Bei den Francis-Turbinen dienen die Gehäuse zur Wasserführung; sie werden spiralförmig ausgebildet, so daß das zufließende Wasser schon vor dem Leitrad unter allmählicher Steigerung seiner Geschwindigkeit die Form eines sich um die Turbinenachse saugenden Ringes annimmt und mit sehr geringem Stoß in das Leitrad eintritt. Bei mittleren Gefällen — etwa zwischen 10 und 30 m — werden die Francis-Turbinen häufig in Kessel eingebaut (Kessel-Turbinen), wodurch der Vorteil geschlossener und frostsicherer Aufstellung erzielt wird. Die Bauart wird vorzugsweise für Zwillings-Turbinen angewendet.

Für den Einbau in offenem Schacht kommen die neuzeitlichen Schnelläufertypen, zum Teil auch die schnellaufenden Francis-Turbinen bei Gefällen bis etwa 15 m in Betracht. Auch bei offenen Schächten gibt man den Einläufen, soweit möglich, spiralförmige Form.

Als Baumaterial für die Turbinen kommt vorzugsweise Eisen in Betracht. Für niedrige Gefälle mit geringen Drücken werden die Leiträder und Laufräder aus Gußeisen hergestellt, die Leitschaufeln bestehen aus Guß, die Laufschaufeln aus Guß oder Stahlblech. Aus Stahlguß werden die Leiträder und Laufräder samt Schaufeln hergestellt, wenn es sich um höhere Gefälle handelt oder wenn große Umfangsgeschwindigkeiten mit entsprechend großer Beanspruchung durch Zentrifugalkräfte oder wenn hohe spezifische Schaufelbelastungen zu erwarten sind.

Bei Pelton-Turbinen, welche nur bei hohen Gefällen zur Verwendung gelangen, werden, soferne es sich um größere Turbinen handelt, Düsen, Laufrad und Becher aus Stahlguß hergestellt.

Sandgehalt oder chemisch wirksame Bestandteile im Betriebswasser machen Sonderausführungen erforderlich, die Laufräder werden in solchen Fällen meist aus einer Spezialeisen- oder Bronzelegierung hergestellt.

Die Geschwindigkeitsregulierung der Turbinen erfolgt unter Vermittlung eines mit Drucköl arbeitenden Servomotors, der durch ein mit dem Regulatorpendel verbundenes Steuerventil betätigt wird. Zur Verhinderung unzulässiger Pendelungen beim Reguliervorgang ist der Regulator mit einer Ölbremse sowie einer selbsttätigen Rückführung zur raschen Wiedereinstellung in die Beharrungslage versehen.

Der Servomotor wirkt durch das Reglergestänge auf die eigentlichen Regulierorgane, Düsennadeln, drehbare Leitschaufeln bzw. Laufschaufeln. Mittels der Reguliereinrichtungen sollen die durch Belastungsschwankungen verursachten Drehzahlschwankungen auf ein für den Betrieb unschädliches Maß zurückgeführt werden, insbesondere soll die dauernde Drehzahlerhöhung bei voller Entlastung — der sogenannte „Ungleichförmigkeitsgrad" der Turbine — ein bestimmtes Maß, in der Regel 2—3% bei größeren Turbinen, 3—5% bei kleineren Turbinen, nicht überschreiten.

Beim gemeinsamen Betrieb mehrerer Kraftwerke, wie er bei der Landesversorgung die Regel bildet, müssen die verkuppelten Werke Strom von gleicher Periodenzahl in das Netz liefern und deshalb bezüglich der Drehzahl aufeinander abgestimmt sein. Dies hat zur Folge, daß die Regulierung der einzelnen Werke voneinander abhängig ist; diese Abhängigkeit wird durch entsprechende Abstufung des Ungleichförmigkeitsgrades erzielt, indem das Hauptkraftwerk der Landesversorgung — wenn möglich eine Anlage mit großem Speicher und großen Maschineneinheiten — den kleinsten Ungleichförmigkeitsgrad, etwa 2% erhält, während die übrigen Kraftwerke mit größerem Ungleichförmigkeitsgrade, etwa 3—5%, ausgestattet werden.

Das Schema einer Turbinenregulierung, und zwar einer Doppelregulierung für die Kaplan-Turbine, ist in Abb. 75 gegeben.

Außer den Geschwindigkeitsregulatoren werden bei größeren Turbinen mit höheren Gefällen noch Druckregulatoren angeordnet. Diese haben die Aufgabe, bei plötzlichen Entlastungen der Turbine Drucksteigerungen in den Rohrleitungen zu unterbinden oder wenigstens zu vermindern. Dies erfolgt dadurch, daß das beim Schließen der Turbine überschüssige Wasser zunächst durch einen vom Druckregulator gesteuerten Nebenauslaß mit großem Durchgangsquerschnitt abgeführt wird. Damit hierbei nicht dauernd Wasser verlorengeht, wird der Nebenauslaß nach eingeleiteter Öffnungsbewegung wieder langsam geschlossen. Die Druckregelung wird bei Pelton-Turbinen mit der Geschwindigkeitsregulierung zu einem einheitlichen Apparat, einem Doppelregler, zusammengefaßt. Derselbe enthält neben einem Betätigungsapparat für die Geschwindigkeitsregulierung (Düsennadeln) einen zweiten für die Druckregulierung, die sogenannte „Strahlablenkung". Bei Einleitung einer Schließbewegung wird zuerst der aus der Düse kommende Strahl von den Bechern des Laufrades nach dem Unterwasser abgelenkt und so die Energieaufnahme verhindert; dann wird gleichzeitig mit dem Schließen der Düsennadel auch der Strahlablenker langsam in seine Normalstellung zurückgeführt.

Bei den Francis-Turbinen wird ein besonderer Nebenauslaß in die Zuleitung außerhalb der Turbine eingeschaltet, der durch den Geschwindigkeitsregulator in ähnlicher Weise betätigt wird wie der vorerwähnte Strahlablenker.

Zur Einhaltung der für eine Turbinenanlage vorgesehenen Reguliervorschriften müssen die Turbinenaggregate mit den nötigen Schwungmassen ausgerüstet werden, welche auf die durch Belastungsschwankungen hervorgerufenen Geschwindigkeitsänderungen dämpfend einwirken und hierdurch einen ruhigen, pendelungsfreien Gang der Generatoren ermöglichen. In der Regel sind diese Schwungmassen in den Rotoren der Generatoren unterzubringen; wo diese für die Aufnahme der Schwungmassen nicht ausreichen, müssen Zusatzschwungräder angeordnet oder die Ansprüche an die Regulierung herabgesetzt werden.

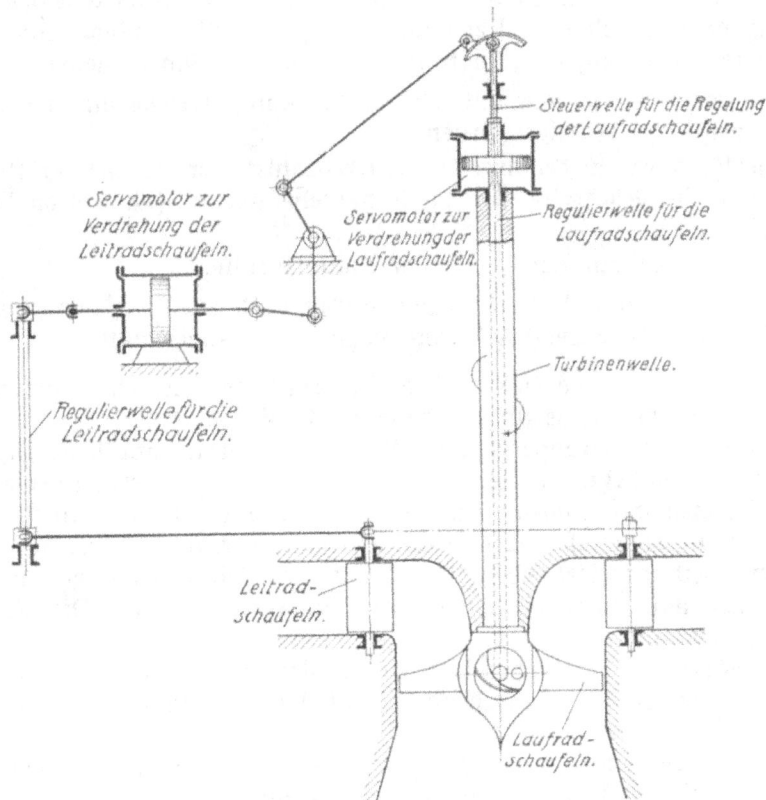

Abb. 75. Schema einer Doppelregulierung.
(Nach den Mitteilungen der Schwedischen Wasserkraftvereinigung).

Als Nebenteile gehören zu den Reguliereinrichtungen die Verstellvorrichtungen, das sind kleine, elektrisch gesteuerte Motore, welche eine im Regulatorgestänge angebrachte Muffe verschieben und hierdurch eine geringe dauernde Veränderung der normalen Drehzahl bewirken. Die Vorrichtung wird zum Zwecke der Spannungserhöhung bei Parallelschaltungen meist so eingerichtet, daß die normale Drehzahl bis um etwa 5% erhöht werden kann. Die Vorrichtung ermöglicht auch eine Korrektur des Ungleichförmigkeitsgrades der Turbine. Ferner kann sie als Fernsteuerung zum Schließen und Öffnen der Turbine benützt werden.

Zu erwähnen sind noch die zur Verhinderung des Durchgehens einer Turbine nötigen Einrichtungen. Die Eigenart des Turbinenbetriebes bringt es mit sich, daß die Geschwindigkeitsregulierung selbst bei vollkommen ordnungsmäßigem Zustand versagen kann, z. B. bei Festklemmen von Fremdkörpern im Leitapparat u. dgl. In diesem Falle tritt bei Entlastungen eine sehr erhebliche Drehzahlsteigerung ein, die Turbine fängt an zu schleudern, sie „geht durch". Die Durchgangsdrehzahl beträgt bei Pelton- und Francis-Turbinen das 1,8—1,85 fache der normalen Drehzahl; bei schnellaufenden Propellerturbinen kann sie auf das zweifache und darüber, bei Kaplan-Turbinen auf das zweieinhalbfache der normalen Drehzahl und darüber ansteigen.

Da durch derartige Drehzahlerhöhungen nicht nur die Turbinen, sondern auch die mit denselben gekuppelten Generatoren stark gefährdet werden, sind entsprechende Schutzmaßnahmen vorzusehen. Zunächst ist darauf zu achten, daß sowohl die Turbinen als auch die mit ihnen verbundenen Generatoren schleudersicher gebaut werden, d. h. daß in der Bemessung ihrer einzelnen Konstruktionsteile der höheren Beanspruchung beim Durchgehen Rechnung getragen wird. Sodann kommt der Einbau besonderer Schutzapparate in Frage. Als solche können dienen:

Schnellschlußregulatoren mit Wasserablenkung, welche durch ein besonderes Zentrifugalpendel betätigt werden;

Bremsdüsen, welche bei unzulässiger Drehzahlsteigerung einen kräftigen Wasserstrahl auf die Rückseite der Laufschaufeln werfen (für Pelton-Turbinen geeignet);

Bremsturbinen auf der Welle der Hauptturbinen.

Die beiden letzteren Vorrichtungen werden auch als Mittel zur Verkürzung der Auslaufzeit eines stillzusetzenden Turbinenaggregates angewandt.

b) Generatoren. Die elektrischen Generatoren zerfallen hinsichtlich ihrer Drehzahl in langsamlaufende und schnellaufende Maschinen.

Zur erstgenannten Gruppe gehören Maschinen, deren minutliche Drehzahl etwa zwischen 50 und 500 liegt. Zumeist handelt es sich hier um verhältnismäßig schmale Ausführungsformen mit großem Durchmesser, deren Polräder deutlich ausgeprägte Magnetpole tragen. Zur zweiten Gruppe zählen Maschinen, deren minutliche Drehzahlen etwa zwischen 500 und 3000 liegen. Hier handelt es sich in der Regel um breite Ausführungsformen mit verhältnismäßig geringem Durchmesser. Die Polräder sind walzenförmig ausgebildet.

Da bei Wasserkraftanlagen selten Drehzahlen über 500 in Betracht kommen, können die nachfolgenden Ausführungen auf langsam laufende Generatoren beschränkt bleiben.

Hinsichtlich der Bauart unterscheidet man Generatoren mit stehender Welle (Schirmgeneratoren) und solche mit liegender Welle.

Welche von den beiden Bauarten zu wählen ist, hängt von der Disposition der Gesamtanlage, insbesondere von der Bauart der Turbinen ab. Da man bei großen Maschinen stets, wenn irgend möglich, Turbine und Generator direkt kuppelt, bedingt eine Turbine mit stehender Welle einen Generator mit stehender Welle, eine Turbine mit liegender Welle einen Generator mit liegender Welle. Die Anwendung von Kegelrad- und ähnlichen Getrieben wird bei großen Leistungen gerne vermieden, da diese Getriebe nicht nur den Wirkungsgrad verschlechtern und Vibrationen erzeugen, sondern bei guter Ausführung die Kosten des Maschinensatzes bedeutend erhöhen.

Die Kupplung zwischen Turbine und Generator wird in neuerer Zeit bei großen Maschinen meist starr ausgeführt. Nur bei sehr unruhigen Betrieben oder wenn Torsionsschwingungen in der Welle zu erwarten sind, wendet man elastische Kupplungen an.

Die Lagerung erfolgt bei Maschinen mit stehender Welle in der Weise, daß der Rotor des Generators von dem oberen Stützlager der Turbine mitgetragen wird. Turbine und Generator bilden somit gewissermaßen eine Einheit. Bei Maschinen mit liegender Welle werden Ausführungen mit einem oder zwei Lagern unterschieden. Mit einem Lager wird man nur dann auskommen, wenn Turbine und Generator sehr nahe beieinander liegen. Da indessen bei den für Landesversorgungen auszubauenden Werken eine derart gedrängte Bauart meist nicht in Frage kommt, bildet die Anordnung mit zwei Lagern den Normalfall.

Ist die Bauart einer Maschine in allen vorerwähnten Einzelheiten festgelegt, so hat man es noch in der Hand, sich für eine breitere oder schmälere Ausführungsform zu entscheiden. Die breite Bauart bedingt einen geringeren Durchmesser, geringeres Gewicht und niedrigeren Preis. Man wird sie daher vorziehen, soferne man das erforderliche Schwungmoment im Rotor einer solchen Maschine unterbringen kann. Bei langsamlaufenden Maschinen ist dies jedoch in der Regel nicht möglich. Man ist daher in diesen Fällen gezwungen, trotz des höheren Preises eine schmälere Maschine mit großem Durchmesser zu nehmen.

Das erforderliche Schwungmoment (Gewicht × Durchmesser²) des Generators wird im wesentlichen durch die Eigenschaften des Turbinenreglers bestimmt und von den Turbinenfabriken angegeben, welche die Garantie für ihre Regler von der Einhaltung des geforderten Schwungmomentes abhängig machen.

Bei Bemessung der Leistung der Generatoren ist zwischen Leistung in Kilowatt (kW) und Scheinleistung in Kilovoltampere (kVA) zu unterscheiden. Erstere ist durch die Leistung der Antriebsturbine eindeutig festgelegt. Nach ihr muß der mechanische Teil des Generators (Welle, Polrad usw.) bemessen werden. Die Scheinleistung hängt nicht von der Antriebsmaschine ab, sondern wird in erster Linie durch die Eigenschaften der angeschlossenen Netze und Verbraucher bestimmt. Nach ihr müssen die Wicklungen und Eisenquerschnitte der Generatoren bemessen werden. Die Scheinleistung der Generatoren darf bei Landesversorgungen nicht zu klein gewählt werden, da es sonst nicht möglich ist, den in den verschiedenen Netzpunkten vorgeschriebenen Spannungszustand zu erreichen. Im allgemeinen empfiehlt es sich, für die Ermittlung der erforderlichen Scheinleistung den cos φ nicht über 0,75 anzunehmen, siehe Abschnitt VI. Wenn auch der Wirkungsgrad durch die Wahl großer Typen etwas verringert wird, geht man doch andererseits jeder Gefahr einer zu knappen Bemessung aus dem Wege und erzielt im Parallelbetrieb mit anderen Anlagen einen weitgehenden Einfluß auf die Spannungsregulierung.

Mit der Scheinleistung kann über cos $\varphi = 0,75$ allerdings bei jenen Werken hinausgegangen werden, die am Beginn langer Fernleitungen liegen, weil in solchen Fällen durch die Kapazität der Leitungen, durch die in den Konsumschwerpunkten aufgestellten Blindstrommaschinen usw. am Anfang der Leitung eine geringe Phasenverschiebung sichergestellt ist.

Die Spannung der Generatoren größter Leistung für Landeselektrizitätswerke sollte möglichst zwischen 3000 und 6000 Volt angenommen werden. Hierfür sind vor allem zwei Gründe maßgebend: Einmal sind Schaltapparate für die hier in Frage kommenden hohen Stromstärken bei diesen Spannungen konstruktiv gut durchgebildet, ferner ist bei Spannungen bis 6000 Volt die Anwendung von Stabwicklungen möglich, die hinsichtlich Einfachheit der Montage und Betriebssicherheit den übrigen Wicklungsarten überlegen sind. Nur in solchen Fällen, wo die Generatoren einen Teil ihrer Leistung unmittelbar an ein Mittelspannungsnetz abzugeben haben, geht man zu höheren Maschinenspannungen über, soferne man dadurch eine Transformierung ersparen kann. Jedoch sollte aus Gründen der Betriebssicherheit auch hier eine Spannung von etwa 10000 Volt nicht überschritten werden. Generatoren für eine Spannung von 15000 Volt sind zwar vereinzelt ausgeführt worden, haben sich aber für größere Leistungen nicht bewährt. Wenn auch der Wegfall der Transformierung in solchen Fällen Ersparnisse an Anlage- und Betriebskosten mit sich bringt, so fällt doch anderseits mit dem Transformator auch ein sehr wirksamer Schutz für den

Generator fort, der letzteren in hohem Maße gegen Überspannungen sichert und auch bei Kurzschlüssen dämpfend wirkt. Es wird daher in jedem Einzelfalle zu prüfen sein, ob nicht die Anwendbarkeit einer einfacheren, billigeren Generatorwicklung verbunden mit der wesentlich höheren Betriebssicherheit die Aufstellung eines Transformators rechtfertigt.

Der empfindlichste Teil der Generatoren ist die Hochspannungswicklung und es muß daher auf deren gute und zweckmäßige Durchbildung der größte Wert gelegt werden. Um in Störungsfällen die einzelnen Spulen rasch auswechseln zu können, empfiehlt es sich, nur offene Nuten zu verwenden. Als Wicklungen kommen demnach Stabwicklungen und Schablonenwicklungen in Frage. Die Nutenisolation sowie die Isolation der einzelnen Leiter gegeneinander muß aus hochwertigsten Isolierstoffen bestehen. Insbesondere ist darauf zu achten, daß Luft zwischen den einzelnen Leitern durch geeignete Verfahren ausgeschlossen wird, da dieselbe bei Spannungen über 3000 Volt durch stille elektrische Entladungen zersetzt wird und Verbindungen ergibt, welche die Isolation zerstören (Nitrierung). Die Isolation zwischen den Windungen der gleichen Phase soll möglichst die gesamte verkettete Spannung des Generators aushalten. Zwischen den Phasen und Erde sind die Generatoren mindestens mit der doppelten Betriebsspannung zu prüfen.

Neben der elektrischen Festigkeit der Wicklungen ist auch der mechanischen entsprechende Sorgfalt zuzuwenden. Insbesondere müssen die Spulenköpfe derart versteift werden, daß bei Kurzschluß selbst unter voller Erregung keinerlei schädliche Deformationen derselben auftreten.

Bei Bemessung der Wicklungen ist vor allem auf zwei Gesichtspunkte Rücksicht zu nehmen. Einmal sollen die Nutenzahlen so gewählt werden, daß Unreinheiten in der Spannungskurve, sogenannte „höhere Harmonische", möglichst zurücktreten. In der Regel wird gefordert, daß die Amplitude der höheren Harmonischen 3% von der Amplitude der Grundschwingung unter Vollast bei $\cos \varphi = 1$ nicht überschreitet. Ein weiterer Gesichtspunkt für die Bemessung der Wicklungen ist die Erzielung einer ausreichenden Reaktanz (Blindwiderstand s. S. 216), um den momentanen Stromstoß bei Kurzschlüssen zu begrenzen. Ist es nicht möglich, die hierfür erforderliche Reaktanz in der Wicklung selbst zu erzielen, so müssen künstliche Reaktanzen, z. B. in Gestalt von Drosselspulen, anderweitig untergebracht werden. Zu unterscheiden vom momentanen Kurzschlußstrom ist der Dauerkurzschlußstrom, welcher, auf normale Spannung bezogen, das Zweifache, höchstens Dreifache des normalen Stromes betragen soll. Um diese Werte zu erzielen, muß die Wicklung auch eine entsprechende Rückwirkung auf das Erregerfeld besitzen.

Bezüglich der Erregung der Maschinen kann zwischen Einzelerregung und Zentralerregung unterschieden werden. Bei Einzelerregung erhält jeder Generator eine besondere Erregermaschine, welche mit ihm starr gekuppelt ist. Bei Zentralerregung wird der Erregerstrom für sämtliche Generatoren mittels besonderer Maschineneinheiten erzeugt.

Da bei Störungen in der Zentralerregungsanlage der ganze Betrieb stillgelegt wird, wenn nicht eine Akkumulatorenbatterie als Reserve in Kauf genommen wird, pflegt man die Einzelerregung durchwegs zu bevorzugen.

Erregerleistung und Regelbereich müssen so bemessen sein, daß bei allen Belastungszuständen sowohl mit nacheilendem, als auch mit voreilendem Strom die erforderliche Spannung erreicht werden kann. Letztere wird im wesentlichen durch das Verhalten der angeschlossenen Transformatoren und Leitungen bestimmt. Im allgemeinen muß bei induktiver Belastung die Polradspannung erhöht, bei kapazitiver herabgedrückt werden. Innerhalb der festgelegten Grenze soll die Spannung möglichst feinstufig regulierbar sein, so daß bei Verstellung der Regler keine größeren Spannungsschwankungen als höchstens 2% entstehen. Dementsprechend müssen Magnet- und Nebenschlußregler sehr fein abgestuft werden. Um ohne große und teure Magnetregler eine möglichst feinstufige und weitgehende Regelung zu erreichen, ist man bei ganz großen Maschinen dazu übergegangen, neben der Erregermaschine noch eine weitere kleine Hilfsmaschine anzuordnen, welche ihrerseits wiederum den Erregerstrom für die Erregermaschine liefert. Durch Regulierung der Spannung dieser kleinen Hilfsmaschine kann das Feld der Erregermaschine und damit auch der Erregerstrom innerhalb weiter Grenzen und äußerst feinstufig beeinflußt werden, so daß eine nahezu stetige Regelung der Hauptspannung bei allen Werten des Leistungsfaktors möglich wird.

Zur selbsttätigen Regelung der Spannung auf einen bestimmten eingestellten Wert dienen die Schnellregler. Dieselben wirken in der Weise, daß sie der Hauptmaschine nicht einen stetigen, sondern einen pulsierenden Erregerstrom zuführen. Die Zahl der Pulsationen und damit auch die Intensität der Erregung wird durch ein Spannungsrelais beeinflußt.

Die Erregerwicklung der Hauptmaschine samt den sie tragenden Magnetpolen muß ausreichend gegen die auftretenden Fliehkräfte geschützt sein, die insbesondere bei raschlaufenden, großen Maschinen ganz beträchtliche Werte annehmen können. Für die Berechnung dieser Fliehkräfte ist eine Tourenzahl zugrunde zu legen, welche bei Wasserturbinen 80—200% über der normalen liegt (s. S. 142). Hierdurch soll der Überbeanspruchung Rechnung getragen werden, welche bei einem etwaigen Durchgehen einer Turbine auftreten kann. Auch die übrigen Teile des Polrades müssen den Fliehkräften entsprechend konstruiert sein. Als Material für das Polrad kommt bei großen Maschinen nur hochwertiger Stahlguß in Frage.

Von großer Wichtigkeit für einen ordnungsgemäßen Betrieb und die Vermeidung von Schäden ist das Vorhandensein ausreichender Schutzeinrichtungen. Zum Schutze gegen statische Überspannungen wird zweckmäßig zu jedem Generator ein Erdungswiderstand entsprechender Größe eingebaut. Desgleichen sind zum Schutze gegen übermäßige Spannungszunahme infolge plötzlicher Entlastung (Auslösen eines Ölschalters oder dgl.) entsprechende Sicherheitsmaßnahmen zu treffen. Schutzmaßnahmen gegen Überspannungswellen vom Netze her sind im allgemeinen nicht nötig, wenn die Maschinen über Transformatoren auf das Netz arbeiten. Sind dagegen die Maschinen unmittelbar auf ein Freileitungsnetz geschaltet, so müssen sie in gleicher Weise wie Transformatoren durch Drosselspulen hoher Induktivität geschützt werden. Zum Schutze gegen übermäßiges Anwachsen des Kurzschlußstromes müssen, wie bereits erwähnt, entsprechende Reaktanzen in der Wicklung der Maschinen oder anderweitig untergebracht werden. Als zulässige Grenze für den momentanen Kurzschlußstrom wird im allgemeinen das 15fache des normalen Stromes erachtet. Sonstige Schutzeinrichtungen sind nicht erforderlich, wenn die Maschinenölschalter nach ihrer Konstruktion Gewähr für rasche und zuverlässige Abschaltung von Kurzschlüssen bieten.

Einen wichtigen Punkt bildet bei Maschinen großer Leistung die Kühlungsfrage, da unter Umständen sehr beträchtliche Wärmemengen abgeführt werden müssen. Im allgemeinen kann die Kühlung nur durch Luft bewirkt werden. Unerläßliche Voraussetzung für die Wirksamkeit einer solchen Kühlung ist es, daß die Kühlluft alle abzukühlenden Teile auch wirklich erreichen kann. Auf Erfüllung dieser Forderung ist insbesondere bei den feststehenden Teilen, wie Stator und Wicklung, zu achten. Der Kühlluftbedarf ist wegen der geringen spezifischen Wärme der Luft in der Regel sehr groß. Um die erforderlichen Kühlluftmengen zu fördern, müssen die umlaufenden Teile der Generatoren so eingerichtet sein, daß sie eine Saugwirkung ausüben. Die Luftkanäle sind so anzuordnen, daß sie der Kühlluft möglichst wenig Widerstand bieten. Von mechanischen Verunreinigungen aller Art muß die Kühlluft durch entsprechende Filter vor dem Eintritt in die Maschine gereinigt werden.

Eine besondere Kühlung erfordern bei großen Maschinen die Lager. Dieselben erzeugen selbst bei bester Konstruktion und Schmierung (meist Preßölschmierung) immer noch recht beträchtliche Wärmemengen. Die Abfuhr der Wärme erfolgt hier in der Regel durch umlaufendes Kühlwasser, welches durch entsprechende Kanäle in die Lager eingeleitet wird.

Schließlich soll noch auf einen Gesichtspunkt hingewiesen werden, der für Transport und Montage bei großen Maschinen von Wichtigkeit ist. Die einzelnen Teile der Maschinen sollen in ihren Ausmaßen und Gewichten so sein, daß sie ohne Schwierigkeit transportiert werden können und bei der Montage keine außergewöhnlich kräftigen Krane erfordern. Einzelteile mit einem Gewicht von mehr als 100 t sollten nach Möglichkeit vermieden werden.

4. Disposition der Krafthäuser.

Die Disposition der Krafthäuser richtet sich, abgesehen von den örtlichen Verhältnissen, in erster Linie nach der Zahl, Größe und Anordnung der Turbinen und Generatoren.

Die Zahl und Größe der Maschinensätze bestimmt sich aus der für die betreffende Kraftanlage auf Grund des Abschnittes IV festgelegten Gesamtleistung bzw. der durch die Anlage auszunützenden Gesamtwassermenge ΣQ. Die Zahl der Aggregate wird zur Verbilligung des Werkes möglichst klein gehalten, so daß die einzelnen Maschinensätze eine möglichst große Leistung erhalten. Jedoch ist hierbei auf die im Werk vorkommenden Belastungsschwankungen Rücksicht zu nehmen, indem in den Zeiten geringer Belastung bei Betrieb mit nur einer Maschine noch ein entsprechender Wirkungsgrad erzielt werden muß. Für die Unterteilung ist ferner maßgebend die Rücksicht auf wechselnde Wassermengen, auf Parallelbetrieb mit anderen Werken u. dgl. Auch kann der Wunsch, in der Anlage eines oder mehrere Reserveaggregate zu besitzen, zu einer größeren Unterteilung führen, als sie sich nach rein technischen Gesichtspunkten ergeben würde.

Ist die Zahl und Größe der Maschinensätze vorläufig bestimmt, so ist auf Grund der unter 3 gegebenen Anleitung zu prüfen, ob bei der vorgesehenen Unterteilung sich in bezug auf System, Drehzahl usw. passende Turbinen und Generatoren ergeben. Ist dies nicht der Fall, so ist die Unterteilung entsprechend zu ändern, wobei eine Variation durch Wahl von Mehrfachturbinen an Stelle von Einfachturbinen möglich sein kann.

In der Regel werden sämtliche Maschinensätze einer Wasserkraftanlage gleich groß gewählt, weil die Gleichheit der Maschinensätze in bezug auf Vereinfachung des Tiefbaues besonders wichtig ist und weil die Ökonomie der Wasserturbinen nur wenig von der Größe der Maschine abhängt. Einen Sonderfall bilden Talsperrenanlagen, wenn während einer Betriebsperiode, z. B. eines Jahres, nicht nur mit Änderungen der Belastung und der Wassermenge, sondern infolge starker Spiegelabsenkung auch mit einer erheblichen Verringerung des Normalgefälles zu rechnen ist.

In solchen Fällen kann man sich der Gefälls- und Leistungsverminderung durch Aufstellung verschieden großer Maschineneinheiten anpassen, wobei ein Teil der Turbinen für das höhere (Normal-) Gefälle, ein Teil für das niedrigere Gefälle gebaut wird. Statt der Verwendung verschiedener Turbinensätze kann man Zusatzturbinen anordnen, welche mit der Normalturbine unter Zwischenschaltung einer Ausrückkupplung auf der gleichen Welle sitzen und auf den gleichen Generator arbeiten. Sie werden bei niedrigen Gefällen zugeschaltet. Eine weitere allerdings selten angewandte Methode besteht in der Verwendung von Turbinen mit auswechselbarem Laufrad, wobei in den Zeiten geringen Gefälles ein Rad mit Schaufeln größerer Schluckfähigkeit und Schnelläufigkeit eingesetzt und hierdurch eine erhebliche Verminderung der

Turbinenleistung und des Wirkungsgrades vermieden wird. Im allgemeinen wird durch die Anordnung der an erster Stelle erläuterten doppelten Turbinensätze die größte Anpassungsfähigkeit, allerdings mit dem größten Kostenaufwand, erreicht.

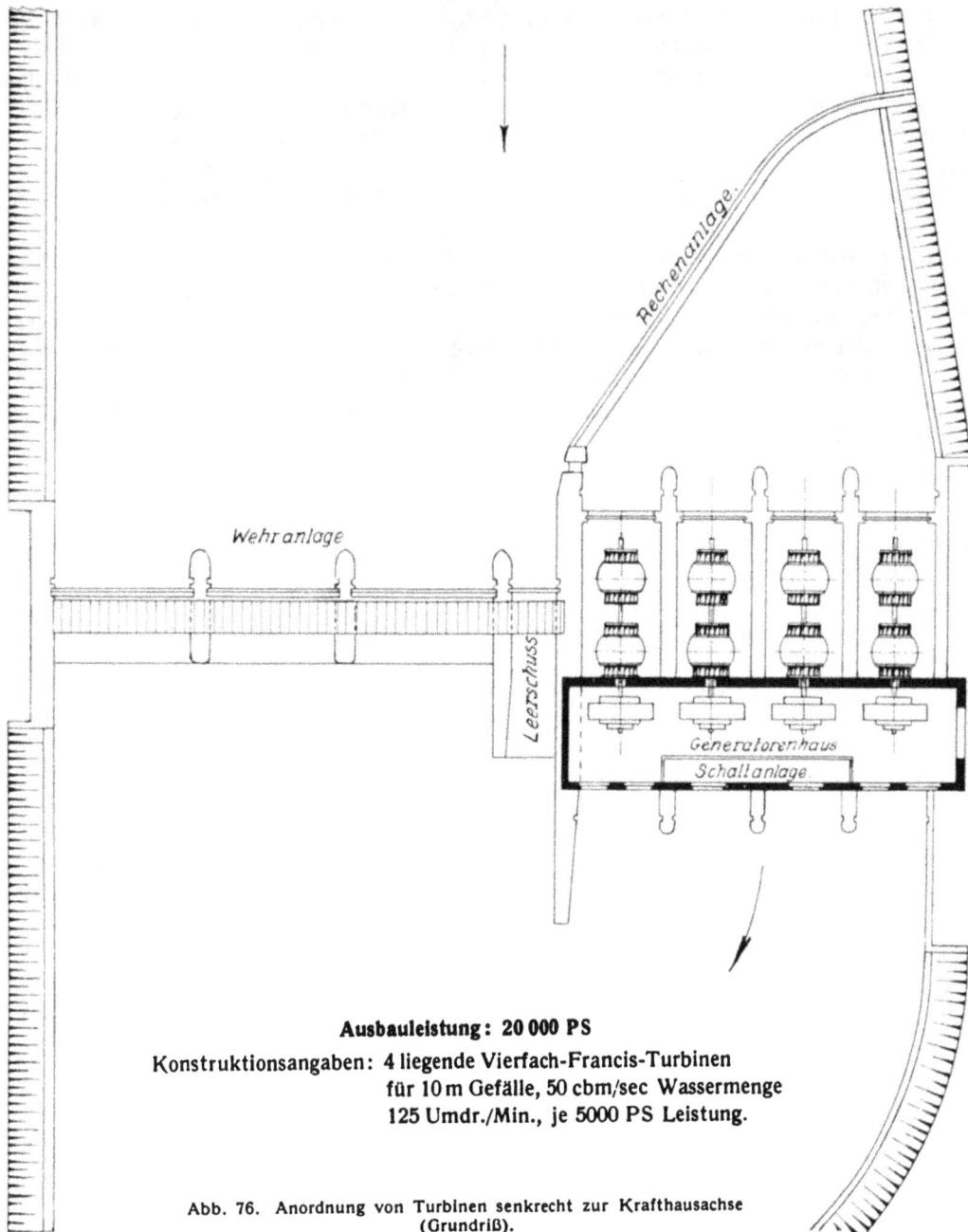

Ausbauleistung: 20 000 PS

Konstruktionsangaben: 4 liegende Vierfach-Francis-Turbinen
für 10 m Gefälle, 50 cbm/sec Wassermenge
125 Umdr./Min., je 5000 PS Leistung.

Abb. 76. Anordnung von Turbinen senkrecht zur Krafthausachse (Grundriß).

Die Aufstellung verschieden großer Turbinen kann auch in Frage kommen bei Kraftwerken, welche neben Wirkstrom auch Blindstrom in erheblichem Umfange an das Landesnetz abzugeben haben. Da die Blindstromgeneratoren nur eine sehr geringe Antriebskraft benötigen, können sie zur Ersparnis von Leerlaufverlusten von besonderen kleinen Turbinen angetrieben werden.

10*

Bezüglich der Lage des Krafthauses ist zunächst die Richtung seiner Achse in bezug auf die Fluß- oder Kanalrichtung festzulegen.

Bei Niederdruckanlagen, bei welchen das Wasser offen dem Kraftwerk zufließt, also bei Kanal- oder Flußkraftanlagen, wird die Längsachse des Krafthauses meist senkrecht zur Kanal- oder Flußrichtung gestellt, weil hierbei die Turbinenkammern so angeordnet werden können, daß ein zwangloser und krümmungsfreier Wassereinlauf (Abb. 76) erfolgt. Bei Flußkraftwerken zweigt man mitunter den Einlauf zum Krafthaus seitlich vom Flusse ab; die Krafthausachse kann dann jede beliebige Richtung gegen den Fluß einnehmen, steht aber senkrecht zum Einlauf. Die Anordnung der Krafthausachse parallel zur Flußrichtung, wie sie früher bei großen Niederdruckkraftwerken, z. B. Rheinfelden, Augst Wyhlen u. a., gewählt wurde, ergibt ungünstigen Wasserzu- und Ablauf und wird deshalb heute nicht mehr angewandt.

Die Aufstellung der Maschinen innerhalb des Krafthauses erfolgt bei Niederdruckanlagen in der Regel in einer Reihe in der Längsachse des Krafthauses, wobei die Achsen liegender Maschinensätze senkrecht oder parallel zur Krafthausachse liegen können. Liegen die Turbinenachsen nach Abb. 76 und 77 senkrecht zur Krafthausachse, so ergeben sich einfache, nebeneinanderliegende Turbineneinlauf- und Auslaufkammern, welche durch Zwischenmauern, die gleichzeitig als Stützpfeiler für das Krafthaus ausgebildet werden, voneinander getrennt sind.

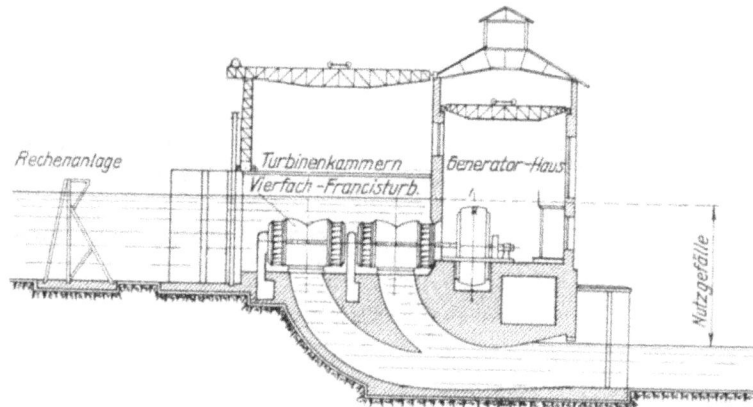

Abb. 77. Anordnung von Turbinen senkrecht zur Krafthausachse (Schnitt durch das Krafthaus).

Bei Anordnung der Turbinen parallel zur Krafthausachse wie in Abb. 78 und 79 sind die Turbinenkammern für den Einlauf und Auslauf schwieriger auszubilden, sie ergeben allerdings — insbesondere für Mehrfachturbinen — etwas günstigere hydraulische Verhältnisse, weil hier das Wasser sofort allseitig zu den Leiträdern gelangen kann.

Anschließend sei noch eine von Lawaczeck vorgeschlagene Sonderdisposition für Niederdruckanlagen erwähnt. Dieselbe wird als „Umformerwehr" bezeichnet und ist in Abb. 80 dargestellt. Hierbei wird das im Flusse errichtete Wehr zur Unterbringung der Turbinen ausgenützt. Die einzelnen Niederdruckturbinen werden mit Zentrifugalpumpen gekuppelt, welche durch Hintereinanderschaltung eine Vervielfachung des dem vorhandenen Gefälle entsprechenden Druckes erzeugen. Der Vorteil dieser Disposition soll in der Umformung einer großen Wassermenge mit niedrigem Druck in eine kleine Wassermenge mit hohem Druck (bis zu 1000 m) liegen, wodurch die Möglichkeit geboten ist, die Wasserenergie mittels weniger aus je einer Hochdruckturbine mit Generator bestehender Maschinensätze in elektrische Energie umzusetzen. Da hierdurch an Stelle mehrerer langsamlaufenden Generatoren nur wenige schnelllaufende Generatoren benötigt werden, können sich unter Umständen Ersparnisse an Anlagekosten ergeben.

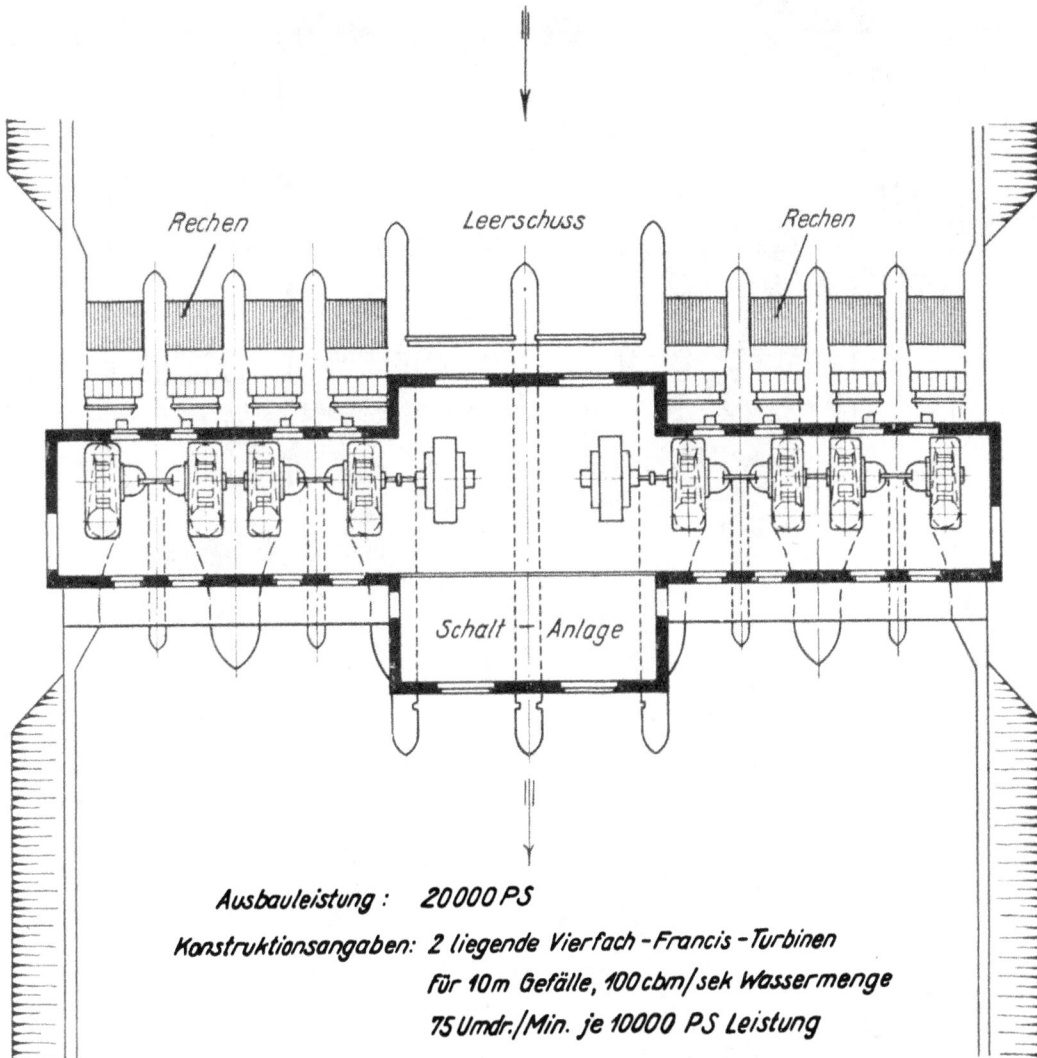

Ausbauleistung : 20000 PS

Konstruktionsangaben: 2 liegende Vierfach-Francis-Turbinen

für 10 m Gefälle, 100 cbm/sek Wassermenge

75 Umdr./Min. je 10000 PS Leistung

Abb. 78. Anordnung von Turbinen parallel zur Krafthausachse (Grundriß).

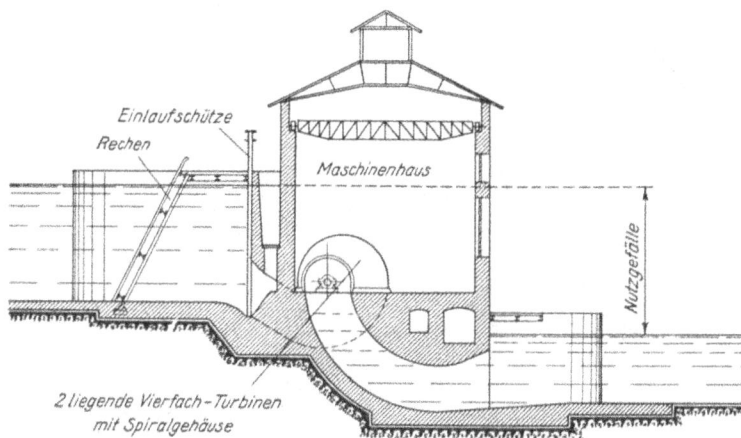

Abb. 79. Anordnung von Turbinen parallel zur Krafthausachse (Schnitt durch das Krafthaus).

Krafthaus
2 Hochdruckaggregate
je 20000 PS Nutzleistung
H = 500 m
Q = 2 × 4 cbm/sec

Wehr mit Einlauf

Umformer   Hochdruckrohrleitungen

Leerschuss.

10 Umformeraggregate hierv. 2 Reserve je 6000 PS Umformerleistung
H = 10 m
Q = 8 × 60 cbm/sec

Unterwasserkanal.

Bedienungssteg

Höchstes H.W.

Hochwasser-Überfall

Hochdruckrohrleitungen

H.W.

Pumpenlaufrad

Turbinenlaufrad

Fluss-Sohle

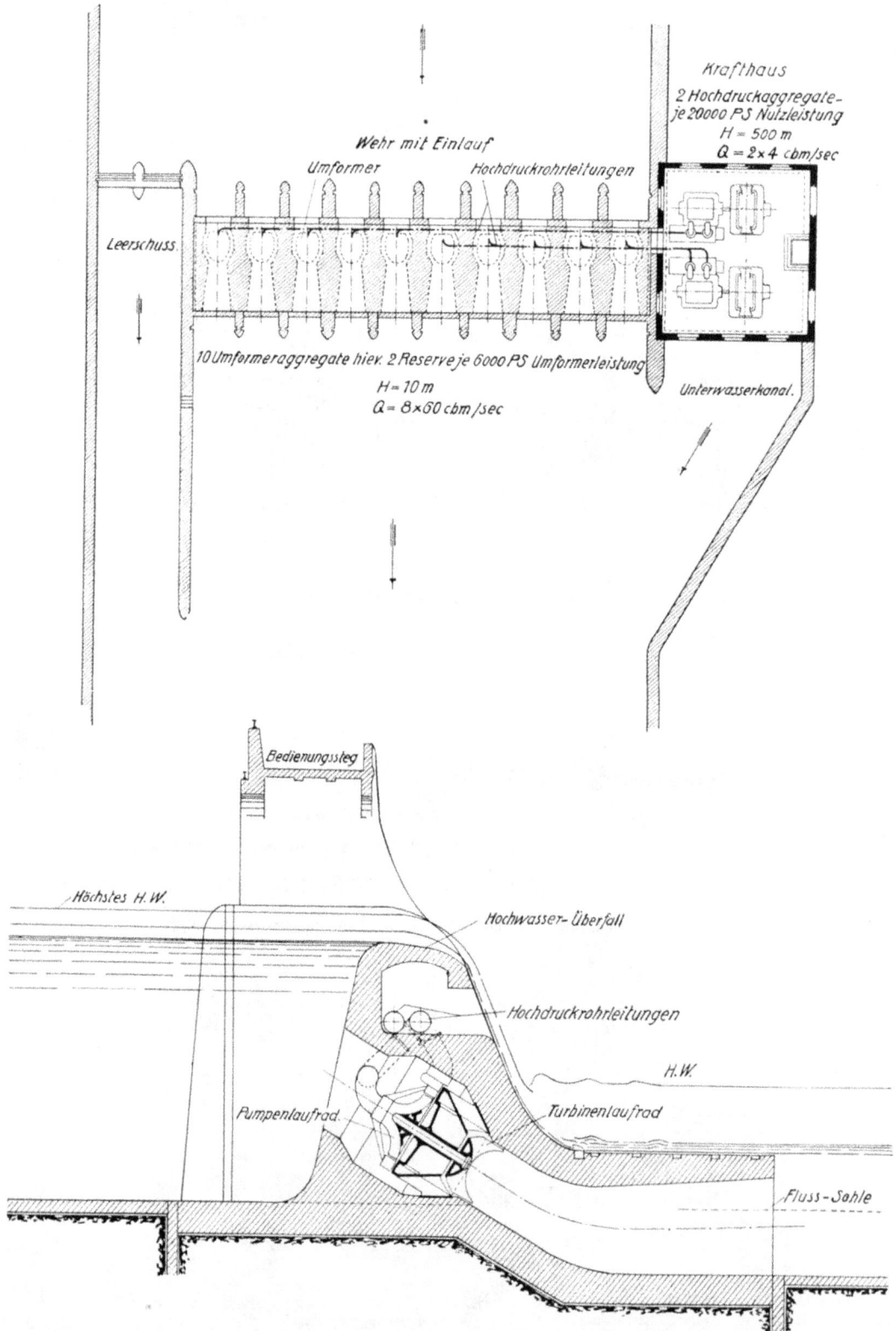

Abb. 80. Umformerwehr nach Lawaczeck.

Bei Hochdruckanlagen richtet sich die Anordnung des Krafthauses in erster Linie nach der Lage des die Rohrleitungen tragenden Berghanges, nach der möglichen Führung des Unterwasserkanals u. dgl.

Erwünscht für die Krafthausanlage ist eine ausgedehnte möglichst ebene Baufläche mit günstigen Untergrundverhältnissen. Um an Rohrleitungen zu sparen, geht man so nahe an den Hang heran, als es mit Rücksicht auf die Gefahr von Rutschungen, Lawinen u. dgl. noch zulässig ist.

Für die Aufstellung der Maschinen innerhalb des Krafthauses gelten im allgemeinen die gleichen Gesichtspunkte wie bei den Niederdruckanlagen. Die einreihige Anordnung der Turbinen mit der Achse senkrecht zur Krafthausachse hat den Vorteil, daß für die Wasserableitung aus den Turbinen keine Seiteneinläufe zum Unterwasserkanal erforderlich sind. Auch ergibt sich hierbei eine geringere Maschinenhausgrundfläche als bei Lage der Turbinen parallel zur Krafthausachse. Die erstere Aufstellung wird daher im allgemeinen bevorzugt, um so mehr als hierbei auch die Spannweite des Maschinenhauses und der Krane geringer wird.

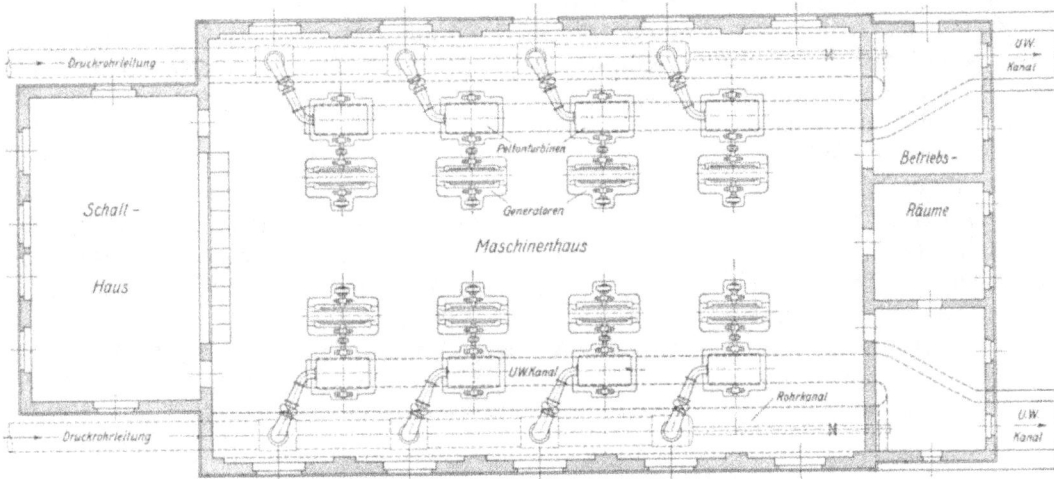

Ingenieurbüro Oskar von Miller G. m. b. H.

Abb. 81. Hochdruckkrafthaus mit Turbinen in zweireihiger Aufstellung (Brennerwerke).

An Stelle der einreihigen Anordnung kommt bei Hochdruckanlagen auch die Aufstellung der Maschinensätze in zwei Reihen nach Abb. 81 vor, wie sie bei den Brennerwerken angewandt wurde, um das Krafthaus mit Rücksicht auf den verfügbaren Raum möglichst kurz halten zu können.

Die Krafthäuser werden bei dieser Anordnung breiter und es ist ein breiterer oder in zwei Teile zerlegter Unterwasserkanal erforderlich. Da die zweireihige Anordnung etwas komplizierter und teurer als die einreihige ist, wird sie nur gewählt, wenn das Gelände eine genügende Längenentwicklung des Maschinenhauses nicht ermöglicht.

Von Wichtigkeit ist schließlich noch die Stellung des Krafthauses gegenüber der Richtung der Druckrohrleitungen.

Stellt man das Krafthaus senkrecht zur Leitungsrichtung, so ist der Wasserweg zu den Turbinen günstiger als bei paralleler Anordnung. Da aber bei senkrechter Zuführung das Krafthaus im Falle eines Rohrbruches stark gefährdet wird, ist es ratsam, diese Anordnung nur bei geringen Gefällen zu wählen, wobei vor dem Krafthaus zweckmäßig ein Abfanggraben angelegt wird. Bei höheren Gefällen dürfte die seitliche Anordnung vorzuziehen sein.

Der Anschluß der Turbinen an die Rohrleitungen geschieht bei größeren Aggregaten meist in der Weise, daß jede Turbine an einen Rohrstrang angeschlossen wird. Bei kleineren Aggregaten oder in Fällen, wo größere Maschinen nur zeitweise oder selten mit voller Leistung ausgenutzt werden (z. B. Reservemaschinen), können zwei oder mehr Turbinen an eine Leitung angeschlossen werden.

Die Zuführung der Rohrleitungen zu den Turbinen erfolgt bei höheren Gefällen in der Regel von unten, bei mittleren Gefällen, insbesondere bei Kesselturbinen, wählt man jedoch die Zuführung von oben, um einen glatten, möglichst krümmerfreien Übergang zum Turbinenkessel zu erzielen.

Die Fundamente der Krafthäuser werden meist aus Beton oder Eisenbeton hergestellt, wobei auf gute Abdichtung gegen Eindringen von Wasser durch Verwendung von Vorsatzbeton, wasserdichtem Verputz u. dgl. zu sorgen ist. Gegen Anprall der aus den Saugrohren und Druckreglern der Francis-Turbinen bzw. aus den Schächten der Pelton-Turbinen ausströmenden Wassermassen sind die Fundamente durch Panzerung mit Eisenplatten oder Ausmauerung mit Granitquadern zu schützen.

Bei Konstruktion der Fundamente ist Rücksicht auf die Anlage von Zuluft- und Abluftkanälen für die Generatoren zu nehmen, es sind ferner Räume für die Aufstellung der elektrischen Regulatoren, Kanäle für die Verlegung von Kabeln und Zuführungsleitungen zu den Schalteinrichtungen, Zugangsschächte für die Einzelteile der Turbinen und Generatoren, Heizungs- und Lüftungsschächte u. dgl. vorzusehen.

Der Unterbau und die Fundamente sind so zu bemessen, daß sie nicht nur die Last der Maschinen- und Bauteile sicher auf den Untergrund übertragen, sondern auch der Beanspruchung durch die Drehmomente der Maschinen, durch Erschütterungen und Stöße bei Belastungsschwankungen u. dgl. gewachsen sind.

Der Hochbau wird aus Mauerwerk, Beton oder Eisenbeton erstellt. Er ist so groß und weit anzulegen, daß eine einfache und übersichtliche Bedienung möglich ist und daß alle Maschinenteile durch einen Kran erfaßt werden können.

5. Hilfseinrichtungen und Zubehör.

Bei Niederdruckanlagen werden vor den Turbineneinläufen Feinrechen angelegt, um Schwimmkörper u. dgl. von den Turbinen abzuhalten. Da diese Rechen bei größeren Anlagen beträchtliche Abmessungen erhalten, wäre ihre Reinigung durch Handarbeit sehr umständlich, es werden daher besondere Rechenreinigungsmaschinen verwendet, welche auf einer Brücke entlang des Rechens verfahren werden.

Vor den Turbineneinläufen werden — meist außerhalb des Krafthauses — Absperrschützen angeordnet; bei Hochdruckanlagen sind Absperrschieber vor den Turbinen in die Leitungen einzuschalten, dieselben werden innerhalb des Krafthauses untergebracht und meist hydraulisch betätigt. Zu den Absperrvorrichtungen vor dem Krafthaus gehören bei Niederdruckanlagen auch die Dammbalkenverschlüsse, welche dazu dienen, die Einläufe bei größeren Instandsetzungsarbeiten gegen das Krafthaus sicher abzusperren. Die Dammbalken werden bei größeren Anlagen aus Eisenkonstruktionen hergestellt und mittels besonderer Windwerke in die Dammbalkennuten eingelassen.

Zur Erzeugung der für den Betrieb der verschiedenen Hilfseinrichtungen nötigen Kraft wird dem Hauptkraftwerk eine Hilfskraftanlage angegliedert, da es aus betriebstechnischen Gründen nicht zweckmäßig ist, die benötigte Energie von den Hauptmaschinen abzunehmen. Es werden hierzu eine oder mehrere kleinere Turbinenaggregate — meist in einem Nebenteil des Maschinenhauses — aufgestellt. Diese können eine eigene Wasserzuführung erhalten, in der Regel werden sie jedoch von den Hauptzuleitungen abgezweigt.

Als unabhängige Hilfsenergiequelle kann — besonders bei Stillstand der ganzen Anlage — auch der Anschluß an das Landesversorgungsnetz benutzt werden.

Für die Aufstellung der Maschinen, für Auswechslungs- und Unterhaltungsarbeiten ist ein ausreichend bemessener, die ganze Länge des Maschinenhauses bestreichender elektrisch betriebener Laufkran erforderlich. Bei Längen über etwa 80 m und Hebegewichten über 80 t werden zweckmäßig zwei Krane vorgesehen. Die Tragkraft derselben ist so zu bemessen, daß die Rotoren der Stromerzeuger einschließlich der Wellen abgehoben werden können; es kommen demnach bei großen Maschinensätzen Hebegewichte bis zu 200 t vor. Zur Abstellung von Maschinen und Maschinenteilen ist ein größerer freier Platz im Maschinenhaus oder eine besondere Abladebühne, die noch im Bereiche des Kranes liegt, vorzusehen.

Zu den Hilfseinrichtungen eines Kraftwerkes gehören ferner:

Ölpumpen zur Lieferung des Drucköls für die Regler, für Lagerschmierung u. dgl., bei stehenden Aggregaten auch für die Erzeugung des Preßöls für die Spurlager;

Kühlwasserpumpen für die Kühlung der Lager, der Transformatoren, eventuell auch für die Luftfilter der Generatoren;

Erregermaschinen für die Generatoren, soweit Zentralerregung vorgesehen ist oder soweit neben den mit den Generatoren verbundenen Erregermaschinen gesonderte Reserveerregung angeordnet wird;

Schalt- und Signalapparate zur Verbindung der Maschinenräume mit den Kommandoräumen und den Aufstellungsorten der Transformatoren und Schalter;

Einrichtungen für Beleuchtung, Belüftung, Heizung und Kühlung der Betriebsräume, für Beschaffung von Trink- und Gebrauchswasser usw.

Zu den technischen Einrichtungen eines Kraftwerkes gehören schließlich noch die für das Zusammenarbeiten mit anderen Werken nötigen Meldeeinrichtungen, wie Fernsprecher, Fernmeldeapparate u. dgl.

Um beim Betrieb einer Wasserkraftanlage dauernd eine Kontrolle über die hydraulischen und baulichen Verhältnisse sowie über die Belastungsverhältnisse zu erhalten, sind fortlaufend entsprechende Messungen vorzunehmen. Es ist zweckmäßig, die Einrichtungen hierfür schon beim Bau der Anlage vorzusehen.

In erster Linie ist zum Zwecke der Wassermessung eine Meßstrecke in den Unterwasserkanal einzubauen, welche möglichst lang sein soll und ein einfaches (rechteckiges) für Schirmmessungen geeignetes Profil erhält. Für die Gefällsmessungen sind an den Wasserfassungen, Oberwasserkanälen, Staubecken, Wasserschlössern, Unterwasserkanälen Pegel und Wasserstandsanzeiger anzubringen, wobei die wichtigsten Meßapparate mit Einrichtungen für Registrierung und Fernmeldung zum Kommandoraum versehen werden können.

Dem Kraftwerk wird eine Werkstätte zur Vornahme von Instandhaltungsarbeiten, Reparaturen u. dgl. angegliedert. Auch sind die etwa nötigen Bureau-, Aufenthalts- und Wohnräume für Verwaltung und Personal vorzusehen.

Die Kraftwerke sind ebenso wie die einzelnen Hauptteile der ganzen Wasserkraftanlage durch gut zugängliche und tragfähige Straßen an das allgemeine Verkehrsstraßennetz anzuschließen. Wenn irgend möglich, ist Eisenbahnanschluß in der Weise vorzusehen, daß schwere Maschinenteile ohne Umladung direkt bis unter den Kran im Maschinenhaus gefahren werden können.

6. Beispiele ausgeführter Anlagen.

Zur Ergänzung der im vorstehenden gegebenen Gesichtspunkte für die Projektierung von Wasserkräften seien nachfolgend noch die Beschreibungen einiger charakteristischer Wasserkraftanlagen für Landesversorgungen gegeben.

a) Mittlere Isar. Die Mittlere Isar bildet eine einheitlich betriebene Kanal-Stufenanlage und ist eines der Hauptkraftwerke für die Landesversorgung Bayerns. Durch diese Anlage wird die ca. 51 km lange Strecke der Isar von München bis Moosburg mit einem Rohgefälle von 88 m, einem Nutzgefälle von 84 m und einer mittleren Jahreswassermenge von ca. 90 cbm/sec in vier Stufen ausgenutzt.

Die Lage und Disposition des Werkes ist in Abb. 82 angegeben.

Das für alle Stufen gemeinsame Stauwerk befindet sich unmittelbar unterhalb München. Die Kanallinie weicht vom Flußlauf in ziemlich großem Bogen ab, um den in 10 km Entfernung von der Isar sich hinziehenden Höhenrücken für den Kanaleinschnitt zu benutzen. Die Kanalstrecke ist in vier Stufen aufgeteilt, von welchen die erste 11 m, die beiden folgenden je ca. 26 m und die letzte 21 m nutzbares Gefälle aufweisen. Diese Aufteilung war durch das Gelände bedingt, welches auf der ersten Stufe flachere Gestaltung als auf der übrigen Strecke besitzt. Der Kanal ist in der ersten Stufe für eine Wasserführung von 150 cbm/sec, in den übrigen drei Stufen für 125 cbm/sec bemessen. Die größere Wasserführung in der ersten Stufe dient zur Füllung eines hier vorgesehenen künstlich angelegten Speichers für den Tages- und Monatsausgleich.

Am Ende der ersten Stufe liegt das Kraftwerk Finsing, in welchem zwei liegende als Vierfachturbinen gebaute Maschinenaggregate mit Achse parallel zur Krafthausachse eingebaut sind; jedes Aggregat besteht aus vier Einzelspiralturbinen, welche zusammen bei ca. 11 m Gefälle ein Schluckvermögen von 84 cbm/sec und eine Leistung von 10000 PS besitzen, die durch einen Drehstromgenerator von ca. 7000 kW Leistung für die Landesversorgung ausgenutzt wird. Jeder der vier Teile einer Turbine kann für sich unabhängig von den anderen beaufschlagt werden, wodurch eine Reserve innerhalb einer Turbine geschaffen wurde.

Die zweite Kanalstufe ist oberhalb Aufkirchen durch ein größeres Wasserschloß abgeschlossen, von welchem aus das Wasser durch vier Druckrohre von je 5 m Durchmesser zu den Turbinen geleitet wird. Es sind vier stehende Francis-Turbinen von je 42 cbm/sec Schluckvermögen, je 12000 PS Leistung aufgestellt, welche mit Schirmgeneratoren gekuppelt sind, wovon zwei Drehstromgeneratoren für die Landesversorgung und zwei Einphasengeneratoren für die Stromlieferung an die Reichsbahn bestimmt sind. Die Maschinensätze zeichnen sich durch besondere Größe aus, das Gewicht der sich drehenden Teile beträgt bei den Drehstromaggregaten 156 t, bei den Einphasenaggregaten 221 t; es wird durch neuartig ausgebildete, aus zwölf gußeisernen Segmenten bestehende Spurlager aufgenommen.

Die dritte Stufe entspricht bezüglich des Gefälles, der Wassermenge sowie der Anordnung und Ausbildung der verschiedenen baulichen und maschinellen Einrichtungen der zweiten Stufe. Die vierte Stufe ist noch nicht ausgebaut. Zur vorläufigen Ableitung des Wassers am Ende der dritten Stufe dient ein provisorischer Abführungskanal zur Isar.

Wie aus vorstehender Beschreibung hervorgeht, befinden sich in jeder Stufe jeweils nur zwei für die Landesversorgung bestimmte Maschinenaggregate. Man ist mit der Größe der einzelnen Maschinen bis an die durch Gewichte, Transport u. dgl. bestimmte obere Grenze gegangen und konnte dies tun, weil die Mittlere Isar innerhalb ihrer eigenen vier Stufen Maschinenreserven besitzt, durch welche ein Ausfall einer der großen Turbinen ausgeglichen werden kann und weil der Ausfall einer Turbine

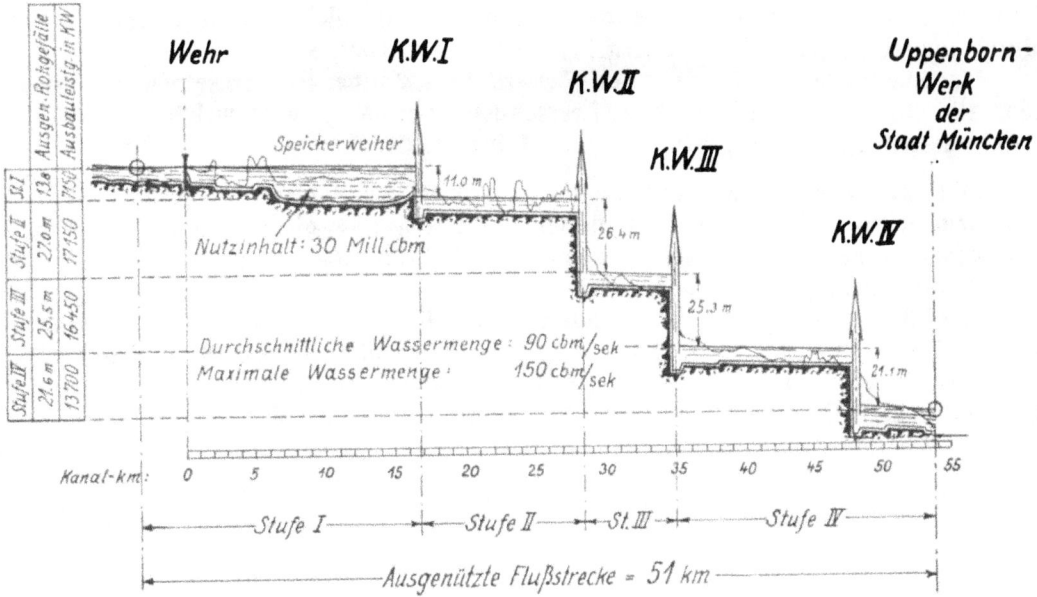

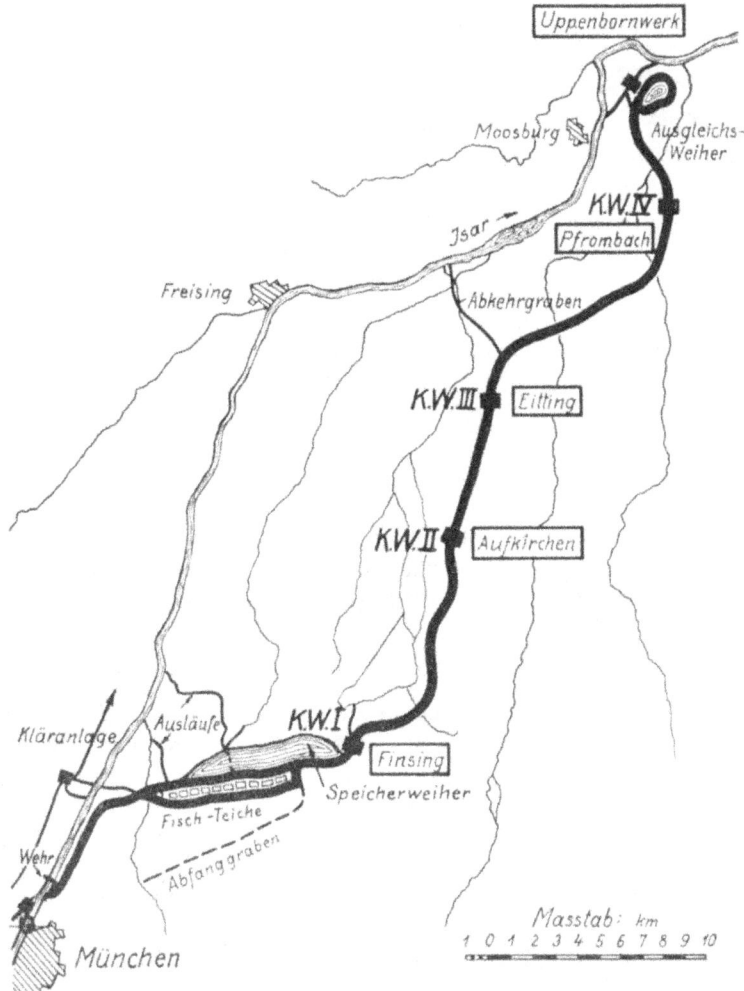

Abb. 82. Übersicht über die Anlagen der „Mittleren Isar".

oder einer ganzen Stufe infolge des Anschlusses an die Landesversorgung auch durch andere Kraftwerke vorübergehend gedeckt werden kann.

Um eine Stufe ohne Störung des Wasserzuflusses außer Betrieb setzen zu können, sind alle Stufen mit Umläufen bzw. Leerschüssen versehen, durch welche die gesamte Triebwassermenge um die Stufe herumgeführt werden kann.

b) **Etschwerke.** Eine charakteristische Hochdruckanlage, die durch die Art der Druckleitung von Interesse ist, bilden die Etschwerke, die zu den ältesten Hochdruckanlagen gehören. Dieselben dienen der Energieversorgung der Städte Bozen und Meran sowie deren Umgebung.

Wie Abb. 83 zeigt, ist hier die Zuleitung zur Kraftstation als Druckschacht ausgeführt, der bei einer Länge von 75 m ein Bruttogefälle von ca. 68 m ergibt. Die lichte Weite des Schachtes beträgt 3,5 m, ausreichend für eine Wasserdurchleitung bis 15 cbm/sec. Derselbe ist mit einer 40 cm starken Betonschicht ausgekleidet. Die

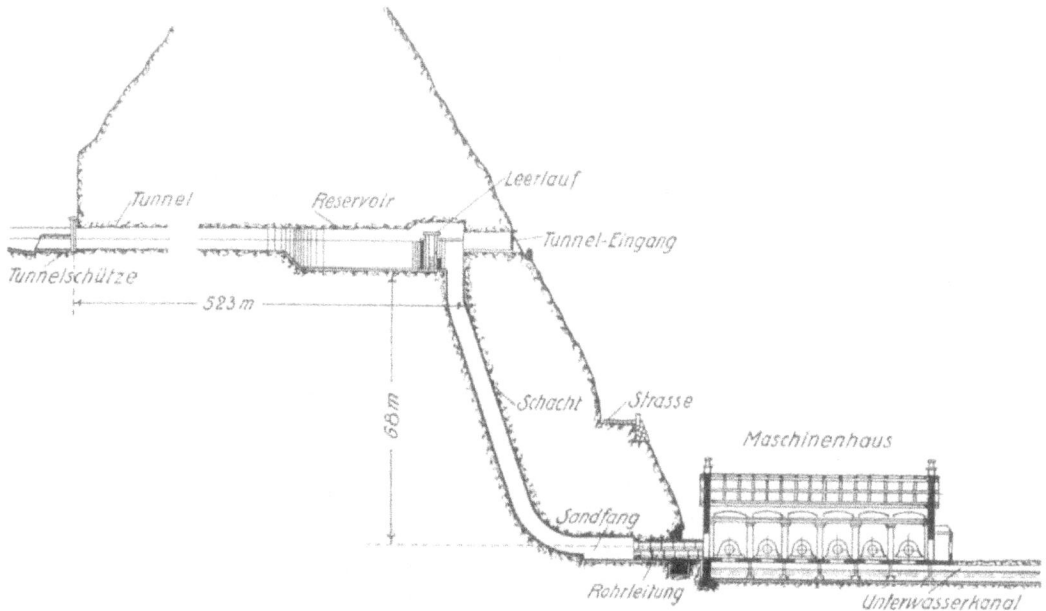

Abb. 83. Etschwerke.

Anordnung eines Druckschachtes hat sich zu damaliger Zeit als wirtschaftlich vorteilhafter gezeigt als die Verwendung eiserner Leitungen, zumal ein Schacht in dem dort vorhandenen druckfesten Gebirge leistungsfähig und haltbar hergestellt werden konnte. Im übrigen sind die Wehranlage mit Wasserfassung, die Stollenzuleitung, das Wasserschloß und andere Einrichtungen in normaler Weise ausgeführt.

c) **Walchenseewerk.** Das Walchenseewerk (Abb. 84) nutzt das zwischen dem Walchensee und dem Kochelsee gelegene Gefälle von 200 m aus. Da dem Walchensee aus seinen Zuflüssen, der Obernach u. a. nur etwa 2 bis 6 cbm/sec Wasser zufließt, wird das Betriebswasser aus der Isar nach dem Walchensee geleitet, wobei eine mittlere Jahreszuflußmenge von 15 cbm/sec entsprechend einer mittleren Jahresleistung von etwa 30000 PS erzielt wird.

Die Wasserentnahme erfolgt bei Krünn, sie ist für eine Höchstleistung von 25 cbm pro sec bemessen, deren Überleitung nach dem Walchensee ausreichend ist, um selbst bei tiefer Absenkung des Sees eine Wiederauffüllung in ein bis zwei Monaten bei gleichzeitigem Vollbetrieb des Kraftwerkes zu ermöglichen.

In dem für die Überleitung von der Isar zum Walchensee benutzten Obernachtal kann später noch eine Gefällsstufe von 60 m ausgenutzt werden.

Zwecks Überleitung des Wassers aus dem Walchensee nach dem am Kochelsee liegenden Krafthaus wurde der natürliche Ablauf des Walchensees, die Jachen, durch eine Regulierschleuse abgeschlossen und dafür ein Stollen durch den zwischen Kochel- und Walchensee gelegenen Kesselberg geschlagen. Den Einlauf zum Stollen bildet ein ca. 12 m tiefes Einlaufbauwerk, welchem ein aus zwei übereinander liegenden Feldern bestehender Feinrechen vorgeschaltet ist. Zum Abschluß des Stolleneinlaufes sind zwei hintereinander liegende eiserne Rollschützen angeordnet. Der Stollen wurde 10 m unter dem Walchenseespiegel angelegt, um für die Zukunft eine möglichst tiefe Absenkung des Sees nicht zu verhindern. Vorerst ist die Absenkung auf 4,6 m festgelegt, womit die in Abschnitt IV erläuterte Speicherwirkung erzielt wird.

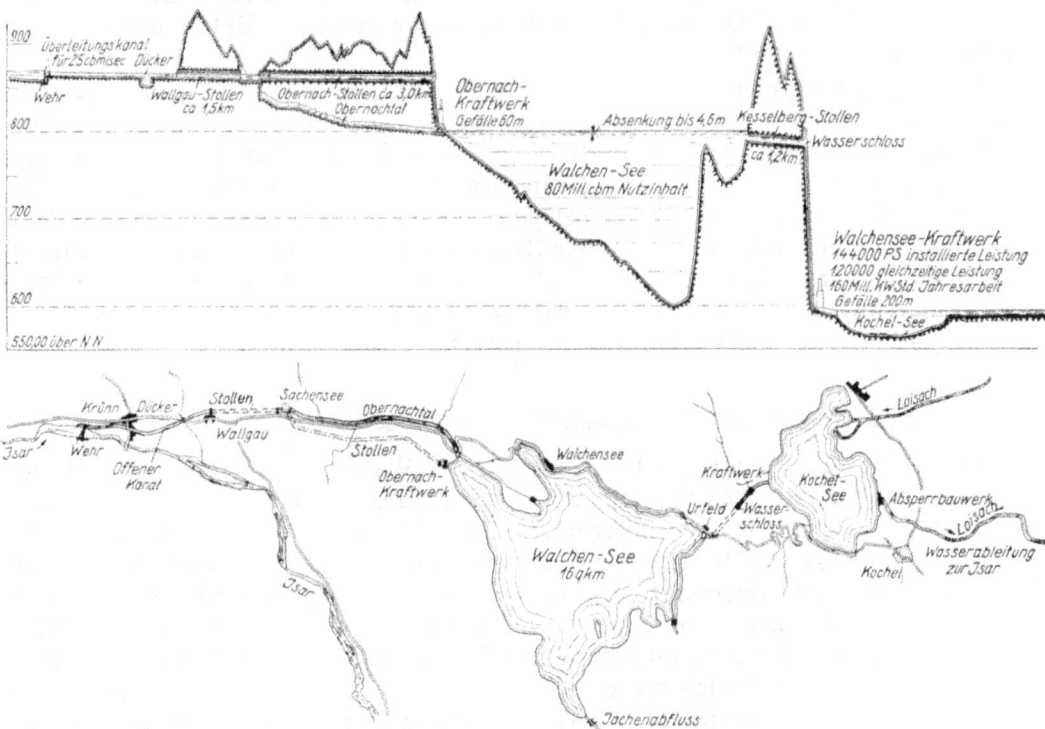

Abb. 84. Disposition des Walchenseewerkes.

Der Stollen ist so dimensioniert, daß er bei normaler Beanspruchung 60 cbm/sec Wasser führen kann, womit eine Leistung von 120000 PS ermöglicht wird. Dieser Dimensionierung des Stollens entspricht das Wasserschloß, welches so bemessen ist, daß Kraftleistungen bis zu 96000 PS auf einmal abgeschaltet werden können, ohne daß gefährliche Druckerhöhungen in den Rohrleitungen oder im Stollen entstehen. Zwischen dem Wasserschloß und dem Krafthaus sind sechs nach unten sich verjüngende Rohrleitungen von je 2,2—1,8 m Durchmesser verlegt, jede der Rohrleitungen ist für eine Wasserführung von normal 12 cbm/sec bemessen.

Jede der vier ersten Rohrleitungen speist eine Turbine von 24000 PS Leistung mit einem Drehstromgenerator von 16000 kW für die Landeselektrizitätsversorgung; jede der beiden letzten Rohrleitungen speist zwei Turbinen von je 12000 PS mit Wechselstromgeneratoren von je 8000 kW für den Bahnbetrieb; die Gesamtleistung beträgt demnach für Drehstrom 64000 kW, für Wechselstrom 32000 kW, insgesamt 96000 kW.

Die Turbinen für die Drehstromaggregate sind liegende Francis-Spiralturbinen, welche mit Laufrädern in Doppelanordnung und gemeinsamem Leitrad konstruiert sind. Die Maschinensätze sind in einer Reihe mit ihrer Achse senkrecht zur Krafthausachse angeordnet. In der gleichen Reihe stehen auch die Wechselstrom-Maschinensätze, welche durch Pelton-Turbinen mit je zwei Laufrädern und vier Düsen angetrieben werden.

Die Generatoren besitzen eine Spannung von 6000 Volt; zur Fortleitung der erzeugten Energie in das Landesversorgungsnetz wird die Spannung auf 100000 Volt umgeformt. Zu diesem Zwecke ist jeder der Generatoren direkt mit einem Transformator gleicher Leistung in der Weise zusammengeschaltet, daß Turbine, Generator und Transformator einen zusammengehörigen Maschinensatz bilden, dessen Verbindung durch keinerlei Schalter u. dgl. unterbrochen wird.

Zur Schaltung der Generatoren und Transformatoren befindet sich ein in der Mitte des Krafthauses angebauter Kommandoraum, welcher alle Betätigungsapparate für die Schaltung enthält.

Die Transformatoren mit Kühleinrichtungen, die Ölschalter der Transformatoren und der Fernleitungen, die Sammelschienen usw. sind in einem besonderen Transformatorhaus, welches in ca. 35 m Entfernung parallel zum Krafthaus errichtet ist, untergebracht. Die Anordnung der Transformatoren und Schalter entspricht derjenigen der Maschinen, so daß gegenüber jeder Maschine an der entsprechenden Stelle des Transformatorhauses der zugehörige Transformator und der zugehörige Schalter sich befinden. Vor dem Transformatorhaus sind zwei Abspanngerüste errichtet, von welchen aus vier Drehstromleitungen und vier Wechselstromleitungen nach zwei Richtungen abgehen (siehe Abb. 121, Seite 247).

7. Forschungsinstitut für Wasserbau und Wasserkraft am Walchensee.

Die Größe und wirtschaftliche Bedeutung der Wasserkraftanlagen hat dazu geführt, die wissenschaftlichen Grundlagen der Gewinnung und Verwertung von Wasserkräften teils in staatlichen technischen Ämtern, teils in Hochschullaboratorien und sonstigen Versuchsanstalten eingehend zu erforschen. Durch den Aufschwung des Wasserbaues und der Wasserkraftausnutzung in den letzten Jahrzehnten wurde jedoch eine Fülle neuer Probleme von allgemeiner Bedeutung aufgerollt, welche die Durchführung großzügiger Versuche im natürlichen Gelände erfordern. Diese Versuche sollen im Anschluß an das Walchenseewerk in dem von Oskar von Miller vorgeschlagenen Forschungsinstitut für Wasserbau und Wasserkraft durchgeführt werden. Das Walchenseegebiet ist hiefür besonders geeignet, weil für die Versuche die natürlichen Flußgerinne und Seen dieses Gebietes sowie die ausgedehnten Bauanlagen des Walchenseewerkes, die Wehranlage bei Krün, die aus offenen Kanälen bestehende Wasserüberleitung aus der Isar, die Obernachkorrektion mit verschiedenen Verbauungsmethoden, Abstürzen u. dgl., das ca. 14 m tiefe Einlaufbauwerk bei Urfeld, der 18 qm große Druckstollen, das Wasserschloß, die Turbinen usw. herangezogen werden können, wobei das große Ausgleichsbecken des Walchensees die für Versuchszwecke nötigen Unterbrechungen und Umleitungen des Wasserlaufes im Obernachtal erleichtert.

Zum Studium der wasserbautechnischen Probleme soll insbesondere eine Versuchsstrecke im Obernachtal gebaut werden, deren Anlage aus Abb. 85 ersichtlich ist. Sie besteht im wesentlichen aus einer Meß- und Versuchsstrecke von ca. 700 m Gesamtlänge, für eine maximale Wasserführung von 8 cbm/sec, mit einer Wasserfassung und einem Umlaufkanal, so daß sowohl das Wasser der Isarüberleitung als auch das der Obernach für die Versuche benutzt werden kann. Durch die Wasser-

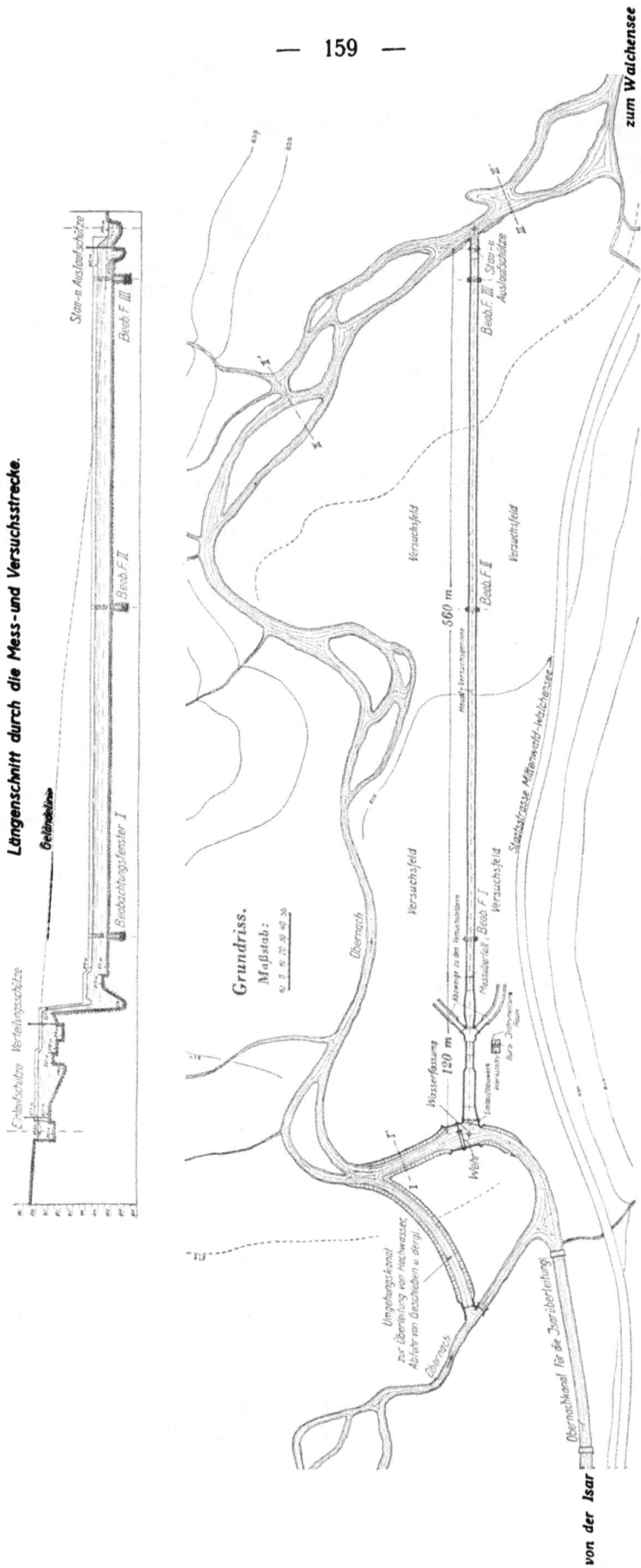

Abb. 85. Disposition einer Versuchsstrecke für wasserbautechnische Probleme im Anschluß an die Wasserzuführung zum Walchenseewerk.

Ingenieurbüro Oskar von Miller G. m. b. H.

fassung wird das Wasser in das 560 m lange gerade Hauptversuchsgerinne geleitet, welches mit den nötigen Einrichtungen zu den verschiedensten Beobachtungen, Messungen und Untersuchungen wie Fließbewegung des Wassers, Schwall- und Wirbel- erscheinungen, Reibungserscheinungen, Geschwindigkeitsmessungen, Geschiebe- bewegung usw. ausgestattet ist.

Das Gelände rechts und links des Hauptversuchsgerinnes wird zu größeren Ver- suchsfeldern ausgestaltet, in welchen von Fall zu Fall besondere Gerinne von be- liebiger Form und mit verschiedenen Materialien, Einbauten u. dgl. hergestellt werden können. Zur Einleitung von Wasser in diese Versuchsfelder sind besondere verschließ- bare Abzweige vom Hauptgerinne vorgesehen. Das Flußbett der Obernach selbst soll zu Dauerversuchen über Geschiebeführung, über die Bewährung von Wildbach- verbauungen u. dgl. herangezogen werden.

Neben dieser Versuchsstrecke soll zur Erforschung der Probleme der Wasserkraft- ausnutzung eine Versuchsstation im Anschluß an das Obernachwerk errichtet werden. Die Stollenzuleitung, das Wasserschloß und die Wasserzu- und -abführung des Obernachwerkes werden für die Versuchsstation mitbenutzt; außerdem ist für spezielle Versuchszwecke die Abzweigung einer besonderen Druckrohrleitung vom Wasserschloß des Obernachwerkes zur Versuchsstation vorgesehen. Durch den An- schluß an das Obernachwerk und die speziellen Versuchseinrichtungen werden Gefälle bis zu 60 m und Wassermengen bis zu 16 cbm/sec zur Verfügung stehen. Höhere Drücke bei ebenfalls großen Wassermengen sind, wenn nötig, durch mit Wasserkraft betriebene Pumpen zu gewinnen.

B. Wärmekraftanlagen.

In den Wärmekraftanlagen wird die in einem Brennstoff chemisch gebundene Energie zur Gewinnung von mechanischer bzw. elektrischer Arbeit nutzbar gemacht. Da die direkte Umsetzung der in den Brennstoffen enthaltenen chemischen in mechanische bzw. elektrische Energie bis heute noch nicht gelungen ist, geht die Umsetzung auf dem indirekten Wege der Verbrennung vor sich, wobei allerdings nur ein Gesamtwirkungsgrad von 15 bis höchstens 35% erreicht wird.

Für die Elektrizitätsgewinnung im großen werden heute folgende Brennstoffe benutzt:

Kohlen in Form von Steinkohle und Braunkohle, und zwar:
im Rohzustande als Förderkohle, Rohkohle u. dgl.,
im aufbereiteten Zustand als Stückkohle, Nußkohle, Staubkohle,
im umgearbeiteten Zustand als Briketts;
ferner aus den bei der Aufbereitung und Umarbeitung anfallenden Rückständen als Abfallkohle, Waschkohle, Kohlenschlamm usw.

Öle in Form von Petroleum (Erdöl), Gasöl, Teeröl u. dgl.
Gase in Form von Naturgas, Hochofengas, Generatorgas.

Die Verwertung der Brennstoffe kann erfolgen:

in Dampfkraftwerken durch Verbrennung unter Kesseln, welche Dampf zum Betrieb von Dampfmaschinen bzw. Dampfturbinen erzeugen;

in Dieselkraftwerken, bei welchen flüssige oder staubförmige Brennstoffe mit Luft gemischt unter hohem Druck in die Arbeitszylinder der Maschinen eingespritzt und verbrannt werden;

in Gaskraftwerken durch Verbrennung von Gasen, die unter Mischung mit Luft in die Arbeitsräume von Gasmaschinen bzw. Gasturbinen eingeführt werden.

I. Dampf-Kraftanlagen.

Die zur Umsetzung der Brennstoffenergie in einem Dampfkraftwerk nötigen Einrichtungen sind in Abb. 86 schematisch angegeben.

Sie umfassen die Einrichtungen für die Zufuhr und die Lagerung der Betriebsstoffe, die Kesselanlage, die Maschinenanlage mit Stromerzeugern, die Transformatorenanlage und die Schalteinrichtungen.

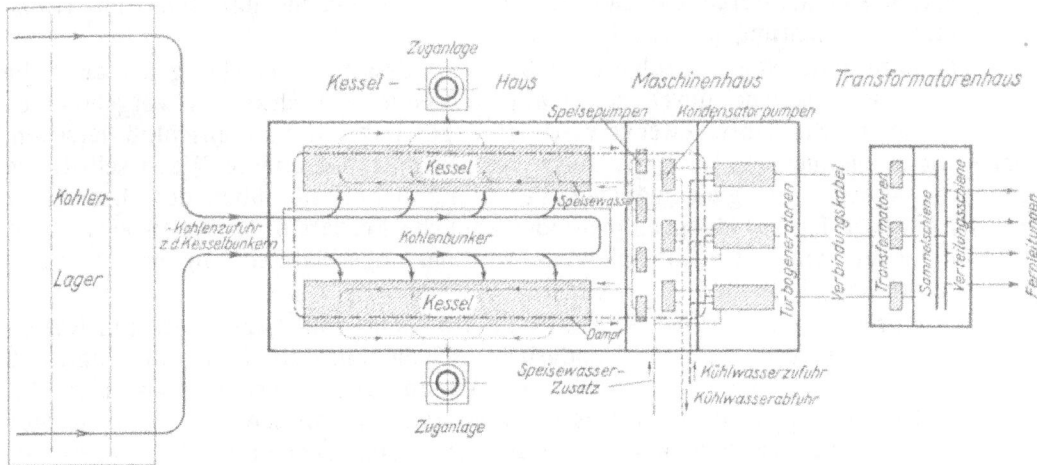

Abb. 86. Schema eines Dampfkraftwerkes.

1. Steinkohlenwerke.

Steinkohlenwerke sind Anlagen, in welchen vorzugsweise Steinkohle zur Verbrennung gelangt. Die Eigenschaften dieser Kohle, ihr hoher Heizwert von 6500 bis 7500 kcal/kg, ihr geringer Wassergehalt — etwa 1 bis 4% —, ihr mäßiger Aschengehalt — 5 bis 10% —, ihre günstige Transport- und Lagerfähigkeit, ihre leichte mit geringer Rauch- und Rußentwicklung verbundene Brennbarkeit usw. ermöglichen einen einfachen und übersichtlichen Aufbau und Betrieb der Steinkohlenwerke, wodurch diese als Anlagen innerhalb der Konsumzentren in großen Städten oder Industriegebieten sowie als Spitzenkraftwerke für Landesversorgungen besonders geeignet sind.

a) Bauplatz; Kohlen- und Wasserversorgung.

Bauplatz. Nachdem die allgemeine Lage und Ausbaugröße eines Steinkohlenwerkes auf Grund der in Abschnitt IV erörterten Untersuchung bestimmt wurden, sind für die engere Wahl des Bauplatzes die örtlichen Verhältnisse, insbesondere bezüglich der Kohlen- und Wasserbeschaffung, der Möglichkeit eines Bahn- oder Schiffsanschlusses, gegebenenfalls auch die Verbindung der Kraftanlage mit Zwecken der Abwärmeverwertung, z. B. Fernheizung u. dgl., maßgebend.

Der für die Errichtung des Werkes ausgewählte Platz soll möglichst groß sein, damit man bezüglich der Ausdehnung der einzelnen Einrichtungen und einer etwa später vorzunehmenden Erweiterung der Anlage ausreichenden Spielraum hat. Es ist darauf zu achten, daß ein tragfähiger Baugrund vorliegt, da durch die Kohlenlager, die Kessel, Maschinen und sonstigen Einrichtungen erhebliche Lasten auf die Sohle der Bauwerke übertragen werden müssen. Der Platz soll ferner grund- und hochwasserfrei sein, da sonst die Anlage durch die zum Schutze gegen Eindringen von Wasser nötigen Maßnahmen erheblich verteuert wird.

Kohlenversorgung. Um im Falle von Störungen auf dem Bahn- oder Wasserwege, z. B. durch Schneefälle, Eisgang o. dgl., den Betrieb ohne Stockung aufrechterhalten zu können, ist ein größeres Kohlenlager anzulegen. Der Fassungsraum des Lagers soll möglichst für den Kohlenbedarf von mehreren Monaten bemessen werden. Da Steinkohlen nicht zur Selbstentzündung neigen und Verwitterung nur in geringem Maße zu befürchten ist, kann das Lager auf einfache Weise im Freien angelegt und es können Schütthöhen von 6 bis 8 m zugelassen werden. In Gegenden mit häufigen Schnee- und Regenfällen ist der Aufbau eines offenen Daches empfehlenswert, jedoch soll hierdurch das Bestreichen des Lagerplatzes mit den zum Transport nötigen Einrichtungen nicht behindert werden.

Der Lagerplatz ist so anzulegen, daß sowohl dessen Beschickung als auch die Zufuhr zur Kesselanlage durch selbsttätig wirkende Einrichtungen vorgenommen werden können. Zu diesem Zwecke wird der Lagerplatz mit Bahnanschluß versehen, wobei die ankommenden Waggons durch Kippen oder auf andere Weise selbsttätig entladen werden.. Zur gleichmäßigen Verteilung der Kohle über den Lagerplatz werden fahrbare Krane, Hängebahnen oder ähnliche Fördereinrichtungen verwendet. Wenn die Kohle mit dem Schiff ankommt, wird der Lagerplatz entlang eines Verladekais angeordnet.

Die Einrichtungen für den Transport der Kohle vom Lagerplatz zum Kesselhaus sind so anzulegen, daß die Handarbeit auf das äußerste beschränkt und daß Umwege und Umladungen der Kohle sowie Verstopfungen vermieden werden. Als zweckmäßig haben sich hier besonders Conveyoranlagen erwiesen, doch können auch Einrichtungen mit Transportbändern, Aufzügen, Hängebahnen u. dgl. angewandt werden. Die Leistung der Transporteinrichtungen richtet sich nach der Gesamtleistungsfähigkeit des Werkes und nach der Menge der an einem Tage auszuladenden Kohlen.

Wasserversorgung. Eine Dampfanlage benötigt beträchtliche Mengen an Kühlwasser und Speisewasser; das Werk ist deshalb, wenn irgend möglich, in der Nähe eines größeren Wasserlaufes oder Seebeckens zu errichten, da eine anderweitige Wasserzufuhr, z. B. aus Grundwasser- oder Rückkühlanlagen, den Wirkungsgrad der Anlage herabdrückt.

Der Wasserbedarf einer Dampfanlage. ist in der Hauptsache durch die Menge des für die Kondensation benötigten Kühlwassers bestimmt. Um eine günstige Wirkung der Kondensatoren zu erzielen, ist Kühlwasser von möglichst niedriger Temperatur erforderlich, dessen Menge dem 50- bis 60fachen Dampfverbrauch entspricht. Allgemein muß hiernach mit einem Verbrauch von etwa 0,25 bis 0,40 cbm Kühlwasser je kW Dampfturbinenleistung je Stunde gerechnet werden.

Der Verbrauch an Speisewasser wird größtenteils durch das Kondensat der Dampfmaschinen gedeckt. Es entstehen jedoch auf dem Kreislauf über die Vorwärmer, Kessel, Rohrleitungen, Maschinen usw. Verluste, welche je nach Größe und Ausführung der Anlage mit 5 bis 10% des Dampfverbrauches zu rechnen sind und durch Speisewasserzusatz gedeckt werden müssen.

Ferner wird Wasser zur Lagerkühlung, für Reinigungsarbeiten usw. verbraucht, dessen Menge je nach der Größe der Anlage mit 50 bis 80% der Dampfleistung gerechnet wird.

Steht zur Kühlung der Kondensatoren nicht genügend Frischwasser zur Verfügung, so muß das bei der Kühlung erwärmte Wasser in einer besonderen Rückkühlanlage wieder abgekühlt werden. Das Kühlwasser unterliegt dann einem Kreislauf über die Kondensatoren, Rohrleitungen und Rückkühleinrichtungen, wobei durch Verdunstung u. dgl. Wasser verlorengeht. Diese Verluste sind durch Zusatzwasser zu decken, dessen Menge etwa 3 bis 5% der umlaufenden Kühlwassermenge beträgt. Das Zusatzwasser kann aus kleineren Flußläufen oder Brunnen entnommen werden.

Um die Rückkühlanlagen nicht zu groß und unwirtschaftlich zu machen, findet man sich mit höheren Kühlwassertemperaturen als bei kontinuierlicher Frischwasserzufuhr ab, wodurch das Vakuum in den Kondensatoren etwas schlechter und der Dampfverbrauch etwas größer wird.

Das in einem Kraftwerk benötigte Wasser muß möglichst rein und frei von Beimengungen sein, damit eine Verschmutzung der Kühleinrichtungen, insbesondere aber eine Verunreinigung des Zusatzspeisewassers vermieden wird. Soweit nötig ist das Wasser einer entsprechenden Reinigung zu unterziehen. Für das Kühlwasser der Kondensatoren genügt eine mechanische Reinigung zur Abscheidung der etwa im Wasser enthaltenen Schwebestoffe. Zu diesem Zwecke läßt man das Wasser durch Kläranlagen mit Rechen, Absatzbecken u. dgl. laufen. Gegebenenfalls werden die Kläranlagen mit mechanischen Reinigungsvorrichtungen, z. B. umlaufenden Sieben, verbunden.

Für das Speisewasser genügt eine mechanische Reinigung nicht, da hiebei die im Wasser gelösten Stoffe nicht ausgeschieden werden, vielmehr im Speisewasser verbleiben und sich erst bei der Verdampfung des Wassers innerhalb der Kessel, Überhitzer, Ekonomiser, Rohrleitungen usw. als Kesselstein absetzen. Schädlich sind hierbei auch die meist vom Wasser mitgeführten Gase, Luft, Kohlensäure u. dgl., weil diese Rostbildung und Korrosionen an den Kesselteilen und Rohrleitungen verursachen. Auch Öl wirkt schädlich, weil es Wärmeanstauungen in den Kesseln und Rohrwandungen verursacht und hierdurch örtliche Überhitzungen veranlaßt. Die gelösten Bestandteile werden in den Wasserreinigern durch Kalk, Soda u. dgl. ausgefällt. Um ihren Zweck zu erfüllen, müssen die Wasserreiniger ausreichend bemessen sein und mit der richtigen Art und Menge der Fällungsmittel arbeiten, zu deren Bestimmung das Speisewasser fortlaufend chemisch untersucht wird.

Enthält das Speisewasser Lösungsstoffe, welche sich nicht ausfällen lassen, oder wird, wie dies insbesondere bei den neueren Hochdruckanlagen der Fall ist, eine Reinheit des Wassers verlangt, wie sie selbst durch gute und reichlich bemessene Wasserreiniger nicht erreichbar ist, so greift man zur Destillation des Zusatzwassers mittels besonderer Destillationsapparate, die je nach der benötigten Leistung aus einfachen oder mehrfach hintereinander geschalteten Verdampfern bestehen. Die Destillationsapparate werden durch Frischdampf oder durch den Abdampf der Kesselspeisepumpen und Hilfsmaschinen oder durch Anzapfdampf aus den Turbinen geheizt. Da auch die Destillationsapparate gegen Kesselstein empfindlich sind, ist es zweckmäßig, bei stark unreinem Wasser noch Wasserreiniger vorzuschalten.

b) Kesselanlage.

Für die Ausgestaltung der Kesselanlage kommen in Betracht:

der Druck und die Temperatur des zu erzeugenden Dampfes,
die Gesamtleistung der Kesselanlage, bezogen auf die in einer Stunde im Maximum zu erzeugende Dampfmenge,
die Verteilung der Gesamtleistung auf eine Anzahl von Kesseleinheiten und die Bestimmung der Reserven sowie die Gruppierung der Kesseleinheiten,
die Wahl des Kesselsystems,
die Wahl der Einrichtungen für die Überhitzung des Dampfes, für die Speisewasservorwärmung und für die Vorwärmung der Verbrennungsluft,
die Wahl der Feuerungseinrichtungen und der Zugerzeugung.

11*

Um die Bedeutung von Druck und Temperatur des Dampfes zu erläutern, sind die physikalischen Eigenschaften des Wasserdampfes und die Vorgänge bei der Umsetzung der in ihm enthaltenen potentiellen in mechanische Energie kurz zu besprechen.

Physikalische Eigenschaften des Wasserdampfes. Bekanntlich kann jede Flüssigkeit in den gasförmigen Zustand durch Erhöhung der Temperatur oder durch Erniedrigung des Druckes übergeführt werden, und umgekehrt verflüssigen sich die Gase bei Erniedrigung der Temperatur oder bei Erhöhung des Druckes. Zwischen Temperatur und Druck bestehen hiebei für jedes Gas bestimmte Beziehungen, die dadurch gekennzeichnet sind, daß jedem Druck eine bestimmte Temperatur entspricht, bei welchem die Vergasung bzw. Verflüssigung beginnt. Diese Temperatur wird als „Sättigungstemperatur" für den betreffenden Druck bezeichnet.

Soll bei einem bestimmten Druck Wasser in Dampf übergeführt werden, so ist zunächst die Temperatur des Wassers auf die diesem Druck entsprechende Sättigungstemperatur zu erhöhen, wofür eine bestimmte Wärmezufuhr, „Flüssigkeitswärme" genannt, nötig ist. Wird nach erreichter Sättigungstemperatur bei gleichbleibendem Druck weitere Wärme zugeführt, so findet zunächst eine weitere Erhöhung der Temperatur des Wassers nicht mehr statt, weil die Wärme zur Umwandlung des flüssigen in den gasförmigen Zustand, d. i. zur Lockerung der Wassermoleküle, solange aufgebraucht wird, bis das Wasser vollständig verdampft ist. Die während der Verdampfung zugeführte Wärme wird „gebundene" (latente) Wärme oder „Verdampfungswärme" genannt. Wird die Wärmezufuhr nach der Verdampfung weiter fortgesetzt, so nimmt die Temperatur des erzeugten Dampfes zu, der Dampf wird „überhitzt". Jeder Dampf enthält hiernach eine bestimmte Wärmemenge, „Gesamtwärme" genannt, die sich bei gesättigtem Dampf aus der Flüssigkeitswärme und aus der Verdampfungswärme, bei überhitztem Dampf aus der Flüssigkeitswärme, aus der Verdampfungswärme und aus der Überhitzungswärme zusammensetzt. Die Wärmeinhalte werden auf 1 kg Wasser bzw. Dampf bezogen und in kcal gemessen.

Für 1 kg Wasserdampf unter dem natürlichen Druck einer Atmosphäre beträgt die Sättigungstemperatur rd. 100° C, die Flüssigkeitswärme 100 kcal, die Verdampfungswärme 540 kcal, somit die Gesamtwärme 640 kcal. Wird dieser Dampf weiterhin z. B. auf 150° C überhitzt, so beträgt seine Gesamtwärme $100 + 540 + 23 = 663$ kcal/kg, weil zur Überhitzung des Dampfes von 100 auf 150° C eine Wärmezufuhr von 23 kcal je kg erforderlich ist.

Je größer der Druck ist, bei welchem der Verdampfungsprozeß erfolgt, desto höher liegt die Sättigungstemperatur, desto größer ist demnach die Flüssigkeitswärme, desto kleiner wird anderseits die Verdampfungswärme, da bei der höheren Temperatur eine größere Lockerung der Moleküle besteht, der gegenüber zur vollständigen Überführung in den dampfförmigen Zustand ein geringerer Wärmeaufwand als bei niedrigerer Temperatur erforderlich ist. Die Verdampfungswärme wird schließlich gleich Null bei dem sog. „kritischen Druck", der bei Wasser 225 at beträgt und dem eine kritische Temperatur von 374° C zugeordnet ist. Bei diesem Druck und bei dieser Temperatur ist zur Umwandlung des flüssigen Zustandes in den gasförmigen eine Wärmezufuhr nicht erforderlich.

Zur Übersicht über die Temperatur- und Wärmeverhältnisse des Wasserdampfes sind in Abb. 87 die Sättigungstemperatur t in ° C, die Flüssigkeitswärme i', die Verdampfungswärme r und die Gesamtwärme i'' von 1 kg Dampf für die Drücke von 0,01 at bis zum kritischen Druck eingezeichnet. Es sind ferner für die in der Praxis verwendeten Drücke die Gesamtwärmeinhalte für überhitzten Dampf von 300, 350, 400, 450° C angegeben.[1])

Für die Umsetzung der Wärme in mechanische Energie kommt die Differenz der Gesamtwärme des in die Arbeitsmaschine eintretenden Dampfes und der Gesamtwärme des aus derselben austretenden Dampfes, das sog. Wärmegefälle, in Betracht.

Da in dem Dampf beim Austritt aus der Maschine eine erhebliche Verdampfungswärme, die zur Aufrechterhaltung des dampfförmigen Zustandes nötig ist, verbleibt, kann nur die Differenz aus Flüssigkeitswärme plus Überhitzungswärme beim Eintritt und beim Austritt nutzbar gemacht werden, zuzüglich eines gewissen Gewinnes aus der Verdampfungswärme. Der Gewinn aus der Verdampfungswärme ergibt sich

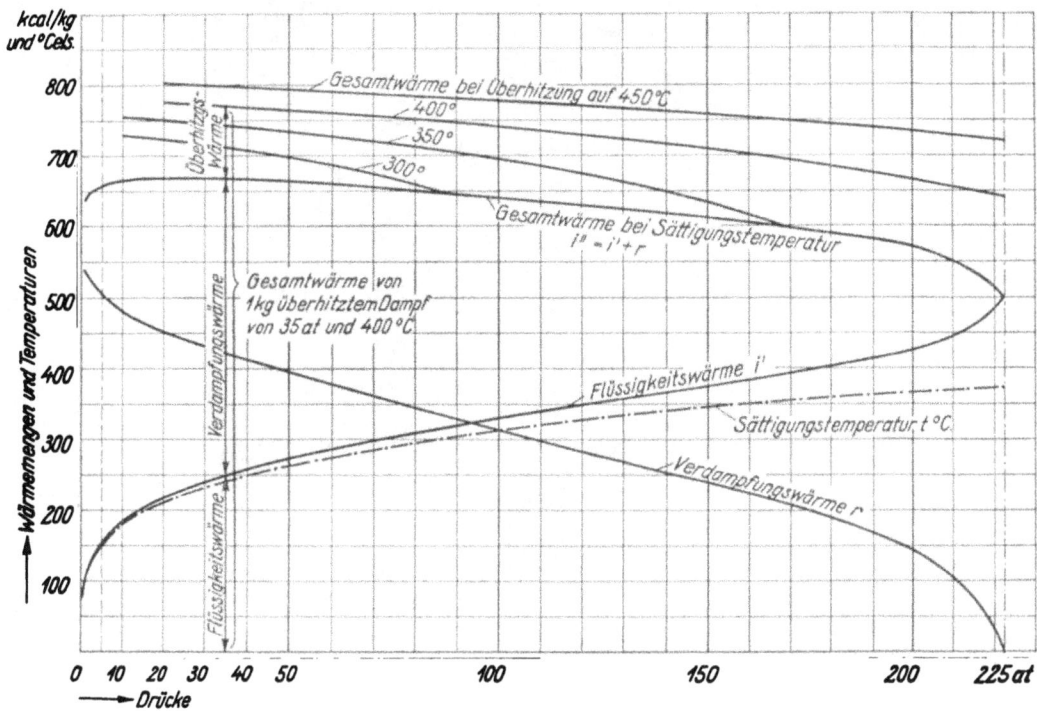

Abb. 87. Übersicht über Temperatur- und Wärmeverhältnisse des Wasserdampfes.

dadurch, daß zwar der entspannte Dampf mehr Verdampfungswärme je kg enthält wie der hochgespannte Dampf, wobei die Mehrung aus dem ursprünglichen Gesamtwärmeinhalt entnommen wird, daß aber anderseits bei der Entspannung des Dampfes sich dessen Feuchtigkeitsgehalt erhöht, wodurch eine größere Menge an Verdampfungswärme zurückgewonnen wird, die zur Erhöhung der nutzbaren Wärme beiträgt und die bei den technisch verwendeten Arbeitsprozessen größer ist als die vorerwähnte Entnahme.

Umsetzung der Wärme in mechanische Arbeit. Die praktische Umsetzung der Wärme in mechanische Energie erfolgt in den Dampfturbinen in der Weise, daß der mit großer Geschwindigkeit einströmende Dampf gegen die Schaufeln der

[1]) Für die Aufzeichnung wurden die Tabellen und Diagramme von Dr. R. Mollier, Berlin 1925, benutzt.

Turbinenlaufräder drückt und diese in rasche Umdrehung versetzt, wobei der Dampf auf dem Wege durch die Laufräder entspannt wird.

Um mit einer bestimmten Dampfmenge ein Maximum an mechanischer Arbeit zu erhalten, ist das Wärmegefälle zwischen Eintritt und Austritt möglichst groß zu halten, es muß demnach der Wärmeinhalt des eintretenden Dampfes möglichst groß, der des austretenden Dampfes möglichst klein werden. Eine hohe Eintrittswärme wird gemäß den vorstehenden Ausführungen durch Wahl möglichst hohen Anfangsdruckes und großer Überhitzung erreicht; die Herabminderung des Wärmeinhaltes

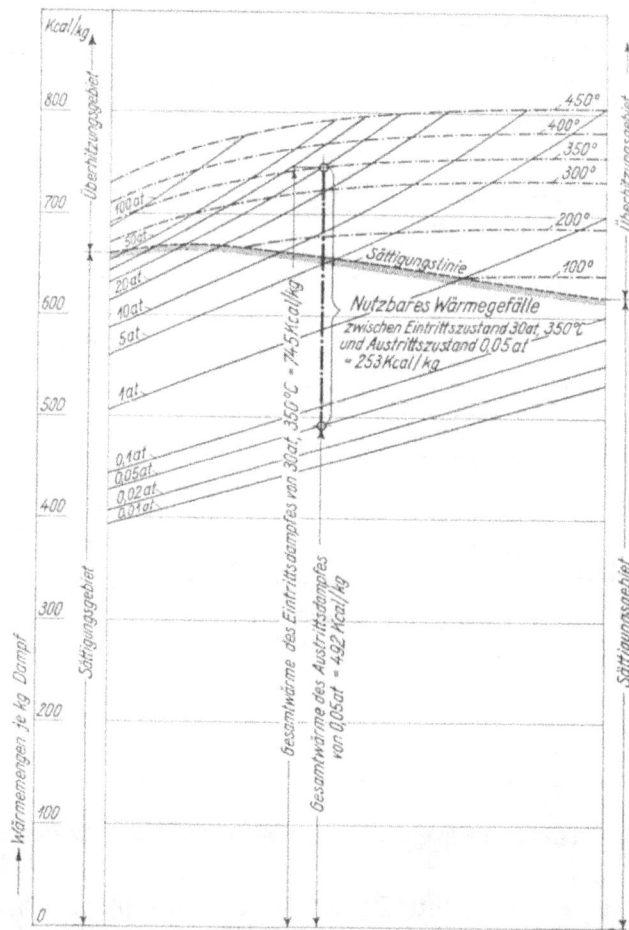

Abb. 88. Nutzbare Wärmegefälle für verschiedene Drücke und Temperaturen.

am Ende des Arbeitsprozesses wird durch möglichst tiefe Herabsetzung des Druckes erzielt, wobei in den Kondensationsmaschinen auf 0,03 bis 0,05 at heruntergegangen und damit eine Temperatur des Kondensats von 24⁰ bis 32⁰ C erreicht wird.

Die zwischen verschiedenen Anfangs- und Endzuständen erreichbaren Wärmegefälle sind aus Abb. 88 ersichtlich, in welcher auf Grund der Entropietafel von Mollier für die Drücke von 0,01 bis 100 at und für Temperaturen von 100 bis 450⁰ C die Gesamtwärmen je 1 kg Wasserdampf derart eingetragen sind, daß das nutzbare Wärmegefälle zwischen einem gewählten Anfangs- und einem gewählten Endzustand direkt abgegriffen werden kann.

Für die vorzugsweise in der Praxis angewandten Drücke und Temperaturen sind die Wärmeverhältnisse für die verlustlose Maschine nachstehend zusammengestellt[1]):

Dampfdruck am Kessel	at	11	16	32	100
Dampfdruck beim Eintritt in die Maschine	at	10	15	30	96
Kondensatordruck	at	0,05	0,05	0,05	0,05
Dampftemperatur im Überhitzer	°C	320	340	370	450
Dampftemperatur beim Eintritt in die Maschine	°C	300	320	350	425
Kondensattemperatur	°C	32	32	32	32
Kondensatwärme W_k	kcal	32	32	32	32
Zugeführte Wärmemenge W_z	,,	698	706	713	731
Gesamtwärme beim Eintritt W_e	,,	730	738	745	763
,, ,, Austritt W_a	,,	520	511	492	464
Nutzbares Wärmegefälle $W_n = W_e - W_a$	,,	210	227	253	299
Thermischer Wirkungsgrad $\eta_t = \dfrac{W_n}{W_z}$		0,306	0,322	0,355	0,41

In der Zahlentafel sind zunächst die Drücke am Kessel, beim Eintritt in die Maschine und beim Austritt in den Kondensator angegeben, wobei als Austrittsdruck durchgehends 0,05 at angenommen ist. Die Dampftemperaturen sind unter Berücksichtigung der üblichen Überhitzung, ca. 120° C, eingetragen, wobei die Temperaturen an der Maschine wegen der Abkühlung in den Rohrleitungen um etwa 20° C kleiner als am Überhitzer angenommen sind. Die Temperatur des kondensierten Dampfes ist entsprechend dem angenommenen Druck im Kondensator mit 32° C angegeben.

Zur Berechnung der Wärmeinhalte ist auszugehen von der Temperatur des Speisewassers, die gleich der Kondensattemperatur, im vorliegenden Beispiel 32° C, ist. Um auf die Gesamtwärme beim Eintritt in die Maschine zu kommen, ist dem Dampf, abgesehen vom Rohrleitungsverlust, die in der Zahlentafel angegebene Wärmemenge zuzuführen. Als Gesamtwärme beim Eintritt in die Maschine ist die Summe der Verdampfungswärme, der Flüssigkeitswärme und der Überhitzungswärme für die an der Maschine herrschende Spannung und Temperatur angegeben. Die in der Zahlentafel weiters eingetragene Gesamtwärme am Austritt ist die Summe der Flüssigkeitswärme und der Verdampfungswärme des Dampfes von 0,05 at.

Die Differenz aus der Gesamtwärme beim Eintritt und beim Austritt stellt das nutzbare Wärmegefälle dar, welches nicht nur infolge der größeren Flüssigkeits- und Überhitzungswärme, sondern, wie aus der Tabelle ersichtlich, auch infolge des bereits erläuterten Gewinnes aus der Verdampfungswärme mit zunehmenden Eintrittsdrücken und Temperaturen wesentlich steigt. Das Verhältnis zwischen dem nutzbaren Wärmegefälle zur gesamten zugeführten Wärme ist der thermische Wirkungsgrad der verlustlosen Maschine.

Die größeren Dampfkraftzentralen wurden bisher für Dampfdrücke bis zu etwa 15 at und für Dampftemperaturen bis etwa 320° C an der Maschine gebaut und es ist hiebei, wie aus der Zahlentafel ersichtlich, gelungen, ein Wärmegefälle von zirka 230 kcal je kg Dampf in mechanische Arbeit umzuwandeln. Der Mangel an Brennstoffen sowie der Wettbewerb mit Dieselanlagen gaben den Anlaß, eine höhere Ausnutzung der Brennstoffwärme auch in Dampfwerken anzustreben; es ist unter Beibehaltung der bisherigen normalen Kessel- und Maschinenbauarten möglich, Eintrittsdrücke bis zu etwa 30 at und Eintrittstemperaturen bis zu etwa 350° C anzuwenden, wobei ein Wärmegefälle von ca. 255 kcal je kg Dampf in mechanische Arbeit umgesetzt wird. Es sind weitere Bestrebungen im Gange, auf Eintrittsdrücke von 100 at und darüber bei einer Überhitzung bis 450° C zu gehen, womit ein Wärmegefälle von etwa 300 kcal nutzbar gemacht würde.

---

[1]) Die bei den Druckangaben eingesetzten at-Zahlen geben stets den absoluten Druck an.

Der Gesamtwirkungsgrad einer Dampfkraftanlage an der Turbinenwelle ergibt sich bei Berücksichtigung sämtlicher Verluste, wenn im Mittel

der Kesselwirkungsgrad $\eta_k = 80\%$,

der Wirkungsgrad der Rohrleitungen, Speisewasserförderung usw. $\eta_r = 94\%$,

der Wirkungsgrad der Turbinen $\eta_m = 80\%$ beträgt, zu

$$\eta_g = \eta_t \cdot \eta_k \cdot \eta_r \cdot \eta_m = \eta_t \cdot 0{,}80 \cdot 0{,}94 \cdot 0{,}80 = 0{,}6\,\eta_t.$$

Hiernach berechnet sich der Gesamtwirkungsgrad für eine Anlage mit 16 at Druck, 340° C Temperatur am Kessel und mit 0,05 at Kondensatordruck zu

$$\eta_g = 0{,}6 \cdot 32{,}2 = \underline{19{,}3\%}.$$

Bei einem Kesseldruck von 32 at, 370° C und sonst gleichen Verhältnissen steigt der Gesamtwirkungsgrad auf

$$\eta_g = 0{,}6 \cdot 35{,}5 = \underline{21{,}3\%}.$$

Bei der Wahl höherer Eintrittsdrücke und Temperaturen darf die Frage der Anlagekosten allerdings nicht übersehen werden. Die Kessel und Dampfturbinen mit Hilfseinrichtungen könnten bei erhöhtem Wärmegefälle zwar billiger werden, weil bei gleicher Arbeitsleistung die verarbeitete Dampfmenge kleiner wird. Diese Verbilligung wird indessen mehr als aufgewogen durch die bei höheren Drücken erforderlichen größeren Wandstärken der Kessel, Rohrleitungen usw., sowie durch das widerstandsfähigere Material für die Turbinen und die Hilfseinrichtungen. Es ist deshalb in jedem Einzelfalle zu entscheiden, ob je nach den Kosten des Brennmaterials die Erhöhung des Wärmegefälles unter Berücksichtigung der erhöhten Anlagekosten noch eine Ersparnis an Betriebskosten ergibt. Bei billigem Brennmaterial liegt die Grenze der wirtschaftlichen Drücke und Temperaturen niedriger als bei teuerem Brennmaterial.

Trotz der erzielten Verbesserungen des thermischen bzw. des Gesamtwirkungsgrades enthält, wie aus der Zahlentafel ersichtlich, das Kondensat beim Austritt aus der Maschine noch 464 bis 520 kcal/kg, wovon nur 32 kcal im Speisewasser dem Kreislauf wieder zugeführt werden, während 432 bis 488 kcal bei der Kondensation zwar frei werden, aber ohne Umsetzung in mechanische Arbeit durch das Kühlwasser abgeführt werden. Um diese beträchtliche Wärme nutzbar zu machen, sucht man die Elektrizitätswerke, wenn möglich, mit wärmeverbrauchenden Industrien, chemischen Betrieben, Papierfabriken, Spinnereien u. dgl. oder mit Fernheizanlagen, Badeanstalten usw. zu verbinden und den Abdampf nicht in Maschinenkondensatoren, sondern in Koch- und Heizapparaten niederzuschlagen. Allerdings kann man hiebei nicht auf einen Druck von 0,05 at heruntergehen, man hat sich vielmehr nach dem in den Kochern, Heizungen usw. vorhandenen Druck zu richten, der je nach dem Verwendungszweck 0,5 bis 10 at beträgt.

Wenn auf Grund der vorstehenden Erwägungen über Druck und Temperatur des Eintrittsdampfes eine Entscheidung getroffen ist, können die bezüglichen Verhältnisse für die Kesselanlage unter Berücksichtigung der Druck- und Temperaturverluste in den Rohrleitungen festgelegt werden, wobei im allgemeinen mit Druckverlusten von 4 bis 6% und bei überhitztem Dampf und gut isolierten Leitungen mit Temperaturverlusten von 5 bis 8% zu rechnen ist.

Gesamtleistung der Kesselanlage. Die sodann festzulegende Leistung der Kesselanlage wird bestimmt durch den bei Maximalbetrieb erforderlichen stündlichen Dampfverbrauch am Eintrittsventil der Maschinen, zuzüglich der Kondensationsverluste in den Rohrleitungen und des Verbrauches der Hilfsbetriebe, wie Dampfspeisepumpen, mit Frischdampf betriebene Destillationsapparate u. dgl.

Der Dampfverbrauch an den Turbogeneratoren mit Kondensation kann für die erste Rechnung überschlägig angenommen werden

für Einheiten von 5000 kW bei 16 at 320° C mit 5,5 kg je kWh
10000 „   „ 20 „ 350° C „ 5,0 „ „   „
20000 „   „ 25 „ 350° C „ 4,75 „ „   „
50000 „   „ 35 „ 400° C „ 4,5 „ „   „

Für die Verluste und Hilfsbetriebe genügt im allgemeinen ein Zuschlag von 10 bis 15 % zum Dampfverbrauch der Hauptmaschinen.

Die Leistung einer Kesselanlage wird gewöhnlich auf ihre Heizfläche bezogen, d. h. auf diejenigen von den Feuergasen umspülten Außenwandungen der Kessel, an deren Innenseite das zu verdampfende Wasser sich befindet. Bei den üblichen Bauarten setzt sich die Heizfläche aus einer Anzahl von Rohren und zylindrischen Behältern (Ober- und Unterkessel) zusammen und es beträgt die Leistung bei Dampfdrücken bis 35 at und bei gutem Zug normal 30 bis 35 kg Dampf je qm und Stunde; die Leistung läßt sich bei entsprechender Zugerhöhung auf 40 kg und mehr je qm Heizfläche und Stunde steigern.

Spezialkessel für Dampf von 60 bis 100 at, deren Heizflächen meist auf den Bereich hoher Feuergastemperaturen beschränkt werden, weisen Dampfleistungen bis zu 60 kg je qm Heizfläche und Stunde auf.

Für die obenerwähnten Beispiele würde sich unter Zugrundelegung einer Dampferzeugung von 30 bis 35 kg je qm und Stunde die benötigte Kesselheizfläche

für eine 5000-kW-Einheit zu rd. 1000 qm,
„   „   10000   „   „   „ 1800 „
„   „   20000   „   „   „ 3200 „
„   „   50000   „   „   „ 7200 „ ergeben.

Wenn die Größe der gleichzeitig in Betrieb befindlichen Dampfturbinen feststeht, kann hieraus die Gesamtleistung der gleichzeitig in Betrieb befindlichen Kessel bestimmt werden, wobei indessen noch die für die Anlage zu wählende Kesselreserve zu berücksichtigen ist. Eine ausreichende Reserve ist nötig, weil stets ein Teil der Kessel infolge von Reinigungs- und Instandhaltungsarbeiten außer Betrieb ist. Die Reserve ist bei Laufwerken, d. s. Werke mit mehr oder weniger durchlaufendem Betrieb, je nach der Größe der Gesamtanlage mit 20 bis 25% anzunehmen, bei Spitzenwerken kann die Reserve geringer sein, indem man für die kurze Zeit der Maximalspitze eine Überlastung der Betriebskessel zuläßt.

Verteilung der Gesamtleistung und Gruppierung. Die berechnete Gesamtkesselleistung muß auf eine entsprechende Anzahl von Kesseleinheiten aufgeteilt werden; maßgebend für die Aufteilung ist zunächst die Größe der in einer Kesseleinheit unterzubringenden Heizfläche. In neuerer Zeit ist man in Amerika zu Kesseleinheiten bis 3000 qm Heizfläche übergegangen. Die Zusammenfassung so großer Leistungen in einer Einheit hat allerdings den Nachteil, daß bei Reinigung, Störungen u. dgl. erhebliche Leistungen ausfallen. Da ferner die Beaufsichtigung, Bedienung und Reinigung sehr großer Einheiten Schwierigkeiten verursacht, geht man in Deutschland mit der Heizfläche eines Kessels nicht gerne über 1800 bis 2000 qm.

Anschließend an die Bestimmung der Kesseleinheiten ist deren Gruppierung festzulegen. Die Kessel werden mit den zugehörigen Maschineneinheiten in der Weise zu Gruppen zusammengefaßt, daß möglichst kurze und übersichtlich angeordnete Wasserleitungen, Dampfleitungen und Zuganschlüsse möglich sind. Da die Kessel wesentlich mehr Platz benötigen als die zugehörigen Maschinen, werden die Längsachsen der Kesselhäuser meist senkrecht zum Maschinenhaus gestellt. Einige der gebräuchlichsten Anordnungen zeigen die Abb. 89, bei welcher zwischen je zwei Kesselhäusern die Schornsteine sowie die Speisewasserreiniger, Speisepumpen und sonstigen Hilfsbetriebe angeordnet sind, und die Abb. 90, wobei die Kesselhäuser unmittelbar nebeneinander liegen und die Hilfsbetriebe zwischen den Kesselhäusern und dem Maschinenhaus angeordnet werden.

Die Anordnung der Kesselhäuser parallel zum Maschinenhaus, die bei Wahl großer Kesseleinheiten, also kleiner Kesselzahl, möglich ist, zeigt Abb. 91.

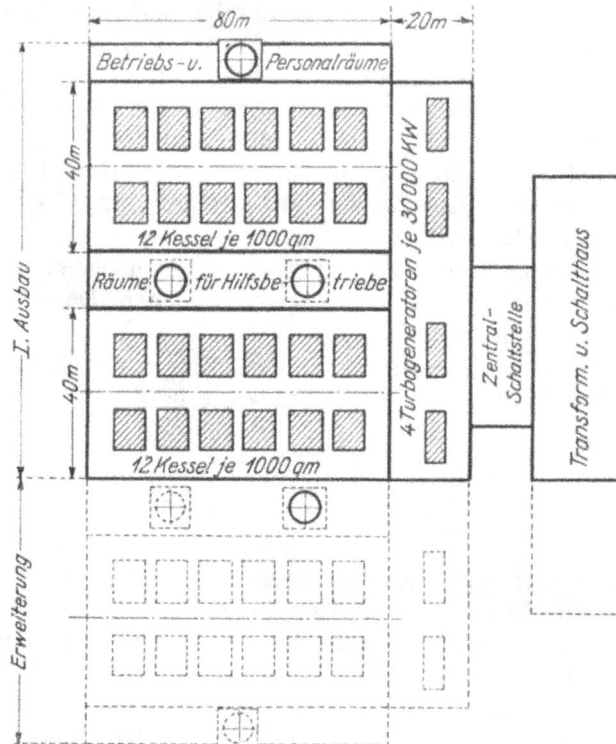

Grundfläche der Kesselhäuser einschl. Kesselhilfsbetriebe: ca. 7000 qm
Grundfläche des Maschinenhauses einschl. Maschinenhilfsbetriebe: „ 3000 „
Summe Kesselhäuser + Maschinenhausgrundfläche: ca. 10000 qm.

Abb. 89. Anordnung der Kesselhäuser senkrecht zum Maschinenhaus, Hilfsbetriebe zwischen den Kesselhäusern.

Wahl des Kesselsystems. In bezug auf die Bauart kommen für Drücke bis zu 35 at vorzugsweise Wasserkammerkessel und Steilrohrkessel in Betracht.

Wasserkammerkessel normaler Bauart haben einen verhältnismäßig großen Wasserraum und damit günstige Speicherfähigkeit; sie eignen sich deshalb besonders für Kraftwerke mit schwankenden Belastungen. Nachteilig ist die infolge der schräg liegenden Rohre große Grundfläche, die komplizierte Zugführung und die langen Rauchgaswege, wodurch der Kessel am Ende der Feuerzüge an Wirksamkeit verliert. Seine Leistungsfähigkeit ist daher auf normal 20 bis 25, maximal 30 bis 35 kg Dampferzeugung je qm Heizfläche und Stunde beschränkt. Für Drücke über 25 at ist der normale Wasserkammerkessel weniger geeignet, weil das Wasser infolge der kleinen Rohrneigung nur mit geringer Geschwindigkeit umläuft und die durchgehenden, zumeist geschweißten Wasserkammern den bei höheren Drücken entstehenden Beanspruchungen nicht standhalten.

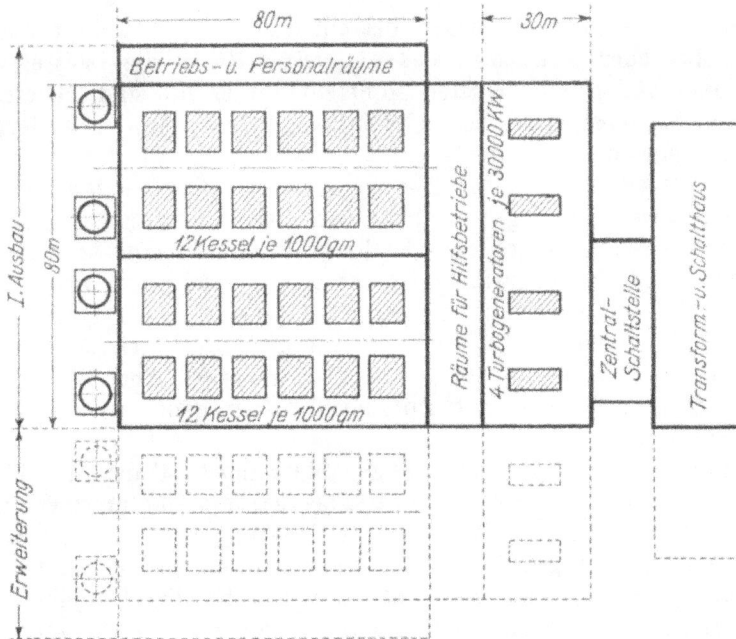

Grundfläche der Kesselhäuser einschl. Kesselhilfsbetriebe: ca. 7000 qm.
Grundfläche des Maschinenhauses einschl. Maschinenhilfsbetriebe: ,, 3500 ,,

Summe Kesselhäuser + Maschinenhausgrundfläche: ca. 10500 qm.

Abb. 90. Anordnung der Kesselhäuser senkrecht zum Maschinenhaus,
Hilfsbetriebe zwischen Kesselhäusern und Maschinenhaus.

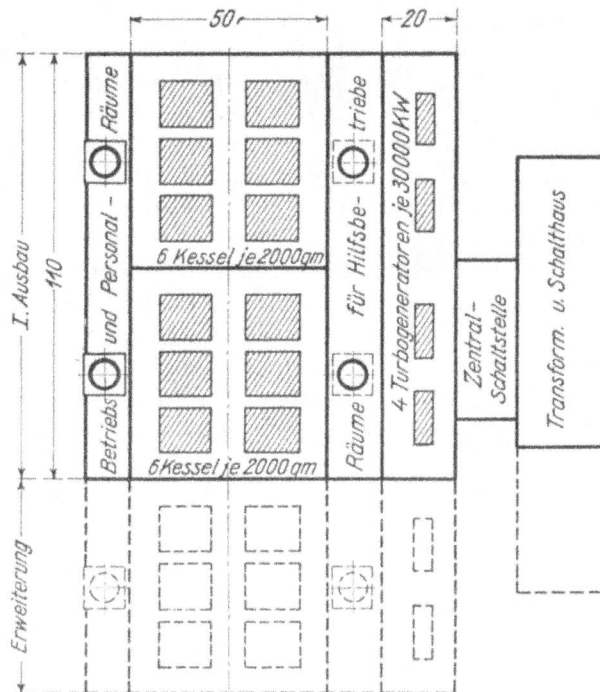

Grundfläche der Kesselhäuser einschl. Kesselhilfsbetriebe: ca. 6000 qm
Grundfläche des Maschinenhauses einschl. Maschinenhilfsbetriebe: ,, 3500 ,,

Summe Kesselhäuser + Maschinenhausgrundfläche: ca. 9500 qm.

Abb. 91. Anordnung der Kesselhäuser parallel zum Maschinenhaus,
Hilfsbetriebe zwischen Kesselhäusern und Maschinenhaus.

Diese Nachteile werden vermieden bei einer Abart des Wasserkammerkessels, dem Gruppenrohr- oder Sektionalkessel, bei welchem die Wasserkammern in einzelne Sektionen für je eine einzige Rohrreihe unterteilt sind. Diese Sektionen sind leichter und betriebssicherer herzustellen als ganze Kammern, wodurch sie auch für hohe Drücke anwendbar sind.

Beim Steilrohrkessel ist der Platzbedarf der steilstehenden Rohre geringer und die Heizgasführung günstiger als beim Wasserkammerkessel, im ersten Feuerbereich liegt eine wesentlich größere Heizfläche, wodurch eine schnelle Inbetriebsetzung und eine große Leistungsfähigkeit der Kessel ermöglicht wird. Der Wasserumlauf ist infolge der steilen Rohre günstig. Die Leistung der Kessel beträgt daher normal 25 bis 30, maximal mit 35 bis 40 kg Dampf je qm Heizfläche und Stunde.

Für Drücke über 35 at bis 100 at kommt zunächst eine Weiterbildung der Sektional- und Steilrohrkessel in Betracht, doch wurden hiefür auch spezielle Kesselbauarten ausgebildet.

Eine den hohen Drücken besonders angepaßte Bauart hat der für 100 at gebaute Atmoskessel. Er besteht aus Rohren von 200 bis 300 mm Durchmesser und 3 bis 4 m Länge, die durch Antrieb von außen in ständiger Drehung erhalten werden. Die Rohre sind zum Teil mit Wasser gefüllt, welches durch die bei der Drehung auftretende Zentrifugalkraft an deren Wandungen gepreßt wird. Hierdurch bleiben die im Bereich der Feuergase befindlichen Rohrwandungen von innen stets vom Wasser berührt, der Dampf sammelt sich in der Mitte der Rohre, gelangt von dort zu einem Dampfsammler und zum Überhitzer. Da die Rohre mit ihrer ganzen Heizfläche über dem ersten Feuerraum liegen, ergibt sich die hohe Dampfleistung von 200 bis 300 kg je qm Heizfläche und Stunde. Ein Nachteil ist der außerordentlich kleine Wasserraum, weshalb diese Kessel für Werke mit schwankenden Belastungen nur in Verbindung mit besonderen Dampfspeichern geeignet sind.

Als eine weitere Bauart für sehr hohe Drücke wird der Benson-Kessel vorgeschlagen, der lediglich aus Rohrschlangen besteht und in welchem der kritische Druck von 225 at erreichbar ist. Da die Verdampfungswärme bei diesem Druck gleich Null ist, geht das auf ca. 370° C erhitzte Wasser ohne weitere Wärmezufuhr direkt in Dampf über. Für einen Druck von 225 at sind allerdings die jetzigen Maschinen nicht geeignet, der Dampf dieser Kessel müßte deshalb auf 100 at abgedrosselt werden, womit die Ersparnis an Verdampfungswärme größtenteils wieder verlorengeht.

Die bei Drücken über 40 at erforderliche Verwendung hochwertigster Materialien, die schwierige Herstellung der Kessel und ihrer Nebeneinrichtungen bedingt trotz der Ersparnisse an baulichen Einrichtungen wesentlich erhöhte Anlagekosten. Die erzielbare Kohlenersparnis von etwa 10% gegenüber Anlagen mit 30 bis 35 at ist kaum ausreichend, um die Verwendung von Höchstdruckkesseln allgemein ins Auge zu fassen; man wird sich deshalb beim Bau neuer Großkraftwerke vorerst mit Drücken unter 40 at begnügen und auch in diesem Bereich von Fall zu Fall prüfen, ob je nach dem Preise der Kohlen ein ausreichender Grund zur Erhöhung des Wärmegefälles vorliegt.

Einrichtungen für die Überhitzung, Vorwärmung u. dgl. Die mit den Kesseln verbundenen Überhitzer, deren wesentliche Bedeutung für die Wärmewirtschaft der Dampfanlagen bereits erläutert wurde, bestehen in der Regel aus nahtlos gezogenen eisernen Rohren von 20 bis 40 mm l. W., welche schlangenförmig gebogen und an beiden Enden in gezogene oder geschweißte Überhitzerkasten eingewalzt sind. Sie werden in den Weg der Heizgase, meist hinter den ersten Zug, eingeschaltet. Ihre Heizfläche beträgt in der Regel 30 bis 40% der Kesselheizfläche. Sie ist reichlich vorzusehen, damit die gewünschte Dampftemperatur auch bei schwacher Belastung der Kessel und entsprechend geringer Heizgastemperatur erreicht wird und damit etwa mitgerissenes Wasser im Überhitzer mit Sicherheit nachverdampft wird.

Zur überschlägigen Berechnung der Überhitzerheizfläche $H_{\ddot{u}}$ in qm sei angenommen, daß in einer Stunde eine Dampfmenge D kg von der Sättigungstemperatur t^0 C auf die Überhitzungstemperatur $t_{\ddot{u}}^0$ C zu überhitzen ist. Hiefür ist eine Wärmemenge von $D \cdot W_{\ddot{u}}$ kcal zuzuführen, wenn mit $W_{\ddot{u}}$ die Überhitzungswärme bezeichnet wird. Diese Wärmemenge wird von den Rauchgasen, deren Temperatur sich hiebei von 850 bis 900^0 C auf etwa 550 bis 600^0 C erniedrigt, durch die Überhitzerrohre auf den Dampf übertragen. Die Wärmeübertragung Q je qm Überhitzerrohrfläche und Stunde beträgt dabei $Q = k\,(t_r - t_m)$.

Hiebei bedeutet:

k die Wärmedurchgangszahl, die bei normalem Betrieb je nach der Bauart und dem Zustand der Überhitzer zwischen 20 bis 35 liegt;

t_r die mittlere Temperatur der Rauchgase, meist 650 bis 700^0 C;

$t_m = \dfrac{t + t_{\ddot{u}}}{2}$ die mittlere Temperatur des Dampfes im Überhitzer.

Da die übertragene Wärmemenge $Q \cdot H_{\ddot{u}}$ gleich der zur Überhitzung nötigen Wärmemenge $D \cdot W_{\ddot{u}}$ sein muß, ergibt sich die Überhitzerheizfläche zu

$$H_{\ddot{u}} = \frac{D \cdot W_{\ddot{u}}}{k\,(t_r - t_m)}\,.$$

Bezogen auf die zugehörige Kesselheizfläche H_k wird unter Einführung der spezifischen Kesselleistung $d = \dfrac{D}{H_k}$:
$$\frac{H_{\ddot{u}}}{H_k} = \frac{d \cdot W_{\ddot{u}}}{k\,(t_r - t_m)}\,.$$

Beträgt z. B. die stündliche spezifische Leistung eines Kessels $d = 35$ kg Dampf von 20 at, 210^0 C und wird eine Überhitzung auf 350^0 C gewünscht, so ist eine Überhitzungswärme von 80 kcal/kg zuzuführen; ist ferner die mittlere Rauchgastemperatur 650^0 C, so ergibt sich mit $k = 25$ das erforderliche Verhältnis zwischen Überhitzerheizfläche und Kesselheizfläche zu

$$\frac{H_{\ddot{u}}}{H_k} = \frac{35 \cdot 80}{25\,(650 - 280)} = \underline{0{,}30}.$$

Zur Erzielung einer ökonomischen Wärmewirtschaft ist auch die Vorwärmung des Speisewassers erforderlich. Die Anfangstemperatur des aus dem Kondensat der Turbogeneratoren entnommenen Speisewassers beträgt, wie bereits erwähnt, 30 bis 35^0 C. Bei Einspeisung von so kühlem Wasser würde eine erhebliche Herabsetzung der Dampfleistung und eine Verminderung des Kesselwirkungsgrades eintreten und die innerhalb des Kessels entstehenden großen Temperaturgefälle würden eine schädliche Einwirkung auf die Kesselteile hervorrufen. Es ist deshalb nötig, das Speisewasser vor dem Eintritt in den Kessel soweit als möglich zu erwärmen. Die Grenze der Vorwärmung bildet die Sättigungstemperatur des Dampfes, damit Dampfbildungen in den Vorwärmern, in den Speisewasserleitungen und Pumpen vermieden werden.

Zur Vorwärmung des Speisewassers kann der Abdampf der verschiedenen Hilfsmaschinen, Speisewasser- und Kondensationspumpen u. dgl. benutzt werden.

Wenn die verfügbare Abdampfwärme nicht genügt, wird eine weitere Vorwärmung des Speisewassers durch Ekonomiser erreicht, die in der Regel jedem Kessel beigegeben werden. Die Ekonomiser setzen sich aus einer Anzahl von Rohren zusammen, die gewöhnlich hinter dem letzten Kesselzug derart eingeschaltet werden, daß die dort noch vorhandene Rauchgaswärme an das die Ekonomiserrohre durchlaufende Speisewasser abgegeben wird. Da die Temperatur der Rauchgase vor dem Ekonomiser etwa 400° C, nach Passieren desselben ca. 180 bis 200° C beträgt, wird ein Wärmegefälle von ca. 200° C verwertet.

Die Ekonomiser werden bis zu 30 at Druck gewöhnlich aus Gußeisen hergestellt; für höhere Drücke wird Schmiedeeisen verwendet, soferne nicht Kombinationen von in zwei Druckstufen hintereinander geschalteten gußeisernen und schmiedeeisernen Ekonomisern unter Zwischenschaltung weiterer Speisepumpen vorgesehen sind.

Die gußeisernen Ekonomiser sind gegen die im Speisewasser gelösten Säuren und Gase widerstandsfähiger als schmiedeeiserne Ekonomiser, die meist in kurzer Zeit durch Anfressungen zerstört werden, wenn nicht durch sorgfältige Reinigung und Entgasung des Wassers für weitgehende Entfernung der schädlichen Bestandteile gesorgt wird.

Da durch den Einbau der Ekonomiser eine erhebliche Verengung im Rauchkanal entsteht, setzen sich ständig große Mengen von Flugasche, Ruß u. dgl. an den Ekonomiserrohren an, wodurch der Wärmedurchgang vermindert wird. Zur Entfernung dieser Ansätze werden bei gußeisernen Ekonomisern Rußkratzer angeordnet, die durch mechanischen Antrieb kontinuierlich an den Rohren entlang gleiten; schmiedeeiserne Ekonomiser werden durch Abblasevorrichtungen gereinigt.

Die Heizflächen der Ekonomiser sind so zu bemessen, daß die gewünschte Endtemperatur des Speisewassers erreicht wird. Als überschlägigen Anhalt für die Berechnung kann nachstehende Formel verwendet werden:

$$H_e = D \frac{2(t_2 - t_1)}{k[T_1 + T_2 - (t_1 + t_2)]}.$$

Hiebei bezeichnet:

H_e die Heizfläche des Ekonomisers in qm,
D die stündlich zu erwärmende Speisewassermenge in kg,
t_1 die Temperatur des Speisewassers beim Eintritt in den Ekonomiser,
t_2 die Temperatur des Speisewassers beim Austritt aus dem Ekonomiser,
T_1 die Temperatur der Heizgase vor dem Ekonomiser,
T_2 die Temperatur der Heizgase nach dem Ekonomiser,
k die Wärmedurchgangszahl für die Durchleitung der Wärme durch die Ekonomiserrohre, die beim Betrieb mit Rußkratzern oder Abblasevorrichtungen mit 12 bis 14 angenommen werden kann.

Es berechnet sich hiernach für einen Kessel von 1000 qm Heizfläche mit einer Dampferzeugung von 30000 kg Dampf die für die Vorwärmung des Speisewassers von 30° auf 120° C benötigte Ekonomiserheizfläche bei einem Temperaturgefälle der Rauchgase von 400° auf 200° C zu

$$H_e = 30000 \frac{2 \cdot 90}{14 (600 - 150)} = \text{rund } 850 \text{ qm.}$$

Die Ekonomiserheizfläche beträgt somit in diesem Falle ca. 85% der Kesselheizfläche. Diese Verhältniszahl wird um so größer, je höher der Kesseldruck ist, um die bei den Hochdruckkesseln höheren Rauchgastemperaturen ausnutzen und die erforderlichen höheren Speisewassertemperaturen erzielen zu können.

Im allgemeinen kann die Verteilung der Gesamtheizfläche einer Kesselanlage für die erste Berechnung etwa wie folgt vorgenommen werden.

Kesseldruck	15—20 at	35—40 at
auf eine Kesselheizfläche von je . . entfallen an:	1000 qm	1000 qm
Überhitzerheizfläche je	300—350 qm	350— 400 qm
Ekonomiserheizfläche je	800—900 qm	1100—1200 qm

Bei Drücken von 60 bis 100 at wären die Überhitzer- und Ekonomiserheizflächen im Verhältnis zur Kesselheizfläche etwa doppelt so groß zu rechnen.

Neuerdings verzichtet man bei Drücken über 30 at wegen der bei schmiedeeisernen Ekonomisern auftretenden Übelstände häufig auf die Einschaltung eines Ekonomisers und nimmt die Vorwärmung des Speisewassers durch Dampf vor, der einzelnen Stufen der Kraftmaschinen entnommen wird, Zwischendampf- oder Anzapfdampfvorwärmung. Die Wirtschaftlichkeit dieses Verfahrens beruht darauf, daß der zur Vorwärmung benutzte Teil des Dampfes die beim Austritt aus der Maschine noch vorhandene gebundene Wärme nicht an das Kühlwasser der Kondensatoren abgibt, sondern seine Gesamtwärme durch das Speisewasser dem Wärmekreislauf wieder zuführt. Bei größeren Anlagen und höheren Drücken wird der Vorwärmedampf aus verschiedenen Zwischenstufen der Maschinen entnommen und stufenweise im Gegenstrom in mehreren hintereinander geschalteten Vorwärmern kondensiert, wobei das Speisewasser nahe bis zur Dampftemperatur erhitzt wird.

Die Maßnahmen zur Speisewasservorwärmung können auch kombiniert werden, insbesondere ist die Verbindung der Vorwärmung durch Abdampf der Hilfsmaschinen mit Ekonomisern üblich.

Wenn auf den Ekonomiser verzichtet wird, so ist die Ausnutzung der in den abziehenden Rauchgasen enthaltenen Wärme durch Vorwärmung der den Kesselfeuerungen zuzuführenden Verbrennungsluft möglich, wodurch zugleich die Verbrennung der Kohlen erleichtert und die spezifische Rostleistung erhöht wird. Die Vorwärmung erfolgt in Lufterhitzern, welche außen von den Heizgasen, innen von Luft umspült sind. Da sie nicht unter Druck stehen, sind sie billig in Anschaffung und Betrieb. Mitunter werden Kessel mit mittleren Drücken sowohl mit Ekonomisern als auch mit Lufterhitzern versehen.

Feuerungseinrichtungen und Zugerzeugung. Zur Feuerung einer Kesselanlage gehören der Rost, die Einrichtungen für die Kohlenzufuhr und für die Luftzufuhr sowie der Feuerraum. Die Roste sind so auszuführen, daß ein langsamer Vorschub der Kohle aus der Entgasungs- in die Vergasungszone und von da in die Verbrennungszone derart erfolgt, daß ein restloses Ausbrennen der Kohle erzielt wird. Der Rost erhält bei größeren Kesseln stets mechanische Einrichtungen, welche die gleichmäßige Verteilung der Kohlen über die Rostfläche, das Wandern derselben nach hinten, das Abführen der Schlacke usw., ohne Zutun der Kesselbedienung selbsttätig besorgen.

Zu diesem Zwecke dient bei Steinkohlenfeuerungen am häufigsten der Wanderrost, ein über zwei Walzen gezogenes endloses Band, welches aus einer großen Anzahl länglicher Laschen zusammengesetzt ist, durch deren Spalten die Verbrennungsluft von unten zum Brennstoff gelangt. Um eine Anpassung an die Art der Kohle zu ermöglichen, und in gewissem Grade auch die Leistung des Rostes zu verändern, ist die Wandergeschwindigkeit regulierbar. Die bei der Verbrennung anfallenden Schlacken werden am Ende des Rostes durch sog. Schlackenabstreifer in eine Schlackentasche abgeführt.

Der Wanderrost eignet sich vorzugsweise für nicht backende Kohle mit hohem Aschengehalt und nicht zu schwer schmelzbarer Schlacke; er zeichnet sich durch gute, gleichmäßige Verbrennung bei geringem Zug und geringer Antriebskraft aus, er ermöglicht einfache Bedienung und die Auswechslung abgebrannter Roststäbe während des Betriebes.

Für backende Kohlen mit wenig Asche und geringem Feuchtigkeitsgrad kommen für größere Kessel die sog. Stoker in Frage, welche meist als Unterschubfeuerungen ausgebildet werden, wobei die Kohlen durch besondere bewegliche Vorschubkolben von unten her zugeführt werden. Der Rost bleibt als Ganzes in Ruhe, dagegen sind die einzelnen muldenartigen Elemente meist gegenläufig beweglich, wodurch die Kohlen allmählich in den Verbrennungsraum geschoben — gestokert — werden, während die gegenläufige Bewegung der Rostelemente das Anbacken der Schlacken verhindert. Die Stokerfeuerungen werden in der Regel in Verbindung mit künstlichem Zug, meist Unterwindgebläsen, angewendet.

Für die Bemessung der Rostgröße ist die „spezifische Rostbelastung" maßgebend, d. i. diejenige Kohlenmenge, welche stündlich auf 1 qm Rostfläche restlos verbrannt werden kann. Die spezifische Rostbelastung ist von der Konstruktion der Feuerung, von der Größe des über dem Rost befindlichen Feuerraumes, von der Natur des Brennstoffes, sowie von der Stärke und Art des Zuges abhängig. Sie kann bei Wanderrosten und bei Verwendung natürlichen Zuges normal 100 bis 120 kg Kohle/qm Rostfläche und Stunde, maximal ca. 150 kg Kohle je qm Rostfläche und Stunde betragen, und läßt sich bei Anwendung künstlichen Zuges auf 200 kg steigern, bei Unterschubfeuerungen mit Unterwind können Brennleistungen bis zu 300 kg Kohle je qm Rostfläche und Stunde erzielt werden.

Auf Grund der spezifischen Rostbelastung ergeben sich günstige Brennverhältnisse, wenn das Verhältnis zwischen Rostfläche und Kesselheizfläche für Wanderrostfeuerungen etwa $1/_{20}$ bis $1/_{30}$, für Stokerfeuerungen $1/_{30}$ bis $1/_{50}$ beträgt.

Da bei Wanderrosten mit Rücksicht auf die Bedienung und auf einen zuverlässigen Betrieb im allgemeinen nicht über eine Rostbreite von 2,5 bis 3 m und nicht über eine Rostlänge von 5 m, d. h. über eine Fläche von 15 qm für eine Rostbahn hinausgegangen werden soll, müssen für Kessel größerer Leistung zwei solcher Bahnen angeordnet werden. Bei einem Verhältnis zwischen Rostfläche und Kesselheizfläche von zirka 1:30 würde hiernach die Größe eines normalen Wanderrostkessels mit zwei Rostbahnen mit etwa 1000 qm Heizfläche begrenzt sein; sollen Wanderroste für größere Kessel verwendet werden, so sind Sonderkonstruktionen vorzusehen, welche entweder eine Verbreiterung oder Verlängerung der Roste zulassen oder die Anwendung von 3 oder 4 Rostbahnen nebeneinander ermöglichen.

Bei Unterschubfeuerungen ist man bezüglich der Größe der Rostfläche weniger beschränkt, da die Anzahl der den Rost bildenden Elemente beliebig vergrößert werden kann und die Elemente selbst erhebliche Abmessungen erhalten können, ohne daß der Antrieb und die Bedienung zu sehr erschwert werden.

Zur Erzielung großer Rostleistungen ist eine reichliche Bemessung des Feuerraumes nötig. Der Abstand zwischen Rostfläche und Heizfläche muß so groß sein, daß die Flamme vollständig ausbrennen kann und die Temperaturen weder infolge örtlicher Überhitzung über 1600° C steigen, noch infolge unvollständiger Verbrennung unter 1400° sinken, da im ersteren Falle durch Abbrand eine vorzeitige Zerstörung des Feuerungsmauerwerkes eintritt, in letzterem Falle der Verbrennungsprozeß verzögert und die Kesselleistung verringert wird.

Von besonderer Wichtigkeit für den Kesselbetrieb sind die zur Zugerzeugung dienenden Einrichtungen. Man unterscheidet Anlagen mit natürlichem Zug durch Schornsteine und solche mit künstlichem Zug durch Ventilatoren.

Die Zugerzeugung durch den Schornstein entsteht dadurch, daß die im Schornstein befindliche Luftsäule durch die Rauchgase erwärmt wird, hierdurch in die Höhe steigt und einen Unterdruck erzeugt, der als Zugwirkung zur Geltung kommt. Bei genügender Höhe und Weite des Schornsteins und bei mäßigen Rostbelastungen ist der Schornstein das beste Mittel zur Zugerzeugung, da er ohne besonderen Aufwand an Bedienung und Instandhaltung und ohne Antriebskraft arbeitet und die Abgase, mitgeführten Ruß, Flugasche u. dgl. in solcher Höhe über dem Boden abführt, daß die Umgebung nicht mehr durch dieselben belästigt wird.

Die Größe der Schornsteine bemißt sich nach der stündlich zu verfeuernden Brennstoffmenge; es kann für normale Verhältnisse — Kesseldruck 15 — 24 at, Kesselbelastung 30 — 35 kg/qm und h, Steinkohle von 7000 kcal — angenommen werden, daß ein Schornstein

von	80	90	100	110	120 m	Höhe ü. d. Rost
und	3,5	4,0	5,0	6,0	7,5 m	oberer l. W.
z. Verfeuerung v.	10000	14000	22000	32000	46000 kg	Kohle/Std.
entsprechend rd.	12000	18000	30000	48000	72000 kW	Leistung

einen ausreichenden Zug erzeugt.

Wenn die Errichtung ausreichend hoher Schornsteine aus baulichen oder anderen Gründen nicht möglich oder zweckmäßig ist, wird der natürliche Zug durch künstliche Zugeinrichtungen unterstützt. Hiefür stehen zwei Systeme zur Verfügung, der Saugzug und das Unterwindgebläse.

Beim Saugzug wird die Zugwirkung dadurch erreicht, daß mittels eines Ventilators entweder frische Luft angesaugt und durch einen Strahlapparat in den Schornstein eingeblasen wird oder die Rauchgase aus den Kesselzügen abgesaugt werden. Beim Unterwindgebläse wird die zur Verbrennung nötige Luft unter die Feuerung geblasen. Meist werden beide künstliche Zugarten nebeneinander verwendet, weil durch den Saugzug allein vor den Rosten hohe Unterdrücke entstehen, wodurch zuviel Luft in die Feuerungen gesaugt wird, während bei Anwendung eines Unterwindgebläses die Menge der Verbrennungsluft genau reguliert werden kann, wobei der zusätzliche Saugzug nur die Beförderung der bereits ausregulierten Luftmenge durch die Kesselzüge bewirkt. Hiebei wird noch der Vorteil erzielt, daß die Brennstoffschicht auf dem Rost ausgiebig mit fein verteilter Luft versorgt wird.

Auch bei Anwendung künstlichen Zuges sind Schornsteine zur Abführung der Rauchgase erforderlich, wobei für je einen oder zwei Kessel ein Schornstein vorgesehen wird, dessen Dimensionen so gewählt werden, daß er bei geringer Kesselbelastung zur Zugerzeugung ausreicht und die Saugzugeinrichtungen nur bei voller Belastung oder Forcierung der Kesselanlage in Tätigkeit treten. Häufig werden diese verhältnismäßig kleinen Schornsteine aus Blech hergestellt und über den Kesseln angeordnet, um eine kurze und zweckentsprechende Führung der Rauchgasfüchse zu ermöglichen.

Die Rauchgasfüchse liegen bei Anwendung natürlichen Zuges meist in gleicher Höhe mit den Rosten und werden als gemauerte Kanäle ausgebildet. Bei künstlichem Zug und Anwendung von Blechschornsteinen werden auch die Füchse luttenartig aus Blechen hergestellt, wodurch Ersparnisse an Grundfläche und Gebäudekosten erzielt werden.

Zur Anpassung an die Belastungsschwankungen der Kessel wird die Zugwirkung durch Regulierklappen verändert. Diese werden in die Füchse eingebaut, um deren Querschnitt nach Bedarf zu verengen. Bei künstlichem Zug sind die Ventilatoren in weiten Grenzen regelbar.

Wirkungsgrad der Kesselanlage. Bei guter Ausbildung der vorbeschriebenen Einrichtungen wird in der Kesselanlage ein Wirkungsgrad von 78 bis 82% einschließlich Überhitzer und Vorwärmer erzielt. Der Wirkungsgrad wird ausgedrückt durch das Verhältnis der in den Dampf übergegangenen Wärmemenge zu dem Wärmeinhalt des in der gleichen Zeit verfeuerten Brennstoffes.

Bedeutet:

η den Wirkungsgrad der Kesselanlage,

D die in einer bestimmten Zeit (1 Stunde, 10 Stunden od. dergl.) erzeugte Dampfmenge in kg,

W_e die Gesamtwärme von 1 kg erzeugtem Dampf in kcal,

W_s den Wärmeinhalt von 1 kg zugeführtem Speisewasser in kcal,
K die verbrauchte Brennstoffmenge in kg,
h den Heizwert von 1 kg Brennstoff in kcal,

so ergibt sich

$$\eta = \frac{D\,(W_e - W_s)}{K \cdot h} = \frac{v\,(W_e - W_s)}{h},$$

wobei $v = \dfrac{D}{K}$ als „Verdampfungsziffer" des Kessels bezeichnet wird.

Wird z. B. Dampf von 20 at und 350° C Temperatur mit der zugehörigen Gesamtwärme von 750 kcal erzeugt und Speisewasser von 30° vor der Vorwärmung verwendet, ist ferner eine achtfache Verdampfung mit einer verfeuerten Steinkohle von
7200 kcal Heizwert festgestellt, so beträgt der Wirkungsgrad des Kessels einschließlich Überhitzer und Vorwärmer

$$\eta = \frac{8\,(750 - 30)}{7200} = 80\%.$$

Kesselzubehör und Hilfseinrichtungen. Zur Kesselanlage gehören
noch die Einmauerungen der Kessel und die Kesselgerüste sowie die Einrichtungen
für die Kohlenlagerung über den Kesseln, für die Kohlenzufuhr zum Rost und
für die Aschenabfuhr.

Der wichtigste Bestandteil der Einmauerung ist das Feuergewölbe mit seinen
Seitenmauern. Das Gewölbe und die sonstigen mit den Feuergasen höherer Temperatur
in Berührung kommenden Teile sind aus feuerfesten Steinen, Schamotten, herzustellen; das übrige Kesselmauerwerk wird aus guten hartgebrannten Ziegeln erstellt. Das Mauerwerk wird gehalten durch das aus Eisenkonstruktion bestehende
Kesselgerüst, an welchem auch der Kessel selbst und der Überhitzer aufgehängt
werden. Das Gerüst muß für das Gewicht der Kesselteile und der Einmauerungsteile,
soweit sie nicht von den Fundamenten getragen werden, sowie des im Kessel enthaltenen Wassers und Dampfes bemessen sein.

Die für den unmittelbaren Kesselbetrieb dienende Kohle wird in Kohlenbunkern,
welche über den Kesseln entweder in zwei Teilen getrennt an den Längsseiten der
Kesselhäuser oder gemeinsam für zwei Kesselreihen in der Mitte angeordnet werden,
bereitgehalten. Das Fassungsvermögen der Bunker wird in der Regel für einen 10-
bis 15 tägigen Betrieb bemessen, doch kann deren Inhalt bei zweckmäßig angelegten
Außenlagern und gut funktionierenden Fördereinrichtungen auch wesentlich kleiner
gewählt werden. Sie werden aus Eisen oder Eisenbeton hergestellt. Die Beschickung
der Bunker erfolgt durch Conveyor oder Transportbänder, von welchen die Kohle
durch Abstreifer oder Greifer in die Bunkertaschen entleert wird. Auch Hängebahnen,
Wagenkipper u. dgl. können verwendet werden.

Von den Bunkern gehen Fallrohre zu den einzelnen Feuerungen, in welchen die
Kohle durch ihr Eigengewicht dem Verbrauch entsprechend kontinuierlich nach-
sinkt. Die Zufuhrmenge kann durch Regulierklappen oder Regulierschieber geregelt
werden.

Einen wichtigen Bestandteil einer Kesselanlage bilden ferner die Einrichtungen
zur Entfernung der Schlacken und der Asche. Diese fallen zunächst unter und hinter
den Rosten an und werden dort in besonderen Schlackentaschen gesammelt. Ferner
fällt Flugasche aus den Kessel- und Ekonomiserzügen sowie in den Rauchgasfüchsen
an, welche ebenfalls in Taschen gesammelt wird. Die anfallenden Aschen und Schlacken
sind bei Steinkohlen wegen ihrer Schwere und verhältnismäßig geringen Staub-
entwicklung wenig lästig und können bei kleineren Kraftwerken und bei nicht ständig
betriebenen Spitzenwerken in Aschenwagen abgezogen werden. Für größere Anlagen
werden mechanische Entaschungseinrichtungen angewandt, welche meist mittels

Wasserstromes die Asche und die vorher zerkleinerten Schlacken aufnehmen, löschen und transportieren.

Von den zur Kesselanlage gehörigen maschinellen Hilfs- und Nebeneinrichtungen sind die Speisewasserpumpen besonders zu erwähnen. Als solche werden meist Zentrifugalpumpen verwendet, die durch besondere kleine Dampfturbinen angetrieben werden, deren Abdampf zur Vorwärmung des Speisewassers benützt wird. Die behördlichen Vorschriften in Deutschland fordern zwei voneinander unabhängige Pumpenanlagen, von welchen jede das Doppelte der im Kessel verbrauchten Speisewassermenge leistet. Diese Vorschrift wird erfüllt, indem außer den erwähnten Pumpen mit Dampfturbinenantrieb ein Teil mittels Elektromotoren betrieben wird.

Zur Vervollständigung der Anlage gehören noch die Armaturen und die zur dauernden Betriebsüberwachung nötigen Wäge- und Meßeinrichtungen, letztere zur Feststellung der verbrauchten Kohlenmengen, Speisewasser- und Dampfmengen, der Zugstärke, der verschiedenen Drücke und Temperaturen, der Rauchgasbeschaffenheit usw.

c) Rohrleitungen.

Zur Zuführung des Speisewassers nach den Dampfkesseln, zur Verbindung der Kesselanlage mit den Dampfturbinen und dieser mit den Kondensatoren, zur Beschaffung von Kühlwasser sowie zur Abfuhr der verbrauchten Wasser- und Dampfmengen dienen die Rohrleitungen und deren Zubehör.

Im einzelnen sind hiebei folgende Hauptgruppen zu unterscheiden:

a) Speiseleitungen für die Kessel, durch welche den Kesseln das für die Dampferzeugung benötigte Wasser zugeführt wird;

b) Frischdampfleitungen für die Dampfturbinen, die Speisewasserpumpen u. dgl., soweit letztere mit Frischdampf aus den Kesseln betrieben werden;

c) Zwischendampfleitungen für Dampfturbinen, Pumpen, Speisewasservorwärmer u. dgl., soweit solche mit Anzapfdampf aus Turbogeneratoren betrieben werden;

d) Abdampfleitungen, welche den verbrauchten Dampf der Dampfturbinen und Dampfpumpen, soweit derselbe nicht kondensiert wird, zu Wärmeapparaten oder ins Freie abführen;

e) Kühlwasserzu- und -ableitungen für die Kondensatoren und Hilfseinrichtungen;

f) Entwässerungsleitungen für die Kessel, Hilfseinrichtungen, Wasserabscheider, Rohrleitungen, Armaturen u. dgl.; ferner Entwässerungs- und Überlaufleitungen für Speisewasserbehälter und ähnliche Einrichtungen.

Die Disposition der Leitungen richtet sich nach der Disposition der Kessel- und Maschinenanlage, wobei es bei größeren Anlagen zweckmäßig ist, die zu je einer Dampfturbine gehörigen Kessel und Rohrleitungen zu einer für sich abgeschlossenen Gruppe zusammenzufassen. Die Hauptdampf- und Speiseleitungen können hiebei als Doppelleitungen ausgeführt werden, wobei die Anschlüsse der einzelnen Kessel und Speisepumpen sowie der Dampfturbinen derart anzuordnen sind, daß eine möglichst weitgehende Beschränkung in der Zahl der Armaturen, Absperrventile u. dgl. erreicht wird. In Kraftwerken, die nur als Reserve dienen, können auch die Hauptleitungen einfach angeordnet werden.

Die verschiedenen Leitungen müssen in ihren Dimensionen den durchzuleitenden Dampf- bzw. Wassermengen entsprechen, wobei die Wassergeschwindigkeit in den Speiseleitungen bis 5 m/sec, die Dampfgeschwindigkeit in den Frischdampfleitungen

12*

bei normaler Leistung 50 bis 60 m/sec, in den Abdampfleitungen 30 bis 40 m/sec beträgt.

Für die Wahl des Materials sind in erster Linie die Drücke maßgebend, unter welchen die durchzuleitenden Flüssigkeiten bzw. Dämpfe stehen. Bei niedrigen Drücken bis zu 30 at sind normale schmiedeeiserne geschweißte oder gezogene Rohre verwendbar, die Armaturen können je nach der Größe aus Gußeisen oder aus Stahlguß bestehen. Für Drücke über 30 at ist Material von hoher Festigkeit erforderlich, die Rohre werden hiebei aus hochwertigem Siemens-Martin-Stahl hergestellt. Die Armaturen bestehen bei hohen Drücken ausnahmslos aus hochwertigem Stahlguß.

Neben den Drücken ist auch die Temperatur bei Herstellung der Rohrleitungen und deren Armaturen zu berücksichtigen, da bei hoher Überhitzung ein Nachlassen in der Festigkeit der Materialien eintritt.

Die Frisch- und Zwischendampfleitungen sowie die Speiseleitungen sind zur Vermeidung von Wärmeverlusten ausreichend zu isolieren.

d) Maschinenanlage.

Für die Ausgestaltung der Maschinenanlage kommen in Betracht:

der Druck und die Temperatur des arbeitenden Dampfes,

die Gesamtleistung der Maschinenanlage sowie deren Aufteilung auf einzelne Maschinen,

die Wahl des Maschinensystems unter Berücksichtigung eventueller Abwärmeverwertung,

die Ausbildung der Generatoren,

die Anordnung und Ausbildung der Hilfsbetriebe.

Über die in Frage kommenden Dampfdrücke und Dampftemperaturen wurden bei Erläuterung der Kesselanlage nähere Angaben gemacht; diesen ist bezüglich der Maschinen nur hinzuzufügen, daß der Bau von Kolbenmaschinen und Dampfturbinen für Drücke bis zu 100 at und für Temperaturen bis 450° C keine besonderen Schwierigkeiten bereitet; es sind lediglich Baustoffe mit besonders großer Festigkeit und Widerstandsfähigkeit gegen hohe Temperaturen zu verwenden.

Gesamtleistung der Maschinenanlage und deren Aufteilung. Die Gesamtleistung der in einem Kraftwerk unterzubringenden Maschinen unterliegt in technischer Hinsicht kaum einer Beschränkung. Bei Wahl der Maschineneinheiten besteht ein weitgehender Spielraum; für größere Kraftwerke sind zurzeit Einheiten von 10000 bis 30000 kW normal, bei Werken mit Gesamtleistungen von mehreren 100000 kW gelangen Dampfturbinen bis zu 60000 kW Einzelleistung zur Aufstellung.

Wahl des Maschinensystems. In bezug auf das System der Maschinen kommen für größere Kraftanlagen nur Dampfturbinen in Betracht. Man unterscheidet Überdruckturbinen, bei welchen der Dampf in mehreren hintereinander liegenden Stufen allmählich entspannt wird; hiebei ist die Geschwindigkeit des Dampfes beim Durchströmen einer Turbine vor allen Laufrädern gleich groß und bleibt in den Grenzen von 50 bis 150 m/sec. Bei den Druckturbinen wird der Dampf in einer Stufe entspannt und es entstehen hiebei wesentlich höhere Geschwindigkeiten als bei den Überdruckturbinen.

Der Wirkungsgrad der Druckturbinen ist geringer und die Beanspruchung der Beschaufelung größer als bei den Überdruckturbinen; jedoch ergeben sich infolge der höheren Geschwindigkeiten kleinere Abmessungen, die sich insbesondere bei Turbinen großer Leistung als wünschenswert erweisen. Bei neueren Turbinenkonstruktionen wird in der Regel eine Kombination der beiden Arbeitsformen angewendet, wobei sich eine größere Zahl von Konstruktionen herausgebildet hat, die bezüglich ihrer Wirkungsweise und ihrer technischen Eigenschaften annähernd gleichwertig sind. Infolge der hohen Dampfgeschwindigkeiten und der hierdurch bedingten Umfangsgeschwindigkeiten ergeben sich sehr hohe Drehzahlen, dieselben betragen für die normalen Bauarten:

bei Maschinen bis 20000 kW Leistung 3000 Umdr./min,
bei Maschinen von 15000 bis 30000 kW Leistung 1500 bis 3000 Umdr./min,
bei Maschinen über 30000 kW Leistung 1000 bis 1500 Umdr./min.

Die bisher am meisten verwendeten Turbinen sind Kondensationsmaschinen, in welchen der Dampf auf einen Druck von 0,03 bis 0,05 at entspannt wird. Diese Turbinen werden meist eingehäusig ausgeführt, bei größeren Aggregaten wird jedoch zwecks Verringerung der Baulänge und des Gewichtes der umlaufenden Teile das Dampfgefälle auf zwei oder mehrere Zylinder verteilt und es ergeben sich dann die Zweifach- und Dreifachturbinen mit einem Hochdruck- und einem oder zwei Niederdruckteilen.

Wie in Abb. 88 erläutert, gehen bei den Kondensationsmaschinen bis zu 70% der im Eintrittsdampf enthaltenen Gesamtwärme in das Kühlwasser über, während nur etwa 30% in mechanische Arbeit umgewandelt werden.

Um diesen geringen thermischen Wirkungsgrad der Dampfturbinen auszugleichen, hat man vielfach versucht, die Dampfkraftwerke mit wärmeverbrauchenden Betrieben, Fabriken, Fernheizwerken u. dgl. zu kuppeln, in welchen die Abdampfwärme zur Erhitzung von Kochern, Heizeinrichtungen usw. ausgenutzt wird.

Gegendruck- und Anzapfturbinen. Da bei der Kombination von Dampfkraftwerken mit Heizbetrieben der Dampf innerhalb der Turbinen nur auf den in den Kochern, Heizeinrichtungen usw. herrschenden Druck entspannt werden kann, sind diese Turbinen als „Gegendruckturbinen" ohne Kondensator auszubilden. Wenn nur ein Teil des Arbeitsdampfes für Wärmezwecke gebraucht wird, werden die Maschinen mit normaler Kondensation betrieben und es wird lediglich der für die Wärme benötigte Teil des Dampfes aus geeigneten Stufen der Turbinen entnommen (Anzapfturbinen).

Die Anzapfung kann in einer oder in mehreren Stufen erfolgen; bei geteilten Turbinen kann auch der aus dem Hochdruckteil zum Mitteldruck- oder Niederdruckteil abströmende Dampf teilweise abgezweigt werden. Die Verwendung von Anzapfdampf zur Speisewasservorwärmung wurde bereits erwähnt.

Mitunter ist es zweckmäßig, die Maschinen eines Kraftwerkes in der Weise vorzusehen, daß einzelne Maschinen lediglich zur Krafterzeugung mit Kondensation arbeiten, während andere als Gegendruck- oder Anzapfmaschinen sowohl für Kraft- als auch für Wärmeabgabe verwendet werden. Z. B. kann in einem größeren Kraftwerk die für die Hilfsbetriebe nötige Energie durch besondere sogenannte „Hausturbinen" erzeugt werden, die als Gegendruck- oder Anzapfturbinen ausgebildet werden.

Vorschaltturbinen. Es ist möglich, ältere Anlagen mit geringeren Drücken dadurch wirtschaftlicher zu gestalten, daß den vorhandenen Maschinen eine oder mehrere Turbinen höheren Druckes, sogenannte Vorschaltturbinen, vorgeschaltet werden, in welchen zunächst der in einer besonderen Kesselanlage erzeugte Dampf von höherem Druck und höherer Temperatur auf den Druck der alten Maschinen

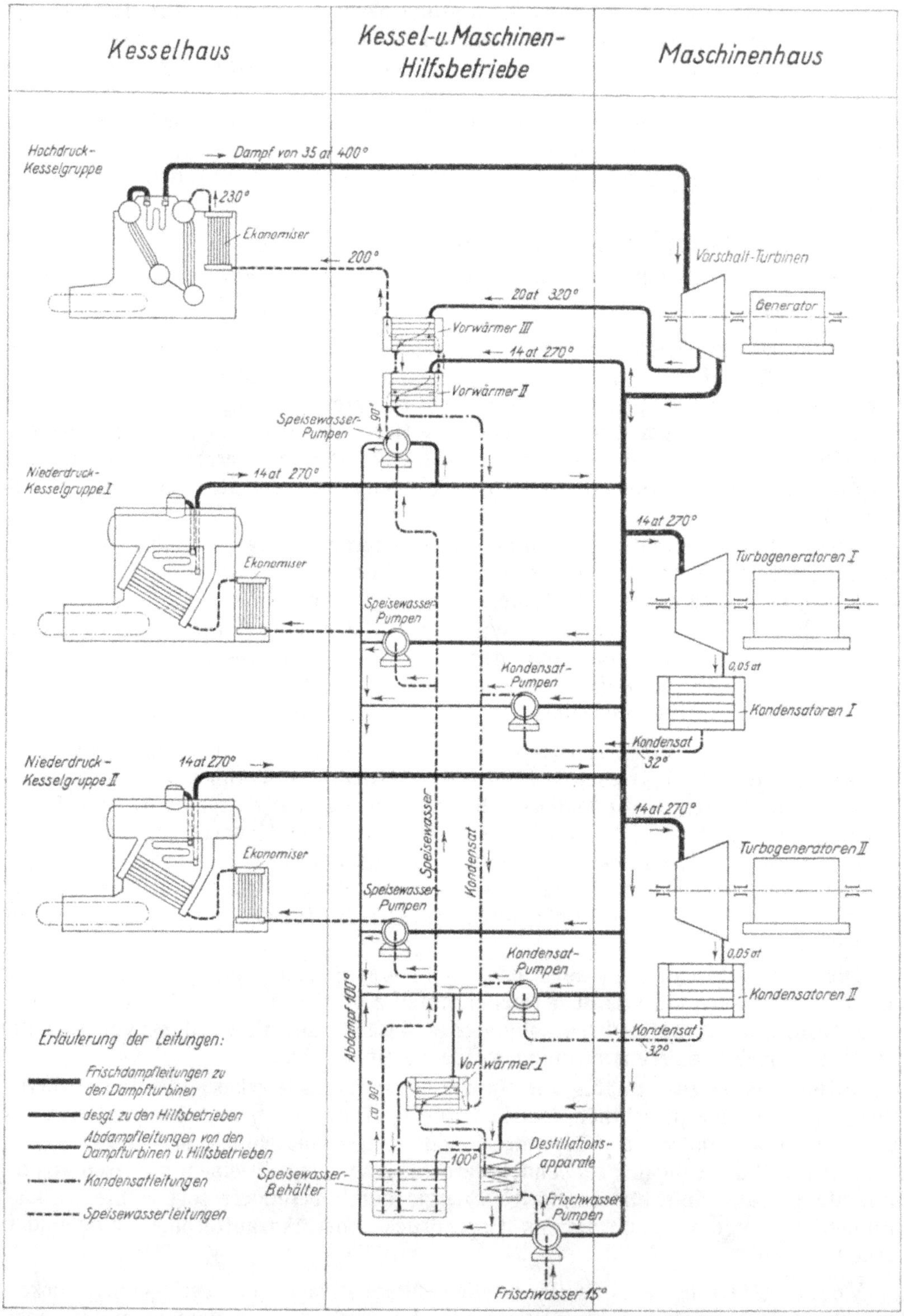

| Kesselhaus | Kessel- u. Maschinen-Hilfsbetriebe | Maschinenhaus |

Abb. 92. Schema einer Anlage mit Vorschaltturbinen.

Bemerkung: Der Übersichtlichkeit halber sind die in den Leitungen entstehenden Druck- und Temperaturverluste nicht berücksichtigt.

abgearbeitet wird; die vorhandenen Maschinen werden dann in gleicher Weise wie vorher betrieben. Die in den Vorschaltturbinen geleistete Arbeit wird ohne erheblichen Mehrverbrauch an Kohlen gewonnen, weil zur Erzeugung von Dampf mit höherem Druck nicht viel mehr Wärme gebraucht wird als zur Erzeugung der gleichen Menge niedergespannten Dampfes. Ein Schema einer derartigen Anlage ist in Abb. 92 gegeben, aus welcher gleichzeitig die Schaltung von Anzapfturbinen mit stufenweiser Speisewasservorwärmung ersichtlich ist. Den Niederdruckteil bilden meist Kondensationsmaschinen, er kann jedoch auch durch Gegendruckmaschinen mit Abdampfverwertung gebildet werden.

Da bei der Entspannung des Dampfes im Hochdruckteil einer mehrteiligen Turbine bzw. in einer Vorschaltturbine auch die Temperatur desselben sinkt und an die Sättigungsgrenze heranrückt, wird mitunter der Dampf vor Eintritt in den Niederdruckteil in einem Zwischenüberhitzer wieder auf 350 bis 380° C überhitzt; jedoch sind hiebei komplizierte Leitungen erforderlich, deren Erstellung meist nicht in einem günstigen Verhältnis zu dem durch die Zwischenüberhitzung erzielbaren Gewinn steht.

Turbinenzubehör. Von den Hilfseinrichtungen für die Turbinen sind in erster Linie die Kondensationseinrichtungen wichtig. Dieselben bestehen aus dem Kondensator, der im allgemeinen nach dem Grundsatz der Oberflächenkondensation arbeitet, d. h. Abdampf und Kühlwasser durchlaufen den Kondensator getrennt, und zwar meist im Gegenstrom, wobei der Dampf seine Wärme an das Kühlwasser abgibt und dabei kondensiert. Zur Heranschaffung und Ableitung des Kühlwassers dient eine Kühlwasserpumpe, zum Abziehen der Luft und des Kondensats aus dem Kondensator dient die Kondensat- oder Luftpumpe. Bei größeren Aggregaten wird häufig Kondensat und Luft getrennt und durch besondere Pumpen abgesaugt. In der Regel werden für jede Dampfturbine gesonderte Kondensationspumpen verwendet, um den Betrieb der einzelnen Turbinen unabhängig voneinander zu gestalten und erhöhte Sicherheit und Anpassungsfähigkeit gegenüber einem zentralen Kondensationsbetrieb zu erhalten. Die Pumpen ein und desselben Turboaggregates erhalten gemeinschaftlichen Antrieb, und zwar entweder durch Elektromotoren oder durch kleine Dampfturbinen. Elektromotoren gestatten zwar eine leichte und genaue Anpassung an den jeweiligen Kraftbedarf, sie sind jedoch nur dort zu empfehlen, wo die Stromzuführung auch bei Stillstand der Maschinenanlage gesichert ist, wie dies bei Kraftwerken, die in das Netz von Landesversorgungen einbezogen sind, allerdings der Fall ist. Wenn Dampfturbinen als Antriebsmaschinen gewählt werden, so verwendet man deren Abdampf zur Vorwärmung des Speisewassers.

Aufstellung der Maschinen. Die Aufstellung der einzelnen Maschinen erfolgt in der Regel in einer Reihe neben- oder hintereinander (s. Schemas Abb. 89 bis 91). Bei Einheiten bis 20000 kW stellt man die Maschinenachse meist senkrecht zur Krafthausachse, um hierdurch günstige Bauverhältnisse zwischen dem Maschinenhaus und dem Kesselhaus zu erhalten. Bei größeren Einheiten stellt man zur Vermeidung zu großer Spannweiten im Krafthaus die Maschinen mit ihrer Achse parallel zur Krafthausachse.

Der zu einem Kondensator gehörige Pumpensatz wird möglichst in der Nähe desselben aufgestellt, um kurze Leitungen zu erhalten. Eine günstige und übersichtliche Anordnung ergibt sich, wenn für die Hilfsaggregate ein besonderer Raum zwischen dem Maschinenhaus und Kesselhaus geschaffen wird, in welchem dann auch die Speisewasserpumpen aufgestellt werden. In diesen Raum werden die Kühlwasserzu- und -abführungskanäle hineingeführt, so daß die Kühlwasserpumpen direkt aus den Kanälen ansaugen können und die Abführung des Wassers ohne Umwege möglich ist.

Generatoren. Mit den Dampfturbinen sind stets direkt gekuppelt und mit ihnen zu einem Aggregat zusammengefaßt die Generatoren. Über die elektrischen Eigenschaften derselben, über die Wahl der Spannung, der Periodenzahl u. dgl. sowie über spezielle Bedingungen, welche für den Anschluß an ein Landesversorgungsnetz zu erfüllen sind, wurde bereits bei der Erörterung der Generatoren für Wasserturbinen das Nötige gesagt. Gegenüber diesen zeichnen sich die Generatoren für Dampfturbinen durch ihre wesentlich höhere Drehzahl aus, die mit derjenigen der Antriebsturbine übereinstimmt.

Der hohen Drehzahl muß die Konstruktion und die Festigkeit der Generatoren angepaßt werden. Die Generatoren erhalten durchwegs zylinderförmige Rotoren ohne ausgeprägte Pole, sogenannte „Walzenläufer", welche mit geringem Durchmesser und großer Baulänge hergestellt werden. Die Generatoren werden zur Unterdrückung der bei der hohen Drehzahl entstehenden starken Geräusche stets voll gekapselt. Besondere Rücksicht auf die Unterbringung von Schwungmomenten braucht hier nicht genommen zu werden, da die Ungleichförmigkeitsgrade bei den Dampfturbinen wegen ihres gleichmäßigen Antriebes sehr gering sind.

Der Zusammenbau mit den Turbinen erfolgt mittels starrer oder halbelastischer Kupplungen und es dient das zwischen Turbine und Generator befindliche Lager als gemeinsames Lager für beide Maschinen. Der Generator erhält am anderen Ende ein weiteres Lager; die Erregermaschine, welche in der Regel für jedes Turbinenaggregat besonders vorgesehen ist, wird fliegend aufgesetzt.

Zur Kühlung der Generatoren sind erhebliche Luftmengen — etwa 10 bis 15 cbm pro kW Maschinenleistung und Stunde — erforderlich, zu deren Reinigung besondere Luftfilter vor die Generatoren eingebaut werden. Diese Filter können als Trockenfilter oder Naßfilter ausgebildet werden. Bei Anlagen, bei welchen eine starke Verschmutzung der Luft durch Ruß, Flugasche usw. auftritt, dürfte die nasse Filtrierung mittels ölartiger, nicht brennbarer Flüssigkeiten am zweckmäßigsten sein. Neuerdings wird die Kühlung auch im geschlossenen Kreislauf angewendet, wobei die erwärmte Luft in besonderen Kühlern wieder rückgekühlt wird.

Zum Schutze gegen Überspannungen und Überströme usw. sind Einrichtungen vorzusehen, wie sie bereits bei den Wasserturbinen angeführt wurden.

Wirkungsgrad der Maschinenanlage. Die Wirkungsgrade von Generatoren mit Turboantrieb können bei den für Landesversorgungszwecke in Betracht kommenden Größen mit 94 bis 95% bei Volllast und Dreiviertellast und mit 88 bis 90% bei Halblast angenommen werden. Die für die Apparate und Verbindungsleitungen zwischen Generatoren und Schaltanlage zu rechnenden Wirkungsgrade liegen, da die Apparate und Leitungen aus konstruktiven Rücksichten meist reichlich bemessen werden, nahe bei 1. Für mittlere Entfernungen zwischen den Maschinen und dem Schalthaus kann mit ca. 0,99 gerechnet werden.

Wirkungsgrad der gesamten Dampfanlage. Unter Berücksichtigung der für die Wärmeausnutzung auf S. 167 angegebenen thermischen Wirkungsgrade, der mechanischen Wirkungsgrade für Turbinen und Generatoren, der Verluste in Rohrleitungen und elektrischen Leitungen, des mit 3 bis 5% anzunehmenden Eigenverbrauches für Krane, Conveyoranlagen u. dgl. stellt sich der Gesamtwirkungsgrad und der entsprechende Dampf- bzw. Kohlenverbrauch je nutzbar abgegebene Kilowattstunde bei einer neuzeitlichen Turbogeneratorenanlage mit Kesseleinheiten von etwa 600 bis 2000 qm Heizfläche und Turbogeneratoren von etwa 6000 bis 30000 kW Einzelleistung wie folgt:

Berechnung des Gesamtwirkungsgrades einer neuzeitlichen Turbogeneratorenanlage.

		20 at 320° C 0,05 at		35 at 350° C 0,05 at	
Spannung und Temperatur des Dampfes am Kessel					
Entspannungsdruck am Kondensatorende					
An der Schalttafel nutzbar abgegebene	kWh		1		1
Berücksichtigung des Verbrauchs der Nebenbetriebe . .	%	96		96	
An der Schalttafel anzuliefernde	kWh		1,04		1,04
Wirkungsgrad der Apparate und Verbindungsleitungen zwischen Generatoren und Schaltanlage	%	99		99	
Von den Generatoren zu erzeugende	kWh		1,05		1,05
Wirkungsgrad der Generatoren	%	95		95	
An den Dampfturbinen abzugebende	kWh		1,10		1,10
Mechanischer Wirkungsgrad der Dampfturbinen	%	98		98	
In den Turbinen zu erzeugende	kWh		1,12		1,12
Entsprechende theoretische Wärmemenge (1 kWh = 860 kcal)	kcal		965		965
Thermodynamischer Wirkungsgrad der Dampfturbinen (Verluste durch Wärmeableitung, Dampfreibung u. dgl.)	%	78		82	
Erforderliches Wärmegefälle in den Turbinen	kcal		1240		1175
Thermischer Wirkungsgrad der Dampfturbinen	%	33		35,5	
Dem Wärmekreislauf zuzuführende Wärmemenge = Wärme am Turbineneintritt abzüglich Wärme im Speisewasser	kcal		3760		3310
Dampfverbrauch je kWh, gemessen am Turbineneintritt (Wärmezufuhr je kg Dampf 700 bzw. 710 kcal) . . .	kg		**5,4**		**4,7**
Verbrauch der Dampfhilfsbetriebe, Kondensationspumpen, Speisepumpen, Rohrleitungen usw. ca. 6% der an den Kesseln abgegebenen Wärmemenge	%	94		94	
An den Kesseln abzugebende Wärmemenge	kcal		4000		3520
Wirkungsgrad der Kesselanlage einschl. Vorwärmer und Überhitzer	%	80		82	
Der Feuerung zuzuführende Wärmemenge je kWh . . .	kcal		5000		4300
Verbrauch an Kohle von 7000 kcal/kg	kg/kWh		**0,72**		**0,62**

Die in vorstehender Zahlentafel als d a u e r n d erreichbar angenommenen Wirkungsgrade verstehen sich für eine gut bediente Anlage bei Vollastbetrieb. Da jedoch die Elektrizitätswerke gewöhnlich nicht 24 Stunden täglich voll betrieben werden, sondern am Tage mit größeren Belastungsschwankungen und in der Nacht mit einem starken Rückgang der Belastung zu rechnen ist, sind infolge des hiebei erforderlichen höheren Dampfverbrauches der Turbogeneratoren, der Hilfsbetriebe, der Wärmeverluste für Anheizen und Durchheizen der Kessel usw. die Wirkungsgrade, auf den Jahresdurchschnitt bezogen, je nach Art und Dauer der Benutzung erheblich kleiner, der Kohlenverbrauch wesentlich höher als vorstehend anzunehmen. Einen Anhaltspunkt zur Berechnung des Kohlenverbrauches im praktischen Betrieb gibt bei Einzelanlagen die Ermittlung des „Ausnutzungsfaktors" $= \dfrac{\text{mittlere Jahresbelastung}}{\text{ausgebaute Gesamtleistung}}$.

Bei den verkuppelten Dampfwerken der Landesversorgungen sind die zur Ermittlung des Kohlenverbrauches üblichen Methoden allerdings nicht ohne weiteres anwendbar, weil im Verband von Landeselektrizitätswerken, insbesondere im Zusammenwirken mit speicherfähigen Wasserkräften, die Dampfanlagen trotz erheblicher Jahresschwankungen der Leistung in einem großen Teil der Zeit durchlaufend mit voll belasteten Kesseln und Maschinen betrieben werden können. Man muß in solchen Fällen von Monat zu Monat die Betriebsweise der verkuppelten Werke studieren und wird hiebei zu wesentlich günstigeren Kohlenverbrauchsziffern kommen als sie auf Grund des a u f d a s J a h r bezogenen Ausnutzungsfaktors sich ergeben würden.

Kohlenverbrauch bei getrennter und kombinierter Kraft- und Wärmeerzeugung.

	A. Getrennte Kraft- und Wärmeerzeugung.		B. Kombinierte Kraft- und Wärmeerzeugung.
Dampferzeugungs-Anlagen			
Kraft- und Wärmeverbrauchs-Anlagen			
Verlangte Nutzabgabe je Stunde	10000 kWh — Kraftbetriebe	60000000 kcal — Wärmebetriebe	60000000 kcal — Wärmebetriebe	10000 kWh — Kraftbetriebe

Diagrammbeschriftungen:

A. Getrennte Kraft- und Wärmeerzeugung (Kraftbetriebe):
55000 kg Dampf 20 at, 320°C je 735 kcal
7400 kg Steinkohle
Kesselverluste 22%
Verluste in Leitungen und Verbrauch der Hilfsbetriebe 4%
Zusatzspeisung 2200 kg je 30 kcal
Turbo – Generator, mech. u. elektr. Verluste 7%
52800 kg Dampf je 725 kcal
52800 kg Dampf je 550 kcal
Kondensator
52800 kg Kondensat je 35 kcal
Wärmeabfuhr durch Kühlwasser 52800 × 515 kcal
55000 kg Speisewasser je 30 kcal

A. Getrennte Kraft- und Wärmeerzeugung (Wärmebetriebe):
127500 kg Dampf 3 at, 135°C je 660 kcal
19300 kg Braunkohle
Kesselverluste 22%
Verluste in Leitungen und Verbrauch der Hilfsbetriebe 2%
Zusatzspeisung 2500 kg je 45 kcal
125000 kg Dampf je 650 kcal
Wärme- Betriebe
125000 kg Kondensat je 50 kcal
127500 kg Speisewasser je 45 kcal

B. Kombinierte Kraft- und Wärmeerzeugung:
132000 kg Dampf 20 at, 320°C je 735 kcal
17700 kg Steinkohle
Kesselverluste 22%
Verluste in Leitungen und Verbrauch der Hilfsbetriebe 3%
Zusatzspeisung 4000 kg je 45 kcal
128000 kg Dampf je 725 kcal
Turbo – Generator, mech. u. elektr. Verluste 7%
128000 kg Dampf je 653 kcal
Dampfüberleitung
Wärmeverlust 2%
Wärme- Betriebe
128000 kg Dampf je 640 kcal
128000 kg Kondensat je 50 kcal
132000 kg Speisewasser je 45 kcal

	Verluste		Verluste		Verluste	
Bedarf an WE an den Abnahmestellen 1 kWh = 860 WE . . A:		8 600 000 kcal/Std.		60 000 000 kcal/Std.		60 000 000 kcal/Std.
Elektrische und mechanische Verluste im Turbo-Generator bzw. Verluste in den Wärmebetrieben . . B:	7% von C	650 000 ,,	20% von C	15 000 000 ,,	20% von C	15 000 000 ,,
Bedarf an nutzbaren WE an den Einlaßventilen der Turbine bzw. an den Wärmebetrieben: $A + B = C$:		9 250 000 kcal/Std.		75 000 000 kcal/Std.		75 000 000 kcal/Std.
Die Anlage arbeitet mit einem umsetzbaren Wärmegefälle von: W_u		725 — 550 = 175 kcal/kg[1]		650 — 50 = 600 kcal/kg		640[2] — 50 = 590 kcal/kg
Der Dampfverbrauch am Einlaßventil der Turbine bzw. der Wärmebetriebe beträgt demnach $\frac{C}{W_u} = D$:		52 800 kg/Std.		125 000 kg/Std.		128 000 kg/Std.
Verluste in den Zuleitungen und Hilfsbetrieben . . . . E:	4% von F	2 200 ,,	2% von F	2 500 ,,	3% von F	4 000 ,,
Dampfverbrauch am Kessel: $D + E = F$:		55 000 kg/Std.		127 500 kg/Std.		132 000 kg/Std.
Zur Erzeugung dieser Dampfmenge sind je 1 kg Dampf zuzuführen: W_z		735 — 30 = 705 kcal/kg		660 — 45 = 615 kcal/kg		735 — 45 = 690 kcal/kg
Der Wärmeverbrauch hiefür beträgt $F \times W_z = G$:		38 800 000 kcal/Std.		78 500 000 kcal/Std.		91 300 000 kcal/Std.
Kesselverluste . . . . H:	22% von J	10 900 000 ,,	22% von J	21 500 000 ,,	22% von J	25 700 000 ,,
Wärmeverbrauch auf dem Rost: $G + H = J$:		49 700 000 kcal/Std.		100 000 000 kcal/Std.		117 000 000 kcal/Std.
Heizwert der Kohle je kg = . . K:		7000 kcal/kg		7000 kcal/kg		7000 kcal/kg
Kohlenverbrauch auf dem Rost: $\frac{J}{K} = L$:		rd. 7100 kg/Std.		rd. 14300 kg/Std.		16700 kg/Std.

Vergleich der Gesamtsysteme:

Kohlenverbrauch . . . . 21 400 kg 16 700 kg

Ersparnis bei kombiniertem Betrieb: 21 400 — 16 700 = 4700 kg Kohle = 22%.

[1] Bei Berechnung des umsetzbaren Wärmegefälles ist der thermodynamische Wirkungsgrad der Turbine in beiden Fällen mit 76% angenommen.

[2] Der Wärmeinhalt des aus der Turbine mit 653 kcal/kg austretenden Dampfes vermindert sich infolge von ca. 2% Verlusten in der Überleitung zwischen Kraftanlage und Wärmebetrieben auf 640 kcal/kg.

Trotz der durch die Verkupplung möglichen günstigen Ausnutzung der Kohlen-
energie bleibt der Wirkungsgrad der Dampfkraftanlagen sehr unbefriedigend. Um
dies auszugleichen, gewinnt die Kupplung der Dampfkraftwerke mit wärmeverbrauchenden Betrieben, Fabriken, Fernheizwerken usw. immer größere Bedeutung.

Abdampfverwertung. Um die Verhältnisse bei der Abdampfverwertung zu
überblicken, ist in vorstehender Zahlentafel für einen Kraftbetrieb und einen zugeordneten Wärmebetrieb der Dampf- bezw. der Kohlenverbrauch gerechnet und zwar:

a) für den Fall, daß die Dampfturbine mit Kondensation betrieben und
unabhängig hievon der Wärmebedarf durch besonders geheizte Kessel
gedeckt wird;

b) für den Fall, daß die Deckung des Kraft- und Wärmebedarfes in einer
kombinierten Anlage unter Abdampfverwertung erfolgt.

Zugrunde gelegt ist eine 10000 kW-Turbine, die mit Dampf von 20 at 320° C
gespeist und auf 3 at entspannt wird. Der Umfang des Wärmebetriebes ist so gewählt, daß er dem verfügbaren Abdampf genau entspricht.

Die Zahlentafel zeigt, daß bei vollständiger Abstimmung des Kraft- und Wärmebetriebes eine Wärmeersparnis und damit eine Kohlenersparnis von 22% möglich
wäre. Die Ersparnis erhöht sich bei Verwendung von Dampf von 35 at 350° C
unter sonst gleichen Verhältnissen auf ca. 25%.

Im praktischen Betrieb ist die Ersparnis erheblich geringer, weil eine vollkommene
Abstimmung zwischen Kraft- und Wärmebetrieb, wie in der Rechnung angenommen,
nicht zutrifft. Je mehr der Wärmebedarf von dem Kraftbedarf nach oben oder unten
abweicht und je größer die Schwankungen der beiden Betriebe gegeneinander sind,
desto mehr sinkt die Kohlenersparnis.

Um diesen Übelstand auszugleichen, hat man versucht, zwischen die Gegendruck-
turbinen der Elektrizitätswerke und die Wärme verbrauchenden Betriebe die be-
reits an anderer Stelle erwähnten Wärmespeicher einzuschalten, wobei in den
Zeiten größten Kraftbetriebes Abdampfwärme aufgespeichert wird, während in den
Zeiten geringer Kraftabgabe und erhöhten Wärmebedarfs die Speicher Dampf in die
Heizanlagen abgeben.

Berücksichtigt man, daß die Kombination der Betriebe eine gewisse Erschwerung
in der Bedienung der Anlagen verursacht, und daß auch die Anlagekosten bei Abdampfverwertung im allgemeinen höher sind als bei getrennten Betrieben, weil Kessel für
hohen Druck teurer sind als Kessel für niedrigen Druck, und hochwertige Gegendruckturbinen teurer als Kondensationsmaschinen gleicher Leistung, auch die etwa eingeschalteten Wärmespeicher Kosten verursachen, so dürfte in jedem Einzelfalle durch
genaue Rechnung zu prüfen sein, ob eine Kombination gewählt werden soll oder nicht.

Vorteile sind zu erwarten, wenn Dampfkraftwerke mit Abdampfverwertung gemeinsam mit speicherfähigen Wasserkräften auf eine Landeselektrizitätsversorgung
arbeiten, weil in diesen Fällen die Leistung der Dampfkraftwerke in weitgehendem
Maße dem Wärmebedarf angepaßt werden kann, wobei die jeweils fehlenden Kraftmengen durch die speicherfähigen Wasserkräfte gedeckt werden können. Besonders
aussichtsvoll würden in alpinen Wasserkraftländern Kombinationen der im Winter
zur Ergänzung nötigen Dampfkräfte mit Fernheizanlagen sein, weil der Bedarf der
Fernheizungen mit zunehmender Kälte, also abnehmender Wasserkraftleistung
wächst, womit die Stromlieferung der Dampfkraftwerke fortlaufend in ein ange-
messenes Verhältnis zum Wärmebedarf der Fernheizungen tritt, während in den
Sommermonaten mit überschüssiger Wasserkraft, wenn also die Dampfkraftwerke
stillstehen, auch ein Wärmebedarf für die Fernheizungen nicht vorhanden ist.

Maschinelle Hilfs- und Nebeneinrichtungen. Zur Kraftanlage gehören noch die maschinellen Hilfs- und Nebeneinrichtungen wie Krane, Einrichtungen für die Belüftung und Entlüftung, für Beleuchtung, Heizung u. dgl. Die Krane, die in erster Linie für die Verwendung im Maschinenhaus zur Montage und Demontage der Turbogeneratoren und deren Zubehör dienen, sind als Laufkrane zur Befahrung des Maschinenhauses in seiner ganzen Länge und Breite auszubilden; ihre Tragkraft muß den zu hebenden Gewichten entsprechen. Bei großen Maschinensätzen werden Krane bis 120 t Tragkraft verwendet, bei größeren Hubgewichten oder sehr großen Spannweiten werden häufig zwei Krane mit je etwa der Hälfte des größten Hubgewichtes vorgesehen. Die Krane werden stets elektrisch betrieben.

Weitere Krane dienen im Transformatorenhaus zum Ausheben der Transformatoren aus den Gehäusen. Zum Herausfahren der Transformatoren und Ölschalter aus ihren Kammern dienen Spills oder ähnliche Zugeinrichtungen.

Zur Vornahme von Reparaturen und Instandhaltungsarbeiten von Kessel-, Maschinen- und Transformatorenteilen, von Schalteinrichtungen u. dgl. ist eine entsprechend eingerichtete Werkstätte vorzusehen, die bei größeren Anlagen auch für die Kessel- und Maschinenanlage geteilt erstellt werden kann.

e) Transformatoren- und Schaltanlage.

Der von den Maschinen erzeugte Strom wird mittels Kabel zu den Transformatoren geleitet, um auf die für die Fortleitung nötige Spannung gebracht zu werden. Zwischen den Maschinen und den Transformatoren werden möglichst wenig Schaltapparate und Hilfseinrichtungen eingefügt, um einheitliche Maschinensätze ohne störende Nebeneinrichtungen zu erhalten.

Die für die Schaltung und Regulierung der Maschinen und Transformatoren sowie für die Messung und Zählung des erzeugten Stromes nötigen Apparate und Meßinstrumente werden in einer Zentralschaltstelle zusammengefaßt. Dieselbe kann in das Maschinenhaus einbezogen werden, sie wird jedoch bei größeren Kraftwerken meist gesondert errichtet. Für die Betätigung der Apparate wird aus Sicherheitsgründen Gleichstrom verwendet, zu dessen Erzeugung entweder eine kleinere Hausturbine für Gleichstrombetrieb vorgesehen oder ein besonderes Umformeraggregat aufgestellt wird. Zur Unterstützung und zur Sicherheit werden die Gleichstromerzeuger mit einer ausreichend bemessenen Akkumulatorenbatterie zusammengeschaltet.

Auf die nähere Ausbildung und Anordnung der Schaltanlagen wird im Abschnitt VII näher eingegangen.

f) Bauliche Einrichtungen.

Die Kessel-, Maschinen- und Schalthäuser sind in ihrer Grundform bestimmt durch die für die einzelnen Anlagen gewählte Anordnung sowie durch die Größe und Zahl der Kessel, Maschinen, Transformatoren usw. Der Grundriß der einzelnen Häuser ist derart vorzusehen, daß für die Bedienung der Einrichtungen, für das Ausfahren von Rosten, Kesselrohren u. dgl., für das Abheben von Turbinengehäusen, Rotoren, für die Abstellung von Kessel- und Maschinenteilen usw. reichlich Platz vorhanden ist und daß überall bequeme Verbindungen und Zugänge zu den einzelnen Anlageteilen bestehen. Auch ist darauf zu achten, daß zwecks Kontrolle der Kessel, Rohrleitungen, Maschinen, Kondensatoren, Hilfsbetriebe u. dgl. ein bequemer Zugang zu allen Teilen der einzelnen Einrichtungen möglich ist.

Zur Erzielung einer ausgiebigen Belüftung und Beleuchtung, insbesondere auch der Kesselhaus- und Maschinenhauskeller, in welchen die Entaschungs- bzw. die Kondensationsanlagen untergebracht sind, werden bei neueren Anlagen die Kessel- und Maschinenhäuser vollständig über dem Gelände errichtet, so daß nur die Fundamente im Boden bis auf möglichst tragfähigen Untergrund geführt werden. Es ergibt sich dadurch für die Häuser eine erhebliche Bauhöhe, die um so größer wird, je mehr die Grundfläche der Kessel- und Maschinenanlage durch Wahl weniger aber großer Einheiten beschränkt wird. Eine derartige Beschränkung ist wegen der hohen Grunderwerbskosten besonders bei den Kesselhäusern amerikanischer Werke zu beobachten, bei denen zu diesem Zwecke die einzelnen Teile der Kesselanlage übereinander angeordnet sind.

Neben den Kessel- und Maschinenhäusern sind ausreichende Räume für die Betriebsführung, für das Personal, für Lagerzwecke u. dgl. vorzusehen, wobei auch auf Bereitstellung der erforderlichen Bade- und Waschräume u. dgl. zu achten ist.

Als Baumaterial kommt in erster Linie Beton und Eisenbeton in Betracht. Aus Beton werden die Fundamente der Häuser, Kessel, Maschinen usw. hergestellt, während die aufgehenden Mauern, die Unterstützungspfeiler für die Kesselbunker, Laufkrane u. dgl. meist aus Eisenbeton bestehen. Mitunter werden diese Pfeiler auch in reiner Eisenkonstruktion erstellt.

Für die nach vorstehenden Gesichtspunkten ausgeführten Kessel- und Maschinenhäuser ergeben sich im Durchschnitt die in nachfolgender Zahlentafel angegebenen Grundflächen und umbauten Räume.

Grundflächen und umbaute Räume für Maschinen- und Kesselhäuser von Steinkohlen-Kraftwerken.

Installierte Gesamtleistung in kW	12 000	24 000	48 000	96 000	144 000	240 000
Zahl u. Größe der Maschinen in kW	4 × 3 000	4 × 6 000	4 × 12 000	4 × 24 000	4 × 36 000	4 × 60 000
Zahl und Größe der Kessel in qm Heizfläche	4 × 800	6 × 900	6 × 1 600	12 × 1 600	14 × 2 000	24 × 2 000
Grundfläche der Kesselhäuser (einschließl. Kesselhilfsbetriebe) in qm	1 250	2 000	2 800	5 000	6 000	10 000
Grundfläche des Maschinenhauses in qm	800	1 200	2 000	3 000	4 000	5 500
Gesamtgrundfläche (Kesselhäuser und Maschinenhaus) in qm . . .	2 050	3 200	4 800	8 000	10 000	15 500
d. s. pro 1000 kW Gesamtleistung qm	170	133	100	84	70	64
Umbauter Raum der Kesselhäuser (einschließlich Kesselhilfsbetriebe) in cbm	29 000	46 000	68 000	120 000	150 000	250 000
Umbauter Raum des Maschinenhauses in cbm	16 000	25 000	45 000	65 000	95 000	135 000
Gesamter umbaut. Raum (Kesselhäuser und Maschinenhaus) cbm .	45 000	71 000	113 000	185 000	245 000	385 000
d. s. pro 1000 kW Gesamtleistung cbm	3 750	2 950	2 350	1 930	1 700	1 600

Bemerkungen. 1. In vorstehenden Ziffern sind die Hilfsbetriebe für die Kessel- und Maschinenanlage einschl. Zentralschaltstelle mit berücksichtigt, dagegen sind die Betriebs- und Aufenthaltsräume, Platz der Schornsteine sowie die Transformatorstation außer Betracht gelassen.

2. Bei amerikanischen Kraftwerken sind infolge ihrer gedrängten Bauart die Grundflächen der Kesselhäuser im allgemeinen um 30—40 %, die umbauten Räume um 20—30 % kleiner als vorstehend angegeben.

Die Detaildisposition eines Steinkohlenkraftwerkes mit verhältnismäßig kleinen Kesseleinheiten ist in Abb. 93 dargestellt.

Die Abbildung zeigt die Anordnung eines Kraftwerkes mit vier Turbogeneratoren von je 30000 kW Leistung, deren jeder einen eigenen Kondensator mit Pumpen-

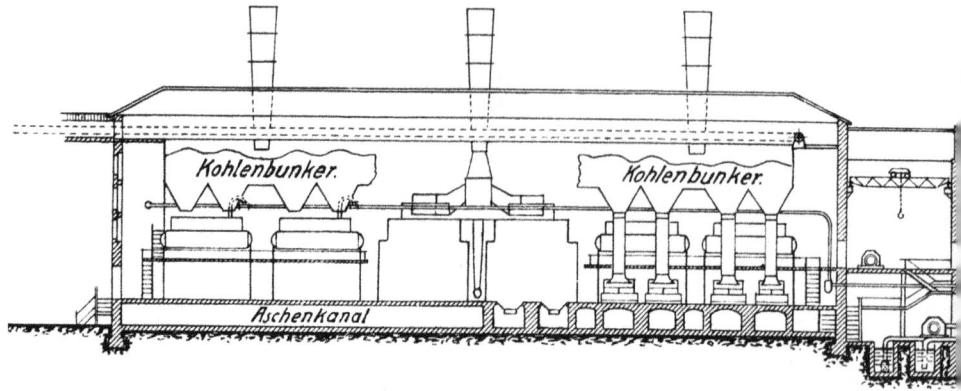

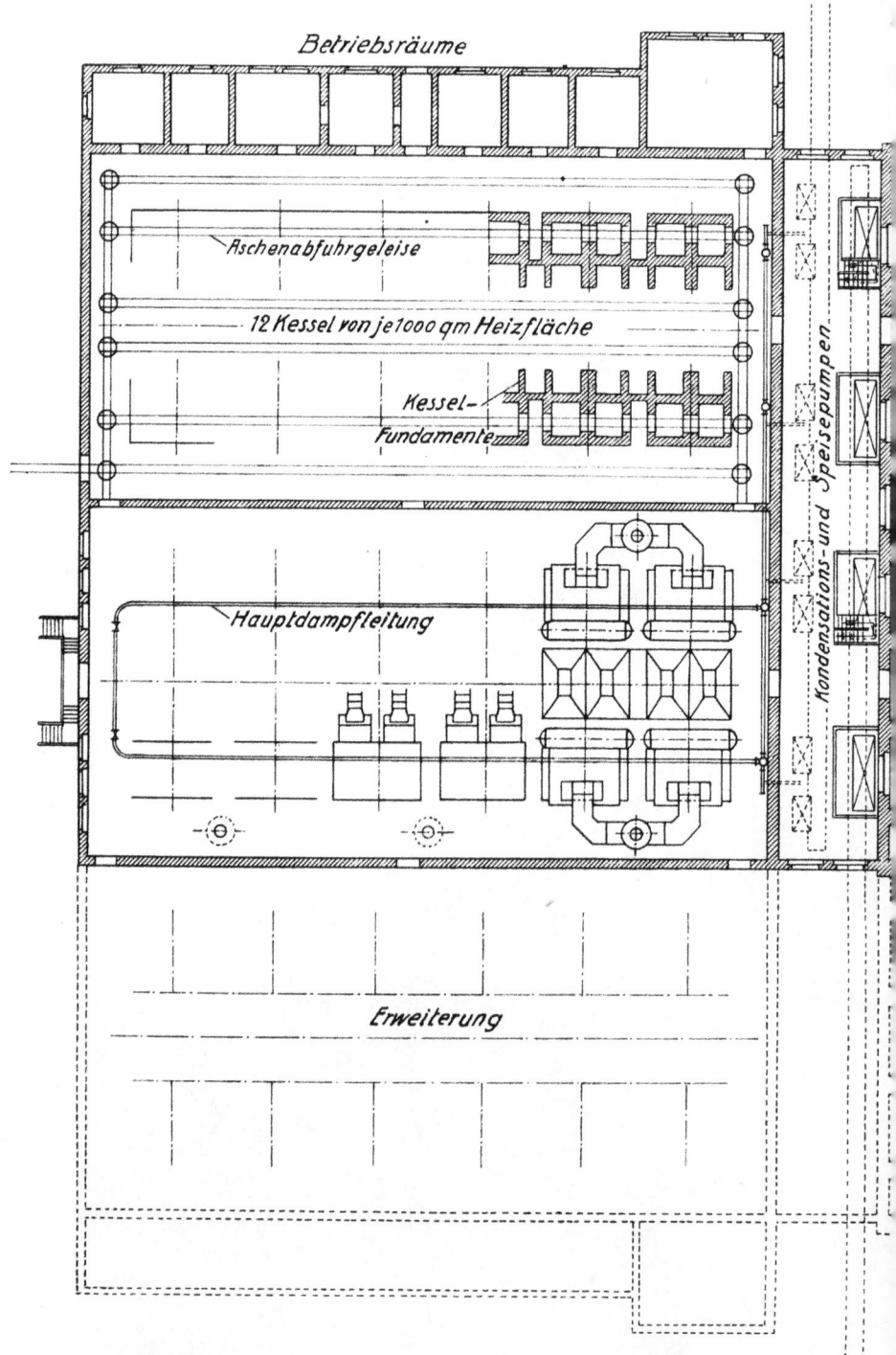

Abb. 93. Det

Hauptkabelkanal

filter

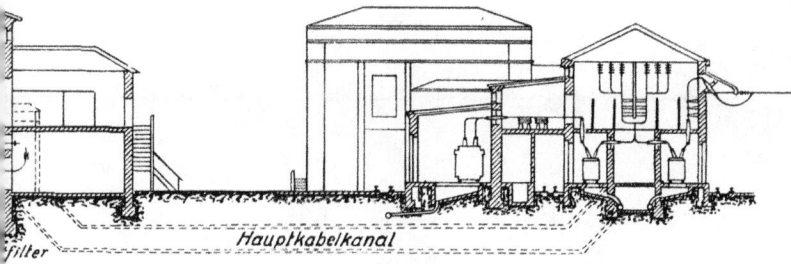

Transformatoren - und
Schalthaus.

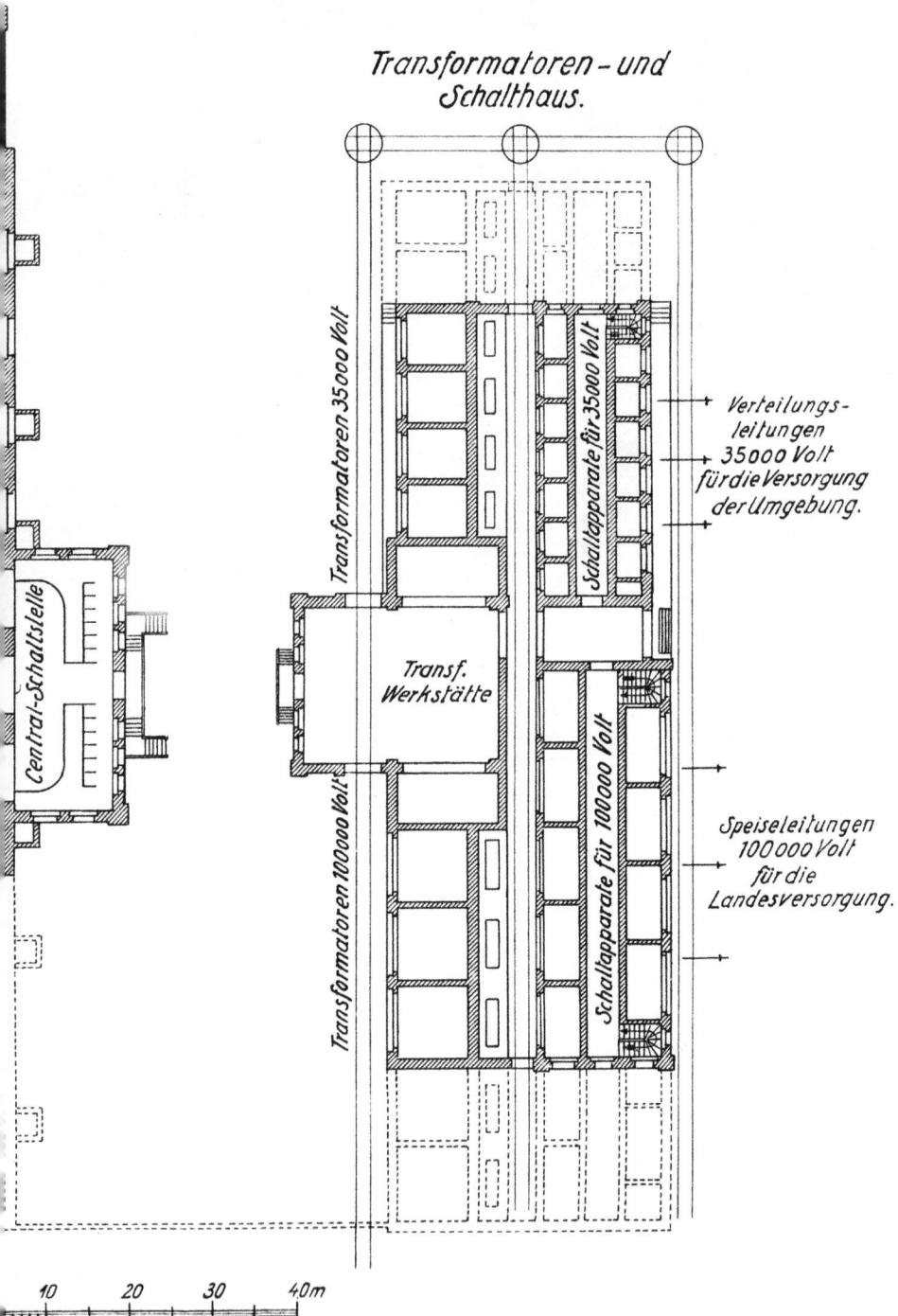

Central-Schaltstelle

Transformatoren 35000 Volt

Schaltapparate für 35000 Volt

Verteilungs-
leitungen
35000 Volt
für die Versorgung
der Umgebung.

Transf.
Werkstätte

Transformatoren 100000 Volt

Schaltapparate für 100000 Volt

Speiseleitungen
100000 Volt
für die
Landesversorgung.

10   20   30   40m

nkohlenkraftwerkes.

aggregat besitzt. Zur Dampferzeugung ist eine Kesselanlage mit 24 Hochleistungs-kesseln von je 1000 qm Heizfläche mit Wanderrostfeuerungen und künstlichcm Zug vorgesehen. Für die Aschenabfuhr durch Wagen sind Aschenkanäle mit Gleisen angenommen. Die Kraftanlage erzeugt sowohl Strom zur Speisung eines Landes-

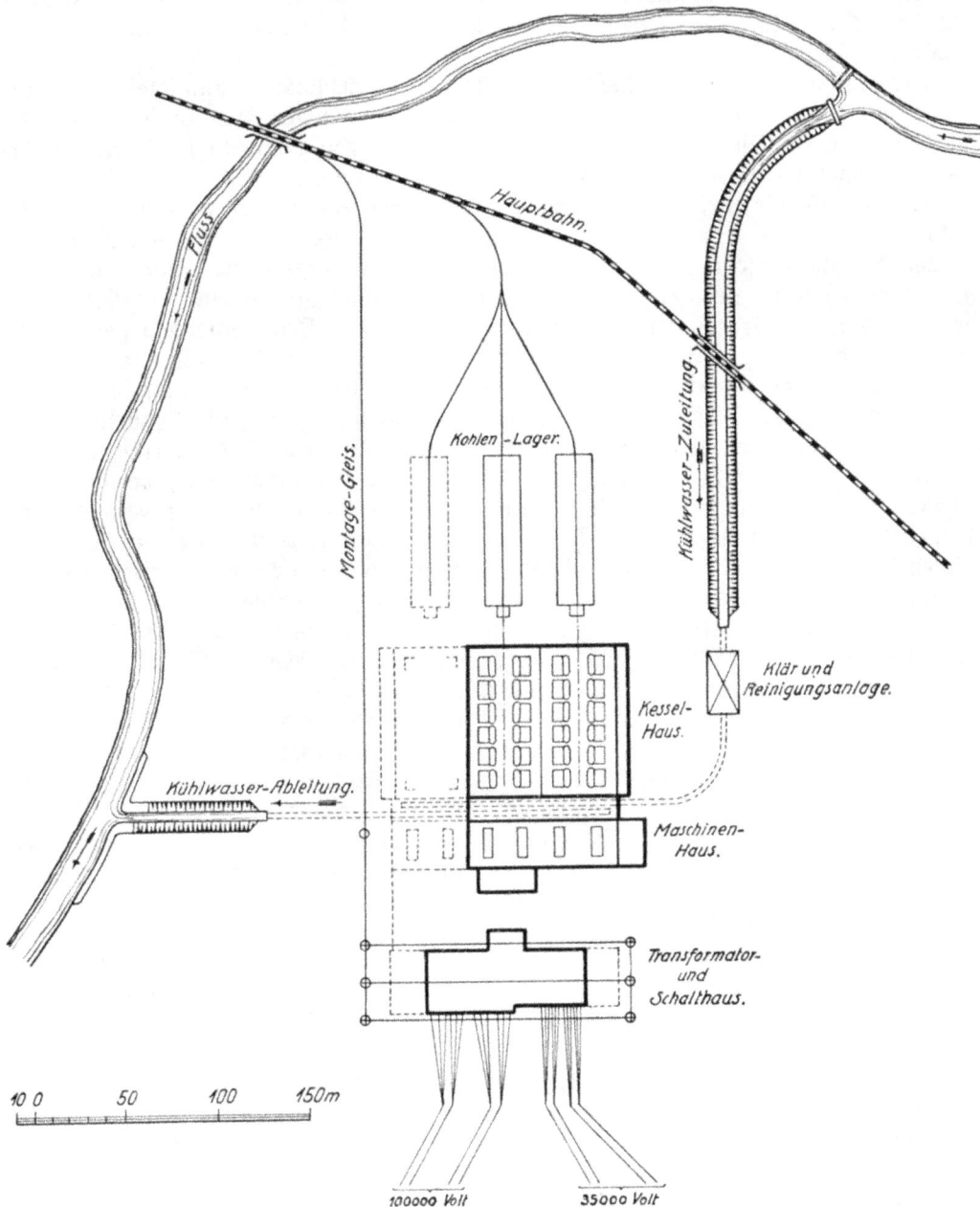

Abb. 94. Lageplan eines Steinkohlenkraftwerkes.

netzes, welcher auf 100000 Volt transformiert wird, als auch Strom für ein Kreis-netz, dessen Spannung auf 35000 Volt erhöht wird.

Ein Lageplan eines Steinkohlenkraftwerkes, aus dem auch die Kohlenzufuhr und die Wasserversorgung ersichtlich sind, ist in Abb. 94 gegeben.

2. Braunkohlenwerke.

Als Brennstoff für Braunkohlenwerke dient die Rohbraunkohle, welche gewöhnlich im Tagebau gewonnen wird und einen Heizwert von 1600 bis 2400 kcal/kg besitzt. Von der böhmischen Braunkohle mit einem Heizwert bis zu 4000 kcal sei hier abgesehen. Die Braunkohle verwittert schnell an der Luft, neigt zur Zersetzung und Selbstentzündung, hat einen Wassergehalt bis zu 40 und 60% und einen Aschengehalt von 5 bis 10%.

Der Aufbau der Braunkohlenwerke, die fast ausschließlich unmittelbar an den Gruben errichtet werden, entspricht im allgemeinen dem der Steinkohlenwerke. Im nachfolgenden sind deshalb nur diejenigen Einrichtungen besprochen, welche infolge des verwendeten Brennstoffes Abweichungen aufweisen.

Die Braunkohle wird dem Werke in ununterbrochenem Zuge zugeführt, es wäre deshalb an sich ein besonderes Kohlenlager nicht erforderlich. Da jedoch in den Gruben Sonntags nicht gefördert wird und auch Störungen und andere Betriebsunterbrechungen in den Zufuhreinrichtungen vorkommen können, empfiehlt sich die Anlage eines Lagers, welches angesichts der großen Bedarfsmengen gewöhnlich auf einen 3- bis 6tägigen Vorrat beschränkt wird, zumal ein größeres Lager auch wegen der Zersetzung und Verwitterung der Kohlen, des Einfrierens im Winter u. dgl. sich kaum empfiehlt. Die Lager werden in der Regel offen angelegt, die Schütthöhe soll wegen der Entzündungsgefahr nicht über 5 m betragen. Zur Verhinderung der Zersetzung u. dgl. ist das Lager häufig abzuarbeiten und neu aufzufüllen; wo dies nicht möglich ist, stapelt man die Kohle in besonderen Silospeichern. Die Lager werden durch Hängebahnen oder bei größeren Zentralen durch die leistungsfähigeren Schienenbahnen beschickt, welche mittels Lokomotiven oder durch endlose elektrisch bewegte Seilzüge betrieben werden. Mit ähnlichen Einrichtungen werden auch die Kohlenbunker in den Kesselhäusern fortlaufend beliefert, wobei vielfach die gleichen Transporteinrichtungen wechselweise für das Lager und für die Kesselhausbunker arbeiten. Die Verbindung zwischen dem Lager und den Kesselhausbunkern wird in der Regel durch Schrägaufzüge hergestellt. Die Leistungsfähigkeit einer Schienenförderbahn, deren einzelne Wagen für Inhalte bis zu 25 hl Kohle bemessen sind, beträgt je nach Wagenzahl und Geschwindigkeit und je nach der Beschaffenheit der Belade- und Entladeeinrichtungen bis zu 500 t Kohle pro Stunde. Schrägaufzüge können mit einer Leistung bis 400 t/Std., die zur Einzelverteilung verwendeten Gurtförderer mit etwa der Hälfte dieser Leistung gebaut werden. Hiernach bemißt sich die Zahl der erforderlichen Bahnen, Aufzüge und Verteiler.

Die Leistungsfähigkeit der Fördereinrichtungen wird derart gewählt, daß die für einen 24stündigen Betrieb des Werkes benötigte Kohlenmenge während einer 8stündigen Schicht in die Bunker befördert werden kann. Zur Erhöhung der Sicherheit wird die Leistung der Fördereinrichtungen häufig auf zwei parallel arbeitende Anlagen, deren jede den Gesamtbedarf in 16 Stunden bewältigen kann, unterteilt.

Da der Abbau der Braunkohle in großen und unregelmäßigen Stücken erfolgt, müssen diese zum Zwecke der Verfeuerung durch Brecheranlagen auf Nußgröße zerkleinert werden. Von den Brechern gelangt die Kohle zu den erwähnten Schrägaufzügen. Zur Feststellung der verbrauchten Kohlenmengen werden an geeigneten Stellen der Transporteinrichtungen selbsttätig arbeitende und registrierende Kohlenwagen eingeschaltet.

Von besonderer Wichtigkeit für die Braunkohlenwerke ist die Wasserbeschaffung, die häufig insoferne auf Schwierigkeiten stößt, als die Braunkohlengebiete meist wasserarm sind. Die Werke sind daher in der Regel zur Errichtung von Rückkühlanlagen für das Kondensatorkühlwasser genötigt. Die Deckung der Wasserverluste muß hiebei, wenn nicht wenigstens kleinere Wasserläufe zur Verfügung stehen, durch die Abwässer der Gruben oder aus Brunnen erfolgen. Der Bedarf an Wasser sowie die Verwendungszwecke desselben sind bei Braunkohlenwerken ungefähr die gleichen, wie bei den Steinkohlenzentralen; es ist jedoch hier noch mehr wie dort auf gute Klärung und Reinigung zu achten, weil die Bodenbeschaffenheit im Gebiet von Braunkohlenlagern eine erhebliche Verschmutzung des Wassers und eine Anreicherung an Sinkstoffen zur Folge hat.

Für die Gliederung und Ausgestaltung der Kesselanlage ist die Größe der erforderlichen Rostflächen maßgeblich. Die Belastung der Roste kann zwar bei den Braunkohlenfeuerungen mit Rücksicht auf die geringeren Verbrennungstemperaturen etwas höher als bei den Steinkohlenfeuerungen, und zwar bei Verwendung natürlichen Zuges mit 120 bis 150 kg Kohle je qm Rostfläche und Stunde, bei Verwendung künstlichen Zuges bis zu 300 kg je qm und Stunde angenommen werden, gleichwohl werden die Roste wegen des geringen Heizwertes der Kohle wesentlich größer wie für Steinkohle.

Da wegen dieser ungünstigen Rostverhältnisse die Dampfleistung eines Braunkohlenkessels normal nur 20 bis 25 kg, maximal 30 bis 35 kg Dampf je qm Heizfläche und Stunde beträgt, ist eine größere Kesselheizfläche wie bei Steinkohlenwerken erforderlich. Da außerdem die konstruktiv mögliche Rostgröße die Kesseleinheiten auf etwa 1200 qm begrenzt, muß die Gesamtleistung auf eine größere Kesselzahl wie bei Steinkohlenwerken aufgeteilt werden, wodurch auch eine beträchtliche Ausdehnung der Kesselhilfsbetriebe sowie der Kesselhäuser bedingt ist.

Als Kesselsysteme kommen die bereits beschriebenen Wasserkammerkessel und Steilrohrkessel in Betracht.

Als Feuerungen sind hauptsächlich die Schräg- oder Treppenroste sowie die Muldenroste in Verwendung. Die Treppenrostfeuerungen werden zur besseren Unterbringung der nötigen Rostfläche fast stets als Vorfeuerungen ausgebildet, wodurch eine Vergrößerung des Feuerraumes und eine Steigerung der spezifischen Rostbelastung ermöglicht wird. Sie bestehen aus kräftigen nebeneinander gelegten Stäben und sind unter einem Winkel von 25 bis 35° nach unten geneigt, wodurch auf gleicher Grundfläche eine größere Rostfläche gewonnen und ein kontinuierliches Abrutschen der Kohle auf dem Roste erzielt wird. Der Neigungswinkel der Roste ist abhängig von der Beschaffenheit der Kohle und wird zur Regulierung der Schütthöhe und der Abrutschgeschwindigkeit meist verstellbar gemacht. Den unteren Abschluß eines Treppenrostes bildet ein kleiner Planrost zur Ansammlung der Aschen und Schlacken, welche durch Kippen oder Abziehen des Rostes entfernt werden können.

Das Verhältnis zwischen Rostfläche und Kesselheizfläche soll nicht kleiner als $1/25$, möglichst $1/20$ oder mehr sein.

Die Muldenroste bestehen aus einer Reihe von nebeneinander angeordneten Mulden zur Aufnahme der Kohle, welche derart beweglich sind, daß die Kohle schubweise nach hinten befördert wird.

Die Treppenroste sind für gasarme Kohlen von größerem Feuchtigkeitsgehalt geeignet; sie haben den Vorteil einfacher und leichter Bedienbarkeit und bedürfen im allgemeinen keines künstlichen Zuges. Die Muldenroste eignen sich für Kohlen kleinerer Stückgröße mit höherem Gasgehalt und weniger Feuchtigkeit; bei größeren Belastungen ist künstlicher Zug nötig.

Zur Verbrennung von Braunkohle sind außerdem die meisten mit Unterwind arbeitenden Unterschubfeuerungen geeignet.

Die Feuerräume über den Rosten sind möglichst groß vorzusehen, da bei der Verbrennung von Rohbraunkohle große Mengen leichter Flugasche erzeugt werden, die bei zu gering bemessenen Feuerräumen den Wärmeübergang vermindern.

Für die Zugerzeugung wird bei Anwendung von Treppenrostfeuerungen der natürliche Zug mittels Schornsteinen bevorzugt, der wegen der geringen Brenngeschwindigkeit ausreicht, zumal die Schornsteine zwecks unschädlicher Abfuhr der bei Braunkohlen meist schwefelhaltigen Rauchgase und der großen Menge von Flugasche sehr hoch werden müssen. Bei Muldenrosten kann natürlicher Zug verwendet werden, häufig werden sie aber auch mit künstlichem Zug betrieben.

Die Rauchgaskanäle und die Fuchseinführungen in die Schornsteine sind unter Berücksichtigung der Menge der Rauchgase und der von denselben mitgeführten Flugasche reichlich zu bemessen, damit die Zugwirkung durch die Ansammlung von Flugasche möglichst wenig behindert wird.

Bei richtiger Bemessung der einzelnen Kesselteile und Feuerungen kann bei den Braunkohlenwerken sowohl bei natürlichem als auch bei künstlichem Zug ein Wirkungsgrad der Kesselanlage von rd. 80% erreicht werden; die Verdampfungsziffer beträgt für Rohkohle von 2200 kcal/kg bei Erzeugung von Dampf von 20 at 350° C etwa 2,5.

Der Fassungsraum der Kesselbunker wird im allgemeinen auf einen Kohlenvorrat für 2 bis 3 Tage beschränkt, um keine zu großen Abmessungen und Belastungen zu erhalten. Die Schütthöhe in den Bunkern soll wegen der Gefahr der Selbstentzündung im Mittel nicht über 4 m betragen.

Die Beseitigung der Aschen und Schlacken ist bei Braunkohlenwerken wegen der sehr großen Menge und ihrer feinen Verteilung und Leichtigkeit sowie ihrer Klebrigkeit ziemlich schwierig. Man wendet mechanische Abziehverfahren an, welche mit Druckluft oder Wasserspülung arbeiten.

Auf eine besonders sorgfältige Filtrierung der Kühlluft für die Generatoren ist zu achten, da die Umgebungsluft der Braunkohlenwerke stark durch fein verteilte Flugasche verunreinigt ist.

Mitunter bieten die Braunkohlenwerke eine günstige Gelegenheit zur Abwärmeverwertung, z. B. wenn sie mit Brikettfabriken verbunden sind. Diese benötigen für Trockenzwecke auf 1000 t Rohkohle täglich bei ca. 50% Wassergehalt eine Abdampfmenge von ca. 1000 t mit 550—600 kcal/kg, was dem Abdampf einer Turbine von 5000 bis 6000 kW entspricht.

Der Bedarf an Grundfläche und an umbautem Raum für die Kesselanlage von Braunkohlenwerken ist wegen der größeren Ausdehnung der Kessel und der Einrichtungen für die Kohlenzufuhr und Aschenabfuhr um 20 bis 30% größer als bei Steinkohlenwerken. Der Grundflächen- und Raumbedarf für die Maschinenanlage kann im allgemeinen wie in der Zahlentafel S. 190 angenommen werden.

Rohbraunkohlenwerke erfordern mehr Bedienungspersonal als Steinkohlenwerke. Da die Braunkohlengruben meist außerhalb bebauter Gebiete liegen, ist bei Neuanlage eines Werkes für ausreichende Wohngelegenheit zu sorgen.

3. Kraftwerke mit Staubkohlenfeuerung.

Bei den Kraftwerken mit Staubkohlenfeuerung wird der Brennstoff in Form von staubförmiger Kohle zugeführt, wie sie aus den Aufbereitungsanlagen der Kohlenzechen anfällt oder aus anderen Kohlensorten, Steinkohlen oder Braunkohlen, durch Aufbereitung (Vermahlung) im Kraftwerk selbst hergestellt wird.

Der Heizwert des zumeist verwendeten Steinkohlenstaubes beträgt 4500 bis 7000 kcal je kg. Der Wassergehalt im ungetrockneten Zustand 2 bis 14%, der Aschengehalt 5 bis 20%.

Der allgemeine Aufbau der Kraftwerke mit Staubkohlenfeuerung ist entsprechend dem der Steinkohlenkraftwerke.

Soferne es sich um Staubkohle aus Zechenabfällen handelt, welche meist einen hohen Wassergehalt und einen geringen Heizwert haben, ist ähnlich wie bei Braunkohlen ein Transport auf größere Entfernung nicht wirtschaftlich, derartige Kraftwerke werden deshalb nur im Anschluß an die Steinkohlenzechen errichtet.

Wenn die Staubkohle aus Rohkohle durch Vermahlung hergestellt wird, sind hiefür besondere Aufbereitungsanlagen erforderlich, die in der Regel beim Kraftwerk selbst erstellt werden, da die Aufbereitung auf der Zeche die Anlegung größerer Lager sowie den Transport auf weitere Entfernung erfordern würde. Die Haltung größerer Lager ist jedoch wegen der Neigung der Staubkohle zu Explosionen, wegen Aufnahme von Feuchtigkeit aus der Luft sowie wegen der Schwierigkeit der Beladung und Entladung nicht zweckmäßig. Ist ein Transport nicht zu vermeiden, so erfolgt derselbe in geschlossenen Spezialwaggons mit 30 bis 35 cbm Rauminhalt, entsprechend einem Ladegewicht von 20 t. Die Füllung erfolgt hiebei durch geschlossene Rohrleitungen, die Entleerung durch Klappen oder Düsen unter Luftabschluß, meist auf pneumatischem Wege.

Die Lagerung beim Kraftwerk erfolgt aus den vorerwähnten Gründen in Form von Rohkohle. Das Lager ist so groß zu wählen, daß ein kontinuierlicher Betrieb der Aufbereitungseinrichtungen und der Kraftanlage möglich ist. Die Staubkohle selbst kann in Mengen, wie sie für den Bedarf von mehreren Tagen nötig sind, nur gelagert werden, wenn sie durchaus trocken ist, d. h. weniger als 0,5% Wasser enthält, da sich der Kohlenstaub sonst in Klumpen zusammenballt und Verstopfungen in den Bunkern, in den Zuführungsleitungen usw. hervorruft und zu ungleichmäßiger Verbrennung Veranlassung gibt.

Hat die benutzte Rohkohle eine Stückgröße von mehr als 30 mm, so wird sie in Brechern mit Leistungen bis zu 25 t pro Stunde vorgebrochen und gleichzeitig mittels eines mit dem Brecher verbundenen magnetischen Eisenausscheiders von mitgeführten Eisenstückchen u. dgl. befreit. Sodann wird die Kohle in besonderen Trocknern getrocknet, wobei sich der Wassergehalt auf etwa 0,5% ermäßigt. Obwohl in manchen Kesselanlagen die Verarbeitung einer bis zu 5% wasserhaltigen Kohle möglich ist, empfiehlt sich die Vortrocknung wegen der wesentlich günstigeren Verbrennungsergebnisse. Die Kohlentrockner bestehen in der Hauptsache aus einer langen und mit geringer Neigung gegen die Wagrechte gelegten Trommel, welche sich mit etwa 5 Umdr./min dreht und durch eine besondere Feuerung geheizt wird. Die Kohlen durchlaufen die Trommel von oben nach unten, wobei die Feuergase den Mantel der Trommel im Gegenstrom umspülen. Die Leistungsfähigkeit der Trockner beträgt bis zu 25 t Kohle pro Stunde, die hiebei auf 110 bis 120° C erwärmt wird.

Von den Trockenapparaten wird die Kohle mittels geeigneter Fördereinrichtungen in die Mahlmühlen geleitet. Man unterscheidet langsam laufende Walzenmühlen, welche für größere Leistungen (bis 25 t/Std.) verwendet werden und schnellaufende Schlagmühlen, bei welchen die Zerkleinerung der Kohle weniger durch Zermahlung als durch Zertrümmerung erfolgt. Die langsam laufenden Mühlen, in welchen die Kohle durch schwere Kugeln oder andere Körper langsam zerrieben wird, ergeben eine große Feinheit der Kohle, arbeiten sehr gleichmäßig und haben geringen Verschleiß. Die schnellaufenden Mühlen eignen sich für kleinere Anlagen bis zu einer Leistung von 1 t/Std., sie sind einfach, haben ruhigen Gang und kleinen Kraftbedarf. Sie arbeiten mit Kugeln oder Walzen, welche bei der Umdrehung der Mühle gegen das Mahlgut gepreßt werden und hierdurch die Zerkleinerung bewirken.[1]

Zur Mahlanlage gehören noch die Einrichtungen für die Siebung oder Sichtung der Kohle, durch welche die Sortierung des Kohlenstaubes meist schon vor Austritt

[1] Nähere Beschreibung siehe Münzinger „Kohlenstaubfeuerungen". Verlag J. Springer, 1921.

13*

aus der Mahlmühle vorgenommen wird. Die Siebung erfolgt mittels Ventilatoren, welche die Siebe von Verstopfungen freihalten und gleichzeitig den aussortierten Kohlenstaub absaugen, um ihn zur Feuerung zu befördern.

Durch die Aufbereitung der Kohle wird eine Feinheit des Mahlgutes erzielt, deren Grad durch Siebe von bestimmter Maschenweite bezeichnet wird. Bei den gebräuchlichen Anlagen gehen mindestens 65% des Kohlenstaubes durch ein Sieb von 4900 Maschen je qcm. In Amerika werden noch größere Feinheiten angewandt.

Die Beförderung des Kohlenstaubes von der Aufbereitungsanlage zu den Kesseln kann entweder rein mechanisch oder pneumatisch unter Vermittlung von Luft unter atmosphärischem Druck oder durch Preßluft bis zu 7 at erfolgen. Zur mechanischen Beförderung werden in erster Linie Förderschnecken benutzt, die jedoch nur für kurze Transportwege geeignet sind. Bei Verwendung von Luft unter Atmosphärendruck wird die Staubkohle mittels Windstromes angesaugt und weiter befördert, wobei zur Vermeidung von Staubexplosionen hohe Luftgeschwindigkeiten bis zu 25 m/sec vorzusehen sind. Bei Verwendung von Preßluft wird der aus den Mahlmühlen kommende Kohlenstaub zunächst in großen Behältern gesammelt und von diesen aus periodisch durch jeweiliges Absaugen einer bestimmten Kohlenmenge in die Förderleitungen gedrückt. Das Preßluftverfahren eignet sich besonders für große Transportlängen.

Die aus Brechern, Trocknern, Mahlmühlen sowie den zugehörigen Fördereinrichtungen und Antriebsvorrichtungen bestehende Aufbereitungsanlage wird bei größeren Kraftwerken meist zentral zusammengefaßt und in einem besonderen Bau untergebracht, der vom Rohkohlenlager durch mechanische Fördereinrichtungen beschickt werden kann. Die von der Aufbereitungsanlage benötigte Grundfläche ist ziemlich groß, sie beträgt je nach der Art und Zusammenfassung der Einrichtungen 25 bis 50% der zugehörigen Kesselhausgrundfläche. Mitunter erhält jeder einzelne Kessel gesonderte Aufbereitungseinrichtungen, wobei die Rohkohle in der üblichen Weise zu den Kesseln befördert wird und die getrocknete und vermahlene Staubkohle direkt in die Leitungen zum Feuerraum gelangt. Im allgemeinen dürfte die zentrale Aufbereitung den Vorzug verdienen, weil hiebei ein einfacher und übersichtlicher Aufbau der Gesamtanlage erreicht und die Gefahr des Verschmutzens und Verstaubens der Kesselhäuser vermieden wird.

Die Gliederung und Ausgestaltung der Kesselanlage erfolgt bei Verwendung von Staubkohle in ähnlicher Weise wie bei Verwendung normaler Steinkohle. Da bei Verbrennung der Kohle in Staubform sehr hohe Heiztemperaturen möglich sind, kann die normale Kesselbelastung mit 35 bis 40 kg Dampf je qm Heizfläche und Stunde, die maximale Belastung mit 40 bis 50 kg je qm Heizfläche und Stunde angenommen werden. Ein Kessel von 1000 qm Heizfläche mit Staubkohlenfeuerung ist demnach imstande, normal stündlich 40000 kg Dampf von 30 at und 400° C ausreichend für ca. 8000 kW Maschinenleistung zu erzeugen.

Die für die Verbrennung des Kohlenstaubes nötigen Feuerungseinrichtungen bestehen aus düsenartigen Brennern, durch welche der Kohlenstaub und die zur Verbrennung nötige Luft möglichst innig miteinander gemischt werden und die gleichzeitig das Gemisch in die Verbrennungskammer einführen. Die Brenner sind so konstruiert, daß die zugeführte Kohlen- und Luftmenge der Belastung entsprechend reguliert werden kann. Die durch die Brenner eingeführte Luft wird „Primärluft" genannt, sie reicht bei den üblichen Konstruktionen zur Verbrennung der Kohle nicht aus, es muß deshalb in ähnlicher Weise wie bei Stückkohlenfeuerungen eine weitere Luftzufuhr („Sekundärluft") zur Verbrennungskammer erfolgen. Die Sekundärluft kann in die Verbrennungskammern zentral durch besondere Luftleitungen, besser aber verteilt durch in die Wände der Verbrennungskammern eingeführte Schlitze zugeführt werden. Ihre Menge ist durch Schieber regelbar, sie erfährt beim Durchgang durch die Mauerwerksschlitze eine Vorwärmung, durch welche eine Verbesserung des Verbrennungsprozesses erzielt wird. Gleichzeitig findet hierdurch eine sehr erwünschte Kühlung der Umfassungswände der Kammern statt. Zur Vorwärmung der Sekundärluft können auch Lufterhitzer dienen, die an Stelle von Ekonomisern die Wärme der aus den Kesseln kommenden Rauchgase ausnutzen.

Von wesentlicher Bedeutung für das Arbeiten der Staubkohlenfeuerung ist der Feuerraum oder die Verbrennungskammer. Bei den hohen mit Staubkohlenfeuerungen erzielbaren Leistungen, die für je einen Brenner mit 500 bis 600 kg Brennstoffverbrauch je Stunde angenommen werden kann, sind sehr große Feuerräume vorzusehen, um einerseits ein vollständiges Ausbrennen der Staubkohle zu erzielen, anderseits zu vermeiden, daß die der strahlenden Hitze ausgesetzten Kesselheizflächen noch im Bereiche der höchsten Temperaturen (bis 1700° C) liegen und dadurch vorzeitiger Abbrand hervorgerufen wird. Der Feuerraum ist um so größer vorzusehen, je größer der Flammenweg und je kleiner die Brenngeschwindigkeit der Kohle ist. Gute Verhältnisse werden im allgemeinen erzielt, wenn der Feuerraum mit 30 bis 50 cbm für je eine Tonne stündlich zu verfeuernder Kohle bemessen wird, wobei die kleinere Ziffer für sehr trockene fein vermahlene Kohle, die größere für weniger trockene, gröber vermahlene Kohle gilt.

Besonderer Wert ist auf die Ausbildung der Schlackensammler und des Schlackenabzuges zu legen, wofür im Boden des Feuerraumes die nötigen Sammelbehälter und Abzugtrichter anzulegen sind. Bei den hohen Verbrennungstemperaturen ergibt sich meist eine stark zusammengeschmolzene und zusammengesinterte Schlacke, welche die Neigung hat, sich an den Feuerraumwänden anzusetzen und hierdurch die Verbrennung zu stören und das Mauerwerk anzugreifen. Es ist noch nicht gelungen, sicher wirkende Konstruktionen zur störungsfreien Beseitigung der Schlacken zu finden.

Zur Zugerzeugung und zur Abführung der entstehenden Rauchgase werden Schornsteine aus Blech oder Mauerwerk in ähnlicher Weise wie bei anderen Kesselanlagen angeordnet.

Über die Staubkohlenfeuerungen liegen noch nicht die Erfahrungen vor, die ein abschließendes Urteil über ihre Verwendungsfähigkeit ermöglichen. Sie sind anwendbar für die Verfeuerung von stark backender und aschenreicher Kohle oder von sehr feinkörniger gasarmer Kohle. Da sich mit den Feuerungen hohe Dampfleistungen bei geringem Luftüberschuß und geringem Zug erreichen lassen, sind sie besonders für Spitzenwerke geeignet, um so mehr als sie auch eine schnelle Inbetriebsetzung der Kessel und eine rasche Anpassungsfähigkeit an Belastungsschwankungen ermöglichen. Während die Anheizdauer aus dem kalten Zustand bei größeren Kesseln mit Steinkohlenfeuerung mehrere Stunden beträgt, lassen sich Kessel mit Staubkohlenfeuerung in 1 Stunde und weniger betriebsfertig machen; die Anheizdauer kann noch weiter verkürzt werden, wenn das Anheizen durch Verfeuerung von Öl eingeleitet wird, zu welchem Zwecke eine oder mehrere Öldüsen in die Kessel einzuschalten sind.

Der Wirkungsgrad der Kessel ist infolge des geringen Luftüberschusses, der günstigen Luftvorwärmung, der Anpassungsfähigkeit der Verbrennung usw. sehr hoch, er kann mit normal 80 bis 85% angenommen werden, an amerikanischen Kesselanlagen wurden Wirkungsgrade von 90% und darüber festgestellt.

Weitere Vorteile gegenüber anderen Feuerungen sind der Wegfall beweglicher Teile, der geringe Anfall von Flugasche und Ruß, sowie die Verringerung an Bedienungskosten. Diesen Vorteilen stehen allerdings auch Nachteile gegenüber, insbesondere ist die Komplizierung durch die Aufbereitungseinrichtungen, die Empfindlichkeit der Feuerräume, die Schwierigkeit der Schlackenbeseitigung u. dgl. zu erwähnen. Es ist demnach von Fall zu Fall zu prüfen, ob die Errichtung einer Staubkohlenfeuerungsanlage gerechtfertigt erscheint.

Die Disposition eines Kraftwerkes mit Staubkohlenfeuerung ist in Abb. 95 gegeben.

Die Anlage ist für eine Gesamtleistung von 120000 kW mit 4 Turbogeneratoren von je 30000 kW bemessen, die Kesselanlage ist in zwei Kesselhäuser von je 8 Kesseln zu je 1500 qm Heizfläche unterteilt, die Aufbereitungsanlage ist als zentrale Anlage für beide Kesselhäuser gesondert errichtet.

Der Grundflächenbedarf und der umbaute Raum der Kessel- und Maschinenhäuser kann etwa gleich groß wie bei Steinkohlenwerken gerechnet werden, wobei jedoch der von den Aufbereitungsanlagen benötigte Raum noch zuzuschlagen ist.

4. Dampfkraftwerke mit öl- und gasförmigen Brennstoffen.

Als Brennstoff für die Kesselfeuerungen kommen Brennöle mit Heizwerten von 8000 bis 10000 kcal/kg und Gase mit Heizwerten von 7000 bis 9000 kcal/kg in Betracht. Als Brennöle werden Bakura und ähnliche Naturöle, ferner Erdöle und deren Destillate, die nach Entzug des Gasöls verbleibenden Schweröle, verwendet, soweit diese hohen Flammpunkt und genügende Dünnflüssigkeit besitzen; als Gas wird das in vielen Ländern vorkommende Erdgas zur Kesselfeuerung benutzt. Generatorgas wird wegen seines geringen Heizwertes selten zur Kesselheizung verwendet.

Da die Öle sich leicht lagern und bequem transportieren lassen, ist die Anlage von Öldampfwerken vollständig unabhängig vom Gewinnungsort des Brennstoffes; die Gasdampfwerke sind im allgemeinen an die Nähe des Gasgewinnungsortes gebunden, doch kommen auch Entfernungen bis zu 50 km vor, wobei das Gas in Rohrleitungen zugeführt wird.

a) Öldampfwerke.

Bei den Öldampfwerken wird ein für 2 bis 4 Wochen ausreichender Vorrat an Brennstoff in Öltanks oder Bunkern gelagert, um dem Kraftwerk einige Unabhängigkeit von der Ölzufuhr zu sichern. Die Tanks können durch Dampfschlangen beheizt werden, um etwa zähflüssiges Öl leitungsfähig zu machen. Von den Tanks wird das Heizöl mittels besonderer Brennstoffpumpen zu den Betriebsbehältern gefördert und durch Filter gepreßt, um etwaige Unreinigkeiten auszuscheiden. Sodann gelangt es zu einem Vorwärmer zwecks Erhitzung auf die für eine gute Verbrennung geeignete Temperatur von 110 bis 120° C. Die Vorwärmung erfolgt in der Regel durch Frischdampf oder Zwischendampf. Nach der Vorwärmung wird das Öl zu den Brennern gepumpt. Zwecks gleichmäßiger Verteilung der Ölmenge und des Öldruckes sind Windkessel in die Hauptleitungen eingeschaltet.

Für Ölfeuerung kann jedes Kesselsystem von großer Leistungsfähigkeit verwendet werden. Zur Verfeuerung dienen Brenner in Form von düsenförmigen Rohrstücken, welche das Öl von den Verteilleitungen nach Passieren von Regulier- und Schnellschlußventilen unter einem Druck von 8 bis 10 at erhalten und zerstäuben, so daß es als fein verteilter Nebel in den Feuerraum gelangt. Gleichzeitig wird auch die zur Verbrennung nötige Luft mittels eines Gebläses in den Feuerraum gepreßt, wobei sie sich mit dem Ölnebel innig mischt und die Verbrennung ermöglicht. Die Luft wird vor dem Einblasen vorgewärmt, die eingeführte Luftmenge ist durch Schieber regulierbar, so daß das Mengenverhältnis zwischen Öl und Luft der jeweiligen Belastung entsprechend eingestellt werden kann.

Die Verbrennung erfolgt im Feuerraum mit langer Flamme und bei richtigem Mischungsverhältnis zwischen Öl und Luft ohne nennenswerte Rückstände. Die Wärme wird hiebei hauptsächlich im Feuerraum auf die ersten Kesselheizflächen übertragen,

Rohkohlenbunker

Dampfzuleitung

Trockner

Kohlen-Förderi

Becherwerk

Druckbehälter

Motor

Dampfableitg

Kompressi

Brecher

Ventilator   Mahlmühle mit Sichtung

Werkstätte

Kohlenaufbereitungsanlage

Mahlanlage

und

Trocknungs-

Rohkohlen-

Lager

Erweiterung-

der   Aufbereitungsanlage

0 5 10   20   30   40   50m

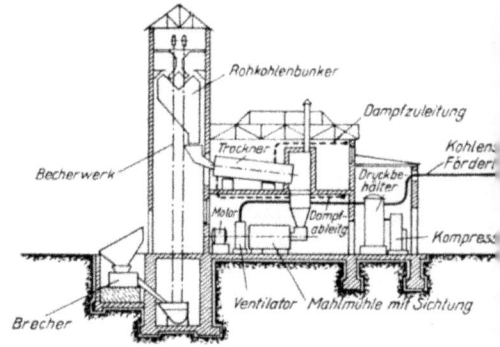

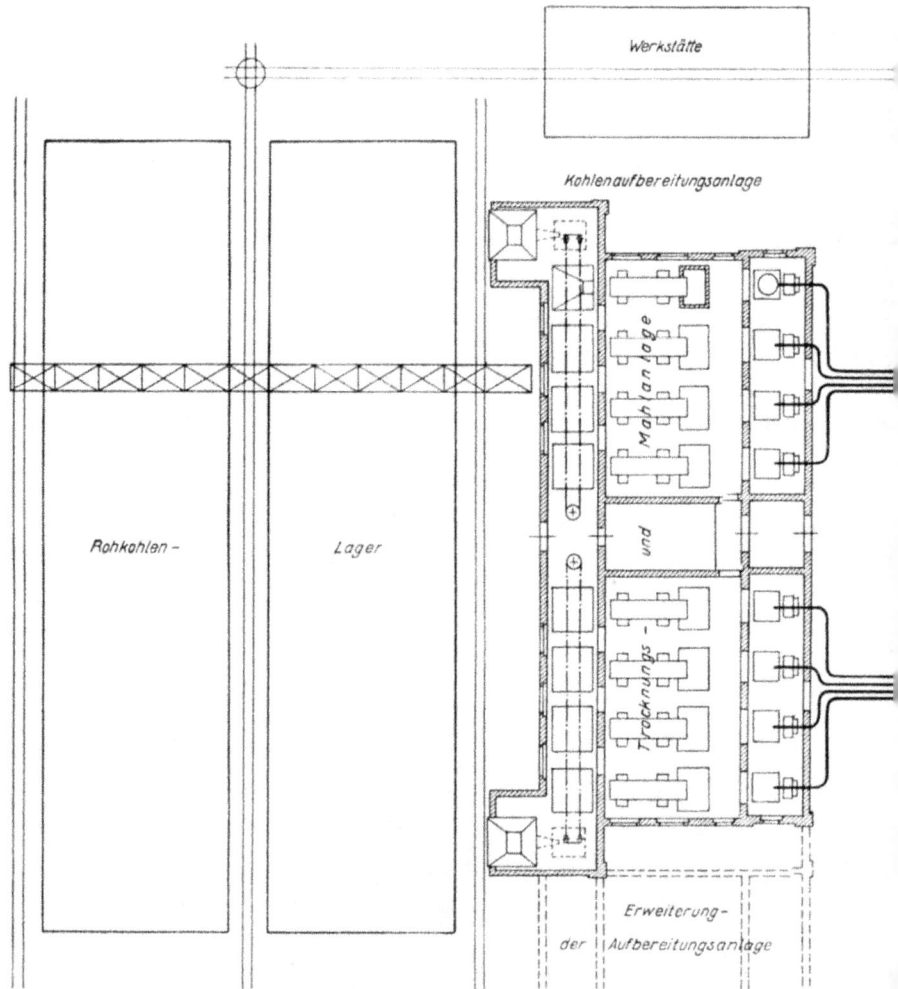

Abb. 95. Detaildisposi

Tafel II.

Kohlenstaub-
Behälter

ebs- und Personalräume

Büroräume

4 Turbogeneratoren
von je 30000 KW

2 Hausturbinen

Kondensations - Speisepumpen u. Vorwärmer

Zentral - Schaltstelle

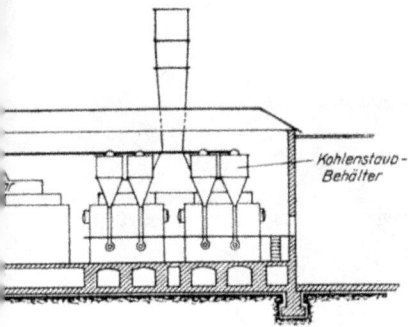

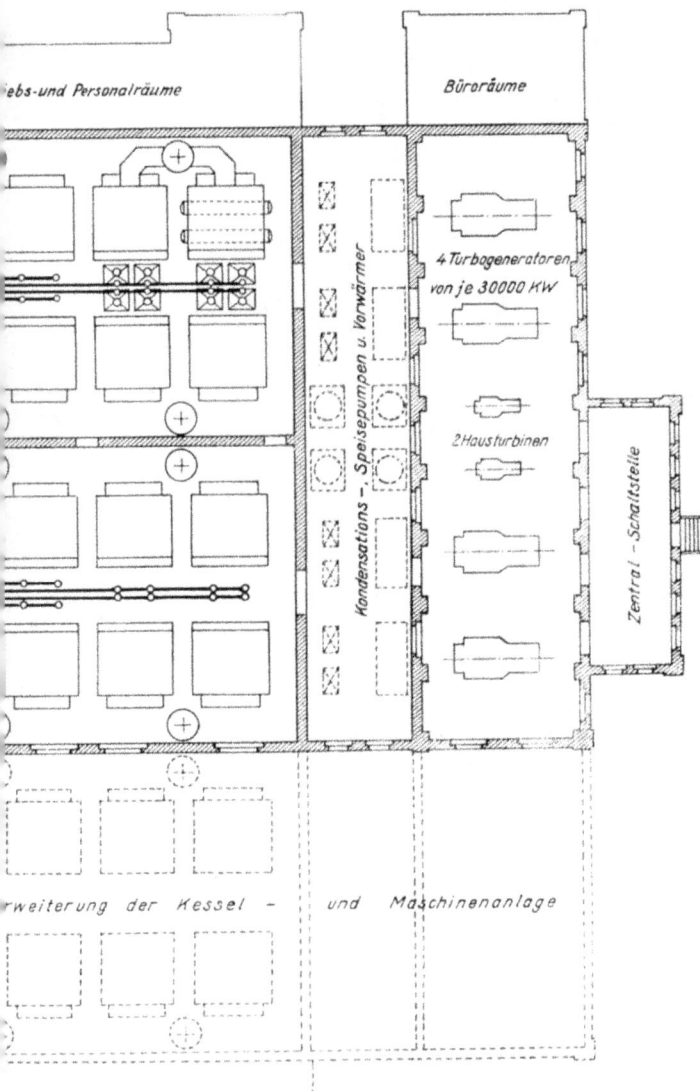

Transformatoren - und Schalthaus

rweiterung der Kessel - und Maschinenanlage

mit Staubkohlenfeuerung.

welche infolgedessen besonders hohe Dampfleistungen aufweisen. Die Heizgase kühlen sich schnell ab, es ist deshalb trotz Anordnung großer Überhitzerheizflächen meist nicht möglich, den Dampf ebenso hoch zu erhitzen wie bei Kohlenfeuerungen. Die Rauchgase verlassen den Kessel mit 200 bis 400° C. Die Ausführung der Rauchgase erfolgt durch Schornsteine, die hier vorwiegend aus Blech hergestellt werden.

Die Leistung eines mit Öl von 8—10 at Druck und ca. 120° C Temperatur vor dem Brenner gefeuerten Kessels kann normal mit 25 bis 30 kg, maximal mit 35 bis 40 kg Dampf von 20 at 350° C je qm Heizfläche und Stunde angenommen werden. Der Wirkungsgrad eines Ölfeuerungskessels beträgt bei Vollast 80 bis 85%. Unter Einbeziehung aller Hilfsbetriebe kann bei Vollast mit einem Gesamtölverbrauch für eine in der Maschinenanlage erzeugte Kilowattstunde von 0,5 bis 0,6 kg Öl entsprechend einem Wärmeverbrauch von 4500 bis 5000 kcal gerechnet werden.

Die Ölfeuerungen haben sich im praktischen Betrieb gut bewährt. Sie ermöglichen eine einfache und leichte Bedienung sowie eine weitgehende Regulierbarkeit und Anpassungsfähigkeit an Belastungsschwankungen. Nachteile sind ihre Neigung zu Verstopfungen der Rohrleitungen und Brenner, die durch asphaltartige Bestandteile des Öles hervorgerufen werden. Die Verstopfungen können durch richtige Vorwärmung des Öles, gute Isolierung der Leitungen u. dgl. vermieden werden.

b) Gasdampfwerke.

Das für Kesselfeuerung mitunter verwendete Erdgas kommt meist mit einem Druck von 10 bis 20 at aus dem Boden, wird in Rohrleitungen gefaßt und mit natürlichem Druck zum Kraftwerk geleitet. Die Rohrleitungen haben je nach der zu fördernden Gasmenge und je nach der Entfernung lichte Weiten von nur 350 bis 500 mm, weil meist ein großer Druckverlust zugelassen werden kann.

Da das Erdgas in der Regel sehr rein ist, sind besondere Reinigungsvorrichtungen nicht erforderlich. Die Einrichtungen für die Zuführung und Verteilung der Gase sind ähnlich wie bei den Ölfeuerungen; auch die Brenner, Regelvorrichtungen u. dgl. entsprechen jenen.

Der Gasverbrauch für eine in den Maschinen erzeugte Kilowattstunde beträgt bei Verwendung von Dampf mit 20 at 350° C 0,6 bis 0,7 cbm, entsprechend einem Wärmeverbrauch von 4500 bis 5000 kcal.

II. Verbrennungs-Kraftanlagen.

Bei den Verbrennungskraftanlagen wird die durch Verbrennung des Betriebsstoffes erzeugte Wärme ohne Zuhilfenahme eines Zwischenelementes direkt in den Arbeitsmaschinen in mechanische Energie umgesetzt; als Betriebsstoff werden Öle und Gase benutzt. Die Umsetzung erfolgt in den Verbrennungskraftmaschinen, wobei zwei verschiedene Arbeitsverfahren angewandt werden.

Beim Gleichdruckverfahren wird die Verbrennungsluft zeitlich vor dem Brennstoff angesaugt und so hoch verdichtet, daß die Entzündung des später eingeführten Brennstoffes durch die Verdichtungswärme erfolgt; die Verbrennung geht bei gleichbleibendem Druck verhältnismäßig langsam vor sich.

Beim Verpuffungsverfahren werden der Brennstoff und die Verbrennungsluft schon vor Eintritt in die Maschine miteinander gemischt und als Gemisch angesaugt und verdichtet. Die Entzündung erfolgt durch Glühkörper oder einen elektrischen Funken. Die Verbrennung geht bei veränderlichem Druck explosionsartig vor sich.

Das Gleichdruckverfahren gelangt in den Ölmotoren, insbesondere im Dieselmotor, das Verpuffungsverfahren in den Gasmaschinen und Gasturbinen zur Anwendung.

1. Dieselkraftwerke.

Als Betriebsmittel dienen ölartige Flüssigkeiten, die als Gasöl bei der Destillation des Erdöles und als Teeröl bei der Destillation des Teeres anfallen. Das Gasöl hat ein spezifisches Gewicht von 0,85 bis 0,92 und einen Heizwert von 10000 bis 10500 kcal/kg. Es ist wasserklar und zeichnet sich durch Leichtflüssigkeit und große Reinheit aus, es ergibt deshalb eine günstige Verbrennung ohne nennenswerte Rückstände. Das Teeröl und andere Schweröle haben spezifische Gewichte von 0,93 bis 0,95, ihr Heizwert beträgt 9000 bis 10000 kcal/kg. Diese Öle haben eine bräunliche Farbe, sind weniger flüssig und weniger rein als das Gasöl. Bei ihrer Verbrennung entstehen rußende Rückstände, die zu Verstopfungen der Einblasevorrichtungen führen können.

Die Gasöle werden in Rumänien, Galizien und Rußland aus den dort vorkommenden Erdölen gewonnen. Die Teeröle werden auf den Steinkohlen- und Braunkohlenzechen als Destillate aus den Kohlenteeren erzeugt. Die Betriebsstoffe gelangen demnach zu den Kraftwerken meist mit der Bahn in Kesselwagen. Da nicht immer mit regelmäßiger Lieferung gerechnet werden kann, werden bei den Dieselanlagen Vorratsbehälter für den Bedarf von 25 bis 30 Tagen angelegt. Als Behälter werden runde eiserne Tanks bis zu 2500 cbm Inhalt verwendet, die außerhalb des Krafthauses in besonderen betonierten Gruben aufgestellt werden. In ihrem Innern werden Heizschlangen untergebracht, die mit der Abwärme des Motorkühlwassers oder aus anderen Wärmequellen gespeist werden und das Öl im Winter leichtflüssig erhalten sollen.

Von den Vorratstanks wird das Öl durch Ölpumpen in die innerhalb der Kraftwerke aufgestellten Betriebsbehälter befördert, die für einen 8 bis 10stündigen Betrieb aller Motore mit Vollast bemessen werden, was bei normalem Betrieb dem Bedarf von etwa 2 Tagen entspricht. Die einzelnen Behälter erhalten einen Fassungsraum bis zu 50 cbm. Aus den Betriebsbehältern wird das Öl zur Arbeitsleistung entnommen, wobei es vor Eintritt in die Maschinen vorgewärmt und filtriert wird.

Der Arbeitsprozeß erfolgt entweder im Viertakt oder im Zweitakt. Beim Viertakt spielt sich der Arbeitsprozeß in einem Zylinder ab, wobei jeder volle Verbrennungsvorgang folgende 4 Kolbenhübe umfaßt:

beim 1. Hub wird die Verbrennungsluft angesaugt;

beim 2. Hub wird die Luft so hoch verdichtet, daß die Temperatur der komprimierten Luft höher als die Entzündungstemperatur des Treiböles liegt; am Ende dieses Hubes erfolgt die Einspritzung des Treiböles und dessen Entzündung durch die Verdichtungswärme;

beim 3. Hub erfolgt zunächst die Verbrennung des Ölluftgemisches und hierauf die Expansion der Verbrennungsgase unter Energieabgabe an den Arbeitskolben;

beim 4. Hub werden die nach Entzug ihrer Energie verbrauchten Verbrennungsprodukte als Auspuffgase ins Freie abgeschoben.

Es kommen demnach auf einen Nutztakt drei Takte ohne Arbeitsleistung.

Beim Zweitakt wird ein Teil des Arbeitsprozesses außerhalb des Arbeitszylinders verlegt, indem das Ansaugen und ein Teil des Verdichtens der Verbrennungsluft durch eine besondere Hilfspumpe erfolgt. Die von dieser Pumpe in die Arbeitszylinder eineingeführte Luft wird sodann wie beim Viertaktverfahren weiter verdichtet, es erfolgt am Ende des betreffenden Hubes die Einspritzung des Brennstoffes. Das Brennstoffluftgemisch verbrennt am Anfang des 2. Hubes, expandiert dann und gibt hiebei Nutzleistung ab. Der Auslaß der Abgase erfolgt durch vom Kolben gesteuerte Schlitze im Arbeitszylinder. Es findet demnach während einer einmaligen Umdrehung ein Arbeitstakt und ein arbeitsloser Takt statt. Zur Verbesserung des

Arbeitsprozesses werden die vom vorhergehenden Umlauf noch vorhandenen Auspuffgase durch vorzeitiges Einlassen von Luft ausgespült (Spülluftverfahren).

Bei beiden Verfahren tritt eine restlose Verbrennung des Luftgemisches und ein ungestörter Arbeitsprozeß nur dann ein, wenn der Brennstoff in äußerst fein verteiltem Zustand in die Arbeitszylinder gelangt. Bei größeren Motoren wird dies dadurch herbeigeführt, daß das Treiböl durch einen besonderen Luftstrom mit sehr hohem Druck in die Arbeitszylinder eingeblasen wird. Zur Erzeugung des Einblasedruckes ist dem Motor ein besonderer Luftkompressor beigefügt.

Das Viertaktverfahren ergibt infolge des einfachen Arbeitsprozesses und des Wegfalls der Hilfspumpe einen einfachen und billigen Aufbau der Maschine und läßt hohe Umlaufzahlen zu, weil eine rasche und leichte Kühlung der nach einer Seite offenen Zylinder und Zylinderkolben möglich ist. Anderseits ergibt der auf 4 Takte verteilte Arbeitsvorgang eine geringe spezifische Hubleistung und starke Schwankungen der Kurbeldrehkräfte, zu deren Ausgleich für den Antrieb von Generatoren große und schwere Schwungräder erforderlich sind.

Das Zweitaktverfahren ergibt infolge seiner günstigeren Arbeitsverteilung eine größere spezifische Hubleistung, daher für eine gegebene Leistung kleinere Abmessungen. Der Zweitaktmotor hat einen ruhigeren Gang und kleineren Ungleichförmigkeitsgrad als der Viertaktmotor, anderseits ist die Kühlung der Zylinder und Arbeitskolben schwieriger, so daß mit der Drehzahl weniger hoch gegangen werden kann.

Wegen seiner größeren spezifischen Leistung und seines ruhigeren Ganges wird bei größeren Anlagen der Zweitaktmotor vorgezogen.

Um die Arbeitsleistung während eines Maschinenumlaufes zu erhöhen, ist man zum Bau von doppeltwirkenden Motoren übergegangen, d. s. solche Motoren, bei denen sich der vorbeschriebene Arbeitsprozeß während einer bzw. zwei Umdrehungen zweimal abspielt, was durch doppelseitige Ausbildung des Maschinenzylinders und des Kolbens erzielt wird. Große Motoren werden meist als doppeltwirkende Zweitaktmaschinen ausgeführt mit Leistungen bis zu 2000 PS in einem Zylinder. Zur Erhöhung der Motorleistung werden mehrere Zylinder nebeneinander gesetzt und parallel geschaltet; man erhält dann die Mehrzylindermaschinen, wobei man bis zu 9 Zylinder in einer Maschine zusammenkuppelt und dadurch zu Leistungen bis 15 000 PS in einer Maschine gelangt. Derartige Maschinen werden stets stehend, d. h. mit senkrecht angeordneten Zylindern gebaut.

Bei Mehrzylindermaschinen werden die Kurbeln der einzelnen Zylinder derart versetzt, daß ein möglichst kleiner Ungleichförmigkeitsgrad der Maschine entsteht. Die Drehzahlen betragen bei größeren Motoren 83 bis 125 Umdr./min, bei Gesamtleistungen von unter 2000 PS kann bis auf 250 Umdr./min gegangen werden.

Die Dieselmotoren ergeben die höchsten Wirkungsgrade unter allen Wärmekraftmaschinen. Dieselben betragen bei den gegenwärtigen Bauarten bis zu 35%, gegenüber einer Höchstausnutzung der Brennstoffwärme bei gut disponierten Hochdruckdampfwerken von ca. 25%. Der Brennstoffverbrauch für eine vom Generator nutzbar abgegebene Kilowattstunde beträgt bei Großdieselmotoren:

bei Vollast und Dreiviertellast 0,28 bis 0,32 kg Gasöl, entspr. 2800 bis 3200 kcal,
bei Halblast 0,32 bzw. 0,36 kg Gasöl, entspr. 3200 bis 3600 kcal.

Die Wirkungsgradkurve des Dieselmotors verläuft in dem Bereich von Halblast bis Vollast sehr flach und auch bei geringeren Belastungen wird noch eine gute Ausnutzung der Brennstoffwärme erzielt. Dieselmotoren können bis zu 20% überlastet werden; die Regelung erfolgt durch Veränderung der zugeführten Brennstoffmenge mittels Drosselventilen, die eine schnelle Anpassung an Belastungsschwankungen ermöglichen.

Zum Anlassen eines Dieselmotors aus dem Ruhezustand ist die Zuhilfenahme von Druckluft erforderlich, da zur Einleitung des ersten Arbeitsprozesses die nötige

Verdichtung der Verbrennungsluft noch nicht durch den Motor selbst bzw. den mit ihm verbundenen Kompressor erfolgen kann. Für Anlaßzwecke wird deshalb ein besonderer Druckluftbehälter vorgesehen.

Außer den im vorstehenden bereits erwähnten Hilfseinrichtungen gehören zu einer Dieselanlage noch die Einrichtungen für die Kühlung und Schmierung. Die beim Verbrennungsprozeß entstehenden hohen Temperaturen bedingen eine ausgiebige Kühlung der Zylinder und Kolben, des Kompressors und sonstiger der Erhitzung ausgesetzter Teile. Der Bedarf an Kühlwasser kann mit 15 bis 25 l pro PS Motorleistung und Stunde angenommen werden. Steht das zu ausreichender Kühlung nötige Frischwasser nicht zur Verfügung, so sind Rückkühleinrichtungen vorzusehen. Das Kühlwasser muß einen möglichst hohen Grad von Reinheit besitzen, damit die Rohrleitungen, die Kühlmäntel der Zylinder usw. nicht durch Kesselsteinansatz u. dgl. verstopft werden. Nötigenfalls ist das Wasser vor Gebrauch zu reinigen. Die Schmierung erfolgt durch Preßöl, der Bedarf kann überschlägig je nach der Motorgröße stündlich mit 2 bis 2,5 g je PS angenommen werden, wobei jedoch bis zu 60 % durch Filtrierung wieder zurückgewonnen werden können.

Zur Abführung der Auspuffgase ins Freie ist ein Kamin erforderlich, der die Gase so hoch über dem Boden ableitet, daß eine Belästigung der Umgebung vermieden wird. Da der stoßweise Auspuff großes Geräusch verursacht, werden die Gase vor Ableitung ins Freie zur Beruhigung in Auspuffkammern eingeleitet, welche bei Großdieselanlagen als gemauerte Gruben angelegt werden.

Die Generatoren der Dieselanlagen werden mit den Dieselmotoren in der Regel mittels starrer Kupplungen verbunden. Da im allgemeinen nur geringe Drehzahlen erreichbar sind, werden die Generatoren sehr groß und schwer, und es läßt sich das für den gleichförmigen Gang der Dieselmotoren nötige Schwungmoment meist in den Rotoren unterbringen. Wenn dies nicht der Fall ist, müssen besondere Schwungräder angeordnet werden. Die Konstruktion und Ausbildung der Generatoren ist im allgemeinen ähnlich wie bei den Generatoren für langsamlaufende Wasserturbinen.

Die Disposition eines Dieselkraftwerkes ist in Abb. 96 angegeben. Sie stellt eine Dieselkraftanlage für eine Gesamtleistung von 60000 PS entsprechend 40000 kW dar, bestehend aus 4 Motoren von je 15000 PS Leistung. Zur Erzeugung dieser Leistung sind für jeden Motor 9 Zylinder erforderlich, welche mit gemeinsamer Welle einen Generator antreiben. Ein Dieselmotor dieser Größe ergibt trotz der stehenden Anordnung eine sehr große Baulänge, es ist daher zweckmäßig, für jeden Motor eine besondere Halle vorzusehen, welche jeweils durch einen Kran mit etwa 60 bis 80 t Tragkraft bestrichen wird. Die Hilfs- und Zubehöreinrichtungen werden in besonderen Anbauten für zwei oder mehrere Motoren zentral zusammengefaßt, wobei ev. für die Versorgung der Hilfsbetriebe gesonderte Hausaggregate vorgesehen werden können.

Die Grundfläche und der umbaute Raum von Dieselanlagen verschiedener Größen, einschließlich der Hilfsbetriebe, jedoch ohne die von den Außentanks, den Zufuhrgleisen u. dgl. eingenommenen Flächen sind aus nachstehender Zahlentafel zu entnehmen:

Gesamtleistung der Anlage . . . . . . kW	6000	12 000	24 000	48 000
Zahl und Größe der Maschinen . . . . kW	2 × 3000	2 × 6000	3 × 8000	5 × 9600
Grundfläche der Maschinenanlage einschl. Hilfsbetrieben . . . . . . qm	850	1 200	2 400	4 500
d. i. je 1000 kW Gesamtleistung rund . „	140	100	100	95
umbauter Raum in . . . . . . cbm	17 000	26 000	50 000	95 000
d. i. je 1000 kW Gesamtleistung rund . „	2 800	2 150	2 100	2 000

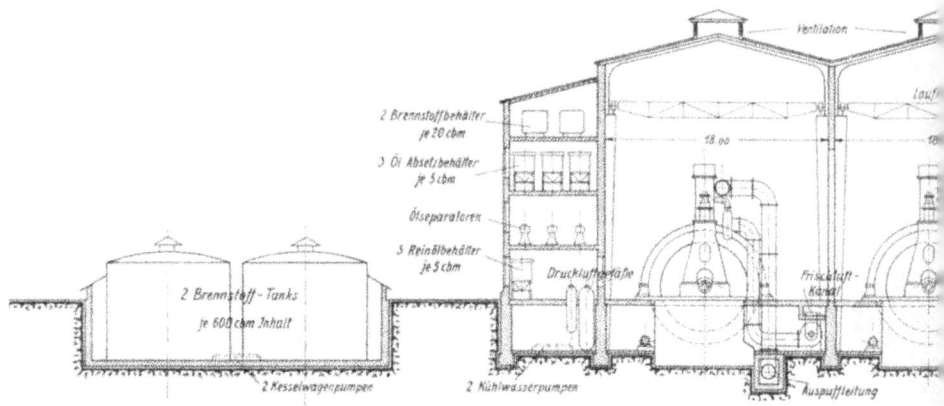

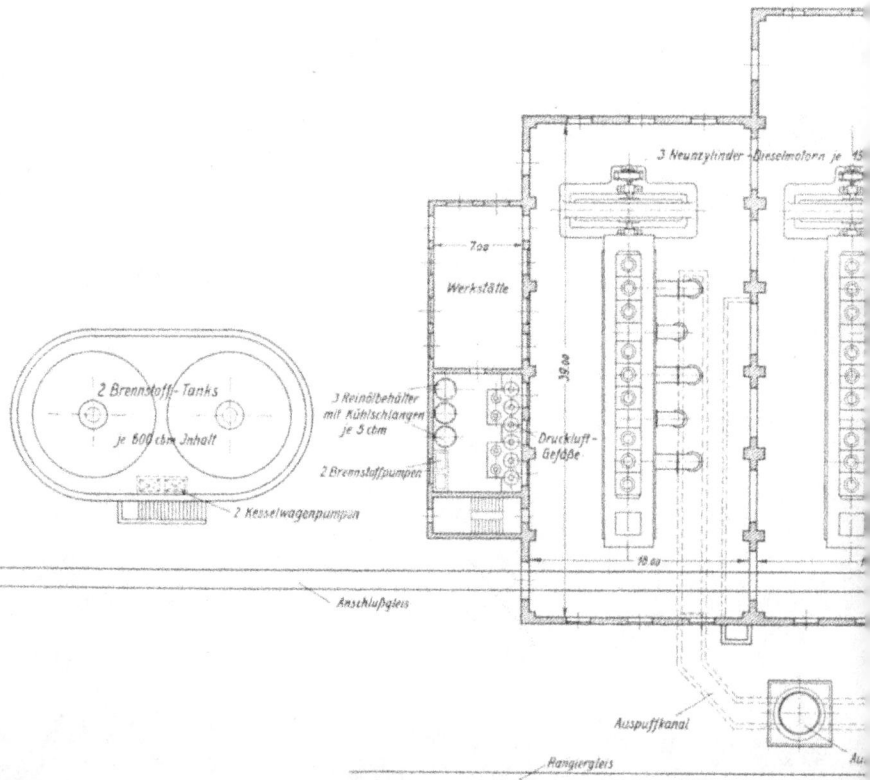

2 Brennstoffbehälter
je 20 cbm

3 Öl Absetzbehälter
je 5 cbm

Ölseparatoren

5 Reinölbehälter
je 5 cbm

Ventilation

laufk

18.00

Druckluftgefäße

Frischluft-
Kanal

2 Brennstoff-Tanks
je 600 cbm Inhalt

2 Kesselwagenpumpen   2 Kühlwasserpumpen   Auspuffleitung

3 Neunzylinder-Dieselmotoren je 45

7.00

Werkstätte

3 Reinölbehälter
mit Kühlschlangen
je 5 cbm

2 Brennstoffpumpen

Druckluft-
Gefäße

35.00

2 Brennstoff-Tanks
je 600 cbm Inhalt

2 Kesselwagenpumpen

18.00

Anschlußgleis

Auspuffkanal

Au

Rangiergleis

2. 0

Abb. 96. De

Tafel III.

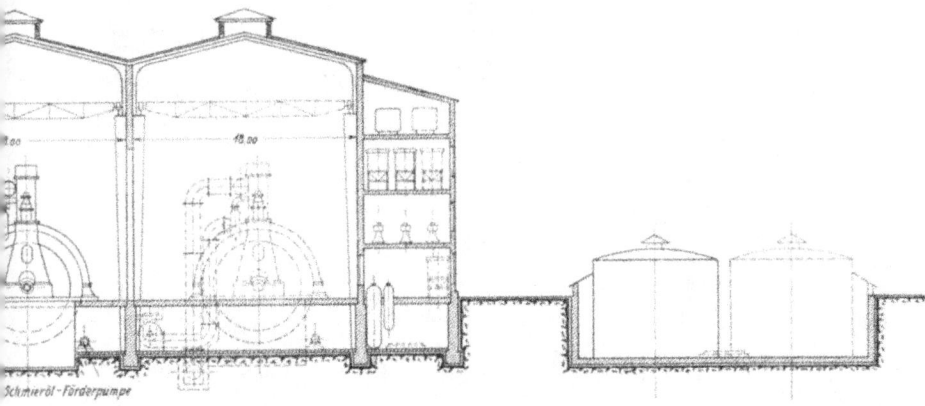

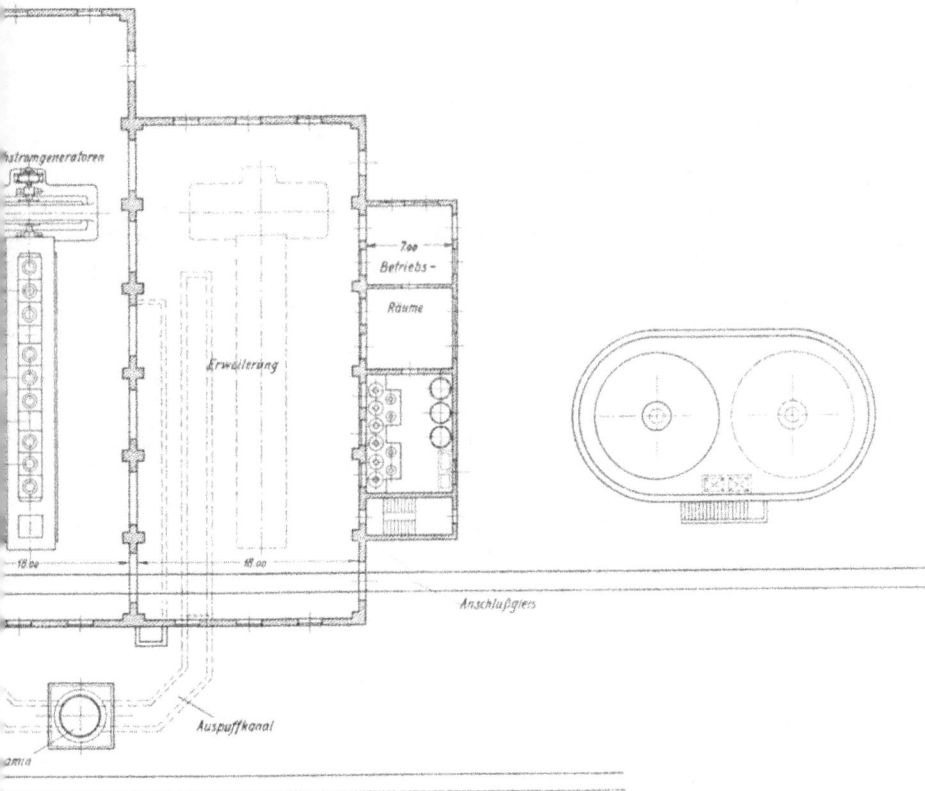

Schmieröl-Förderpumpe

...elstromgeneratoren

7oo
Befriebs-

Räume

Erweiterung

Anschlußgiers

Auspuffkanal

...amin

...8 20m

...selkraftwerkes.

Da die Dieselmotoren nur wenig Bedienungspersonal und nur kurze Zeit zur Inbetriebsetzung benötigen, — die Vorwärmung größerer Maschinen und deren Anlassen nimmt etwa 5 bis 10 Minuten in Anspruch — eignen sie sich besonders für Spitzen- und Reservekraftwerke der Landesversorgungen.

Abgesehen von den vorstehenden Vorteilen hängt die Entscheidung, ob eine Dieselanlage oder eine andere Wärmekraftanlage errichtet werden soll, von den jeweiligen örtlichen Verhältnissen sowie von dem Ergebnis spezieller Wirtschaftlichkeitsberechnungen ab, es ist deshalb zweckmäßig, in wichtigeren Fällen Parallelprojekte für Dampfkraftanlagen, Dieselanlagen, ev. auch Gasanlagen, auszuarbeiten.

2. Gaskraftwerke.

Gaskraftwerke sind Werke, bei welchen Gas als Energieträger verwendet wird. Als Brennstoff kommen alle Arten von Gasen in Betracht, insbesondere die in Hüttenwerken anfallenden Gichtgase, die bei der Verkokung oder Destillation von Kohlen entstehenden Generatorgase sowie natürliche Gase wie Erdgas u. dgl. Die Heizwerte der Gicht- und Generatorgase sind im allgemeinen gering, sie betragen

bei Gicht- oder Hochofengasen 900—1000 kcal je cbm,

bei Generatorgasen 1100—1300 kcal je cbm;

die Heizwerte der natürlichen Gase sind höher, Erdgase enthalten 8000 bis 8500 kcal je cbm.

Kraftwerke, die mit Hochofengasen arbeiten, kommen nur im Anschluß an Hüttenwerke, Kraftwerke mit Verwendung von Erdgasen nur im Umkreis von Erdgasquellen in Frage. Unabhängig ist man bezüglich der Errichtung von Werken für Generatorgas, da die zur Herstellung dieses Gases nötigen Anlagen in Verbindung mit dem Kraftwerk gebaut werden.

Zur Gewinnung von Generatorgas eignen sich alle gasreichen Kohlensorten wie gasreiche Steinkohle, Braunkohle, ferner Torf u. dgl. Die Vergasung erfolgt in besonderen Gasgeneratoren, d. s. zylinderförmige Behälter, welche hoch mit Kohlen aufgefüllt und unter beschränktem Luftzutritt erhitzt werden. Es findet hiebei eine trockene Destillation der Kohle statt, wobei die gasförmigen Bestandteile ausgeschieden und in Gasbehältern gesammelt werden. Außer den Gasen ergeben sich wertvolle Nebenprodukte wie Koks, Teer, Ammoniak u. dgl., durch deren Verwertung die Betriebskosten der Vergasungseinrichtungen teilweise gedeckt werden.

Die erzeugten Gase werden in größere Vorratsbehälter geleitet, von wo aus das Gas nach Bedarf zu den Gasmaschinen gelangt. Vor Verarbeitung in den Maschinen muß das Gas einer sorgfältigen Reinigung unterzogen werden, um Verschmutzungen und Verrußungen der Zylinder, Ventile, Rohrleitungen usw. zu vermeiden.

Die Energieumsetzung erfolgt in den Gasmaschinen nach dem Verpuffungsverfahren. Man unterscheidet wie bei den Dieselmotoren das Viertakt- und Zweitaktverfahren. Beim Viertaktverfahren wird

beim 1. Hub das Gasluftgemisch angesaugt;

beim 2. Hub erfolgt die Verdichtung des Gemisches, am Ende dieses Hubes die Zündung;

der 3. Hub beginnt mit der explosionsartigen Verbrennung, an welche sich die Expansion der Verbrennungsgase anschließt;

beim 4. Hub erfolgt der Ausstoß der verbrauchten Gase.

In entsprechender Weise vollzieht sich der Arbeitsvorgang beim Zweitaktverfahren, wobei das Zuführen des Gas-Luftgemisches durch besondere Hilfspumpen bewirkt wird und der Auspuff der Abgase durch vom Kolben gesteuerte Auslässe im Zylinder erfolgt.

Größere Maschinen werden stets doppeltwirkend gebaut.

Sowohl die Viertakt- als auch die Zweitakt-Gasmaschinen werden wegen ihrer großen Zylinderabmessungen liegend angeordnet. Um große Baulängen zu vermeiden, wird die Zylinderzahl auf 4 beschränkt, man erhält dann die „Zwillings-Tandem-maschinen", die in Größen bis zu 12000 PS mit Umdrehungszahlen von 83 bis 107 je min gebaut werden. Zur Verbesserung des Wirkungsgrades wird auch hier das Spülluftverfahren angewandt.

Die Abgase verlassen die Gasmaschinen mit 400 bis 700°; die Ausnutzung dieser Wärme erfolgt durch Rauchröhrendampfkessel. Es wird hiebei Dampf von 12 bis 15 at und 300 bis 350° C zu Kraft- oder Wärmezwecken erzeugt, die Abgase kühlen sich hiebei auf 200 bis 250° ab.

Bei Verwendung vorstehender Einrichtungen kann die Gesamtausnutzung mit 25 bis 30% der im Gas enthaltenen Wärme angenommen werden. Der Wärme-verbrauch größerer Maschinen beträgt für eine vom Generator nutzbar abgegebene kWh

bei Vollast . . . 3500 bis 3800 kcal
bei ¾-Last . . . 4000 „ 4400 „
bei ½-Last . . . 5400 „ 5800 „

Hiernach kann der Gasverbrauch je nach dem Heizwert des benutzten Gases bestimmt werden.

Die Regelung der Gasmaschinen erfolgt meist durch Veränderung der Brennstoff- bzw. Gemischmenge, auch Regelung durch Änderung der Mischungsverhältnisse wird angewandt. Die Regelung erfolgt mittels Drosselklappen für alle Zuführungen einer Maschine gleichzeitig. Die Maschinen gestatten eine Überlastbarkeit bis zu 20%, die Drehzahl ist in weiten Grenzen verstellbar. Der Ungleichförmigkeitsgrad größerer doppeltwirkender Maschinen in Tandem- oder Zwillingsanordnung beträgt 1:250 bis 1:300.

Die den hohen Arbeitstemperaturen von 800 bis 1400° ausgesetzten Maschinenteile wie Kolben mit Kolbenstange, Zylinder, Zylinderdeckel, Auslaßgehäuse u. dgl. werden durch Wasser gekühlt, welches mittels Zentrifugalpumpen durch die Kühlmäntel und Kühlräume gedrückt wird. Für die Kühlung ist möglichst reines Wasser zu ver-wenden, damit Ansätze von Kesselstein und Verschmutzungen vermieden werden. Der Bedarf an Kühlwasser beträgt bei Verwendung von Frischwasser mit 15° C 20 bis 30 l, bei rückgekühltem Wasser von 30° C 50 bis 60 l je PS Motorenleistung und Stunde. Das Kühlwasser erwärmt sich bei voller Belastung auf etwa 45 bis 50° C; in neuerer Zeit werden bei Großgasmaschinen höhere Kühlwassertemperaturen zu-gelassen, das Wasser wird hiebei unter Druck gesetzt und die Wärme des Kühlwassers zur Erzeugung von Dampf von niedrigem Druck verwendet, der in einer Abdampf-turbine zusätzliche Arbeit zur Abgabe an Hilfsbetriebe leistet.

Das Anlassen der Gasmaschinen erfolgt mittels Druckluft von ca. 15 at, welche durch kleine meist elektrisch angetriebene Kompressoren erzeugt und in besonderen Druckluftbehältern gesammelt wird.

An Betriebszubehör einer Gasmaschinenanlage sind zu nennen:

Hilfspumpen für Gas, Luft, Kühlwasser u. dgl; Schmiereinrichtungen; Auspuff-einrichtungen, bestehend aus Auspufftopf oder Auspuffkammer und Auspuffleitungen; ferner die Rohrleitungen für Gas, Kühlwasser, Druckluft, ev. auch Rohrleitungen für Dampf usw.

Die von den Gasmaschinen angetriebenen Generatoren werden meist direkt mit denselben gekuppelt. Sie werden in ähnlicher Weise ausgebildet wie bei Dieselmotoren oder anderen langsam laufenden Antriebsmaschinen; die nötigen Schwung-momente werden in der Regel in den Rotoren untergebracht. Da es sich hier um sehr große langsam laufende Maschinen mit hoher Polzahl handelt, werden die Gehäuse der Generatoren zwecks leichteren Transports meist in vier Teile unterteilt.

Die Verwendung von Gasmaschinen ist wegen ihres großen Gewichtes, ihres erheblichen Raumbedarfs und der verhältnismäßig kleinen Einzelleistungen nur dann zweckmäßig, wenn das Gas als Naturgas oder aus anderen Betrieben besonders billig zur Verfügung steht, oder die Herstellung in besonderen Gasgeneratoren durch Ver-wertung der Nebenprodukte lohnend ist.

Gasturbinen.

Trotz aller konstruktiven und wärmewirtschaftlichen Verbesserungen ist es noch nicht gelungen, die Ausnutzung des Brennstoffes in Wärmekraftanlagen über 35% hinaus zu steigern. Dies rührt daher, daß neben den mechanischen Verlusten, wie Reibung, Kraftbedarf der Hilfsbetriebe usw. vor allem beträchtliche Wärmemengen in dem Kühlwasser der Dampfmaschinen, im Kühlwasser und in den Abgasen der Dieselmotoren und Gasmaschinen abgeführt werden. Es wurde deshalb versucht, eine vollkommenere Ausnutzung der Brennstoffenergie mittels der Öl- oder Gas-turbinen zu erreichen.

Zu erwähnen sind in dieser Hinsicht die bekannten Versuche der Firma Thyssen mit der Holzwarth-Turbine. Zum Betrieb dieser Maschine dient ein mit Luft gemischtes Kraftgas, welches in eine Anzahl am Umfang des Turbinenlaufrades verteilten Ver-brennungskammern eintritt, nachdem es vorher auf etwa 0,8 at Überdruck verdichtet wurde. Es ist allerdings bisher noch nicht gelungen, die durch die hohen Temperaturen verursachten Schwierigkeiten zu beseitigen, da sich bei den Gasturbinen große Drehzahlen ergeben und deshalb die Zeitdauer eines Umlaufes nicht ausreicht, um die nötige Abkühlung der Maschinenteile zu bewirken.

Wenn diese Schwierigkeiten überwunden werden, dürfte eine erheblich bessere Ausnutzung der Brennstoffenergie erreichbar sein, wobei auch die in der Kohle ent-haltenen wertvollen chemischen Bestandteile restlos der Volkswirtschaft zugeführt werden können.

Abschnitt VI.

Disposition und Berechnung der Leitungsnetze.

1. Disposition der Leitungsnetze.

a) Wahl der Spannungen.

Auf Grund der in Abschnitt III erläuterten Konsumpläne und der in Abschnitt IV gegebenen Gesichtspunkte für die Auswahl der Kräfte lassen sich die Leitungsnetze einer Landes-Elektrizitätsversorgung, welche die Verbindung der Konsumstellen mit den ausgewählten Kräften herzustellen haben, disponieren. Die Disposition erfolgt grundsätzlich nach den Verhältnissen bei Vollausbau.

Ohne Einfluß auf die Disposition sind die Ortsnetze, die vollkommen dem örtlichen Bedarf anzupassen sind und in den kleinen Gemeinden nur aus den eigentlichen Verteilungsnetzen, Niederspannungsnetzen, in den größeren Gemeinden aus Hochspannungs- und Niederspannungsnetzen bestehen. Auf die Projektierung der Ortsnetze hier näher einzugehen, ist deshalb nicht nötig, doch sei darauf hingewiesen, daß eine möglichst hohe Verteilungsspannung der Ortsnetze zweckmäßig ist, weil bei Anschluß von Wärmestrom in den einzelnen Städten und Gemeinden künftig ungleich größere Leistungen als bisher verteilt werden müssen. Soweit in einzelnen Gemeinden Hochspannungsnetze neu zu errichten sind, empfiehlt es sich, deren Spannungen jener der Kreisnetze gleichzusetzen oder wenigstens das Verhältnis der Ortsspannung zur Kreisspannung gleich 1 zu $\sqrt{3}$ zu wählen, wodurch für das betreffende Ortsnetz und das vom gleichen Speisepunkt zu versorgende Kreisnetz die Verwendung gleicher Reserve-Transformatoren ermöglicht wird.

Bezüglich der Disposition der Kreisnetze sind zwei Fälle zu unterscheiden. Es sind entweder in einem noch unversorgten oder wenig versorgtem Gebiet über die Kreisnetze freie Entscheidungen möglich oder es sind Kreis- bzw. Überlandwerksnetze bereits in solchem Umfange vorhanden, daß sie bei der Disposition der Gesamtanlage nicht übergangen werden können.

Hat man bezüglich der Kreisnetze die Möglichkeit unabhängiger Projektierung, so geht man zweckmäßigerweise von der Festlegung der Speisepunkte aus, die im allgemeinen an die Stellen der Kraftwerke sowie an die Stellen des größten Konsums, das sind in der Regel die wichtigeren Städte, gelegt werden, um hierdurch die Kreisnetze von der Übertragung des unmittelbar an den Speisepunkten verbrauchten Konsums zu entlasten. Die gewählten Speisepunkte werden in einem besonderen Plan am besten getrennt für den ersten und zweiten Ausbau, vgl. Abb. 97, eingetragen, wobei für jeden Speisepunkt der auf ihn treffende Konsum durch Zahlen und entsprechende Flächen vorgemerkt wird.

Unter Zugrundelegung des Konsumplanes, Abb. 23, und der gewählten Speisepunkte werden zunächst die verschiedenen Kreisnetze aufgezeichnet und sodann geprüft, welche Kreisspannung anzunehmen ist, um unter Verwendung wirtschaftlicher
Querschnitte die an den Speisepunkten abzunehmenden Leistungen über das Kreis-
gebiet zu verteilen.

Bei dieser Prüfung ist es nicht geboten, eine genaue Netzberechnung für alle
Verästelungen und Ausläufer und für die verschiedenen Ausbauten durchzuführen,

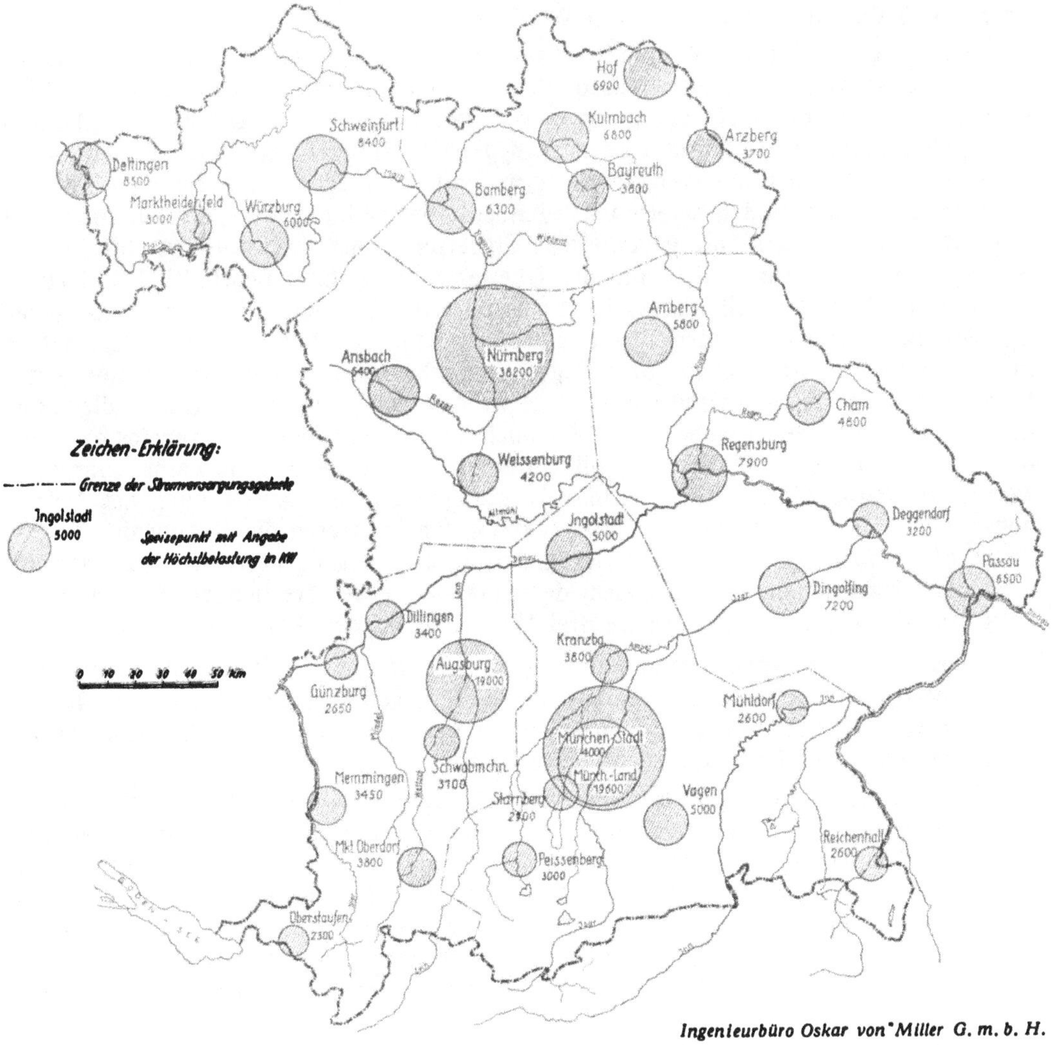

Ingenieurbüro Oskar von Miller G. m. b. H.

Abb. 97. Plan der Speisepunkte des Bayernwerks (Projekt 1918).

es genügt, nur die Hauptmaschen durchzurechnen, während für die Zweigleitungen
nur an Stichproben festzustellen ist, ob die angenommene Spannung bei der gegebenen
Konsumdichte günstige Betriebsverhältnisse erwarten läßt. Man kann die Rechnung
ferner auf den Konsum des zweiten Ausbaues beschränken, da die Spannung jedenfalls
den Erfordernissen der späteren Zukunft angepaßt werden muß und somit für den
ersten Ausbau immer brauchbare Verhältnisse ergibt. Es empfiehlt sich auch nicht,
wie dies leider vielfach geschehen ist, die durch Rechnung ermittelte günstigste Kreisspannung nun ohne weiteres den Dispositionen zugrunde zu legen; denn man würde

dadurch, selbst bei ein- und derselben Landesversorgung, je nach der Konsumdichte in verschiedenen Gegenden zu verschiedenen Kreisspannungen kommen und den Fehler vergrößern, der in Abschnitt I als ein typisches Kennzeichen der bisherigen Entwicklung geschildert wurde. Der richtige Weg besteht darin, nach erfolgter Rechnung, sich für eine Einheitsspannung der Kreisnetze im Gesamtgebiet der Landesversorgung zu entscheiden und diese Einheitsspannung möglichst so zu wählen, daß sie einer häufig verwendeten Normalspannung entspricht.

In letzterer Hinsicht würden z. B. in Deutschland bei Neuanlagen zurzeit 15000 oder 25000 Volt in erster Linie zur Wahl stehen.

Sind in einem Lande Überlandwerksnetze größeren Umfangs bereits vorhanden, so kann man nicht die Speisepunkte wählen und hiernach die Spannung bestimmen, sondern es ist die Spannung dieser Netze gegeben und es muß der Abstand der Speisepunkte so bestimmt werden, daß die Übertragung der Kräfte von diesen Speisepunkten zu den Konsumstellen wirtschaftlich möglich ist. Je niedriger bei gegebenem Konsum in den bereits vorliegenden Überlandnetzen die Betriebsspannung liegt, desto kleiner wird die gegenseitige Entfernung der Speisepunkte, desto mehr Speisepunkte sind erforderlich, um die Überlandwerksnetze wirtschaftlich betreiben zu können. Ein Nachteil allzuvieler Speisepunkte sind deren Kosten; denn jeder Speisepunkt bedingt die Errichtung einer Transformatorstation des Landesnetzes mit den erforderlichen Schalt- und Reguliereinrichtungen. Kann die Spannung des Landesnetzes in mäßigen Grenzen gehalten werden, so spielen diese Kosten allerdings keine ausschlaggebende Rolle, da z. B. noch bei 60000 Volt die Transformatoren- und Schaltanlagen verhältnismäßig billig werden. Müßte jedoch die Landesspannung wegen der Größe der zu übertragenden Leistungen und der Ausdehnung des Netzes höher, also z. B. mit 100000 Volt festgelegt werden, so treten die Kosten der Transformatorstationen im Rahmen der Gesamtkosten der Leitungsnetze so scharf hervor, daß unter Umständen ein Ausgleich der einander widersprechenden Erfordernisse nötig ist. Für diesen Ausgleich sind drei Möglichkeiten denkbar:

1. Die mit unzulänglicher Spannung ausgestatteten vorhandenen Überlandwerksnetze werden nach den in Abschnitt III gegebenen Grundsätzen zu Kreisnetzen höherer Spannung umgebaut, womit die Anzahl der Transformatorstationen im Landesnetze verringert wird.

2. Zwischen die 100000 Volt Spannung des Landesnetzes und die vorhandenen Überlandwerksspannungen wird eine Zwischenspannung eingeschaltet, welche je eine Haupttransformatorstation des Landesnetzes mit einer Anzahl der minder stark belasteten Speisepunkte der Überlandnetze verbindet, wodurch bei gleichbleibender Gesamtzahl der Stationen die Zahl der besonders kostspieligen 100000 Volt-Stationen verringert wird, wogegen allerdings der mit einer doppelten Transformierung verbundene höhere Energieverlust in Kauf zu nehmen ist.

3. Das Landesnetz wird für eine geringere Spannung, z. B. 60000 Volt, projektiert, wodurch trotz der Vielzahl der Stationen und trotz der größeren Querschnitte der Landesleitungen unter Umständen wirtschaftlich günstigere Verhältnisse als in den beiden erstgenannten Fällen, allerdings unter Verzicht auf größtmögliche Entwicklungsfähigkeit, erzielt werden.

Wie aus vorstehenden Ausführungen zu entnehmen ist, besteht ein gewisser Zusammenhang zwischen den Kreisspannungen und der Landesspannung.

Läßt sich die Spannung der Kreisnetze innerhalb der Grenzen von 15000 bis 35000 Volt halten, so dürfte man stets auf günstige Werte der Landesspannung kommen. Weisen dagegen die vorhandenen Überlandwerksnetze Spannungen von 10000 Volt und darunter auf, so kann die Anwendung der günstigsten Landesspannung in Frage gestellt sein. In praktischen Fällen hat sich gezeigt, daß der günstigste Wert der Landesspannung etwa das Vierfache der durchschnittlichen Kreisspannungen beträgt, wobei indessen Abweichungen in Gebieten besonders großer oder besonders kleiner Konsumdichte möglich sind.

Abgesehen von einem zweckmäßigen Verhältnis der Landesspannung zu den Kreisspannungen sprechen auch andere Gründe dafür, die Landesspannung nicht auf Grund theoretischer Erwägungen, sondern vorwiegend nach praktischen Gesichtspunkten zu ermitteln.

Das Landesnetz muß in der Lage sein, die Kräfte, deren Ausnützung in Frage kommt, zu übertragen. Im Gegensatz zum Konsum, der eine nur schätzungsweise feststellbare Größe hat, sind die Kräfte oft eindeutig gegeben und damit auch die Leistung bestimmt, für welche die wichtigste Charakteristik des Landesnetzes, die Spannung bemessen werden muß. Dies gilt insbesondere in solchen Fällen, in denen es sich um die Ausnützung von in der Natur gegebenen Energiequellen, Wasserkräften, Kohlenfeldern bestimmter Größe u. dgl. handelt.

Einen weiteren Gesichtspunkt für die Wahl der Spannung bildet die Entfernung, auf welche die Kräfte zu übertragen sind. Je größer diese ist, um so höher muß naturgemäß die Spannung werden, sofern man nicht auf unwirtschaftlich hohen Leitungsaufwand oder zu hohe Verluste kommen will.

Soweit die vorstehenden Gesichtspunkte nicht von vornherein auf eine bestimmte Landesspannung hinweisen, sondern eine Wahl offen lassen, wird man stets Spannungen wählen, welche üblich sind und für welche die Apparate und Einrichtungen konstruktiv durchgeprobt sind. Als solche Spannungen kommen für Landesnetze in Deutschland gegenwärtig wohl nur 60000 oder 100000 Volt in Frage. Entscheidet man sich für eine derselben, so wird ein schädliches Vielerlei von Spannungen vermieden, eine Austauschmöglichkeit zwischen benachbarten Landesnetzen ohne kostspielige Zwischeneinrichtungen geschaffen und eine spätere Zusammenfassung der verschiedenen Landesnetze durch eine Einheit höherer Ordnung erleichtert.

b) Leitungsführung.

Neben dem Problem der Spannung ist sowohl bei den Kreisnetzen als auch bei den Landesnetzen die Aufgabe der zweckmäßigsten Leitungsführung zu lösen

Bei den Kreisnetzen kommt es vor allem darauf an, daß die Disposition nicht dem Zufall überlassen wird, sondern sich nach bestimmten Grundgedanken allmählich organisch entwickelt. Man wird zunächst entlang den Hauptverkehrslinien unter Einbeziehung der wichtigsten Konsumzentren starke Leitungen anlegen und an diese mittels Ausläuferleitungen die übrigen Gebiete anschließen. Durch ein derartiges Vorgehen wird eine planmäßige Entwicklung unter allen Umständen gesichert und ein unübersichtliches Leitungsgewirr bei späterer Konsumzunahme vermieden.

Bei den Landesnetzen handelt es sich darum, die zweckmäßigste Verbindung der Kraftquellen mit den verschiedenen Konsumstellen herauszufinden. Im wesentlichen können hierbei zwei Arten der Anordnung unterschieden werden, nämlich:

Radiale Netzsysteme und ringförmige Netzsysteme.

Radiale Netzsysteme sind dadurch gekennzeichnet, daß von den Hauptkraftwerken strahlenförmige Netzstränge nach den verschiedenen Speisepunkten gezogen sind (Abb. 98). Bei dieser Netzanordnung sind die einzelnen Leitungsstränge in hohem Maße voneinander unabhängig, was sich insbesondere in bezug auf Störungen vorteilhaft auswirkt.

Bei den Ringnetzen sind die Speisepunkte nicht einzeln, sondern in einer ringförmigen Aufreihung mit den Kraftwerken verbunden. Abb. 99 zeigt für die gleiche Lage des Kraftwerkes und der Speisepunkte, wie sie der Abb. 98 zugrunde liegt, die Anordnung eines gleichwertigen Ringnetzes.

Praktisch kommt meist eine Kombination der beiden Systeme in Frage, indem die wichtigeren Kraftwerke und Speisepunkte durch eine Ringleitung untereinander verbunden werden, während minderwichtige Kraftwerke und Speisepunkte durch radiale Ausläuferleitungen angeschlossen werden. Zu bemerken ist außerdem, daß Radialnetze bei fortschreitender Entwicklung meist in Ringnetze übergehen, wie auch umgekehrt Ringnetze mitunter an einer Stelle betriebsmäßig aufgeschnitten werden und in diesem Falle als Radialnetze zu betrachten sind.

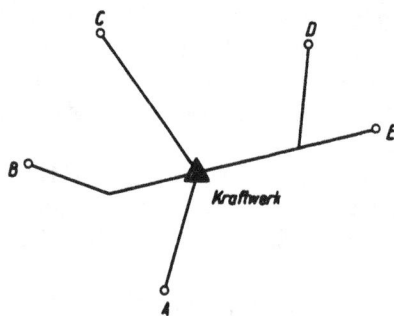

Abb. 98. Schema eines Radialnetzes.   Abb. 99. Schema eines Ringnetzes.

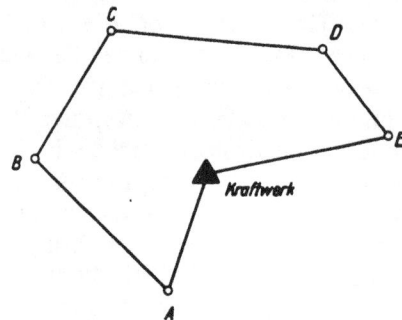

Bei allen Arten von Netzen ist es von Wichtigkeit, zur möglichst großen Sicherheit der Stromlieferung für jeden Speisepunkt eine Stromzuführung von zwei Seiten vorzusehen. Bei Ringnetzen ist diese Möglichkeit von vornherein gegeben. Bei Radialnetzen muß sie dadurch geschaffen werden, daß an den Enden der Ausläufer selbständige Kraftwerke mindestens zur Reserve angeordnet werden.

Auf Grund vorstehender Gesichtspunkte geht der projektierende Ingenieur bei der Disposition eines Landesnetzes in der Weise vor, daß er eine Reihe von möglichen Netzen aufzeichnet und die Vor- und Nachteile derselben gegeneinander abwägt. Als günstigste Netzdisposition ist im allgemeinen diejenige anzusprechen, welche bei geringstem Leitungsaufwand die besten Betriebsverhältnisse ergibt. Bei Radialnetzen handelt es sich darum, möglichst viele Spiesepunkte in die Verbindungslinie zweier Kraftwerke zu legen, bei den Ringnetzen darum, eine möglichst große Anzahl von Speisepunkten in den Ring einzubeziehen, ohne in beiden Fällen den Aufwand an Leitungsmaterial unwirtschaftlich zu steigern.

Vermaschungen werden zur Zeit bei Höchstspannungsnetzen noch möglichst vermieden, weil man eine Erhöhung der Störungsmöglichkeiten befürchtet und die selbsttätige Ausschaltung gestörter Netzteile, der sog. Selektivschutz, durch die Vermaschung erschwert wird. Ausgenommen sind Scheinmaschen, welche betriebsmäßig stets aufgetrennt sind. Dieser Fall ist z. B. gegeben, wenn ein innerhalb des Ringes gelegener Speisepunkt nach zwei Richtungen mit dem Ring verbunden ist, aber stets nur von einer Seite her gespeist wird.

2. Die Grundeigenschaften der Stromverbraucher, Leitungen und Leitungsbaustoffe.

Ist man sich nach den erörterten allgemeinen Gesichtspunkten über Spannung und Disposition des Hochspannungsnetzes schlüssig geworden, so besteht die nächste Aufgabe in der Festlegung der Leitungen nach Querschnitt und Material. Zu diesem

Zweck sollen zunächst die bei großen Landesnetzen vorkommenden elektrischen Erscheinungen kurz erläutert und die Eigenschaften der wichtigsten Leitungsmaterialien besprochen werden.

a) Die Art der Stromverbraucher.

Man unterscheidet grundsätzlich Gleichstrom- und Wechsel- bzw. Drehstromverbraucher. Gleichstromverbraucher kommen bei dem derzeitigen Stand der Technik als direkte Abnehmer von Landesversorgungen nicht in Frage, da sie nur durch Zwischenschaltung von Umformern oder Gleichrichtern an die Drehstromnetze der Kreis- und Landeselektrizitätswerke angeschlossen werden können.

Bezüglich der Wechsel- und Drehstromverbraucher sind zu unterscheiden Verbraucher, die nur Wirkstrom benötigen, und Verbraucher, die Wirkstrom und Blindstrom benötigen.

Von reinem Wirkstromverbrauch spricht man, wenn Strom und Spannung phasengleich sind, d. h. stets gleichzeitig zunehmen, abnehmen und ihre Richtung wechseln. Zu derartigen Stromverbrauchern gehören in erster Linie Lampen und Heizapparate, jedoch auch bestimmte Arten von Motoren. Die bildliche Darstellung des Spannungs- und Stromverlaufes ist in den üblichen Zeit- und Vektordiagrammen für diesen Fall der Phasengleichheit aus Abb. 100 ersichtlich.

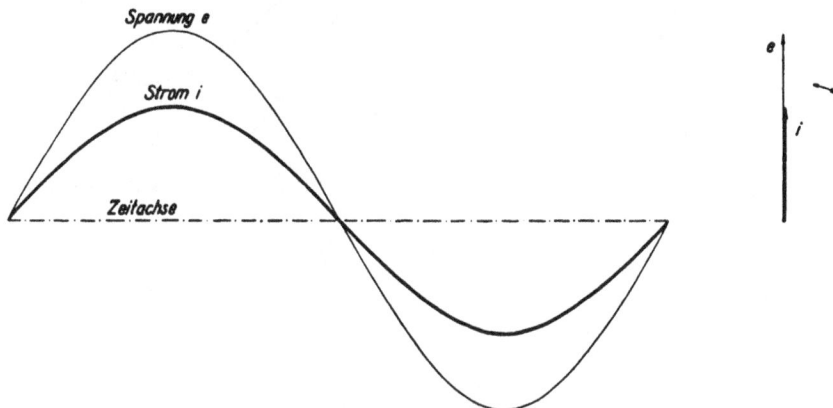

Abb. 100. Zeit- und Vektordiagramm eines reinen Wirkstromverbrauchers.

Die Ordinaten des Diagramms stellen die Augenblickswerte des Stromes i und der Spannung e in Abhängigkeit von der Zeit dar; sie sind stets gleichzeitig positiv bzw. negativ, so daß für jeden Zeitpunkt die Produkte aus i und e, d. s. die Augenblicksleistungen, positiv werden. Zur Vereinfachung der Überlegungen denkt man sich die Summe der Arbeiten dieser Augenblicksleistungen von einer mittleren Leistung unveränderlicher Größe bewirkt und bezeichnet diese als „Effektivwert" der Leistung.

In ähnlicher Weise bildet man von den Momentanwerten ausgehend auch für Ströme und Spannungen „Effektivwerte" J und E; sie lassen sich mit einfachen Instrumenten messen und ihr Produkt ergibt bei reinem Wirkstromverbrauch direkt die Effektivleistung.

Zur zweiten Art von Verbrauchern gehören diejenigen, welche Wirk- und Blindstrom verbrauchen, wie dies insbesondere bei den gewöhnlichen asynchronen Drehstrommotoren der Fall ist. Bei diesen sind Strom und Spannung nicht in der oben beschriebenen Weise phasengleich, sondern weisen je nach Art und magnetischer Charakteristik des Motors eine mehr oder minder große Verschiebung auf, die durch eine Winkelgröße φ gekennzeichnet wird, wobei der Strom der Spannung am Ver-

14*

braucher nacheilt. Im Zeitdiagramm und im Vektordiagramm bilden sich diese Verhältnisse wie in Abb. 101 dargestellt ab.

In diesem Falle haben die Momentanwerte von e und i nur mehr während eines Teiles der Periode das gleiche Vorzeichen; dadurch werden die Produkte $e \cdot i$ zum Teil positiv, zum Teil negativ, und die wirkliche Leistung ist kleiner als das Produkt der Effektivwerte $E \cdot J$. Mit einer Vergrößerung des Phasenverschiebungswinkels φ wächst diese Abweichung bis zu einem Grenzfall, für welchen die Summe der positiven Teilprodukte gleich der Summe der negativen ist. Dies ergibt sich bei einer Phasenverschiebung von $\varphi = 90^0$, dabei ist die Summe der Arbeiten über die ganze Periode gleich Null und das Produkt der Effektivwerte bedeutet keine nach außen wirksame Leistung.

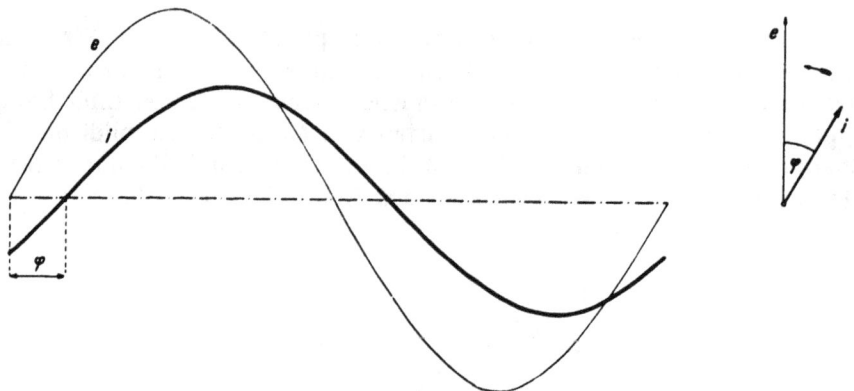

Abb. 101. Zeit- und Vektordiagramm eines Verbrauchers von nacheilendem Strom.

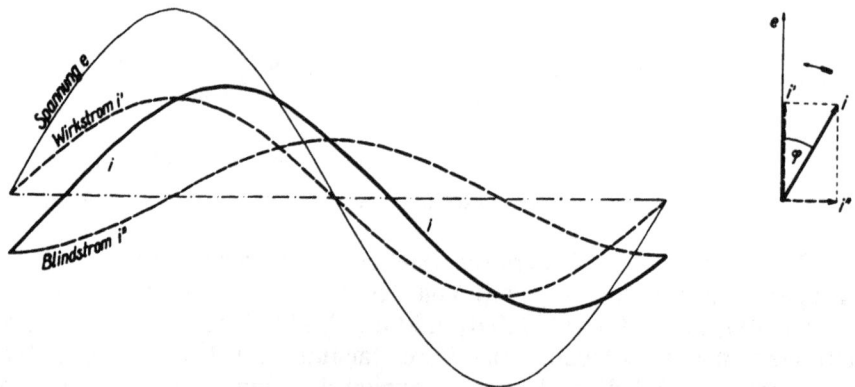

Abb. 102. Zerlegung eines phasenverschobenen Stromes in die Komponenten: Wirk- und Blindstrom.

Die beiden besprochenen Fälle geben ein Mittel an die Hand, um für beliebige Phasenverschiebung die Leistungen zu berechnen. Man zerlegt den Strom analog einer Kräftezerlegung in der Mechanik in zwei Komponenten, von denen eine phasengleich mit der Spannung liegt (Grenzfall 1), während die andere um 90^0, d. i. eine Viertelperiode, gegen die Spannung verschoben angenommen wird (Grenzfall 2). Zeit- und Vektordiagramm sind hierfür in Abb. 102 dargestellt.

Die erste Komponente wird Wirkstrom genannt und dient wie früher beschrieben zur Berechnung der tatsächlich verbrauchten Leistung, Wirkleistung. Die zweite Komponente wird als Blindstrom bezeichnet, das Produkt ihres Effektivwertes mit der Spannung wird Blindleistung genannt. Aus der Geometrie der Komponentenzerlegung bestimmt sich der Wirkstrom zu $J \cdot \cos \varphi$ und damit die Wirkleistung des Verbrauchers von phasenverschobenem Strom zu $N = EJ \cos \varphi$.

Die hier angestellten Überlegungen beziehen sich auf die Verhältnisse in einer Phase eines allgemeinen Mehrphasensystems. Bei Drehstrom, d. i. der dreiphasig verkettete Wechselstrom, ist die Leistung des Gesamtsystems bei gleichbelasteten Phasen

$$N = E \cdot J \cdot \sqrt{3} \cos \varphi,$$

wenn N die von einem Wattmeter angezeigte Wirkleistung, E die mit einem Voltmeter gemessene verkettete Spannung zwischen zwei Zuleitungen, J der von einem Amperemeter gemessene Strom in einem der Zuleiter ist.

Das Auftreten einer Phasenverschiebung bei Wechselstrom findet ein mechanisches Analogon im Wechsel von Druck und Geschwindigkeit bei einer Maschine mit periodisch hin- und hergehenden Massen, wobei ebenfalls der höchste Druck und die größte Geschwindigkeit zeitlich nicht zusammenfallen, vielmehr in ähnlicher Wiese phasenverschoben sind wie Spannung und Strom beim Wechselstrom. Auch hier bedeutet nur das Produkt des Druckes mit der jeweils gleich gerichteten Komponente der Geschwindigkeit wirksame mechanische Leistung.

b) Die elektrischen Eigenschaften der Leitungen.

Außer durch die Art der Stromverbraucher wird die Strom- und Spannungsverteilung in einem Netz auch von den Übertragungsleitungen beeinflußt. Man kann diese gleichfalls als Stromverbraucher mit einer ihnen eigentümlichen Strom- und Spannungscharakteristik auffassen, die von den besonderen Eigenschaften der Leitung bestimmt wird.

In Liste 12 sind Beispiele einfacher Kraftübertragungen je zwischen einem Stromverbraucher und einem Kraftwerk dargestellt und gezeigt, in welcher Weise sich die Leitungseigenschaften je nach Stromart und Spannung auswirken. Die linke Seite enthält die Bezeichnung der auftretenden Erscheinungen und ihre rechnungsmäßige Erfassung, die rechte Seite zeigt zunächst die Vektordiagramme für den Verbraucher, für die Leitung und für das Kraftwerk, sowie in einer räumlichen Darstellung die allmähliche Entwicklung der Vektordiagramme vom Verbraucher längs der Leitung zum Kraftwerk. Dabei sind die Vektoren der Leitung vereinfacht und im Verhältnis zu denen der Verbraucher vergrößert dargestellt.

Bei dem lediglich zum Vergleich herangezogenen niedrigst gespannten Gleichstrom, Querspalte 1, ist nur der Ohmsche Widerstand R der Leitungen in Betracht zu ziehen. R ist eine Konstante, welche vom Leitungsmaterial, vom Querschnitt und von der Länge der Leitung abhängt. Der Ohmsche Widerstand bewirkt einen Spannungsverlust E_R längs der Leitung, der dem Strom J proportional ist. Der in der Leitung auftretende Leistungsverlust ist dem Quadrat des Stromes proportional.

Ein mechanisches Analogon zum Ohmschen Spannungsverlust bildet der Druckabfall durch Flüssigkeitsreibung in Rohrleitungen.

Die Vektordiagramme, soweit man bei Gleichstrom von solchen sprechen kann, zeigen, daß Strom und Spannung phasengleich sind und bleiben und daß die Kraftwerksspannung um den Betrag von E_R größer ist als die Spannung beim Verbraucher.

Die räumliche Darstellung des Strom- und Spannungsverlaufes längs der Leitung zeigt das Bild zweier zusammenfallender Ebenen sowie das allmähliche Anwachsen der Spannung gegen das Kraftwerk.

Spalte	Übertragungssystem		Zur Bildung des Leitungs- diagrammes in Betracht zu ziehende Erscheinungen	Vom Kraftwerk zu liefernde Komponenten des Leitungsdiagrammes	
	Spannung	Stromart		Größe	Richtung
1	Niedrigste Spannungen	Gleichstrom	Ohmscher Widerstand	$E_R = J \cdot R$	phasengleich J
2	Niedrige Spannungen etwa 25 kV a) Reiner Wirkstrom- verbrauch	Wechselstrom — Drehstrom	Ohmscher Widerstand Induktivität	$E_R = J R$ $E_X = J X$	phasengleich J 90° voreilend J
3	Niedrige Spannungen etwa 25 kV b) Verbrauch von nach- eilendem Strom		Ohmscher Widerstand Induktivität	$E_R = J R$ $E_X = J X$	phasengleich J 90° voreilend J
4	Mittlere Spannungen etwa 60 kV		Ohmscher Widerstand Induktivität Kapazität	$E_R = J R$ $E_X = J X$ $J_C = E \omega C$	phasengleich J 90° voreilend J 90° voreilend E
5	Hohe und höchste Spannungen 100 kV und mehr		Ohmscher Widerstand Induktivität Kapazität Corona und Ableitung	$E_R = J R$ $E_X = J X$ $J_C = E \omega C$ $J_A = E A$	phasengleich J 90° voreilend J 90° voreilend E phasengleich E

schaften elektrischer Leitungen.

Vektor-Diagramme für Kraftwerk — Leitung — Verbraucher	Räumliche Darstellung der allmählichen Entwicklung der Vektor-Diagramme Kraftwerk — Leitung · — Verbraucher

In den folgenden Querspalten 2 und 3 der Liste sind die Verhältnisse bei niedrig gespanntem Wechselstrom dargestellt. Der Ohmsche Widerstand tritt in analoger Weise in Erscheinung; auch hier wird zu seiner Überwindung eine Spannung verbraucht, die entsprechend dem Wechselstrom eine Wechselspannung ist und zugleich mit dem Strom zu- und abnimmt.

Überdies ist mit einer weiteren Widerstandsgröße, der Induktivität der Leitung, zu rechnen. Durch den Wechsel des mit den stromführenden Leitern verketteten Magnetfeldes entsteht nämlich in der Leitung eine um 90° nacheilende Wechselspannung, Selbstinduktionsspannung genannt; sie ist eine Trägheitserscheinung, wie solche auch in der Mechanik bei hin- und hergehenden Massen auftreten. Die Selbstinduktionsspannung muß vom Kraftwerk überwunden werden, jedoch entsteht dabei kein Leistungsverlust, weil abwechselnd die zum Aufbau des Magnetfeldes aufgewendete Energie beim Abbau desselben verlustfrei wiedergewonnen wird.

Die Größe der induktiven Spannung ist proportional dem Feld, d. i. dem Strom der Leitung, und seiner Wechselzahl; man berechnet sie aus dem Strom mit Hilfe einer Größe X, die Reaktanz oder wegen des Fehlens eines Leistungsverlustes Blindwiderstand genannt wird. X ist eine Konstante, welche im wesentlichen von der Periodenzahl, von der geometrischen Anordnung der Leiter gegeneinander und von der Länge der Leitung abhängt.

In den Diagrammen zeigen sich die erläuterten Verhältnisse wie folgt:

Wird eine Leitung, wie in Querspalte 2 dargestellt, vom Verbraucher mit reinem Wirkstrom belastet, so ist E_R wie bei Gleichstrom phasengleich mit dem Strom, die zur Überwindung der Selbstinduktion nötige Spannung E_X eilt dem Strom um 90° voraus, die Resultierende der beiden Verlustspannungen bewirkt eine Verdrehung der Kraftwerksspannung gegenüber dem Strom bei gleichzeitigem Anwachsen der Spannung. Man sieht ferner, daß diese Zunahme annähernd so groß ist wie bei Gleichstrom, da die weitere Vergrößerung durch Einwirkung der Selbstinduktion infolge der gegenseitigen Lage von E und E_X nur sehr klein ist.

Die räumliche Darstellung der Liste 12 zeigt die allmähliche Verdrehung der Spannung gegen den Strom sowie die Vergrößerung der Spannung vom Verbraucher zum Kraftwerk.

Muß die Leitung, wie in Querspalte 3 dargestellt, infolge der Belastung durch Asynchron-Motoren o. dgl. neben Wirkstrom auch nacheilenden Blindstrom übertragen, so besteht, wie in der Abbildung gezeigt, bereits beim Verbraucher eine Phasenverschiebung zwischen Strom und Spannung. Das Leitungsdiagramm zeigt wieder die Spannungskomponenten zur Überwindung des Ohmschen Widerstandes und die senkrecht daraufstehende Spannungskomponente der Selbstinduktion. Man erkennt aus der geometrischen Zusammensetzung, daß die Kraftwerksspannung unter sonst gleichen Verhältnissen größer sein muß als in den vorhergehenden Fällen, daß also die Einwirkung der Selbstinduktion bei Blindstrombelastung nicht mehr vernachlässigt werden kann. Die meßbare Größe des Spannungsabfalles ist durch die Projektion der Verlustkomponenten auf den Spannungsvektor bestimmt und rührt sowohl von der Ohmschen als auch von der induktiven Spannung her.

Die räumliche Darstellung zeigt die allmähliche Verdrehung der Spannung unter gleichzeitiger Größenzunahme.

Bei der in Querspalte 4 dargestellten Kraftübertragung mit hochgespanntem Wechselstrom, wie er vornehmlich bei Netzen großer Ausdehnung und Leistung Verwendung findet, tritt zu den Erscheinungen des Ohmschen Widerstandes und der Selbstinduktion noch die der Kapazität. Sie beruht auf einer Art Durchbiegung des die Leiter umgebenden nichtleitenden Mittels, des Dielektrikums, unter dem Druck der herrschenden Spannung und zeigt sich durch eine Aufnahmefähigkeit der Leitung für eine gewisse Elektrizitätsmenge, Ladung genannt, die in Form eines Ladestromes zufließt. Dieser ist entsprechend der wechselnden Spannung ein Wechselstrom und eilt seiner Spannung um 90° voraus. Der Ladestrom muß vom Kraftwerk geliefert werden, wobei jedoch kein Leistungsverlust entsteht, weil lediglich ein verlustfreies Pendeln zwischen Ladung und Strömung stattfindet.

Der Ladestrom ist proportional der Spannung, der Periodenzahl und der Kapazität C. Für eine gegebene Leitung ist C eine Konstante, welche vom Durchmesser der Leiter, von der geometrischen Anordnung der Leiter gegeneinander und zur Erde, sowie von der Länge der Leitung abhängt.

Das Vektordiagramm zeigt, daß im Gegensatz zu den früher besprochenen Erscheinungen, welche die Spannungen beeinflussen, durch die Kapazität zunächst eine Veränderung des Stromes längs der Leitung entsteht. Der Vektor des in das Dielektrikum eintretenden Ladestromes steht an jedem Punkt der Leitung senkrecht zu der dort herrschenden Spannung. Der Ladestrom addiert sich geometrisch zum Strom des Verbrauchers, was eine Verkleinerung des Stromvektors und damit der Joule'schen Leistungsverluste zur Folge hat, er wirkt ferner im Sinne einer Verminderung der Phasenverschiebung zwischen Strom und Spannung.

Das Diagramm der Verlustspannung entspricht dem mittleren Leitungsstrom und ist daher gegenüber der Lage in Spalte 3 etwas verkleinert und nach links gedreht, was im Sinne einer Verkleinerung der Spannung am Kraftwerk wirkt. Von den Größenverhältnissen zwischen Verbrauchs- und Ladestrom, Selbstinduktion und Ohmschem Widerstand der Leitung hängt es ab, ob die beim Verbraucher bestehende Phasenverschiebung gegen das Kraftwerk hin mehr oder weniger verringert wird. Aus den Vektordiagrammen ist ohne weiteres ersichtlich, daß bei ausgedehnten Leitungen mit hoher Spannung die Kapazität in den Zeiten großer Stromlieferung im Sinne einer Entlastung der Leitungen und Generatoren wirkt.

Die räumliche Darstellung zeigt, wie der in der Leitung fließende Ladestrom am Kraftwerk größer ist als in der Nähe des Abnehmers, so daß sich die Verdrehung des resultierenden Stromes allmählich längs der Leitung entwickelt. Die Vektordiagramme und die räumliche Darstellung sind der Einfachheit halber auf die Verhältnisse in der Mitte der Leitung bezogen, andernfalls sich statt der in dem Raumdiagramm gezeigten ebenen Flächen gekrümmte Flächen ergeben würden.

Bei den höchsten Übertragungsspannungen (Querspalte 5) spielen außer den bisher besprochenen Erscheinungen Corona und Ableitung eine Rolle. Die Corona ist dadurch gekennzeichnet, daß von einer bestimmten Spannung an, deren Höhe von der Oberflächenbeschaffenheit des Leiters und dem Zustand der umgebenden Luft abhängt, Elektrizität in Form von Glimmentladungen längs der Leitungen entweicht. Die Ableitung entsteht durch Austritt von Elektrizität an den Isolatoren und erreicht bei Höchstspannungen Werte, die in Betracht gezogen werden müssen. Als eine Erscheinung analoger Art in der Mechanik sei das Durchsickern von Druckwasser bei hölzernen Rohrleitungen erwähnt, das als Wassermengenverlust sowohl durch die volle Fläche als auch bei den Verbindungsfugen auftritt.

Sowohl die Coronaerscheinung als auch die Ableitung bedingen Verlustströme, deren Zuwachs an jedem Punkt der Leitung phasengleich ist mit der dort herrschenden Spannung; es liegen demnach reine Wirkstromverluste vor, die meist nach Erfahrungswerten gemeinsam berücksichtigt werden.

Das Leitungsdiagramm und seine räumliche Darstellung sind nach dem Vorbesprochenen ohne weiteres verständlich.

c) Die Eigenschaften der Leitungsbaustoffe.

Als Baustoffe für die zur Fortleitung elektrischer Energie dienenden Leitungen werden Metalle verwendet, deren Hauptkonstanten in der nachfolgenden Zahlentafel Liste 13 vergleichend zusammengestellt sind.

Liste 13.

Materialkonstanten und Vergleichsziffern für Freileitungsmaterialien.

	Elektrolyt-Kupfer		Bronze	Aluminium ca. 99% Reingeh.	Stahl-Aluminium Seile	Stahl
	halbhart	hart				
Spezifische Leitfähigkeit bei 15° C	57	57	35	35	28	ca.7
Spezifisch. Gewicht kg/dm³	8,9	8,9	8,8	2,75	3,6	,, 7,8
Zerreißfestigkeit für Drähte kleiner Durchmesser kg/mm²	40	46	60	18	28	,, 70
Preis für Seile . . Mk/kg	1,60	1,60	2,30	2,90	2,10	,, 0,30
Vergleichswerte bezogen auf Kupfer halbhart.						
a) Leitungsseile gleicher Leitfähigkeit:						
Durchmesser	1	1	1,28	1,28	1,43	2,85
Querschnitt	1	1	1,63	1,63	2,03	8,13
Gewicht	1	1	1,61	0,50	0,82	7,13
Preis	1	1	2,31	0,91	1,08	1,34
b) Leitungsseile gleicher Festigkeit:						
Durchmesser	1	0,93	0,82	1,49	1,20	0,76
Querschnitt	1	0,87	0,67	2,22	1,43	0,57
Gewicht	1	0,87	0,66	0,69	0,58	0,50
Preis	1	0,87	0,95	1,25	0,76	0,10

Das bekannteste und am meisten verbreitete Leitermaterial ist das Kupfer. Von allen in Frage kommenden Materialien hat es die größte spezifische Leitfähigkeit. Dementsprechend werden Leiterquerschnitte, Leiterdurchmesser und Leitervolumen bei Kupfer am kleinsten. Die Festigkeitseigenschaften der für den Großleitungsbau ausschließlich in Frage kommenden Sorten „halbhart" und „hart" sind günstig. Man kann daher die Leitungen kräftig spannen und bekommt auch bei größeren Spannweiten noch mäßige Durchhänge und damit mäßig hohe Maste.

Die Durchhänge der Leitungen können aus den einschlägigen Handbüchern entnommen werden. Zu beachten ist, daß bei den nach den Normen des VDE gespannten und berechneten Kupferleitungen für Querschnitte von etwa 50 mm² aufwärts für den größten Durchhang die Maximaltemperatur von + 40° C in Betracht zu ziehen ist, während für darunter liegende Querschnitte die in den Normen vorgesehene Zusatzlast bei —5° C die größten Durchhänge ergibt. Im Zweifelsfalle sowie bei außergewöhnlichen Temperatur- oder Vereisungs- und Winddruckverhältnissen sind beide Fälle zu untersuchen.

Auf gleiche Länge und Leitfähigkeit bezogen, hat Kupfer von den hauptsächlich zur Verwendung kommenden Materialien den höchsten Preis. Trotzdem werden Kupferleitungen wegen ihrer hohen Festigkeit, wegen ihrer Widerstandsfähigkeit gegen atmosphärische Einflüsse und ihrer Unempfindlichkeit gegen mechanische Verletzungen bevorzugt.

Von den Legierungen des Kupfers sind die verschiedenen Arten der Bronze für den Leitungsbau von Wichtigkeit. Bronze zeichnet sich vor Kupfer durch noch höhere Festigkeit aus. Allerdings wird die erhöhte Festigkeit auf Kosten der Leitfähigkeit erkauft. Bei Hochspannungsleitungen kommt Bronze nur da in Frage, wo aus Sicherheitsgründen, z. B. bei Bahn- und Postkreuzungen, Parallelführung mit verkehrsreichen Straßen usw., eine besonders hohe mechanische Festigkeit der Leitungen gefordert wird oder wenn bei Tal- und Flußkreuzungen sehr große Spannweiten überwunden werden müssen.

Neben dem Kupfer hat das Aluminium in den letzten Jahrzehnten große Verbreitung gefunden. Nächst Kupfer besitzt es die beste Leitfähigkeit. Die Querschnitte werden zwar bei gleichem Leistungsverlust um etwa 50% größer wie bei Kupfer, liegen aber in den meisten Fällen noch durchaus innerhalb der Grenzen der Ausführbarkeit. Die durch die größeren Querschnitte bedingten größeren Leiterdurchmesser wirken sich bei Leitungen hoher Spannung vorteilhaft aus, weil die Glimmverluste dadurch verringert werden. Ein Nachteil des Aluminiums besteht in seiner geringen Festigkeit, die kaum halb so groß ist wie die des Kupfers, womit die Durchhänge größer als bei Kupferleitungen ausfallen, sofern man dieselbe Sicherheit gegen Bruch erzielen will.

Nachteilig wirkt sich bei Aluminiumleitungen bis zu einem gewissen Maße auch das geringe Gewicht aus, weil hierdurch das Zusammenschlagen benachbarter Leitungen bei starkem Wind oder plötzlichem Abfallen einer zusätzlichen Schnee- oder Eislast erheblich begünstigt wird. Man ist infolgedessen gezwungen, bei Aluminiumleitungen größere Leiterabstände zu wählen, wodurch die Leitungsmaste verteuert werden.

Im Hinblick auf die Beständigkeit gegen atmosphärische Einflüsse ist das Aluminium dem Kupfer unter normalen Verhältnissen kaum unterlegen. Vorsicht ist lediglich da geboten, wo Säuredämpfe auf die Leitungen einwirken können. Die Empfindlichkeit gegen mechanische Verletzungen ist bei Aluminium wesentlich größer als bei Kupfer. Aluminiumseile erfordern deshalb sowohl beim Transport als auch bei der Montage besondere Sorgfalt.

Auf gleiche Länge und Leitfähigkeit bezogen, ist eine Aluminiumleitung billiger als eine Kupferleitung, solange das kg Aluminium weniger als das Doppelte eines kg Kupfer kostet. Da unter den derzeitigen Preisverhältnissen der Aluminiumpreis nur das 1,5 bis 1,8fache des Kupferpreises beträgt, stellen sich Aluminiumleitungen bei gleichem Leistungsverlust billiger als Kupferleitungen.

Die Bemühungen, die Mängel des Aluminiums insbesonders in bezug auf seine Festigkeitseigenschaften zu beseitigen, sind schon alt. Es ist auch gelungen, die Festigkeit des Aluminiums durch Bearbeitungsprozesse bis zu 50% zu erhöhen, wobei diese Leitungen sodann mit höherer Beanspruchung gespannt werden können. Eine weniger günstige Lösung stellen die verschiedenen Legierungen mit anderen Metallen dar. Die Festigkeit wird zwar auch hier beträchtlich erhöht, jedoch meist auf Kosten der Leitfähigkeit.

Als letztes Material kommt Flußeisen und Stahl für Leitungen in Frage, allerdings bisher nur für untergeordnete Zwecke. Das gegebene Material ist Stahl für Leitungen, die normalerweise keinen Strom führen, wie Erd- und Blitzschutzseile. Ferner kommen Einlagen aus Stahl zur Verbesserung der Festigkeitseigenschaften von Leitungen aus anderem Material in Betracht. Es gibt Kupferleitungen und Aluminiumleitungen mit Stahlseele. Während erstere wegen der an sich hohen Festigkeit des Kupfers selten ausgeführt werden, sind letztere insbesondere in Amerika sehr verbreitet. Die Festigkeit der Aluminiumleitungen wird durch die Stahleinlage wesentlich erhöht, ohne daß die Leitfähigkeit im Vergleich zu einem Reinaluminiumseil gleichen Querschnitts wesentlich zurückgeht. Bedenken in bezug auf elektrolytische Zersetzungserscheinungen bestehen zurzeit nicht mehr. Es muß lediglich darauf geachtet werden, daß der Außenluft der Zugang zur Berührungsstelle zwischen Stahl und Aluminium möglichst verwehrt wird. Besonders gut wird dies bei einer Ausführungsform erreicht, bei der die Randdrähte nicht mit rundem, sondern mit trapezförmigem Querschnitt ausgeführt werden und wie Faßdauben dicht aneinander schließen.

Was die Ausführungsart der Leiter betrifft, so kommen dieselben entweder in Form von massiven runden Drähten oder als Seile zur Verlegung. Für sehr hohe Spannungen werden neuerdings zur Verminderung der Glimmverluste Hohlseile, die über eine Bronzespirale gewunden sind, empfohlen. Massive Drähte sind zwar in der Fabrikation etwas billiger als Seile, haben aber den Nachteil der Unhandlichkeit und geringen Biegsamkeit. Auch ist die Festigkeit geringer als bei Seilen, weil die Härtung in einem Massivdraht von größerem Durchmesser im Verhältnis weit weniger eindringt als in die schwachen Einzeldrähte eines Leitungsseiles. Etwa vorkommende Materialfehler wirken sich bei Seilen, die aus vielen Einzeldrähten bestehen, nicht so nachteilig aus wie bei massiven Leitungsdrähten. Selbst wenn der eine oder andere Draht eines Leitungsseiles gerissen sein sollte, wird die Festigkeit des Gesamtquerschnittes dadurch noch nicht wesentlich beeinflußt.

Aus diesen Gründen haben sich Massivkupferleiter für Leitungen höchster Spannung nicht eingeführt, obwohl sie wegen ihrer glatten Oberfläche mit Rücksicht auf die Glimmverluste Vorteile bieten würden. Massive Leiter aus Aluminium sind wegen der hohen Sprödigkeit des Materials und die dadurch bedingte Empfindlichkeit gegen mechanische Beschädigungen unbedingt zu vermeiden.

3. Berechnung der Landesnetze.

Für die Berechnung der mit hohen Spannungen betriebenen Landesnetze ist die rechnerische Beherrschung der auftretenden Erscheinungen von grundlegender Bedeutung. Während bei Netzen niedriger Betriebsspannung und mäßiger Ausdehnung eine Berechnung der Verluste bei maximaler Beanspruchung zur Ermittlung aller wissenswerten Größen genügt, sind bei den Landesnetzen eingehende Rechnungen über die Spannungsverteilung, die Phasenverschiebung usw. unter Zugrundelegung verschiedener Belastungszustände erforderlich. Die notwendigen Berechnungen werden in der Regel in zwei Abschnitten durchgeführt, indem man zunächst nach den auftretenden Leistungsverlusten eine vorläufige Bestimmung der Leitungsquerschnitte vornimmt und dann das Betriebsverhalten des so fest gelegten Netzes untersucht.

Es ist in diesen Fällen auch nicht mehr angängig, die Einflüsse der Induktivität und Kapazität zu vernachlässigen. Insbesondere spielt erstere infolge der beträchtlichen Leiterabstände eine erhebliche Rolle und es kann hierdurch der Ohmsche Spannungsabfall neben dem induktiven zurücktreten. Auch der Einfluß der Kapazität kann bei Spannungen über 60 kV und großer Netzausdehnung sehr beträchtlich werden.

Trotz dieser besonderen Erscheinungen kommt es in der Regel nicht darauf an, zeitraubende und komplizierte Rechnungen durchzuführen, welche auf wenige Prozente genaue Angaben liefern. Solche Rechnungen haben zwar theoretisches Interesse, sind aber praktisch von geringer Bedeutung; denn es hat wenig Zweck, Leistungsverteilung, Spannungsabfall und Verluste auf 1% genau berechnen zu wollen, nachdem die Ausgangswerte der Rechnung, die Verteilung der Kraftwerke und die Belastungsverhältnisse nur für einen bestimmten in der Regel ziemlich spät liegenden Zeitpunkt gelten, während sie vor und nach dieser Zeit wesentlich andere sind.

Man wird sich unter Benutzung von Näherungsformeln mit einfachen übersichtlichen und rasch durchführbaren Rechnungen begnügen. Besonderen Vorzug verdienen die graphischen Methoden, weil sie bei hinreichender Genauigkeit den übrigen Rechnungsarten an Übersichtlichkeit überlegen sind und unter Umständen nicht nur einen bestimmten Zustand erfassen, sondern auch erkennen lassen, welche Verhältnisse sich bei Änderung der verschiedenen Annahmen ergeben.

a) Ableitung von Näherungsformeln.

Im nachstehenden sollen unter Anlehnung an bekannte Formeln einige einfache Ausdrücke abgeleitet werden, welche sich für die in Betracht kommenden Rechnungen als zweckmäßig erweisen. Der Ableitung ist das Beispiel einer einfachen Kraftübertragung von einem Kraftwerk zu einem Verbraucher zugrunde gelegt. Die Entwicklung erfolgt mit Rücksicht auf die praktischen Fälle für verketteten Dreiphasenstrom, doch sind die Formeln mit sinngemäßen Änderungen auch für Einphasen-Wechselstrom verwendbar.

In den Ableitungen bezeichnet:

N' = die zu übertragende Wirkleistung in kW,

N'' = die zu übertragende Blindleistung in BkW,

N = $\sqrt{N'^2 + N''^2}$ die zu übertragende Scheinleistung in kVA,

l = die Leitungslänge in km,

E = die mittlere Spannung der Leitung in kV verkettet,

J = den in der Leitung fließenden Strom in Amp.,

J' = $J \cdot \cos \varphi$ die Wirkkomponente des Stromes,

J'' = $J \cdot \sin \varphi$ die Blindkomponente des Stromes,

J_c = den am Kraftwerk in der Leitung fließenden Ladestrom in Amp.,

J_{cm} = den im Mittel in der Leitung fließenden Ladestrom in Amp.,

J_a = den am Kraftwerk in der Leitung fließenden Ableitungs- und Glimmstrom in Amp.,

J_{am} = den im Mittel in der Leitung fließenden Ableitungs- und Glimmstrom in Amp.,

R = den Ohmschen Widerstand der Leitung pro Phase in Ohm,

X = ωL = den induktiven Widerstand der Leitung pro Phase in Ohm,

L = die Selbstinduktion der Leitung pro Phase in Henry,

C = die Betriebskapazität der Leitung pro Phase in Farad,

A = Ableitungs- und Glimmverluste der Leitung pro Phase in kW,

R_0, X_0, L_0, C_0, A_0 = die entsprechenden Werte pro km,

q = den Leitungsquerschnitt in mm²,

λ = die spezifische Leitfähigkeit des Leitermaterials,

ω = die Kreisfrequenz = $2\pi \times$ Periodenzahl,

p = den Leistungsverlust in Prozent,

ε = den Spannungsverlust in Prozent.

Für den projektierenden Ingenieur interessieren in erster Linie der Leistungs-verlust und der Spannungsverlust.

Der Leistungsverlust in den Leitungen ist auf zwei Ursachen zurückzuführen, nämlich:

1. Auf die in den Leitungen auftretenden Jouleschen Wärmeverluste, welche für alle drei Phasen gleich $3\,J^2\,R$ zu setzen sind.

2. Auf die infolge der Ableitungs- und Glimmerscheinungen aus den Leitungen austretenden Energiemengen.

Einfluß auf den Leistungsverlust haben außer dem Ohmschen Widerstand dem-nach nur diejenigen Konstanten der Leitung, welche die Ströme beeinflussen, also Kapazität und Ableitung, nicht aber die Selbstinduktion.

Für den prozentualen Leistungsverlust gilt die Beziehung:

$$p = \frac{3\,J^2\,R}{N'} \cdot 100 + \frac{3\,A}{N'} \cdot 100 = \frac{3 \cdot 100}{N'} (J^2\,R_0 + A_0)\,l$$

oder da

$$J^2 = (J' + J_{am})^2 + (J'' - J_{cm})^2,$$

$$p = \frac{3 \cdot 100 \cdot l}{N'} \left\{ [(J' + J_{am})^2 + (J'' - J_{cm})^2]\,R_0 + A_0 \right\}.$$

Die Formel zeigt deutlich die Bedingungen, welche für eine mit Blindströmen belastete und mit Kapazität behaftete Leitung erfüllt sein müssen, damit der Leistungs-verlust am kleinsten wird. Dies ist dann der Fall, wenn $J'' = J_{cm}$ wird, d. h., wenn der nacheilende Blindbelastungsstrom ebenso groß wird wie der mittlere Ladestrom der Strecke.

Wird das Netz zum Zwecke der Spannungsregelung durch voreilende Blindströme belastet, so sind dieselben wie Ladeströme zu behandeln und können ohne weiteres zu J_{cm} algebraisch addiert werden.

Da vielfach eine genaue Berechnung des prozentualen Leistungsverlustes nicht erforderlich ist und bei Spannungen unter 60000 Volt weder Kapazität noch Glimm- und Ableitungsverluste eine nennenswerte Rolle spielen, können diese Erscheinungen vernachlässigt und die betreffenden Werte: J_{am}, J_{cm} und A_0 gleich Null gesetzt werden.

Substituiert man J nach der Gleichung für die Wirkleistung

$$N' = E\,J\,\sqrt{3}\,\cos\varphi \quad \text{und für} \quad R_0 = \frac{1}{\lambda\,q},$$

so geht die Formel für den Leistungsverlust über in die einfache Form:

$$p = \frac{N'\,l \cdot 100}{\lambda\,q \cdot E^2\,\cos^2\varphi}\,.$$

Der Spannungsverlust in ausgedehnten Hochspannungsnetzen kann bei Berück-sichtigung aller auftretenden Erscheinungen am übersichtlichsten zeichnerisch mit Hilfe der in Liste 12 entwickelten Vektor-Diagramme für Strom und Spannung ermittelt werden. Die Leitung wird dabei zur Erzielung genügend genauer Werte in Längen-abschnitte unterteilt und im Stromdiagramm dem Einfluß des längs der Leitung anwachsenden Lade- und Glimmstromes dadurch Rechnung getragen, daß diese Größen z. B. je zur Hälfte auf die beiden Endpunkte der betrachteten Leitungsstrecken auf-geteilt werden.

Die genauen rechnerischen Methoden zur Bestimmung der Spannungsverluste sind nur sehr umständlich durchzuführen; eine praktisch meist ausreichende algebra-ische Näherungsmethode soll nachfolgend erläutert werden:

Bezeichnet

$\mathfrak{E}_{0_\lambda}$ = die unverkettete Phasenspannung am Kraftwerk nach Größe und Richtung in Volt,

$\mathfrak{E}_{1_\lambda}$ = die unverkettete Phasenspannung am Verbraucher nach Größe und Richtung in Volt,

$\mathfrak{J}$ = den in der Leitung fließenden Gesamtstrom nach Größe und Richtung in Amp.,

so gilt nachfolgende vektorielle Beziehung, wobei, dem allgemeinen Gebrauch folgend, die geometrisch zu addierenden Größen mit deutschen Buchstaben gekennzeichnet sind:

$$\mathfrak{E}_{0_\lambda} + \mathfrak{J}X - \mathfrak{J}R = \mathfrak{E}_{1_\lambda}.$$

Das entsprechende Diagramm ist in Abb. 103 dargestellt, wobei ein außergewöhnlich großer Spannungsabfall gewählt wurde, um das Bild möglichst deutlich zu machen.

Für den Spannungsverlust ergibt sich an Hand des Diagrammes die Beziehung

$$\varepsilon = \frac{\overline{AC}}{\overline{AO}} \cdot 100 = \frac{\overline{AC} \cdot 100}{E_{0_\lambda}}.$$

Nimmt man E_{0_λ} parallel mit E_{1_λ} an, was in nahezu allen praktischen Fällen ohne erheblichen Fehler geschehen kann, und projiziert man die beiden Teilspannungsabfälle auf E_{0_λ}, so ist

$$\overline{AC} = A\overline{B} + \overline{BC}$$
$$\overline{AB} = JX \cdot \sin\varphi \quad \text{und} \quad \overline{BC} = JR \cdot \cos\varphi$$

somit:

$$\overline{AC} = J(R \cdot \cos\varphi + X \cdot \sin\varphi)$$
$$\varepsilon = J\frac{(R \cdot \cos\varphi + X \cdot \sin\varphi)}{E_{0_\lambda}} \cdot 100.$$

Da in praktischen Fällen in der Regel nicht die Phasenspannung, sondern die verkettete Spannung, und zwar in kV gegeben ist, führt man letztere ein und erhält damit die Form:

$$\varepsilon = \frac{\sqrt{3}\,J(R \cdot \cos\varphi + X \cdot \sin\varphi) \cdot 100}{E_0 \cdot 1000}.$$

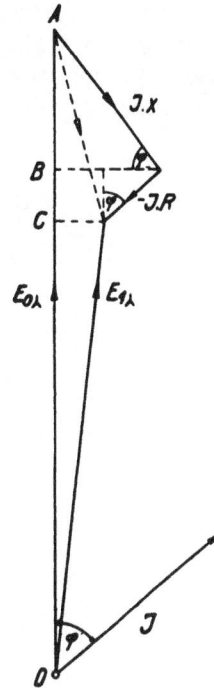

Abb. 103. Vektordiagramm für eine einfache am Ende belastete Leitung.

Unter J ist in der Formel der gesamte Leiterstrom unter Einschluß des Ladestromes und des Glimmstromes zu verstehen. Wird für angenäherte Rechnungen der Ladestrom und Glimmstrom vernachlässigt und ist der Spannungsabfall für die betrachtete Strecke gering, so kann man den Strom mit einer mittleren Spannung E aus der Wirkleistung berechnen nach der Formel:

$$J = \frac{N'}{E \cdot \sqrt{3}\,\cos\varphi}.$$

Damit geht die Formel für den Spannungsabfall über in die Form

$$\varepsilon = \frac{N'}{10\,E^2}(R + X\,\text{tg}\,\varphi),$$

die sich nach Einführung der kilometrischen Werte wie folgt umformen läßt:

$$\varepsilon = \frac{N'l}{10\,E^2}(R_0 + X_0\,\text{tg}\,\varphi) = \frac{N'l}{10\,E^2} \cdot R_0\left(1 + \frac{X_0}{R_0}\,\text{tg}\,\varphi\right);$$

$$\varepsilon = \frac{N'l}{10\,E^2} \cdot R_0\,\zeta.$$

Der Hilfswert

$$\zeta = \left(1 + \frac{X_0}{R_0}\,\mathrm{tg}\,\varphi\right)$$

berücksichtigt die Veränderung des Spannungsabfalles infolge der Selbstinduktion gegenüber der Rechnung mit Ohmschem Widerstand. Seine Größe ist naturgemäß vom Verhältnis zwischen R_0 und X_0 sowie von der herrschenden Phasenverschiebung abhängig; ζ ist größer als 1, wenn $\mathrm{tg}\,\varphi$ positiv ist, was bei nacheilendem Strom der Fall ist. In diesem Falle wird also infolge der Selbstinduktion der Spannungsabfall größer.

Für die rechnerische Anwendung sind die Werte von R_0 für verschiedene Querschnitte und Materialien in Handbüchern enthalten. Die Hilfsgröße ζ ist für Kupfer bzw. Aluminium rasch aus dem Nomogramm (Abb. 104) zu entnehmen, in welchem zur Erklärung ein Beispiel eingetragen ist.

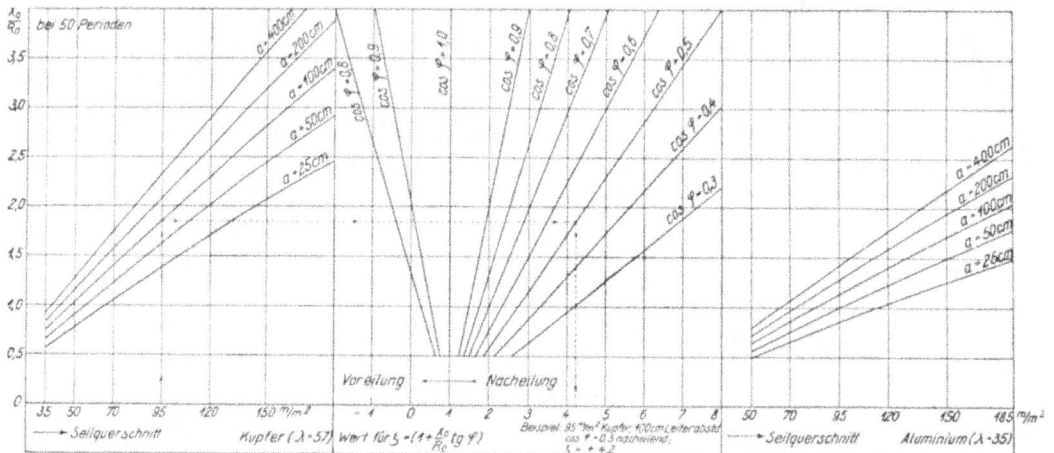

Abb. 104. Hilfsnomogramm zur Berechnung von Spannungsabfällen in Drehstromleitungen.

Zur Herstellung des Nomogrammes wurde zunächst in den Außenfeldern das Verhältnis $\dfrac{X_0}{R_0}$ für verschiedene Leiterabstände in Abhängigkeit vom Querschnitt aufgetragen. Im Mittelfeld wird das Produkt dieses Wertes mit $\mathrm{tg}\,\varphi$ gebildet und dann durch Nullpunktsverschiebung um 1 vermehrt. Aus praktischen Gründen ist dabei zu den einzelnen Geraden statt $\mathrm{tg}\,\varphi$ der entsprechende Leistungsfaktor $\cos\varphi$ eingetragen.

Die vorstehend abgeleitete Formel für den Spannungsabfall verwendet man vorzugsweise, wenn die zu übertragende Energie durch Wirkleistung und Leistungsfaktor $\cos\varphi$ gegeben ist.

Bei den später durch ein Beispiel erläuterten Untersuchungen der Landesnetze auf ihr Betriebsverhalten werden nicht Wirkleistung und Leistungsfaktor den Berechnungen zugrunde gelegt; man geht vielmehr von vornherein von den Wirkleistungen und den ihnen jeweils zugeordneten Blindleistungen aus und führt die Berechnung des Spannungsabfalles für jede der beiden Leistungsgrößen durch, indem man sich das Netz einmal nur durch Wirkbelastungen, das andere Mal nur durch Blindbelastungen beansprucht denkt. Die beiden Teilergebnisse algebraisch addiert ergeben den bei gleichzeitiger Übertragung der Wirk- und Blindleistungen auftretenden Gesamtspannungsabfall.

Bei der Berechnung der Teilspannungsabfälle bringen die besonderen Verhältnisse Vereinfachungen der allgemeinen Formel

$$\varepsilon = \frac{N'\, l}{10\, E^2} \cdot (R_0 + X_0\, \mathrm{tg}\, \varphi)$$

mit sich.

Die Wirkleistung ist dadurch gekennzeichnet, daß der Phasenverschiebungswinkel φ zwischen Spannung und Strom gleich Null ist; damit wird auch $\mathrm{tg}\, \varphi = 0$ und die Formel für den von der Wirkleistung herrührenden Teilspannungsabfall lautet

$$\varepsilon' = N'\, l \cdot \frac{R_0}{10\, E^2}.$$

Für den von der Blindleistung herrührenden Teilspannungsabfall ergibt sich die Formel analog zu:

$$\varepsilon'' = N''\, l \cdot \frac{X_0}{10\, E^2}.$$

Den gesamten auftretenden Spannungsabfall erhält man durch algebraische Addition der Teilabfälle unter Beachtung des Vorzeichens als

$$\varepsilon = \varepsilon' + \varepsilon''.$$

Es zeigt sich hiernach, daß, von vernachlässigbaren Fehlbeträgen abgesehen, für den meßbaren Wert des Spannungsabfalles bei der Wirkleistung nur der Wirkwiderstand, bei der Blindleistung nur der Blindwiderstand in Rechnung zu setzen ist.

Mit Hilfe der angegebenen Näherungsverfahren kann mit einer für die Gesamtprojektierung ausreichenden Genauigkeit die Netzberechnung vorgenommen werden, wobei wie eingangs erläutert, zuerst die Leitungsquerschnitte des Netzes vorläufig festzulegen sind.

b) Vorläufige Bestimmung der Leitungsquerschnitte.

Zur vorläufigen Bestimmung der Querschnitte ist zunächst festzustellen, welche Leitfähigkeiten, d. s. die reziproken Werte der Widerstände, die einzelnen Leitungsstrecken haben müssen, damit bei den gegebenen Belastungen und Entfernungen die Übertragungsverluste in zulässigen Grenzen bleiben. Sie ergeben sich, wenn zunächst nur die Joule'schen Verluste berücksichtigt werden, für Drehstromleitungen gemäß der Formel:

$$\textit{Gesamtleitfähigkeit je }\mathrm{m} = \frac{N \cdot l \cdot 100}{p\, E^2 \cos^2 \varphi},$$

wobei N die Leistung in kW, l die Leitungslänge in km, p den zulässigen Leistungsverlust in Prozenten, E die verkettete Spannung in kV und $\cos \varphi$ den Leistungsfaktor bedeutet.

Der als nötig gefundene Wert wird aufgebracht durch Anwendung gewisser Gesamtquerschnitte, die vom verwendeten Material abhängen und sich nach der Formel

$$\textit{Gesamtleitfähigkeit je }\mathrm{m} = \textit{spez. Leitfähigkeit} \times \textit{Querschnitt}$$

bestimmen. Die errechneten Querschnitte sind im allgemeinen für die einzelnen Leitungsabschnitte verschieden und geben nur einen Anhaltspunkt über die zu wählende Größenordnung. Insbesondere wird man ein Vielerlei von Querschnitten für die einzelnen Leitungsstrecken vermeiden und für das ganze Landesnetz, von Ausläuferleitungen abgesehen, möglichst einen einheitlichen Querschnitt wählen.

Dieser Querschnitt ist auf einen oder mehrere Stromkreise aufzuteilen, wobei verschiedene Gesichtspunkte mechanischer, elektrischer, betriebstechnischer und wirtschaftlicher Art abzuwägen sind.

In mechanischer Hinsicht ist die Möglichkeit, mit einem einzigen Stromkreis durchzukommen, zunächst begrenzt durch die Rücksicht auf die Verlegung der Leitungsseile. Man wird bei Kupferleitungen selten über einen Querschnitt von 240 mm², bei Aluminium kaum über 310 mm² hinausgehen.

In elektrischer Hinsicht sind für die Unterteilung die Erscheinungen der Selbstinduktion, der Kapazität und schließlich der Korona und Ableitung in Betracht zu ziehen.

Die von der Selbstinduktion herrührenden induktiven Spannungsabfälle werden bei Wahl nur eines Stromkreises größer als bei Aufteilung des Gesamtquerschnittes auf zwei oder mehrere Stromkreise, weil in letzterem Falle der induktive Widerstand durch zwei oder mehrere in Parallelschaltung ersetzt und damit entsprechend vermindert wird. Die Unterteilung der Querschnitte kann um so wichtiger werden, als sich die Selbstinduktion der Leitung nur auf diese Weise wirksam beeinflussen läßt. Bis zu einem gewissen Grad könnte zwar eine Verringerung der Selbstinduktion durch Verkleinerung der Leiterabstände erzielt werden; praktisch kommt dieser Weg jedoch nicht in Frage, weil mit Rücksicht auf andere Umstände ein bestimmter Leiterabstand nicht unterschritten werden kann.

In bezug auf die Kapazität erhält man die kleinsten Ladeströme bei Anordnung nur eines Stromkreises. Durch Aufteilung auf mehrere Stränge wird die Kapazität und damit der voreilende Ladestrom größer, was, wie bereits erwähnt, in den Zeiten normaler Belastung nicht unerwünscht ist. Anderseits ist jedoch eine große Leitungskapazität dann zu vermeiden, wenn mit erheblichen Belastungsschwankungen oder mit plötzlichen Entlastungen zu rechnen ist, weil als deren Folge durch hohe Ladeströme eine Spannungserhöhung im Übertragungssystem entstehen und die Isolation der Anlage gefährdet werden kann. Bei den in der europäischen Praxis vorkommenden Verhältnissen dürfte im allgemeinen die Aufteilung des Gesamtquerschnittes auf zwei parallele Stromkreise, wenn sie mit Rücksicht auf die verlegbaren Querschnitte oder die Verminderung der Selbstinduktion geboten erscheint, an der gleichzeitigen Erhöhung der Kapazität nicht scheitern.

Hinsichtlich des Auftretens der Korona ist neben der Beschaffenheit des Dielektrikums vor allem die Oberflächenkrümmung des spannungführenden Leiters ausschlaggebend. Je stärker sie ist, desto leichter treten Glimmerscheinungen auf. Es gibt für jede Spannung einen bestimmten Leiterdurchmesser, bei dessen Unterschreitung die Glimmverluste ein unzulässiges Maß annehmen.

In der folgenden Zahlentafel sind nach einer von Peek angegebenen Formel für verschiedene Spannungen und Meereshöhen entsprechend diesem Durchmesser die wünschenswerten Mindestquerschnitte von Seilen angegeben.

Meereshöhe	Verkettete Spannung in kV		
	60	120	200
0 m	25	95	240
100 „	25	95	310
300 „	25	95	310
400 „	25	120	310
500 „	25	120	310
750 „	25	120	400
1000 „	35	120	400

Auf die Höhe der Glimmverluste von Einfluß und in der Peekschen Formel berücksichtigt sind die Leiterabstände, die Oberflächenbeschaffenheit der Leiter und der jeweilige Zustand der umgebenden Luft, welcher insbesondere durch Barometerstand, Temperatur und Feuchtigkeitsgrad bestimmt wird. Sind bezüglich dieser Bedingungen außergewöhnliche Verhältnisse zu erwarten, so ist eine genauere Untersuchung über den mindest zu lässigen Querschnitt notwendig.

Zu bemerken ist schließlich, daß nicht nur die kleinen Querschnitte an sich hohe Glimmverluste begünstigen, sondern daß auch die durch die Unterteilung bedingte Vergrößerung der Drahtlänge eine entsprechende Vermehrung der Glimmverluste herbeiführt. In gleicher Weise wachsen die Ableitungsverluste bei Unterteilung proportional der Anzahl der Stromkreise. Wenn demnach mit der Möglichkeit von Korona- und Ableitungsverlusten zu rechnen ist, so fallen diese im Sinne einer Verminderung der Stromkreise und einer Vergrößerung der Leiterdurchmesser in die Wagschale.

Mitunter wird eine Unterteilung des Gesamtquerschnittes aus betriebstechnischen Gründen empfohlen, um bei Störungen auf einer Leitung eine teilweise Reserve durch die zweite Leitung zu haben. Demgegenüber ist jedoch zu beachten, daß bei einer Doppelleitung mehr Störungsmöglichkeiten und Fehlerquellen als bei einer Einfachleitung gegeben sind. Insbesondere ist bei Verlegung zweier Stromkreise auf einem Mast die teilweise Reserve nur dann ausnutzbar, wenn die Leiteranordnung so getroffen ist, daß eine Reparatur durchgeführt werden kann, während die gesunde Leitung unter Spannung steht.

Aus wirtschaftlichen Erwägungen kommt schließlich eine Zweiteilung des für den Vollausbau zu bemessenden Gesamtquerschnittes in Frage, um im ersten Ausbau nur die Hälfte des Gesamtquerschnittes verlegen zu müssen. Das geschieht namentlich, wenn der Vollausbau erst in einem späten Zeitpunkt erwartet wird. Die Ersparnisse sind allerdings nur dann beträchtlich, wenn man sich entschließt, den zunächst erforderlichen Querschnitt als Einfachleitung zu verlegen und die im zweiten Ausbau erforderliche Vergrößerung des Querschnittes durch Anordnung eines weiteren Gestänges zu erzielen, also von der üblichen Anordnung eines Doppelgestänges mit zunächst einfacher Belegung abzusehen.

Die Anordnung einer Einfachleitung wäre in einem solchen Falle um so mehr vorzuziehen, als über längere Zeitperioden hinaus nicht die Sicherheit besteht, daß die einfach belegte Doppelleitung in Zukunft wirklich durch doppelte Belegung die günstigste Disposition ergibt, zumal durch Ausbau weiterer Kräfte leicht der Fall eintreten kann, daß eine auf anderem Wege geführte Leitung günstigere Spannungsverhältnisse und Reservemöglichkeiten bietet. Zu beachten ist, daß die ersten Betriebsjahre der Landeselektrizitätswerke in wirtschaftlicher Hinsicht gewöhnlich die schwierigsten sind und daß deshalb Ersparnisse, die in den ersten Betriebsjahren erzielt werden, wichtiger sind als bei Vollausbau.

Aus den vorstehenden Darlegungen geht hervor, daß die Bereitstellung einer bestimmten Leitfähigkeit auf verschiedenen Wegen erfolgen kann und daß die Begleitumstände betrachtet werden müssen, um zu entscheiden, welche Disposition gewählt werden soll. Dabei pflegen sich die einzelnen Forderungen zunächst zu widersprechen. Die Verminderung der Selbstinduktion z. B. verlangt die Unterteilung der Leitungen. Die dadurch entstehende Vergrößerung der Kapazität bildet in der Regel kein Hindernis, hingegen werden bei der Unterteilung die Durchmesser mitunter so klein, daß unerwünschte Glimmverluste auftreten. In solchen Fällen kann man zunächst Materialien geringerer Leitfähigkeit wie Aluminium statt Kupfer verwenden. Wird auch damit noch keine ausreichende Durchmesservergrößerung erreicht, so kommt Stahlaluminium in Betracht, das gleichzeitig den Vorteil großer Festigkeit besitzt. Gegebenenfalls können die in neuerer Zeit hergestellten Hohlseile Anwendung finden.

15*

c) Untersuchungen über das Verhalten der Netze im Betrieb.

Ist ein Landesnetz in bezug auf Gesamtleitfähigkeit, Aufteilung der Stromkreise und Wahl des Leitermaterials und der Querschnitte vorläufig festgelegt, so
ist durch eine Reihe von Untersuchungen das Betriebsverhalten dieses Netzes bei
den zu erwartenden verschiedenartigen Belastungsverhältnissen zu überprüfen. Als
Grundlage für diese Untersuchungen stehen die in Abschnitt III und IV geschilderten
Erhebungen über die an den Konsumstellen beanspruchten Leistungen im I. und
II. Ausbau und über die zu ihrer Deckung heranzuziehenden Kräfte zu Gebote.

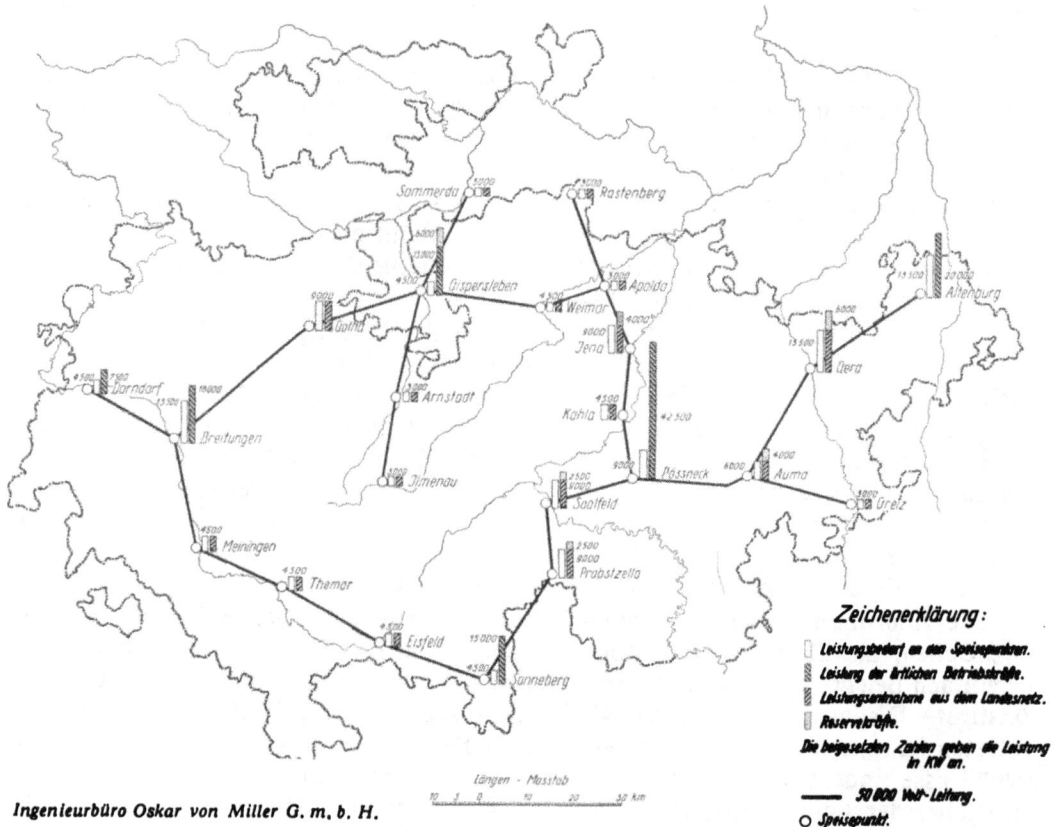

Ingenieurbüro Oskar von Miller G. m. b. H.

Abb. 105. Plan der Belastungen an den Speisepunkten unter Berücksichtigung der örtlichen Deckung.

Dabei ist bereits auf Grund allgemeiner Erwägungen in den Tagesstromdiagrammen
festgelegt, wie die vorhandenen Kräfte zur Erzielung einer möglichst rationellen
Ausnutzung im Winter und im Sommer, wie sie in den Tagesstunden und wie in den
Nachtstunden eingesetzt werden sollen. Demzufolge sind auch die Untersuchungen
über das Betriebsverhalten für die verschiedenen Belastungs- und Deckungsfälle
durchzuführen.

Hierbei ist auszugehen von einem Belastungsplan, welcher für einen bestimmten
Zeitpunkt die Belastungen an den Konsumstellen einerseits und die zu ihrer Deckung
ausgewählten Kräfte andererseits festhält, wie dies z. B. in Abb. 105 für den Zeitpunkt
der Maximalbelastung des Thüringenwerkes nach der Annahme des seinerzeitigen
Projektes gezeigt ist.

Dabei werden die Speisepunkte und die Kraftwerke in einer Landkarte örtlich
richtig mit den Belastungen bzw. vorgesehenen Leistungen in Kilowatt eingetragen
und die beabsichtigte Linienführung des Landesnetzes eingezeichnet. Zur besseren

Übersicht können die Leistungen an den einzelnen Kraftwerks- und Speisepunkten durch Rechtecke dargestellt werden, deren Höhe nach einem Leistungsmaßstab bemessen ist, wobei in jedem Punkt sowohl der örtliche Leistungsbedarf als auch die Bereitstellung der Leistung einerseits durch örtliche Kräfte, anderseits durch Entnahmen aus dem Landesnetz angegeben werden, weil nur die Entnahme aus dem Landesnetz für die Untersuchung in Frage kommen.

Der Belastungsplan Abb. 105 ist lediglich für die Wirkleistungen gezeichnet, ein ganz ähnlicher Plan kann auch für die erforderlichen Blindleistungen hergestellt werden, wobei die Blindleistungen ebenso wie die Wirkleistungen zunächst auf Grund allgemeiner Erfahrungen auf die einzelnen Kraftwerke verteilt werden.

Die Aufgabe des projektierenden Ingenieurs besteht darin, die Dispositionen so zu gestalten, daß an den verschiedenen Speisepunkten eines Landesnetzes eine möglichst gleichmäßige Spannung erzielt wird, soweit sich dies mit wirtschaftlich vertretbaren Maßnahmen erreichen läßt. Wenn die zunächst getroffenen Annahmen über die Verteilung der Wirkleistungen und Blindleistungen auf die einzelnen Kraftwerke keinen befriedigenden Spannungsverlauf ergeben, so müssen diese Annahmen geändert werden, wobei im allgemeinen die Verteilung der Blindleistungen verändert wird, weil durch Änderung der Blindleistungsverteilung weder eine nennenswerte Änderung der Leistungsverluste noch eine nennenswerte Änderung des mechanischen Arbeitsbedarfes für die Kraftwerksgeneratoren herbeigeführt wird.

Dabei ist es allerdings möglich, daß Blindleistungen dem Ort und der Zeit nach an Stellen zugeführt werden müssen, an welchen im Betrieb befindliche Generatoren entsprechender Leistung gerade nicht zur Verfügung stehen. Man hilft sich in solchen Fällen dadurch, daß man besondere Blindleistungsmaschinen aufstellt, die entweder durch Wasserturbinen entsprechend kleiner Leistung oder, wo solche nicht zur Verfügung stehen, durch geringe Stromaufnahme vom Netz aus angetrieben werden. Will man in der Verwendung der Kraftwerke mit Rücksicht auf deren rationellste Ausnutzung möglichst freie Hand haben und sie daher von der Lieferung der Blindleistungen in weitgehendem Maße entbinden, so wird man von vornherein an geeigneten Punkten des Leitungsnetzes besondere Blindleistungsmaschinen vorsehen und diese so betreiben, daß sie je nach Bedarf voreilenden oder nacheilenden Blindstrom ins Netz schicken.

Die Untersuchung eines vorläufig bestimmten Landesnetzes stellt sich somit als eine wiederholt durchgeführte Berechnung der Spannungsabfälle bei verschiedenen Belastungsverhältnissen und je bei verschiedenem Einsatz von Wirk- und Blindleistungen dar. Der Vorgang soll durch das folgende Beispiel dem Wesen nach erläutert werden.

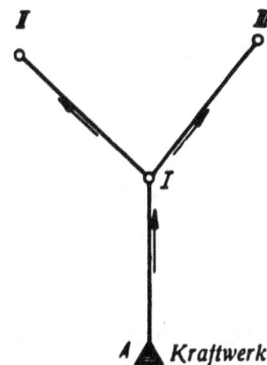

d) Beispiel für die Untersuchung des Betriebsverhaltens von Landesnetzen.

Da sich alle Netze auf eine Anzahl aneinander gereihter Leitungsstrecken zurückführen lassen, besteht die Untersuchung aus einer wiederholten Anwendung der für einzelne Leitungsstrecken angegebenen Formeln.

Bei Radialnetzen ist diese Berechnung einfach, weil die in den einzelnen Leitungsstrecken zu übertragenden Leistungen auf Grund der Netzfigur ohne weiteres angegeben werden können. Dies sei nachfolgend an dem Beispiel Abb. 106 erläutert. *A* sei das Kraftwerk; *I*, *II* und *III* seien die Abnahmepunkte. Es ist hier ohne weiteres klar,

Abb. 106. Netzfigur zum Beispiel der Berechnung eines Radialnetzes.

daß auf der Leitungsstrecke *A—I* die Summe der Belastungen von *I*, *II* und *III* fließen muß, während auf den Strecken *I—II* und *I—III* nur diejenigen Leistungen zu übertragen sind, die an den Endpunkten abgenommen werden.

In ähnlicher Weise können auch bei größeren Radialnetzen lediglich durch Addition und Subtraktion die auf den einzelnen Leitungsstrecken übertragenen Leistungen angegeben werden.

Schwieriger gestaltet sich die Berechnung von Ringnetzen. Bei diesen ist zwar die Leistungszufuhr bzw. Abnahme an den Hauptpunkten des Netzes unmittelbar ersichtlich, doch sind die in den einzelnen Leitungsstrecken zu übertragenden Leistungen noch unbekannt, da zunächst für keinen Punkt des Ringnetzes angegeben werden kann, ob er von der einen oder von der anderen Seite des Ringes her gespeist wird. Um dies zu entscheiden, ist es notwendig, den Ring in seinem Hauptkraftwerk aufzuschneiden und nach Art einer von beiden Seiten her gespeisten Leitung zu behandeln. Die Berechnung der Leistungsanteile, welche von beiden Seiten her dem zu speisenden Konsumpunkt zufließen, erfolgt nach der Momentenmethode, welche durch das einfache Beispiel Abb. 107 veranschaulicht sei.

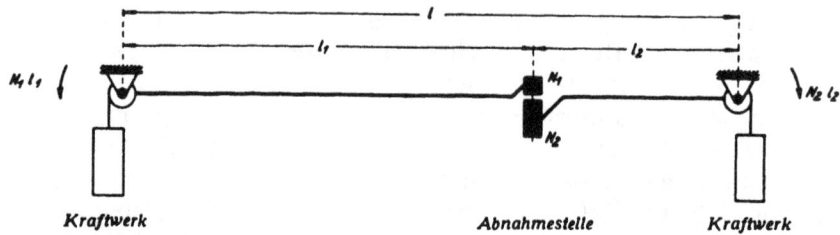

Abb. 107. Figur zur Veranschaulichung des Grundgedankens der Netzberechnung nach der Momenten-Methode.

Die Teilleistungen N_1 und N_2, welche der Konsumstelle von den beiden Seiten her zufließen, verhalten sich — einheitlichen Widerstand längs der Leitung vorausgesetzt — wie die Auflagerdrücke eines Trägers; für diese gilt nach den Gleichgewichtsbedingungen der Statik die Beziehung:

$$N_1 \cdot l_1 = N_2 \cdot l_2 \quad \text{bzw.} \quad \frac{N_1}{N_2} = \frac{l_2}{l_1}.$$

Durch entsprechende Umformung ergibt sich:

$$\frac{N_1}{N_2 + N_1} = \frac{l_2}{l_1 + l_2};$$

oder da $\qquad N_2 + N_1 = N$ und $l_1 + l_2 = l,$

ist $N_1 = \frac{l_2}{l} \cdot N,$ bezw. $N_2 = \frac{l_1}{l} \cdot N.$

Die Verhältnisse $\frac{l_2}{l}$ und $\frac{l_1}{l}$ werden zweckmäßig als Anteilfaktoren bezeichnet, weil sie durch Multiplikation mit der Gesamtleistung die Anteile liefern, welche von den beiden Seiten, d. s. Ringhälften her zufließen.

Praktisch kommen derart einfache Ringleitungen nur selten vor, sondern es sind meist mehrere Kraftwerke und mehrere Abnahmestellen vorhanden. In diesem Falle geschieht die Berechnung durch wiederholte Anwendung des Verfahrens für jede der abgenommenen oder zugeführten Leistungen, wie dies im folgenden Zahlenbeispiel gezeigt wird.

Gegeben sei ein Ringnetz mit 3 Kraftwerken und 5 Abnahmestellen nach Abb. 108. Die Kraftwerke sind durch große lateinische Buchstaben, die Abnahmestellen durch römische Ziffern gekennzeichnet. Die Zahlen zwischen den einzelnen Punkten geben die Länge der entsprechenden Leitungsstrecken in km an. Das Hauptkraftwerk ist in Punkt A angenommen. An diesem Punkte der größten Leistung wird dem System die Spannung aufgedrückt. Die Kraftwerke B und C dienen zur Unterstützung; in letzteren sollen neben den angegebenen Leistungen noch Reserveleistungen für besondere Fälle, Störungen u. dgl. zur Verfügung stehen. Die Leistungsgrößen an den einzelnen Punkten sind durch Pfeile mit beigesetzten Zahlen gekennzeichnet. Es ist angenommen, daß diese Werte aus einem Belastungsplan für die Maximalbelastung entnommen wurden. Dabei bedeuten auf das Netz zugerichtete Pfeile die von den Kraftwerken zugeführten Leistungen, während die vom Netz fortgerichteten Pfeile die Entnahmen an den Abnahmestellen bezeichnen; die Länge der Pfeile gibt ein Maß für die Größe der Leistungen.

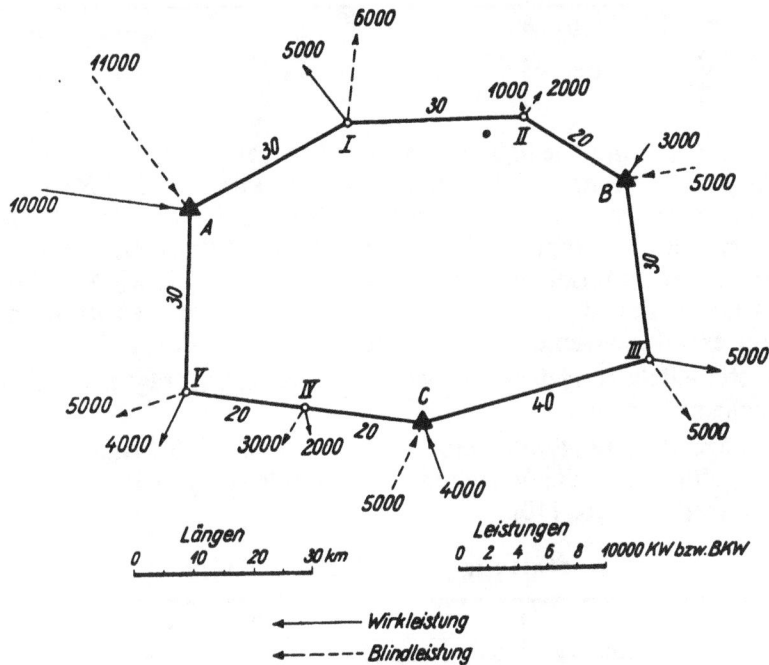

Abb. 108. Schema eines Ringnetzes mit Angabe der zugeführten und abgenommenen Leistungen.

Die Spannung des Netzes ist mit 50000 Volt angenommen. Als Leitungsmaterial sei Kupferseil von 3×50 mm² Querschnitt vorgesehen. Der Leiterabstand beträgt ca. 150 cm.

Bei der Berechnung sollen der Einfluß der Kapazität sowie die Ableitungs- und Glimmverluste vernachlässigt werden, da diese Erscheinungen bei der angenommenen Spannung und bei der mäßigen Netzausdehnung nur eine untergeordnete Rolle spielen.

Rechnerische Untersuchung. Zunächst wird die Verteilung der Wirkleistung nach der Momentenmethode ermittelt, wobei im Hauptkraftwerk A aufgeschnitten wird; die Berechnung kann nach folgendem Schema geschehen:

4

— 232 —

Verteilung der Wirkleistungen.

| in Punkt | Leistung insgesamt kW | davon fließt zu bzw. ab | | | |
| | | über die Ringhälfte von A über I | | über die Ringhälfte von A über V | |
		Anteilfaktor = $\frac{\text{Abstand von } A}{\text{Gesamtlänge}}$	Teilleistung kW	Anteilfaktor = $\frac{\text{Abstand von } A}{\text{Gesamtlänge}}$	Teilleistung kW
I	5 000	190/220	4 320	30/220	680
II	1 000	160/220	730	60/220	270
III	5 000	110/220	2 500	110/220	2 500
IV	2 000	50/220	450	170/220	1 550
V	4 000	30/220	550	190/220	3 450
Σ I bis *V*	17 000	—	8 550	—	8 450
B	3 000	140/220	1 910	80/220	1 090
C	4 000	70/220	1 270	150/220	2 730
B + C	7 000	—	3 180	—	3 820
Bleibt für A: *Σ I* bis *V* − (*B + C*)	10 000	—	5 370	—	4 630

Die Rechnung ergibt lediglich, welche Teile der Gesamtleistung des Kraftwerkes *A* in der Richtung auf Punkt *I* bzw. auf Punkt *V* ins Netz fließen. Dadurch liegen für die von *A* ausgehenden Leitungsstrecken die zu übertragenden Leistungen fest und man kann die Beanspruchung der Streckenabschnitte von Punkt zu Punkt durch Subtraktion der jeweils abgenommenen bzw. Addition der zugeführten Leistungen finden. Da dieser Vorgang nach beiden Richtungen entwickelt werden kann, ergibt sich eine einfache Rechnungskontrolle.

Die ermittelte Belastung der einzelnen Leitungsstrecken trägt man, wie in Abb. 109, in ein Netzschema ein.

Eine analoge Rechnung wird wie in nachstehendem Schema für die Blindbelastung durchgeführt und die Verteilung der Blindleistungen im Netz wieder in ein Netzbild eingetragen (Abb. 110).

Verteilung der Blindleistungen.

| in Punkt | Leistung insgesamt BkW | davon fließt zu bzw. ab | | | |
| | | über die Ringhälfte von A über I | | über die Ringhälfte von A über V | |
		Anteilfaktor = $\frac{\text{Abstand von } A}{\text{Gesamtlänge}}$	Teilleistung BkW	Anteilfaktor = $\frac{\text{Abstand von } A}{\text{Gesamtlänge}}$	Teilleistung BkW
I	6 000	190/220	5 180	30/220	820
II	2 000	160/220	1 450	60/220	550
III	5 000	110/220	2 500	110/220	2 500
IV	3 000	50/220	680	170/220	2 320
V	5 000	30/220	680	190/220	4 320
Σ I bis *V*	21 000	—	10 490	—	10 510
B	5 000	140/220	3 180	80/220	1 820
C	5 000	70/220	1 590	150/220	3 410
B + C	10 000	—	4 770	—	5 230
Bleibt für A: *Σ I* bis *V* − (*B + C*)	11 000	—	5 720	—	5 280

Die beiden schematischen Netzbilder geben nunmehr ein eindeutiges Bild über die Leistungsverteilung in den einzelnen Leitungsstrecken durch Angabe der zu übertragenden Wirk- und Blindleistungen, so daß die Leistungsverluste und Spannungsabfälle nach den früher entwickelten Methoden bestimmt werden können.

Zur Berechnung der Leistungsverluste dient entsprechend den vereinfachten Annahmen die Formel:

$$p = \frac{N' l}{\cos^2 \varphi} \cdot \frac{R_0}{10 E^2}, \text{ wobei } R_0 = \frac{1000}{\lambda q}.$$

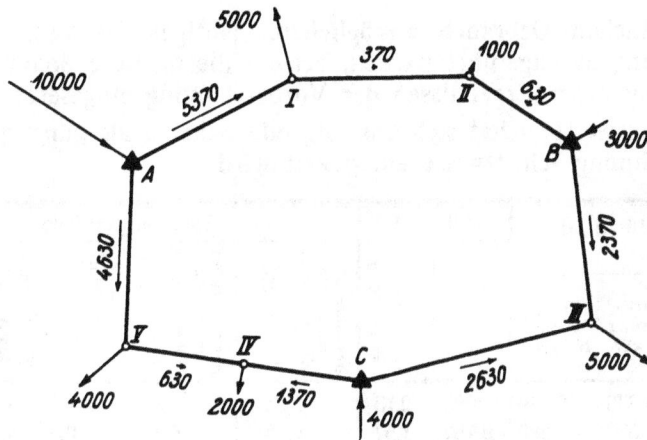

Abb. 109. Schema der Verteilung der Wirkleistungen in einem Ringnetz.

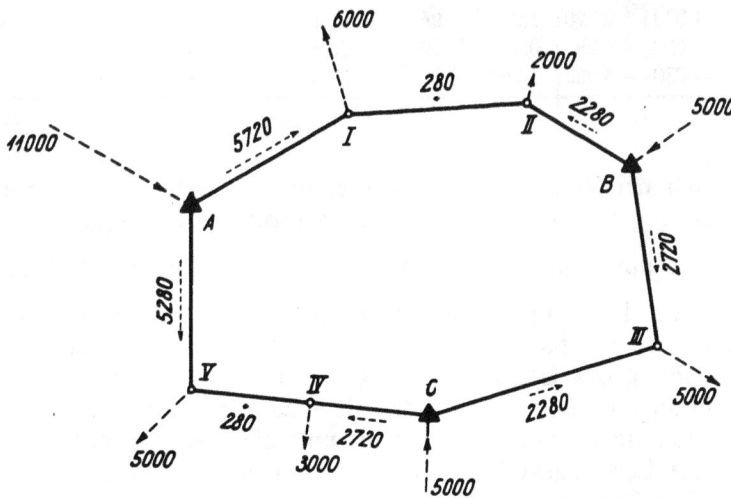

Abb. 110. Schema der Verteilung der Blindleistungen in einem Ringnetz.

Die Ermittlung des Spannungsabfalles geschieht den gegebenen Größen gemäß durch Bestimmung der Teilspannungsabfälle für Wirk- und Blindleistung und nachfolgende Addition. Es ist

$$\varepsilon = \varepsilon' + \varepsilon'',$$

worin

$$\varepsilon' = N' l \cdot \frac{R_0}{10 E^2}, \text{ bzw. } \varepsilon'' = N'' l \cdot \frac{X_0}{10 E^2}.$$

Für beide Rechnungen wird zunächst die Spannung E für das ganze Netz als gleich angenommen. Nach Einsetzung der konstanten Werte für R_0 bzw. X_0, deren letzterer mit Hilfe des bekannten R_0 aus dem im Nomogramm Abb. 104 ablesbaren Verhältnis $\frac{X_0}{R_0}$ errechnet werden kann, gewinnen die Formeln die Gestalt:

$$\varepsilon' = \frac{N'\,l}{71\,250}\,\%, \quad \varepsilon'' = \frac{N''\,l}{64\,800}\,\% \quad \text{und}$$

$$p = \frac{N'\,l}{71\,250} \cdot \frac{1}{\cos^2\varphi} = \varepsilon' \cdot \frac{1}{\cos^2\varphi},$$

die einen einfachen Gebrauch ermöglichen. Nötigenfalls kann nachträglich eine zweite Rechnung durchgeführt werden, bei der die mittlere Spannung der einzelnen Teilstrecken nach den Ergebnissen der Vorberechnung eingesetzt wird.

Für die Auswertung hat sich das folgende Schema als günstig erwiesen, in welchem die Rechnung schrittweise entwickelt wird:

Aus den Netzbildern zu entnehmen				Hilfswerte		Spannungsabfälle					Leistungsverlust	
Abschnitt	Länge km	Wirkleistung N' kW	Blindleistung N'' BkW	$\frac{N''}{N'}$ $=$ $\operatorname{tg}\varphi$	$\frac{1}{\cos^2\varphi}$ $=1+\operatorname{tg}^2\varphi$	hervorgerufen durch die Wirkbelastung $\varepsilon'=\frac{N'\,l}{71\,250}$ %	hervorgerufen durch die Blindbelastung $\varepsilon''=\frac{N''\,l}{64\,800}$ %	Gesamtabfall $\varepsilon=\varepsilon'+\varepsilon''$ %	$\Sigma\,\varepsilon$ bis Ende des Abschn. %	Spannung am Ende des Abschn. kV	$p=\frac{\varepsilon'}{\cos^2\varphi}$ %	Absolutwert $=p\,N'$ kW
A—I	30	5 370	5 720	1,063	2,13	2,26	2,65	+4,9	4,9	47,55	4,8	258
I—II	30	370	— 280	-0,757	1,57	0,16	—0,13	0,0	4,9	47,55	0,25	1
II—B	20	— 630	-2 280	3,620	14,10	—0,18	— 0,70	— 0,9	4,0	48,00	2,5	16
B—III	30	2 370	2 720	1,147	2,32	1,00	1,26	+2,3	6,3	46,85	2,3	55
III—C	40	—2 630	—2 280	0,852	1,73	—1,48	— 1,40	—2,9	3,4	48,25	2,5	67
C—IV	20	1 370	2 720	1,986	4,94	0,38	0,84	+1,2	4,6	47,65	1,9	26
IV—V	20	— 630	— 280	0,445	1,20	—0,18	—0,08	—0,2	4,4	47,80	0,2	1
V—A	30	—4 630	—5 280	1,140	2,30	—1,96	— 2,44	—4,4	0	50,00	4,5	207
	220	—	—	—	—	0	0	0	—	—	—	631

Hinsichtlich der Vorzeichen gelten diejenigen Leistungen, welche in der Fortschreitungsrichtung transportiert werden, als positiv, die entgegengesetzt fließenden als negativ. Da durch die Beziehung $\frac{N''}{N'} = \operatorname{tg}\varphi$ die Phasenverschiebung bestimmt ist, erkennt man, daß bei positivem $\operatorname{tg}\varphi$ Nacheilung, bei negativem $\operatorname{tg}\varphi$ Voreilung vorliegt. Auch die Teilspannungsabfälle erscheinen mit bestimmten Vorzeichen, die bei der Berechnung des Gesamtspannungsabfalles zu beachten sind.

Als Rechnungsergebnis enthält das Schema für jeden betrachteten Punkt des Netzes den Spannungsabfall in Prozenten und die hiernach berechnete Spannungshöhe, ferner die Leistungsverluste in den einzelnen Leitungsstrecken. Diese Werte können zur Übersicht wieder in einem schematischen Netzbild örtlich richtig eingetragen werden.

Aus der Abb. 111 ist ersichtlich, daß einer bestimmten Verteilung der Wirk- und Blindbelastung und deren Deckung auch eine bestimmte Verteilung der Spannungen entspricht. Diese Spannungsverteilung ist für den im Beispiel angenommenen Fall der Höchstbelastung des Netzes als genügend gleichmäßig zu bezeichnen, so daß auf eine besondere Spannungsregelung verzichtet werden könnte.

Ist es erwünscht, die Spannungsdifferenzen zwischen einzelnen Punkten eines Netzes zu vermindern, so ist hierzu eine besondere Regelung der Spannung

erforderlich. Es soll an dem gleichen Beispiel die durch Veränderung der Blindleistungsverteilung erreichbare Regelung gezeigt werden. Verlangt sei, daß die Spannung an den Punkten B und C den gleichen Wert habe wie in A; angenommen sei,
daß die zur Regulierung erforderlichen Blindleistungen aus den Hilfskraftwerken in
B und C zugeführt werden.

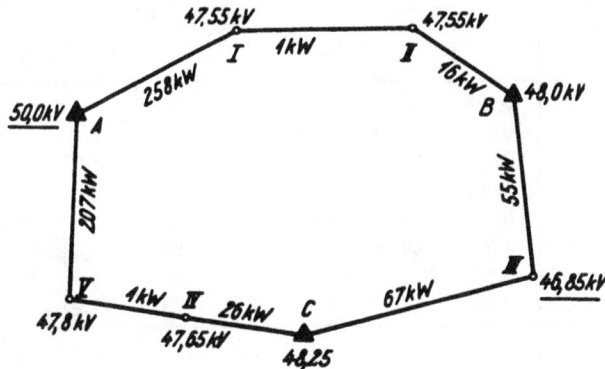

Abb. 111. Schema der Leistungsverluste und der Spannungen
in einem Ringnetz.

Aus der früheren Berechnung ist bekannt, daß folgende Gesamtspannungsabfälle
bestehen:

$$\text{Von } A \text{ nach } B \quad +4,0\%,$$
$$\text{,,} \quad B \quad \text{,,} \quad C \quad -0,6\%,$$
$$\text{,,} \quad C \quad \text{,,} \quad A \quad -3,4\%.$$

Um diese Abfälle zu kompensieren, müssen auf den betreffenden Leitungsstrecken
zusätzliche Blindleistungen derart transportiert werden, daß die hierdurch hervorgerufenen Spannungsabfälle gleich groß und entgegengesetzt den oben erwähnten
Werten sind. Die bekannte Formel für den Spannungsabfall durch Blindleistungs-
transport

$$\varepsilon'' = N'' l \cdot \frac{X_0}{10 E^2} = \frac{N'' l}{64800}$$

ergibt die nötigen Zusatzleistung N_z

für die Strecke $A-B$:

$$-4,0 = N''_{z\,A-B} \cdot \frac{80}{64800}, \quad N''_{z\,A-B} = -3260 \; BkW;$$

für die Strecke $B-C$:

$$+0,6 = N''_{z\,B-C} \cdot \frac{70}{64800}, \quad N''_{z\,B-C} = + \quad 560 \; BkW;$$

für die Strecke $C-A$:

$$+3,4 = N''_{z\,C-A} \cdot \frac{70}{64800}, \quad N''_{z\,C-A} = +3150 \; BkW.$$

Die Vorzeichen geben wieder an, in welcher Richtung im Verhältnis zum gewählten Fortschreitungssinne, der durch den Index $_{A-B}$ gekennzeichnet ist, die
Zusatzblindleistung zu transportieren ist.

Diese Zusatzblindleistungen werden nun dem Verteilungsschema Abb. 110 über-
lagert und ergeben eine neue Blindleistungsverteilung nach Abb. 112.

Mit dieser Verteilung ist die weitere rechnerische Behandlung in dem folgenden Rechnungsschema gleicher Art, wie früher beschrieben, durchzuführen.

Aus den Netzbildern zu entnehmen				Hilfswerte		Spannungsabfälle					Leistungsverlust	
Abschnitt	Länge km	Wirkleistung N' kW	Blindleistung N'' BkW	$\frac{N''}{N'} = \operatorname{tg}\varphi$	$\frac{1}{\cos^2\varphi} = 1 + \operatorname{tg}^2\varphi$	hervorgerufen durch die Wirkbelastung $\frac{N' l}{N' I} = 71250$ ε' %	hervorgerufen durch die Blindbelastung $\frac{N'' l}{N'' I} = 64800$ ε'' %	Gesamtabfall $\varepsilon = \varepsilon' + \varepsilon''$ %	$\Sigma\varepsilon$ bis Ende des Abschn. %	Spannung am Ende des Abschn. kV	$p = \frac{\varepsilon'}{\cos^2\varphi}$ %	Absolutwert $= p\,N'$ kW
A—I	30	5 370	2 460	0,458	1,21	2,26	1,14	+3,4	3,4	48,30	2,7	146
I—II	30	370	—3 540	—9,58	92,8	0,16	—1,64	—1,5	1,9	49,05	14,4	53
II—B	20	— 630	—5 540	8,80	78,3	—0,18	—1,70	—1,9	0	50,00	13,9	88
B—III	30	2 370	3 280	1,383	2,91	1,00	1,52	+2,5	2,5	48,75	2,9	69
III—C	40	—2 630	—1 720	0,655	1,43	—1,48	—1,05	—2,5	0	50,00	2,1	56
C—IV	20	1 370	5 870	4,290	19,4	0,38	1,82	+2,2	2,2	48,90	7,4	102
IV—V	20	— 630	2 870	—4,56	21,8	—0,18	0,89	+0,7	2,9	48,55	3,9	24
V—A	30	—4 630	—2 130	0,460	1,21	—1,96	—0,98	—2,9	0	50,00	2,4	109
	220			—	—	0	0	0		—		647

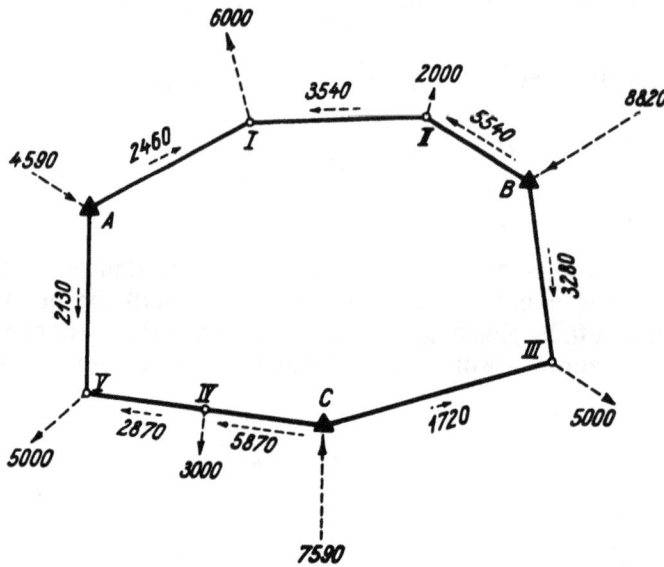

Abb. 112. Schema der Verteilung der Blindleistungen in einem Ringnetz bei Betrieb mit verbesserter Spannungsverteilung.

Die Ergebnisse der neuen Rechnung werden ebenfalls in einen Netzplan gemäß Abb. 113 eingetragen.

Ein Vergleich mit dem vorherigen Beispiel zeigt, daß die Spannungsverluste an den einzelnen Punkten niedriger und die Spannungsverteilung im Netz gleichmäßiger wurden. Die prozentualen Leistungsverluste ergeben sich zwar zum Teil wesentlich höher als vorher; maßgebend für einen Vergleich sind jedoch lediglich die Absolutwerte der Verluste, deren Gesamtsumme gegenüber dem früheren Beispiel nur unbeträchtlich gestiegen ist.

Graphische Methode. Die Leistungsverteilung und die Spannungsverluste können auch durch eine einfache graphische Methode rasch ermittelt werden. Diese besitzt vor der rechnerischen den Vorzug großer Anschaulichkeit und gestattet auch, das Verhalten bei Änderung der Leistungsverteilung unmittelbar wenigstens überschlägig zu beurteilen.

Das Verfahren beruht auf der aus der graphischen Statik bekannten Methode zur Ermittlung der Biegungsmomente bei einem belasteten Träger und besteht in der zeichnerischen Durchführung der früher für die Berechnung der Teilspannungsabfälle ε' und ε'' verwendeten Formeln. Zur Erläuterung soll ein Beispiel mit den

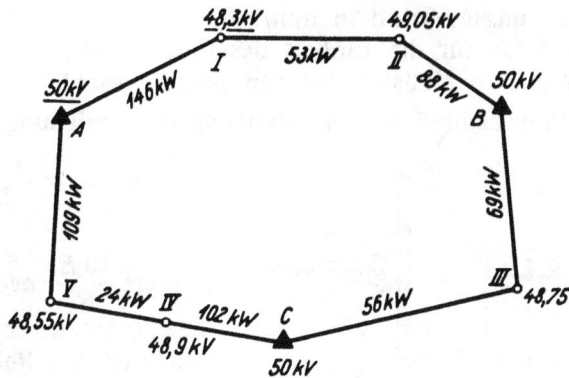

Abb. 113. Schema der Leistungsverluste und der Spannungen in einem Ringnetz bei Betrieb mit verbesserter Spannungsverteilung.

gleichen Annahmen wie früher durchgeführt werden. Das Netz ist wieder im Punkt A aufgeschnitten und in Abb. 114 in Form eines belasteten Trägers dargestellt. Die zum Träger hin gerichteten Pfeile bedeuten zugeführte, die vom Träger weg gerichteten Pfeile abgenommene Leistungen. Die Leistungsgrößen sind durch beigesetzte Ziffern angegeben.

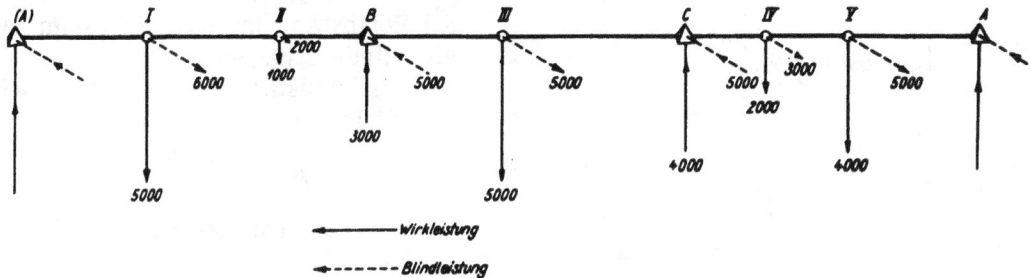

Abb. 114. Schema eines aufgeschnittenen Ringnetzes mit eingetragenen Belastungen.

Die Konstruktion wird für die Wirk- und Blindbelastung getrennt durchgeführt und ist aus Abb. 115 ersichtlich.

Zunächst wird die aufgeschnittene Leitungsstrecke in einem bestimmten Längenmaßstab aufgezeichnet. Sodann werden seitlich in einem Poldiagramm sämtliche Leistungen nacheinander unter Berücksichtigung ihres Vorzeichens auf einer senkrechten Linie aufgetragen. Die Lage und der Abstand des Poles ist hierbei beliebig, wird jedoch auf Grund nachstehender Erwägungen zweckmäßig so gewählt, daß sich ein runder Maßstab für den Spannungsabfall, und zwar für ε' und ε'' gleich ergibt. Zur Konstruktion des Seilpolygons werden, ausgehend vom Punkte A, Parallele zu den zugehörigen Strahlen des Poldiagramms gezogen. Zieht man im Poldiagramm die Parallele zur Schlußlinie A—A des Seilpolygons, so erhält man im Schnittpunkt mit der Senkrechten die Aufteilung der in A zugeführten Leistung bzw. die Nullinie des Diagrammes der Leistungsverteilung. Die positiven Ordinaten des Leistungsdiagrammes bedeuten hierbei Leistungen, die von links nach rechts fließen, während die negativen Ordinaten in entgegengesetzter Richtung fließende Leistungen angeben. Die lineare Addition der beiden Teilspannungsabfälle ε' und ε'' kann durch ein besonderes Diagramm erfolgen.

Über die Ermittlung des Maßstabes, in welchem sich der prozentuale Spannungsabfall ergibt, ist zu bemerken. Bedeutet:

μ_l den Längenmaßstab in mm/km,

μ_N den Leistungsmaßstab in mm/kW,

μ_p den Maßstab für die Einheit des Polabstandes,

μ_ε den gesuchten Maßstab für den Spannungsabfall in mm/%,

so gilt für den Spannungsabfall der Wirkleistung die Beziehung

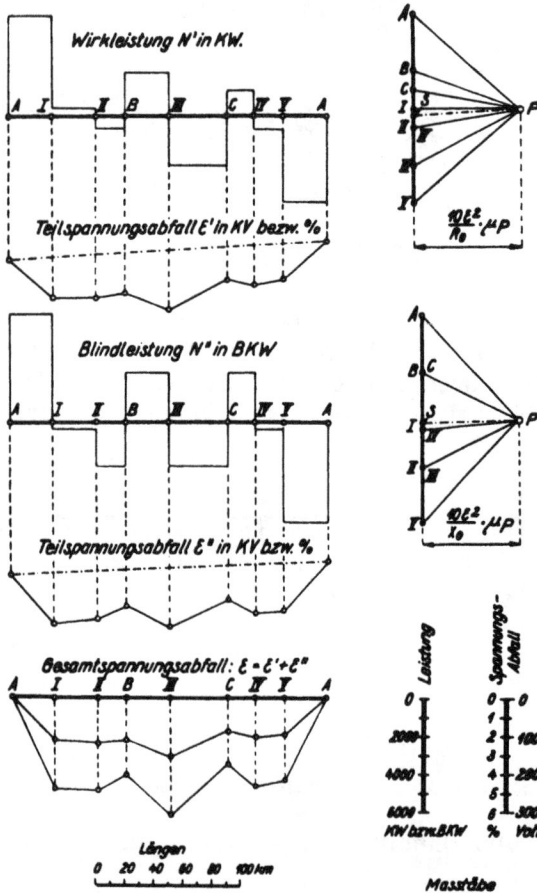

$$\varepsilon' \cdot \mu_\varepsilon = \frac{N' \cdot \mu_N \cdot l \cdot \mu_l}{\left(\dfrac{10\,E^2}{R_0}\right) \cdot \mu_p}.$$

Der Wert $\dfrac{10\,E^2}{R_0}$ bedeutet hierbei, wie aus den geometrischen Beziehungen ersichtlich ist, den Polabstand des Polardiagramms für die Wirkleistungen.

Analog gilt für den von der Blindleistung herrührenden Spannungsabfall

$$\varepsilon'' \cdot \mu_\varepsilon = \frac{N'' \cdot \mu_N \cdot l \cdot \mu_l}{\left(\dfrac{10\,E^2}{X_0}\right) \cdot \mu_p};$$

der Wert $\left(\dfrac{10\,E^2}{X_0}\right)$ ist hierbei wiederum der Polabstand im Polardiagramm für die Blindleistungen.

Der Maßstab μ_ε ergibt sich in beiden Fällen zu:

$$\mu_\varepsilon = \frac{\mu_N \cdot \mu_l}{\mu_p}.$$

Bei dem vorliegenden Beispiel ist gewählt:

$\mu_l = 0,2$ mm/km,

$\mu_N = 0,0025$ mm/kW,

$\mu_p = 0,002$ mm/Poleinheit,

somit ist

$$\mu_\varepsilon = \frac{0,0025 \cdot 0,2}{0,002} = 2,5 \text{ mm}$$

Abb. 115. Graphische Ermittlung der Leistungsverteilung und der Spannungsverluste in einem Ringnetz.

für 1% Spannungsabfall. Da 1% Spannungsabfall im vorliegenden Beispiel 500 Volt bedeutet, so kann auch gesetzt werden: 2,5 mm = 500 Volt oder 1 mm = 200 Volt.

Der Fall der verbesserten Spannungsverteilung kann ohne weiteres aus dem vorhergehenden entwickelt werden, wenn das Diagramm der Blindleistungen durch ein Zusatzdiagramm so verändert wird, daß sich das vorgeschriebene Spannungsbild ergibt.

In Abb. 116 ist das Verfahren veranschaulicht. Hierbei sind die früheren Maßstäbe beibehalten.

Man trägt im Diagramm für die Spannungsabfälle die zu kompensierenden Größen nach oben hin auf. Durch Verbindung der Endpunkte erhält man das Seilpolygon für die Spannungsabfälle der zur Kompensierung erforderlichen zusätzlichen Blindleistungen. Durch Ziehen der entsprechenden Parallelen in einem Zusatz-Poldiagramm findet man dann die Größe und daraus die Verteilung der zusätzlichen Blindleistungen über die einzelnen Leitungsstrecken. Der Polabstand im Zusatzdiagramm muß hierbei ebenso gewählt werden wie im Hauptdiagramm, um die zusätzlichen Blindleistungen im gleichen Maßstab zu erhalten wie die übrigen Blindleistungen. Durch Überlagerung der zusätzlichen Blindleistungen über das ursprüngliche Blindleistungsdiagramm erhält man schließlich die zur Erreichung des gewünschten Spannungszustandes erforderliche Verteilung der Blindleistungen.

Der Vergleich der graphischen Methoden mit den rechnerischen zeigt eine volle Übereinstimmung in den Ergebnissen.

Untersuchung weiterer Belastungszustände. Nachdem durch die vorstehend beschriebenen Ermittlungen die Leistungsverteilung und die Verluste für den Zustand der Maximalbelastung bechnet sind, ist es zur Gewinnung eines klaren Bildes über die Spannungsverhältnisse im Netz nötig, auch andere während einer Betriebsperiode auftretende Belastungszustände zu untersuchen. Hierfür kommt in der Regel der Zustand der Minimal-(Nacht-)belastung sowie ein Störungsfall in Betracht. Zweckmäßig trägt man für jeden dieser Fälle die Leistungen der Kraftwerke und die Belastungen an den Konsumpunkten nebeneinander je in ihrer örtlichen Reihenfolge in einem bestimmten Maßstab auf. Die Darstellung kann etwa wie in Abb. 117 erfolgen, welcher das früher behandelte Beispiel zugrunde liegt. Für den Störungsfall ist hierbei angenommen, daß bei Maximalbelastung die Verbindung $A—V$ unterbrochen sei.

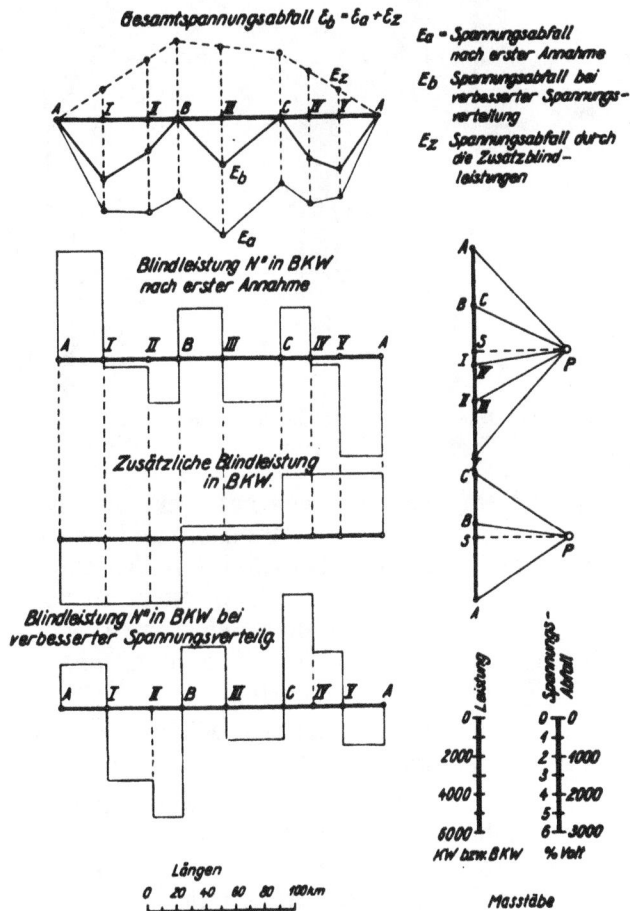

Abb. 116. Graphische Ermittlung der Leistungsverteilung und der Spannungsverluste in einem Ringnetz bei Betrieb mit verbesserter Spannungsverteilung.

Zur Darstellung der Spannungsverteilung bei den verschiedenen Belastungszuständen wird die früher beschriebene Darstellung durch das Seilpolygon gewählt und alle untersuchten Fälle auf einer Basislinie vereinigt. Für das behandelte Beispiel ist der Vorgang nach graphischer Ausmittlung in Abb. 118 dargestellt. Das Diagramm zeigt, daß die Spannungsabfälle und entsprechend die Spannungsschwankungen zwischen Tag und Nacht nur unerheblich sind und keine besonderen

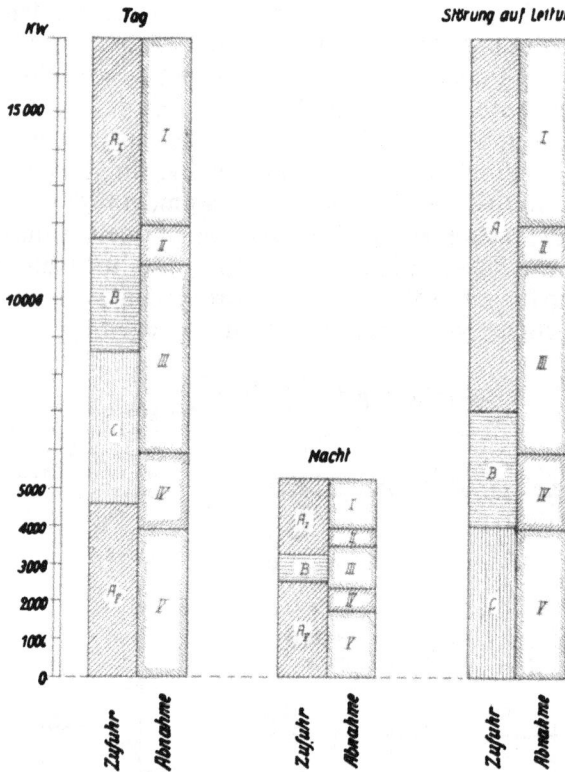

Abb. 117. Schematische Darstellung der Belastungsverteilung und Belastungsdeckung für verschiedene Betriebszustände.

Maßnahmen erforderlich machen. Sehr erheblich wird hingegen der Spannungsverlust in dem untersuchten ungünstigen Störungsfall; ein Betrieb bei Maximalbelastung ist hierbei nicht mehr möglich, es müssen deshalb für derartige Störungsfälle besondere Maßnahmen vorgesehen werden.

Die Wahl stärkerer Netzquerschnitte mit Rücksicht auf die ungünstigsten Störungsfälle dürfte im allgemeinen weder zweckmäßig noch wirtschaftlich sein. Auch ist zu beachten, daß durch stärkere Querschnitte, wenn man nicht von Einfach- auf Doppelleitungen übergeht, stets nur der Ohmsche, aber nicht der induktive Spannungsabfall wesentlich beeinflußt werden kann. Man wird vielmehr in solchen Fällen trachten, eine Entlastung des Übertragungsnetzes herbeizuführen, indem man durch Einsetzen der vorgesehenen Reserven möglichst auf örtliche Deckung des Leistungsbedarfes übergeht.

Hierbei empfiehlt es sich, das Netz an verschiedenen Stellen aufzutrennen und jedes Kraftwerk mit den benachbarten Konsumpunkten als unabhängiges Netzsystem zu betreiben. Man hat dadurch den Vorteil, von jedem Kraftwerk aus die Spannung unabhängig regulieren zu können.

Die Anwendung auf das wiederholt verwendete Beispiel zeigt das Schema Abb. 119.

Die Leistungsverteilung ist eindeutig und braucht daher nicht berechnet zu werden. Die Spannungsverluste ergeben sich durch wiederholte Anwendung der bereits erläuterten graphischen Methode wie in Abb. 120; sie bleiben durchwegs in erträglichen Grenzen.

Wenn ein Leitungsnetz, nach den vorstehend beschriebenen Methoden untersucht, für die verschiedenen Belastungsverhältnisse nötigenfalls unter Heranziehung besonderer Blindleistungsmaschinen brauchbare Spannungsverluste ergibt, kann es für die weitere Projektierung als endgültig angenommen werden.

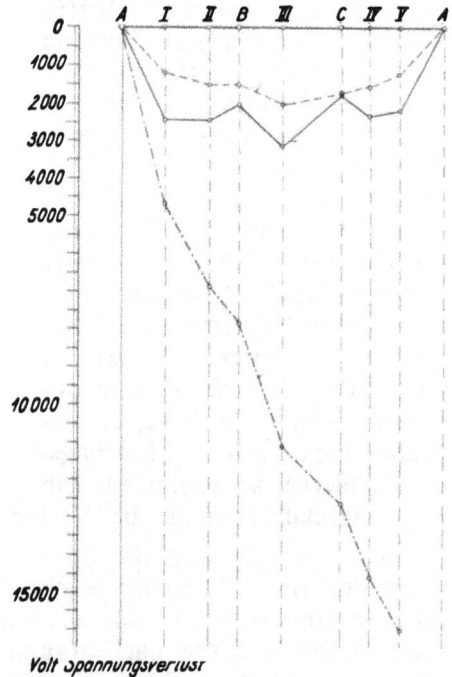

Abb. 118. Diagramm der Spannungsabfälle für verschiedene Betriebszustände.

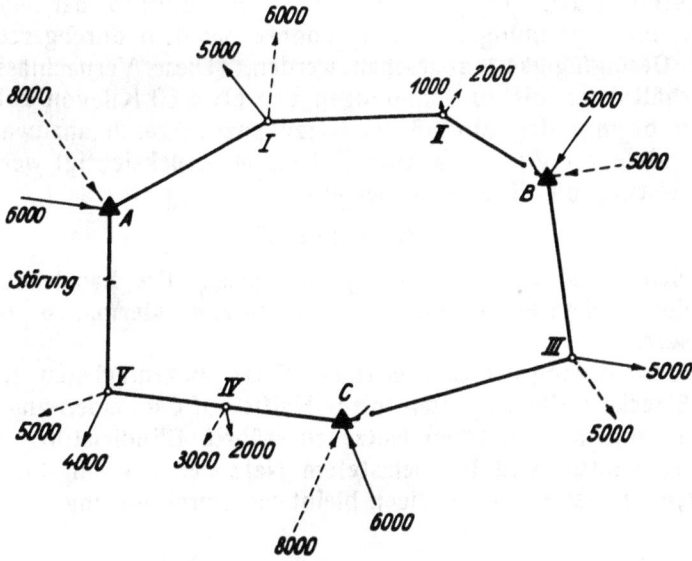

Abb. 119. Schema der Auftrennung eines Ringnetzes bei Störung.

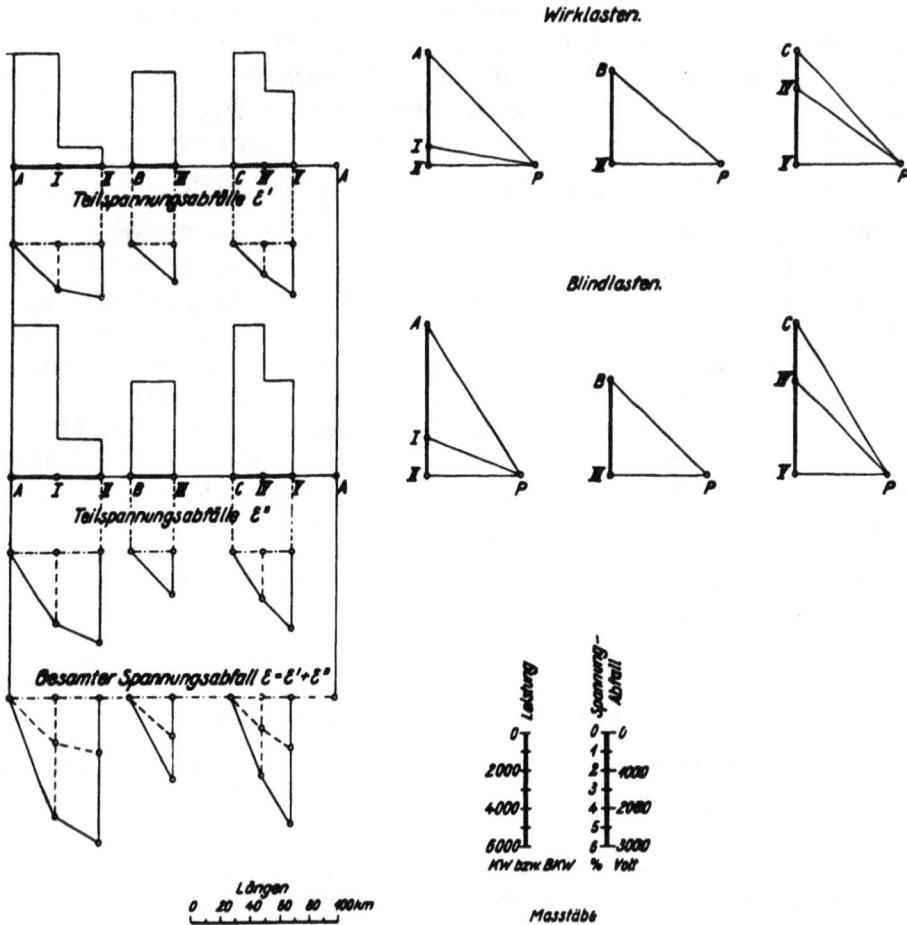

Abb. 120. Graphische Ermittlung der Spannungsabfälle in einem aufgetrennten Ringnetz.

Berücksichtigung der Kapazität. Vom Einfluß der Netzkapazität auf die Leistungs- und Spannungsverteilung konnte bei dem durchgerechneten Beispiel wegen seiner Geringfügigkeit abgesehen werden. Diese Vernachlässigung ist unter normalen Verhältnissen bis zu Spannungen von etwa 60 Kilovolt zulässig. Darüber hinaus jedoch beginnt der Einfluß der Netzkapazität rasch anzuwachsen und muß daher insbesondere zur Zeit schwacher Belastung berücksichtigt werden. Nachdem für die Ladeleistung die Beziehung besteht:

$$N_c = c \cdot l \cdot E^2,$$

wird N_c mit dem Quadrat der Spannung anwachsen. Die Ladeleistung wird also in einem 100-Kilovolt-Netz bei gleicher Ausdehnung etwa viermal so groß wie in einem 50-Kilovolt-Netz.

Die Berücksichtigung der Ladeleistung erfolgt am einfachsten in der Weise, daß der auf jede Strecke treffende Anteil je zur Hälfte auf die beiden angrenzenden Netzpunkte verteilt und als eine dem Netze zugeführte Blindleistung betrachtet wird. Durch diese Korrektur wird bei belastetem Netz der Leistungsfaktor an den einzelnen Punkten verbessert. Im übrigen bleibt die Durchführung der Netzberechnung die gleiche.

Ausgleichvorgänge. Schließlich soll noch auf Ausgleichvorgänge eingegangen werden, die infolge der endlichen Ausbreitungsgeschwindigkeit des elektrischen Stromes auftreten. Bekanntlich breitet sich der elektrische Zustand in Freileitungen nahezu mit Lichtgeschwindigkeit, d. i. mit rd. 300000 km je Sekunde aus. Treffen nun auf eine Sekunde 50 Perioden, wie dies bei Landesversorgungen meist der Fall ist, so legt der Strom im Zeitraum einer Periode einen Weg von 6000 km zurück. Da nun eine Periode 360 Winkelgrade umfaßt, so entsprechen einem Winkelgrad $\frac{6000}{360} = 16\frac{2}{3}$ km. Zwei Punkte, deren Entfernung vom Speisepunkt um $16\frac{2}{3}$ km verschieden ist, weisen somit in der gleichen Phase einen Spannungsunterschied auf, der 1^0 Phasenunterschied entspricht. Dieser Unterschied ist seiner Natur nach vom Belastungszustand und von den Konstanten der Leitung unabhängig.

Praktisch von Bedeutung ist diese Erscheinung bei ausgedehnten Ringnetzen, die abwechselnd offen und geschlossen betrieben werden. Findet an einem Punkte des Ringes in der Nähe eines Hauptkraftwerkes ein Zusammenschluß statt, so ist infolge des großen Wegunterschiedes in beiden Richtungen eine erhebliche Spannungsdifferenz zwischen gleichen Phasen und somit auch ein Ausgleichstrom zu erwarten. Beispielsweise beträgt beim Bayernwerk dieser Wegunterschied bis zu 300 km, was nach obiger Formel einen Phasenunterschied von ca. 18⁰ bedingt. Indessen wird dieser Phasenunterschied durch Reflexerscheinungen vermindert. Von diesen Erscheinungen wurden ursprünglich für ausgedehnte Ringnetze befürchtet daß durch sie ein geordneter Betrieb unmöglich gemacht würde. Tatsächlich sind, jedoch in praktischen Fällen bisher noch keine Schwierigkeiten in dieser Richtung aufgetreten.

4. Spannungsregelung in Landesnetzen.

Von großer Wichtigkeit für den Betrieb und die Leistungsfähigkeit eines Landesnetzes ist eine ausreichende Spannungsregelung. Der Endzweck derselben besteht darin,

    a) an allen Abnahmepunkten des Landesnetzes, gleichgültig, ob sie mehr oder weniger weit von den Kraftwerken entfernt liegen, zumindest an den Unterspannungssammelschienen, also den Speisepunkten der Kreisnetze, die gewünschte Normalspannung zu erzielen;

b) bei den verschiedenen Belastungsverhältnissen die Schwankungen dieser Normalspannung in den für den Betrieb der Kreisnetze zulässigen Grenzen zu halten.

Um an allen Abnahmestellen die gewünschte Normalspannung zu erhalten, pflegt man mittels der bereits beschriebenen Änderung der Blindleistungsverteilung die mit wirtschaftlichen Mitteln erzielbare Gleichmäßigkeit der Spannung herbeizuführen.

Für die Verteilung der Blindströme können vorhandene Maschinensätze, die nach dem Zusammenschluß normalerweise für Krafterzeugungszwecke nicht mehr in Frage kommen, als übererregte Synchronmotore betrieben werden. Damit wird die gleiche Wirkung erzielt wie mit besonderen Blindstrommaschinen. Voraussetzung ist hierbei, daß die betreffenden Maschinen im Eisen reichlich bemessen sind, keine zu hohen Leerlaufverluste aufweisen und daß sie in Kraftwerken stehen, die für die Abgabe von Wirkleistung ohnehin betrieben werden müssen. Gegenüber derartigen Maschinen haben besondere Blindstrommaschinen den Vorteil, daß sie für die Erzeugung wattlosen Stromes speziell eingerichtet und dimensioniert sind und daß sie jederzeit zur Verfügung stehen.

Die Regelung mittels Blindstrommaschinen muß als zweckmäßig und wirtschaftlich bezeichnet werden, weil bei der hohen Induktivität der Landesnetze schon mit wenigen Einheiten von mäßiger Leistung eine sehr weitgehende Spannungsregelung erzielt werden kann.

Soweit für einzelne von den Kraftwerken besonders entfernt gelegene Abnahmepunkte das Mittel der Blindleistungsverschiebung nicht mehr ausreicht, kann man das Übersetzungsverhältnis der dort aufgestellten Transformatoren kleiner wählen als in den übrigen Stationen des Netzes. Ein Nachteil dieser Methode besteht darin, daß die Transformatoren der verschiedenen Abnahmestellen nicht mehr ohne weiteres ausgetauscht werden können; er muß jedoch in Kauf genommen werden, wenn es sich um sehr ausgedehnte Netze handelt.

Um die Spannungsschwankungen in den für den Betrieb der Kreisnetze zulässigen Grenzen zu halten, kann man zunächst, ebenso wie in einem Ortsnetz, die Spannung der Kraftwerke in den Zeiten hoher Belastung, z. B. in den Abendstunden der Wintermonate, höher halten als in den Zeiten geringer Belastung, z. B. im Sommer und in den Nachtstunden. Es wird hierbei gewissermaßen das Spannungsniveau des gesamten Landesnetzes sowie aller angeschlossenen Kreisnetze gehoben und gesenkt.

Durch richtigen Einsatz der Blindleistungsmaschinen in Verbindung mit dem Heben und Senken der Spannung in den Kraftwerken wird es im allgemeinen möglich sein, die richtige Spannung an den Speisepunkten aller Kreisnetze zu erzielen, wenn die Zeiten hoher und geringer Belastung für alle Abnehmer die gleichen sind. Fallen einzelne Speisepunkte bezüglich des zeitlichen Belastungsverlaufes aus dem allgemeinen Rahmen beträchtlich heraus, so muß für jeden dieser Punkte eine besondere Regulierung vorgenommen werden.

Soweit diese Sonderregelung nur in großen Zeitperioden erforderlich ist, genügt es, die an den Haupttransformatoren vorhandenen Anzapfungen, die in der Regel eine Veränderung der Spannung um ±4% ermöglichen, zu benutzen. Dieselbe Maßnahme ist anzuwenden, wenn durch eine zwischen Sommer und Winter wesentlich verschiedene Disposition der Krafterzeugung für einzelne äußere Abnahmepunkte des Netzes sich ungünstige Spannungsverhältnisse ergeben.

Das notwendige Umschalten der Anzapfungen kann nur während einer Betriebspause erfolgen, wenn in der Station nur ein Transformator vorhanden ist; sind mehrere

16*

Transformatoren vorgesehen, so hat man die Möglichkeit, z. B. in Stunden schwacher Belastung, nacheinander je einen Transformator auszuschalten und umzuklemmen.

Liegt die Notwendigkeit einer Regelung unregelmäßiger Schwankungen in rascher Folge vor, so müssen Einrichtungen vorgesehen werden, bei denen die Regelung unter Last vorgenommen werden kann. Theoretisch wäre es denkbar, die Transformatoren mit einer großen Zahl von Anzapfungen z. B. innerhalb eines Bereiches von ± 10% der mittleren Spannung zu versehen und diese mit geeigneten Schaltapparaten zu bedienen.

Die Durchführung dieses Gedankens scheitert bei höheren Unterspannungen und Leistungen, wie sie für Kreiswerke in Frage kommen, an der Notwendigkeit, sehr viele Kontaktstellen bei hoher Spannung und großen Strömen zu schalten. Man greift daher zu dem Mittel, in der Leitung selbst eine veränderliche Zusatzspannung zu erzeugen. Zu diesem Zweck führt man die Leitung durch die Oberspannungswicklung eines besonderen Zusatz- oder Reguliertransformators, in welchem durch eine in Stufen regelbare zweite Wicklung der Leitung eine veränderliche Zusatzspannung aufgedrückt werden kann. Auch diese an sich einfache Methode bietet je nach Umständen konstruktiv erhebliche Schwierigkeiten, weshalb diese Regelsätze große Dimensionen annehmen und teuer werden. Die Regulierung erfolgt beim Zusatztransformator sprungweise, es können deshalb während der Schaltung unerwünschte Spannungsschwankungen ins Netz kommen.

Um den Nachteil der sprungweisen Regulierung zu beseitigen, hat man die Drehtransformatoren entwickelt, bei welchen die Zusatzspannung nicht durch sprunghafte Veränderung der Windungszahl, sondern durch Verdrehung der zu beeinflussenden Spulen in einem Drehfeld stetig geändert werden kann. Diese Art der Regelung ist zwar vollkommener, doch wird die erforderliche Apparatur noch wesentlich umfangreicher und teurer als bei dem vorstehend geschilderten Verfahren.

Nach den vorstehenden Erläuterungen ist zu regulieren:

Der allgemeine Spannungsabfall zu Zeiten niedriger und hoher Belastung im ganzen Landesnetz durch Heben und Senken der Kraftwerkspannung;

die Gleichheit der Normalspannung an den verschiedenen Abnahmestellen durch entsprechende Dimensionierung der Leitungen und angemessene Verteilung von Blindleistungen, nötigenfalls durch Transformatoren mit verschiedenem Übersetzungsverhältnis;

die Ausregulierung von individuellen Spannungsschwankungen an den einzelnen Speisepunkten, soweit sie in größeren Zeitperioden auftreten, durch Umklemmen der Transformatoren auf die entsprechenden Anzapfungen, soweit sie in kurzen Zeitabständen vor sich gehen, durch Reguliertransformatoren mit sprungweiser oder stetiger Spannungsänderung.

Abschnitt VII.

Einzelheiten der Landesnetze.

A. Leitungsanlagen.

Bezüglich der Einzelheiten der Leitungsanlagen sind die eigentlichen Leiter im Hinblick auf ihre Eigenschaften bereits besprochen. Es sind noch einige kurze Erläuterungen über die Maste, die Isolatoren und deren Zubehör erforderlich.

1. Maste.

Die Maste zerfallen hinsichtlich ihres Herstellungsmaterials in drei Gruppen:

1. Eisenmaste,
2. Eisenbetonmaste,
3. Holzmaste.

Für die Wahl des Mastenmaterials sind zunächst wie bei Mittelspannungsleitungen die Bedeutung der einzelnen Leitungsstrecken, Gelände und Bodenbeschaffenheit sowie klimatische Verhältnisse bestimmend. Bei Höchstspannungsleitungen kommt als weiterer wichtiger Gesichtspunkt die Spannweite hinzu. Letztere muß mit Rücksicht auf die Verminderung der Störungen so groß als wirtschaftlich möglich gehalten werden, weil durch große Spannweiten die Zahl der Stützpunkte und der damit verknüpften Störungsmöglichkeiten geringer wird.

Großer Mastabstand bedingt naturgemäß hohe Maste, da der Durchhang der Leitungen mit zunehmender Spannweite stark anwächst. Maßgebend für die erforderliche Höhe der Maste ist die Vorschrift, daß bei tiefstem Durchhang der Leitungen der Abstand vom Erdboden noch mindestens 6 m bzw. 7 m bei Überkreuzung von Wegen betragen muß. Da die Durchhänge unter Zugrundelegung der zulässigen Spannungen bei Kupfer und Aluminium verschieden ausfallen, ergeben sich auch je nach dem Leitungsmaterial bei gleicher Spannweite verschiedene Masthöhen.

Diese grundlegenden Gesichtspunkte, nämlich großer Mastabstand und damit hohe Maste, lassen Eisen als besonders geeignetes Konstruktionsmaterial für Höchstspannungsleitungen erscheinen. Für Spannweiten über 150 m sowie für Maste mit erhöhter mechanischer Beanspruchung, wie Abspannmaste, Kreuzungsmaste u. dgl. kommt fast ausschließlich Eisen in Frage.

In den letzten Jahren ist die Verwendung von Eisenbetonmasten auch bei Höchstspannungsanlagen vielfach vorgeschlagen worden. Die Verfahren zur Herstellung derartiger Maste gliedern sich in der Hauptsache in zwei Gruppen, nämlich Schleuderverfahren und Formverfahren.

Beim Schleuderverfahren wird der besonders vorbereitete flüssige Beton in einer Schleuderformmaschine durch Zentrifugalkraft um ein Metallgerippe herumgepreßt. Dieses Metallgerippe besteht in der Regel aus starken, gewalzten Stahl- oder Eisenstäben, die durch Spiralwicklungen aus Eisendraht oder besondere Armaturen gehalten werden. Beim Formverfahren erfolgt die Herstellung des Mastes durch Einstampfen des Betons um das Eisengerippe in besonderen Formen oder Formmaschinen. Dieses Verfahren kann wegen seiner Einfachheit unter Umständen auch an der Verwendungsstelle vorgenommen werden. Damit werden die bei Betonmasten wegen des hohen Gewichtes sehr erheblichen Versand- und Transportkosten herabgemindert.

Nach beiden Verfahren werden jetzt Betonmaste auch für große Längen und hohe Spitzenzüge hergestellt. Ein abschließendes Urteil über die Zweckmäßigkeit und Haltbarkeit dieser Betonmaste kann erst gefällt werden, wenn längere Betriebserfahrungen vorliegen.

Die Verwendung von Holzmasten für Höchstspannungsanlagen hat sich bis jetzt bei uns noch nicht eingebürgert. Lediglich in einzelnen Fällen, für Spannungen bis 50000 Volt und Leitungen mit geringem Querschnitt, sind hölzerne A-Maste als Tragmaste verwendet worden. An sich besteht die Möglichkeit, durch Verwendung von Holz-Gitterkonstruktionen auch Maste für Spitzenzüge bis zu 3000 kg herzustellen. Wie weit sich derartige Konstruktionen einführen, hängt in erster Linie von der Entwicklung des Preisverhältnisses zwischen Holz und Eisen ab.

Hinsichtlich der Art der Beanspruchung zerfallen die Maste in vier Gruppen:

Tragmaste,
Winkelmaste,
Abspannmaste,
Endmaste und Kreuzungsmaste.

Unter Tragmasten versteht man solche Maste, welche lediglich als Stützpunkte dienen und betriebsmäßig keinen Leitungszug aufzunehmen haben. Derartige Maste werden normalerweise nur durch den Winddruck beansprucht, welcher senkrecht zur Leitungsrichtung auf Maste und Leitungen sowie in der Leitungsrichtung auf Maste und Kopfausrüstung einwirkt.

Winkelmaste unterscheiden sich von den Tragmasten dadurch, daß sie außer dem Winddruck auf Leitungen und Mast auch noch eine von den gespannten Leitungen herrührende, stets vorhandene Zugkraft aufzunehmen haben. Die Größe dieser Zugkraft ergibt sich als Resultierende aus den Leitungszügen der an den Mast anschließenden Leitungsfelder.

Bei Abspannmasten muß unterschieden werden zwischen solchen in gerader Linie und solchen in Winkelpunkten. Abspannmaste in gerader Linie sind dazu bestimmt, den Leitungen für den Fall von Leitungsbrüchen in regelmäßigen Abständen einen festen Halt zu geben, nachdem die Tragmaste für solche Fälle nicht berechnet sind. Sie können als verstärkte Tragmaste angesehen werden, welche außer der Windbelastung nach den Normalien noch zwei Drittel des einseitigen Leitungszuges aufzunehmen vermögen. Abspannmaste in Winkelpunkten unterscheiden sich von den gewöhnlichen Winkelmasten lediglich dadurch, daß sie sowohl die Resultierenden der beiderseitigen Leitungszüge und den Winddruck als auch zwei Drittel des einseitigen Leitungszuges aufzunehmen imstande sind. Diese Bedingung ist bei Winkelmasten mit starkem Richtungswechsel meist von vornherein erfüllt.

Endmaste und Kreuzungsmaste müssen imstande sein, den gesamten einseitigen Leitungszug und außerdem den senkrecht zur Leitung wirkenden Winddruck aufzunehmen.

Als Sonderfälle wären hier noch Abspanngerüste sowie Fluß- und Tal-Kreuzungsmaste zu erwähnen. Abspanngerüste kommen hauptsächlich da in Frage, wo wegen Anhäufung von Leitungen die Verwendung einzelner Abspann- oder Endmaste unwirtschaftlich wäre, wie z. B. bei Kraftwerken und großen Transformatorstationen. Derartige Abspanngerüste nehmen mitunter sehr imposante Formen an (Abb. 121). Maste für Tal- und Flußkreuzungen müssen infolge der großen zu überwindenden Spannweiten meist zu regelrechten Gittertürmen ausgebildet werden. Da bei der Höhe dieser Maste Flußeisen als Konstruktionsmaterial zu große Gewichte ergibt, kommt Stahl zur Verwendung.

Was das Mastbild (Abb. 122) anbelangt, so kann für Einfachleitungen die bei Mittelspannungsleitungen übliche Dreiecksanordnung beibehalten werden. Bei Doppelleitungen spricht man, je nachdem die Länge der Traversen von oben nach unten oder von unten nach oben zunimmt, von Tannenbaum- oder Laubbaumtypen. Zur letzteren

Abb. 121. Abspanngerüst am Walchenseewerk.

Gruppe kann auch diejenige Anordnung gerechnet werden, bei welcher die mittlere Traverse die größte Länge erhält.

Wenn auch die Verwendung verschieden langer Traversen einen gewissen Schutz gegen Berührung verschiedener Phasen gewährt, so hat sich doch im praktischen Betrieb gezeigt, daß eine absolute Sicherheit hierdurch nicht erreicht werden kann. Bei Rauhreif ist es möglich, daß eine tieferliegende Leitung bei plötzlichem Abfallen der Rauhreiflast emporschnellt und mit der darüberliegenden Leitung in Berührung kommt; insbesondere können die leichten Aluminiumleitungen von derartigen Schäden betroffen werden. Um diesen Übelstand zu vermeiden, geht man bei wichtigen Leitungssträngen mitunter zu Mehrfachmasten über, bei welchen die Leitungen in weiten Abständen nebeneinander angeordnet werden; eine gegenseitige Berührung ist hierbei ziemlich ausgeschlossen. Die Konstruktion hat den Nachteil, daß für jeden Stützpunkt mehrere Maste und damit auch mehrere Fundamente erforderlich werden, anderseits wird die Konstruktion wesentlich niedriger und leichter als bei Masten mit übereinanderliegenden Traversen. Derartige Mastanordnungen, die auch in Eisenbeton ausgeführt werden, sind in Abb. 123 schematisch dargestellt.

Bei Leitungen für 200000 Volt und darüber werden einfache Maste mit übereinanderliegenden Stützpunkten wegen der erforderlichen großen Leiterabstände und langen Isolatorenketten verhältnismäßig schwer. Deshalb sind z. B. bei den 200000-Volt-Linien der staatlichen Kraftwerke Schwedens, ferner in Amerika Mastgerüste ähnlich den in Abb. 123 dargestellten verwendet. Die gegen diese Anordnung geltend gemachten Bedenken wegen Abweichungen in den Spannungsabfällen der einzelnen Phasen durch verschiedene Induktivität sind nicht stichhaltig, weil die Ungleichmäßigkeit durch entsprechende Verdrillung der Leiter wirkungslos gemacht werden kann.

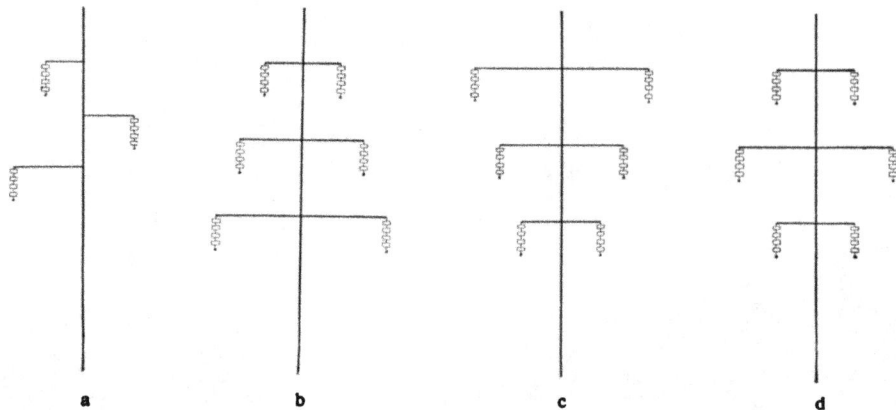

Abb. 122. Mastbilder für Hochspannungsleitungen.
a) Einfachleitung. b) Tannenbaumtyp, c) und d) Laubbaumtyp.

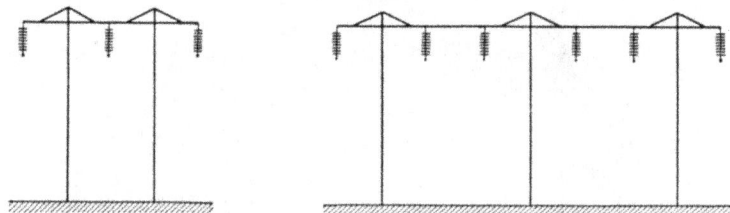

Abb. 123. Mehrfachmastanordnungen für Höchstspannungsleitungen.

Für die Mastberechnung sollen hier nur die Grundlagen kurz erläutert werden, während bezüglich der Einzelheiten auf die entsprechenden Vorschriften des Verbandes Deutscher Elektrotechniker sowie auf die einschlägige Spezialliteratur verwiesen wird.

Die Tragmaste sind nach den in Deutschland gültigen Normen zunächst auf Winddruck zu berechnen. Dieser ist mit 125 kg/qm senkrecht getroffene Fläche ohne Eisbehang anzusetzen und für unsere Verhältnisse ausreichend. Dagegen scheint die weitere Vorschrift der Normen, die Kräfte in der Leitungsrichtung mit einem Viertel des senkrecht hierzu wirkenden Winddruckes einzusetzen, bei fester Aufhängung der Leitungen im allgemeinen nicht voll ausreichend. Es ist vorgekommen, daß bei Leitungsbruch infolge einseitiger Kraftwirkung alle Tragmaste bis zum nächsten Abspannmast umgelegt wurden. Um diesem Nachteil zu begegnen wurde die das Leitungsseil tragende Hängeklemme meist so ausgebildet, daß bei einem infolge Leitungsbruch einseitig auftretenden Zug das Seil durchgleiten konnte und so eine übermäßige Mastbeanspruchung vermieden wurde. Dieser Zweck wurde jedoch nicht immer mit Sicherheit erreicht, man hat deshalb neuerdings angeregt, die Seile an den

Tragmasten über Rollen zu führen oder drehbare Mastausleger oder andere nachgiebige Konstruktionen zu verwenden. Alle diese Ausführungen bringen jedoch eine gewisse Komplizierung mit sich, sie verteuern die Leitung und es ist daher von Fall zu Fall zu prüfen, ob für besondere Verhältnisse nicht normale Tragmastkonstruktionen in verstärkter Ausführung zu verwenden wären.

Bei Winkel- und Abspannmasten kommt zur Beanspruchung durch den Winddruck noch eine von den maximalen Leitungszügen abhängige Größe hinzu. Da der maximale Leitungszug bei Zusatzlast aufzutreten pflegt, müssen die klimatischen Verhältnisse von Fall zu Fall berücksichtigt werden. Die von den VDE-Normen zur Berechnung vorgeschriebene Zusatzlast hat sich in manchen Fällen, insbesondere bei Rauhreif, als nicht ausreichend erwiesen. Im Winter 1924/25 sind beispielsweise an

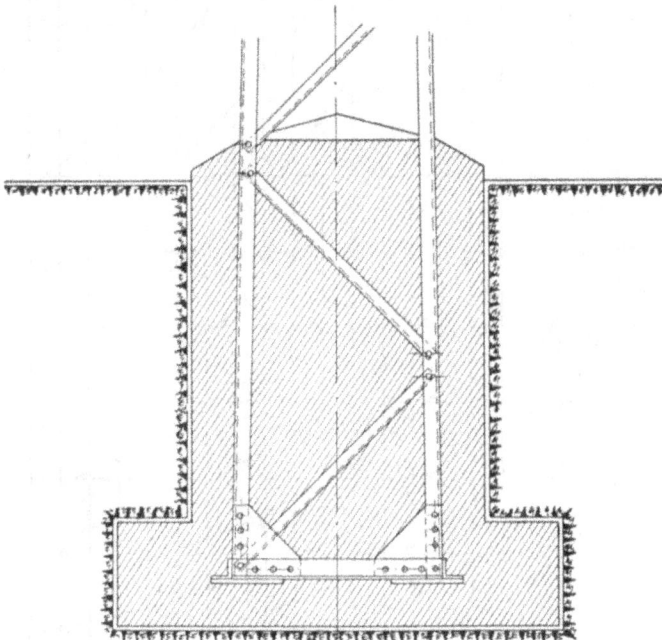

Abb. 124. Betongründung für Leitungsmaste.

manchen Stellen der Bayernwerksleitung, und zwar auch außerhalb der ausgesprochenen Rauhreifgebiete, Rauhreifbildungen bis zu einer Stärke von 15 cm Durchmesser beobachtet worden. Derartige Belastungen können in einzelnen Fällen zu Leitungsbruch und Mastbeschädigung führen. Insbesondere ist bei großen Querschnitten Vorsicht geboten, da große Leiterdurchmesser den Rauhreifansatz sehr zu begünstigen scheinen.

Die derzeit üblichen Sicherheitsgrade bei Mastkonstruktionen sind als knapp zu bezeichnen. Insbesondere ist die gegen Knicken übliche nur zweifache Sicherheit mit Rücksicht auf die veränderlichen Eigenschaften des Materials niedrig. Eine allzu weitgehende Sparsamkeit bei Durchbildung von Mastkonstruktionen ist nicht zu empfehlen, da schon eine einzige durch Mastbruch verursachte größere Störung die Sicherheit der Stromübertragung, die für die Abnehmer fast noch mehr als die Stromkosten von Bedeutung ist, in Mißkredit bringen kann.

Neben der Festigkeit der Konstruktion ist die Standfestigkeit des Mastes von Bedeutung. Für Eisenmaste kommen Betongründung und Schwellengründung in Betracht.

Betongründungen werden in der Regel mit quadratischem Querschnitt, einfach oder mehrfach abgestuft, ausgebildet (s. Abb. 124). Meist kommt ein Fundament zur Anwendung, welches den ganzen Mastfuß umschließt. Bei großen Spezialmasten, Gittertürmen u. dgl., welche am Fußende große Spreizung besitzen, wird zur Vermeidung unnötigen Materialaufwandes das Fundament in einzelne Teilfundamente aufgelöst. Als Material für Betonfundamente ist bester Zement, reiner

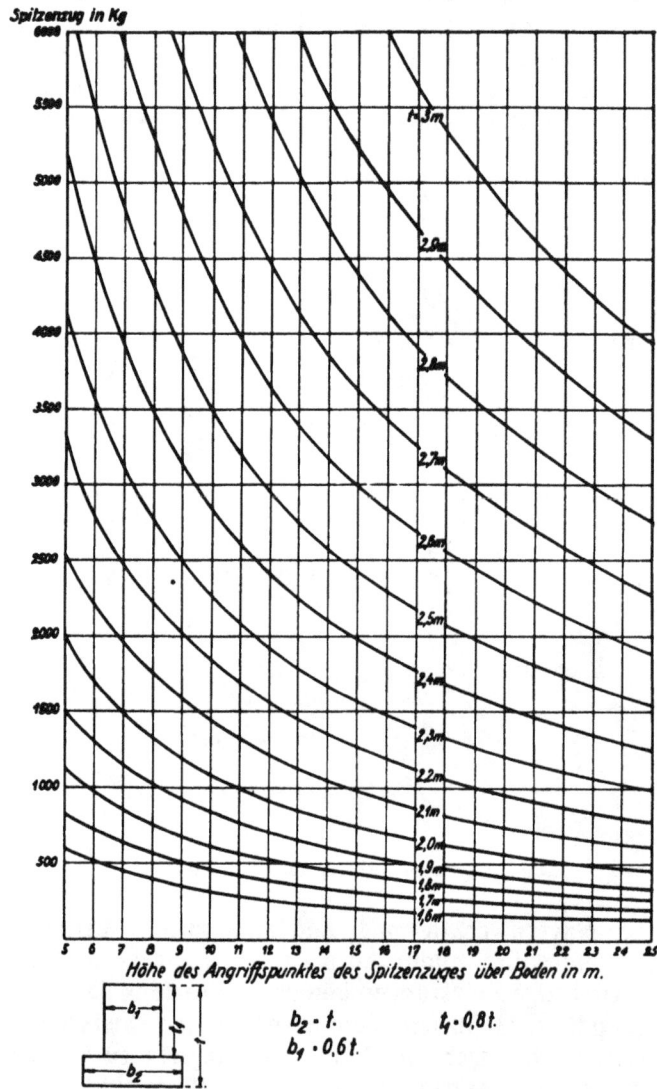

Abb. 125. Tafel zur Bestimmung der Eingrabetiefe stufenförmiger Fundamente nach Fröhlich.

Sand und reiner Kies zu verwenden. Auf einen Raumteil Zement sollen höchstens vier Raumteile Sand und acht Raumteile Kies genommen werden. Bei Verwendung in Moorboden müssen die Fundamente einen zuverlässigen Schutz gegen die Einwirkung aggressiver Säuren erhalten.

Für die Berechnung der Fundamentabmessungen sind verschiedene Methoden vorgeschlagen worden. Am zuverlässigsten erscheint die Methode von Fröhlich, welche auch in den Normen empfohlen wird. Wählt man für die Abmessungen der

Fundamente ein- für allemal bestimmte Verhältnisse und drückt dieselben als Bruch-
teile der Eingrabetiefe aus, so können einfache Stufenfundamente rasch nach der
Kurventafel (Abb. 125) ermittelt werden.

Da die Betonfundamente verhältnismäßig teuer werden und den Bau der Leitungen sehr aufhalten, ist man in neuerer Zeit vielfach zu sogenannten Schwellenfundamenten (Abb. 126) übergegangen. Bei diesen wird der Mastfuß in der Richtung
seiner Hauptbeanspruchung mit Quereisen versehen, deren Enden mit kräftigen
geteerten Eichenbohlen verschraubt werden. Im Gegensatz zu den Betonfundamenten
gestaltet sich hier die Berechnung durch einfache Anwendung des Hebelprinzips verhältnismäßig einfach. Schwellenfundamente sind nicht nur billiger und schneller

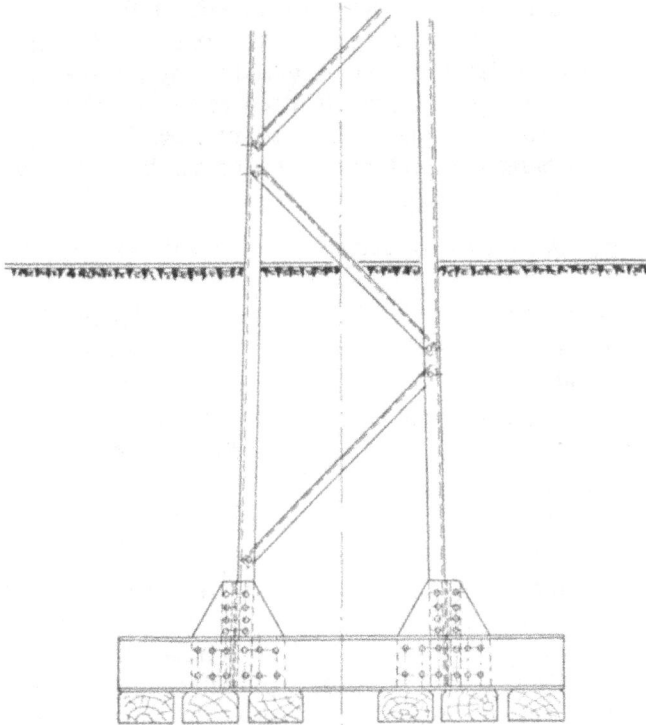

Abb. 126. Mastfuß mit Schwellenfundament.

anzubringen als Betonfundamente, sondern sie können auch sehr rasch ersetzt
werden. Die bisherigen Erfahrungen mit Schwellenfundamenten scheinen befrie-
digend, insbesondere haben sie sich für Tragmaste bei Weitspannleitungen als geeignet erwiesen.

Ein Gesichtspunkt, auf welchen bei Ausführung der Maste größte Rücksicht
genommen werden muß, ist die Dauerhaftigkeit. Insbesondere müssen Eisenmaste, die der Gefahr des Verrostens ausgesetzt sind, zuverlässig gegen atmosphärische Angriffe geschützt werden. Bei luftberührten Konstruktionsteilen genügt ein
rostschützender Grundanstrich und ein gut abschließender Deckanstrich, welcher
in bestimmten Zeitabständen zu erneuern ist. Wo Eisenteile zusammengenietet oder
verschraubt sind, müssen die Berührungsflächen fest aneinander gepreßt sein, um
den Eintritt von Feuchtigkeit zu verhindern. Bei Masten mit Schwellenfundierung
bedürfen die in Erde liegenden Konstruktionsteile eines besonders zuverlässigen Rost-
schutzes.

Um hohe Maste ohne Inanspruchnahme besonderer Mittel transportieren und an Ort und Stelle leicht montieren zu können, werden sie in der Werkstätte nicht als Ganzes, sondern in zwei oder mehreren Abschnitten, sogenannten Mastschüssen, hergestellt. Die Traversen werden erst an Ort und Stelle angebracht. Die einzelnen Teile müssen von der Werkstatt so gearbeitet sein, daß ein Vertauschen von gleichen Teilen, insbesondere von Traversen, ohne Nacharbeit an Ort und Stelle möglich und zulässig ist.

2. Isolatoren und Armaturen.

a) **Isolatoren.** Der empfindlichste Teil einer Hochspannungsanlage, von dem die Betriebssicherheit im höchsten Maße abhängt, sind die Isolatoren. Sind diese unzweckmäßig oder unzureichend ausgebildet, stellt jeder Stützpunkt eine Störungsquelle dar. Bei Höchstspannungen findet, wie in Abschnitt VI ausgeführt, selbst bei hochwertigen Isolatoren eine dauernde Energieableitung statt, welche unter ungünstigen atmosphärischen Verhältnissen recht erhebliche Werte annehmen kann. Von diesem Gesichtspunkt ausgehend, ist man bei Höchstspannungsleitungen bestrebt, nur die zuverlässigsten und besten Typen zu benutzen, welche eine hohe elektrische und mechanische Festigkeit gewährleisten.

Hinsichtlich ihrer Anordnung zerfallen die Isolatoren in Stützisolatoren und Hängeisolatoren.

Stützisolatoren sind den Hängeisolatoren hinsichtlich ihrer mechanischen und elektrischen Festigkeit unterlegen, es sollten deshalb für Spannungen von 35000 Volt aufwärts nur mehr Hängeisolatoren zur Verwendung kommen.

Die Hängeisolatoren werden bezüglich ihrer Form und ihrer Art des Zusammenbaues zu Ketten hauptsächlich in zwei Typen ausgebildet:

a) als Hewlett-Isolatoren und
b) als Kappen-Isolatoren.

Die ersteren sind nach dem Amerikaner Hewlett benannt, der als erster solche Isolatoren zur Anwendung brachte. Ihr typisches Kennzeichen ist, daß sie keinerlei gekittete Teile besitzen. Die einzelnen Isolatoren werden durch Seilschleifen verbunden, welche durch entsprechend gekrümmte Kanäle gezogen werden. Aus der ursprünglichen Form heraus sind verschiedene Ausführungsarten entstanden, welche nur wenig voneinander abweichen. Schwierigkeiten in der Herstellung sowie in der Art der Verbindung der Hewlett-Isolatoren führten zur Weiterentwicklung der Kappen-Type.

Die Isolatoren der Kappen-Type besitzen einen einfach geformten und daher zuverlässig herstellbaren Porzellankörper; sein oberer Teil ist von einer Metallkappe umschlossen, welche meist angekittet wird. Die Verbindung eines Isolators mit dem nächsten wird durch einen Klöppel hergestellt. Da die ursprüngliche Ausführungsform dieser Isolatoren wegen der Innenkittung des Klöppels, die nach einigen Jahren zum Defekt der Isolatoren führte, sich nicht bewährt hat, wurden neue Formen ausgebildet, bei denen die Innenkittung vermieden ist. Beispiele hierfür sind der Kugelkopfisolator, bei welchem der Klöppel in eine Porzellankugel endigt, die lose auf dem Rand des kugelförmig erweiterten Innenraumes des Isolators aufliegt; der V-Isolator, bei welchem der Klöppel im Innern des Isolators durch V-förmig gespreizte Kupferstücke gehalten wird; der Motorisolator, bei welchem auch der Verbindungsklöppel mittels einer Kappe durch Außenkittung befestigt und der Porzellankörper ohne Hohlraum ausgebildet ist.

Der Kappen-Isolator weist sowohl hinsichtlich der Durchschlagfestigkeit als auch der Überschlagspannung günstigere Werte auf als der Hewlett-Isolator, auch seine mechanische Festigkeit ist größer als bei der Hewlett-Form. Der Kappen-Isolator wird deshalb heute vorzugsweise verwandt; zahlreiche Landesnetze, darunter auch das Bayernwerk, haben einen Teil ihrer Leitungsstrecken mit Kugelkopf-Isolatoren und anderen verbesserten Kappen-Isolatoren ausgestattet.

Was die Größe der Hängeisolatoren betrifft, so werden bis zu Spannungen von 150000 Volt gleichartige Isolatoren verwendet. Je nach der Höhe der Spannung und dem gewünschten Sicherheitsgrad variiert lediglich die Anzahl der Glieder einer Kette. Die einzelnen Glieder besitzen in der Regel einen Durchmesser von 25 bis 30 cm und eine Überschlagsspannung von 30000 bis 40000 Volt bei 3 mm Regen. Auch für die höheren Spannungen wäre an sich noch die Verwendung der gleichen Isolatorengrößen möglich. Doch würde die erforderliche Anzahl von Gliedern (12 und mehr) bereits sehr lange Ketten ergeben. Um annähernd mit der gleichen Kettenlänge auszukommen wie bei 100000 Volt, sind für derartig hohe Spannungen zweckmäßig Glieder mit größerem Durchmesser und einer höheren Überschlagsspannung von 50000 bis 60000 Volt vorzusehen. Auch in mechanischer Hinsicht müssen Isolatoren für derartig hohe Spannungen sehr kräftig ausgebildet werden, da mit Rücksicht auf die Glimmverluste nur Leiter mit großen Querschnitten zur Verwendung kommen.

Die elektrische Festigkeit wird indessen bei Verwendung gleicher Isolatoren bei den einzelnen Gliedern einer Kette sehr verschieden ausgenutzt. So ist beispielsweise bei einer sechsgliedrigen Hängekette von Hewlett-Isolatoren das erste Glied rund fünfmal so stark beansprucht wie das letzte. Um diesen Übelstand zu vermeiden, könnten die einzelnen Glieder mit verschiedenen Eigenkapazitäten ausgeführt werden. Nachteilig ist hierbei der Umstand, daß die Isolatoren zur Erreichung der verschiedenen Kapazitätswerte verschiedenartig ausgeführt werden müssen. Damit ist einerseits die Gefahr der Verwechslung verknüpft, andererseits wird die Lagerhaltung für die verschiedenartigen Typen umständlicher. Man verwendet deshalb Ketten mit abgestuften Isolatoren nur in besonderen Fällen.

Der verschiedenen mechanischen Beanspruchung entsprechend sind für Draht- und Abspannketten verschiedene Isolatorformen sowohl bei den Hewlett- als auch bei den Kappen-Isolatoren üblich. Indessen werden bei den neueren Ausführungsformen der letzteren, die eine hohe mechanische Festigkeit aufweisen, häufig auch die normalen Hängeisolatoren für Abspannzwecke benutzt und dadurch noch größere Gleichmäßigkeit in der Montage, in der Lagerhaltung und dgl. erzielt.

Isolatoren müssen gemäß ihrer Wichtigkeit für den ordnungsgemäßen Betrieb der Höchstspannungsanlagen scharfen Prüfungsbestimmungen unterworfen werden. Die Prüfung hat sich sowohl auf die mechanische als auch auf die elektrische Festigkeit zu erstrecken. Die mechanische Prüfung betrifft das Verhalten der Isolatoren gegenüber Temperaturwechsel sowie gegenüber der Beanspruchung auf Zug, Druck, Biegung usw. In elektrischer Hinsicht sind die Isolatoren auf Durchschlagfestigkeit und Überschlagsspannung sowohl in trockenem Zustand als auch bei einem senkrecht und unter 45° einfallenden Regen von 3 mm minutlicher Niederschlagshöhe zu prüfen. Wichtig ist, daß die elektrischen Festigkeitswerte nicht nur bei der Prüfung vorhanden sind, sondern auch im Betrieb dauernd erhalten bleiben. Der Isolator muß daher frei von Haarrissen sein und eine homogene Glasur besitzen. Beim Zerschlagen des Isolators sollen die Bruchstellen eine harte, glasige Beschaffenheit aufweisen. Auf die frische Bruchstelle aufgetragene Farblösungen dürfen nach dem Abspülen keine nennenswerten Spuren hinterlassen.

Nähere Bestimmungen über den Umfang, die Art und die Ausführung der einzelnen Prüfungen finden sich in den Normen des VDE.

b) Armaturen. Schließlich wäre noch einiges über die Armaturen zu sagen. Als solche kommen für Hängeisolatoren Seilschlingen mit Schlössern, Hängeklemmen, Aufhängerollen, metallische Verbindungsstücke, Schutzhörner u. dgl. in Frage. Sämtliche Armaturen müssen aus Material von vorzüglicher Festigkeit (Stahl, Schmiedeeisen, Hartkupfer, Bronze usw.) bestehen. Die Zugfestigkeit der einzelnen Armaturteile soll in der beanspruchten Richtung mindestens 3500 kg betragen. Bei den Hängeklemmen ist darauf zu achten, daß die einzelnen Adern eines durchrutschenden Seiles nicht verletzt werden können. Die Abspannklemmen sollen die Seile mit mindestens 90% ihrer Zerreißfestigkeit fassen, ohne daß die Seile beschädigt werden und ein Durchgleiten eintritt. Ganz besondere Sorgfalt ist auch der Vermeidung elektrolytischer Zersetzungserscheinungen zuzuwenden. Teile, die sich berühren, müssen deshalb möglichst aus gleichem Material bestehen. Die mit der Leitung direkt in Kontakt stehenden Teile sollen zur Vermeidung von Glimmerscheinungen frei von scharfen Kanten und Ecken sein.

3. Mastzubehör.

Nachstehend sollen noch einige kurze Angaben über Schutzseile, Erdungen und sonstiges Mastzubehör gemacht werden.

Unter Schutzseil versteht man ein über oder unter den Hochspannungsleitungen verlegtes, geerdetes Metallseil. Die vielfach übliche Bezeichnung »Blitzschutzseil« ist irreführend, weil dasselbe nicht gegen unmittelbare Blitzschläge in die Leitung schützt; die Aufgabe des Schutzseiles besteht vielmehr darin, durch leitende Verbindung aller Maste die Ungleichheiten in der Erdung der einzelnen Maste auszugleichen und gefährliche Spannungsgefälle an den Masten und in deren unmittelbarer Umgebung zu verhüten. Weiters werden durch das Schutzseil Überspannungen gemildert, die durch Wolkenbewegung und Blitzschläge in der Nähe der Leitungen hervorgerufen werden, sowie auftretende Wanderwellen gedämpft. Dieser Aufgabe kommt bei Höchstspannungsleitungen nur eine geringe Wichtigkeit zu, weil sich diese durch Koronabildung von selbst gegen Überspannung schützen; auch ist die von den Schutzseilen herrührende Verminderung der Überspannungen nur gering.

Zu bemerken ist, daß durch die Anbringung von Erdseilen auch eine gewisse Verankerung der Tragmaste untereinander erzielt wird. Doch sollte das Erdseil für die Festigkeit der Leitung bei der Projektierung rechnerisch nicht in Betracht gezogen werden.

Der Querschnitt des Schutzseiles ist bei Verwendung von Eisen oder Stahl möglichst groß zu nehmen. Andernfalls kann der bei Erdschluß im Schutzseil fließende Strom eine so starke Erwärmung desselben hervorrufen, daß sich der Durchhang unzulässig vergrößert und die Gefahr des Zusammenschlagens mit anderen Leitern besteht. Sind hohe Erdschlußströme zu erwarten, so empfiehlt es sich, Seile aus gut leitendem Material, das ist Kupfer oder Bronze, jedoch mit großer Zähigkeit, zu verwenden.

Trotz Anwendung von Schutzseilen kann eine zuverlässige Erdung der einzelnen Maste nicht entbehrt werden. Diese kann mit Hilfe besonderer Erdplatten oder durch Verlegen eines 30 bis 50 m langen verzinkten Eisenseiles von mindestens 50 qmm im Erdboden vorgenommen werden. Jede Erdung muß durch Widerstandsmessung auf ihre Wirksamkeit geprüft werden.

Alle Maste müssen Warnungsschilder erhalten, um auf die mit der Berührung herabhängender Leitungen und unter Umständen auch der Maste verbundene Gefahr hinzuweisen. Stacheldrahtkränze in halber Höhe der Maste, welche das Besteigen verhindern sollen, sind zu verwerfen, weil sie den Eindruck erwecken, als ob das Berühren der Maste selbst gefahrlos wäre. Zweckmäßiger ist es, den Mastfuß durch eine Verschalung oder einen Drahtzaun gegen Berührung zu schützen.

4. Höchstspannungskabel.

Das Bestreben, bei wichtigen Verbindungen von den Störungsmöglichkeiten der oberirdischen Freileitungen unabhängig zu werden, führte frühzeitig dazu, die Anwendung der in den städtischen Leitungsnetzen bewährten Kabel auch bei Fernübertragungen zu versuchen. Nach dem Rat Oskar von Millers wurde erstmalig im Jahre 1904 ein 10 000-Volt-Kabel für die Übertragung der Etschwasserkräfte auf eine Entfernung von 35 km nach Bozen verwendet. Das Kabel hat sich entgegen vielfachen Befürchtungen von Anfang an bestens bewährt. Heute sind bereits ausgedehnte Kabelnetze für 20 bis 30 kV in großen Städten in Betrieb.

Für Überlandleitungen wurde von Kabelleitungen wegen der hohen Kosten nur in Ausnahmefällen Gebrauch gemacht; auch standen der Herstellung von Kabeln für Spannungen von 60—100 kV, wie sie für Landeselektrizitätswerke erforderlich sind, hinsichtlich des konstruktiven Aufbaues, ausreichender Isolierung und genügend großer Baulänge erhebliche Schwierigkeiten entgegen. Durch neuere Konstruktionsideen werden diese Schwierigkeiten wesentlich herabgemindert; durch Verwendung geeigneter Leiterquerschnitte sowie metallischer Zwischenlagen, die potentialausgleichend wirken, sucht man eine günstigere Ausnützung des Isoliermaterials herbeizuführen, wodurch die Isolierung schwächer und damit das Kabel leichter und billiger wird.

Hinsichtlich des Betriebes langer Kabelleitungen bestehen Bedenken wegen der hohen kapazitiven Ladeströme, die man durch Einrichtungen ähnlich denen bei langen Fernsprechleitungen zu kompensieren sucht.

Unter diesen Umständen darf in Zukunft mit der Verwendung von Kabeln auch in den Landesnetzen gerechnet werden. Dabei wird man sowohl der Verlegungsart als auch zuverlässigen Fehleranzeigevorrichtungen ein besonderes Augenmerk zuwenden müssen, um dem Vorteil erhöhter Betriebssicherheit nicht den Nachteil einer langdauernden Unterbrechung im Schadensfalle entgegenzustellen.

B. Transformator- und Schaltstationen.

Hinsichtlich ihres Zweckes können die Transformatorstationen der Landes-Elektrizitätswerke eingeteilt werden in Netzstationen und Kraftwerkstationen.

Die Netzstationen haben den Zweck, den im Landesnetz verteilten Strom auf die Kreisspannung herunter zu transformieren und an die einzelnen Kreiswerke abzugeben.

Die Kraftwerkstationen dienen dazu, den in den Kraftwerken erzeugten Strom von der Maschinenspannung unmittelbar oder über Zwischenstufen auf die Landesspannung zu transformieren.

1. Disposition der Netzstationen.

a) Platzwahl. Die erste Aufgabe bei der Projektierung der Netzstationen besteht in der Wahl zweckentsprechender Plätze. Um die angeschlossenen Kreisnetze nicht unwirtschaftlich zu verteuern, empfiehlt es sich, die Stationen möglichst nahe an die zu versorgenden Konsumgebiete heranzurücken. Andererseits sind die Stationen in möglichst geradlinig verlaufende Höchstspannungs-Straßen des Landesnetzes zu legen. Da in der Mehrzahl der Fälle beide Forderungen nicht gleichzeitig erfüllt werden können, handelt es sich darum, einen möglichst günstigen Ausgleich zu finden. Besonders schwierig kann die Platzwahl in der Nähe großer Städte werden, da man die mit Höchstspannung betriebenen Landesleitungen nicht gerne in das Bebauungsgebiet der Städte einführt, andererseits aber auch die anschließenden Speiseleitungen der städtischen Netze nicht zu teuer werden sollen. Man hilft sich mitunter durch Übergang auf unterirdische Höchstspannungskabel oder man ordnet trotz der hohen Kosten mehrere Transformatorstationen an, um das betreffende Stadtnetz an verschiedenen Speisepunkten zu fassen, wobei man das Stadtgebiet durch die Landesleitung in großem Bogen umkreist.

Von Wichtigkeit ist es, die Stationen möglichst in freiem Gelände zu errichten, damit die Zu- und Abführung der Leitungen nach allen Seiten unbehindert ist. Von Bedeutung ist ferner die Möglichkeit eines Eisenbahnanschlusses oder mindestens einer vorzüglichen Zufahrtstraße, da bei etwa nötigen Auswechslungen die großen Gewichte der Apparate eine bequeme Zufuhr unbedingt erfordern. Weiters ist für die

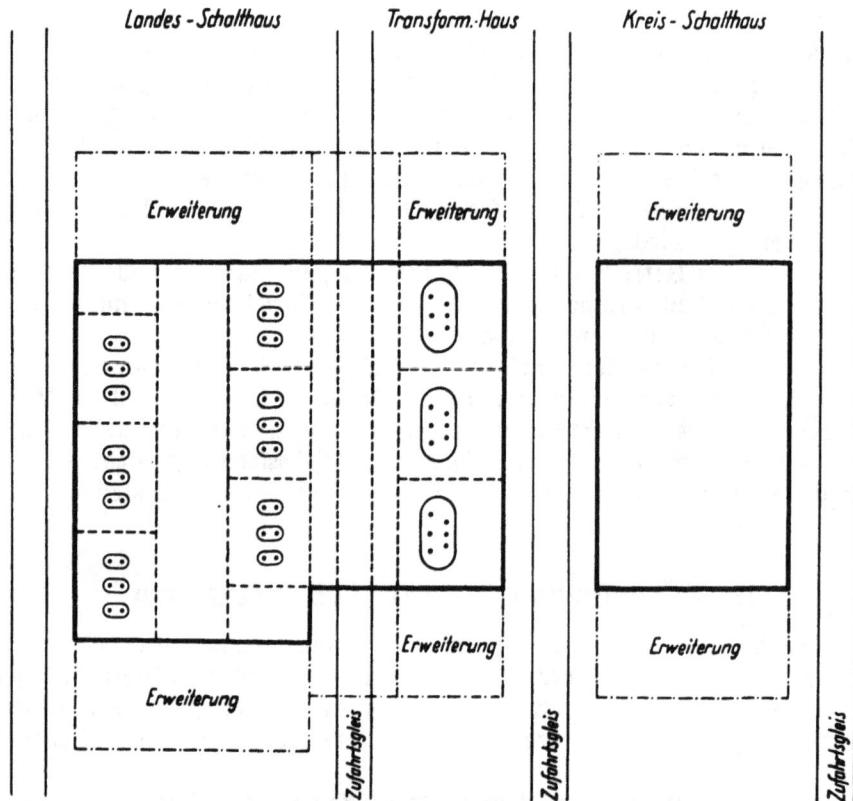

Abb. 127. Disposition einer Netztransformatorstation.

Wahl der Stationsorte die Möglichkeit einer ausreichenden Wasserbeschaffung zu beachten. Transformatoren mit Leistungen von mehr als 4000 Kilowatt erhalten für die Abfuhr der im Betrieb auftretenden Wärme in der Regel eine besondere Wasserkühlung, wobei je nach der Konstruktion der Transformatoren und Kühlanlagen pro Kilowatt Leistung eine Wassermenge von 1 bis 2 l pro Stunde erforderlich ist.

Ist über die Platzfrage, nötigenfalls durch Vergleichsrechnungen entschieden, so sind die Grundstücke für die einzelnen Stationen reichlich groß zu wählen, da die Transformatorstationen der Landesnetze auf lange Sicht hinaus ohne Vermehrung ihrer Anzahl ausreichen sollen und deshalb auf künftige Erweiterungen Bedacht zu nehmen ist. Eine ausreichende Größe des Platzes empfiehlt sich auch, um bei Anordnung der ersten Zu- und Abführungsmaste unbehindert zu sein, indem man diese noch auf eigenem Grund und Boden aufstellt.

Die Gebäude sind zweckmäßig so anzuordnen, daß etwa erforderliche Erweiterungen nur in einer Richtung, und zwar in der Regel in der Längsachse der Gebäude erfolgen. Bei der meist üblichen Anordnung der Stationen (Abb. 127) mit Zufahrtgleisen an den Längsseiten ist die Erfüllung dieser Forderung nicht schwierig.

b) Gliederung der Stationen. Die Transformatorstationen haben, wie aus Abb. 128 ersichtlich, im allgemeinen an Einrichtung aufzunehmen:

1. die Einführungen der zu- und abgehenden Landesleitungen,

die Leitungsölschalter, durch deren Betätigung das Ab- und Zuschalten dieser Leitungen erfolgt,

die Trennschalter für die Landesleitungen, durch welche im Bedarfsfalle die einzelnen Leitungsstränge und Ölschalter abgetrennt werden, um ein gefahrloses Arbeiten an denselben zu ermöglichen,

die Sammelschienen, welche durch Vermittlung der Ölschalter innerhalb der Stationen die Verbindung der zu- und abgehenden Landesleitungen untereinander und mit den Transformatoren ermöglichen,

die Landesspannungsölschalter der Transformatoren, durch welche diese nach Bedarf an die Sammelschienen angeschlossen bzw. von ihnen abgeschaltet werden, wodurch die Verbindung der Transformatoren mit dem Landesnetz herbeigeführt bzw. gelöst wird,

die Landesspannungstrennschalter, welche es ermöglichen, die einzelnen Transformatorenstromkreise von der übrigen Leitungsanlage abzutrennen;

2. die Transformatoren, welche zur Umsetzung der Landesspannung auf die Spannung der angeschlossenen Kreiswerke und Großstädte dienen;

3. die Ölschalter auf der Kreisspannungsseite der Transformatoren, welche die Verbindung der letzteren mit den Kreiswerksammelschienen herstellen,

die Kreiswerkssammelschienen, welche die Verbindung zwischen den Transformatoren und den einzelnen abgehenden Kreiswerksleitungen vermitteln,

die Ölschalter, welche die abgehenden Kreiswerksleitungen mit den Sammelschienen verbinden,

die Trennschalter für die Kreisspannungsseite, welche die Abtrennung einzelner Leitungen und Apparate von den übrigen Teilen der Anlage ermöglichen, und schließlich

die Ausführungen der Kreisleitungen.

Zu diesen Apparaten treten eine Anzahl von Nebenapparaten wie Kupplungsschalter, Drosselspulen, Überspannungsschutzeinrichtungen, Meßwandler und Kontrollinstrumente. In einzelnen Stationen kommen noch besondere Einrichtungen, wie Erdschlußspulen, Blindleistungsmaschinen u. dgl. hinzu.

Wie ersichtlich, gliedern sich die Apparate in drei Gruppen und zwar: die Landesspannungsapparate, die Transformatoren und die Kreisspannungsapparate.

Dieser Dreiteilung entsprechend pflegt man nach einer erstmals beim Bayernwerk vorgesehenen Disposition bei Landesspannungen von 100000 Volt und darüber die Gesamtanlage in der Weise zu gliedern, daß in drei zueinander parallel liegenden Gebäuden die Einrichtungen getrennt untergebracht werden, und zwar die sämtlichen Landesspannungsapparate im Landesschalthaus, die Transformatoren im Transformatorenhaus und die Kreisspannungsapparate im Kreisschalthaus. Die Dreiteilung der Gebäude bietet dabei die Möglichkeit, sowohl im Landesschalthaus als auch im Kreisschalthaus sämtliche Ölschalter in getrennten Kammern, die von außen zugänglich

sind, unterzubringen und ebenso die Transformatoren in getrennten einzeln zugäng-
lichen Räumen aufzustellen.

Der Vorteil dieser Anordnung wird darin erblickt, daß bei Explosion eines Schalters
oder Transformators ein Verqualmen der Gebäude und eine Gefährdung von Menschen
möglichst vermieden wird. Dieser Vorteil wird zwar erkauft durch großen Raumbedarf und erhöhte Anlagekosten, weil getrennte Gebäude teurer als zusammen-
hängende Bauten zu stehen kommen; da indessen für die wenigen Stationen eines
Landesnetzes genügend große Grundstücke leicht zu beschaffen sind und die Mehrkosten bei diesen wichtigsten Organen einer Landesversorgung gegenüber den Gesamtkosten keine ausschlaggebende Rolle spielen, dürfte die Dreiteilung der Gebäude für
große Landesnetze wohl als zweckmäßig anzusprechen sein. Die Dreiteilung ist deshalb beim Bayernwerk auch für die Fälle beibehalten worden, bei welchen durch
Verwendung explosionssicherer Schalter die Aufstellung in getrennten Kammern
nicht erforderlich war.

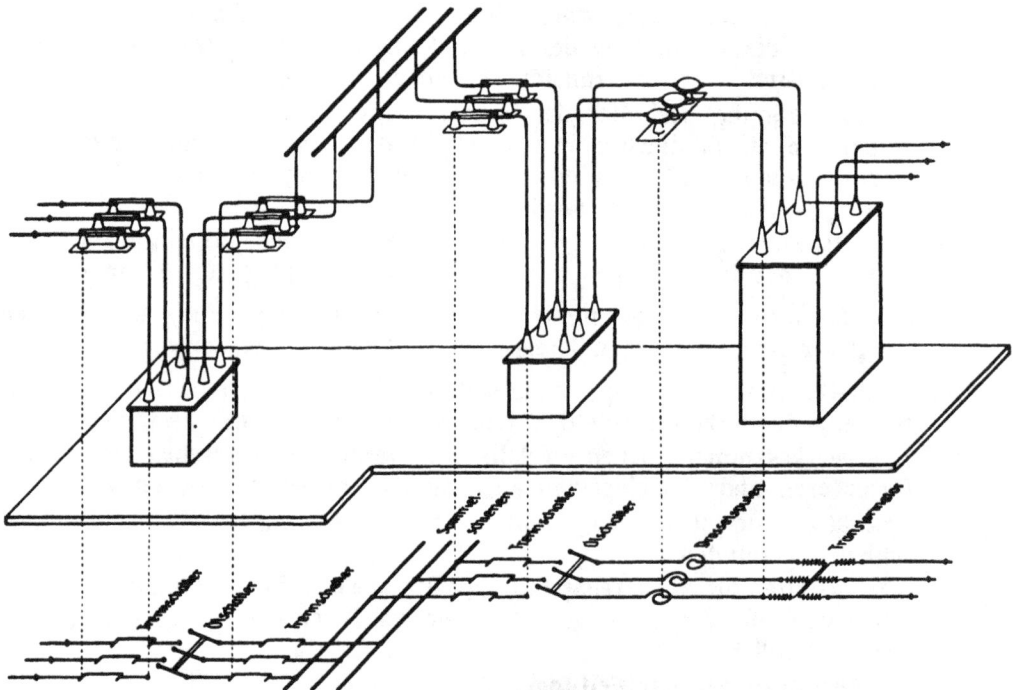

Abb. 128. Schema einer Transformatorstation.

Bei Spannungen in der Größenordnung von 60000 Volt genügt im allgemeinen
eine Unterteilung in zwei Gebäude, von denen das eine zur Aufnahme der Landes-
schaltanlage und der Transformatoren, das andere zur Aufnahme der Kreisschalt-
anlage bestimmt ist. Die Verwendung besonderer Kammern für jedes einzelne Schalter-
aggregat ist bei dieser Spannung kaum erforderlich. Auch sind Ölschalter für
60000 Volt noch verhältnismäßig leicht transportabel, so daß nicht jeder Schalter
ein eigenes Einfahrtstor erfordert. So weit es unter gleichzeitiger Festhaltung der
einfachen Gliederung möglich ist, die Schalter gegen Außenwände hin zu orientieren,
wird man dies auch hier vorziehen.

Für die Einteilung großer Transformatorstationen wurden bei der gemeinsamen
Durcharbeitung der Bayernwerkstationen durch das Ingenieurbureau Oskar v. Miller
und die beteiligten Baufirmen die grundlegenden Gedanken entwickelt, aus denen
die heute üblichen Dispositionen herausgewachsen sind.

Einfachheit und Übersichtlichkeit der Anordnung wird durch möglichst vollkommene Anpassung an den Verlauf des Schaltungsschemas angestrebt. Alle Apparate werden räumlich in derselben Reihenfolge, in der sie nach dem Stromverlauf im Schema erscheinen, aufgestellt. Die Möglichkeit und Zweckmäßigkeit einer derartigen Übereinstimmung ist durch ein einfaches perspektivisches Stationsbild nebst dem zugehörigen Schaltungsschema in Abb. 128 gezeigt. Weitere Gesichtspunkte sind ein-

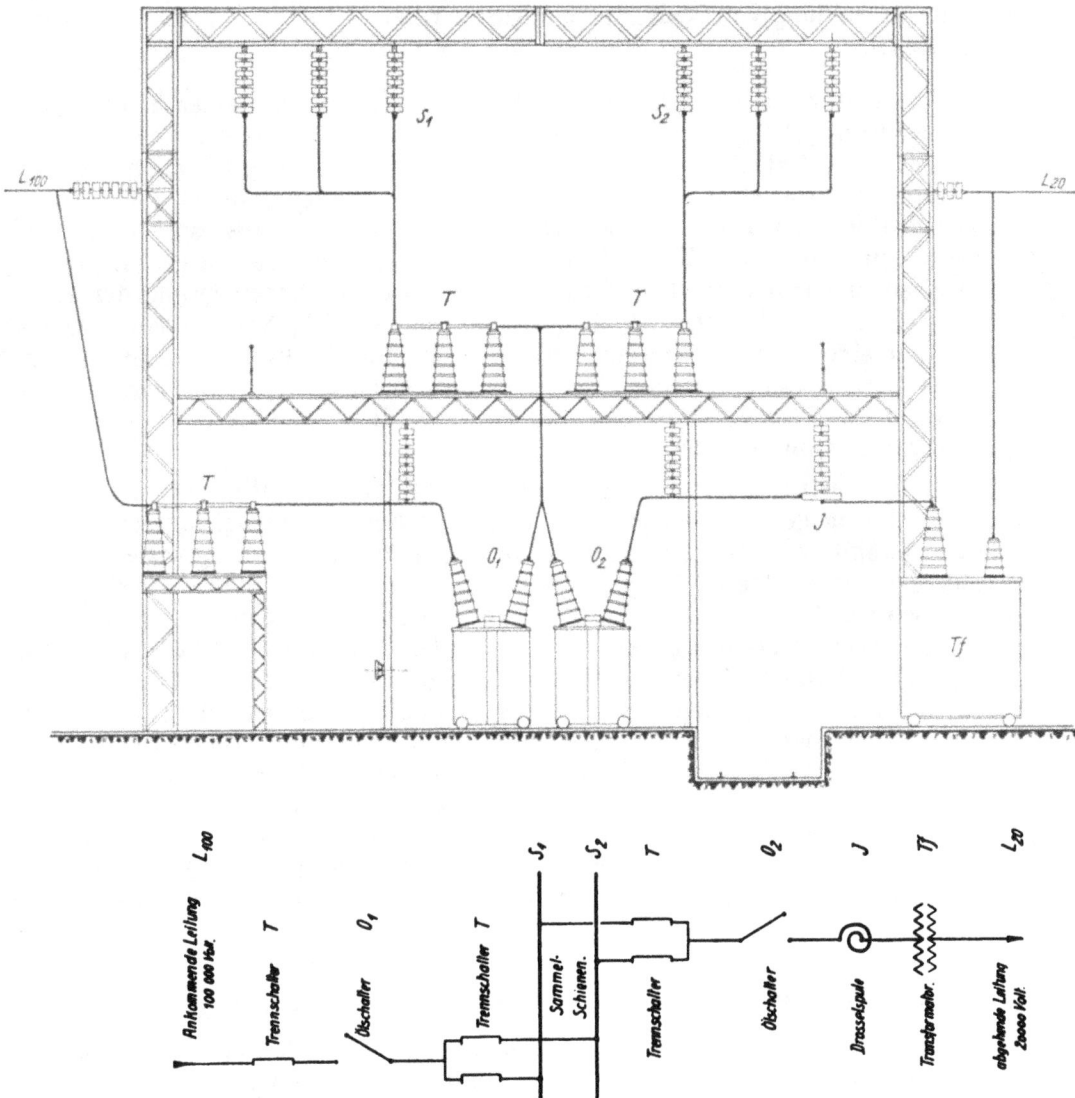

Abb. 129. Schema einer Freiluftstation.

fachste Leitungsführung, räumliche Trennung der nicht zusammengehörigen Teile der Anlage, Fortlassung überflüssiger Trennwände und damit weitgehende Ersparnis an Durchführungen, Anordnung aller Ölapparate zu ebener Erde.

Das Bestreben, die Schaltanlagen zu vereinfachen und weitgehend zu verbilligen, hat dazu geführt, die Gebäude fortzulassen und alle Apparate im Freien aufzustellen. Derartige Freiluftstationen werden in Amerika und in der Schweiz häufig verwendet. Eine solche Anlage ist in Abb. 129 schematisch dargestellt. Erhebliche

17*

Vorteile bieten diese Stationen für sehr hohe Spannungen, bei welchen wegen des großen Raumbedarfes der Schaltapparate die Gebäudekosten stark ansteigen. Nicht zu unterschätzen ist ferner die erhöhte Feuersicherheit und der Fortfall der Verqualmung bei etwaigen Schalterbränden. Auch die Möglichkeit, die Stationen in solchen Gegenden errichten zu können, wo die Beschaffung von Baustoffen und Arbeitskräften Schwierigkeiten bietet, bedeutet einen Vorteil. In Deutschland sind bisher nur wenige Freiluftstationen zur Ausführung gekommen, weil die Bedenken gegen eine ungeschützte Aufstellung von Höchstspannungsapparaten noch nicht vollkommen überwunden sind.

c) Größe der Stationen. Die Größe der einzelnen Stationen richtet sich nach den Konsumverhältnissen der zu versorgenden Gebiete gemäß den Ausführungen im Abschnitt III. Dabei sind nicht so sehr die zur Bauzeit der Stationen herrschenden Konsumverhältnisse, als die künftigen Entwicklungsmöglichkeiten des zweiten, eventuell dritten Ausbaues zu berücksichtigen. Stationen in ausgesprochenen Industriegebieten sind selbst bei gleichem Augenblickskonsum großzügiger anzulegen als Stationen in vorwiegend ländlichen Bezirken. Ist eine Vergrößerung des Konsums in absehbarer Zeit wahrscheinlich, so empfiehlt es sich, Reserveräume vorzusehen, damit eine erste Erweiterung der Leistung ohne bauliche Änderungen vorgenommen werden kann. Darüber hinaus muß eine einfache Erweiterungsmöglichkeit des baulichen Teils der Stationen vorgesehen werden, worauf bereits im Anfang dieses Abschnittes hingewiesen wurde.

Die Unterteilung der Leistung erfolgt für reine Netzstationen in der Weise, daß zur Erzielung geringer Anlagekosten möglichst wenige, große Transformatoreneinheiten gewählt werden. Andererseits muß man bis zu einem gewissen Grade unterteilen, um keine übermäßig großen Reserveeinheiten zu erhalten. Bei kleineren Stationen wird vielfach ein Transformator zur Deckung der gesamten Leistung verwendet, ein zweiter Transformator gleicher Größe dient als Reserve. Letzterer kann im ersten Ausbau fortgelassen werden, falls die Stationen über leistungsfähige Kreisleitungen zusammenhängen, so daß bei Ausfall einer Station der Bedarf von den beiden benachbarten Stationen gedeckt werden kann. Bei größeren Stationen wird die Leistung in der Regel auf zwei bis drei Einheiten unterteilt. Eine weitere Einheit dient als Reserve. Mit Rücksicht auf die Austauschmöglichkeit ist es zweckmäßig, für alle Stationen einheitliche Transformatortypen zu wählen und möglichst nur drei oder zwei verschiedene Transformatorengrößen vorzusehen. Beim Bayernwerk z. B. wurden für sämtliche Netzstationen nur zwei Typen von 6000 bzw. 16000 kVA Leistung verwendet.

2. Besondere Gesichtspunkte für Kraftwerkstationen.

Für Kraftwerkstationen, welche dazu dienen, dem Landesnetz Energie zuzuführen, kommen für die Disposition noch besondere Gesichtspunkte in Frage. Da sie häufig zugleich Speisepunkte eines Kreisnetzes sind, handelt es sich zunächst um die Verbindung der Maschinenspannung mit der Kreisspannung und der Landesspannung. Hiefür kommen drei Fälle in Frage:

a) Transformierung der gesamten Maschinenleistung auf die Kreisspannung. Ein Teil der Leistung wird von Kreisspannung weiter auf Landesspannung transformiert, der Rest ins Kreisnetz verteilt.

b) Transformierung der gesamten Maschinenleistung auf Landesspannung. Ein Teil der Leistung wird in das Landesnetz abgegeben, der Rest auf Kreisspannung herabtransformiert und verteilt.

c) Transformierung eines Teiles der Maschinenleistung auf Landesspannung und des anderen Teiles auf Kreisspannung.

Diese drei Fälle sind in Abb. 130 schematisch dargestellt. Für die Beurteilung, welche von diesen drei Schaltungsmöglichkeiten zur Anwendung kommen kann, sind die Konsumverhältnisse maßgebend. Grundsatz ist hiebei, den Hauptkonsum keiner Doppeltransformierung zu unterwerfen. Demgemäß ist

Schaltung a) dann anzuwenden, wenn das Kraftwerk im Konsumgebiet liegt und der größte Teil der Leistung mit Kreisspannung unmittelbar an das Konsumgebiet abgegeben wird. In das Landesnetz wird nur die Überschußleistung geliefert oder es wird Zusatzleistung aus dem Landesnetz bezogen.

Schaltung b) kommt in Frage, wenn das eigene Konsumgebiet nur einen kleinen Teil der Kraftwerksleistung erfordert. In diesem Falle ist es zweckmäßig, die gesamte Kraftwerksleistung auf Landesspannung zu transformieren und den Bedarf des Kreisnetzes von der Landesspannung zurück zu transformieren.

Schaltung c) ist vorteilhaft, wenn der Konsum des unmittelbar zu versorgenden Kreisgebietes und der an das Landesnetz gelieferte Strom ungefähr gleiche Größenordnung haben. In solchen Fällen ist es angebracht, keine der beiden Leistungen einer zweimaligen Transformierung zu unterwerfen. Dies ist durch entsprechende Unterteilung der Maschinenleistung möglich. Das Kraftwerk wird hierbei gewissermaßen in zwei Teile mit je einer Transformatorstation aufgeteilt, welche je auf ein besonderes Konsumgebiet arbeiten. Will man aus Gründen der Kurzschlußsicherheit jedes Maschinenaggregat auf einen eigenen Transformator arbeiten lassen, trotzdem aber nicht auf die Umschaltmöglichkeit für die Maschinen verzichten, so kann diese für einzelne Maschinensätze ohne weiteres vorgesehen werden. Auf diese Weise ist man in der Lage, mit der gleichen Anzahl Reserveeinheiten auszukommen, wie bei einheitlicher Spannung.

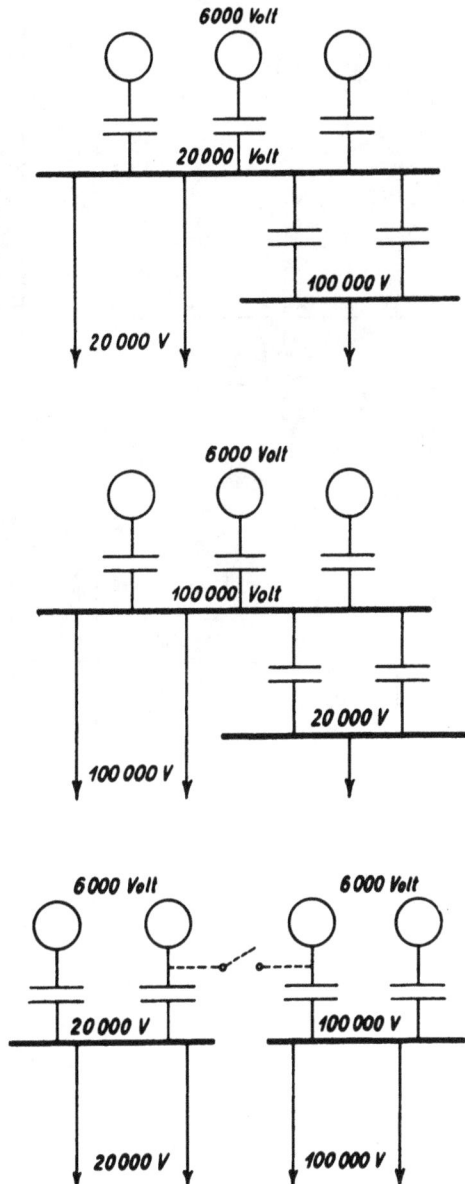

Abb. 130. Schaltung von Kraftwerktransformatorstationen.

In einem Landesnetze kommen in der Regel Stationen mit allen vorerwähnten Schaltungen vor. Um einen Überblick über den Zusammenhang der einzelnen Netze und Stationen zu gewinnen, ist es zweckmäßig, in einem Gesamtschema gemäß Abb. 131 alle Leitungen und Stationen mit Andeutung ihrer Schaltung schematisch einzutragen.

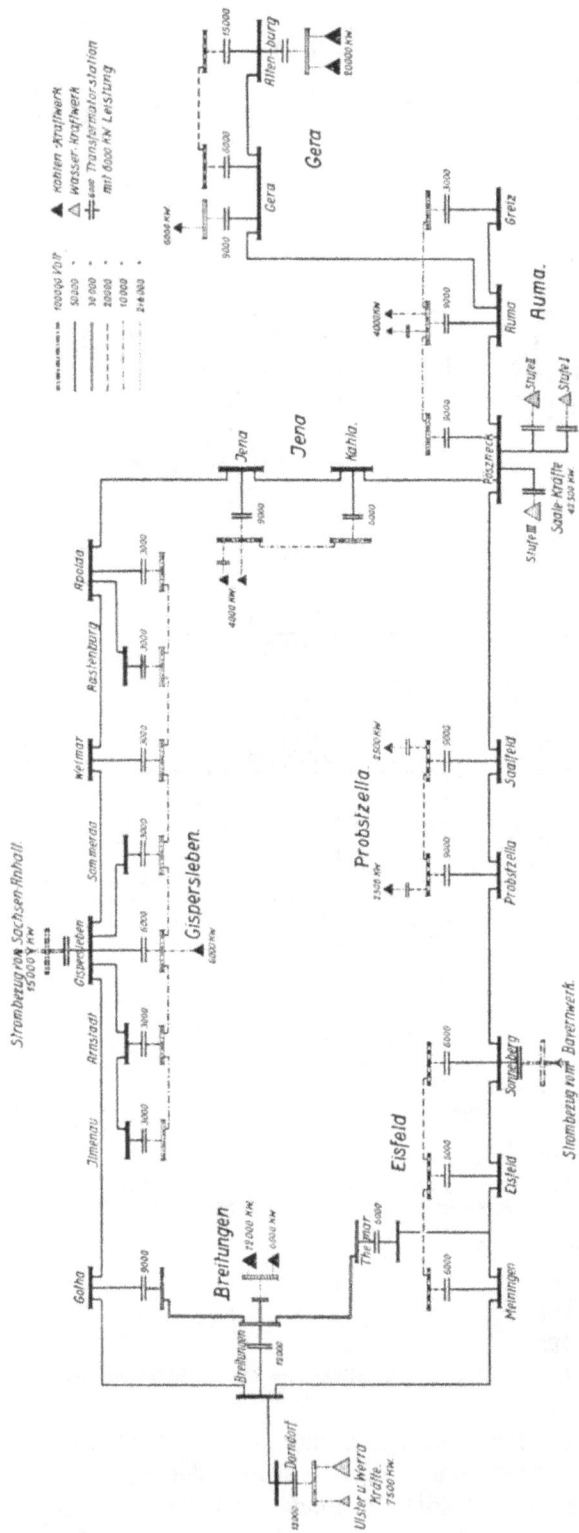

Abb. 131. Gesamt-Schaltungsschema eines Landesnetzes (Projekt Thüringenwerk 1922).

Ingenieurbüro Oskar von Miller G. m. b. H.

3. Bauliche Ausgestaltung der Stationen.

Einen wichtigen Gesichtspunkt für die Ausgestaltung der Transformatorstationen bildet die Sicherheit des Betriebspersonals. Um dieses nicht zu gefährden, muß eine vollständige Trennung der Bedienungsräume von den spannungsführenden Teilen durchgeführt werden. Die Bedienungsgänge sind breit und übersichtlich anzuordnen und in einem solchen Abstand von allen Apparaten und Leitungen zu führen, daß jede zufällige Berührung ausgeschlossen ist.

Wichtig ist ferner eine ausreichende Licht- und Luftzufuhr. Je heller eine Station ist, um so angenehmer und gefahrloser sind die Arbeitsverhältnisse für das Bedienungspersonal, um so leichter gestaltet sich die Auffindung von Fehlern. Künstliche Beleuchtung kann die natürliche nicht voll ersetzen.

Die Luftzufuhr ist bei allen Apparaten, welche Wärme entwickeln, in ausreichendem Maße vorzusehen. Von größter Wichtigkeit ist die Lüftung für Transformatorenräume, insbesondere dann, wenn die Transformatoren reine Luftkühlung besitzen. Aber selbst bei Transformatoren mit künstlicher Kühlung soll auf die Luftkühlung nicht verzichtet werden.

Ein Gesichtspunkt, auf den bei der Anlage der Stationen Rücksicht genommen werden muß, ist ferner die Abführung und Zurückgewinnung des bei Schäden aus Schaltern und Transformatoren austretenden Öles. Sowohl Ölschalter wie Transformatoren sind daher über Ölgruben aufzustellen, aus denen das Öl mittels Rohrleitungen nach einem Sammelbehälter geleitet wird. Infolge der großen Zähigkeit des Öles müssen die Abführungsrohre ausreichende Querschnitte und einen erheblichen

Neigungswinkel erhalten. Um mit dem Sammelbehälter nicht zu tief zu kommen, führt man bei großen Stationen von der Mitte der Station die Rohrleitungen nach beiden Seiten geneigt aus und ordnet zwei Sammelbehälter zu beiden Seiten des Schalthauses an.

Schließlich ist für große Stationen mit schweren Apparaten die Anlage einer zweckmäßigen Reparaturwerkstätte innerhalb des Stationsgebäudes wichtig. Sie soll so eingerichtet sein, daß sie gestattet, Transformatoren und Apparate zu zerlegen, zu untersuchen und leichtere Mängel zu beseitigen.

4. Anordnung der Schaltanlagen.

Für die Ausgestaltung der Schaltanlagen im einzelnen gelten die gleichen Richtlinien wie für die Anlage der Schalthäuser: Einfachheit, Übersichtlichkeit und größte Betriebssicherheit.

Den Mittelpunkt der Schaltanlagen bilden die Sammelschienen. Die einfachste Anordnung mit sogenannten Einfachsammelschienen ist aus Abb. 132 ersichtlich. Sie erfordert den kleinsten Raumbedarf, die geringste Zahl von Stützpunkten und Apparaten, ist am einfachsten und übersichtlichsten in der Bedienung und daher überall dort am Platze, wo mit einfachen Mitteln gearbeitet werden soll und eine besonders große Sicherheit gegen Störungen nicht gefordert wird.

Da indessen Störungen in den Sammelschienen, wie Kurzschlüsse, Erdschlüsse und dgl. nicht ganz ausgeschlossen werden können und bei dieser Schaltung sämtliche Leitungen in Mitleidenschaft gezogen werden, ist man bei Landesnetzen in wichtigen Stationen dazu übergegangen, Doppelsammelschienen anzuordnen, damit bei einer Störung in dem einen System alle anschließenden Leitungen auf das andere System umgelegt werden können, was nur eine kurze Betriebsunterbrechung bedingt. Außerdem ermöglicht das System der Doppelsammelschienen, die einzelnen Stromkreise gruppenweise voneinander unabhängig zu machen. Ein Kupplungsschalter dient dazu, die beiden Sammelschienensysteme beim Parallelschalten nach erfolgter Synchronisierung zu verbinden. Die Schaltung mittels Doppelsammelschienen ist in Abb. 133 dargestellt.

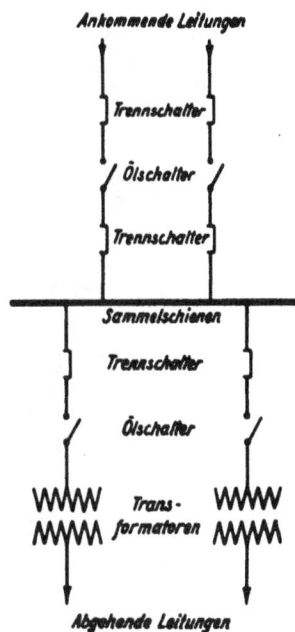

Abb. 132. Schaltschema einer Transformatorstation mit Einfachsammelschienen.

Hinsichtlich der Anordnung der Trennschalter bedingt das Doppelsammelschienensystem eine Verdoppelung der Trennstellen und damit eine Erschwerung der Raumeinteilung. Es wäre naheliegend, die Trennschalter dem Schema entsprechend nebeneinander anzuordnen, wie in Abb. 134 perspektivisch dargestellt. Diese Disposition ergibt bei dem großen Raumbedarf der Trennschalter lange Schalthäuser und ein einseitiges Zusammendrängen von Apparaten und Leitungen, während die andere Seite des Schalthauses unausgenutzt bleibt. Außerdem verursacht die Zusammenfassung der Abzweige hinter den Trennschaltern Schwierigkeiten in der Leitungsführung.

Um diese Nachteile zu vermeiden, kann man die an die beiden Sammelschienensysteme führenden Trennschalter einer Leitung einander gegenüber anordnen (Abb. 135). Es muß dabei zwar die Bedienung von verschiedenen Seiten erfolgen, doch ist dies kein Nachteil, sondern erhöht vielmehr die Übersichtlichkeit, weil die Trennschalter jeweils unter den zugehörigen Sammelschienen liegen.

Diese Anordnung ergibt allerdings auch Schwierigkeiten, wenn von beiden Seiten her Leitungen an die Sammelschienen zu führen sind, wie dies bei Transformatorstationen, bei welchen die Transformatorenölschalter auf eine andere Seite gelegt werden müssen wie die Leitungsschalter, der Fall ist. Man kann sich hiebei in der Weise helfen, daß das eine Sammelschienensystem in Hufeisenform um das andere herumgeführt wird. Die Anordnung ist vereinzelt zur Ausführung gekommen, bedingt jedoch sehr breite Schalthäuser.

Eine bessere Lösung besteht darin, die Schalterkammern gegeneinander um eine halbe Kammerbreite zu versetzen, wie dies in Abb. 127 dargestellt ist. Die Ölschalter-

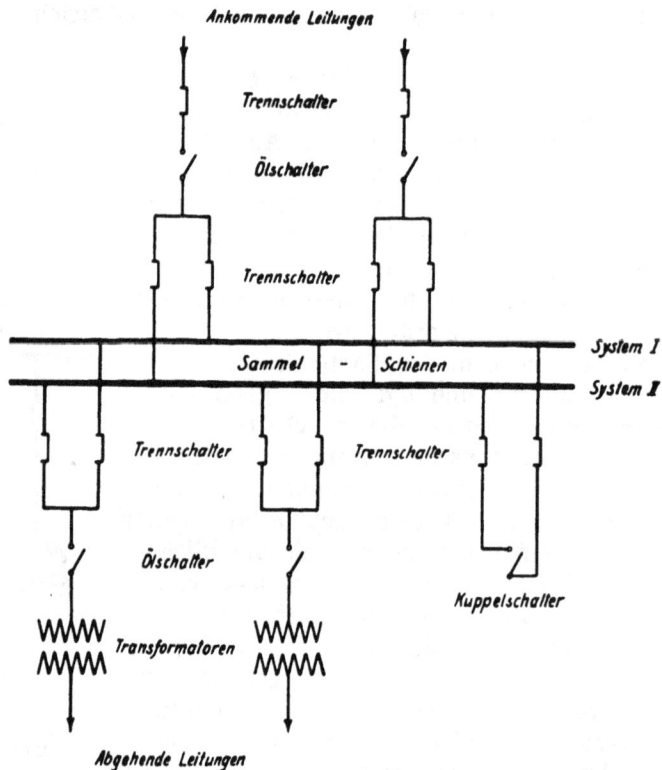

Abb. 133. Schaltschema einer Transformatorstation mit Doppelsammelschienen.

teilung, Abstand von Kammermitte zu Kammermitte, muß hiebei gleich der doppelten Trennschalterteilung, Abstand von Mitte Trennschaltergruppe zu Mitte Trennschaltergruppe, gewählt werden. Diese Disposition ergibt eine gute Raumausnutzung und wird heute mit Vorliebe bei Schalthäusern mit doppelseitiger Ölschalteranordnung und Doppelsammelschienen angewandt.

Bei den Ölschaltern zwingen der hohe Raumbedarf und die erheblichen Kosten zu größter Sparsamkeit. Insbesondere sind Schalter, die zwar unter Spannung, dagegen nur selten oder gar nicht in stromführendem Zustand betätigt werden, wenn möglich als einfache Schaltorgane ohne Öl auszubilden; die derzeit gebräuchlichen Trennschalter bis 100 kV kommen hiefür allerdings nicht in Frage, da sie nur in spannungslosem Zustand betätigt werden können.

Was die Ausführung der Ölschalter betrifft, so werden diese bei den für Landesversorgungsanlagen in Frage kommenden Spannungen bisher meist als Mehrkesselschalter ausgebildet. Dies bedingt große Abmessungen und großen Ölbedarf. Andererseits wird bei dieser Bauart eine sehr hohe Schaltleistung erzielt. In neuerer Zeit hat man auch für sehr hohe Spannungen Einkesselschalter gebaut. Als Schalterantrieb, der bei diesen großen Ölschaltern naturgemäß sehr schwer wird, muß motorischer Antrieb vorgesehen werden; der Handantrieb dient gewöhnlich nur als Reserve.

Auf bequeme Bedienbarkeit der Schaltanlagen ist größter Wert zu legen. Die einfachste Art der Bedienung besteht darin, daß die Schaltungen im Schalthaus selbst vorgenommen werden. Bei Stationen von geringem Umfang ist diese Bedienung auch die zweckmäßigste. Bei großen Stationen muß dagegen im Interesse der Übersichtlichkeit und Betriebssicherheit die Möglichkeit geschaffen werden, sämtliche Schaltungen von einem außerhalb des eigentlichen Schalthauses gelegenen Raum, Kommandoraum genannt, vorzunehmen. Beim Vorhandensein eines solchen können die Schaltungen auf zweierlei Art durchgeführt werden, nämlich:

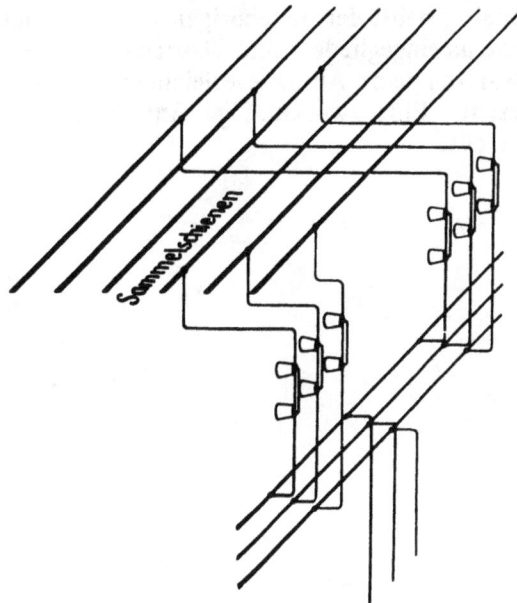

Abb. 134. Trennschalter einseitig angeordnet.

1. Der Mann im Kommandoraum gibt durch Telephon oder sonstige Signale dem Mann im Schalthaus die erforderlichen Anweisungen. Letzterer führt die Schaltungen durch.

2. Der Mann im Kommandoraum bedient selbst durch Fernsteuerung.

Fall 1 ist zweckmäßig, wenn es möglich ist, den Kommandoraum so anzuordnen, daß das Schalthaus von demselben aus überblickt und die Durchführungen der Schaltungen kontrolliert werden kann. Da diese Möglichkeit bei Stationen großen Umfanges selten gegeben ist, kommt Fall 2 als Normalfall in Frage.

Wichtig ist, daß die Bedienung der ganzen Anlage nach einem einheitlichen System erfolgt. Verfehlt ist es deshalb, wenn in einer sonst durch Fernsteuerung betätigten Anlage einzelne Schalter,

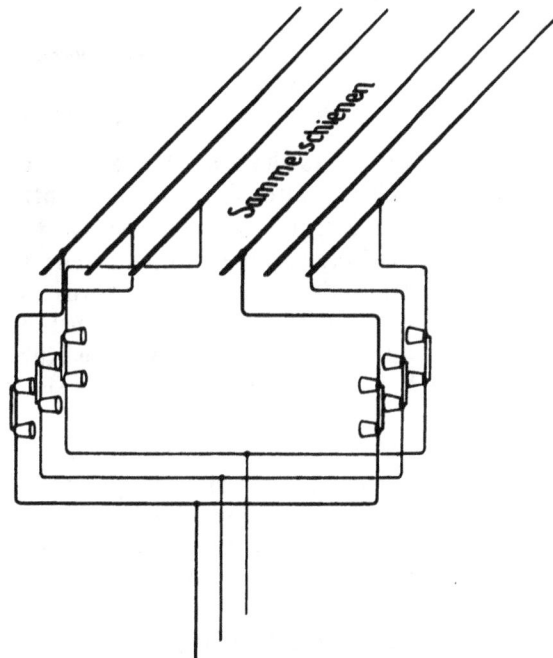

Abb. 135. Trennschalter doppelseitig angeordnet.

und seien sie auch nur von untergeordneter Bedeutung, keine Fernsteuerung besitzen, so daß der aufsichtsführende Beamte gezwungen ist, für einzelne Fälle statt der Fernsteuerung einen Schaltbefehl zu erteilen oder zur Ausführung der Schaltung den Kommandoraum zu verlassen.

Um die richtige Ausführung einer Schaltung sofort feststellen zu können, muß jede Verstellung eines Schalters durch automatisch betätigte Schauzeichen im Schalthaus und Kommandoraum kenntlich gemacht sein. Sehr übersichtlich und zweckmäßig für Kommandoräume sind Schaltpulte, bei welchen sämtliche Betätigungsschalter nebst den zugehörigen Kontrollschauzeichen in ein übersichtliches Schaltungsschema eingegliedert sind. Durch derartige Anordnungen wird dem aufsichtsführenden Beamten seine Aufgabe erleichtert und eine hohe Sicherheit gegen Fehlschaltungen erzielt. Eine zweckmäßige Anordnung für Kommandoräume ist in Abb. 136 dargestellt.

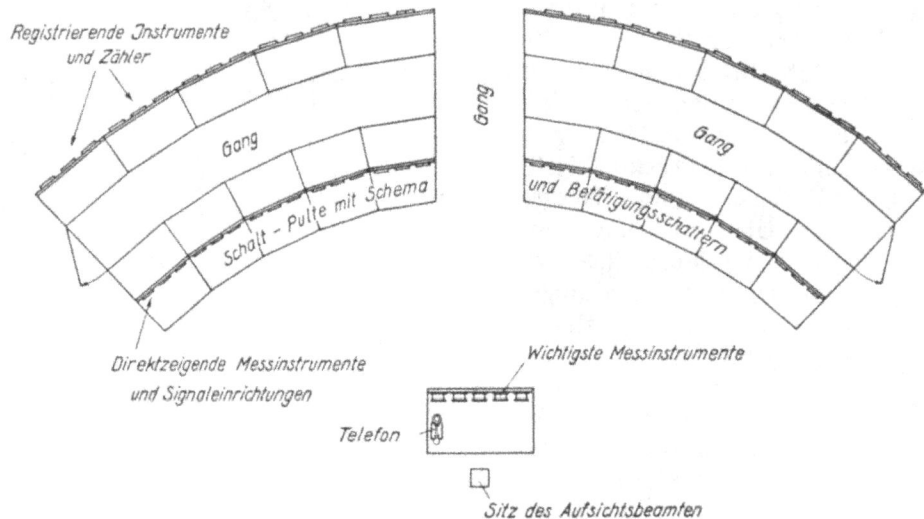

Abb. 136. Kommandoraum einer Transformatorstation.

5. Die Transformatoren.

a) **Mechanischer und elektrischer Aufbau.** Die Transformatoren zerfallen hinsichtlich ihrer Bauart in Kerntransformatoren und Manteltransformatoren.

Bei den Kerntransformatoren wird der Eisenkörper gewissermaßen als Kern von den Wicklungsspulen umschlossen; letztere liegen nach außen frei zugänglich. Bei den Manteltransformatoren wird umgekehrt die Wicklung vom Eisenkörper rahmenförmig umschlossen. Da Kerntransformatoren sowohl in konstruktiver Hinsicht als auch mit Rücksicht auf die Kühlung gegenüber Manteltransformatoren erhebliche Vorteile bieten, beherrschen sie im Transformatorenbau fast ausschließlich das Feld.

Großer Wert ist bei den Transformatoren auf kurzschlußsichere Bauart zu legen. Diese Forderung bezieht sich hauptsächlich auf die mechanische Festigkeit und Versteifung der Wicklung, welche bei Kurzschlüssen starken deformierenden Kräften ausgesetzt ist. An die Wicklung müssen hinsichtlich der Isolation, wie bei den Generatoren, die höchsten Anforderungen gestellt werden; es darf nur hochwertiges, vollkommen fehlerfreies Material verwendet werden. Die Gesamtwicklungen sollen möglichst nachfolgende Prüfspannung während einer Dauer von 15 Minuten aushalten:

Verkettete Betriebsspannung	Prüfspannung
bis 20000 Volt	3fache verkettete Spannung
20000 bis 50000 Volt	2,5fache verkettete Spannung
über 50000 Volt	2fache verkettete Spannung.

Die Isolation von Windung zu Windung muß eine hohe Durchschlagsfestigkeit aufweisen. Wenn auch im normalen Betrieb zwischen benachbarten Windungen nur eine geringe Spannungsdifferenz herrscht, so können doch beim Auftreffen von Überspannungswellen auf die Wicklung zwischen nahe beieinander liegenden Punkten ein und derselben Phase ganz erhebliche Spannungen zustandekommen, welche zu Durchschlägen führen. Wenn sich auch derartige Durchschläge zunächst kaum bemerkbar machen, führen sie doch mit der Zeit zu einer Schwächung der Gesamtisolation und schließlich zu schweren Wicklungsschäden. Bei Spannungen bis zu 20000 Volt wird zweckmäßig die gesamte Wicklung so ausgeführt, daß benachbarte Windungen kurzzeitig das 1- bis 2fache der normalen Betriebsspannung aushalten können. Bei höheren Spannungen genügt es, wenn die gegenseitige Isolation der am meisten gefährdeten Eingangswindungen für die volle Betriebsspannung bemessen wird; für den übrigen Teil der Wicklung kann eine schwächere Isolation, etwa für drei Viertel der normalen Betriebsspannung gewählt werden.

Trotz der verstärkten Windungsisolation empfiehlt es sich, die Wicklungen der Transformatoren noch durch vorgeschaltete Drosselspulen zu schützen. Die Induktivität derselben ist auf Grund der elektrischen Eigenschaften der Leitungen zu wählen.

Wie bei den Generatoren spielt auch bei den Transformatoren die Frage der Kühlung eine große Rolle. Wenngleich die abzuführenden Wärmemengen nicht so groß sind wie bei ersteren, liegen doch die Verhältnisse hier ungünstiger, weil es sich um ruhende Apparate handelt. Aus diesem Grunde wird zur Abführung der Wärme ein Zwischenmittel, und zwar Öl, verwendet, das gleichzeitig ein vorzügliches Isolationsmittel ist. Das Öl nimmt die in den Wicklungen und im Eisenkern entstehende Verlustwärme auf, führt sie in einem Kreislauf mit sich fort und gibt sie an geeigneter Stelle ab.

Bei Transformatoren bis etwa 4000 kW wird natürliche, darüber hinaus künstliche Kühlung angewendet. Bei der natürlichen Kühlung wird das erwärmte Öl an den Außenwänden des Transformatorgefäßes abgekühlt. Zur Verbesserung der Wärmeabgabe wird das Gefäß mit großer Oberfläche ausgeführt oder es werden besondere Kühltaschen (Radiatoren) am Gefäß angeordnet, welche oben und unten durch Anschlußflanschen mit dem Ölraum verbunden sind. Bei der künstlichen Kühlung wird das Öl zur Rückkühlung mittels einer Umlaufpumpe durch Kühlschlangen gedrückt, die in einem Wasserbehälter liegen oder auch in freier Luft aufgestellt sind und mit Kühlwasser berieselt werden. Wichtig ist es, daß die Wirksamkeit der Kühlung dauernd überwacht wird, wozu Meß- und Alarmvorrichtungen angeordnet werden, welche unzulässiges Ansteigen der Öltemperatur, Unterbrechung des Ölumlaufes und sonstige Störungen anzeigen.

Voraussetzung für dauernd einwandfreies Arbeiten eines Transformators ist eine vorzügliche Qualität des zur Füllung verwendeten Öles. Dieses darf weder chemische noch mechanische Verunreinigungen enthalten, noch auch zur Absorption von Luft und anderen Gasen neigen.

Hinsichtlich der äußeren Ausgestaltung der Transformatoren ist, wie bei den Generatoren, auf Transport und Montage Rücksicht zu nehmen. Besonders bei sehr großen Transformatoren ist darauf zu achten, daß sie das zulässige Ladeprofil der Bahnen nicht überschreiten; gegebenenfalls findet der Transport auf besonderen Tiefgangwagen statt. Spurweite und Radprofile für die Laufräder sollen für sämtliche Transformatoren eines Netzes einheitlich gewählt werden, um eine bequeme Auswechselbarkeit zu sichern; auch sollen einheitliche Vorrichtungen zum Anheben von Deckel und Kern bei allen Transformatoren angebracht sein.

b) Elektrische Eigenschaften. Was die elektrischen Eigenschaften der Transformatoren anbelangt, so stellt zunächst der Wirkungsgrad eine wichtige Größe dar; er hängt ab von den im Transformator entstehenden Verlusten, die ihrer Entstehung nach in Eisen- und Kupferverluste zerfallen. Die Eisenverluste sind unabhängig von der Belastung dauernd vorhanden, solange der Transformator unter Spannung steht. Da sie bei schwacher Belastung den Jahreswirkungsgrad eines Transformators sehr herabdrücken können, ist man bestrebt, sie möglichst klein zu halten. Die Kupferverluste rühren vom Stromdurchgang durch die Wicklung her und sind als Joulesche Verluste proportional dem Quadrat der Stromstärke. Sie sind demnach im Leerlauf nur insoweit vorhanden, als sie vom Leerlaufstrom herrühren. Ihr Einfluß auf den Jahreswirkungsgrad ist demnach wesentlich geringer, als jener der Eisenverluste.

Bei guter Konstruktion lassen sich bei großen Transformatoren unter Vollast Wirkungsgrade von 98% und darüber erreichen.

Eine weitere Größe von Wichtigkeit ist der Leerlaufstrom. Man ist im allgemeinen bestrebt, ihn möglichst klein zu halten, weil er Verluste nicht nur im Transformator, sondern auch in den Leitungen verursacht. Bei Netzen mit sehr hoher Spannung kann unter Umständen ein hoher Leerlaufstrom erwünscht sein, weil er als ein um nahezu 90° nacheilender Strom zur Kompensation der Ladeströme beiträgt. Zweckmäßiger ist jedoch die Kompensation mit Blindstrommaschinen, welche eine dem jeweiligen Belastungszustand des Netzes entsprechende Regulierung gestattet.

Eine charakteristische Größe für das Verhalten des Transformators im Betrieb ist die Kurzschlußspannung. Darunter ist diejenige Spannung zu verstehen, welche bei normalem Strom und kurzgeschlossenem Sekundärkreis zwischen den Primärklemmen auftritt. Sie wird im wesentlichen durch die Reaktanz der Wicklungen bestimmt. Eine hohe Kurzschlußspannung hat den Vorteil, daß sie den Kurzschlußstrom bei Kurzschluß in dem sekundär angeschlossenen Netz herabmindert. Andererseits bedingt hohe Kurzschlußspannung große und stark wechselnde Spannungsabfälle im Tranformator, je nachdem derselbe mit vor- oder nacheilendem Strom belastet ist. Es ist deshalb zweckmäßig, bei Transformatoren für Landesnetze die Kurzschlußspannung nach oben und unten zu begrenzen; beispielsweise wurden für die Transformatoren des Bayernwerkes als Grenzen der Kurzschlußspannung 8 bis 10% vorgeschrieben.

Hinsichtlich der Schaltungen kommen für Großtransformatoren in Frage:

die Stern-Sternschaltung, primär λ sekundär λ; ferner

die Stern-Dreieckschaltung, primär λ sekundär $\triangle$.

Die erstgenannte Schaltung bietet den Vorteil, daß auf der Primär- und Sekundärseite der Nullpunkt für Meß- und Kontrollzwecke zugänglich ist. Dagegen haften dieser Schaltung hinsichtlich der Magnetisierung gewisse Nachteile an, indem besonders in Kerntransformatoren die Ausbildung sogenannter wilder Felder möglich ist, die zu zusätzlichen Verlusten in den Deckblechen, den Konstruktionsteilen und dem Ölkessel führen können. Die Stern-Dreieckschaltung ist frei von dieser Nebenerscheinung, weil infolge der durch die Dreieckschaltung geschaffenen Ausgleichsmöglichkeit die Magnetisierung einen günstigeren Verlauf nimmt. Man bevorzugt daher bei wichtigen Transformatoren die zweite Schaltungsart der Wicklungen, um so mehr als eine Herausführung des Nullpunktes auf beiden Seiten bei Landeswerken nicht nötig ist.

Arbeiten meherere Transformatoren parallel auf ein gemeinsames Netz, so ist es erforderlich, daß sich die Belastung auf die einzelnen Transformatoren entsprechend ihrer Leistung aufteilt. Zu diesem Zwecke müssen die Transformatoren abgesehen von gleichen Übersetzungsverhältnissen auch gleiche Kurzschlußspannungen besitzen. Es empfiehlt sich, in einem Netze für die Transformatoren aller Größen und aller Firmen die Kurzschlußspannung von vornherein einheitlich festzusetzen, um jeden Transformator an jeder beliebigen Stelle verwenden zu können.

6. Ausführungsbeispiele.

Die praktische Anwendung der im vorstehenden gegebenen Richtlinien sei nachstehend an Hand einiger Ausführungsbeispiele für die Gesamtanordnung von Stationen für 100000 bzw. 60000 Volt gezeigt.

Abb. 137 stellt eine normale Netzstation des nach den Plänen und unter der Leitung Oskar v. Millers ausgeführten Bayernwerks dar. Die Apparate sind bei dieser Station vollständig dem Laufe des Schaltungsschemas entsprechend angeordnet. Demgemäß sind an der Einführungswand die Schaltkammern für die Fernleitungen, an der gegenüberliegenden Wand die Schaltkammern für die Transformatoren vorgesehen. Dazwischen befindet sich der Betätigungsgang. Die Stationen sind mit Doppelsammelschienen ausgestattet, weshalb die Schalterkammern in der früher beschriebenen Weise gegeneinander versetzt sind. An das Schalthaus schließen sich die Räume für die Kühlanlage an; diese besteht für jeden Transformator aus einer Anzahl von Kühlschlangen, die in einem Kaltwasserbassin liegen und durch welche mittels einer Pumpe das Transformatorenöl hindurchgedrückt wird. Zur Abführung der Wärme wird der Wasserinhalt der Bassins dauernd erneuert. Die

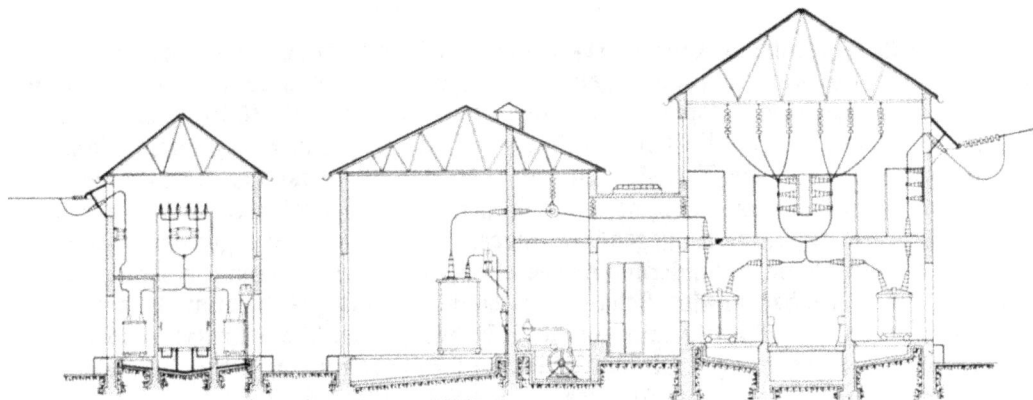

Abb. 137. Bayernwerkstation Type Bamberg.

Leitungszuführung zu den Transformatoren erfolgt oberhalb des Kühlraumes, wo auch die Drosselspulen angeordnet sind. Die Transformatoren sind in Einzelkammern untergebracht. Von der Niedervoltseite der Transformatoren führen Kabel nach dem räumlich getrennten Niedervolthaus, wo die Schalter und Sammelschienen für die abgehenden Kreiswerksleitungen untergebracht sind. Letzteres enthält auch den Kommandoraum, von welchem aus alle hoch- und niedervoltseitigen Schaltungen vorgenommen werden. Bei einzelnen Stationen schließt sich an das Niedervolthaus noch ein weiterer Raum an, in welchem die Blindstrommaschinen untergebracht werden.

Abb. 138 zeigt ebenfalls eine Bayernwerkstation, jedoch in der von Brown Boveri angewandten Bauart mit versenkten Ölschaltern. Sie unterscheidet sich von den vorbeschriebenen dadurch, daß weder Kammern noch seitliche Einfahrtstore für die Ölschalter angeordnet sind. Die Einbringung der Ölschalter erfolgt von einem in der Mitte des Schalthauses verlegten Geleise aus. An der Stelle der seitlichen Einfahrtstore befinden sich große Fenster, welche eine gute Beleuchtung des ganzen Schalthauses ermöglichen. Der Hauptvorzug dieser Bauart, die Ersparnis von Durchführungen, kommt bei der Abbildung deutlich zum Ausdruck. Im übrigen ist die

Station in gleicher Weise gegliedert, wie die vorher beschriebenen Stationen; dies gilt insbesondere für das Niedervolthaus, welches auch hier nach dem Kammersystem aufgebaut und mit anschließendem Kommandoraum versehen ist.

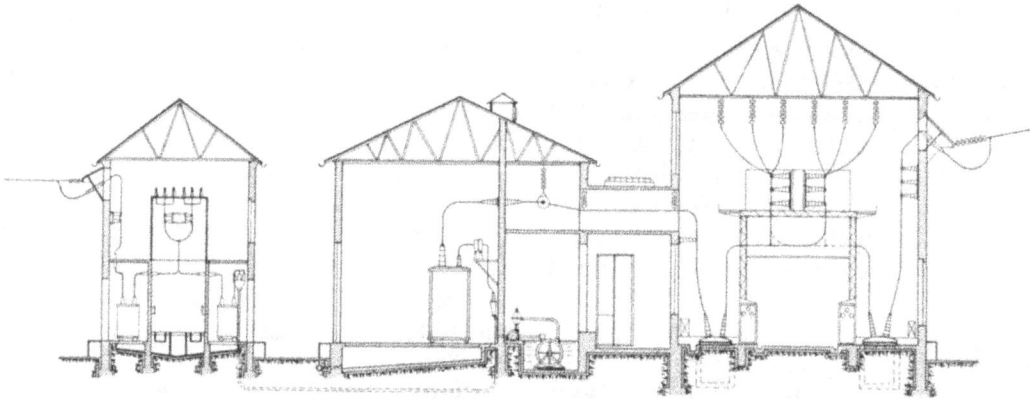

Abb. 138. Bayernwerkstation Type Schweinfurt.

Abb. 139 zeigt eine 60000 Volt-Station für größere Leistungen, wie sie für das Karpathenwerk vorgeschlagen war. Die Apparate sind wieder dem Laufe des Schaltungsschemas entsprechend angeordnet. An der Einführungswand liegen die Schalterkammern für die Fernleitungen, an der gegenüber liegenden Wand die Schalterkammern für die Transformatoren. In der Mitte ist der Betätigungsgang. Da bei dieser Station auf Doppelsammelschienen verzichtet ist, sind die Schaltkammern unversetzt einander gegenüber angeordnet, wodurch die geringste Baulänge erzielt wird. In einem besonderen Obergeschoß ist der Überspannungsschutz untergebracht. Unmittelbar an das Schalthaus schließt sich der Kühlraum für die Transformatoren an, der gleichzeitig zum Aus- und Einbringen der Transformatorenölschalter dient. Im Gegensatz zu den Ölschaltern, die in Einzelkammern untergebracht sind, ist bei den Transformatoren in Anbetracht der Seltenheit von Transformatorbränden auf Trennwände verzichtet. Dagegen ist für jeden Transformator entsprechend seinem Aufstellungsplatz ein gesondertes Einfahrtstor vorgesehen.

Schließlich soll noch eine 60000 Volt-Station einfachster Bauart für eine mäßige Leistung beschrieben werden (Abb. 140). Bei der gewählten Anordnung ist auf Unterbringung von Ölschaltern und Transformatoren in einzelnen geschlossenen Kammern verzichtet. Ein gemeinsamer Raum, der vom Bedienungsgang durch eine feuersichere Mauer getrennt ist, dient zur Aufnahme sämtlicher Ölapparate. Da die Station im Höchstfalle nur zwei Transformatoren aufzunehmen hat und demgemäß nicht mehr als zwei Stromzweige in Frage kommen, sind Sammelschienen entbehrlich. Für die Transformatoren ist entsprechend der mäßigen Leistung natürliche Kühlung vorgesehen, welche eventuell durch Ventilatoren verstärkt werden kann. Die Einfahrt der Transformatoren erfolgt in der Längsrichtung des Hauses durch zwei einander gegenüberliegende Tore. Es kann daher das Niedervolthaus unmittelbar an die Seitenwand des Hochvolthauses anschließen.

Trotz aller Unterschiede in den Einzelheiten sind die früher besprochenen grundlegenden Gesichtspunkte für die Anlage von Stationen bei allen Beispielen eingehalten. Dies gilt besonders bezüglich der übersichtlichen Gliederung, der Anordnung aller Ölapparate zu ebener Erde und der strikten Anlehnung der Gesamtdisposition an das Schaltungsschema.

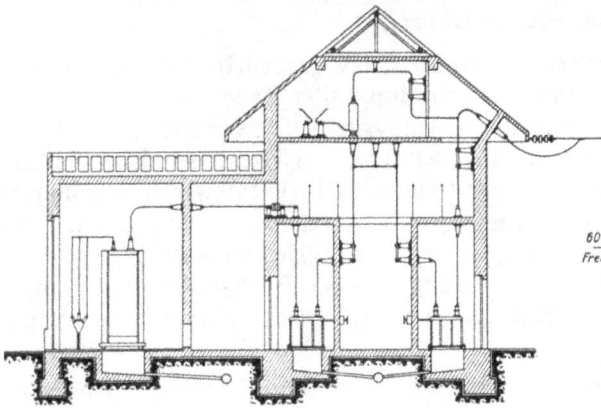

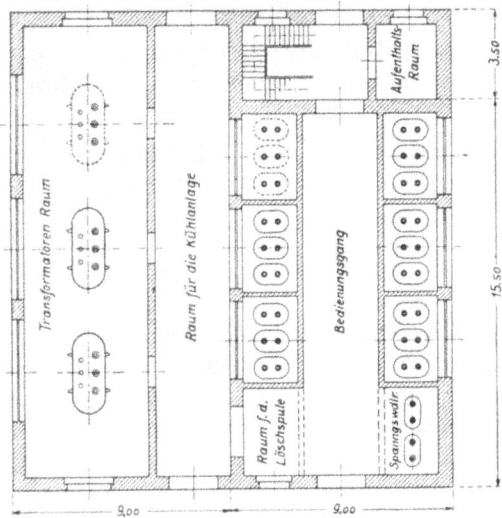

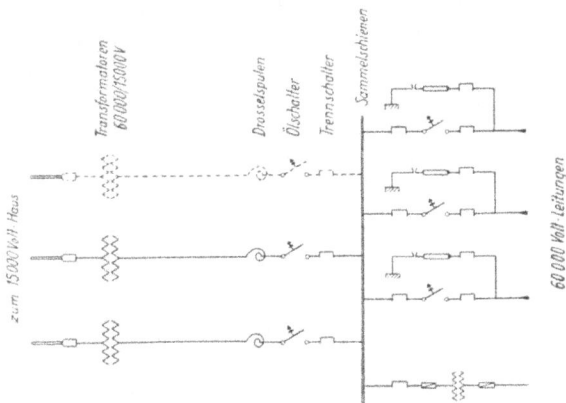

Ingenieurbüro Oskar von Miller G. m. b. H.

Abb. 139. 60000 Volt-Transformatorstation.

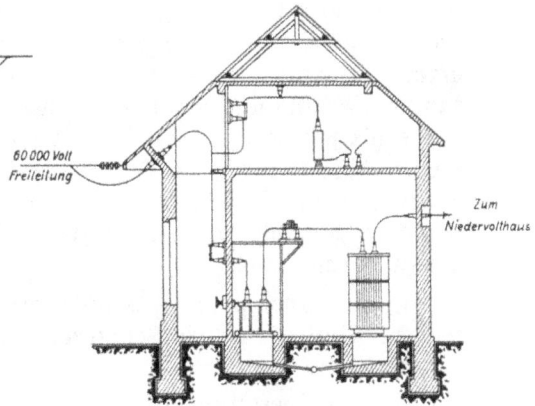

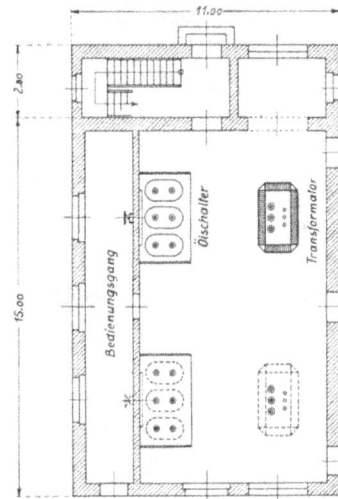

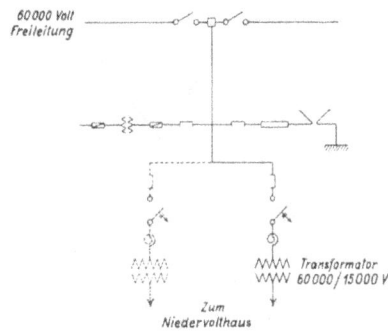

Ingenieurbüro Oskar von Miller G. m. b. H.

Abb. 140. Einfachste Ausführung einer
60000 Volt-Station.

C. Hilfseinrichtungen für den Netzbetrieb.

1. Sicherheitseinrichtungen.

Vorbedingung für den störungsfreien Betrieb eines ausgedehnten Höchstspannungsnetzes ist die möglichst vollkommene Ausbildung aller Teile der Anlage, denn die Zunahme der Störungen in ausgedehnten Leitungsnetzen gegenüber der Stromerzeugung am Verbrauchsort wäre die unangenehmste Begleiterscheinung der Zusammenfassung und würde die Anwendung der Landes-Elektrizitätswerke in höherem Maße als irgendwelche anderweitigen Erwägungen beeinträchtigen. Aber auch bei bester Ausbildung aller Teile eines Leitungsnetzes lassen sich gewisse Sicherheitseinrichtungen nicht entbehren. Die zur Erzielung größter Betriebssicherheit angewandten besonderen Mittel zerfallen ihrem Zwecke nach in der Hauptsache in drei Gruppen und zwar:

a) den Überspannungsschutz, welcher den Zweck hat, die infolge von atmosphärischen Einflüssen oder Schaltvorgängen auftretenden Überspannungen unschädlich zu machen;

b) den Überstromschutz, welcher den Zweck hat, die Leitungen und Apparate bei Kurzschlüssen, Überlastungen u. dgl. vor Strömen zu schützen, welche ihre Zerstörung herbeiführen würden;

c) den Erdschlußschutz, welcher den Zweck hat, den bei Erdschluß einer Phase auftretenden Lichtbogen zu löschen und dessen störende Folgeerscheinungen zu unterdrücken.

a) Überspannungsschutz. Der Überspannungsschutz spielt bei Landesnetzen mit sehr hoher Spannung nicht die große Rolle wie in Netzen mittlerer und niedriger Spannung. Dies liegt daran, daß die entstehenden Überspannungen hinsichtlich ihrer Größenordnung meistens in der Nähe der für Landesnetze gebräuchlichen Spannungen liegen und deshalb den entsprechend ausgebildeten Transformatoren, Isolatoren usw. nicht viel schaden können. Soweit höhere Überspannungen auftreten, werden sie größtenteils durch die längs der Leitungen auftretenden Glimmentladungen unschädlich gemacht. Man ist daher mit Recht der Ansicht, daß sich Höchstspannungsleitungen von selbst gegen Überspannung schützen. Dieser Selbstschutz der Leitungen macht bei einer Betriebsspannung von 100000 Volt oder darüber besondere Einrichtungen zur Beseitigung von Überspannungen entbehrlich. Als einziger Schutz können Erdungsseile in Frage kommen, welche man insbesondere auf einige hundert Meter vor den Transformatorstationen und an solchen Stellen, die elektrischen Entladungen besonders stark ausgesetzt sind (Fluß- und Gebirgsübergänge), über der Leitung anordnet.

Bei Spannungen unter 100000 Volt empfiehlt sich ein Überspannungsschutz dann, wenn das Glimmen der Leitungen erst jenseits jener Grenze beginnt, bei welcher Isolatoren und Apparate bereits gefährdet werden. Über die zweckmäßigste Art des zu wählenden Überspannungsschutzes sind die Meinungen geteilt und es dürfte kaum möglich sein, hiefür eine bestimmte Regel aufzustellen, da die örtlichen Verhältnisse zu verschieden sind. Praktisch hat sich der Hörnerableiter in seinen verschiedenen Ausführungsformen, dem Sterndreieckschutz u. a., gut bewährt. Bei allen Ableitern muß darauf geachtet werden, daß sie beim Ansprechen nicht selbst als Schwingungserreger wirken, weil in diesem Falle durch Resonanzerscheinungen neuerdings Überspannungen herbeigeführt werden können; ferner müssen die Dämpfungswiderstände, welche den bei Ansprechen des Ableiters auftretenden Erdstrom begrenzen sollen, eine den abzuführenden Energiemengen entsprechende Wärmekapazität besitzen.

b) Überstromschutz. Von größerer Wichtigkeit als der Überspannungsschutz ist für die Höchstspannungsnetze der Überstromschutz. Hiebei kommt es nicht nur darauf an, Überströme überhaupt abzuschalten, sondern vor allem sie so abzuschalten, daß das übrige Netz möglichst wenig in Mitleidenschaft gezogen wird.

Diesem Bedürfnis entsprechend wurden selbsttätige Schalterauslösevorrichtungen mit Zeitbeeinflussung ausgebildet, durch die bewirkt wird, daß die Auslösung beim Auftreten eines Überstromes nicht sofort, sondern erst nach Ablauf einer bestimmten Zeit erfolgt. Die Auslösezeit muß so gewählt werden, daß die Anschlußapparate während derselben noch keinen Schaden erleiden. Verschwindet während dieser Zeit die Überlastung, so unterbleibt die Auslösung, wodurch unnötige Abschaltungen

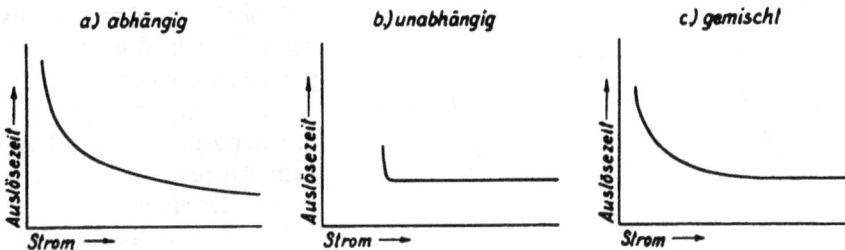

Abb. 141. Überstromschutz mit verschiedener Auslösecharakteristik.

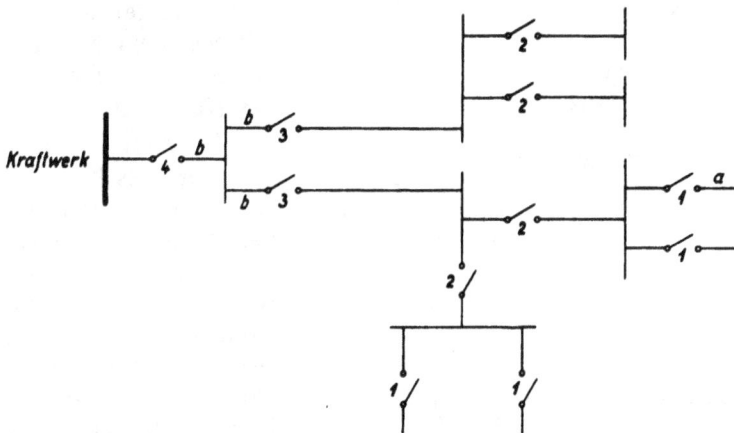

Abb. 142. Schema zur Veranschaulichung des Selektivschutzes in verzweigten Netzsystemen.

vermieden werden. Je nachdem bei bestimmter Einstellung die Zeit zwischen dem Auftreten des Überstromes und der Auslösung von der Größe des Stromes abhängt oder nicht, unterscheidet man abhängige und unabhängige Zeitauslöser. Neuerdings kommen auch Auslöser mit gemischter Charakteristik zur Anwendung, die bei geringer Überschreitung des normalen Stromes von der Größe der Überschreitung abhängig sind und erst bei hohen Überströmen unabhängige Charakteristik annehmen. Abb. 141 zeigt in Kurven die Abhängigkeit zwischen Strom und Auslösezeit.

Der abhängige Auslöser hat die Eigenschaft großer Verzögerung bei geringfügigen Überlastungen; die Auslösung erfolgt daher erst, nachdem die Überlastung längere Zeit angedauert hat. Diese Eigenschaft macht ihn für das letzte Glied der Versorgung, den Einzelkonsumenten, sehr wertvoll.

In einem verzweigten Netzsystem hingegen muß der unabhängige Auslöser verwendet werden, um einen Selektivschutz, das ist das Herauslösen lediglich der gestörten Teile, zu ermöglichen, wie an Hand des vorstehenden Netzbildes (Abb. 142) einzusehen ist. Angenommen sei ein Kurzschluß an der mit *a* bezeichneten Netzstelle. Wären alle Ölschalter des Netzes mit abhängiger Auslösung ausgestattet, so würden bei der durch den Kurzschluß hervorgerufenen starken Überlastung fast sämtliche Schalter bis zum Kraftwerk hin gleichzeitig auslösen und einen großen Teil des Netzes außer Betrieb setzen; denn es charakterisiert die abhängige Auslösung, daß bei großen Überlastungen ohne Rücksicht auf die Strom- oder Zeiteinstellung die Auslösung sofort erfolgt. Versieht man dagegen die Ölschalter mit unabhängiger Auslösung und staffelt die Auslösezeiten so, daß sie mit zunehmender Entfernung vom Kraftwerk abnehmen, so kann man eine bestimmte Reihenfolge der Auslösung erzwingen und die Abschaltung gesunder Netzteile verhindern. Demnach wird bei einem Kurzschluß an der Stelle *a* nur der vor der Kurzschlußstelle liegende Schalter mit der Auslösezeit 1 ansprechen, während alle übrigen Schalter geschlossen bleiben. Der dem Kraftwerk zunächstliegende Schalter mit der Auslösezeit 4 kommt dann zum Ansprechen, wenn ein Kurzschluß an einer der mit *b* bezeichneten Netzstellen auftritt. Dadurch werden zwar auch die gesunden Teile des Netzes abgetrennt; dies bedeutet aber keinen Nachteil, weil bei einer Störung an einer der Stellen *b* ohnedies ein Betrieb des Netzes ausgeschlossen ist.

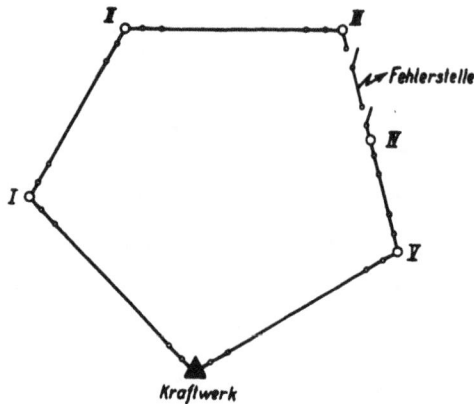

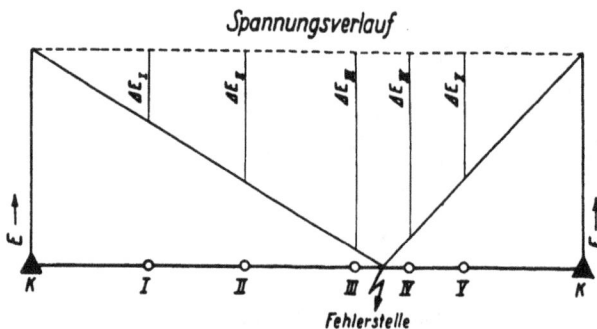

Schwieriger liegen die Verhältnisse bei geschlossen betriebenen Ringnetzen. Hier handelt es sich darum, den von einer Störung betroffenen Netzteil nach zwei Richtungen hin abzuschalten. Eine einfache Einstellung der Auslösezeiten, etwa nach obigem Schema, würde hiebei nicht mehr zum Ziele führen, da die Entfernung vom Kraftwerk nach zwei Seiten hin verschieden ist. Es muß vielmehr Vorsorge getroffen werden, daß stets die der Störungsstelle zunächst liegenden Schalter allein auslösen, unabhängig von ihrer Entfernung vom Kraftwerk. Zur Erreichung dieses Zieles sind verschiedene Wege vorgeschlagen worden. Einer besteht darin, daß man den Überstromauslöser mit einem Spannungsabfallrelais kombiniert. Die Wirkungsweise dieses Relais beruht darauf, daß die Spannung gegen die Kurzschlußstelle hin abnimmt (Abb. 143). Je größer der Spannungsabfall an einer bestimmten Netzstelle ist, desto kürzere Auslösezeiten werden von dem Relais automatisch eingestellt. In der Praxis haben sich indessen bei Verwendung von Spannungsabfallrelais vielfach Übelstände herausgestellt, indem eine geringe Unempfindlichkeit dieser Relais in der Nähe der Kurzschlußstelle leicht ein unregelmäßiges Auslösen der Schalter nach sich zieht.

Eine andere Methode des Selektivschutzes besteht in der sogenannten gegenläufigen Staffelung der Auslösezeiten, die in Abb. 144 dargestellt ist. Hiebei nehmen

Abb. 143. Selektivschutz mit Spannungsabfallrelais.

die Auslösezeiten der Schalter, durch welche der Strom aus den Stationen austritt, von der Zentrale weg ab, während die Auslösezeiten derjenigen Schalter, durch welche der Strom in die Stationen eintritt, in der gleichen Richtung zunehmen. Im Störungsfalle werden durch Energierichtungsrelais diejenigen Schalter, über welche Energie in die Stationen eintritt, am Auslösen verhindert, während diejenigen Schalter, durch welche Energie aus den Stationen austritt, freigegeben werden. In der Abbildung ist die Energieflußrichtung durch Pfeile gekennzeichnet; die gesperrten Schalter sind durchstrichen. Die der Störungsstelle benachbarten Schalter sind, da der Strom von beiden Seiten her auf die Störungsstelle zufließt, beide freigegeben und besitzen von den Schaltern, die auf beiden Ringhälften ansprechen können, jeweils die kürzesten Auslösezeiten.

Eine dritte Art des Selektivschutzes, wie er bei parallel geschalteten Doppelleitungen verwendbar ist, beruht darauf, daß die beiden Leitungen im gesunden Zustand gleiche Ströme führen. Tritt in einer Leitung eine Störung auf, so wird diese Gleichheit der Ströme sofort einer mehr oder minder großen Verschiedenheit

weichen; durch die Differenz der Ströme wird ein Relais betätigt, welches die Auslösung der Schalter bewirkt. Dieser Schutz verliert seine Wirksamkeit, sobald beide Leitungen gleichzeitig gestört werden, wie dies etwa bei Mastbruch vorkommen kann. Für sich allein reicht diese Art des Schutzes nicht aus, derselbe muß vielmehr mit einem der beiden anderen Systeme kombiniert werden. Beim Bayernwerk kommt beispielsweise eine Kombination der beiden zuletzt beschriebenen Schutzsysteme zur Anwendung.

In gleicher Weise, wie die unabhängigen Auslöser, sind auch die Auslöser mit gemischter Charakteristik für den Selektiv-

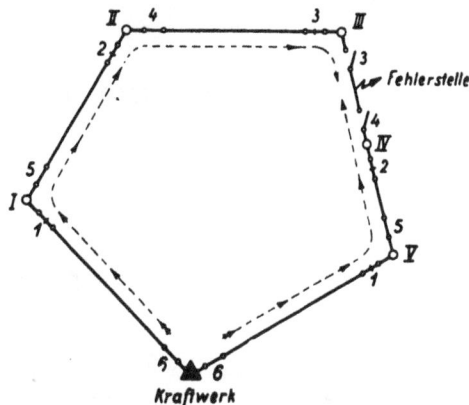

Abb. 144. Selektivschutz mit gegenläufiger Staffelung der Auslösezeiten.

schutz verwendbar. Sie haben vor ersteren den Vorzug, daß sie infolge ihrer Dämpfung bei geringen Überlastungen die Zahl der Auslösungen beschränken.

c) Erdschlußschutz. Bei ausgedehnten Höchstspannungsnetzen muß auch der Erdschlußfrage eine besondere Aufmerksamkeit zugewendet werden. Die Erdschlußströme nehmen hier infolge der hohen Netzkapazität ganz beträchtliche Werte an und stören nicht nur den eigenen Betrieb, sondern ziehen auch benachbarte Fernmeldeleitungen u. dgl. in Mitleidenschaft. Da Erdschlüsse nicht ganz vermieden werden können, handelt es sich im wesentlichen darum, den Erdschlußstrom zu begrenzen und zu löschen.

Ein einfaches Mittel hiezu ist die sogenannte Petersen-Spule, eine Drosselspule, die zwischen den Nullpunkt des Systems und Erde geschaltet wird, wie Abb. 145 zeigt. Ihre Wirkungsweise beruht darauf, daß der bei Erdschluß einer Phase über die Erdkapazität der gesunden Leiter entstehende voreilende Erdschlußstrom durch einen nacheilenden Löschstrom gleicher Größe aufgehoben wird. Der letztere fließt durch die Erdungsdrosselspule, sobald diese durch den Erdschluß an die Sternspannung des Systems zu liegen kommt. Die Einrichtung ist noch bei Abweichungen zwischen Erdschluß- und Löschstrom bis zu 30% wirksam.

Auf einem ähnlichen Prinzip beruht der Löschtransformator von Bauch. Wie aus Abb. 146 hervorgeht, besitzt er eine in Stern geschaltete Primärwicklung, deren Enden an das Netz gelegt werden, während ihr Sternpunkt geerdet wird; die

18*

drei sekundären Phasenwicklungen sind hintereinander geschaltet und über eine einstellbare Drosselspule geschlossen. Solange die drei Leitungsphasen gleiche Spannung gegen Erde haben, fließt im Sekundärkreis kein Strom, weil auch primär die Stromsumme gleich Null ist. Dieses Gleichgewicht wird gestört, sobald ein Erdschluß auftritt; es entsteht sekundär ein infolge der Belastung durch die Drosselspule nacheilender Strom, der rückwirkend auf der Primärseite den erforderlichen Löschstrom zum Fließen bringt. Die Anzapfungen der Drosselspule dienen dabei zur Regulierung der Löschwirkung.

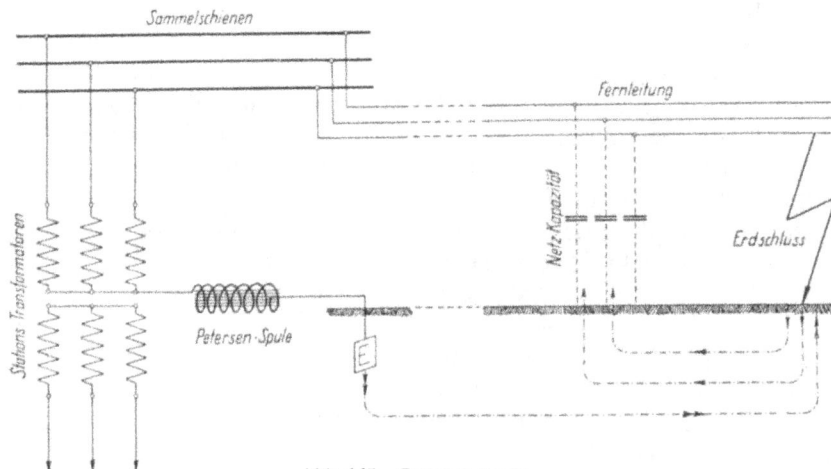

Abb. 145. Petersen-Spule.

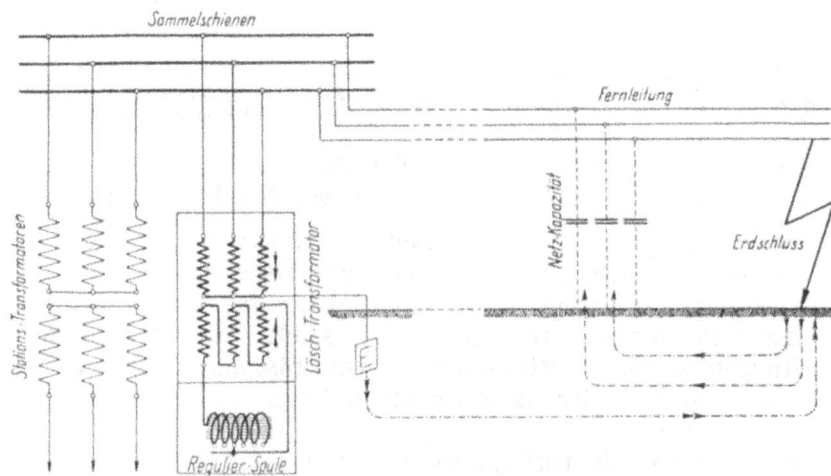

Abb. 146. Löschtransformator von Bauch.

Bei großen Netzen müssen Erdschlußschutzeinrichtungen der vorbeschriebenen Art naturgemäß an mehreren Stellen angeordnet werden. Da mit wachsender Entfernung der Fehlerstelle vom Kraftwerk die für den Erdschlußstrom maßgebende Netzkapazität immer größer wird, müssen auch die bei Erdschluß wirksamen Induktivitäten immer größer werden. Letztere ordnet man am besten in solchen Abständen an, daß die Abweichung des Kompensationsstromes vom Sollwert in den Grenzen ±30% liegt. Damit wird dann in allen Fällen ein sicheres Löschen des Erdschlußlichtbogens erzielt.

2. Einrichtungen zur Befehlsübermittlung.

Der ausgedehnte Apparat eines Landesnetzes erfordert eine mit allen Mitteln modernen Nachrichtenwesens ausgestattete zentrale Befehlsstelle, von welcher aus das Netz ständig überwacht wird und alle Weisungen bezüglich Betrieb und Behebung von Störungen erfolgen.

Um die Überwachung wirksam durchzuführen, muß es möglich sein, mit Hilfe besonderer Einrichtungen den jeweiligen Schaltzustand des Netzes und der angeschlossenen Transformatoren festzustellen; ferner sollten die Spannungen an verschiedenen Punkten des Netzes sowie die Strombelastung der verschiedenen Leitungsstränge unmittelbar in der Befelsstelle erkennbar sein. Die Einrichtungen zur Kennzeichnung des Netzzustandes müssen dabei übersichtlich sein, damit auftretende Fehler und deren Ursachen ohne langwierige Überlegungen erkannt und die richtigen Maßnahmen zur Beseitigung oder Abgrenzung getroffen werden können. Ein Beispiel für eine praktische Lösung der Übertragung von Meßangaben bildet die zentrale Befehlsstelle des Bayernwerkes, die am Ende dieses Kapitels in ihren Hauptzügen beschrieben wird.

Damit die zentrale Befehlsstelle ihre volle Wirksamkeit entfalten kann, ist eine zweckmäßige und zuverlässige Nachrichtenübermittlung erforderlich. Es muß möglich sein, sowohl von der Befehlsstelle als auch von den einzelnen Stationen aus mit allen Netzstationen in Verbindung zu treten. Um die Nachrichtenübermittlung sicherzustellen, ist es nötig, mehrere Wege für die Verständigung vorzusehen. Hinsichtlich ihrer Art können die Betriebsfernsprechanlagen in Drahtsysteme und drahtlose Systeme eingeteilt werden.

Die einfachste und naheliegendste Lösung stellt ein Anschluß an die staatlichen Fernsprechleitungen dar. Daß jedoch eine öffentlichen Zwecken dienende Einrichtung den Forderungen einer Betriebsfernsprechanlage nicht voll gerecht werden kann, ist ohne weiteres klar; die schnelle Sprechmöglichkeit, die in manchen Fällen unbedingt erforderlich ist, läßt sich kaum erreichen, zumal wenn der Weg über mehrere Fernsprechämter führt. Auch wird bei Gewittern, das ist gerade dann, wenn die meisten Störungen an Hochspannungsleitungen auftreten, der Fernsprechdienst gewöhnlich eingestellt. Aus diesen Gründen kommt bei Landesnetzen die Benutzung staatlicher Telephonleitungen nur als Ergänzung und Reserve in Frage, ausgenommen, wenn die Postverwaltung in der Lage ist, dem Landeswerk eine Leitung zur ausschließlichen Benutzung zu überlassen, wie dies z. B. beim Bayernwerk der Fall ist.

Im allgemeinen ist man daher gezwungen, eigene Betriebsfernsprechleitungen anzulegen. Diese können entweder auf besonderen Masten oder am Hochspannungsgestänge verlegt werden. Praktisch wird wegen der wesentlich geringeren Anlagekosten fast ausschließlich das letztere vorgezogen, zumal es heute möglich ist, der Gefährdung des Bedienungspersonals durch Induktions- oder Influenzströme durch Schaltung von Isolationstransformatoren zwischen Leitung und Sprechapparate oder durch Einschaltung eines isolierenden Verbindungsgliedes (Gummischlauch, Mikanitrohr usw.) in die Lautübertragung zu begegnen.

Was die drahtlosen Systeme anlangt, so könnte zunächst an die Verwendung der reinen Raumtelephonie gedacht werden. Dieses System ist jedoch bisher noch in keinem Falle zur Anwendung gekommen, weil die für eine einwandfreie Verständigung erforderlichen Energiemengen unwirtschaftlich hoch werden und die Gefahr der Störung durch fremde Wellen sehr groß ist. Daher gelangt bis jetzt nur die sogenannte leitungsgerichtete Hochfrequenztelephonie zur Anwendung. Bei dieser werden die Sprechschwingungen mittels besonderer Kopplungseinrichtungen auf die Hochspannungsleitungen übertragen und an der Empfangsstelle mittels ebensolcher Einrichtungen wieder abgenommen. Gegenüber der Übertragung mit Draht hat dieses System den Vorzug großer Unabhängigkeit von Störungen aller Art. Selbst wenn die eine oder andere Hochspannungsleitung gerissen ist, ist eine Verständigung noch möglich, da die hochfrequenten Sprechschwingungen sich über alle Leitungen der betreffenden Leitungsstrecke fortpflanzen und man bei Sendung mit starker Energie auch kurze Luftstrecken überbrücken kann.

Zum Schlusse soll an einem praktischen Beispiel gezeigt werden, wie Betriebsüberwachung und Befehlsübertragung in einem modernen Landesnetz zweckmäßig organisiert und ausgestaltet werden. Zu diesem Zwecke sind nachfolgend die entsprechenden Einrichtungen des Bayernwerkes kurz beschrieben:

Die Leitung und Überwachung des Betriebes obliegt einer Zentralbefehlsstelle, welche dem Umspannwerk Karlsfeld bei München angegliedert ist. Diese Stelle kann sich auf drei Wegen mit den Stationen des Netzes verständigen:

a) mittels eines eigenen Drahttelephons,
b) mittels leitungsgerichteter Hochfrequenztelephonie,
c) mittels der öffentlichen staatlichen Fernsprechleitung.

Betriebsmäßig wird die Drahttelephonie auf besonderen Leitungen benützt, die im Kabelnetz der Reichspostverwaltung ausschließlich für Betriebsgespräche des Bayernwerkes freigehalten sind. Die Herstellung der Verbindungen der Stationen untereinander geschieht automatisch ohne Inanspruchnahme von Zwischenstellen. Die Drahttelephonie besitzt einen hohen Zuverlässigkeitsgrad, weil sie als Kabelverbindung von allen atmosphärischen Störungen unabhängig ist. Die an zweiter Stelle genannte Hochfrequenz-Telephonie umfaßt sämtliche Stationen, ihre Handhabung ist in nichts von der eines gewöhnlichen Drahttelephons unterschieden. Die Verbindung über die öffentlichen Fernsprechleitungen schließlich dient zur Reserve bei Störungen in den Sonderleitungen und in der Hochfrequenztelephonie.

Um der Zentralbefehlsstelle eine Übersicht über den jeweiligen Schaltzustand des Netzes zu geben, wird dieser fortlaufend auf einem beleuchteten Schalttableau dargestellt, auf dem sämtliche Leitungen, Schalter, Sammelschienen, Transformatoren und die das Bayernwerk speisenden Kraftwerksgeneratoren eingetragen sind. Der augenblickliche Schaltzustand wird gekennzeichnet, indem die im Betrieb befindlichen Teile des Schemas mittels kleiner Lämpchen von rückwärts beleuchtet werden. Trotz der Größe des Schaltbildes, welches ein 3 m hohes und 7 m breites Feld bedeckt, wurde durch Verwendung einer geeigneten Darstellung und Bezeichnungsweise große Übersichtlichkeit erzielt.

Mittels dieser Einrichtungen ist die Zentralbefehlsstelle in der Lage, von den einzelnen Stationen Meldungen entgegenzunehmen und entsprechende Schaltanweisungen zu erteilen. Voraussetzung der Wirksamkeit aller Maßnahmen ist hiebei eine straffe, einheitliche Organisation und Abgrenzung der Befugnisse. Die einzelnen Stationen unterstehen gruppenweise Bezirksleitungen, welche die Aufgabe haben, für die Behebung der Störungen zu sorgen und die niedervoltseitigen Schaltmanöver im Einvernehmen mit den Abnehmern vorzunehmen. Alle hochvoltseitigen Schaltungen dagegen werden ausschließlich durch die Zentralbefehlsstelle angeordnet; auch die Regelung der Netzspannung ist ausschließliche Aufgabe der Zentralbefehlsstelle.

3. Meß- und Signaleinrichtungen.

Von Wichtigkeit für den Betrieb und die Überwachung der Landesnetze sind die Meßeinrichtungen, auf deren zweckmäßige Ausgestaltung daher besondere Sorgfalt zu verwenden ist. Es muß möglich sein, an den Erzeugungs- und Verteilungsstellen alle für den Betrieb wichtigen Größen mit Hilfe von direkt zeigenden und registrierenden Instrumenten zu erkennen und zu verfolgen; doch soll man sich im Interesse der Klarheit und Übersichtlichkeit auf die wirklich notwendigen Instrumente beschränken und entbehrliche Einrichtungen weglassen, weil sie das Personal verwirren und zu falschen Maßnahmen Anlaß geben können.

Im allgemeinen hat sich bei Landesnetzen die Messung zu erstrecken auf den Strom, die Spannung, die Wirkleistung, die Blindleistung, die Phasenverschiebung, die Wirkarbeit und die Blindarbeit. Zur Messung der Stromstärke genügt in den meisten Fällen ein direkt anzeigendes Instrument, weil die zeitliche Verfolgung dieser Größe selten von Interesse ist und durch die Angaben der übrigen Registrierinstrumente ermöglicht wird. Dagegen sind für die Messung der Spannung, Wirkleistung, Blindleistung und Phasenverschiebung neben direkt zeigenden auch registrierende Instrumente vorzusehen. Ist man aus irgendeinem Grunde zur Beschränkung gezwungen, so ist es besser, auf die direkt zeigenden Instrumente zu verzichten als auf die registrierenden, weil letztere stets auch direkte Ablesungen gestatten.

Die Tarifgestaltung erfordert gewöhnlich die Zählung der Wirk- und Blindarbeit. Da in den meisten Fällen neben der Arbeit auch die während eines längeren Zeitraumes aufgetretene Höchstbelastung als Grundlage der Strompreisverrechnung bekannt sein muß, werden die Zähler meist mit entsprechenden Registriervorrichtungen versehen. Neuerdings werden vielfach Zähler verwendet, welche mittels einer besonderen Schreibvorrichtung die Durchschnittsleistungen innerhalb kurzer Zeiträume, z. B. ¼ oder ½ Stunde, fortlaufend aufzeichnen, und denen infolge ihrer Wirkungsweise, welche kurzzeitige Leistungsschwankungen und Unregelmäßigkeiten unberücksichtigt läßt, ein hoher Genauigkeitsgrad zukommt.

Die Anzahl der an einer Verrechnungsstelle erforderlichen Zähler ergibt sich aus den Betriebsbedingungen. Soll zwischen zwei Punkten A und B Strom in jeder der beiden Richtungen ausgetauscht werden, so sind zu messen:

die Wirkarbeitslieferung von A nach B,
„   „   „ B „ A,
„ Blindarbeitslieferung „ A „ B,
„   „   „ B „ A.

Insgesamt sind somit vier Zähler erforderlich, deren jeder mit Rücklaufhemmung zu versehen ist.

Die Zahl der Zähler vermindert sich, wenn der Austausch von Wirkarbeit oder Blindarbeit nur in einer Richtung erfolgt. Ist beispielsweise B eine reine Konsumstelle, die Wirk- und Blindarbeit verbrauchen, aber nicht zurückliefern kann, so kommen nur ein Wirkarbeits- und ein Blindarbeitszähler in Frage.

Bezüglich des Zusammenhanges mit den Hochspannung führenden Leitungen unterscheidet man direkt eingebaute Instrumente und über Wandler angeschlossene Instrumente. Erstere kommen bei Landesnetzen nur selten in Frage, weil die Schalttafeln räumlich meist vollkommen von der Hochspannungsanlage getrennt sind. Lediglich elektrostatische Voltmeter werden bisweilen als Kontrollinstrumente verwendet.

Die über Wandler angeschlossenen Instrumente haben den Vorzug, daß sie räumlich unabhängig von der eigentlichen Schaltanlage angeordnet werden können; auch ist ihre Kontrolle und Auswechslung während des Betriebes ohne Gefahr möglich. Der wichtigste Teil dieser Meßeinrichtungen sind die Strom- und Spannungswandler, auf deren Durchbildung größter Wert zu legen ist; insbesondere müssen sie hinsichtlich ihrer Isolation allen Ansprüchen gewachsen sein. Spannungswandler normaler Ausführung können für ganz hohe Spannungen nicht mehr betriebssicher genug ausgebildet werden. Man hilft sich in der Weise, daß man nicht die Spannung, sondern eine ihr proportionale Größe mißt. Eine solche Größe ist z. B. der von einer Durchführung zur Erde abfließende Ladestrom.

Neben den Meßinstrumenten und ihrem Zubehör sind noch die Signaleinrichtungen zu erwähnen, welche die Stellung der Ölschalter, Zahl und Zeit ihrer Auslösungen, Fehlschaltungen, Eintritt von Erdschlüssen usw. anzeigen. Optische Zeichen verwendet man hauptsächlich für diejenigen Zwecke, bei denen es sich lediglich um eine Kontrolle handelt, während man für Warnungszwecke akkustische Signale vorzieht. Als optische Zeichen kommen hauptsächlich Signallampen und Schauzeichen, als akustische Hupen- und Sirenensignale in Betracht. Alle Signalvorrichtungen müssen zwecks unbedingter Zuverlässigkeit von einer unabhängigen Stromquelle, am besten von einer Akkumulatorenbatterie gespeist werden. Störungen in den Signalvorrichtungen selbst, wie z. B. Beschädigung einer Signalleitung, Durchbrennen einer Signallampe u. dgl., müssen deutlich erkennbar sein, um fehlerhafte Maßnahmen zu vermeiden.

Abschnitt VIII.

Kostenberechnungen.

A. Anlagekosten.

1. Die Kostenelemente und ihre Bedeutung für die Ermittlung genereller Vergleichskosten.

Für Landes-Elektrizitätsversorgungen ist die Höhe der Anlagekosten von besonderer Bedeutung, weil der Kapitaldienst für die Verzinsung, Tilgung und Abschreibung der Kraftwerke und Leitungsnetze einen sehr wesentlichen Teil der Jahresausgaben ausmacht. Die richtige Ermittlung der Anlagekosten ist deshalb ausschlaggebend für die zutreffende Beurteilung der Wirtschaftlichkeit einer geplanten Landesversorgung.

Bei Erörterung der Vorerhebungen wurde darauf hingewiesen, daß schon bei dieser Gelegenheit zur Erzielung einer möglichst richtigen Kostenberechnung die örtlichen Preise der Baustoffe, die örtlichen Löhne, die Fracht- und Anfuhrverhältnisse, die Frage der Zölle und der Zollerleichterungen genau zu untersuchen sind.

Die Ermittlung der Anlagekosten erfolgt durch Einholung von Angeboten für die verschiedenen Arbeiten und Lieferungen auf Grund der Pläne, der Leistungsverzeichnisse und der allgemeinen und besonderen Lieferungsbedingungen. Je genauer diese Unterlagen ausgearbeitet sind, desto zuverlässiger können die Unternehmer die Preise unter Berücksichtigung aller gestellten Anforderungen berechnen, desto eher werden unangenehme Kostenüberschreitungen bei Regieverträgen bzw. zu hohe Risikoprämien bei Pauschalverträgen mit festgelegter Endsumme vermieden.

Für den projektierenden Ingenieur handelt es sich jedoch nicht nur darum, die endgültigen Anlagekosten einer geplanten Landesversorgung auf Grund eingeholter Spezialangebote zu berechnen, sondern er muß im Verlauf der Vorarbeiten sehr häufig die Anlagekosten verschiedener Teile der Landesversorgung unter Zugrundelegung genereller Kostenschätzungen ermitteln, um unter verschiedenen Möglichkeiten der Kraftbeschaffung und der Kraftverteilung diejenigen herauszufinden, welche für den gegebenen Fall als die wirtschaftlichsten erscheinen.

Die überschlägige Ermittlung der Anlagekosten ist z. B. erforderlich, um zu entscheiden, ob für die Deckung eines gegebenen Strombedarfs die Errichtung einer Wärmekraftanlage oder der Ausbau einer Wasserkraft zweckmäßiger ist, ob als Wasserkraft eine Laufkraft oder eine Speicherkraft gewählt werden soll, ob bei einer gegebenen Laufkraft eine kleinere, ständig vorhandene oder eine größere, aber nicht ständig vorhandene Wassermenge ausgebaut werden soll, wieweit eine Speichermöglichkeit durch Steigerung der Maschinenleistung ausgenützt werden soll u. dgl.

Es ist klar, daß die Höhe der Anlagekosten bei einer Wasserkraft mit langen und teueren Zuleitungskanälen, Stollen u. dgl. eine Ausnützung selten vorkommender Wasserstände erschwert, während eine Anlage mit kurzer und deshalb billiger Wasserzuführung auch bei Ausbau auf Größtwassermengen eine genügende Wirtschaftlichkeit erwarten läßt. Bei Speicheranlagen kommen für die Vergrößerung der Spitzenleistung in der Regel nur die Kosten der Wasserschlösser, der Rohrleitungen, der Maschinenhäuser und der Turbinen in Frage. Für Kraftwerke in unmittelbarem Anschluß an Talsperren fallen auch die Kosten für Wasserschlösser und Rohrleitungen weg, so daß eine Vergrößerung der Leistung lediglich eine Verteuerung der Maschinenhäuser, Turbinen usw. bedingt.

Für die Disposition späterer Ausbauten ist vielfach zu prüfen, ob die erforderlichen Mehrleistungen durch Erweiterung vorhandener Anlagen oder durch Errichtung neuer Kraftwerke beschafft werden sollen.

Bei der Disposition der Leitungsnetze ist zu überlegen, welchen Einfluß die Wahl der Netzspannung auf die Anlagekosten ausübt, ob sich für die Vermehrung des Konsums eine Verstärkung der Leitungen oder die Einschaltung von Transformatorstationen empfiehlt u. dgl.

Wenn ein Projekt auf Grund der generellen Prüfungen und Überlegungen geklärt ist oder sich eine genaue Durchrechnung von Varianten als notwendig erweist, muß zur Beurteilung der Kosten ein detaillierter Kostenanschlag aufgestellt werden, wobei mindestens für die wichtigsten Bauteile und die maschinellen und elektrischen Einrichtungen Sonderangebote einzuholen sind.

Zur Erleichterung genereller Vergleichsrechnungen ist jedoch die Kenntnis ungefährer Durchschnittskosten erwünscht, und es sind deshalb lediglich für diesen Zweck nachstehend die Einzelkosten für verschiedene Einrichtungen der Kraftwerke und Leitungsanlagen auf Grund der Erfahrungen bei der Projektierung und beim Bau großer Kraftwerke und Landesnetze angegeben.

Hierbei wurden wir von nachstehenden Firmen und Elektrizitäts-Unternehmungen in liebenswürdigster Weise unterstützt, und wir möchten denselben für die Bereitwilligkeit, mit welcher sie auf unsere Absichten eingegangen sind, auch an dieser Stelle unseren verbindlichsten Dank aussprechen. Wir erhielten Angaben

für Tief- und Hochbauarbeiten von:

Beton- und Monierbau A.-G., Berlin-München,
Friedrich Buchner, Bauunternehmung, Würzburg,
Dyckerhoff & Widmann A.-G., Bauunternehmung, Nürnberg-Biebrich a. Rh.,
Edwards & Hummel — Alfred Kunz, Bauunternehmung, München,
H. R. Heinicke, Schornstein- und Feuerungsbau, Chemnitz,
Gebr. Rank, Bauunternehmung, München,
Siemens-Bauunion G. m. b. H./Komm.-Ges., Berlin-Siemensstadt,
Wayss & Freytag A.-G., Beton- und Eisenbetonbau, Frankfurt a. M.,
Rudolf Wolle, Bauunternehmung, Leipzig;

für Eisenkonstruktionen wie Druckrohrleitungen, Maste u. dgl. von:

C. H. Jucho, Abteilung Hamm, Hamm i. Westf.,
Linke-Hofmann-Lauchhammer A.-G., Werk Riesa,
Eisenwerk Martinlamitz A.-G., Martinlamitz,
Maschinenfabrik Augsburg-Nürnberg A.-G., Werk Gustavsburg,
Thyssen & Co. A.-G., Eisen- und Stahlwerke, Mülheim a. Ruhr;

für maschinelle Einrichtungen der Kraftwerke von:

Maschinenfabrik Augsburg-Nürnberg A.-G., Werk Augsburg,
Deutsche Babcock- & Wilcox-Dampfkesselwerke A.-G., Oberhausen (Rhld.),
Maschinenfabrik Fritz Neumeyer A.-G., München-Freimann,
Dampfkesselwerke L. & C. Steinmüller, Gummersbach (Rhld.),
J. M. Voith, Maschinenfabrik, Heidenheim a. Br.;

für elektrische Einrichtungen der Kraftwerke und Leitungsnetze von:

Allgemeine Elektricitäts-Gesellschaft, Berlin,
Bergmann-Elektricitätswerke A.-G., Berlin-München,
Brown, Boveri & Co. A.-G., Mannheim-Käfertal,

Felten & Guilleaume-Carlswerk A.-G., Mülheim a. Ruhr,
A. Gobiet & Co., Elektrotechn. Werke, Cassel-Bettenhausen,
Hermsdorf-Schomburg-Isolatoren G. m. b. H., Hermsdorf,
Kabel- und Metallwerke Neumeyer A.-G., Nürnberg,
Rheinische Elektrizitäts-Aktiengesellschaft, „Rheinelektra", Mannheim,
Sachsenwerk, Licht- und Kraft-Aktiengesellschaft, Niedersedlitz bei Dresden,
Siemens-Schuckert Werke G. m. b. H., Berlin-Siemensstadt,
Voigt & Haeffner A.-G., Frankfurt a. M.

Die von uns und von den Firmen aufgestellten Kostenangaben wurden durch zahlreiche Vergleiche mit ausgeführten Werken überprüft, wobei uns insbesondere

die Oberste Baubehörde in Bayern, Abt. für Wasserkraftausnützung und
    Elektrizitätsversorgung,
die Bayernwerk A.-G., München,
die Walchenseewerk A.-G., München,
die Mittlere Isar A.-G., München,
die Städtischen Elektrizitätswerke München,
die Aktiengesellschaft Sächsische Werke, Dresden,
die Überlandzentrale Belgard i. Pommern,
das Radaunewerk der Stadt Danzig,

sowie verschiedene andere größere deutsche Elektrizitäts-Unternehmungen in dankenswerter Weise unterstützten.

Die Kostenangaben beziehen sich auf normale Verhältnisse, weil die Berücksichtigung besonderer Umstände bei generellen Kostenangaben weder möglich noch zweckmäßig wäre. Der projektierende Ingenieur wird jedoch unschwer die Zuschläge oder Abschläge beurteilen können, die bei Vorliegen besonders schwieriger oder besonders günstiger Verhältnisse zu machen sind.

Die Kostenangaben sind, wo nichts vermerkt ist, ohne Fracht, Verpackung und Montage zu verstehen. Die Frachten können auf Grund der in Betracht kommenden Entfernungen für deutsche Gebiete aus Liste 16 berechnet werden. Zur Schätzung der Montagekosten sind in einzelnen Listen Anhaltspunkte gegeben.

Sämtliche Kostenangaben beziehen sich auf den Preisstand, wie er im **Frühjahr 1925** für deutsche Verhältnisse zutraf. Im Laufe der Zeit pflegen sich die Preissätze für die verschiedenen Arbeiten, Baustoffe, Halb- und Fertigfabrikate in einem oft recht erheblichen Maße zu ändern, wobei nicht nur ein allgemeines Heben und Senken des gesamten Preisniveaus stattfinden kann, sondern auch Preisverschiebungen für einzelne Lieferungen und Leistungen durch partielle Lohnbewegungen, durch neue Herstellungsverfahren, durch Kartellverschiebungen u. dgl. eintreten können.

Soweit allgemeine und nicht allzuweit gehende Hebungen und Senkungen des Preisniveaus erfolgen, dürfte der projektierende Ingenieur auch in späteren Jahren aus den nachfolgenden Angaben Nutzen ziehen, weil für generelle Vergleiche nicht so sehr die absolute Höhe der Endkosten als das Verhältnis der Kosten verschiedener Varianten zueinander von Bedeutung ist. Um überdies für die in einem späteren Zeitpunkt etwa zu erwartende Hebung oder Senkung des Preisniveaus fertiger Anlagen einige Anhaltspunkte zu geben, sind in nachstehenden Listen 14, 15 und 16 die Kostenelemente, d. s. im wesentlichen die Löhne, die Einheitspreise der hauptsächlich in Betracht kommenden Baustoffe und die Frachten für das Frühjahr 1925 und zum Vergleich auch für das letzte Friedensjahr 1914 angegeben. Ändern sich für einen gegebenen Zeitpunkt die nachstehend angegebenen Kostenelemente mit einer durchgehend ersichtlichen Tendenz, so ist anzunehmen, daß sich in gleichem Verhältnis auch das Preisniveau der Fertigprodukte verschiebt.

Liste 14.

Löhne für Bauarbeiter, Metallarbeiter und Monteure.

		Frühjahr 1914	Frühjahr 1925	Bemerkungen
		Pfg./Std.	Pfg./Std.	
Baugewerbe . .	Vorarbeiter	75—90	100—120	Bei ausgedehnten Baustellen mit weit abliegenden Unterkunfts- stellen sind außerdem Wegver- gütungen zu berechnen.
	Facharbeiter	55—65	80—90	
	Hilfsarbeiter	40—50	60—70	
Metallindustrie	Qualitätsarbeiter . .	45—55	70—80	
	Facharbeiter	40—45	60—70	
	Hilfsarbeiter	30—35	50—55	
Monteure . . .	Obermonteure . . .	60—70	80—90	Bei auswärtiger Beschäftigung, z. B. Bau von Leitungsnetzen sind außerdem Tageszulagen zu rechnen.
	Monteure	55—60	75—80	
	Hilfsmonteure. . . .	35—40	60—70	
Spezialarbeiter	Feuerungs- u. Schorn- steinmaurer	65—75	90—110	
	Schlosser	50—55	75—85	
	Maschinisten	50—60	75—85	
	Hilfsmaschinisten . .	40—45	60—70	

NB! In vorstehenden Löhnen sind soziale Abgaben, Versicherungen u. dgl. nicht enthalten!

Liste 15.

Großhandelspreise der hauptsächlichsten Bau- und Betriebsstoffe.

	Menge	Preise Frühjahr 1914	Frühjahr 1925	Bemerkungen
		Mk.	Mk.	
Bauholz, Fichten-Kantholz	1 cbm	40,—	65,—	Handelspreise in Berlin.
Fichten-Balken- u. Halbholz	1 cbm	50,—	80,—	,,
Portlandzement	1 Tonne	36,—	50,—	Handelspreise in Berlin.
Mauersteine 25 × 12,5 × 6 cm . . .	1000 Stück	22,—	35,—	,,
Gießerei-Roheisen I	1 Tonne	75,—	91,—	Frachtbasis Mannheim.
Gußeisen, einfache Stücke d. Gr. 6 (bis 50 kg)	100 kg	26,—	39,—	Richtpreis des Vereins Deut- scher Eisengießereien.
Stahlguß, einfache Stücke d. Gr. 6 (bis 50 kg)	100 kg	50,—	70,—	Richtpreis des Vereins Deut- scher Stahlformgießereien.
Stabeisen, S.M.-Qualität	1 Tonne	130,—	195,—	Lagerverkauf Mannheim.
Grobbleche	1 Tonne	140,—	225,—	,, ,,
Dynamo-Bleche	1 Tonne	270,—	350,—	ab Werk Essen.
Elektrolyt-Kupfer in Barren	100 kg	130,—	129,—	Preisgrundlage Berlin.
Aluminium 99 %	100 kg	190,—	240,—	,, ,,
Transformatoren-Öl	100 kg	38,—	48,—	Preisgrundlage Berlin.
Steinkohle 7000 Kal. ab Grube . .	1 Tonne	13,—	16,75	Schlesische Stückflammkohle.
,, einschl. 100 km Fracht .	1 Tonne	15,90	20,85	,, ,,
,, ,, 500 km ,, .	1 Tonne	23,50	29,65	,, ,,
,, ,, 1000 km ,, .	1 Tonne	30,50	34,25	,, ,,
Braunkohlenbriketts.	1 Tonne	9,50	11,55	ab mitteldeutscher Grube.
Treiböl für Dieselmotoren (Gas-Öl) .	100 kg	8,—	13,—	in Kesselwagen, verzollt, loco deutscher Station.

Aber auch spezielle Preisänderungen, die nur einzelne Arbeiten und Lieferungen betreffen, können noch einigermaßen richtig geschätzt werden, wenn für die Ausgangszeit neben den Kostenangaben für die fertigen Leistungen und Fabrikate auch die ihnen zugrundeliegenden Kostenelemente bekannt sind.

Liste 16.

Frachtsätze der Deutschen Reichsbahn.

Für je 10 Tonnen.

Entfernung km	100		500		1000	
Jahr	1914	1925	1914	1925	1914	1925
	Mk.	Mk.	Mk.	Mk.	Mk.	Mk.
Allgemeines Stückgut	124	203	465	716	765	973
Steinkohle	29	41	105	129	175	175
Schnittholz	39	69	162	238	312	323
Zement und Ziegel	34	49	122	160	232	216
Bruchsteine	24	24	76	68	146	92
Gießerei-Roheisen	34	49	98	160	175	216
Eisenblech, Stab- und Formeisen .	44	76	187	262	362	355
Maschinen (Turbinen, Generatoren u. dgl.)	54	135	237	480	462	653

2. Preisberechnung aus den Grundelementen.

Auf Grund der in den Listen 14 bis 16 angegebenen Kostenelemente lassen sich die Gesamtkosten einfach zusammengesetzter Arbeiten und Leistungen für die Massen- oder Gewichtseinheit ermitteln, sobald der Anteil an Arbeitsstunden, an Baustoffen, an Frachten, an allgemeinen Unkosten des Unternehmers, gegebenenfalls auch an Geräteabnützung u. dgl., bekannt ist. Derartige Zusammensetzungen wurden für eine Reihé von Leistungen der Bauunternehmer gelegentlich der Bauleitung für das Walchenseewerk und das Bayernwerk ermittelt, und es ist in nachfolgender Liste 17 als Anhaltspunkt für ähnliche Untersuchungen die Kostenberechnung für 1 cbm Betonmauerwerk angegeben. Gleichzeitig ist hierbei gezeigt, in welcher Weise die Einheitskosten sich ändern, je nachdem eine bestimmte Arbeitsleistung sich auf kleine, auf mittlere oder auf sehr große Massen bezieht.

Im allgemeinen ist es nicht erforderlich, die Zusammensetzung der Kosten aus den einzelnen Elementen zu kennen, es dürfte vielmehr die Kenntnis der Gesamtpreise der wichtigeren Arbeiten usw. in den meisten Fällen ausreichen. In Liste 18 sind für einige häufig vorkommende Leistungen der Bauunternehmer die Gesamtkosten pro Masseneinheit für kleine, mittlere und große Massen für Frühjahr 1914 und 1925 angegeben.

Die aus den Listen ersichtliche Verbilligung der Einheitskosten mit steigenden Massen ist bedingt durch die Verminderung der Lohnkosten für die „Anrichtung" der Arbeiten, die bei großen Massen im Verhältnis viel billiger als bei kleinen Mengen erfolgt, durch den in größerem Umfange möglichen Ersatz der Handarbeit durch Maschinenarbeit, durch die Verwendung besonders geeigneter Spezialmaschinen, schließlich durch die günstigere Verteilung der allgemeinen Unkosten.

Auch für einfache Eisenkonstruktionen, Maschinen u. dgl. ist es mitunter erwünscht, die Einheitspreise aus den Kostenelementen zu ermitteln. In nachfolgender Liste 19 sind beispielshalber die Kostenberechnungen für die Maste des Bayernwerkes wiedergegeben, aus welchen auch ersichtlich ist, wie bei verschiedenen Unternehmern

Liste 17.

Beispiel der Preisberechnung einer einfachen Bauarbeit aus den Grundelementen, angewandt auf 1 cbm Betonmauerwerk 1:4:8.

Preisverhältnisse vom Frühjahr 1925.

	I. Herstellung kleiner Mengen bis etwa 1000 cbm für Fundamente von Masten, Maschinen u. dergl.			II. Herstellung mittelgroßer Mengen von etwa 10000 cbm für Gründungen, Maschinenhäuser u. dgl.			III. Herstellung sehr großer Mengen von etwa 100000 cbm für Staumauern u. dgl.			Bemerkungen
	Arbeitsstunden bzw. Menge	Stundenlohn bzw. Einheitspreise Mk.	Kosten Mk.	Arbeitsstunden bzw. Menge	Stundenlohn bzw. Einheitspreise Mk.	Kosten Mk.	Arbeitsstunden bzw. Menge	Stundenlohn bzw. Einheitspreise Mk.	Kosten Mk.	
1. Löhne für Anrichten, Verarbeitung und Stampfen . Std.	10	—,75/Std.	7,50	8	—,75	6,—	5	—,75	3,75	Zu 1: Die Lohnstundenzahl ist bei großen Massen wegen maschineller Aufbereitung geringer als bei kleinen Massen.
2. Rohstoffe: Zement . . kg	160	5,30/100kg	8,50	160	5,10	8,20	160	5,—	8,—	Zu 2: Die Materialpreise verstehen sich frei Baustelle.
Sand . . . cbm	0,45	8,—/cbm	3,60	0,45	7,—	3,20	0,45	6,50	2,90	
Kies . . . cbm	0,90	6,—/cbm	5,40	0,90	5,—	4,50	0,90	4,50	4,05	
3. Verschalung einschl. Arbeit			3,60			2,—			1,70	
4. Unkosten einschl. Maschinen- und Geräteabnützung, sowie Risiko und Nutzen, Aufschlag auf Löhne	70%	von 7,50	5,25	70%	von 6,—	4,20	70%	von 3,75	2,60	
Aufschlag auf Rohstoffkosten	15%	von 17,50	2,65	12%	von 15,90	1,90	10%	von 15,—	1,50	
Gesamtkosten von 1 cbm Beton			36,50			30,—			24,50	

Liste 18.

Einheitspreise für Bauarbeiten und Bauleistungen.

	Einheits-menge	Frühjahr 1914 bei Verarbeitung			Frühjahr 1925 bei Verarbeitung			Bemerkungen
		kleiner Massen Mk.	mittlerer Massen Mk.	großer Massen Mk.	kleiner Massen Mk.	mittlerer Massen Mk.	großer Massen Mk.	
Rasenabhub, ca. 12 cm stark	1 qm	—,25	—,20	—,15	—,35	—,30	—,25	einschl. seitlichem Ablagern des Materials zwecks Wiederverwendung.
Erdaushub	1 cbm	2,—	1,60	1,20	3,—	2,50	1,90	einschl. ca. 100 m Transport z. Wiederverwendung f. Dämme od. zu Ablagerungen, einschl. Aufschüttungs- und Ablagerungsarbeiten.
Erdbewegung	1 cbm/km	1,20	—,90	—,70	2,—	1,50	1,20	
Felsausbruch, weicher Fels in offener Baugrube	1 cbm	4,50	4,—	3,20	6,50	6,—	5,—	Bei Sprengarbeit mit Sicherheits-Sprengstoff einschl. Transport bis zu 100 m und Ablagern.
Felsausbruch, harter Fels in offener Baugrube	1 cbm	7,—	6,—	5,—	11,—	9,—	7,50	
Felsausbruch, weicher Fels in Stollen	1 cbm	—,—	16,—	13,—	—,—	24,—	20,—	Bei Sprengarbeit mit Sicherheitssprengstoff einschl. Transport auf etwa 500 m u. Ablagern.
Felsausbruch, harter Fels in Stollen	1 cbm	—,—	20,—	16,—	—,—	30,—	25,—	
Felsbewegung	1 cbm/km	1,60	1,30	1,10	2,60	2,10	1,80	einschl. Aufladen und Ablagerung.
Beton-Mauerwerk 1:5:10 . . .	1 cbm	21,—	18,—	15,—	35,—	28,50	23,—	einschl. Rüstung, Schalung, Materialtransporten u. dgl. an der Baustelle.
„ 1:4:8 . . .	1 cbm	22,—	19,—	16,—	36,50	30,—	24,50	
„ 1:3:6 . . .	1 cbm	24,—	21,—	18,—	39,—	32,50	27,—	
Eisenbeton 1:2:3 Konstruktionen mit 50 kg Eisen/cbm	1 cbm	60,—	52,—	45,—	90,—	80,—	70,—	
„ „100 „	1 cbm	80,—	70,—	60,—	120,—	105,—	95,—	
„ „150 „	1 cbm	95,—	85,—	75,—	150,—	130,—	120,—	
Ziegelmauerwerk in Zementmörtel	1 cbm	25,—	23,50	23,—	40,—	38,—	37,—	einschl. Materialtransporten u. Nebenarbeiten an der Baustelle. Bruchsteinmauerwerk ohne wesentliche Bearbeitung der Steine.
Bruchsteinmauerwerk in „	1 cbm	28,—	24,—	22,—	45,—	38,—	34,—	
Granitmauerwerk „ „	1 cbm	125,—	120,—	115,—	200,—	190,—	180,—	
Verputz aus Kalkmörtel . . .	1 qm	1,15	1,—	—,90	1,80	1,60	1,40	
„ „ Zementmörtel . .	1 qm	1,50	1,25	1,10	2,50	2,10	1,80	
„ „ wasserdicht . .	1 qm	3,20	2,75	2,40	5,—	4,30	3,80	
Glattstrich, Zuschlag zum Putz . .	1 qm	1,—	—,85	—,70	1,50	1,30	1,10	
Torkretputz, wasserdicht, 2 cm stark in Stollen	1 qm	—,—	—,—	4,50	—,—	—,—	6,50	
Torkretputz, wasserdicht 2 cm stark in Wasserschlössern u. dgl. .	1 qm	—,—	—,—	3,20	—,—	—,—	4,50	
Spundwände Holzspundwand aus 10 cm starken Dielen, 4 m Rammtiefe . . .	1 qm	22,—	20,—	18,—	35,—	32,—	28,—	einschl. Material- und Maschinentransporten, Beschaffung von Druckluft sowie sonstigem Zubehör.
Eisenspundwand, Profil Larsen, 6 m Rammtiefe	1 qm	—,—	30,—	26,—	—,—	45,—	40,—	

trotz ungefähr gleicher Endpreise die Zusammensetzung der Kosten sehr verschieden ist, je nachdem bei Herstellung der Konstruktionen mehr Handarbeit oder mehr Maschinenarbeit mit Spezialeinrichtungen aufgewendet wird. Der verhältnismäßig große Anfall an Arbeitsstunden bei der vorwiegend für Handarbeit eingerichteten Firma A ist begleitet von mäßigen Zuschlägen für allgemeine Unkosten; während bei der Firma B der geringeren Zahl der Arbeitsstunden größere Unkostensätze für Unterhaltung der Spezialmaschinen, für Kraftbeschaffung u. dgl. gegenüberstehen.

Liste 19.

Beispiel einer Preisberechnung für eiserne Gittermaste aus den Kosten der Grundelemente.

Preisverhältnisse vom Frühjahr 1925.

Je 1000 kg eiserner Trag- und Abspannmaste mit Einzelgewichten von 2000 bis 5000 kg	Firma A			Firma B			Bemerkungen
	Arbeits-stunden bzw. Baustoff-gewichte	Stunden-lohn bzw. Einheits-preise	Kosten	Arbeits-stunden bzw. Baustoff-gewichte	Stunden-lohn bzw. Einheits-preise	Kosten	
		Pfg.	Mk.		Pfg.	Mk.	
1. Arbeitskosten . .	90 Std.	55	49,50	60 Std.	55	33,—	Bei Firma A ist eine größere Zahl von Arbeitsstunden nötig als bei Firma B, weil bei Firma A mehr Handarbeit, bei Firma B mehr Maschinenarbeit aufgewandt ist.
2. Baustoffkosten:							
Stabeisen	640 kg	19,50	124,80	640 kg	19,50	124,80	
Formeisen	300 „	19,00	57,—	300 „	19,00	57,—	
Bleche	30 „	22,50	6,75	30 „	22,50	6,75	
Nieten, Schrauben, Bolzen usw. . .	30 „	28,00	8,40	30 „	28,00	8,40	
3. Grundanstrich . .			3,—			3,—	
4. Unkosten, Risiko, und Nutzen, Aufschlag auf Arbeitskosten . . .	60%	von 49,50	29,70	100%	von 33,—	33,—	Umgekehrt sind bei Firma A die Unkostenzuschläge geringer als bei Firma B.
Aufschlag auf Baustoffkosten. . . .	12%	von 197,—	23,65	16%	von 197,—	31,55	
Gesamt-Kosten ab Werk von 1 t Gittermaste einschl. Grundanstrich . .			302,80			297,50	Endergebnis: Ungefähr gleicher Preis je Tonne.

Es darf erwähnt werden, daß die beiden Firmen A und B gleich gute Ausführungen lieferten, wobei möglicherweise der Verdienst der mit Spezialmaschinen arbeitenden Firma etwas größer war als der bei Handbetrieb erzielte Nutzen.

Die vorstehenden Beispiele sollten zeigen, in welcher Weise bei unklaren Preisverhältnissen Zweifel über die Richtigkeit angenommener oder von den Firmen geforderter Preise durch Zurückgreifen auf die Kostenelemente behoben werden können.

Schwieriger als für einfache Konstruktionen sind die Preise für die maschinellen und elektrischen Einrichtungen der Kraftwerke und Transformatorstationen aus den Elementen abzuleiten. Als Beispiele seien die Kostenberechnungen für ein Walzenwehr, Liste 20, sowie für eine große Turbinenanlage, Liste 21, angeführt, welche zeigen, wie an Hand von bekannten Preisen und Gewichten auf die Kosten ähnlicher Ausführungen geschlossen werden kann und wie sich im Bedarfsfalle die Preise für ganze Maschinensätze u. dgl. auf ihre Angemessenheit prüfen lassen.

Zusammensetzung der Kosten für eine Eisenkonstruktion (Walzenwehr von 10 m l. W.).

Preisverhältnisse vom Frühjahr 1925.

	Zahl der Arbeitsstunden bzw. Materialmengen	Stundenlöhne bzw. Einheitspreise	Berechnete Kostenbeträge	Gesamtkosten	Bemerkungen
		Pfg.	Mk.	Mk.	
A. Lieferung ab Werk.					Zu 1. Als Stundenlöhne sind die Durchschnittsverdienste aller Fach- und Hilfsarbeiter der betreffenden Werksabteilung gerechnet.
1. Arbeitskosten:	Std.				
für Eisenkonstruktionen	3 200	60	1 920		
für Maschinenteile	2 800	65	1 820		
				3 740	
2. Baustoffkosten:					Zu 2. Als Materialpreise sind die jeweiligen Richtpreise ohne Zuschläge für Einkaufsspesen, Frachtkosten u. dgl. eingesetzt.
a) Eisenkonstruktionen	kg				
Formeisen	7 300	19,0	1 390		
Stabeisen	6 400	19,5	1 250		
Bleche	9 300	22,5	2 090		
Eichenholzdichtungen	1,6 cbm	90 Mk.	145		
b) Maschinenteile					
(Roh- und Halbfabrikate)	kg	Pfg.			
Gußeisen, unbearbeitet . .	800	39	310		
Stahlguß, „ . .	1 450	70	1 015		
Schmiedeteile, „ . .	550	55	300		
Bronzeteile „ . .	100	250	250		
Messingblech „ . .	50	180	90		
c) Maschinenteile					
(Fertigfabrikate)					
Zahnstangen und Kränze . .	3 700	65	2 410		
Ketten aus S.M.-Stahl . . .	1 600	55	880		
Wellen	350	65	230		
Gußeisenräder	450	85	380		
Stahlgußräder u. Schnecken .	150	180	270		
	32 200 kg			11 010	
3. Elektrische Einrichtungen:				3 000	Zu 3. Einkaufspreis der fertigen elektrischen Einrichtungen.
4. Unkosten, Risiko u. Nutzen:					Zu 4. In den Zuschlägen für Unkosten usw. sind die Materialeinkaufsspesen, Zwischenfrachten, Lagerspesen, die Kosten der technischen und kaufmännischen Vorarbeiten, Abrechnungen u. dgl. enthalten.
Zuschlag auf Werklöhne für Eisenkonstruktionen	120 %	v. 1 920 Mk.	2 300		
Zuschlag auf Werklöhne für Maschinenteile	180 %	v. 1 820 „	3 280		
Zuschlag auf Baustoffkosten a—c)	20 %	v. 11 010 „	2 200		
				7 780	
Gesamtkosten ab Werk				25 530	
d. i. je kg Walzenwehr				—.80	Zu B. In den Arbeitslöhnen an der Baustelle ist die Auslösung mit eingeschlossen. Der Unkostenzuschlag berücksichtigt die Kosten der Montagebeaufsichtigung u. dgl., Beistellung der Geräte und Rüstzeuge, Anteil an den allgemeinen Unkosten usw.
B. Montage.					
1. Arbeitslöhne a. d. Baustelle . .	3 200 Std.	150 Pfg.	4 800		
2. Unkosten, Risiko u. Nutzen . .	25 %	v. 4 800 Mk.	1 200		
Gesamtkosten der Montage . .				6 000	
Summe A. und B.				31 530	
d. i. je kg Walzenwehr				—.98	

Liste *21.*

Zusammensetzung der Kosten großer Turbinen-Einheiten.

Beispiel: 4 Francis-Spiral-Turbinen mit je 2 Laufrädern — Leistung 24000 PS bei 500 Umdr./Min.

Preisverhältnisse vom Frühjahr 1925.

	Zahl der Arbeits- stunden bzw. Material- mengen	Stundenlöhne bzw. Einheitspreise	Be- rechnete Kosten- beträge	Gesamt- kosten	Bemerkungen
		Pfg.	Mk.	Mk.	
A. Lieferung ab Werk.					Zu 1. Als Stundenlöhne sind die durchschnittlichen Stundenverdienste aller volljährigen Facharbei- ter der betreffenden Werksabteilung gerech- net.
1. Arbeitskosten.	Std.				
Löhne für Former	20 000	75	15 000		
Löhne für Maschinenarbeiter .	48 000	65	31 200		
				46 200	
2. Baustoffkosten.	kg				Zu 2. Die für Materialien eingesetzten Preise ent- halten keine Zuschläge für Einkauf-, Fracht- und Lagerspesen u. dgl. Die Kosten für Guß-, Stahlguß-, Schmiede- teile u. dgl. sind als Durchschnittskosten aller Stücke der betref- fenden Klasse einge- setzt.
Gußeisen, unbearbeitet .	104 000	45	46 800		
Stahlguß, ,, .	126 000	80	100 800		
S. M. Stahlwellen, ,, .	26 000	60	15 600		
S. M. Stahlteile, ,, .	11 000	60	6 600		
Schmiedeeisenteile, ,, .	13 000	55	7 150		
Bleche, ,, .	19 000	22.5	4 280		
Bronze, ,, .	8 600	250	21 500		
Weißmetall, ,, .	1 000	500	5 000		
Blei	200	130	260		
Kleinmaterial	9 000	120	10 800		
Anstrichfarbe	400	115	460		
Regler- u. Lageröl, Fett usw. .	9 000	55	4 950		
Versch. Armaturen und In- strumente	2 800	350	9 800		
	330 000 kg			234 000	
3. Unkosten, Risiko u. Nutzen					Zu 3. In den Zuschlägen für Unkosten usw. sind die Materialeinkaufsspesen, Zwischenfrachten, La- gerspesen, die Kosten der technischen und kaufmännischen Vorar- beiten, Abrechnungen u. dgl. enthalten.
Zuschlag auf Arbeitskosten . .	250 %	v. 46 200 Mk.	115 500		
Zuschlag auf Baustoffkosten .	25 %	v. 234 000 Mk.	58 500		
				174 000	
Kosten ab Werk				454 200	
d. i. je Turbine	82 500 kg			113 550	
B. Montage.					Zu B. In den Arbeitslöhnen an der Baustelle ist die Auslösung eingeschlos- sen. Der Unkostenzuschlag berücksichtigt die Ko- sten der Montage- und Prüfingenieure, die Bei- stellung der Geräte, Werkzeuge u. dgl. sowie den Anteil an allge- meinen Unkosten und ähnliches.
1. Arbeitslöhne a. d. Baustelle	Std.	Pfg.			
Monteure	4 200	160	6 720		
Hilfsmonteure	4 200	150	6 300		
Hilfsarbeiter	12 000	130	15 600		
3. Unkosten, Risiko u. Nutzen	50 %	v. 28 620 Mk.	14 310		
Kosten der Montage				42 930	
d. i. je Turbine				10 740	
Gesamtkosten einschl. Montage				497 130	
d. i. je Turbine			rund 124 000		(Ohne Verpackung, Fracht und Anfuhr.)

3. Kosten von Wasserkraftanlagen.

Die Gesamtkosten von Kraftwerken, Leitungsanlagen u. dgl. lassen sich aus den Kosten der Einzelteile in ähnlicher Weise zusammensetzen wie die Kosten der Einzelteile aus denen der Grundelemente. Voraussetzung hierfür ist, daß mindestens generelle Pläne in solcher Ausführlichkeit vorliegen, daß das Ausmaß der benötigten Grundstücke, der Umfang der Bauarbeiten, die Zahl, Leistung und Art der maschinellen Einrichtungen, die erforderlichen Nebenanlagen usw. bekannt sind.

Besonders wichtig ist ein ausreichend bearbeitetes Projekt bei den Wasserkraftanlagen, weil diese im Gegensatz zu den Wärmekräften und Leitungsnetzen, die sich auf bestimmten Typen aufbauen, in ihrer Ausgestaltung außerordentlich verschieden sind, so daß jede Wasserkraft individuell behandelt werden muß. Es können deshalb im nachstehenden für die Wasserkräfte nur beispielshalber die Kosten der einzelnen Positionen, wie des Grunderwerbs, der Wehre, Kanäle usw. nach typischen Ausführungen angegeben werden, die aber immerhin genügen dürften, um wenigstens einen ersten Überblick über die zu erwartenden Kosten der Gesamtanlagen zu ermöglichen.

Grunderwerb und Ablösung von Nutzungsrechten. Für die Kostenberechnung von Wasserkräften kommen in erster Linie die Kosten des Grunderwerbs in Frage, die namentlich bei Anlegung künstlicher Stauseen erhebliche Beträge erreichen können. Die Kosten sind je nach der Gegend, je nach der Art des Bodens, der Kulturen usw. sehr verschieden. In Liste 22 sind ungefähre Durchschnittspreise, wie sie für mitteldeutsche Verhältnisse zutreffen, für verschiedene Grundstücksarten angegeben, wobei auch die mit den Grundstücken etwa mit zu erwerbenden Bauten berücksichtigt sind. Die Kosten der Grundstücke sind je qm angegeben, um gegenüber den in den einzelnen Ländern stark wechselnden Flächenbezeichnungen, wie Morgen, Tagwerk, Joch usw., ein einheitliches Maß zu erhalten. Die für eine Ablösung zumeist in Frage kommenden landwirtschaftlichen Gebäude, Fabriken u. dgl. werden zutreffend mittels Einheitspreisen je cbm umbauten Raumes berechnet.

In der Nähe großer Städte können die Kosten des Grunderwerbs wesentlich steigen und müssen dann von Fall zu Fall ermittelt werden. Insbesondere sind größere Industrieanlagen u. dgl. nach ihrem jeweiligen Werte abzuschätzen.

Nächst dem Erwerb von Grund und Boden, Baulichkeiten u. dgl. ist für die Beurteilung der Kosten von Wasserkräften die Ablösung von etwa bestehenden Wasserrechten (Nutzungsrechten) in Betracht zu ziehen. Hierbei ist zu unterscheiden, ob bestehenden Fabriken, Mühlen u. dgl. lediglich das Kraftwasser entzogen wird, das z. B. durch Lieferung elektrischen Stromes ersetzt werden kann, wobei die Betriebe selbst an Ort und Stelle verbleiben können; oder ob durch Entzug des Wassers, z. B. bei Färbereien, Gerbereien u. dgl., eine Verlegung der ganzen Betriebe nötig wird. Eine Verlegung ist auch dann zu berücksichtigen, wenn, wie z. B. bei Anlegung von Talsperren, eine Überstauung des betreffenden Gebietes erfolgt.

Grundsätzlich sind für alle Arten von Ablösungen, gleichgültig ob es sich um Grundstücke, Bauten oder Nutzungsrechte handelt, Vergütungen in solcher Höhe vorzusehen, daß den bisherigen Eigentümern ein Ersatz an gleicher oder gleichwertiger Stelle möglich ist.

Die in der Liste enthaltenen Einheitspreise für Grundstücke und Bauten bedürfen keiner weiteren Erläuterung. Die Ablösung für entzogenes Kraftwasser ist verschieden, je nachdem es sich um ältere mangelhafte Anlagen mit Wasserrädern, veralteten Turbinen u. dgl. oder um neuzeitliche Wasserkräfte handelt. Sie ist ferner

19*

verschieden, je nachdem die vorhandenen Betriebe mit einer, zwei oder drei Schichten im Tag arbeiten. Die in Liste 22 angegebenen Preise sind berechnet unter der Annahme, daß die Pferdekraftstunde einen Stromverbrauch im Werte von etwa 2 bis 4 Pfg. bedingt und daß das neu zu errichtende Wasserkraftunternehmen die entsprechende Strommenge mit dem angegebenen Verkaufspreis loko Betriebsstätte abgeben müßte, wenn eine Barabfindung nicht erfolgt. Hierbei ist berücksichtigt, daß der Barbetrag nicht nur die kapitalisierten Stromkosten, sondern auch die einmaligen Kosten der elektrischen Installationen enthalten muß. Wenn für den Bau der neuen Kraftwerke ausreichende Mittel zur Verfügung stehen, ist die Barabfindung vorzuziehen, weil sie das Kraftwerk für die Folge unabhängig macht.

Liste 22.

Grunderwerb und Ablösung von Nutzungsrechten.

Preisverhältnisse vom Frühjahr 1925.

a) Grunderwerb.

Ödland, Wege, Flußflächen u. dgl. . . . . . . Mk.	0,05— 0,10	je qm Fläche
Waldboden, ausschließlich Bestand[1]) . . . . . „	0,10— 0,20	„
Wiesenflächen. . . . . „	0,20— 0,40	„
Äcker und Felder . . . . „	0,20— 0,50	„
Hof- und Gartengründe . . . . „	1,50— 5,00	„
Industriegelände. . . . . „	10,00—20,00	„

[1]) Bei schlagreifen Waldgründen ist der Holzwert gesondert zu vergüten.

b) Kosten von landwirtschaftlichen Bauten, Landhäusern, Fabriken usw.

Offene Schuppen, Stadel u. dgl. . . . . Mk.	4,00— 5,00	je cbm umbauten Raumes
Hölzerne Scheunen, Remisen u. dgl. . . . . . „	5,00— 7,00	„
Massive Ställe, Nebengebäude u. dgl. . . . . „	12,00—16,00	„
Landwirtschaftliche Wohnbauten . . . . „	16,00—20,00	„
Einfache Landhäuser u. dgl. . . . . „	22,00—28,00	„
Industriebauten, ohne etwa nötige Verlegung der Einrichtungen . . . . „	16,00—20,00	„

c) Ablösung von Nutzungsrechten.

Ablösung für entzogenes Kraftwasser

α) bei veralteten Triebwerken mit Einschichtenbetrieb . . . . Mk.	500—1000	je PS Ausbauleistung
β) bei neuzeitlichen Triebwerken mit Mehrschichtenbetrieb . . . . „	1000—1500	„

Statt Barablösung kann auch die kostenlose Lieferung der entsprechenden Strommenge in Betracht kommen, wobei je PS Ausbauleistung

bei den unter α) genannten Triebwerken . . . . 1 kW ca. 2500 Std. jährlich

bei den unter β) genannten Triebwerken . . . . 1 kW ca. 5000 Std. jährlich

zu rechnen wäre.

Kommt für einen Fabrikbetrieb nicht nur der Entzug von Kraftwasser, sondern auch von sonstigem Nutzwasser in Frage, wodurch eine Verlegung der ganzen Fabrikanlage nötig wird, oder findet eine Überstauung bestehender Fabriken statt, so ist neben dem Wert des Wassernutzungsrechtes und dem angegebenen Preis je cbm der

abzulösenden Fabrikgebäude auch noch der Aufwand für Abbruch und Wiederauf-
bau der Fabrikeinrichtungen zu vergüten.

Häufig treten bei Wasserkraftanlagen Kosten für den sogenannten Konzessions-
erwerb auf, d. s. Ausgaben, welche seitens des Wasserkraftunternehmens an Dritte
für geleistete Vorarbeiten zu bezahlen sind. Soweit es sich in solchen Fällen um die
normale Vergütung baureifer Projekte handelt, ist hiergegen nichts einzuwenden.
Unberechtigt sind jedoch derartige Aufwendungen, wenn sie an Zwischenhändler
bezahlt werden, welche, die Zwangslage eines auf eine bestimmte Wasserkraftanlage
angewiesenen Unternehmens voraussehend, sich Grundstücke, Nutzungsrechte od. dgl.
gesichert haben, um sie dem eigentlichen Bauherrn unter Anrechnung eines hohen
Gewinnes zu überlassen.

Besonders schädlich kann sich ein solches Vorgehen auswirken, wenn es dem
Zwischenhändler gelungen ist, eine staatliche Konzession und damit ein Monopol
für den Ausbau einer bestimmten Flußstrecke zu erhalten, die dann zur Erzielung
unberechtigter Gewinne ausgenützt wird. Auf Grund unliebsamer Erfahrungen sind
allerdings die maßgebenden Behörden bei Vergebung von Konzessionen in neuerer Zeit
vorsichtig geworden, so daß Unberufene mit ziemlicher Sicherheit ausgeschaltet
werden können.

Kosten von Wehranlagen. Zur Beurteilung der außerordentlich verschiedenen Kosten von Wehranlagen sind in Liste 23 die Kosten einiger typischer Wehre
aufgenommen. Hierbei sind die hydraulischen und technischen Daten angegeben,
durch welche die Kosten in besonderem Maße beeinflußt werden. Dies sind die Ausbauwassermenge und das größte abzuführende Hochwasser, durch welche die
Größe der Wehröffnungen und des Kanaleinlaufes sowie die Ausgestaltung der Ufer-
und Wehrsicherungen bestimmt werden; ferner die Wehrhöhe, mit deren Anwachsen
die Kosten des Wehrkörpers steigen. In der Liste ist weiters angegeben die Bauart der
festen und beweglichen Wehrteile sowie deren Länge, ferner die Ausführung des Kanaleinlaufes und der Nebeneinrichtungen.

Wenn sich auch aus der Liste 23 keine allgemein gültigen Anhaltspunkte für
die Kosten von Wehren ableiten lassen, so dürfte sie doch ein Bild geben, in welcher
Weise durch den projektierenden Ingenieur die Daten und Kosten ausgeführter
Wehranlagen gesammelt und zusammengestellt werden können, um die Kosten neuer
Ausführungen mit ähnlichen hydraulischen und technischen Verhältnissen schätzungsweise zu ermitteln. In der Regel sind die Kosten von Wehren gut vergleichbar, soweit sie am gleichen Flußlauf in nicht allzu großer Entfernung voneinander errichtet werden.

Kosten von Talsperren. Für die in Liste 24 aufgenommenen Talsperren
sind in ähnlicher Weise wie für die Wehre die hydraulischen und bautechnischen
Grundlagen angegeben, soweit sie für die Beurteilung der Kosten maßgebend sind.
Für die Talsperren ergibt sich, daß infolge des großen Mauerinhaltes derselben die
Nebenkosten für Grundablässe, Hochwasserentlastung, Ufersicherungen u. dgl. meist
so sehr zurücktreten, daß, abgesehen vom Grunderwerb, die Gesamtkosten einer
Sperre in einem gewissen Verhältnis zu den reinen Mauerkosten stehen und sich des-
halb auf je 1 cbm Mauerinhalt beziehen lassen. Hierbei ist zu berücksichtigen, daß
Sperren mit kleinem Mauerinhalt in der Regel teurer sind als Sperren mit großem
Mauerinhalt, weil bei den großen Sperren die Kosten der Anrichtung, der Material-
transporte u. dgl., auf die Einheit bezogen, einen geringeren Betrag ausmachen als bei
kleinen Sperren und weil die Verwendung billigen Füllmaterials bei großen Mauerinhalten eine weitergehende Ermäßigung der Durchschnittskosten als bei kleinen
Mauerinhalten bewirkt.

Bezeichnung der Anlage	Wehr-stelle	Hydraulische Angaben			Beschreibung und Abmessungen			
		Ausbau-Wasser-menge	Größtes abzu-führendes Hoch-wasser	Normale Stauhöhe	Wehrhöhe über trag-fähigem Grund	Fester Wehrteil		Bewegliche
						Bauart	Überfall-länge	Bauart
		cbm/sec	cbm/sec	m	m		m	
Brennerwerke	Sill bei Matrei	12	200	3,00	4,00	Gewölbtes Wehr aus Granit-quadern	13,85	1 Doppel-schütze für Grundablaß
Wehranlage Werdohl-Wilhelmstal	Lenne bei Werdohl	36	1100	4,00	4,50	—	—	2 Rollschützen mit Betonpfeilern
Walchensee-werk	Isar bei Krün	25	160	4,00	7,05	Betonwehr mit Granit-verkleidung	43,00	1 Walze 1 Schütze
Städt. Elek-trizitätswerk Schweinfurt	Main bei Schwein-furt	100	1850	3,60	7,50	—	—	1 Walzen-wehr 1 Walze für Grundablaß 1 Kammer-schleuse
Wehranlage Fröndenberg	Ruhr bei Frönden-berg	50	1100	5,30	7,00	—	—	Segmentwehr mit Betonpfeilern
Hochablaßwehr Augsburg	Lech bei Augsburg	60	1200	6,50	9,40	Betonwehr mit Granit-verkleidung	100,00	2 Walzen-verschlüsse
Wehranlage der „Mittleren Isar"	Isar bei München	150	1500	4,50	8,10	—	—	4 geteilte Rollschützen mit ver-kleideten Betonpfeilern
Wehranlage Augst-Wyhlen	Rhein bei Augst	450	5500	8,40	14,00	—	—	10 Stoney-schützen mit Eisklappen mit Betonpfeilern

Die Kosten verstehen sich für die fertige Ausführung der Wehranlagen einschließlich Kanal-der allgemeinen Unkosten.

Ausgeschlossen sind die Kosten für Grunderwerb, für den Anschluß des Oberwasserkanals
Sämtliche Kosten sind umgerechnet auf die Preisverhältnisse vom Frühjahr 1925; hierbei

Wehranlagen.
vom Frühjahr 1925.

des Wehres und der Wehrteile

Wehrteile		Gesamtlänge des festen und bew. Wehres zwischen den Uferpfeilern	Kanaleinlauf Zahl und lichte Weite der Öffnungen	Nebeneinrichtungen	Gesamtkosten	Bemerkungen
Zahl und lichte Weite der Öffnungen	Gesamte lichte Weite					
m	m	m			Mk.	
1× 5,00	5,00	21,00	1 Doppelschütze 5,70 m	1 Übereich	280 000	
2×20,00	40,00	44,00	Einlauf ohne Schützen	1 Kiesschwelle 1 Übereich 20 m	400 000	
1×10,00 1× 4,00	14,00	61,40	Einlaufschützen 6×3,85 m	—	950 000	Umfangreiche Ufersicherungen.
1×35,00 1×18,00 1×10,00	63,00	72,00	2 Schützen zus. 11,00 m	1 Floßgasse 9,6 m mit Walzenverschluß 1 Fischpaß	1 400 000	Die Kosten der ca. 140 m langen Schiffskammerschleuse sind nebenstehend nicht eingerechnet; dieselben sind mit ca. 900 000 Mk. anzunehmen.
2×22,00	44,00	48,00	3 Einläufe 3×40,00 m	—	1 800 000	
2×20,00	40,00	150,00	5 Schützen 5×5,85 m	1 Floßg. 7,5 m 1 Fischpaß 1,5 m	2 000 000	Ausgedehnte, tiefe Ufersicherungen.
4×17,00	68,00	78,50	8 Einlaufschützen 8×5,50 m	1 Fischpaß 1,2 m	3 500 000	Großstadtnähe; umfangreiche Wehrsicherungen; Kanaleinlauf mit besonders ausgebildeten Geschiebe-Abführungskanälen.
10×17,50	175,00	213,00	Direkter Einlauf in die Turbinen-Kammern	1 Schiffschleuse 1 Fischpaß	6 000 000	Schwierige und umfangreiche Hochwasserabführungs-Einrichtungen.

einlauf, Ufersicherungen u. dgl., einschließlich der maschinellen Teile mit Montage sowie einschließlich

mit etwaigen Klärbecken u. dgl.
Richtlohn für Facharbeiter. . . . . 80 Pfg./Std.
Richtpreis für Zement. . . . . 50 Mk./t
Richtpreis für Stabeisen in Handelsqualität . . . . . 180 Mk./t.

Kosten von Talsperren.
Preisverhältnisse vom Frühjahr 1925.

Bezeichnung der Anlage	Bauart	Hydraulische Angaben			Abmessungen						Kosten		Bemerkungen
		Mittlerer Wasserzufluß = Jahreszufluß: 31,5 Mill.: sec	Erzieltes Staubecken	Normale Stauhöhe	Größte Sperrenhöhe über tragfähigem Grund	Größte Sperrenstärke an der Sohle	an der Krone	Länge an der Sohle	an der Krone	Mauerinhalt	im ganzen	je cbm Mauerinhalt	
		cbm/sec	cbm	m	m	m	m	m	m	cbm	Mk.	Mk.	
Sperre am Höllenstein (schwarzer Regen)	Massive Sperre aus Gußbeton	18,00	2 670 000	13,00	19,50	16	3,5	68	75	10 650	450 000	42,20	
Sperre im Schwarzwald	Aufgelöste Sperre aus Eisenbeton	0,50	1 100 000	24,00	28,00	35	6,0	40	150	äquival. Mauerinh. ca. 50 000	1 800 000	ca. 36,00	Die Sperrenstärke an der Sohle entspricht der Breite der Stützpfeiler.
Sperre im Rheinland	Massive Sperre aus Bruchsteinmauerwerk	6,50	16 000 000	25,00	28,00	25	4,5	66	360	72 000	2 750 000	38,20	
Projekt einer Sperre für eine Anlage in Oberbayern	Massive Sperre aus Beton	40,00	180 000 000	42,00	46,00	32	4,5	30	200	125 000	4 750 000	38,00	Umfangreiche Hochwasser-Entlastungsanlagen
Sperre im Rheinland	Massive Sperre aus Gußbeton, mit eingelagerten Bruchsteinen, mit Vorsatzmauerwerk auf der Wasserseite	25,00	92 000 000	47,00	52,00	44	6,0	56	260	280 000	9 800 000	35,00	
Wäggitalwerk, Schweiz Sperre im Schräh	Massive Sperre aus Gußbeton	2,80	150 000 000	66,00	109,00	75	4,0	ca. 30	185	240 000	12 000 000	50,00	Sehr schwierige, tiefe Gründung; verhältnismäßig kleine Mauermasse bei großer Höhe.

Die Kosten verstehen sich für die fertige Ausführung der Sperren einschließlich Gründung, Hochwasserableitung, Leerlauf, Nebeneinrichtungen u. dgl., einschließlich der maschinellen Teile mit Montage; sowie einschließlich der allgemeinen Unkosten. Ausgeschlossen sind die Kosten für Grunderwerb, für Kraftwasserabführung, sowie für Einrichtungen, welche zum Kraftwerk gehören. Sämtliche Kosten sind umgerechnet auf die Preisverhältnisse vom Frühjahr 1925; hierbei Richtlohn für Facharbeiter 80 Pfg./Std. Richtpreis für Zement 50 Mk./t.

NB! Da bei den Sperrenkraftwerken die Kosten der Sperrmauer einen erheblichen Teil der Gesamtkosten bilden, deren Veröffentlichung dem Bauherrn mitunter nicht erwünscht ist, wurde bei einzelnen Sperren die nähere Kennzeichnung unterlassen. Dies gilt auch für einige Anlagen der folgenden Listen.

In der Liste sind hauptsächlich massive Sperren aufgenommen. Sperren in aufgelöster Bauweise verursachen in der Regel bei sonst gleichen hydraulischen und technischen Grundlagen ungefähr gleiche Kosten wie gemauerte Sperren. Sie werden allerdings billiger, wenn sie an einer Stelle errichtet werden, wo die Beschaffung von Baumaterial wie Bruchstein, Kies, Zement durch längere Transportwege od. dgl. schwierig und nur mit hohen Kosten möglich ist.

Für die Berechnung genereller Projekte dürfte es genügen, zunächst die Kosten einer vollen Sperre zugrunde zu legen und den Kostenvergleich mit aufgelösten Bauweisen erst auf Grund der Detailprojektierung auszuführen.

Kosten von Kanälen. Bei den Kanälen ist in Liste 25 eine Unterscheidung zwischen Erd- und Betonkanälen getroffen, da die Kosten durch die Art der Ausführung wesentlich beeinflußt werden. Sodann sind wieder die hydraulischen Angaben, wie Ausbauwassermenge, Kanalgefälle, zugelassene Wassergeschwindigkeit und der sich hieraus ergebende benetzte Querschnitt angeführt. Die technischen Daten umfassen die Angaben bezüglich der Profilform und der Kanallänge.

Wie ersichtlich, richten sich die Kosten eines Kanals je Längeneinheit ungefähr nach dem Querschnitt, wobei im allgemeinen Kanäle mit größerem Querschnitt einen billigeren Einheitspreis als Kanäle mit kleinerem Querschnitt haben, weil bei größerem Querschnitt die Kosten für die Herstellung der Kanalwandungen zurücktreten gegenüber den Kosten der Erdbewegung und die Kosten der Erdbewegung durch umfangreiche Verwendung maschineller Einrichtungen (Bagger usw.) je Querschnittseinheit um so mehr abnehmen, je größer die zu bewältigenden Massen sind.

Es ist ferner zu ersehen, daß im allgemeinen die Kosten von Betonkanälen bei gleichem Querschnitt höher sind als die Kosten von Erdkanälen. Dies wird allerdings dadurch ausgeglichen, daß Betonkanäle bei gleichem Querschnitt und gleichen Gefällsverlusten eine erheblich größere Wassermenge zu führen vermögen als Erdkanäle. Würde man als Grundlage der Einheitspreise die Ausbauwassermenge wählen, so würden sich diese für Betonkanäle im allgemeinen niedriger stellen als für Erdkanäle.

Zu bemerken ist, daß bei großen Kanalkräften die Kosten des Kanales einen erheblichen Teil der Gesamtkosten der Kraftanlage ausmachen und deshalb die richtige Erfassung der Kanalkosten von besonderer Wichtigkeit ist.

Kosten von Stollen. In Liste 26 sind als charakteristische hydraulische Angaben für die Beurteilung von Stollen angeführt: die normale Ausbauwassermenge, das mittlere Sohlengefälle, die im Stollen zugelassene normale Wassergeschwindigkeit und der sich hieraus ergebende Stollenquerschnitt. Die Angaben beziehen sich sowohl auf Freispiegelstollen als auf Druckstollen. Nachdem bei letzteren für die Wassergeschwindigkeit weniger das Sohlengefälle, sondern in der Hauptsache die Druckhöhe maßgebend ist, wurde bei den Druckstollen auch die Druckhöhe in der Liste angegeben.

Bei den Stollen richten sich ähnlich wie bei den Kanälen die Kosten je Längeneinheit in erster Linie nach dem Durchflußquerschnitt, wobei zu beachten ist, daß Stollen mit Ausmauerung wesentlich höhere Einheitspreise aufweisen als Stollen mit keiner oder mit nur schwacher Ausmauerung, weil nicht nur die Kosten der Ausmauerung selbst, sondern auch des hierbei erforderlichen größeren Ausbruchquerschnitts eine Erhöhung der Einheitskosten bewirken. Diese können ferner durch die Art des Gesteins, durch welches der Stollen führt, erheblich beeinflußt werden, insbesondere ist zu berücksichtigen, ob in größerem Umfange mit druckhaften Stellen, mit Wassereinbrüchen u. dgl. zu rechnen ist.

Der Abnahme der Einheitspreise mit zunehmendem Stollenquerschnitt liegen ähnliche Ursachen zugrunde wie bei den Kanälen.

Liste 25.

Kosten von Kanälen.

Preisverhältnisse vom Frühjahr 1925.

Bezeichnung der Anlage	Flußstrecke	Bauart	Hydraulische Angaben				Profilform			Kanal-länge	Kosten		Bemerkungen
			Ausbau-Wasser-menge	Mittleres Kanal-gefälle	Wasser-ge-schwin-digkeit	Be-netzter Quer-schnitt	Sohlen-Breite	Mitt-lere Wasser-tiefe	Bö-schungs-ver-hältnis		Im ganzen	Je ltd. m Länge u. qm benetztem Querschn.	
			cbm/sec	°/oo	m/sec	qm	m	m		m	Mk.	Mk.	
Erdkanäle:													
Isenkraftwerk Mühldorf	Unterlauf d. Isen	Erdkanal	4	0,50	0,80	5,0	3,0	1,65	?	2 985	165 000	11,00	
Kraftwerk Klaushof	Unterlauf d. Stolpe	Erdkanal mit Lehmdichtung und Schotterbefestigung	27	0,20	0,75	36,0	6,0	3,00	1:2	960	320 000	9,30	
Projekt eines Kraftwerks bei Augsburg	Mittellauf des Lech	Erdkanal mit Lehmdichtung	54	0,20	1,10	49,0	12,0	2,80	1:2	4 200	1 000 000	4,90	
Projekt eines Kraftwerks an der Iller	Unterlauf der Iller	Erdkanal mit Lehmdichtung	60	0,15	0,75	80,0	12,0	4,00	1:2	13 400	4 600 000	4,30	
Projekt „Untere Isar"	Unterlauf der Isar	Erdkanal mit Lehm- und Betondichtung	200	0,20	1,20	165,0	30,0	4,50	1:1,5	9 090	4 000 000	2,70	
Betonkanäle:													
Walchenseekraft-werk	Oberlauf der Isar	Kanal mit 20 cm starker Befestigung der Sohle u. Wände	25	0,30	1,30	19,5	2,3	3,15	4:5	3 150	650 000	10,60	In der Kanal-strecke 700 m Hangkanal und 140 m Betondüker
Freitalwerk, Sachsen	Freiberger Mulde	Kanal mit 15—20cm starker Betonverkleidg. der Sohle u. Wände	36	0,15	1,30	27,5	3,6	3,50	4:5	6 500	1 250 000	7,00	
Projekt eines Kraftkanals an der Isar	Mittellauf der Isar	Kanal mit 15 cm starker Betonverkleidg. der Sohle u. Wände	78	0,10	1,40	56,0	8,0	4,00	1:1,5	7 000	2 600 000	6,60	
„Mittlere Isar" 1. Stufe	Mittellauf der Isar	Kanal mit 20cm starker Betonverkleidg. der Sohle u. Wände	150	0,12	1,45	103,0	13,1	5,00	1:1,5	16 600	11 000 000	6,40	Großstadtnähe; umfangreiche Dammarbeiten, Brücken u. dgl.

Die Kosten verstehen sich für die fertigen Kanäle einschl. sämtlicher Bauarbeiten, normaler Kunstbauten (Brücken, Düker) u. dgl., einschl. Vorhaltung der Geräte, Arbeitsmaschinen u. dgl., sowie einschl. der allgemeinen Unkosten.
Ausgeschlossen sind die Kosten für Grunderwerb, für besonders eingerichtete Kläranlagen, Krafthausvorbecken u. dgl.
Sämtliche Kosten sind umgerechnet auf die Preisverhältnisse vom Frühjahr 1925; hierbei Richtlohn für Facharbeiter 80 Pfg./Std.
Richtpreis für Zement 50 Mk./t.

Kosten von Stollen.
Preisverhältnisse vom Frühjahr 1925.

Bezeichnung der Anlage	Gesteinsart	Profilform und Beschreibung	Hydraulische Angaben					Abmessungen			Kosten		Bemerkungen
			Ausbau-wassermenge	Mittleres Sohlengefälle	Druckhöhe bis Stollensohle	Wassergeschwindigkeit	Stollenquerschnitt	Durchschnittl. Stärke der Ausmauerung	Ausbruch-Querschnitt	Länge des Stollens	im ganzen	je lfd. m u. qm Stollenquerschnitt	
			cbm/sec	°/oo	m	m/sec	qm	cm	qm	m	Mk.	Mk.	
Münchener Wasserversorgung Leitung Thalham—Mühltal	Nagelfluh und Mergel	Hufeisenform mit Betonauskleidung; lichte Höhe 1,80, lichte Weite 1,70	3,0	0,4	Freispiegelstollen	1,30	2,4	30—40	4,5	530	170 000	133	
Brennerwerke	Dolomit-Kalk	Rechteck m. gewölbter Sohle u. Decke; Granitausmauerung	12,0	2,85	Freispiegelstollen	2,50	4,2	25—35	7,5	560	260 000	110	
Projekt eines Stollens im Rheinland	Tonschiefer und Grauwacke	Kreisprofil mit Betonauskleidung und Torkretierung	?	1,00	?	?	6,2	30—50	10,5	3200	1 900 000	96	Starke Auskleidung
Kocher-Kraftwerk Ohrnberg	Mergel, vermischt mit Muschelkalk	Eiprofil mit Betonausmauerung	16,00	1,00	Freispiegelstollen	2,40	7,2	20—30	10,0	1020	450 000	62	
Stollen in Thüringen	Tonschiefer und Grauwacke	Angenähertes Kreisprofil m. Betonausskldg.	12,00	0,80	8,2	1,33	9,0	30	13,0	650	420 000	72	Günstige Gebirgsverhältnisse
Walchenseewerk Stollen bei Wallgau	Rauhwacke und Dolomit	Parabelprofil 3,8 m hoch, 4 m breit, an der Sohle Betonauskleidung, Betonmantel an Druckstellen	25,00	0,90	Freispiegelstollen	2,20	12,3	25—30	16,3	1550	1 000 000	52	Günstige Verhältnisse, da eine Befestigung nur auf ca. 450 m erforderlich war
Projekt eines Stollens für eine mitteldeutsche Anlage	Tonschiefer und Grauwacke	Kreisprofil, 4,0 m Durchm. mit Betonauskleidung sowie Eisenbetonschale	36,00	2,00	36,0	2,85	12,6	Beton 30—50 Schale 12—15	21,0—25,0	3800	3 800 000	80	Stollenbohrung von 3 Seiten; auf die Länge von 600 m stärkere Auskleidung
Walchenseewerk Kesselbergstollen	Hauptdolomit, stellenweise Anhydrit	Kreisprofil, 4,9 m Durchm. mit Betonauskleidung, stellenw. Torkretierung	64,00	3,00	14,5	3,50	18,6	25—35	26,0	1170	1 800 000	82	Stollenbohrung von 2 Seiten: auf 104 m Länge Auskleidung mit Eisenbeton wegen Anhydrit
Alzwerke, Hirten-Holzfeld	Kies und Nagelfluh	Rechteck mit Halbkreisdecke, 5,5 m hoch, 6,0 m breit, mit Betonauskleidung	60,00	0,50	Freispiegelstollen	2,30	29,0	50—90	46,0	1530	2 800 000	63	Starke Ausmauerung wegen schlechter Gesteinsverhältnisse

Die Kosten verstehen sich für die fertige Ausführung der Stollen einschl. Vorhaltung aller Geräte, Kompressoren u. dgl. sowie einschl. der allgemeinen Unkosten. Ausgeschlossen sind die Kosten für Absperrvorrichtungen, Rechen sowie sonst. maschin. Einrichtungen.

Sämtliche Kosten sind umgerechnet auf die Preisverhältnisse vom Frühjahr 1925; hierbei Richtlohn für Facharbeiter . . . 80 Pfg./Std.

Richtpreis für Zement . . . . . . 50 Mk./t.

Druckrohrleitungen. In Liste 27 sind noch für die bei Hoch- und Mittel-druckanlagen vorkommenden Druckrohrleitungen die Kosten angegeben. Die hydrau-lischen Unterlagen beziehen sich auf die Ausbauwassermenge, auf das Gefälle zwischen Oberwasserspiegel und Turbineneinlauf, auf die in den Druckrohren zugelassene Wassergeschwindigkeit und den hierdurch bedingten Durchflußquerschnitt; die tech-nischen Angaben enthalten die lichten Durchmesser der Rohre, die Wandstärken, die Längen sowie die Gesamtgewichte einschließlich Zubehörteilen, Verankerungen u. dgl., jeweils bezogen auf einen Rohrstrang.

Neben den Gesamtkosten sind die Einheitskosten angegeben, einerseits nach dem Durchflußquerschnitt je laufenden Meter Rohrleitung, anderseits nach dem Gewicht. Die Kosten nach dem Durchflußquerschnitt sind naturgemäß bei hohen Gefällen größer als bei niedrigen Gefällen, weil sich bei hohen Gefällen für den unteren Teil der Rohrleitungen große Wandstärken ergeben. Die nach der Gewichtseinheit berechneten Kosten sind für die verschiedenen Gefälle und Rohrdurchmesser ziemlich gleich; eine Verbilligung des Preises je Tonne kann sich ergeben, wenn, wie z. B. beim Innwerk, eine große Zahl von Rohren gleichartig ausgeführt werden kann und hierdurch eine günstige Ausnützung der maschinellen Einrichtungen der Werkstätte ermöglicht wird.

In der Liste ist noch ein Hinweis auf die Kosten der Montage und Verlegung der Rohre gegeben, die bei größeren Druckrohrleitungen etwa 20 bis 30% der Rohrkosten ausmachen, vorausgesetzt, daß für den Transport und die Montage der Rohre eine leistungsfähige Montagebahn zur Verfügung steht.

Kosten von Wasserschlössern, Rohrbahnen, Turbinenkammern, Fundamenten u. dgl. Für die Kosten dieser Teile von Wasserkräften lassen sich allgemeine Richtlinien aus listenmäßigen Zusammenstellungen ausgeführter Anlagen kaum ermitteln, da hierfür die Verhältnisse bei den einzelnen Wasserkräften zu sehr verschieden sind. Die Kosten der Wasserschlösser, Rohrbahnen, Tiefbauten der Krafthäuser und ähnlicher Bauarbeiten müssen daher auf Grund von Massenberech-nungen an Hand der in der Liste 18 angegebenen Einheitspreise bestimmt werden, und es dürfte hierdurch in allen Fällen möglich sein, die Kosten, soweit sie für die Zwecke genereller Projektierung nötig sind, genügend genau zu ermitteln.

Kosten von Hochbauten der Krafthäuser. Die Hochbauten der Krafthäuser können nach ihrem Rauminhalt in ähnlicher Weise berechnet werden wie die Hoch-bauten der Wärmekraftanlagen und wird hierfür auf die Liste 31 verwiesen, in welcher die Einheitspreise je cbm umbauten Raumes für Maschinenhäuser angegeben sind.

Kosten sonstiger baulicher Einrichtungen. Neben den Kosten für Grund-erwerb und für die hauptsächlichsten Einzelteile von Wasserkraftanlagen sind bei der Berechnung der Gesamtkosten noch die Ausgaben für die in mehr oder minder größerem Umfange vorkommende Verlegung von Bahnen, Straßen und Wegen, die Erstellung neuer Anschlußbahnen und Anschlußstraßen, die insbesondere bei Talsperrenanlagen vorkommende Errichtung von Brücken usw. zu berücksichtigen.

Als Anhaltspunkt für die Berechnung der Kosten von Bahnen und Straßen kann angenommen werden, daß für mittlere Verhältnisse (hügeliges Gelände)

die Erstellung einer eingleisigen Nebenbahnstrecke
für Normalspur . . . . 90—120 Mk./lfd. m
die Erstellung einer eingleisigen Bahnstrecke für
Schmalspur von ca. 1000 mm . . . . . . 50— 70 Mk./lfd. m
die Erstellung einer Staatsstraße, 6—9 m breit . . 40— 60 Mk./lfd. m
„ „ einer Distriktsstraße, 4—6 m breit 25— 40 Mk./lfd. m
„ „ eines Feldweges 2—3 m breit . . . 10— 15 Mk./lfd. m
erfordern.

Kosten von Druckrohrleitungen.
Preisverhältnisse vom Frühjahr 1925.

Bezeichnung der Anlage	Art und Verlegung der Rohrleitung	Hydraulische Angaben für je einen Rohrstrang				Abmessungen eines Rohrstranges				Kosten je Rohrstrang		
		Ausbau-Wassermenge	Gefälle zwischen Oberwasserspiegel und Turbinen-Einlauf	Wassergeschwindigkeit	Durchfluß-Querschnitt	Lichter Durchmesser	Wandstärke	Länge einschließlich Hauptverteil-Leitungen	Gewicht eines Rohrstranges einschließlich Verankerungen u. dgl.	im ganzen	Je lfd. m und qm mittlerer Durchfluß-Querschnitt	Je t
		cbm/sec	m	m/sec	qm	mm	mm	m	t	Mk.	Mk.	Mk.
Wasserkraftanlage Minera in Chile	1 Leitung, S.M.-Bleche, genietet, verlegt über Boden auf Betonbahn	0,35	180	2,3	0,15	425	6—10	370	34	17 000	300	500
Wasserkraftanlage Tharandt b. Dresden	2 Leitungen, S.M.-Bleche, genietet, verlegt über Boden auf Betonbahn	2,00	80	1,3—4,0	1,55/0,50	1400/800	7—12	350	100	40 000	130	400
Brennerwerke	2 Leitungen, S.M.-Bleche, genietet, ca. 1 m tief im Boden verlegt	6,00	80	3,4	1,76	1500	7—16	412	240	120 000	165	500
Schwarzenbachwerk	2 Leitungen, S.M.-Bleche, geschweißt, verlegt über Boden auf Betonsockeln	14,00	360	4,5—7,0	3,14/2,00	Haupttlg. 2000/1600 Verteiltlg. 1600/1100	12—37	900	1340	670 000	290	500
Leitzachwerk	2 Leitungen, S.M.-Bleche, geschweißt, verlegt über Boden auf Betonsockeln	10,00	120	3,2	3,14	2000	10—20	820	1000	400 000	155	400
Walchenseewerk	6 Leitungen, S.M.-Bleche, genietet, verlegt über Boden auf Betonsockeln	12,00	200	3—4	4,00/3,00	Haupttlg. 2250/1950 Verteiltlg. 1850	10—27	450	630	290 000	185	460
Alzwerke	5 Leitungen, S.M.-Bleche, genietet, auf Betonsockeln, teilweise mit Kies überdeckt	16,00	62	3,0	5,3	2600	12—15	170	216	105 000	117	485
Innwerk	15 Leitungen, S.M.-Bleche, genietet, verlegt über Boden auf Betonbahn	28,00	34	2,2	12,6	4000	13	56	95	33 000	47	350

Die Kosten verstehen sich für die fertigen Rohrleitungen ab Lieferwerk, einschließlich der zugehörigen Expansionen, Mannlöcher, Anker, Befestigungsteile und dgl. Ausgeschlossen sind die Kosten für Grunderwerb, für die Rohrbahn mit Fundamenten, für Absperrvorrichtungen u. dgl.

Für die Montage und Verlegung der Rohre ist je nach Größe und Gewicht derselben ein Zuschlag von 20—30% auf die Rohrkosten zu rechnen. Der Zuschlag ist entsprechend zu erhöhen, wenn, wie z. B. beim Innwerk, die Rohre mit Rücksicht auf ihre Größe geteilt transportiert und erst an der Baustelle zusammengenietet werden müssen.

Sämtliche Kosten sind umgerechnet auf die Preisverhältnisse vom Frühjahr 1925, hiebei:

Richtlohn für Facharbeiter . . . . . . 80 Pfg./Std.
Richtpreis für Zement . . . . 50 Mk./t.
Richtpreis für S.M.-Bleche . . . . . . 225 Mk./t.

Gewichte und Kosten von Turbinen.

Preisverhältnisse vom Frühjahr 1925.

Leistung in PS:

Gefälle H in m	Zahl der Düsen bzw. Laufräder	1500			3000			4500			9000			18000			36000		
		Drehzahl je Minute	Gewicht t	Preis Mk.	Drehzahl je Minute	Gewicht t	Preis Mk.	Drehzahl je Minute	Gewicht t	Preis Mk.	Drehzahl je Minute	Gewicht t	Preis Mk.	Drehzahl je Minute	Gewicht t	Preis Mk.	Drehzahl je Minute	Gewicht t	Preis Mk.
A. Freistrahl-Turbinen.																			
400	1 Düse	750	7,7	19 500	600	10,9	27 500	500	14,0	35 500	—	—	—	—	—	—	—	—	—
	2 Düsen	1000	7,5	20 000	750	11,0	29 000	750	14,5	38 500	500	24,0	58 000	428	47,0	95 000	—	—	—
	4 Düsen	—	—	—	—	—	—	—	—	—	—	—	—	500	60,0	110 000	428	106	185 000
300	1 Düse	600	8,0	20 000	—	—	—	—	—	—	—	—	—	—	—	—	—	—	—
	2 Düsen	750	9,0	22 000	600	13,0	30 000	500	18,0	40 000	428	32,0	65 000	300	62,0	115 000	—	—	—
	4 Düsen	—	—	—	—	—	—	—	—	—	500	36,0	70 000	428	73,0	128 000	300	149	260 000
200	2 Düsen	600	11,0	25 000	428	18,0	38 000	375	28,0	56 000	—	—	—	—	—	—	—	—	—
	4 Düsen	—	—	—	600	22,0	46 000	500	30,0	60 000	375	52,0	90 000	250	100,0	180 000	—	—	—
100	4 Düsen	428	20,5	42 000	300	28,0	56 000	—	—	—	—	—	—	—	—	—	—	—	—
B. Francis-Turbinen, Gehäuse-Einbau.																			
200	1 Laufrad	—	—	—	—	—	—	500	19,5	40 000	500	32,0	60 000	500	65,0	105 000	500	115	160 000
100	1 Laufrad	750	8,0	20 000	600	13,5	30 000	430	25,0	48 000	375	38,0	68 000	250	78,0	115 000	—	—	—
75	1 Laufrad	750	9,0	22 000	500	17,0	35 000	300	32,0	58 000	300	48,0	79 000	214	96,0	134 000	—	—	—
50	1 Laufrad	500	12,0	27 000	375	22,0	43 000	250	45,0	78 000	214	60,0	94 000	167	120,0	160 000	—	—	—
30	1 Laufrad	375	16,5	35 000	300	30,0	56 000	125	70,0	115 000	167	85,0	125 000	—	—	—	—	—	—
20	1 Laufrad	250	20,0	42 000	167	45,0	80 000	—	—	—	—	—	—	—	—	—	—	—	—

C. Francis-Turbinen, Einbau in Betonspiralen.

20	1 Laufrad	300	10,0	22 000	214	23,0	45 000	187	34,0	62 000	125	68,0	106 000	94	135,0	175 000	—	—	—
16	1 Laufrad	300	14,0	30 000	214	32,0	60 000	167	48,0	82 000	107	100,0	142 000	—	—	—	—	—	—
12	1 Laufrad	214	19,5	40 000	167	40,5	72 000	125	66,0	105 000	94	140,0	180 000	—	—	—	—	—	—

D. Propeller-Turbinen, Einbau in Betonspiralen.

12	1 Laufrad	300	23,0	46 000	214	40,0	72 000	167	56,0	94 000	125	92,0	140 000	83	160,0	220 000	—	—	—
8	1 Laufrad	214	32,0	60 000	150	56,0	92 000	125	80,0	125 000	83	135,0	195 000	—	—	—	—	—	—
6	1 Laufrad	150	44,0	78 000	107	76,0	120 000	—	—	—	—	—	—	—	—	—	—	—	—

E. Kaplan-Turbinen, Einbau in Betonspiralen.

8	1 Laufrad	250	40,0	85 000	167	65,0	112 000	150	90,0	145 000	107	145,0	215 000	—	—	—	—	—	—
6	1 Laufrad	187	56,0	100 000	136	88,0	140 000	107	120,0	180 000	75	190,0	265 000	—	—	—	—	—	—
4	1 Laufrad	125	80,0	128 000	94	120,0	180 000	—	—	—	—	—	—	—	—	—	—	—	—
2	1 Laufrad	75	140,0	210 000	—	—	—	—	—	—	—	—	—	—	—	—	—	—	—

Die Angaben für die Francis- und Schnelläuferturbinen beziehen sich durchwegs auf Turbinen mit e i n e m Laufrad. Turbinen mit 2 Laufrädern sind bei √2-fachen Drehzahlen um 20—25% schwerer und teurer als die entsprechenden Einradturbinen gleicher Leistung. Die Angaben gelten für liegende und stehende Turbinen.

Die Preise und Gewichte verstehen sich einschließlich Gehäusen, Abstützungen, Lagern (bei stehenden Turbinen auch der Spurlager), Geschwindigkeitsreglern, Absperrschiebern sowie sonstigen zur vollständigen Turbine gehörigen Einrichtungen wie Lagerkühlung, Schmiervorrichtungen, Abdeckungen u. dgl.

Ausgeschlossen sind die Kosten von Übersetzungsgetrieben, die eventuell bei Turbinen mit niedrigen Drehzahlen angeordnet werden; ferner die Kosten der Zuleitungen, Schützen, Rechen u. dgl.

Die Preise verstehen sich ab Fabrik. Für die Montage ist ein Zuschlag von ca. 10% auf die Turbinenkosten zu rechnen.

Etwaige größere Verlegungsarbeiten, die Erstellung von Brücken u. dgl. sind von Fall zu Fall zu berechnen oder durch ausreichende Zuschläge zu berücksichtigen.

Die Kosten für die Erstellung von Dienstwohngebäuden, Verwaltungsbauten u. dgl. können auf Grund des umbauten Raumes berechnet werden.

Kosten von Turbinen. In Liste 28 sind die Gewichte und Kosten für die verschiedenen Bauarten von Wasserturbinen mit Leistungen von 1500 bis 36000 PS angegeben. Für die höheren Gefälle bis herab zu 100 m sind Freistrahl-Turbinen angenommen, wobei als obere Grenze der praktischen Ausführung Turbinen mit 4 Düsen und mit einem Strahldurchmesser von etwa 200 mm vorgesehen sind. Für Gefälle von 200 m abwärts sind auch die Kosten von Francis-Turbinen angegeben, die ab 75 m Gefälle für die aufgenommenen Leistungen wohl ausschließlich in Frage kommen. Für die niedrigen Gefälle sind Schnelläufer-Turbinen und Kaplan-Turbinen in der Liste enthalten. Hierbei wurde auf Gefälle bis zu 2 m heruntergegangen, weil die Ausnützung solch niedriger Gefälle an größeren Flüssen für künftige Kraftwerke von Landesversorgungen wichtig werden dürfte. Die Angaben für 2 m Gefälle geben allerdings nur allgemeine Anhaltspunkte über die Gewichte und Kosten der betreffenden Turbinen, deren Konstruktionen je nach der zur Verfügung stehenden Wassermenge und nach den Regulieranforderungen sehr verschieden sind. Für sämtliche Francis- und Schnelläufer-Turbinen sind Einradturbinen zugrunde gelegt. Für Zweifachturbinen (Doppel- oder Zwillingsturbinen) sind die Kosten bei gleichem Gefälle und gleicher Leistung je nach Art der Anordnung um 20 bis 25% höher anzusetzen als für die entsprechenden Einfach-Turbinen; zu beachten ist hierbei, daß die bei Doppel-Turbinen erreichbaren Drehzahlen das $\sqrt{2}$fache der Drehzahlen von Einrad-Turbinen gleichen Gefälles und gleicher Leistung betragen.

Bei Beurteilung der in Liste 28 angegebenen Turbinenpreise ist zu beachten, daß fast für jede Großwasserkraft eine besondere Turbinenkonstruktion bedingt ist, für welche die Pläne, Modelle usw. häufig neu hergestellt werden müssen, wodurch die Preise gegenüber typenmäßig herstellbaren Maschinen ungünstig beeinflußt werden. Abgesehen davon sind in den Listen für die einzelnen Turbinentypen nur die mittleren und nicht die maximal möglichen Drehzahlen vorgesehen, weil die Wahl maximaler Drehzahlen zweckmäßig nur auf Grund von genaueren Untersuchungen unter Berücksichtigung der örtlichen Verhältnisse möglich ist. Es kann deshalb angenommen werden, daß bei der Einholung von Detailangeboten durch Verwendung vorhandener Pläne und Modelle, durch gleichzeitige Herstellung mehrerer gleichartiger Turbinen, durch Wahl günstigerer Drehzahlen u. dgl. die in den Listen angegebenen Preise sich nicht unerheblich ermäßigen. Für generelle Berechnungen dürfte es sich empfehlen, zunächst die Listenpreise zugrunde zu legen.

Kosten von Generatoren. Die Kosten der mit den Wasserturbinen zu kuppelnden elektrischen Generatoren sind in Liste 29 sowohl für Maschinen mit liegender Welle als auch für solche mit stehender Welle (sog. Schirmgeneratoren) eingetragen. Die Liste umfaßt Generatoren von 1000 bis 24000 kW Leistung mit minutlichen Drehzahlen von 83 bis 1000. Es sind Maschinen mit Spannungen von 6000 bis 10000 Volt, mit einer Phasenverschiebung von cos $\varphi = 0,75$ und mit den für Turbinenantrieb erforderlichen (normalen) Schwungmassen aufgenommen.

Die Liste zeigt, daß im allgemeinen Schirmgeneratoren wegen ihres massiveren Aufbaues und ihrer konstruktiv schwierigeren Herstellung bei gleicher Leistung und gleicher Drehzahl höhere Gewichte und höhere Preise als die liegenden Generatoren aufweisen.

Liste 29.

Gewichte und Kosten von Drehstromgeneratoren.

Mit 5—10000 Volt Spannung, 50 Perioden.

Preisverhältnisse vom Frühjahr 1925.

Leistung in kW bei cos φ = 0,75	1000			3000			6000			12000			24000		
	Schwung-moment tm²	Gewicht t	Preis Mk.	Schwung-moment tm²	Gewicht t	Preis Mk.	Schwung-moment tm²	Gewicht t	Preis Mk.	Schwung-moment tm²	Gewicht t	Preis Mk.	Schwung-moment tm²	Gewicht t	Preis Mk.
Drehzahl je Minute:															
a) Liegende Generatoren für den Antrieb durch Wasserturbinen oder Dieselmotoren.															
n = 1000	3	16	35 000	10	35	75 000	30	56	120 000	—	—	—	—	—	—
n = 500	9	20	40 000	25	45	90 000	100	74	140 000	180	125	220 000	500	200	330 000
n = 250	55	26	50 000	250	60	110 000	500	100	170 000	1 000	165	270 000	2 200	260	400 000
n = 125	200	38	65 000	700	80	135 000	1 400	130	210 000	2 800	220	330 000	6 500	350	500 000
n = 83	450	55	90 000	1 400	110	175 000	2 800	175	275 000	5 000	280	400 000	—	—	—
b) Stehende Generatoren für den Antrieb durch Wasserturbinen.															
n = 1000	2	16	40 000	8	36	82 000	30	60	130 000	—	—	—	—	—	—
n = 500	6	22	52 000	25	48	100 000	60	80	155 000	120	135	235 000	—	—	—
n = 250	36	34	75 000	110	70	130 000	220	115	190 000	500	185	290 000	1 000	285	420 000
n = 125	140	50	100 000	500	100	170 000	1 000	160	250 000	1 900	260	375 000	4 700	410	560 000
n = 83	330	72	135 000	1 000	140	220 000	2 000	220	320 000	3 800	340	460 000	8 000	525	700 000

Die Gewichte und Kosten verstehen sich für die fertige Ausführung der Generatoren, einschl. der zugehörigen Erregermaschine, sowie des Magnet- und Nebenschlußreglers.

Bei liegenden Generatoren sind die erforderlichen Lager mit Grundplatte, bei stehenden Generatoren die Abstützkonstruktion mit Halslager, jedoch o h n e Spurlager, in den Gewichten und Kosten enthalten.

Den Angaben sind normale Schwungmomente zugrundegelegt; für Einbau größerer Schwungmassen oder gesonderter Schwungräder ist ein entsprechender Zuschlag zu machen.

Die Preise verstehen sich ab Fabrik. Für die Montage eines Generators mit Zubehör ist ein Zuschlag von ca. 5% auf die Generatorkosten zu rechnen.

Bezeichnung der Anlage	Flußstrecke Stufenzahl	Beschreibung
Niederdruckanlagen. Anlage in Süd-bayern	Voralpiner Fluß 1 Stufe	Gemischtes Wehr von 190 m Länge, 3,0 m Stauhöhe, 3200 m Ober-wasser- und 1000 m Unterwasserkanal; Speichernutzraum einschl. Kanalspeicherung 390 000 cbm; 2 horizontale Doppelzwillingsturbinen je 8000 PS mit Generatoren je 5400 kW
Anlage in Süd-bayern	Voralpiner Fluß 1 Stufe	Schützenwehr von 100 m Länge, 6,0 m Stauhöhe, 14,5 km Ober- und Unterwasserkanal; 4 horizontale Doppelturbinen je 7800 PS mit Generatoren je 5200 kW
Kraftanlage Gös-gen der Elek-trizitätswerke Olten-Aarburg	Aare bei Olten 1 Stufe	Schützenwehr von 90 m Länge, 6,1 m Stauhöhe, 6,2 km Ober- und Unterwasserkanal; Maschinenanlage mit 8 vertikalen Aggregaten je 8100 PS bzw. 5400 kW
Kraftanlage „Mittlere Isar"	Isarstrecke München-Pfrombach 3 Stufen	Schützenwehr von 78,5 m Länge, 4,5 m Stauhöhe, 35 km Ober- und Mittelwasserkanal, 10 km vorläufiger Unterwasserkanal 1 Kraftwerk bei Finsing mit 2 horizontalen Vierfach-Turbinen je 9600 PS 1 Kraftwerk bei Aufkirchen mit 4 Vertikal-Turbinen je 12700 PS 1 Kraftwerk bei Eitting mit 4 Vertikal-Turbinen je 12700 PS je mit entsprechenden Generatoren
Hochdruckanlagen. Brennerwerke	Sill bei Matrei	Festes und Schützenwehr von 21 m Länge, 3,5 m Stauhöhe, 560 m Druckstollen, 2×410 m Druckrohrleitung, 6 horizontale Maschinen-sätze, bestehend aus je 1 Freistrahlturbine mit Generator von 1000 bzw. 1300 kW
Löntschwerk	Klöntaler See	Staudamm von 217 m Länge, 22 m Höhe, 50 Millionen cbm nutz-barer Speicherraum, 4,13 km Druckstollen, 4×925 m Druckrohrleitung; 6 horizontale Maschinensätze, bestehend aus je 1 Freistrahl-Turbine mit Generator mit zusammen 26000 kW, 2 weitere Maschinensätze mit zusammen 22000 kW Leistung
Walchenseewerk	Isar von Krün bis Wolfrats-hausen	Wehranlage bei Krün von 61,4 m Länge, 3150 m Oberwasserkanal, 1550 m Freilaufstollen, 4500 m Kanal im Obernachtal, 80 Millionen cbm nutzbarer Speicher, Einlaufbauwerk b. Urfeld, 1170 m Druck-stollen, 6×450 m Druckrohrleitung, Maschinenanlage mit 8 horizon-talen Maschinensätzen mit zusammen 96 000 kW Normalleistung
Talsperrenanlagen. Anlage im Allgäu	Voralpiner Fluß	Gewichtssperre von 41 m Höhe; 70 000 cbm Mauerinhalt, 156 m Kronen-länge, 180 Millionen cbm nutzbarer Speicherraum, 2 Hochwasserstollen von je 6,6 m Durchmesser, 500 m lang; Krafthaus unmittelbar an der Sperre, 4 Vertikalturbinen je 12 000 PS mit Generatoren je 8000 kW
Anlage Rempen des Wäggital-werkes, Schweiz	Aa zwischen Innertal und Züricher-See	Talsperre von 26 m Höhe; 22 000 cbm Mauerinhalt, 400 000 cbm nutz-barer Speicherraum, 2570 m Druckstollen, 2×820 m Druckrohrleitung, 4 Maschinensätze, bestehend aus je einer Vertikal-Francis-Spiral-turbine 16 000 PS und Schirmgenerator 10500 kW
Anlage Schräh des Wäggital-werkes, Schweiz	Aa zwischen Innertal und Züricher-See	Talsperre von 109 m Höhe, 240 000 cbm Mauerinhalt, 150 Millionen nutzbarer Speicherraum, 3680 m Druckstollen, 2×590 m Druckrohr-leitung; 4 Maschinensätze, bestehend aus je einer Vertikal-Francis-Spiralturbine 20 000 PS und Schirmgenerator 13 500 kW

Als **Ausbauleistung** ist diejenige Leistung eingesetzt, die von der Wasserkraft im Höchstfalle abge-
Wasserführung der Umleitungsgerinne (Kanäle, Stollen u. dgl.); bei voll ausgebauten Speicheranlagen
Die Angaben beziehen sich teils auf ausgeführte Anlagen, teils auf baureife Detailprojekte.
Die Kosten sind für sämtliche Werke unter Zugrundelegung der Zahl der Arbeitsstunden, des Ma-
Die Kosten verstehen sich für die betriebsfertige Kraftanlage einschl. der Ausgaben für Grunderwerb,
Ausgeschlossen sind die Kosten für Kapitalbeschaffung und Bauzinsen, sowie die Kosten für etwa

kraftanlagen.
Frühjahr 1925.

Hydraulische Angaben			Ausbau-leistung	Mittlere Jahres-leistung	Mögliche Jahresarbeit = Mittlere Jahres-lstg. × 8760 St.	Kosten		Bemerkungen
Normales Nutz-gefälle	Ausbau-Wasser-menge	Nutz-wasser-menge im Jahres-mittel				im ganzen	je kW Ausbau-leistung	
m	cbm/sec	cbm/sec	kW	kW	kWh	Mk.	Mk.	
13,0	120	59	10 800	5 300	46 500 000	8 000 000	740	Günstige Niederdruck-Wasserkraft infolge Aus-nützung eines verhältnis-mäßig hohen Relativge-fälles.
15,0	200	145	20 800	14 800	130 000 000	18 000 000	865	Normales Niederdruck-Laufwerk.
16,0	350	220	40 000	27 500	240 000 000	26 000 000	650	Günstige Niederdruck-Wasserkraft infolge Aus-nützung eines verhältnis-mäßig hohen Relativge-fälles.
3 Stufen zus. 62,7	1. Stufe 150 2. u. 3. Stufe 125	90	64 000	41 000	360 000 000	60 000 000	940	Kosten scheinbar hoch; begründet durch die für die gesamte Landesver-sorgung aufgestellten Re-servemaschinen in der 2. und 3. Kraftstufe, sowie durch unvollständigen Ausbau.
75	12	8	6 400	4 100	36 000 000	3 000 000	470	Ausnützung eines sehr hohen Relativgefälles (ca. 65°/₀₀), daher trotz kleiner Leistung billiger Ausbau.
342	20	3,8	48 000	9 200	80 000 000	18 000 000	375	Ausnützung eines hohen Relativgefälles (ca. 50°/₀₀); große Leistung, daher niedriger Einheitspreis je kW Ausbauleistung.
192	64	16	80 000	21 000	180 000 000	24 000 000	300	Außergewöhnlich gün-stige Wasserkraft, bedingt durch hohes Relativge-fälle (ca. 11°/₀₀) und teil-weise Benützung vorhan-dener Flußläufe für die Wasserumleitung.
35	140	52	32 000	11 000	96 000 000	30 000 000	940	Günstige Sperrenanlage, weil an einem wasser-reichen Fluß durch eine Sperre m. verhältnismäßig kleiner Mauermasse ein hohes Gefälle erzielt wird.
185	31	4,6	42 000	6 000	52 000 000	26 000 000	620	Besonders billige Anlage infolge sehr günstiger Ge-ländeverhältnisse. Bei kl. Sperre und kurzem Druck-stollen sehr hohes Gefälle.
230	31	4,5	54 000	7 600	66 000 000	38 000 000	700	Billige Anlage infolge günstiger Geländeverhält-nisse. Erhöhung des Ein-heitspreises gegenüber Rempen bedingt durch größere Sperre.

geben werden kann. Bei voll ausgebauten Laufwerken ist die Ausbauleistung begrenzt durch die normale durch die Wasserführung der Gerinne hinter dem Speicher.

terialaufwandes usw. auf die Preisverhältnisse vom Frühjahr 1925 umgerechnet.
Entschädigungen, Hilfs- und Nebeneinrichtungen, sowie für Projektierung, Bauleitung und allgemeine Unkosten.
mit der Kraftanlage verbundene Transformatorstationen.

Kosten von Transformatoren und Schalteinrichtungen. Die Kosten der zu den Kraftwerken gehörigen Transformatorstationen zur Umwandlung der Maschinenspannung auf die Fernleitungsspannung der Landesnetze sind im Anschluß an die Kostenermittlung der Netzstationen aus den Listen 43 und 44 zu entnehmen.

Kosten der Vorarbeiten, Projektierung und Bauleitung, allgemeine Unkosten u. dgl. Wenn für eine bestimmte Wasserkraftanlage der Aufwand für Grunderwerb, Ablösungen, bauliche, maschinelle und elektrische Einrichtungen generell festgestellt ist, so ist noch ein entsprechender Zuschlag für die Kosten der Vorarbeiten, für Projektierung und Bauleitung sowie für allgemeine Unkosten usw. zu machen. Dieser Zuschlag ist bei Wasserkräften nicht unbeträchtlich, weil dieselben nicht nur eine lange Bauzeit erfordern, sondern bei ihnen auch in weitgehenderem Maße als bei Wärmekräften mit unvorhergesehenen Ausgaben gerechnet werden muß, die beispielsweise durch Wassereinbrüche, durch eine trotz der geologischen Untersuchungen nicht vorhergesehene schlechte Beschaffenheit des Baugrundes u. dgl. verursacht werden. Es ist daher ein reichlicher Zuschlag für die erwähnten Ausgaben zu nehmen, für mittlere Verhältnisse kann derselbe mit 15 bis 20 % der für die baulichen, maschinellen und elektrischen Einrichtungen berechneten Kosten angesetzt werden.

Hierzu kommt noch der Aufwand für Bauzinsen. Zur Ermittlung dieses Aufwandes ist ein Terminplan nötig, in welchem die in jedem einzelnen Baujahr aufzubringenden Kosten eingetragen sind, womit sich dann die Höhe der Bauzinsen feststellen läßt.

Kosten ganzer Wasserkraftanlagen. Auf Grund der in den Listen 22 bis 29 angegebenen Kosten für Grunderwerb, Ablösungen, bauliche, maschinelle und elektrische Einrichtungen und nach sinngemäßer Ermittlung des Aufwandes für die Nebenanlagen sowie der allgemeinen Unkosten usw. lassen sich die Gesamtkosten ganzer Wasserkraftanlagen von Fall zu Fall berechnen, wie dies z. B. für eine kleinere Anlage in der Zusammenstellung zur Abb. 18, Seite 40, angegeben ist.

Für die Projektierung von Landeswerken ist es von Interesse, die ungefähren Kosten der verschiedenen Typen von Wasserkraftanlagen je ausgebautes kW zu kennen und es sind deshalb in Liste 30 für typische Niederdruckanlagen, Hochdruckanlagen und Talsperrenanlagen, die sich als wirtschaftlich erwiesen haben, die Gesamtkosten angegeben.

Legt man für große technische Anlagen einen Zinsfuß von 8 % zugrunde und berücksichtigt man, daß bei Landeswerken Laufwasserkräfte im allgemeinen mit einer jährlichen Benützungsdauer von 6000 Stunden für die Ausbauleistung betrieben werden können (s. Abschnitt IV), so sind, wie sich leicht überrechnen läßt, bei den üblichen Kohlenpreisen von 25—30 Mk./t guter Steinkohle Wasserkräfte mit einem Kostenbetrag von etwa 1800 Mk./kW Ausbauleistung im allgemeinen noch ausbauwürdig, wenn zwischen dem zeitlichen Verlauf des Strombedarfs und dem zeitlichen Verlauf der Wasserkraftdarbietung eine gute Übereinstimmung besteht, wie dies bei Mittelgebirgsflüssen, die ihre Hauptwasserführung im Winter haben, in der Regel der Fall ist. Die zulässigen Kosten der Wasserkräfte vermindern sich entsprechend, wenn, wie dies bei hochalpinen Flüssen der Fall ist, die größte Wasserführung in die Zeit geringeren Strombedarfes fällt, so daß ein Teil der Wasserkraftleistung nur als Abfallstrom Verwendung finden kann.

Im Vergleich mit größten, an der Grube errichteten Rohbraunkohlenkräften sind, nach ähnlichen Gesichtspunkten beurteilt, Laufwasserkräfte noch ausbauwürdig, wenn sie nicht mehr als etwa 900 Mk./kW erfordern.

Speicherfähige Wasskräfte, welche mit etwa 2000 Stunden ausgenützt werden können, dürfen je kW Ausbauleistung bis zu 1000 Mk. kosten, wenn sie im Konsumgebiet liegen; in der Regel erfordern sie einen wesentlich geringeren Aufwand, in welchem Falle sich eine Übertragung dieser Kräfte selbst auf weite Entfernung rechtfertigen läßt. Talsperrenkräfte erfordern mitunter mehr als 1000 Mk. je kW Ausbauleistung und können trotzdem sehr vorteilhaft sein, wenn sie neben der Stromlieferung für die Landesversorgung auch anderen Zwecken, wie dem Hochwasserschutz, der Anreicherung des Niederwassers und dergl. dienen. In solchen Fällen ist es allerdings erforderlich, von den Baukosten der Talsperren entsprechende Beträge für die Nebenzwecke abzusetzen, um die Stromerzeugung allein nicht unwirtschaftlich zu machen.

In jedem Falle ist der generelle Vergleich zwischen Wasserkraft und Wärmekraft für den Ausbau entscheidend.

4. Kosten von Wärmekraftanlagen.

Die Kosten von Wärmekraftanlagen lassen sich wesentlich sicherer berechnen als die Kosten von Wasserkraftanlagen, da die Wärmekräfte sich im allgemeinen gleichartig aufbauen und deshalb die Kosten für alle Leistungen durch Zusammensetzung der Kosten für Grunderwerb, für Hochbauten, für die nötigen maschinellen und elektrischen Einrichtungen ziemlich genau errechnet werden können, sobald die Größe, Art und Anordnung der Kraftwerke festgelegt ist. In den nachstehenden Listen sind die Kosten für die wichtigsten Einzelteile der Dampf- und Dieselanlagen in der Weise angegeben, daß sich hieraus die Kosten der Gesamtanlagen ermitteln lassen.

Grunderwerb. Die Ausgaben für Grunderwerb sind bei den Wärmekräften im allgemeinen von untergeordneter Bedeutung, sie können einen erheblichen Betrag allerdings dann annehmen, wenn die Errichtung der Werke in nächster Nähe größerer Städte beabsichtigt ist und die hierfür benötigten Grundstücke sich nicht im Besitz der beteiligten öffentlichen Körperschaften befinden.

Kosten von Hochbauten für Kraftwerke. Zur Ermittlung der Kosten von Hochbauten sind in Liste 31 zunächst die für Kesselhäuser und Maschinenhäuser zu erwartenden Kosten je cbm umbauten Raumes nach den Preisverhältnissen vom Frühjahr 1914 und Frühjahr 1925 angegeben.

Die Kosten der Hochbauten je cbm sind im allgemeinen für jede Ausführungsart — Beton, Eisenbeton, Ziegelmauerwerk u. dgl. — die gleichen, da angenommen wurde, daß in jedem Falle die am billigsten zu beschaffenden Materialien zur Verwendung gelangen. Die Dächer sind in Eisenkonstruktion mit massiver Abdeckung angenommen.

Die Einzelpreise gelten ebensowohl für die Hochbauten der Dampf- und Dieselanlagen, als auch der Wasserkraftanlagen. In der gleichen Liste sind auch die Kosten der Transformatorenhäuser sowie der Betriebs- und Verwaltungsräume angegeben.

Kosten von Dampfkesseln und deren Zubehör. Die Kosten von Dampfkesseln mit Zubehör sind in Liste 32 aufgestellt, und zwar

unter a) für Steinkohlenkraftwerke mit Wanderrostfeuerungen,

unter b) für Rohbraunkohlenwerke mit Treppenrost- oder Spezialfeuerungen,

unter c) für Steinkohlenstaub-Kraftwerke mit Düsenfeuerungen.

Die Angaben für die Steinkohlenwerke beziehen sich auf Kessel mit 30 at Betriebsdruck und 400° C Dampftemperatur in der Annahme, daß diese Anlagen mit Abdampfverwertung arbeiten.

Liste 31.   ## Kosten von Hochbauten für Kraftwerke,

bezogen auf 1 cbm umbauten Raum.

	Frühjahr 1914	Frühjahr 1925	Bemerkungen
1. Kesselhäuser	Mk.	Mk.	**Zu 1:**
mit 20 000 bis 50 000 cbm	15.— bis 14.—	24.— bis 22.—	Die Kosten verstehen sich für das fertige Kesselhaus einschl. Kohlenbunkern und einschl. Beleuchtungs- und Belüftungsinstallationen. Ausgeschlossen sind die Kesselfundamente und Einmauerungen, Transporteinrichtungen für Kohle, Asche u. dgl.
mit 50 000 bis 100 000 cbm	14.— bis 13.—	22.— bis 21.—	
mit mehr als 100 000 cbm	13.— bis 12.—	21.— bis 19.—	
2. Maschinenhäuser			**Zu 2:**
mit 10 000 bis 25 000 cbm	14.— bis 13.—	22.— bis 21.—	Die Kosten verstehen sich für das fertige Maschinenhaus einschl. Kranpfeilern und einschl. Beleuchtungs-, Heizungs- u. Belüftungsinstallationen. Ausgeschlossen sind die Maschinenfundamente.
mit 25 000 bis 50 000 cbm	13.— bis 12.50	21.— bis 20.—	
mit mehr als 50 000 cbm	12.— bis 11.—	19.— bis 18.—	
3. Transformatorenhäuser			**Zu 3:**
mit 5 000 bis 10 000 cbm	16.— bis 15.50	26.— bis 25.—	Die Kosten verstehen sich für das fertige Transformatorenhaus einschl. Transform.- u. Schalterkammern, Ölgruben u. dgl. sowie einschl. Beleuchtungs-, Heizungs- und Lüftungsinstallationen. Ausgeschlossen sind Durowände, Stützkonstruktionen für Sammelschienen u. dgl. Hallenbauten ohne Kammern sind um ca. 10% billiger.
mit 10 000 bis 25 000 cbm	15.50 bis 15.—	25.— bis 24.—	
mit mehr als 25 000 cbm	14.50 bis 14.—	23.— bis 22.—	
4. Betriebs- und Verwaltungsgebäude, Werkstätten, Lager			**Zu 4:**
bis 5000 cbm	18.— bis 17.—	28.— bis 26.—	Die Kosten beziehen sich auf den Durchschnitt aller Nebengebäude. Eingeschlossen sind die Beleuchtungs-, Heizungs- u. Belüftungsinstallationen.
über 5000 cbm	17.— bis 16.—	26.— bis 24.—	

Als u m b a u t e r R a u m ist der auf Grund der Abmessungen von Außenwand zu Außenwand und von der Unterfläche der Fundamentsohle bis zur mittleren Dachfläche sich ergebende Raum zu rechnen.

Bei Wasserkraftanlagen beginnt der Hochbau mit dem Maschinenhausfußboden. (Ohne Wasserkammern, Ausläufe u. dgl.) Der Maschinenhausfußboden einschl. seiner Tragkonstruktion ist in den Einheitspreisen eingeschlossen.

Die Angaben für die Rohbraunkohlenwerke sind auf Kessel mit 20 at und 350° C bezogen, weil bei diesen eine Abdampfverwertung nur selten in Frage kommt und das billige Brennmaterial eine etwas geringere Dampfökonomie zugunsten einer Herabminderung der Anlagekosten im allgemeinen rechtfertigen dürfte.

Die Kesselanlagen für Steinkohlenstaub sind für 35 at und 425° C berechnet, wobei für die Kessel nahtlose Trommeln aus hochwertigem Flußeisen zur Verwendung gelangen. Will man Rohbraunkohlenwerke mit ähnlichen Drücken und Temperaturen betreiben, so empfiehlt sich auch für sie die Verwendung von Staubkohlenfeuerungen, wobei an die Verfeuerung von Halbkoks als Produkt der Braunkohlenverschwelung gedacht werden kann. In diesem Falle sind die Kosten der Kesselanlagen ungefähr die gleichen wie bei Verwendung von Steinkohlenstaub.

Kessel mit Drücken von 60 bis 100 at sind nicht berücksichtigt, da über diese Bauarten gegenwärtig noch keine ausreichenden Erfahrungen vorliegen.

Liste 32.

Gewichte und Kosten von Dampfkesseln.

Preisverhältnisse vom Frühjahr 1925.

Heizfläche eines Kessels		450	600	900	1200	1600	2000	Bemerkungen
a) Steilrohrkessel 30 at 400° C, mit Wanderrosten für Steinkohlenfeuerung.								
Überhitzer-Heizfläche	qm	150	200	300	400	530	660	Economiser aus Gußeisen. Vorwärmung des Speisewassers von Kondensattemperatur (25—30° C) auf 100—120° C.
Economiser-Heizfläche	qm	560	750	1120	1500	2000	2500	
Dampferzeugung je Stunde	kg	13500	18000	27000	36000	48000	60000	
Entsprechende Nutzleistung an der Schalttafel	kW	2200	3000	4800	6800	9400	12000	
Gewicht (ohne Einmauerung)	kg	160000	190000	260000	350000	480000	600000	
Kosten (mit Einmauerung)	Mk.	150000	180000	240000	310000	420000	520000	
b) Steilrohrkessel 20 at 350° C, mit Spezialfeuerungen für Rohrbraunkohle.								
Überhitzer-Heizfläche	qm	135	180	270	360	—	—	Kessel mit größerer Heizfläche als 1200 qm sind nicht berücksichtigt, da solche wegen der konstruktiven Beschränkung der Rostgröße im allgemeinen nicht gebaut werden. Economiser aus Gußeisen. Dieselben sind bei Annahme gleicher Kondensat- und Speisewassertemperaturen etwas kleiner als unter a), weil sie für geringere Wassermengen zu bemessen sind.
Economiser-Heizfläche	qm	450	600	900	1200	—	—	
Dampferzeugung je Stunde	kg	11250	15000	22500	30000	—	—	
Entsprechende Nutzleistung an der Schalttafel	kW	1600	2200	3500	5000	—	—	
Gewicht (ohne Einmauerung)	kg	140000	170000	230000	300000	—	—	
Kosten (mit Einmauerung)	Mk.	130000	160000	220000	280000	—	—	
c) Schrägrohrkessel 35 at 425° C, mit Düsenfeuerungen für Steinkohlenstaub.								
Überhitzer-Heizfläche	qm	165	220	330	440	580	720	Economiser mit Rücksicht auf den hohen Betriebsdruck aus Schmiedeeisen. Diese Economiser sind wegen des besseren Wärmedurchgangs und der bei Staubkohlenfeuerungen höheren Rauchgastemperaturen trotz größerer Speisewassermengen kleiner als bei a). Kondensat- und Speisewassertemperaturen wie bei a).
Economiser-Heizfläche	qm	400	540	810	1080	1440	1800	
Dampferzeugung je Stunde	kg	18000	24000	36000	48000	64000	80000	
Entsprechende Nutzleistung an der Schalttafel	kW	3000	4100	6500	9000	12500	16000	
Gewicht (ohne Einmauerung)	kg	210000	260000	350000	450000	580000	710000	
Kosten (mit Einmauerung)	Mk.	210000	255000	340000	420000	540000	650000	

Die Gewichte und Kosten verstehen sich für die fertige Ausführung der Kessel einschl. Armaturen, Überhitzern, Economisern, Feuerungen und Zugeinrichtungen (mit Saugzug), je mit dem erforderlichen Zubehör, ferner einschl. Abdeckungen, Treppen, Geländern u. dgl., jedoch ohne Motoren für die Antriebe.

Die für die Ein- und Ausmauerung der Kessel, Feuerungen usw. erforderlichen Baustoffe sind nicht in den Gewichten, wohl aber in den Kosten enthalten. Für die Kessel mit Staubkohlenfeuerung ist schmiedeeiserne, innen verkleidete Ummantelung angenommen, deren Gewicht und Kosten in den Angaben berücksichtigt sind.

Ausgeschlossen sind Schornsteine aus Mauerwerk oder Blech, die Einrichtungen für Speisewasser-Reinigung und -Förderung mit Rohrleitungen usw.; ausgeschlossen sind ferner die für die Anlagen unter c) erforderlichen Kohlenaufbereitungseinrichtungen.

Die Kosten verstehen sich ab Fabrik. Für die Montage einschl. der Einmauerungsarbeiten ist ein Zuschlag von ca. 10% auf die Kosten zu rechnen.

In Liste 32 sind für die verschiedenen Brennstoffe jeweils Kessel gleicher Heizfläche enthalten und jeweils angegeben, mit welchen Überhitzer- und Economiser-Heizflächen die Kessel zweckmäßig kombiniert werden. Da die Leistung von Kesseln gleicher Heizfläche je nach dem verwendeten Brennstoff und je nach der Bauart verschieden ist, enthält die Liste auch die stündlichen Dampfleistungen je qm Kesselheizfläche und die Nutzleistung der diesen Dampfmengen entsprechenden Leistungen an der Schalttafel. Dabei ist für die Steinkohlenkessel mit einer normalen Dampfleistung von 30 kg, für Rohbraunkohlenkessel von 25 kg und für Staubkohlenkessel von 40 kg je qm Heizfläche und Stunde gerechnet. Für Steinkohlen- und Rohbraunkohlenverwendung sind in der Liste Steilrohrkessel zugrunde gelegt, für Kohlenstaubverwendung Schrägrohrkessel; es können jedoch beide Kesselarten für die verschiedenen Feuerungen in Betracht kommen.

In den Kesselpreisen sind

die Kosten der angegebenen Überhitzer mit 5 bis 7%,
die Kosten der angegebenen Economiser mit 12 bis 16%,
die Kosten der angegebenen Saugzugeinrichtungen mit 6 bis 8%

enthalten. Hiernach lassen sich die Kosten von Kesselanlagen berechnen, bei welchen von der in der Liste zugrundegelegten Aufteilung der Heizflächen aus bestimmten Gründen abgewichen wird. Die Kosten der Kohlenaufbereitungsanlage für die Anlagen mit Staubfeuerung betragen im Mittel ca. 20% der in der Liste 32c angegebenen Kesselkosten.

Kosten von Schornsteinen. In Liste 33 sind für Kesselgruppen verschiedener Größe die Abmessungen und Kosten gemauerter Schornsteine für normale Belastungsverhältnisse unter der Voraussetzung angegeben, daß der hierbei erforderliche Zug nur durch die Schornsteine erzeugt wird.

Hiebei sind unter a) Schornsteine für Kesselanlagen mit Verfeuerung von Steinkohle von im Mittel 7000 kcal Heizwert; unter b) Schornsteine für Verfeuerung von Rohbraunkohle von im Mittel 2000 kcal Heizwert berücksichtigt. Da die Größe der Schornsteine hauptsächlich vom maximalen stündlichen Brennstoffverbrauch abhängt, ist auch dieser jeweils in der Liste eingetragen.

Wenn bei höherer Beanspruchung einer Kesselanlage der natürliche Schornsteinzug durch künstlichen Zug unterstützt wird, können die Schornsteinabmessungen etwas kleiner gewählt werden.

Kosten von Turbo-Generatoren. Die Gewichte und Kosten von Turbogeneratoren mit Kondensationsbetrieb sind in Liste 34 für Maschinen mit Leistungen von 3000 bis 60000 kW bei einer Phasenverschiebung von $\cos \varphi = 0,75$ und mit normalen Drehzahlen enthalten. Die Angaben beziehen sich auf Turbogeneratoren für Dampfdrücke von 20 bis 35 at und die hiebei üblichen Dampftemperaturen; zur Beurteilung der Maschinen ist deren Bauart sowie der Dampfverbrauch bei Vollast und Halblast eingetragen. Eingeschlossen in die Gewichte und Kosten sind die gesamten Kondensationseinrichtungen mit Pumpen samt deren Antrieb sowie die Rohrleitungen innerhalb der Maschinen.

Die Gewichte und Kosten von Anzapfturbinen lassen sich an Hand der vorstehenden Kosten von Kondensationsturbinen insofern beurteilen, als bei einem gegebenen Modell von bestimmter Leistung bei Verwendung als Anzapfturbine der Niederdruckteil und die Kondensationsanlage wegen der erfolgten Dampfentnahme kleiner wird, wobei die Leistung dieses Aggregates sich entsprechend verringert. Die Gewichte und Kosten von Gegendruckturbinen sind analog zu beurteilen. Es fällt bei diesen der

Liste 33.

Abmessungen und Kosten von Schornsteinen.
Preisverhältnisse vom Frühjahr 1925.

Gesamte installierte Kesselheizfläche qm	3000	6000	12000	18000	24000	Bemerkungen
a) Steinkohlenwerke:						Die Zahl und Größe der Schornsteine ist unter der Annahme berechnet, daß die gleichzeitige volle Belastung der in der zugehörigen Kesselgruppe installierten Gesamtheizfläche beabsichtigt ist.
Stündlicher Brennstoffverbrauch bei Betrieb aller Kessel . . . . kg	12 000	24 000	48 000	72 000	96 000	
Abmessungen: Höhe über Rost und obere lichte Weite m	85/3,8	100/5,5	120/7,5	2 × 110/6,5	2 × 120/7,5	Falls innerhalb einer Kesselgruppe ständig eine entsprechende Reserve außer Betrieb bleibt, können die nächstkleineren Schornsteingrößen verwendet werden.
Kosten . . . . Mk.	60 000	90 000	150 000	240 000	300 000	
b) Braunkohlenwerke:						
Stündlicher Brennstoffverbrauch bei Betrieb aller Kessel . . . . kg	30 000	60 000	120 000	180 000	240 000	
Abmessungen: Höhe über Rost und obere lichte Weite m	100/5,0	120/7,5	2 × 120/7,5	4 × 110/6,0	4 × 120/7,5	
Kosten . . . . Mk.	85 000	150 000	300 000	460 000	600 000	

Die Kosten verstehen sich für die fertig gemauerten Schornsteine einschl. der Fundamente, jedoch ausschl. der Frachten für den Versand der Materialien vom Lieferwerk zum Standort.

Für Frachtkosten kann bei mittleren Entfernungen (50—100 km) ein Zuschlag von ca. 10% auf die Schornsteinkosten gerechnet werden.

Liste 34.

Gewichte und Kosten von Turbogeneratoren

für Drehstrom, 6000 Volt Normalspannung, 50 Perioden.

Preisverhältnisse vom Frühjahr 1925.

Leistung in kW bei cos φ = 0,75	3000	6000	12 000	24 000	36 000	60 000
Technische Daten:						
Bauart der Turbine und der Kondensation	2-Zylinder-Maschinen, Oberflächen-Kondensation mit 1 Kessel		3-Zylinder-Masch., Oberfl.-Kondens. mit 1 Kessel	3-Zylinder-Maschinen, Oberflächen-Kondensation mit 2 Kesseln		
Normale Drehzahl je Minute	3000	3000	3000	1500	1500	1200
Eintrittsdruck und Eintrittstemperatur	18—20 at, 350—400° C					
Dampfverbrauch bei 15° C Kühlwasser ausschließlich Kondensationsverbrauch:						
bei Vollast	4,7—4,4	4,6—4,3	4,5—4,2	4,4—4,1	4,4—4,1	4,3—4,0
bei Halblast	5,6—5,2	5,5—5,1	5,2—4,8	5,0—4,6	4,9—4,5	4,8—4,4
Gewichte:						
Dampfturbine mit Kondensation, einschl. Pumpenanlage samt Antrieb; Generator mit Luftfilter und sonstigem Maschinenzubehör . . . . t	42	70	120	280	420	650
Kosten:						
Gesamtes Aggregat einschließlich obiger Nebeneinrichtungen Mk.	230 000	370 000	620 000	1 200 000	1 750 000	2 650 000

Für Maschinensätze mit 30—32 at Eintrittsdruck und 400—425° C Eintrittstemperatur sind die Kosten um ca. 5 % höher, der Dampfverbrauch um ca. 6 % niedriger anzusetzen.

Die Kosten verstehen sich für die fertige Ausführung der Turbogeneratoren a b F a b r i k. Für die Montage ist ein Zuschlag von ca. 5 % auf die Kosten zu rechnen.

Niederdruckteil mit Kondensation weg, wobei der verbleibende Hochdruckteil die entsprechend verringerte Leistung besitzt. Da die Hochdruckteile der Turbinen wegen der zu verwendenden hochwertigen Materialien höhere Kosten je Leistungseinheit als die Niederdruckteile erfordern, da ferner ein erheblicher Aufwand für die zur Mengen- und Druckregulierung des Entnahmedampfes nötigen komplizierten Ventilkonstruktionen erwächst, ergeben sich für Anzapf- und Gegendruckturbinen höhere Kosten je Leistungseinheit als für normale Turbogeneratoren mit Kondensation.

Ob die Anzapf- bzw. Gegendruckturbinen unter diesen Umständen für einen bestimmten Fall Verwendung finden sollen, hängt zum Teil davon ab, ob die Ersparnis an Kohlen genügend groß ist gegenüber der Verteuerung der Betriebskosten infolge des höheren Anlagekapitals. Die gleichen Erwägungen sind anzustellen, wenn bei bestehenden Anlagen die Frage der Angliederung von Vorschaltturbinen zu beurteilen ist. Es hängt auch hier von den Kosten des verwendeten Brennstoffes ab, ob sich bei Einfügung von Vorschaltturbinen mit Kesseln und Zubehör und der hierdurch bedingten Erhöhung der Anlagekosten ein Nutzen durch eine entsprechende Ersparnis an Brennstoffkosten ergibt.

Gesamtkosten von Dampfkraftanlagen. In Liste 35 sind auf Grund der in den Listen 31 bis 34 angegebenen Einzelpreise die Kosten ganzer Dampfkraftwerke angegeben. Die Liste enthält in den ersten 4 Spalten die Kosten normaler Steinkohlenkraftwerke mit Leistungen von 12000 bis 96000 kW und in den folgenden 3 Spalten die Kosten eines Großkraftwerkes von rd. 200000 kW Leistung bei Verwendung von Steinkohle, von Rohbraunkohle und von Steinkohlenstaub.

Die Liste zeigt, daß Rohbraunkohlenwerke wegen der größeren Kesselanlagen um etwa 15⁰/₀ teurer sind als Steinkohlenwerke, und daß Staubkohlenwerke, deren Kessel hoch beansprucht werden können, trotz der hinzutretenden Kohlenaufbereitungsanlage ungefähr ebensoviel kosten als Steinkohlenwerke mit Stückkohlenfeuerung. Diese Preisverhältnisse treffen im allgemeinen auch für kleinere Werke, die nicht in der Liste aufgenommen sind, zu. Die Kosten beziehen sich durchwegs auf normale Verhältnisse, sie können sich durch Erschwernisse infolge schlechten Untergrundes, durch die Notwendigkeit langer Wasserzuleitungen, durch etwa erforderliche Rückkühlanlagen u. dgl. um einige Prozent erhöhen, sie können bei besonders günstigen Verhältnissen auch etwas niedriger werden.

Kosten von Dieselkraftanlagen. Für die in neuerer Zeit gebauten Großdieselanlagen sind in Liste 36 die Gesamtkosten einschließlich der für dieselben nötigen Gebäude, Hilfs- und Nebeneinrichtungen, Tanks usw. ermittelt.

Wie die Liste zeigt, sind Großdieselanlagen für Leistungen bis zu etwa 20000 kW ungefähr ebenso teuer wie Steinkohlenkraftwerke, während für höhere Leistungen die Steinkohlenanlagen infolge der Verwendung großer Maschineneinheiten und der günstigeren Verteilung der Nebenkosten billiger werden.

Kosten von Gaskraftwerken. Über die Kosten von Gaskraftwerken, die als Hauptkraftwerke von Landes-Elektrizitätsversorgungen wohl nur in seltenen Fällen, z. B. bei der Ausnützung von Erdgasen, in Fragen kommen, können allgemein giltige Angaben nicht gemacht werden, da das Gewicht und die Größe der Maschinen außerordentlich verschieden sind, je nach dem Heizwert der zu verwendenden Gase, der zwischen 1200 Wärmeeinheiten für Gichtgase und 8000 Wärmeeinheiten für natürlich vorkommende Erdgase schwanken kann. Es empfiehlt sich deshalb, von Fall zu Fall Angebote unter Mitteilung des verfügbaren Druckes, des Heizwertes, der Temperatur und der Reinheit des zu verwendenden Gases einzufordern.

Verwendeter Brennstoff	Steinkohle (Nuß) 7000 kcal/kg			
Nutzleistung an der Schalttafel bei 6000 Volt kW	12 000	24 000	48 000	96 000
Technische Daten:				
Druck und Temperatur des Dampfes	30 at, 400° C	30 at, 400° C	30 at, 400° C	30 at, 400° C
Erforderliche Dampfmenge je Stunde . . . kg	75 000	140 000	250 000	480 000
Erforderliche Kesselheizfläche ohne Reserve qm	2 600	4 800	8 400	16 000
Zahl und Größe der Kessel einschl. Reserve qm	4 × 800	6 × 900	6 × 1600	12 × 1600
Bauart der Kessel, Feuerungen und Zuganlagen	Steilrohrkessel mit Wanderrosten und natür- lichem Zug			
Schornsteine, Höhe u. obere Lichtweite m	gemauerte Schornsteine			
	80/3,5	95/4,5	110/6,0	2 × 110/6,0
Zahl und Größe der Turbogeneratoren . . kW	3 × 4000	3 × 8000	3 × 16 000	4 × 24 000
Zahl und Größe der Hausturbinen . . . . kW	2 × 800	2 × 1500	2 × 3000	2 × 6 000
Umbauter Raum der Kesselhäuser einschl. Kesselhilfsbetriebe und Kohlenaufberei- tungsanlage . . . . cbm	29 000	46 000	68 000	120 000
Umbauter Raum des Maschinenhauses ein- schließlich Maschinenhilfsbetriebe . . cbm	16 000	25 000	45 000	65 000
Umbauter Raum der Betriebs- und Verwal- tungsgebäude, Werkstätten, Lager u. dgl. cbm	3 000	4 000	6 000	9 000
Kosten:	Mk.	Mk.	Mk.	Mk.
Grunderwerb	70 000	100 000	150 000	200 000
Kohlenlager und Kohlentransporteinrichtungen, sowie Kohlenaufbereitungsanlage	140 000	200 000	300 000	500 000
Zufahrtsgleise, Zufahrtsstraßen, Wasserversor- gung u. dgl.	150 000	200 000	300 000	400 000
Gebäude einschl. Nebenanlagen	1 100 000	1 650 000	2 500 000	4 000 000
Fundamente für Kessel und Maschinen, Schorn- steine u. dgl.	250 000	350 000	600 000	1 100 000
Kessel einschl. Feuerung, Einmauerung und Zu- behör	880 000	1 440 000	2 520 000	5 040 000
Pumpen, Wasserreinigung, Rohrleitungen . . .	250 000	400 000	600 000	1 000 000
Turbogeneratoren	900 000	1 500 000	2 600 000	5 000 000
Hausturbinen, Hilfs- und Nebenbetriebe . . .	250 000	400 000	600 000	900 000
Verbindungsleitungen u. Schaltanlage 6000 Volt	200 000	300 000	450 000	700 000
Fracht, Verpackung, Montage	250 000	400 000	700 000	1 300 000
Allgemeine Unkosten, Projektierung, Baulei- tung usw.	760 000	1 210 000	1 880 000	3 460 000
Gesamtkosten	5 200 000	8 150 000	13 200 000	23 600 000
Kosten je kW Nutzleistung	435	340	275	245

Die Kosten verstehen sich für das betriebsfertige Kraftwerk ohne Transformatorstation.

Hiebei sind mittlere Verhältnisse vorausgesetzt ohne besondere Erschwernisse in der Anlage der

Kraftanlagen

spannung, 50 Perioden.

Frühjahr 1925.

Steinkohle (Nuß) 7000 kcal/kg	Rohbraunkohle 2000 kcal/kg	Steinkohlenstaub 6000 kcal/kg	Bemerkungen
192 000	192 000	192 000	
30 at, 400° C	20 at, 350° C	35 at, 425° C	Der Dampfverbrauch je nutzbare kWh ist bei Stein-
960 000	1 050 000	960 000	kohlen- und Staubkohlenanlagen gleich angenommen,
32 000	42 000	24 000	da der Verbrauch der Staubkohlenanlagen für die
18 × 2000	40 × 1200	14 × 2000	Kohlenaufbereitung durch den höheren Wirkungsgrad
Steilrohrkessel mit Wanderrosten und Saugzug	Steilrohrkessel mit Spezialfeuerungen und natürlichem Zug	Schrägrohrkessel mit Düsenfeuerungen, Saug- u. Sekundär- wind	der Kessel bzw. durch den etwas höheren Druck aus- geglichen wird.
gemauerte Schornsteine	gemauerte Schornsteine	Blech-Schornsteine	
4 × 110/6,0	6 × 120/7,5	—	
4 × 48 000	4 × 48 000	4 × 48 000	
2 × 12 000	2 × 12 000	2 × 12 000	
200 000	240 000	200 000*)	*) hievon 150000 cbm Kesselhäuser 50000 „ Kohlenaufbereitungsanlage.
115 000	115 000	115 000	Gebäude für Transformatorstationen sind nicht ein- geschlossen.
15 000	18 000	15 000	Beamten- und Arbeiterwohngebäude sind nicht be- rücksichtigt.
Mk.	Mk.	Mk.	
250 000	250 000	250 000	
1 000 000	1 500 000	2 500 000*)	*) hievon 750000 Mk. Lager- und Transportein- richtungen 1750000 „ Kohlenaufbereitungsanlage.
600 000	800 000	600 000	Rückkühlanlagen sind nicht eingerechnet.
6 400 000	7 200 000	6 400 000	einschl. Kesselbunkern.
1 800 000	3 000 000	1 500 000*)	*) Mit Blechschornsteinen.
9 360 000	11 200 000	9 100 000	
1 600 000	2 200 000	1 500 000	
9 200 000	8 800 000	9 200 000	
1 600 000	1 800 000	1 600 000	
1 100 000	1 100 000	1 100 000	Ausgeschlossen sind Leitungen zu einer mit dem Kraftwerk etwa verbundenen Transformatorstation sowie die zu dieser gehörigen Schalteinrichtungen.
2 300 000	2 500 000	2 250 000	Für Fracht, Verpackung und Montage sind ca. 10% der maschinellen und elektr. Einrichtungen,
6 290 000	7 150 000	6 400 000	für allgem. Unkosten etc. etwa 15% der Gesamt- kosten gerechnet.
41 500 000	47 500 000	42 400 000	
215	245	220	

Kohlenlager- und -Transporteinrichtungen, in der Wasserbeschaffung u. dgl.

Kosten von Groß-Dieselanlagen.

Dieselmotoren mit direkt gekuppelten Generatoren für Drehstrom, 6000 Volt Normalspannung, 50 Perioden.

Preisverhältnisse vom Frühjahr 1925.

Nutzleistung an der Schalttafel bei 6000 Volt kW	6000	12 000	24 000	48 000	Bemerkungen
Technische Daten:					
Zahl und Größe der Maschineneinheiten . . . PS	2 × 4700	2 × 10 000	3 × 13 000	5 × 15 000	
Bauart der Motoren		Doppeltwirkende Zweitaktmotoren			
Zylinderzahl je Motor	5	6	8	9	
Drehzahl je Minute	125	107	107	107	
Gewicht der Dieselmotoren je Einheit . . . t	480	850	1100	1200	
Größe d. erforderlichen Motorenfundamente zus. cbm	1800	2500	5200	9200	
Zahl und Größe der Innentanks	2 Stück je 10 cbm	2 Stück je 20 cbm	2 Stück je 30 cbm	2 Stück je 50 cbm	
Zahl und Größe der Außentanks	2 Stück je 300 cbm	2 Stück je 600 cbm	2 Stück je 1000 cbm	2 Stück je 2000 cbm	
Umbauter Raum des Maschinenhauses einschl. Hilfsbetriebe, Betriebsräume, Werkstätten usw. cbm	20 000	30 000	55 000	100 000	Gebäude für eine Transformatorstation sind nicht eingeschlossen.
Kosten:	Mk.	Mk.	Mk.	Mk.	
Grunderwerb	50 000	70 000	100 000	150 000	
Zufahrtsgleise, Einrichtungen für Brennstoffzufuhr, Außentanks, Wasserversorgung, Rohrleitungen für Brennstoff und Wasser außerhalb des Maschinenhauses u. dgl.	120 000	180 000	250 000	350 000	
Gebäude einschl. Nebenräume	420 000	620 000	1 100 000	1 900 000	
Fundamente für Motoren und Generatoren, Tankgruben, Auspuffkammern, Kanäle, Kamine u. dgl.	150 000	200 000	350 000	600 000	[1]) Ausgeschlossen sind Leitungen zu einer mit dem Kraftwerk etwa verbundenen Transformator-Station, sowie die zu dieser gehörigen Schalteinrichtungen.
Dieselmotoren, einschl. Hilfs- u. Nebeneinrichtungen sowie Rohrleitungen innerhalb des Maschinenhauses	1 240 000	2 000 000	3 800 000	7 000 000	
Generatoren	270 000	500 000	900 000	1 700 000	
Hilfsbetriebe (Hausmaschine, Krane, Werkstätteneinrichtung u. dgl.)	120 000	150 000	250 000	400 000	[2]) Für Fracht, Verpackung, Montage sind ca. 8—10% der maschinellen und elektrischen Einrichtungen gerechnet.
Verbindungsleitungen u. Schaltanlage für 6000 Volt[1])	150 000	200 000	300 000	450 000	
Fracht, Verpackung, Montage[2])	200 000	300 000	500 000	900 000	[3]) Für allgemeine Unkosten etc. sind etwa 10% der Gesamtkosten gerechnet.
Allgemeine Unkosten, Projektierung, Bauleitung usw.[3])	280 000	480 000	850 000	1 550 000	
Gesamtkosten	3 000 000	4 700 000	8 400 000	15 000 000	
Kosten je kW Nutzleistung	500	390	350	310	

| Betriebsspannung
Mittlere Spannweite | 25 000 Volt
160 m | | | | | | | | | | |

Mastbilder für Einfach- und Doppelleitungen

Leiterzahl und Querschnitt mm² Cu	1×3×25	1×3×50	1×3×70	1×3×95	2×3×25	2×3×50	2×3×70	2×3×95	1×3×50	1×3×70	1×3×95
A. Tragmaste für Holzschwellenfundierung:											
Gesamte Masthöhe . . . m	17,0	15,5	15,5	15,0	18,5	17,0	17,0	16,5	18,0	18,0	17,5
Spitzenzug . . . . kg	320	410	460	520	550	680	780	900	500	560	640
Gewicht . . . . kg	660	680	720	750	970	1000	1050	1120	920	970	1010
Kosten . . . . Mk.	200	205	215	225	290	300	315	335	275	290	305
B. Abspannmaste für Betonfundierung:											
Gesamte Masthöhe . . . m	17,0	15,5	15,5	15,0	18,5	17,0	17,0	16,5	18,0	18,0	17,5
Spitzenzug . . . . kg	1200	2000	2650	3450	2000	3600	4900	6500	2000	2650	3600
Gewicht . . . . kg	1200	1250	1400	1650	1650	1850	2300	2900	1450	1600	1950
Kosten . . . . Mk.	360	375	420	500	500	560	690	870	440	480	590

Für alle Maste ist Ausrüstung mit Erdseil von entsprechendem Querschnitt vorgesehen; die Spitzenzüge sind nach den Normen gerechnet. Al
In den Gewichten und Kosten sind die Traversen, Erdseilträger u. dgl. eingeschlossen.
Die Kosten verstehen sich ab Fabrik für den fertig zusammengebauten Mast einschl. einem einmaligen Grundanstrich.

n Leitungsmasten.

ahr 1925.

			100 000 Volt 250 m								200 000 Volt 300 m			
×3×70	2×3×95	2×3×120	1×3×70	1×3×95	1×3×120	1×3×185	2×3×70	2×3×95	2×3×120	2×3×185	1×3×240	1×3×300 Hohlseil	2×3×240	2×3×300 Hohlseil
20,5	20,0	20,0	23,0	22,5	22,0	22,0	26,0	25,5	25,0	25,0	30,0	30,0	35,0	35,0
940	1060	1180	740	820	900	1050	1250	1350	1450	1750	1800	3200	3000	5600
1450	1520	1650	1300	1350	1400	1650	2100	2250	2500	2800	5400	6200	7200	8500
435	460	500	390	400	420	500	630	680	750	850	1600	1850	2150	2550
20,5	20,0	20,0	23,0	22,5	22,0	22,0	26,0	25,5	25,0	25,0	30,0	30,0	34,0	34,0
5100	6700	8300	2800	3600	4400	6700	5100	6700	8300	12600	8500	11 000	16 000	20 000
2900	3300	4000	2350	2700	3000	3600	4500	5000	5800	7500	11 000	13 000	15 000	18 000
870	1000	1200	700	810	900	1080	1350	1500	1740	2250	3300	3900	4500	5400

Höhe vom Mastfuß bis zur Mastspitze, jedoch ohne Erdseilträger; die Höhe der Abspannmaste wurde wie die der Tragmaste angenommen.

5. Kosten von Leitungsanlagen und Transformatorstationen.

Die Kosten der Leitungsanlagen und Transformatorstationen lassen sich aus den Kosten der hauptsächlich verwendeten Einzelteile ziemlich genau ermitteln. Diese sind bei den Leitungsanlagen die Maste, die Isolatorenketten, die Leitungsseile; bei den Transformatorstationen neben den Gebäuden die Transformatoren und die Ölschalter.

Maste für Hochspannungsleitungen. Die Kosten von Masten für Hochspannungsleitungen sind in Liste 37 für die verschiedenen Spannungen und die hiebei im Mittel angewendeten Mastentfernungen (Spannweiten) angegeben. Zur Übersicht über die Anordnung der Leitungen sind schematische Mastbilder am Kopf der Liste eingezeichnet.

Für Leitungen mit 200000 Volt kommen neben den in der Liste angegebenen Auslegermasten auch Bockmaste, bei welchen alle Leitungen in gleicher Höhe liegen, in Betracht. Diese werden wegen ihrer geringeren Höhe etwas billiger als Auslegermaste, doch haben sie den Nachteil, daß für jeden Stützpunkt zwei bis drei Ständer erforderlich sind, wodurch in wertvollen oder räumlich beschränkten Geländen die Schwierigkeiten des Grunderwerbs steigen.

In der Liste sind die Masthöhen ohne Erdseilträger sowie die auftretenden Spitzenzüge, und zwar unter Berücksichtigung der Wind- bzw. Eisbelastung angegeben. Die Gewichte und Kosten der Tragmaste sind für Holzschwellenfundierung, diejenigen der Abspannmaste für Betonfundierung angegeben. Nach den Preisverhältnissen im Frühjahr 1925 sind die Maste unabhängig von den Einzelgewichten mit 30 Pfg. je kg berechnet. Bei gleichzeitiger Ausführung einer größeren Anzahl von Masten gleicher Type können sich diese Kosten etwas verringern. Da die Fracht für das Rohmaterial bei einfachen Konstruktionen einen nicht unerheblichen Teil der gesamten Kosten ausmacht, können Maste in der Nähe der Hüttenwerke billiger als in den entfernter gelegenen Werkstätten hergestellt werden. Beim Vergleich verschiedener Mastpreise sind jedoch neben den Kosten ab Fabrik auch die Frachtkosten für die fertigen Maste von den Konstruktionsstätten zur Verwendungsstelle zu beachten.

Gewichte und Kosten von Hänge-Isolatorenketten. In Liste 38 sind die Gewichte und Kosten von Hängeisolatorenketten für verschiedene Spannungen angegeben, wobei zur näheren Erläuterung die Größe und Zahl der verwendeten Isolatoren, die Zusammensetzung der Ketten und deren Baulänge eingetragen sind.

Für 200000 Volt können sowohl normale Isolatoren als auch eine besonders große Type benutzt werden; letztere ermöglicht die Verwendung einer kleineren Zahl von Gliedern und damit eine Ersparnis an Masthöhe. Bei Verwendung der größeren Isolatorentype sind die Kosten bei dem derzeitigen Preisstand allerdings wesentlich höher als für normale Isolatoren. Der große Preisunterschied ist bedingt durch die Schwierigkeit der Herstellung, es ist aber anzunehmen, daß er sich wesentlich vermindern wird, sobald durch die Ausführung größerer Leitungsanlagen für 200000 Volt die serienmäßige Herstellung der großen Isolatorentype aufgenommen werden kann.

Gewichte und Kosten von Leitungsseilen. In der Liste 39 sind für die verschiedenen in Frage kommenden Materialien, und zwar für Kupfer, Aluminium, Stahlaluminium und Eisen, die Gewichte und Kosten für die praktisch verwendeten Querschnitte eingetragen. Zur näheren Beurteilung sind für die einzelnen Seile die Anzahl der Drähte, die äußeren Seildurchmesser und die zulässige Strombelastung aufgenommen. Für die Aluminium- und Stahlaluminium-Seile ist der äquivalente Kupferquerschnitt für gleiche Leitfähigkeit angegeben.

Gewichte und Kosten von Hängeisolatorenketten.

Preisverhältnisse vom Frühjahr 1925.

Betriebsspannung der Leitung	25 000 Volt				60 000 Volt		100 000 Volt		200 000 Volt			
Technische Daten:												
Isolatoren: Bauart und Farbe	Kugelkopf- oder V-Isolatoren, weiß glasiert											
	kleine Type		normale Type		normale Type		normale Type		normale Type		große Type	
Abmessungen } max. Durchm. mm	170		280		280		280		280		350	
eines Isolators } Bauhöhe .. mm	130		185		185		185		185		230	
Durchschlagspannung eines Isolators ... kV	100		130		130		130		130		145	
Zugfestigkeit eines Isolators . kg	2000		6500		6500		6500		6500		18 000	
Vollständige Ketten:	Trag-kette	Abspann-kette	Trag-kette	Abspann-kette	Trag-kette	Abspann-kette	Trag-kette	Abspann-kette	Trag-kette	Abspann-kette	Trag-kette	Abspann-kette
Gliederzahl einer Kette	2	3	2	2	3	4	6	7	12	13	8	9
Baulänge einer Kette einschließlich Armatur ...... mm	360	490	585	585	770	955	1325	1510	2450	2640	2050	2280
Gewichte und Kosten:												
Gewicht eines Isolators mit Kappe und Klöppel ...... kg	1,7	1,7	6,2	6,2	6,2	6,2	6,2	6,2	6,2	6,2	13,2	13,2
Preis eines Isolators mit Kappe und Klöppel ... Mk.	8,0	8,0	13,0	13,0	13,0	13,0	13,0	13,0	13,0	13,0	28,0	28,0
Gewicht einer vollständigen Einfachkette ... kg	4,3	6,0	14,7	14,7	20,9	27,1	39,5	45,7	77,7	84,1	110,0	123,5
Preis einer vollständigen Einfachkette ... Mk.	21,0	29,0	33,0	33,0	46,0	59,0	85,0	98,0	164,0	177,0	300,0	328,0

Für Trag- und Abspannketten sind gleiche Isolatortypen angenommen.

Die Kosten gelten für geprüfte Isolatoren ab Fabrik, ohne Verpackungszuschlag, für welchen ca. 5 % der Kosten zu rechnen sind.

Gewichte und Kosten von Leitungsseilen.

Preisverhältnisse vom Frühjahr 1925.

Leitermaterial	Seilquerschnitt		Äquivalenter Kupferquerschnitt für gleiche Leitfähigkeit	Seil-Aufbau		Zulässige Strombelastung	Gewicht je km	Kosten je km	Bemerkungen
				Zahl der Einzeldrähte	Seildurchmesser				
	mm²		mm²		mm	Amp./mm²	kg	Mk.	
Kupfer, halbhart u. hart									
Vollseile	25		25	19	6,5		230	370	Den Kosten zugrundegelegt ist ein Grundpreis für Elektrolytkupfer in Barren von 132 Mark je 100 kg.
	50		50	19	9,2		460	730	
	70		70	19	10,9		645	1020	
	95		95	19	12,6	2,5 bis 2,8	875	1380	
	120		120	19	14,5		1100	1730	
	150		150	37	15,8		1380	2180	
	185		185	37	17,5		1700	2680	
	240		240	37	20,0		2200	3470	
Hohlseile	300		300	46	42	2,5 bis 2,8	3070	6100	Die Hohlseile enthalten im Innern eine Bronzespirale, die im Gewicht berücksichtigt ist.
	400		400	46	42		4000	7900	
Aluminium	50		30	19	9,2		140	405	Grundpreis für Aluminium in Barren von 220 Mark je 100 kg.
	70		42	19	10,9		195	565	
	95		58	19	12,6		270	780	
	120		73	19	14,5	1,5 bis 1,65	330	950	
	150		90	37	15,8		410	1190	
	185		113	37	17,5		510	1470	
	240		145	37	20,0		650	1870	
	Gesamt-Querschnitt Al + Stahl	Al-Querschnitt allein		Al/Stahl					Barrenpreis für Aluminium wie oben. Die zulässige Strombelastung von Stahl-Aluminiumseilen bezieht sich lediglich auf den Aluminiumquerschnitt.
Stahlaluminium . . .	105	90	50	26/7	13,5		380	850	
	144	123	70	26/7	15,8		520	1150	
	194	166	95	26/7	18,3	1,5 bis 1,65	700	1500	
	245	209	120	26/7	20,6		880	1850	
	310	265	150	26/7	23,1		1110	2300	
	384	327	185	26/7	25,7		1380	2850	
	493	423	240	26/19	29,1		1760	3600	
Eisen, für Schutz- und Erdungszwecke . . .	35		—	7	7,5		290	90	
	50		—	7	9,0	0,3 bis 0,35	410	125	
	70		—	19	10,5		600	200	

Alle Kosten verstehen sich ab Fabrik ohne Beistellung der Seiltrommeln.

Zur Verwendung für 200000 Volt-Anlagen sind die in neuerer Zeit hergestellten Hohlseile aufgenommen. Inwieweit sich dieselben in die Praxis einführen
werden, dürfte von der Regelung ihres Preisverhältnisses zu den Vollseilen abhängen.

Für die in der Liste enthaltenen Stahlaluminiumseile ist die Aufteilung der
Querschnitte auf Aluminium und Stahl aus der Liste ersichtlich.

Kosten von Hochspannungsleitungen. Auf Grund der vorhergehenden
Listen 37 bis 39 sind in Liste 40 die Gewichte und Kosten von Hochspannungsleitungen mit einfacher und doppelter Belegung für je **10 km** Länge für Spannungen
von 25000 bis 200000 Volt und für Verwendung von Kupfer- und Aluminiumseilen
berechnet. Zur Beurteilung der Leistungsfähigkeit der verschiedenen Leitungen sind
in der Liste die übertragbare Maximalleistung auf Grund der zulässigen Strombelastung der Leiter und das übertragbare Leistungsmoment für einen Leistungsverlust von 5% angegeben, wobei in beiden Fällen mit $\cos \varphi = 1$ gerechnet ist
und Ableitungs- sowie Koronaverluste nicht berücksichtigt sind. Um die Angemessenheit der angesetzten Beträge und insbesondere auch die Fracht- und Anfuhr-
kosten beurteilen zu können, sind die Gewichte für die verschiedenen Baustoffe angegeben.

Die Kosten der Kupferleitungen sind unterteilt für die Maste mit Zubehör, die
Isolatoren, die Leitungsseile und die Nebenkosten für Trassierung, Grunderwerb,
Fracht, Anfuhr, Montage, Bauleitung usw.

Die Nebenkosten können erheblichen Abweichungen je nach den Fracht- und An-
fuhrverhältnissen, je nach den Schwierigkeiten der Fundierung und je nach dem Wert
der benützten Grundstücke unterliegen. Die Kosten für Grunderwerb und Entschädigungen entfallen für die Aufstellung von Masten und für die Überspannung von Grundstücken. Es empfiehlt sich, beim Bau von Landesnetzen für diese Entschädigungen
unter Mitwirkung der Regierung einheitliche Normen aufzustellen und deren Einhaltung nötigenfalls durch Enteignungsverfahren sicherzustellen.

Bei den Aluminiumleitungen ist eine Unterteilung der Gewichte und der Kosten
nicht vorgenommen, weil sie sich aus den Einzelziffern für Kupferleitungen leicht
ableiten lassen. Angenommen ist, daß die für Aluminiumleitungen zu verwendenden
Maste die gleichen Abmessungen erhalten wie Maste für Kupferleitungen gleichen
Querschnitts, weil die hierdurch bedingte Verteuerung der Maste auf den Ge-
samtpreis der Aluminiumleitungen nur von untergeordneter Bedeutung ist, wogegen der wesentliche Vorteil erzielt wird, daß bei steigendem Konsum die betreffenden Aluminiumleiter gegen Kupferleiter gleichen Querschnittes ausgewechselt
werden können, um hierdurch eine wesentliche Erhöhung der Leistungsfähigkeit
zu erzielen.

Gewichte und Kosten von Drehstromtransformatoren. In Liste 41
sind die Gewichte und Kosten von Drehstromtransformatoren für verschiedene
Größen und verschiedene Übersetzungsverhältnisse angegeben.

Es ist angenommen, daß Transformatoren bis 4000 kVA als selbstkühlend ausgeführt werden, während darüber hinaus Ölumlaufkühlung mit Wasserrückkühlung
vorgesehen ist. Die Gewichte und Kosten sind unterteilt für die Transformatoren mit
Drosselspulen und Zubehör, für die Ölfüllung und die Kühleinrichtungen, um hiernach
die Preise besser beurteilen zu können. Dabei ist für die Ölfüllung der Einheitspreis
von 50 Pfg. je kg zugrunde gelegt. Transformatoren mit anderen Übersetzungsverhältnissen, wie in der Liste angegeben, lassen sich aus den vorgetragenen Preisen und
Gewichten ableiten. Die Preise der 200000 Volt-Transformatoren entsprechen den

Betriebsspannung Mittlere Spannweite	25 000 Volt 160 m							
	Einfachleitung			Doppelleitung			Einfach	
Querschnitt der Hochspannungsleitung . . mm²	1 × 3 × 25	1 × 3 × 50	1 × 3 × 70	2 × 3 × 25	2 × 3 × 50	2 × 3 × 70	1 × 3 × 50	1 × 3
Querschnitt des Erdseiles . . . . . . mm²	1 × 35						1 × 35	
Kupferleitungen:								
In den Grenzen der zulässigen Erwärmung und bei cos $\varphi = 1$ übertragbare Maximalleistung in . . . . kW	2700	5400	7600	5400	10 800	15 200	13 000	18 0
Bei 5% Stromwärmeverlust und cos $\varphi = 1$ übertragbares Leistungsmoment in . . . . kWkm	45 000	90 000	125 000	90 000	180 000	250 000	500 000	700
Gewicht der Baustoffe:								
Eisen für Trag- und Abspannmaste, Erdsell, Erdungen u. dgl. t	50,0	52,0	55,5	70	74	80	57	6
Kupfer für Leitungsseile . . . . t	7,5	14,5	20,0	15	29	40	14,5	2
Gewicht der Zubehörteile wie Isolatorenketten, Schwellen, Zement für Mastgründungen usw. . . . . t	16,5	17,5	18,5	20	22	25	22,5	2
Gesamtgewicht je 10 km Kupferleitung . . . . . . t	74,0	84,0	94,0	105	125	145	94,0	10
Kosten:								
Trag- und Abspannmaste, Erdseil und Erdungen . Mk.	15 400	16 000	16 700	21 300	22 300	24 000	17 000	18 2
Isolatorenketten . . . . Mk.	5 800	5 800	5 800	11 600	11 600	11 600	10 200	10 2
Leitungsseile aus Kupfer. . . . . Mk.	11 600	23 000	32 500	23 200	46 000	65 000	23 000	32 5
Trassierung, Grunderwerb, Fracht und Anfuhr, Fundierung, Montage, Bauleitung, Erschwernisse und allgemeine Unkosten . . . . Mk.	29 200	31 200	33 000	36 900	40 100	42 400	34 800	37 1
Gesamtkosten je 10 km Kupferleitung . . . . . Mk.	62 000	76 000	88 000	93 000	120 000	143 000	85 000	98 0
Aluminiumleitungen:								
In den Grenzen der zulässigen Erwärmung und bei cos $\varphi = 1$ übertragbare Maximalleistung in . . . . kW	---	3300	4600	—	6600	9200	7800	11 0
Bei 5% Stromwärmeverlust und cos $\varphi = 1$ übertragbares Leistungsmoment in . . . . kWkm	--	54 000	75 000	—	108 000	150 000	300 000	420 0
Gesamtgewicht der Baustoffe je 10 km Aluminiumleitung t	—	74	80	—	105	117	84	9
Gesamtkosten je 10 km Aluminiumleitung . . . . . Mk.	---	65 000	73 000	—	98 000	112 000	74 000	83 0

leitungen je 10 km Länge.

r 1925.

			100 000 Volt 250 m						200 000 Volt 300 m			
Doppelleitung			Einfachleitung			Doppelleitung			Einfachleitung		Doppelleitung	
×50	$2\times3\times70$	$2\times3\times95$	$1\times3\times70$	$1\times3\times120$	$1\times3\times185$	$2\times3\times70$	$2\times3\times120$	$2\times3\times185$	$1\times3\times240$	$1\times3\times300$ Hohlseil	$2\times3\times240$	$2\times3\times300$ Hohlseil
1×50			1×50		1×70	1×50		1×70	2×70			
000	36 000	50 000	30 000	50 000	80 000	60 000	100 000	160 000	200 000	260 000	400 000	520 000
0 000	1 400 000	1 900 000	2 000 000	3 500 000	5 250 000	4 000 000	7 000 000	10 500 000	28 000 000	35 000 000	56 000 000	70 000 000
84	91	97	70	80	97	114	139	167	245	280	325	385
29	40	55	20	35	54	40	70	108	70	97	140	194
32	34	38	29	33	38	46	51	60	65	73	95	121
45	165	190	119	148	189	200	260	335	380	450	560	700
400	27 200	29 000	21 000	24 500	29 000	34 000	42 000	50 000	73 000	84 000	97 000	115 000
400	20 400	20 400	16 000	16 000	16 000	32 000	32 000	32 000	26 000	26 000	52 000	52 000
000	65 000	88 000	32 500	55 000	85 000	65 000	110 000	170 000	110 000	190 000	220 000	380 000
200	50 400	54 600	40 500	44 500	50 000	52 000	58 000	68 000	71 000	85 000	101 000	133 000
000	163 000	192 000	110 000	140 000	180 000	183 000	242 000	320 000	280 000	385 000	470 000	680 000
600	22 000	30 000	18 000	30 000	48 000	36 000	60 000	96 000	125 000	—	250 000	—
000	840 000	1 140 000	1 200 000	2 100 000	3 150 000	2 400 000	4 200 000	6 300 000	16 500 000	—	33 000 000	—
25	137	152	105	125	152	173	213	260	332	—	465	—
000	132 000	151 000	94 000	114 000	140 000	152 000	190 000	240 000	230 000	—	370 000	—

vorläufig ermittelten Konstruktionsdaten, die hiefür angegebenen Gewichte sind je nach der Ausführung gewissen Schwankungen unterworfen.

Gewichte und Kosten von Hochspannungs-Ölschaltern. In Liste 42 sind die Gewichte und Kosten von Hochspannungs-Ölschaltern für Spannungen von 6000 bis 200000 Volt angegeben. Es sind durchwegs Ölschalter mit Vorstufen und eingebauten Schutzwiderständen angenommen und zwar für kleinere Spannungen und Leistungen Ein-Kesselschalter, für größere Spannungen und Leistungen Drei-Kesselschalter. Die Schalter sind ferner mit zweipoliger Überstrom- und Nullspannungsauslösung ausgestattet.

Die in Liste 42 eingesetzten Schalter sind für Nennstromstärken von 200 bis 4000 Amp. (letztere bei kleineren Spannungen) eingetragen. Die entsprechenden Schaltleistungen können

bei Schaltern für 6—12 kV und bis 1000 Amp. Nennstromstärke mit etwa 80000 kVA,

bei Schaltern für 12—24 kV und bis 1000 Amp. Nennstromstärke mit etwa 100000 kVA

angenommen werden; die Abschaltleistungen steigen bei den Hochleistungsschaltern für Spannungen bis zu 70 kV bis auf 600000 kVA, den Schaltern für 100 kV und darüber können wesentlich höhere Abschaltleistungen zugemutet werden.

Kosten von Transformatorstationen. Die Kosten vollständiger Transformatorstationen für Drehstrom und für Spannungen von 25000 bis 200000 Volt sind in Liste 43 für die Ausführung als Gebäudestationen, in Liste 44 für die Ausführung als Freiluftstationen angegeben. Es sind hiebei für jede Spannungsübersetzung drei Leistungen, wie sie für die betreffenden Übersetzungen meist in Frage kommen dürften, zugrunde gelegt, so daß sich Gesamtleistungen von 4000 bis 128000 kVA ergeben, die jeweils auf zwei Transformatoren aufgeteilt sind.

Zur Klarstellung der Einrichtungen, auf die sich die angegebenen Kosten beziehen, ist in jeder Liste ein Schaltungsschema eingetragen.

Zur Berechnung der Kosten einer Vergrößerung über die im Schema angeführten Einrichtungen hinaus sind am Fuße jeder Liste die Mehrkosten für jeden weiteren Transformator mit Anschlüssen bzw. für jede weitere Oberspannungs- und Unterspannungseinführung mit Anschlüssen angegeben.

Bei Berechnung der Kosten sind mittlere Verhältnisse vorausgesetzt und es ist angenommen, daß die Stationen ohne Schwierigkeit mit Anschlüssen an das Bahn- und Straßennetz versehen werden können, und daß für die Wasserversorgung besonders lange Leitungen oder Rückkühlanlagen nicht erforderlich sind. Etwaige Erschwernisse müßten durch entsprechende Zuschläge berücksichtigt werden.

Bei den Transformatorstationen der Landesnetze sind mitunter besondere Nebeneinrichtungen wie Blindstrommaschinen, Drehtransformatoren, Erdungsspulen u. dgl. zu berücksichtigen. Die Kosten für derartige Einrichtungen müssen von Fall zu Fall zugeschlagen werden.

Kosten von Kreisnetzen. Um die Kosten der im Anschluß an die Landesnetze auszuführenden Kreisnetze beurteilen zu können, sind bezüglich der Leitungen die Angaben der Liste 40 zu verwenden, wobei jedoch zu beachten ist, daß die Kreisnetze in der Regel nur in den Hauptmaschen mit Eisenmasten ausgeführt werden, während die schwächeren Nebenleitungen häufig auf Holzmasten verlegt werden, wodurch sich wesentliche Ersparnisse erzielen lassen. Um auch die Kosten der Ortstransformatorstationen beurteilen zu können, sind in Liste 45 als Beispiel deren Kosten für ein Übersetzungsverhältnis von 25000 Volt auf Niederspannung angegeben.

21*

Gewichte und Kosten von

für

Preisverhältnisse vom

Normale Leistung in kVA Entsprechende Leistung in kW bei $\cos\varphi = 0{,}75$	2 000 1 500		4 000 3 000	
Technische Daten:				
				Kern-
Bauart und Wicklungen Kühleinrichtungen	Selbstkühlend			
Kurzschlußspannung	6—8%		6—8%	
Wirkungsgrad bei Vollast und $\cos\varphi = 1$	97,5%		98%	
Gewichte und Kosten:	Gewichte	Kosten	Gewichte	Kosten
	t	Mk.	t	Mk.
Übersetzung 25/6 kV.				
Transformator mit Drosselspulen und Zubehör	9,0	18 750	13,0	27 000
Ölfüllung	4,5	2 250	6,0	3 000
Kühleinrichtungen	—	—	—	—
Zusammen	13,5	21 000	19,0	30 000
Übersetzung 60/25 kV.				
Transformator mit Drosselspulen und Zubehör	16,0	31 500	21,0	41 500
Ölfüllung	7,0	3 500	9,0	4 500
Kühleinrichtungen	—	—	—	—
Zusammen	23,0	35 000	30,0	46 000
Übersetzung 100/25 kV.				
Transformator mit Drosselspulen und Zubehör	28,0	58 000	35,0	71 500
Ölfüllung	14,0	7 000	17,0	8 500
Kühleinrichtungen	—	—	—	—
Zusammen	42,0	65 000	52,0	80 000
Übersetzung 200/100 kV.				
Transformator mit Zubehör	—	—	—	—
Ölfüllung	—	—	—	—
Kühleinrichtungen	—	—	—	—
Zusammen	—	—	—	—.

Die Kosten verstehen sich ab Fabrik. Für die Montage ist ein Zuschlag von etwa 3% zu rechnen. Transformatoren für Freiluftaufstellung sind um ca. 5% teurer als die vorstehenden Transformatoren für Innenaufstellung.

Drehstromtransformatoren

50 Perioden.

Frühjahr 1925.

8 000	16 000	32 000	64 000
6 000	12 000	24 000	48 000

transformatoren mit Kupferwicklungen

Ölumlaufkühlung mit Wasserrückkühlung

7—9 % 98 %		8—9 % 98,5 %		9—10 % 99 %		11—12 % 99 %	
Gewichte	Kosten	Gewichte	Kosten	Gewichte	Kosten	Gewichte	Kosten
t	Mk.	t	Mk.	t	Mk.	t	Mk.
21,5	38 000	36,0	63 000	—	—	—	—
6,0	3 000	8,0	4 000	—	—	—	—
3,5	7 000	4,0	8 000	—	—	—	—
31,0	48 000	48,0	75 000	—	—	—	—
30,0	57 000	47,0	93 500	75,0	145 000	—	—
10,0	5 000	13,0	6 500	20,0	10 000	—	—
4,0	8 000	5,0	10 000	7,5	15 000	—	—
44,0	70 000	65,0	110 000	102,5	170 000	—	—
45,0	88 000	64,5	125 000	96,0	190 000	150,0	295 000
16,0	8 000	20,0	10 000	30,0	15 000	40,0	20 000
5,0	10 000	7,5	15 000	10,0	20 000	12,5	25 000
66,0	106 000	92,0	150 000	136,0	225 000	202,5	340 000
—	—	125,0	280 000	170,0	365 000	260,0	540 000
—	—	40,0	20 000	60,0	30 000	80,0	40 000
—	—	10,0	20 000	15,0	30 000	20,0	40 000
—	—	175,0	320 000	245,0	425 000	360,0	620 000

Gewichte und Kosten von Drehstrom-Hochspannungs-Ölschaltern.

Preisverhältnisse vom Frühjahr 1925.

Betriebsspannung in kV	6—12		12—24		35—50		50—70		70—110		150—200		Bemerkungen
Bauart	Ölschalter mit Vorstufen und eingebauten Schutzwiderständen, mit zweipoliger Überstrom- und Nullspannungsauslösung												
	Einkesselschalter		Einkesselschalter		bis 200 Amp. Einkesselschalter über 200 Amp. Dreikesselschalter		bis 200 Amp. Einkesselschalter über 200 Amp. Dreikesselschalter		Dreikesselschalter		Dreikesselschalter		
Gewichte und Kosten der Schalter einschl. Öl:	Gewichte	Kosten	Gewichte	Kosten	Gewichte	Kosten	Gewichte	Kosten	Gewichte	Kosten	Gewichte	Kosten	
Nennstromstärke	kg	Mk.	kg	Mk.	kg	Mk.	kg	Mk.	kg	Mk.	kg	Mk.	
200 Amp.	340	1200	560	1550	2780	7500	4600	9800	20000	35000	90000	150000	
350 Amp.	360	1350	590	1750	6300	19000[1]	6420	20000[2]	—	—	—	—	[1] Hochleistungsschalter mit ca. 250000 kVA Abschalt-Leistung.
600 Amp.	700	1750	1030	2600	—	—	—	—	—	—	—	—	[2] Hochleistungsschalter mit ca. 500000 kVA Abschalt-Leistung.
1000 Amp.	750	2500	1100	3500	—	—	—	—	—	—	—	—	
3000 Amp.	2240	6000	2580	9850	—	—	—	—	—	—	—	—	
4000 Amp.	2500	9400	2850	12650	—	—	—	—	—	—	—	—	

Die Gewichte und Kosten verstehen sich für die betriebsfertigen Ölschalter einschließlich Ölfüllung, Auslösevorrichtungen und sonstigem Zubehör für Aufstellung in geschlossenen Räumen.

Ölschalter für Freiluftaufstellung sind bei 25000 Volt um ca. 100% teurer als die entsprechenden für geschlossene Räume gebauten Schalter
bei 60000 Volt um ca. 50% „ „ „ „ „ „ „ „
bei 100000 Volt um ca. 30% „ „ „ „ „ „ „ „

Die Kosten verstehen sich ab Fabrik.

Spannungen		25 000/6000 Volt		
Gesamtleistung jeder Station in kVA		4 000	8 000	16 000
Zahl und Größe der installierten Transformatoren in kVA		2×2 000	2×4 000	2×8 000
Schaltungsschema	Bezeichnung der Einrichtungen, giltig für nebenstehendes Schema	Kosten in Mark		
Oberspannungsseite	1. Grunderwerb, Zufahrtsgleise und -Straßen	10 000	15 000	20 000
	2. Gebäude mit Nebenanlagen und zwar Hochvolthaus, Transformatorenhaus, Niedervolthaus, Werkstätte und Lager; einschließlich Öl- und Kühlwassergruben, Wasserzu- und -Abführung, Beleuchtungs-, Heizungs- und Lüftungsinstallationen, Nebeneinrichtungen u. dgl.; fertig errichtet . .	60 000	65 000	70 000
	3. Transformatoren einschließlich Öl, Kühleinrichtungen und sonstigem Zubehör; ab Fabrik	42 000	60 000	95 000
	4. Ölschalter einschließlich Öl; ab Fabrik	13 000	16 000	20 000
	5. Inneneinrichtungen für das Hochvolt-, Transformatoren- und Niedervolthaus, und zwar Gerüste, Trennschalter, Sammelschienen, Isolatoren, Verbindungsleitungen und sonstige Einrichtungen; ab Fabrik	48 000	50 000	55 000
	6. Stationstransformatoren, Hilfs- und Nebeneinrichtungen; ab Fabrik	10 000	10 000	12 000
	7. Fracht, Verpackung, Montage für die Einrichtungen 3—6	16 000	18 000	22 000
	8. Allgemeine Unkosten, Projektierung, Bauleitung, Unvorhergesehenes usw.	21 000	26 000	26 000
	Gesamtkosten der betriebsfertigen Station	220 000	260 000	320 000
Unterspannungsseite	Mehrkosten 1—8 für jeden weiteren Transformator einschließlich Schalter und Anschlüssen	42 000	52 000	70 000
	Mehrkosten 1—8 für jede weitere Oberspannungseinführung einschließlich Schalter und Anschlüssen	12 000	12 000	12 000
	Mehrkosten 1—8 für jede weitere Unterspannungseinführung einschließlich Schalter und Anschlüssen	8 000	8 000	8 000

) Volt	100 000/25 000 Volt			200 000/100 000 Volt			Bemerkungen
32 000 2×16 000	16 000 2×8 000	32 000 2×16 000	64 000 2×32 000	32 000 2×16 000	64 000 2×32 000	128 000 2×64 000	
Mark	Kosten in Mark			Kosten in Mark			
50 000	60 000	80 000	100 000	150 000	160 000	200 000	
160 000	220 000	240 000	260 000	850 000	900 000	1 000 000	Zu 3. Die Transformatoren bis 60000 Volt Spannung und für die Leistungen bis 4000 kVA sind als selbstkühlende Transformatoren, die übrigen als Transformatoren mit Öl-umlaufkühlung angenommen.
220 000	210 000	300 000	450 000	640 000	850 000	1 240 000	
65 000	145 000	150 000	160 000	800 000	800 000	800 000	Zu 5. Für die Spannungen bis 60000 Volt ist ein Überspannungsschutz (im Schema strichpunktiert gezeichnet) in den Kosten eingeschlossen.
105 000	120 000	120 000	130 000	300 000	300 000	320 000	
35 000	40 000	45 000	60 000	80 000	100 000	120 000	
50 000	60 000	65 000	80 000	190 000	210 000	240 000	Zu 7. Für Fracht, Verpackung, Montage sind 13—10% der Kosten der unter 3—6 bezeichneten Einrichtungen gerechnet.
65 000	95 000	100 000	120 000	340 000	360 000	380 000	Zu 8. Für allgemeine Unkosten sind etwa 10% der Gesamtkosten 1—7 gerechnet; hiebei sind etwaige Kosten für Kapitalbeschaffung nicht berücksichtigt.
750 000	950 000	1 100 000	1 360 000	3 350 000	3 680 000	4 300 000	
190 000	230 000	285 000	380 000	900 000	1 030 000	1 250 000	
50 000	100 000	100 000	100 000	380 000	380 000	380 000	
12 000	12 000	12 000	12 000	100 000	100 000	100 000	

Spannungen		25 000/6000 Volt		
Gesamtleistung jeder Station in kVA Zahl und Größe der installierten Transformatoren in kVA		4 000 2×2 000	8 000 2×4 000	16 000 2×8 000
Schaltungsschema	Bezeichnung der Einrichtungen, giltig für nebenstehendes Schema	Kosten in Mark		
Überspannungsseite ... *Unterspannungsseite*	1. Grunderwerb, Zufuhrgleise und -Straßen	10 000	15 000	20 000
	2. Hauptgerüste u. Fundamente für Transformatoren, Schalter, Schalteinrichtungen usw., Gebäude für Bedienungsräume, Werkstätte, Lager u. dgl., Öl- und Kühlwassergruben; Wasserzu- und -Abführung, Beleuchtungs-Installationen, Nebeneinrichtungen usw.; fertig aufgestellt	35 000	40 000	40 000
	3. Transformatoren einschließlich Öl, Kühleinrichtungen und Zubehör; ab Fabrik	44 000	62 000	98 000
	4. Ölschalter einschl. Öl; ab Fabrik	35 000	37 000	40 000
	5. Inneneinrichtungen wie Schaltgerüste, Trennschalter, Sammelschienen, Isolatoren, Verbindungsleitungen und sonstige Einrichtungen; ab Fabrik	58 000	60 000	65 000
	6. Stationstransformatoren, Hilfs- und Nebeneinrichtungen; ab Fabrik	10 000	10 000	12 000
	7. Fracht, Verpackung, Montage für die Einrichtungen 3—6	24 000	25 000	30 000
	8. Allgemeine Unkosten, Projektierung, Bauleitung, Unvorhergesehenes usw.	24 000	26 000	30 000
	Gesamtkosten der betriebsfertigen Station	240 000	275 000	335 000
	Mehrkosten 1—8 für jeden weiteren Transformator einschließlich Schalter und Anschlüssen	55 000	65 000	85 000
	Mehrkosten 1—8 für jede weitere Oberspannungseinführung einschließlich Schalter und Anschlüssen	20 000	20 000	20 000
	Mehrkosten 1—8 für jede weitere Unterspannungseinführung einschließlich Schalter und Anschlüssen	8 000	8 000	8 000

…Volt	100 000/25 000 Volt			200 000/100 000 Volt			Bemerkungen
32 000 2×16 000	16 000 2×8 000	32 000 2×16 000	64 000 2×32 000	32 000 2×16 000	64 000 2×32 000	128 000 2×64 000	
…Mark	Kosten in Mark			Kosten in Mark			
50 000	60 000	80 000	100 000	150 000	160 000	200 000	
70 000	90 000	90 000	100 000	250 000	270 000	300 000	
230 000	220 000	315 000	470 000	670 000	880 000	1 280 000	
110 000	190 000	195 000	210 000	900 000	900 000	910 000	
130 000	135 000	135 000	140 000	340 000	340 000	360 000	
25 000	35 000	40 000	50 000	60 000	70 000	100 000	
60 000	70 000	75 000	90 000	200 000	220 000	250 000	
65 000	90 000	100 000	120 000	290 000	310 000	350 000	
740 000	890 000	1 030 000	1 280 000	2 860 000	3 150 000	3 750 000	
190 000	210 000	260 000	350 000	700 000	800 000	1 000 000	
45 000	80 000	80 000	80 000	300 000	300 000	300 000	
20 000	20 000	20 000	20 000	80 000	80 000	80 000	

Bemerkungen

Zu 2. Die Einrichtungen für 6000 Volt sind im Gebäude untergebracht, für die übrigen Spannungen ist Freiluftaufstellung vorgesehen.

Zu 3. Die Transformatoren bis 60 000 Volt Spannung und für die Leistungen bis 4000 kVA sind als selbstkühlende Transformatoren, die übrigen als Transformatoren mit Ölumlaufkühlung angenommen.

Zu 5. Für die Spannungen bis 60 000 Volt ist ein Überspannungsschutz (im Schema strichpunktiert gezeichnet) in den Kosten eingeschlossen.

Zu 7. Für Fracht, Verpackung, Montage sind 15—10% der Kosten der unter 3—6 bezeichneten Einrichtungen gerechnet.

Zu 8. Für allgemeine Unkosten sind etwa 10% der Gesamtkosten 1—7 gerechnet; hiebei sind etwaige Kosten für Kapitalbeschaffung nicht berücksichtigt.

Kosten von Orts-Transformatorstationen

für Drehstrom, 50 Perioden.

Preisverhältnisse vom Frühjahr 1925.

	25 000/380/220 Volt					Bemerkungen
Technische Daten:						
Gebäude zur Aufnahme von Transformatoren .	1×100 kVA	2×100 kVA	2×200 kVA	2×500 kVA	2×1000 kVA	Zur Bemessung der Größe der Gebäude ist angenommen, daß die Aufstellung von Transformatoren doppelter Größe wie für die erstmalige Einrichtung vorgesehen, ohne Erweiterung möglich ist.
Inneneinrichtungen mit oberspannungsseitigen Leitungsanschlüssen .	2	3	3	3	4	
Inneneinrichtungen mit oberspannungsseitigen Transformatoranschlüssen .	1	2	2	2	2	
Zahl und Größe der installierten Transformatoren .	1×50 kVA	2×50 kVA	2×100 kVA	2×250 kVA	2×500 kVA	
Kosten:	Mk.	Mk.	Mk.	Mk.	Mk.	
Gebäude einschl. Lüftung, Fundamenten u. dgl.	2200	4000	5000	7500	12000	
Inneneinrichtungen wie oben, einschl. Gerüsten, Sammelschienen, Isolatoren usw. .	4100	7000	8400	14500	20000	
Installierte Transformatoren .	2000	4000	5600	11500	18000	
Zusammen .	8300	15000	19000	33500	50000	
Mehrpreis						
für jeden weiteren oberspannungsseitigen Leitungsanschluß ohne Ölschalter .	580	580	580	580	580	
mit Ölschalter	2500	2500	2500	2500	2500	
für jeden weiteren Transformatoranschluß bis 100 kVA .	2350	2350	2350	2350	2350	
über 100 bis 500 kVA .	3500	3500	3500	3500	3500	

Die Kosten verstehen sich je einschließlich Fracht, Verpackung, Anfuhr, Montage und sonstigen Unkosten.

Stationen für andere Übersetzungsverhältnisse können hiernach unschwer geschätzt werden. Angenommen ist, daß die Häuser der Stationen für die Aufstellung von Transformatoren doppelter Größe wie der in der Liste angegebenen ausreichen, um bei steigendem Konsum die Transformatoren ohne Erweiterung der Gebäude auswechseln zu können.

6. Übernahmepreis für bestehende Kraftwerke.

Um beim Betrieb einer Landeselektrizitätsversorgung möglichst freie Hand für die wirtschaftlichste Verwendung aller Kraftquellen zu haben, pflegt man mitunter die bereits vorhandenen Kraftwerke, soweit sie sich für den künftigen Betrieb als dauernd benützte Kraftquellen, als Spitzenkräfte oder als Reserven eignen, für die Landesversorgung zu übernehmen. Die Entschädigung für derartige Werke kann in barem Gelde, in Schuldverschreibungen der Landesversorgung, in Gesellschaftsanteilen oder in Tarifvereinbarungen bestehen.

Den Ausgangspunkt aller derartigen Abmachungen bildet die Bewertung der zu übernehmenden Anlagen. Grundsätzlich ist die Entschädigung gleich dem Wert der Anlage abzüglich der kapitalisierten jährlichen Ersparnis beim Strombezug. Als Wert der Anlage kann bei nicht allzusehr veralteten Werken der ursprüngliche Herstellungswert zugrunde gelegt werden.

Ein Beispiel, welches den Verhandlungen bei Errichtung der Pfalzwerke entnommen ist, enthält Liste 46. Wie aus dieser Berechnung ersichtlich, ermäßigt sich der Übernahmepreis eines Kraftwerkes umsomehr, je billiger der Strombezug gegenüber den Selbstkosten der eigenen Stromerzeugung wird.

In wenig besiedelten Ländern kann es nötig werden, zur Verbilligung der Anlagen während der Anlaufzeit auch kleinere ältere Werke als Stützpunkte zu erwerben, die für die ersten Betriebsjahre beibehalten, aber dann allmählich stillgesetzt werden.

In solchen Fällen würde es das Anlagekapital der Landesversorgung zu sehr belasten, wenn die Werke auf Grund der vorstehend erläuterten Bestimmungen übernommen würden. Man geht deshalb bei der Bewertung solcher Anlagen nicht vom Herstellungswert, sondern vom Buchwert aus. Wenn diese Berechnung für sehr alte, aber noch gut verwendbare Werke für den Verkäufer zu ungünstig wird, kann man an Stelle der in Liste 46 dargestellten Wertberechnung ein Mittel zwischen dem Buchwert und einem angenommenen durchschnittlichen Gebrauchswert der Ablösung zugrunde legen, wie dies z. B. bei den Vorverhandlungen für die Karpathenwerke sich als zweckmäßig herausstellte. Ein Beispiel für eine derartige Berechnung der Ablösungsbeträge, wobei auch die Übernahme kleiner Bezirksnetze berücksichtigt ist, enthält Liste 47. Hierbei ist als Gebrauchswert einer Wasserkraft 600 Mk. je kW, als Gebrauchswert einer kleinen zur Reserve dienenden Wärmekraft 200 Mk. je kW angenommen.

Es liegt kein Bedenken vor, im Sinne der vorstehenden Berechnungen die Kaufsumme in gleichartiger Weise für sämtliche Beteiligte etwas höher oder niedriger anzusetzen, solange eine derartige Landesversorgung nur von den beteiligten Kraftwerkbesitzern, eventuell unter Aufnahme von Schuldverschreibungen errichtet wird.

Treten jedoch zu den Kraftwerkbesitzern außenstehende Geldgeber als Gesellschafter hinzu, so muß ein Mittelweg für die Bewertung der bestehenden Anlagen gefunden werden, der einerseits für die Besitzer der Anlagen noch einen genügenden Anreiz zur Abtretung bietet, während er andererseits für die außenstehenden Geldgeber nicht die Belastung durch tote Kapitalien für minder wertvolle Anlagen bedeutet.

Berechnung des Übernahmepreises für ein bestehendes Kraftwerk

etwa entsprechend den Verhältnissen bei Errichtung der Pfalzwerke.

		berechnet für 31. 12. 1911
1. Gegenwärtige Konsumverhältnisse:		
Angeschlossener Konsum . . . . kW		2 400
Im Maximum gleichzeitig benützte Höchstleistung . . . . kW		1 000
Vom Kraftwerk Erdmannsdorf abzugebende Jahresarbeit . . . . kWh		2 000 000
Eigenverbrauch und Verluste im Kraftwerk . . . . kWh		100 000
Gesamte Stromerzeugung: kWh		2 100 000
2. Herstellungswert des bestehenden Kraftwerkes:	Mk.	1 200 000
3. Selbstkosten bei Stromerzeugung im bestehenden Kraftwerk:		
Verzinsung und Amortisation: 7% des Herstellungswertes	Mk.	84 000
Abschreibung und Erneuerung: 3% des Herstellungswertes	,,	36 000
Brennmaterial: 4 Pf. je erzeugte kWh	,,	84 000
Schmier-, Putz- und sonstiges Betriebsmaterial	,,	8 000
Reparaturen, Instandhaltung und Versicherungen	,,	12 000
Gehälter und Löhne	,,	20 000
Steuern und allgem. Unkosten, bezogen auf die Stromerzeugung	,,	6 000
Summe der Selbstkosten 3: Mk.		250 000
4. Stromkosten beim Bezug vom Landeswerk:		
Höhe der vom Landeswerk zur Verfügung zu stellenden Höchstleistung kW		1 000
Vom Landeswerk zu beziehende Jahresarbeit . . . . kWh		2 000 000
Stromkosten laut Tarif:		
Leistungsgebühr, berechnet für die zur Verfügung gestellte Höchstleistung		
von 1000 kW à Mk. 80.—	Mk.	80 000
Arbeitsgebühr bei Bezug von 2 000 000 kWh à 6 Pf.	,,	120 000
Gesamte Stromkosten 4: Mk.		200 000
Jährliche Ersparnis bei Strombezug: Summe 3 — Summe 4 Mk.		50 000
5. Übernahmepreis für das Kraftwerk:		
Herstellungswert des Kraftwerkes	Mk.	1 200 000
Hiervon ab: mit 7% kapitalisierte Ersparnis bei Strombezug rd.. . . .	,,	720 000
Übernahmepreis des Kraftwerkes: Mk.		480 000

Berechnung der Übernahmepreise bestehender

Anlage	Installierte Leistung kW	Ursprünglicher Herstellungswert Mk.	Alter ca. Jahre
Steinheim:			
Wasserkraft I	800	1 100 000	25
Wasserkraft II	800	1 000 000	15
Wärmekraftanlagen	1 200	650 000	10
Bezirksnetz einschließlich Ortsstationen	—	500 000	15
zusammen			
Kleeberg:			
Wasserkraft Dornau	100	200 000	10
Wasserkraft Regendorf	200	300 000	10
Wasserkraft Tatra	700	1 100 000	3
Bezirksnetz einschließlich Ortsstationen	—	200 000	durchschn. 8
zusammen			
Bruck:			
Wasserkraftanlage	60	150 000	18
Wärmekraftanlage	350	200 000	10
zusammen			
Fischdorf:			
Wasserkraftanlage	40	100 000	8
Wärmekraftanlage	300	170 000	8
zusammen			
Lochau:			
Wasserkraftanlage	100	200 000	10
Wärmekraftanlage	100	80 000	10
zusammen			
Westheim:			
Wasserkraftanlage	400	650 000	10
Wärmekraftanlage	600	350 000	10
zusammen			

Die Liste zeigt, daß durch die Einführung des Gebrauchswertes sich für alte Anlagen eine Erhöhung gegenüber dem Buchwert ergeben kann, während für neuere Anlagen meist eine Ermässigung eintritt.

Anlagen als Mittel aus Buchwert und Gebrauchswert.

| Abschreibungen | | Jetziger Buchwert Mk. | Gebrauchswert | | Übernahmepreis = Mittel aus Buchwert und Gebrauchswert |
Satz	Abschreibungs- summe		je kW	im ganzen	
3%	820 000	280 000	600	480 000	380 000
3%	450 000	550 000	600	480 000	515 000
6%	390 000	260 000	200	240 000	250 000
4%	300 000	200 000	—	250 000	225 000
					1 370 000
3%	60 000	140 000	600	60 000	100 000
3%	90 000	210 000	600	120 000	165 000
3%	100 000	1 000 000	600	420 000	710 000
4%	60 000	140 000	—	100 000	120 000
					1 095 000
3%	80 000	70 000	600	40 000	55 000
6%	120 000	80 000	200	70 000	75 000
					130 000
3%	20 000	80 000	600	20 000	50 000
6%	80 000	90 000	200	60 000	75 000
					125 000
3%	60 000	140 000	600	60 000	100 000
6%	50 000	30 000	200	20 000	25 000
					125 000
3%	200 000	450 000	600	240 000	345 000
6%	210 000	140 000	200	120 000	130 000
					475 000

Summe: Übernahmepreis für die bestehenden Wasserkraftanlagen 2 420 000
Übernahmepreis für die bestehenden Wärmekraftanlagen . . . 555 000
Übernahmepreis für die bestehenden Leitungsnetze 345 000

insgesamt 3 320 000

7. Gliederung der Anlagekosten.

Sind die Anlagekosten für die verschiedenen Bauteile einer Landesversorgung ermittelt, so handelt es sich noch darum, dieselben in möglichst zweckmäßiger Weise zusammenzustellen.

Im allgemeinen pflegt man die Kosten der Kraftwerke, der Leitungsnetze und der Transformatorstationen gesondert auszuscheiden, weil sich die Abschreibungen nach diesen Hauptgruppen unterscheiden. Befinden sich unter den Kraftwerken Wasserkräfte und Wärmekräfte, so sind die diesbezüglichen Kosten gesondert anzugeben, da für diese beiden Arten der Kraftwerke die Abschreibungen verschieden sind. Mitunter werden auch die Kosten für Projektierung, Bauleitung und Bauzinsen gesondert angegeben, weil diese Ausgaben nur verzinst und getilgt, aber nicht abgeschrieben werden, wenn man annimmt, daß bei der Erneuerung von Anlageteilen hierfür keine erheblichen Beträge aufzuwenden sind.

Werden für eine Landesversorgung neben den Hauptkraftwerken und Landesnetzen auch die Kreisnetze bzw. die Ortsnetze berechnet, so müssen die Kosten der Unterstufen jeweils getrennt ausgeschieden werden, weil es für die Betriebskostenberechnung und für die Tarifbildung wichtig ist, die für jede Versorgungsstufe aufzuwendenden Beträge zu kennen. Die Trennung ist erforderlich, gleichgiltig ob eine Landesversorgung mehrere Stufen der Elektrizitätsverteilung in einer einheitlichen Organisation umfaßt oder ob die verschiedenen Versorgungsstufen gesonderten Organisationen angehören.

Ein Beispiel, wie sich die Hauptziffern des Kostenanschlags einer Landesversorgung nach diesen Gesichtspunkten gliedern, ist in Liste 48 angegeben. Hierbei sind die Kosten der gesamten Versorgungsanlagen zunächst unterteilt in

A. Kosten der Wasserkräfte, der Dampfkräfte und der Kraftwerkstransformatoren, welche die Maschinenspannung auf die Spannung des Landesnetzes erhöhen. Diese Kosten bilden zusammen die Kosten der Stromerzeugungsanlagen;

B. Kosten der 100000-Volt-Leitungen und der Netztransformatoren, welche die Landesspannung auf die Spannung der Kreiswerke herabtransformieren. Diese Beträge bilden zusammen die Kosten des Landesnetzes;

C. Kosten der mit Spannungen von 25000 bis 50000 Volt ausgestatteten Kreisnetze einschließlich der Ortstransformatoren, welche die Spannung der Kreisnetze auf die Spannung der Ortsnetze herabtransformieren;

D. Kosten der mit Spannungen von 25000/400 Volt in den Großstädten, 3000/400 Volt in den mittleren Städten und 400 Volt in Kleinstädten und Landgemeinden gespeisten Ortsnetze.

Neben dieser vertikalen Gliederung der Kosten ist eine horizontale Gliederung durchgeführt, um zu zeigen, wie sich die Kosten durchschnittlich auf die Hauptabnehmergruppen — das sind die großen, mittleren und kleinen Städte sowie die Landgemeinden — verteilen. Die Anteile der Gruppen sind bei den Stromerzeugungsanlagen und dem Landesnetz nach der beanspruchten Höchstleistung unter Berücksichtigung des Ausgleichs bestimmt; die Kosten der Kreisnetze sind nur auf die mit Hilfe der Kreiswerke versorgten Abnehmergruppen aufgeteilt, wobei die Kosten der Hauptleitungen auf alle von den Kreisnetzen versorgten Städte und Landgemeinden verteilt sind, während die zusätzlichen Kosten für Nebenleitungen nur auf die kleinen Städte und Landgemeinden entfallen.

Auf Grund einer solchen Zahlentafel lassen sich die Anlagekosten für jeden beliebigen Ausschnitt der gesamten Stromversorgung beurteilen und es lassen sich hiernach auch die Selbstkosten der Stromerzeugung sowie diejenigen der aufeinanderfolgenden Wirtschaftsstufen der Stromverteilung berechnen, wie dies in Unterabschnitt B näher angegeben ist.

8. Deckung der Anlagekosten.

Die Deckung der Anlagekosten von Landeselektrizitätsversorgungen kann erfolgen durch Bildung einer Gesellschaft, deren Gesellschafter das ganze erforderliche Kapital oder einen Teil desselben beistellen. Im letzteren häufigeren Fall ist der Rest durch fundierte Schulden, Hypotheken und Obligationen oder zum Teil auch durch schwebende Schulden, die innerhalb einer kürzeren Frist zurückgezahlt oder in fundierte Schulden verwandelt werden, aufzubringen.

Das Verhältnis des Gesellschaftskapitals zu den Anleihen pflegte man früher wie 1:1 vorzusehen, in der Annahme, daß Anleihen leichter untergebracht werden können, wenn ein möglichst großes Gesellschaftskapital vorhanden ist. Nachdem jedoch in den Landeselektrizitätswerken insbesondere in ihren Wasserkräften und Leitungsanlagen außerordentlich große Sachwerte enthalten sind, zeigte es sich, daß dieses Verhältnis nicht notwendig eingehalten werden muß, daß man vielmehr ohne weiteres auch den doppelten oder dreifachen Betrag des Gesellschaftskapitals an Obligationen ausgeben kann, zumal in der Regel für die Obligationen neben der durch die Anlage selbst gebotenen Sicherheit auch noch eine Zinsgarantie oder Bürgschaft durch den Staat oder kommunale Verbände geleistet werden kann.

Die Aufnahme schwebender Schulden ist angezeigt, wenn in einer Periode besonders hoher Zinssätze eine Beruhigung des Geldmarktes abgewartet werden soll und wenn die Verteuerung des Geldes, die bei Aufnahme schwebender Schulden in der Regel in Kauf genommen werden muß, keine Rolle spielt gegenüber dem Vorteil, den die abzuwartende Ermäßigung des Zinsfußes verspricht.

Während die Deckung der Anlagekosten durch Gesellschaftskapital, Anleihen und schwebende Schulden mehr eine Zweckmäßigkeitsfrage ist, verursacht die Aufbringung der Anlagekosten mitunter erhebliche Schwierigkeiten. Die beteiligten Staaten und Kommunalverbände verfügen nur selten über flüssige Mittel, die sie für die Zeichnung des Gesellschaftskapitals verwenden können. Sie müssen entweder Werte veräußern oder ihrerseits Anleihen aufnehmen. Je nachdem der allgemeine Kredit der Kommunalverbände gut ist, erhalten sie die Anleihen zu einem niedrigeren Zinsfuß als wenn die Landesversorgung direkt den Anleihemarkt in Anspruch nimmt. Haben die Kommunalverbände wenig Kredit, so kann es vorteilhafter sein, wenn das Unternehmen als solches auf Grund der von ihm zu schaffenden Sachwerte die Anleihen aufnimmt.

Mitunter wurde versucht, die erforderlichen Kapitalien seitens der Abnehmer aufzubringen und sie in Form unentgeltlich gelieferter Kilowattstunden zu verzinsen und zu tilgen, doch dürfte dieses Aushilfsmittel wegen der hierdurch bedingten Undurchsichtigkeit der wirtschaftlichen Verhältnisse nur in seltenen Fällen in Erwägung zu ziehen sein.

Im allgemeinen zählen Landeselektrizitätswerke zu den besten Anlagewerten, da ihnen nicht nur außergewöhnlich große und beständige Werte wie Wasserkräfte, Kupferleitungen usw. zugrunde liegen, sondern auch durch die Zunahme des Elektrizitätsbedarfes mit einer steigenden Rente derselben zu rechnen ist.

Gliederung der Hauptkosten einer Landesversorgung

etwa der Stromversorgung des rechtsrheinischen Bayern entsprechend.

	Gesamtversorgung			Hievon entfallen auf:			
	Ausmaße	Durchschnittl. Einheitskosten	Gesamtkosten	8 Großstädte mit z. Teil örtlichen Kraftwerken u. unmittelbarem Anschluß an d. Landesnetz	30 mittelgr., an den Hauptknotenpunkten d. Kreisnetze liegende Städte von je 30000 bis 7000 Einw.	130 Kleinstädte mit Gewerbebetrieben je 7000 bis 2000 Einwohner	7000 Landgemeinden unter 2000 Einwohnern
Einwohnerzahl des Versorgungsgebietes	6 000 000			1 400 000	500 000	900 000	3 200 000
Erforderliche Höchstleistung an den Orts-Transformatorstationen unter Berücksichtigung des Ausgleichs an den Schalttafeln der Kraftwerke	kW — 300 000			kW 140 000 130 000	kW 45 000 35 000	kW 70 000 55 000	kW 120 000 80 000
hievon werden gedeckt durch nicht speicherfähige Wasserkräfte . . .	100 000			50 000	15 000	15 000	20 000
durch speicherfähige Wasserkräfte	100 000			50 000	15 000	15 000	20 000
durch Dampfkräfte	150 000			50 000	15 000	35 000	50 000
zusammen	350 000			150 000	45 000	65 000	90 000
hievon sind Reserve	50 000			20 000	10 000	10 000	10 000
Erforderliche Jahresarbeit bei den Abnehmern der Ortswerke (siehe unter *D*)	kWh 920 000 000			kWh 480 000 000	kWh 120 000 000	kWh 150 000 000	kWh 170 000 000
Verluste in den Ortsnetzen (siehe unter *D*) . . .	80 000 000			60 000 000	10 000 000	5 000 000	5 000 000
Verluste in den Kreisnetztransformatoren und Kreisnetzen (siehe unter *C*)	130 000 000			—	25 000 000	45 000 000	60 000 000
Verluste in den Landesnetztransformatoren und im Landesnetz (siehe unter *B*)	100 000 000			20 000 000	20 000 000	30 000 000	30 000 000
Verluste in den Kraftwerks-Transformatoren (siehe unter *A*)	40 000 000			10 000 000	5 000 000	10 000 000	15 000 000
Erforderliche Jahresarbeit an den Schalttafeln der Kraftwerke	1 270 000 000			570 000 000	180 000 000	240 000 000	280 000 000
hievon werden gedeckt durch nicht speicherfähige Wasserkräfte	780 000 000			380 000 000	120 000 000	120 000 000	160 000 000
durch speicherfähige Wasserkräfte	240 000 000			100 000 000	35 000 000	55 000 000	50 000 000
durch Dampfkräfte	250 000 000			90 000 000	25 000 000	65 000 000	70 000 000

Anlagekosten.

		Mk.	Mk.	Mk.	Mk.	Mk.	Mk.
A. Kraftwerke:							
nicht speicherfähige Wasserkräfte	100 000 kW	1 000	100 000 000	50 000 000	15 000 000	15 000 000	20 000 000
speicherfähige Hochdruck-Wasserkräfte . .	100 000 kW	400	40 000 000	20 000 000	6 000 000	6 000 000	8 000 000
Dampfkräfte	150 000 kW	350	53 000 000	17 500 000	5 500 000	12 500 000	17 500 000
Kraftwerktransformatoren 6000/100000 Volt, 6 Stationen mit zusammen	300 000 kW	40	12 000 000	4 500 000	1 500 000	2 500 000	3 500 000
zusammen Stromerzeugungsanlagen A	—		205 000 000	92 000 000	28 000 000	36 000 000	49 000 000
B. Landesnetz:							
100000 Volt-Leitungen	1250 km	20 000	25 000 000	10 000 000	3 000 000	5 000 000	7 000 000
Transformatorstationen 100000/25000 Volt, 12 Stationen mit zusammen	300 000 kW	50	15 000 000	6 000 000	2 000 000	3 000 000	4 000 000
zusammen Landesnetz B	—		40 000 000	16 000 000	5 000 000	8 000 000	11 000 000
C. Kreisnetze:							
25000 Volt-Hauptleitungen auf Eisenmasten . . .	4 000 km	9 000	36 000 000	—	6 000 000	12 000 000	18 000 000
25000 Volt-Nebenleitungen auf Holzmasten . . .	16 000 km	4 000	64 000 000	—	—	26 000 000	38 000 000
Transformatorstationen 25000/3000 Volt, 30 Stationen mit zusammen	50 000 kW	80	4 000 000	—	4 000 000	—	—
Transformatorstationen 25000/400 Volt, 390 Stationen mit zusammen	100 000 kW	80	8 000 000	—	—	8 000 000	—
Transformatorstationen 25000/400 Volt, 14000 Stationen mit zusammen	240 000 kW	180	43 000 000	—	—	—	43 000 000
zusammen Kreisnetze C			155 000 000	—	10 000 000	46 000 000	99 000 000
D. Ortsnetze einschl. der Hausanschlüsse und Zähler D			280 000 000	80 000 000	30 000 000	50 000 000	120 000 000
Zusammenstellung der Anlagekosten:							
Stromerzeugung einschl. Kraftwerkstransformatoren . . . . A			205 000 000	92 000 000	28 000 000	36 000 000	49 000 000
Stromerzeugung und Landesnetz . A+B			245 000 000	108 000 000	33 000 000	44 000 000	60 000 000
Stromerzeugung und Landesnetz und Kreisnetze . . . . A+B+C			400 000 000	108 000 000	43 000 000	90 000 000	159 000 000
Stromerzeugung und Landesnetz und Kreisnetze und Ortsnetze . . . A+B+C+D			680 000 000	188 000 000	73 000 000	140 000 000	279 000 000

B. Betriebskosten.

Die Betriebskosten setzen sich zusammen aus den Ausgaben für

Verzinsung und Tilgung des Anlagekapitals,
Abschreibungen,
Unterhaltung und Reparaturen,
Betriebsstoffe,
Bedienung und Verwaltung,
Allgemeine Unkosten.

1. Verzinsung und Tilgung.

Die Ausgaben für Verzinsung und Tilgung des Anlagekapitals bilden bei Landes-elektrizitätsversorgungen infolge der sehr hohen Anlagekosten einen großen, bei Werken mit Wasserkräften sogar den weitüberwiegenden Teil der Betriebskosten. Die Er-zielung einer niedrigen Verzinsung und Tilgung ist daher von besonderer Wichtigkeit, namentlich in den ersten Betriebsjahren, in welchen die für eine fernere Zukunft bestimmten Anlagen noch nicht voll ausgenützt sind.

Soweit die Verzinsung und Tilgung des eigenen Kapitals in Frage kommt, das die Besitzer der Landesversorgung nicht gegen Zins entliehen haben, können sie sich in den ersten Betriebsjahren mit einer bescheidenen Verzinsung begnügen und die Til-gung in der „Anlaufzeit" gegebenenfalls ganz unterlassen. Wurde das Kapital nur zum Teil entliehen, zum Teil aus eigenen Mitteln gedeckt, so ist das Leihkapital mit dem ver-einbarten Satz zu verzinsen und zu tilgen, während das Eigenkapital sich vorüber-gehend mit einer geringeren Rente begnügen könnte. Ist das gesamte Anlagekapital entliehen, so könnte die Anlaufzeit im Notfall dadurch überwunden werden, daß die Besitzer der Anlage in den ersten Jahren die etwa fehlenden Zinsbeträge aus anderen Fonds decken, die ausgelegten Beträge zum Anlagekapital schlagen und später mit verzinsen, sobald das voll ausgenützte Werk den Zinsendienst auch für das um die Zinsverluste der ersten Jahre erhöhte Kapital zu leisten vermag.

Die Zinssätze für große werbende Anlagen betrugen vor dem Weltkrieg in Deutsch-land 4 bis 5%, in manchen Ländern noch weniger. Gegenwärtig betragen die Zins-sätze für langfristige Anleihen 7 bis 8%, wodurch die Ausführungsmöglichkeit groß angelegter Werke erheblich beschränkt ist, wenn nicht zu einem der vorstehend an-gegebenen Mittel gegriffen wird, zumal die Möglichkeit offen bleibt, daß in späteren Jahren die Zinssätze durch Konversion von Anleihen oder durch andere Verein-barungen herabgesetzt werden.

Die bei Dritten entliehenen oder aus eigenen Mitteln beschafften Kapitalien müssen nicht nur verzinst, sondern auch getilgt werden. Insbesondere müssen Leih-kapitalien, Schuldverschreibungen, auch Obligationen genannt, in der Regel innerhalb einer nicht zu langen Frist allmählich zurückgezahlt werden.

Gewöhnlich nimmt man die Tilgung mit einem Satz von ½% bis 1%, in neuerer Zeit auch mit 2% pro Jahr an.

In Wirklichkeit handelt es sich hierbei in der Regel um sog. Annuitätendarlehen, bei welchen für Verzinsung und Tilgung zusammen ein fester jährlicher Satz — Annuität — von beispielsweise 8% an die Gläubiger zu bezahlen ist, wovon für Ver-zinsung 7% des jeweils geschuldeten und durch die Tilgung von Jahr zu Jahr kleiner werdenden Geldbetrages aufgewendet werden, während der gesamte Restbetrag der Annuität eine von Jahr zu Jahr größer werdende Tilgungsquote ergibt.

Die Raschheit der Tilgung hängt, soweit Leihkapitalien in Frage kommen, von den Bedingungen der Geldgeber ab und auch der Beginn der Tilgung wird von diesen bestimmt. Sie kann je nach den getroffenen Vereinbarungen sofort oder zur leichteren Überwindung der Anlaufzeit erst nach 5 oder 10 Jahren, dann aber mit einer erhöhten Quote einsetzen. Soweit der Unternehmer einer Landesversorgung eigenes Kapital aufwendet, hat er in bezug auf dessen Tilgung freie Hand, er kann sie je nach der zu erwartenden Wirtschaftlichkeit früher oder später, mit niedrigen oder hohen Jahressätzen bemessen.

Die Verhältnisse ändern sich, sowohl bezüglich der Tilgung des Leihkapitals als auch bezüglich der Tilgung der eigenen Mittel, sobald ein Unternehmen mit dem in Abschnitt IX näher erläuterten Heimfall belastet ist, wobei mit Ablauf der Konzessionsdauer die ganzen Anlagen oder ein Teil derselben dem Verleiher der Konzession kostenlos oder zum Buchwert zufallen. In diesem Falle muß die Tilgung der gesamten entliehenen oder selbst beschafften Kapitalien so bemessen werden, daß im Zeitpunkt des Heimfalles derjenige Teil des Anlagewertes, der von dem Berechtigten nicht vergütet wird, durch die bis dahin zurückgelegten Tilgungsraten gedeckt ist.

Besteht z. B. für eine Anlage eine Heimfallast, dergestalt, daß die gesamten Einrichtungen mit Ausnahme der in den letzten 10 Jahren beschafften nach 50jähriger Konzessionsdauer dem Staate anheimfallen, so muß die Tilgung für die im ersten Jahr beschafften Anlagewerte so bemessen werden, daß die alljährlich zurückgelegten Tilgungsraten mit Zins und Zinseszins nach 50 Jahren das ursprünglich aufgewendete Kapital ergeben. Für die nach 10jähriger Konzessionsdauer errichteten Anlagenteile müssen die einzelnen Tilgungsraten höher angesetzt werden, weil für diese die Summe der Tilgungsraten mit Zins und Zinseszins bereits nach 40 Jahren das aufgewendete Kapital decken muß usw. Da bei Landesversorgungen die Heimfallast gewöhnlich erst nach einer langen Konzessionsdauer in Kraft tritt, können die Tilgungsraten für die erste Anlage in der Regel den früher angegebenen üblichen Sätzen angepaßt werden.

Für den Besitzer einer Anlage bedeutet die Tilgung einen Vermögenszuwachs, wenn die Anlage am Ende der Tilgungszeit infolge ständiger Erneuerung in gutem Zustand vorhanden ist und den inzwischen gemachten Fortschritten der Technik entspricht. Er kann mit den wiedergewonnenen Kapitalien neue Unternehmungen gründen bzw. infolge der eingetretenen Entschuldung neue Kapitalien für wichtige Zwecke aufnehmen. Die Tilgung bedeutet lediglich die Erhaltung des Vermögens, wenn nach Ablauf der Tilgungszeit die Anlage durch Erfüllung einer Heimfallast kostenlos an einen Dritten übergeht, der seinerseits hierdurch einen Vermögenszuwachs erfährt.

2. Abschreibungen.

Dem Zwecke einer ständigen Erneuerung der Anlage dienen die Abschreibungen, auch Erneuerungsrücklagen genannt. Sie sind erforderlich, nicht nur um abgenützte Anlageteile wie Maschinen, Transformatoren usw. mit Hilfe der angesammelten Erneuerungsfonds auswechseln zu können, sondern auch um gut erhaltene Bestandteile des Werkes vorzeitig zu ersetzen, wenn die technische Entwicklung die Verwendung besserer oder wirtschaftlicher Einrichtungen erfordert.

In letzterem Falle werden zwar die Kosten der Neuanlagen aufgewogen durch eine Verbesserung bzw. Verbilligung des Betriebes, es ist aber zu beachten, daß die Kosten der Stromlieferung aus Landesversorgungen selbstverständlich den Vergleich mit anderen Möglichkeiten der Kraftbeschaffung nicht nur im Zeitpunkt der Errichtung, sondern auf die Dauer aushalten müssen, so daß jede künftig mögliche Verbilligung der Stromerzeugung bei den Abnehmern eine entsprechende Ermäßigung der Stromverkaufspreise nach sich zieht und daß es deshalb bei Verbesserungen der Anlagen nur in seltenen Fällen gelingt, durch Beibehaltung älterer Tarife einen um so viel größeren Überschuß zu erzielen, daß sowohl die neuen als auch die etwa nicht voll abgeschriebenen alten Anlagen verzinst, getilgt und abgeschrieben werden können.

Aus dem Gesagten geht hervor, daß für groß angelegte Werke, die in ihrer wirtschaftlichen Leistungsfähigkeit fortlaufend an der Spitze stehen sollen, die Abschreibungssätze sich nicht ausschließlich nach der Lebensdauer der verschiedenen Werksteile wie Bauten, Maschinen, Leitungen usw. richten dürfen, sondern bis zu einem gewissen Grade auch einen vorzeitigen Ersatz derselben ermöglichen müssen.

Nachstehend sind einige Abschreibungssätze angegeben, wie sie für große Landesversorgungen in Frage kommen, wobei jedoch aus den vorerwähnten Gründen für die Höhe der Sätze nicht die theoretische Lebensdauer der verschiedenen Werksanlagen zugrunde gelegt wurde, sondern Sätze genannt sind, die den Erfahrungen der Praxis namentlich auch im Hinblick auf vorzeitigen Ersatz von Werkteilen entsprechen. Die Abschreibungen betragen:

für Bauanlagen der Wasserkräfte wie Wehre, Talsperren, Stollen, Kanäle und Hochbauten ½ bis 1½% pro Jahr;

für Maschinen- und Kesselhäuser mit Fundamenten und Einmauerungen, die bei Auswechslung von maschinellen und elektrischen Einrichtungen oft weitgehende Änderungen erfahren müssen, 1 bis 3% pro Jahr;

für Wasserkraftmaschinen, Generatoren, Transformatoren und sonstige wenig beanspruchte maschinelle und elektrische Einrichtungen 3 bis 5% pro Jahr;

für Turbogeneratoren, Ölmotoren und sonstige mit hohen Temperaturen und Drücken arbeitende Maschinen 4 bis 6% pro Jahr;

für Kesselanlagen, Gasgeneratoren u. dgl. und sonstige dem Feuer ausgesetzte Einrichtungen 6 bis 8% pro Jahr;

für Schaltanlagen mit ihren verschiedenen Sicherheits- und Meßeinrichtungen, die je nach den Bedürfnissen des Betriebes einer häufigen Änderung unterworfen sind, 5 bis 7% pro Jahr;

für Leitungen, die in solider Weise auf eisernen Masten verlegt sind, unter Berücksichtigung des hohen Altwertes der Leitungsseile 1 bis 2% pro Jahr;

für ganze Wasserkraftanlagen einschließlich aller baulichen, maschinellen und elektrischen Einrichtungen 2 bis 3% pro Jahr;

für ganze Dampfkraftanlagen 4 bis 5% pro Jahr;

für ganze Dieselanlagen, Gasmaschinenanlagen u. dgl. 5 bis 6% pro Jahr;

für ganze Leitungsnetze mit Transformatorstationen und Schaltanlagen 2 bis 3% pro Jahr.

In vorstehender Liste sind untere und obere Grenzen für die Abschreibungen angegeben, die sich einerseits nach der mehr oder weniger intensiven Beanspruchung der verschiedenen Anlageteile, andererseits aber auch nach der wirtschaftlichen Möglichkeit zur Bildung von Rücklagen richten.

Was die Beanspruchung anbelangt, so sind z. B. Wasserkräfte, die an reißenden Gebirgsflüssen mit starker Geschiebeführung und sandhaltigem Wasser liegen, wegen der größeren Angriffe auf die Wehre, Kanäle, Stollen und Maschinen stärker abzuschreiben, als Wasserkraftanlagen in unmittelbarem Anschluß an natürliche oder künstliche Staubecken, bei welchen derartige Angriffe weniger zu befürchten sind. Bei den Wärmekräften sind Werke mit stark schwankendem Betrieb, die zeitweise erheblichen Überlastungen ausgesetzt sind, stärker abzuschreiben als Anlagen mit gleichbleibender und mäßiger Beanspruchung, Anlagen mit schlechter, verunreinigter Kohle, mit ungünstigen Wasserverhältnissen u. dgl. sind höher abzuschreiben als Anlagen mit günstiger Beschaffenheit der Brennstoffe und reinem Kühlwasser.

Maßgeblich für die Höhe der Abschreibung ist für die maschinellen und elektrischen Anlagen auch die Dauer des Betriebs, indem Einrichtungen, die 8000 Stunden im Jahr betrieben werden, sich naturgemäß rascher abnützen als Anlagen mit nur 3000 oder 1000stündiger Benützung. Insbesondere können Reserveanlagen, die nur selten in Betrieb genommen werden, mit einem ermäßigten Prozentsatz abgeschrieben werden.

Eine besondere Überlegung erfordern die Abschreibungen von Anlageteilen, die nicht neu errichtet, sondern auf Grund der in Abschnitt A angestellten Erwägungen in gebrauchtem Zustand von der Landesversorgung übernommen werden. Für solche Anlagen sind selbstverständlich die Abschreibungssätze nicht auf den Einbringungspreis, sondern auf den ursprünglichen Herstellungspreis bzw. auf den Wiederbeschaffungspreis anzuwenden. Dabei ist unter Berücksichtigung des Zustandes der Anlagen zu prüfen, ob die Abschreibungen in normaler Höhe genommen werden sollen, ob wegen der in kurzer Zeit erforderlichen Stillsetzung höhere Abschreibungen nötig sind, oder ob anderseits für die nur zur Reserve benützten Einrichtungen eine ermäßigte Abschreibung genügt.

Was die wirtschaftliche Möglichkeit der Abschreibungen betrifft, so gilt hierfür der gleiche Gesichtspunkt wie für die Verzinsung und Tilgung. Es ist nicht notwendig, großzügig angelegte Werke, die in den ersten Jahren noch unvollständig ausgenützt sind, von Anfang an mit den normalen Sätzen abzuschreiben, wenn hierdurch ein Defizit der Betriebsführung erzielt wird. Es ist vielmehr richtig, die Abschreibungen den Betriebsergebnissen anzupassen, die in den ersten Jahren niedrige und dafür in den späteren Jahren des Vollbetriebes entsprechend höhere Abschreibungen rechtfertigen.

3. Unterhaltung und Reparaturen.

Die Abschreibungen dienen lediglich für die in längeren Zeiträumen erforderliche Erneuerung großer Teile des Werkes. Daneben sind die laufenden Kosten der Unterhaltung und der Reparaturen besonders zu berechnen.

Zu den Unterhaltungskosten gehören bei Wasserkraftanlagen die ständige Ausbesserung etwaiger Auskolkungen und Hochwasserschäden an Wehren, Kanälen u. dgl., die etwa erforderliche ständige Ausbaggerung von Geschiebeablagerungen, die Dichtungsarbeiten an Schützen u. dgl., insbesondere auch die Auswechslung von Leit- und Laufapparaten der Turbinen, die je nach deren Konstruktion und je nach der Beschaffenheit des Wassers in Zeitabschnitten von 5 bis 10 Jahren erforderlich ist, wobei die entstehenden Kosten allerdings dadurch herabgedrückt werden können, daß schon bei der Konstruktion der Maschinen die den Angriffen besonders ausgesetzten Teile abnehmbar gemacht werden.

Bei Dampfanlagen sind zu den Kosten der laufenden Unterhaltung die Instandhaltung der Brennstofftransporteinrichtungen, der Betrieb der Klär- und Reinigungsanlagen für das Kühl- und Speisewasser, die Kesselreinigung, die Erneuerung der Roste, der Einmauerungsteile, der Siederohre u. dgl., die Instandhaltung der Rohrleitungen und Armaturen, die Neubeschaufelung von Dampfturbinen, die Ausfütterung von Lagern u. dgl. zu rechnen.

Bei den Leitungsanlagen gehört zur Unterhaltung der regelmäßige Anstrich der Maste sowie die Auswechslung schadhaft gewordener Isolatoren und Armaturen.

Alle diese Unterhaltungskosten sind bei solider und zweckmäßiger Ausführung der Bauten und Maschinen und bei sorgfältiger Betriebsführung nicht sehr groß. Sie betragen bei Gesamtanlagen der Landesversorgungen in den ersten Betriebsjahren etwa ½ bis 1 % des Anlagewertes. Selbstverständlich nehmen diese Ausgaben durch Hinzutreten größerer Reparaturen zu, sobald die Anlagen ein höheres Alter erreicht haben, indessen wird man, wenn sie ein gewisses Maß überschreiten, an grundlegende Erneuerungen denken, weil für die Wirtschaftlichkeit des Betriebes nicht nur die Kosten der Unterhaltung und Reparaturen, sondern vor allem auch die häufige Außerbetriebsetzung der zu reparierenden Anlageteile von erheblichem Einfluß sind.

22*

Trotz sorgfältigster Betriebsführung lassen sich gelegentliche Unfälle an Maschinen, Transformatoren usw. nicht ganz vermeiden. Auf derartige Fälle ist weder bei der Bemessung der Abschreibungen noch bei den Kosten der Unterhaltung Rücksicht zu nehmen, da für diese außergewöhnlichen Schäden sehr günstige Versicherungseinrichtungen bestehen, deren geringe Jahresprämien nicht als Unterhaltungskosten, sondern als allgemeine Unkosten zu berechnen sind. Bei der Veranschlagung dieser Versicherungsprämien ist zu berücksichtigen, daß es sich nicht empfiehlt, kleine Maschinenschäden mit zu versichern, da für diesen Fall die Prämien sehr hoch werden, während anderseits kleine Schäden ohne weiteres auf Grund der für die Unterhaltung vorgesehenen Beträge ausgebessert werden können.

4. Betriebsstoffe.

Von besonderer Wichtigkeit für die Betriebskostenberechnung ist der Verbrauch und der Preis der verschiedenen Betriebsstoffe.

Bei den Wasserkraftanlagen kommt als Betriebsstoffverbrauch lediglich der Bedarf an Schmier- und Putzmaterial, Packungen u. dgl. in Frage, der je nach der Größe des Werkes und der Anzahl der aufgestellten Maschinen mit 0,01 bis 0,03 Pfg. je erzeugte kWh angenommen werden kann. Die kleinere Zahl gilt für größere Werke.

Bei den Wärmekraftanlagen bilden die Brennstoffe und daneben die Ausgaben für Schmier- und Putzmaterial, Reinigungsmittel u. dgl. einen wichtigen Faktor der Betriebskostenrechnung. Der Verbrauch an Brennstoffen hängt von der Art und Größe der verwendeten Maschinen- und Kesseleinheiten, von der täglichen Benützungsdauer der aufgestellten Maschinenleistung, von der Art des verwendeten Brennstoffs sowie von der Gleichmäßigkeit des Betriebes ab.

Zur Beurteilung der Brennstoffkosten sind zunächst für Dampfkraftanlagen in Liste 49 die Wärmeverbrauchsziffern je kWh für Anlagen von 12000 bis 96000 kW angegeben.

Zur Erläuterung der zugrunde gelegten Betriebsverhältnisse sind in Querspalte 1 der Liste die angenommenen Maschinen- und Kesseleinheiten sowie der Druck und die Temperatur des verwendeten Dampfes eingetragen. In der Liste sind als Brennstoffe Rohbraunkohlen von 2000 kcal, Steinkohlen in Nußgröße von 7000 kcal und staubförmige Kohle von 6000 kcal Heizwert angenommen. Dampfkraftwerke mit Öl- oder Gasfeuerung ergeben ungefähr die gleichen Wärmeverbrauchsziffern wie die Werke mit Staubkohlenfeuerung.

Um für verschiedene Betriebsweisen die Wärmeverbrauchsziffern zu ermitteln, sind in Querspalte 2 für die verschieden großen Werke und die verschiedenen Brennstoffe die Wärmeverbrauchszahlen unterteilt angegeben in:

den Betriebsverbrauch A, umfassend den Wärmeverbrauch und die Wärmeverluste der gesamten Anlage je kW und Stunde mit Ausnahme der reinen Wärmeableitungs- und Abstrahlungsverluste;

den Leerlaufverbrauch B, umfassend die Wärmeableitungs- und Abstrahlungsverluste der gesamten Anlage je kW und Stunde, die nicht nur während des Betriebes, sondern auch bei Stillstand der Anlage auftreten und die bei der Wiederinbetriebsetzung durch erhöhte Wärmezufuhr ausgeglichen werden müssen;

den Anlaufverbrauch C je kW der in Betrieb zu setzenden Anlage, umfassend den zusätzlichen Wärmeverbrauch, der bei einmaligem An- und Abstellen der Anlage durch den in dieser Zeit schlechteren Wirkungsgrad der Kessel, Maschinen und Hilfsbetriebe bedingt ist.

Querspalte	Gesamte Nutzleistung des Kraftwerkes an der Schalttafel bei 6000 Volt . . . . kW		12000		
	Verwendeter Brennstoff		Braunkohle 2000 kcal	Steinkohle 7000 kcal	Sta 6
1	Zahl und Größe der installierten Maschinen . . . . kW Zahl und Größe der installierten Kessel . . . . qm Druck und Temperatur des verwendeten Dampfes am Kessel		6×700 20 at 350°C	3×4000 4×800 30 at 400°C	4 35
2	Rechnungsgrundlage Betriebsverbrauch bei Vollast je kW und Stunde, A . . . . Leerlaufverbrauch des Werkes je kW und Stunde, B . . . . Verbrauch für einmaliges Anlaufen je kW, C		4650 600 1200	4100 450 1000	
	Art des Kraftwerkbetriebes	Schematisches Betriebsdiagramm			
3	**Landeskraftwerke.** a) bei 24-stündigem Vollbetrieb: Betriebsverbrauch A . . . . Leerlaufverbrauch B . . . . Anlaufverbrauch $C \cdot 0$ . . . . Gesamtverbrauch		4650 600 — 5250	4100 450 — 4550	
4	b) bei 16-stündigem Betrieb: Betriebsverbrauch A . . . . Leerlaufverbrauch $B \cdot \frac{24}{16}$ . . . . Anlaufverbrauch $C \cdot \frac{1}{16}$ . . . . Gesamtverbrauch		4650 900 75 5625	4100 675 65 4840	
5	c) bei 8-stündigem Betrieb: Betriebsverbrauch A . . . . Leerlaufverbrauch $B \cdot \frac{24}{8}$ . . . . Anlaufverbrauch $C \cdot \frac{2}{8}$ . . . . Gesamtverbrauch		4650 1800 300 6750	4100 1350 250 5700	
6	d) bei 2-stündigem Betrieb: Betriebsverbrauch A . . . . Leerlaufverbrauch $B \cdot \frac{24}{2}$ . . . . Anlaufverbrauch $C \cdot \frac{2}{2}$ . . . . Gesamtverbrauch		— — — —	4100 5400 1000 10500	
7	Zum Vergleich: **Selbständiges Einzelkraftwerk** mit schwankendem Konsum bei ca. 3600 Stunden jährlicher Benutzungsdauer: Betriebs- und Anlaufverbrauch . . . . . Leerlaufverbrauch $B \cdot \frac{8760}{3600}$ . . . . Gesamtverbrauch		5130 1470 6600	4500 1100 5600	

24000		48000			96000			Bemerkungen
Steinkohle 7000 kcal	Staubkohle 6000 kcal	Braunkohle 2000 kcal	Steinkohle 7000 kcal	Staubkohle 6000 kcal	Braunkohle 2000 kcal	Steinkohle 7000 kcal	Staubkohle 6000 kcal	
3 × 8000 6 × 900 30 at 400° C	6 × 750 35 at 425° C	12 × 1000 20 at 350° C	3 × 16000 6 × 1600 30 at 400° C	4 × 2000 35 at 425 °C	20 × 1200 20 at 350° C	4 × 24000 12 × 1600 30 at 400° C	8 × 2000 35 at 425° C	
Wärmeverbrauch in kcal								Für Kraftwerke mit größerer Gesamtleistung als 96000 kW kann der Wärmeverbrauch ungefähr wie für Anlagen m. 96000 kW angenommen werden.
3900	3850	4350	3800	3720	4300	3750	3650	
430	380	560	410	360	550	400	350	
960	840	1040	880	760	1000	840	720	
Wärmeverbrauch in kcal je kWh								
3900	3850	4350	3800	3720	4300	3750	3650	
430	380	560	410	360	550	400	350	
—	—	—	—	—	—	—	—	
4330	4230	4910	4210	4080	4850	4150	4000	
3900	3850	4350	3800	3720	4300	3750	3650	
645	570	840	615	540	825	600	525	
60	55	65	55	50	65	55	45	
4605	4475	5255	4470	4310	5190	4405	4220	
3900	3850	4350	3800	3720	—	3750	3650	
1290	1140	1680	1230	1080	—	1200	1050	
240	210	260	220	190	—	210	180	
5430	5200	6290	5250	4990	—	5160	4880	
3900	3850	—	3800	3720	—	3750	3650	Rohbraunkohlenwerke werden für kurze Betriebszeiten nicht verwendet.
5160	4560	—	4920	4320	—	4800	4200	
960	840	—	880	760	—	840	720	
10020	9250	—	9600	8800	—	9390	8570	
4250	4170	4730	4100	4020	4650	4020	3940	
1050	930	1370	1000	880	1350	980	860	
5300	5100	6100	5100	4900	6000	5000	4800	

Die in der Liste 49 vorgesehene Aufteilung des Wärmeverbrauchs ist für große Anlagen leider noch nicht durch ausreichende Versuche belegt. Die Ziffern genügen daher wohl für den vorliegenden Zweck der generellen Betriebskostenberechnung, es wäre jedoch erwünscht, die zur genaueren Ermittlung nötigen Versuche in großem Maßstabe durchzuführen.

Den Berechnungen ist die Annahme zugrunde gelegt, daß die Wärmekraftwerke, soweit sie im Verbande einer Landesversorgung als Laufwerke betrieben werden, je mit ihrer Gesamtleistung voll ausgenützt werden, wobei in den Querspalten 3 bis 5 der Liste die tägliche Betriebsdauer für diese voll ausgenützten Werke beispielshalber zwischen 24, 16 und 8 Stunden variiert. Die unter dieser Voraussetzung in der Liste ermittelten Wärmeverbrauchsziffern gelten aber auch dann, wenn die betreffenden Werke zeitweise zwar mit verminderter Leistung, aber gleichwohl mit der bei verkuppelten Werken fast immer erzielbaren vollen Belastung der jeweils im Betrieb befindlichen Kessel und Maschinen arbeiten.

Das in Querspalte 6 angeführte Beispiel mit täglich zweistündigem Betrieb betrifft den Fall, daß in einem Landes-Elektrizitätswerk die Spitzenleistungen durch ein hierfür speziell eingerichtetes Kraftwerk geliefert werden, das entweder als selbständiges Reserve- und Spitzenwerk im Mittelpunkt des Konsumgebietes liegt oder an eines der vorhandenen Laufwerke angegliedert ist.

Da es häufig wünschenswert ist, den Wärmeverbrauch der Werke von Landesversorgungen mit dem Verbrauch von Einzelwerken zu vergleichen, die, ohne im Verbande einer Landesversorgung zu arbeiten, den schwankenden Konsum eines Kreis- oder Ortsnetzes zu decken haben, sind in Querspalte 7 der Liste 49 die entsprechenden Wärmeverbrauchsziffern vergleichsweise für Einzelkraftwerke angegeben. Hierbei ist eine jährliche Benützungsdauer der Höchstleistung von 3600 Stunden, also der ziemlich günstige Ausnützungsfaktor von 0,4 in Betracht gezogen.

Zur Kennzeichnung der jeweils angenommenen Betriebsweise sind schematische Leistungsdiagramme in die Liste eingezeichnet.

Auf Grund der in der Liste angenommenen Wärmeverbrauchsziffern für den Betriebsverbrauch, den Leerlaufverbrauch und den Anlaufverbrauch lassen sich die durchschnittlichen Verbrauchsziffern je kWh ohne weiteres ermitteln.

Für die 24 Stunden in Betrieb befindliche Anlage ergibt sich der im Tagesdurchschnitt erforderliche Wärmeverbrauch je kWh einfach als Summe aus dem Betriebsverbrauch je kWh und dem Leerlaufverbrauch je kWh.

Für die 16 Stunden in Betrieb befindliche Anlage ergibt sich der im Tagesdurchschnitt erforderliche Wärmeverbrauch je kWh aus der Summe des Betriebsverbrauchs zuzüglich $^{24}/_{16}$ des Leerlaufverbrauchs, weil der in 24 Stunden aufzubringende Gesamtleerlaufverbrauch auf 16 Stunden verteilt werden muß, um den Durchschnittsverbrauch einer nur 16 Stunden betriebenen Anlage zu finden und zuzüglich $^{1}/_{16}$ des einmaligen Anlaufverbrauches, weil bei Annahme eines täglich einmaligen Anlaufens der hierfür benötigte Wärmeverbrauch auf 16 Stunden zu verteilen ist, um die durchschnittliche Verbrauchsziffer je kWh zu erhalten.

Für die 8stündige Betriebsdauer berechnet sich der Verbrauch je kWh in analoger Weise. In dem Beispiel ist, wie aus dem Betriebsschema ersichtlich, ein täglich zweimaliges Anlaufen der Anlage angenommen. Es findet deshalb ein zweimaliger Anlaufverbrauch statt, der auf 8 Stunden zu verteilen ist.

Die gleiche Rechnung, für den 2stündigen Spitzenbetrieb vorgenommen, läßt erkennen, daß durch den Leerlaufverbrauch und den Anlaufverbrauch, die beide eine täglich nur 2stündige Betriebsdauer belasten, die durchschnittlichen Wärmeverbrauchsziffern ungefähr doppelt so hoch werden, wie für 24stündigen Vollbetrieb. Da jedoch die Spitzenwerke nur einen kleinen Teil der Gesamtarbeitsleistung einer Landesversorgung zu decken haben, ist deren Wärmeverbrauch trotz seiner relativen Höhe auf das Gesamtergebnis der Betriebskosten ohne großen Einfluß.

Der Vergleich des Wärmeverbrauchs der im Verbande einer Landesversorgung arbeitenden Werke mit dem Verbrauch von Einzelkraftwerken zeigt, daß die ersteren im allgemeinen erheblich günstiger und selbst bei nur 8stündiger täglicher Betriebszeit entsprechend einem Ausnützungsfaktor von etwa 0,3 noch gleich gut arbeiten wie Einzelkraftwerke mit einem Ausnützungsfaktor von 0,4.

Die Liste 49 gibt auch Anhaltspunkte für die Beurteilung des Wärmeverbrauchs von Reservebetrieben der Landes-Elektrizitätswerke, wenn diese zu gewissen Zeiten täglich neu angeheizt oder mehrere Wochen hindurch unter Dampf gehalten werden müssen, ohne nennenswerte Strommengen abzugeben. Die Liste läßt erkennen, daß zugunsten einer möglichst weitgehenden Betriebssicherheit einer Landesversorgung das zeitweise Leerfeuern von Reservekräften keine so große Rolle spielt, als man gemeinhin anzunehmen pflegt. Dabei ist zu beachten, daß leergefeuerte Reserveanlagen vielfach zur Verbesserung der Phasenverschiebung verwendet werden können, ohne daß die hierbei leerlaufenden Turbogeneratoren den Brennstoffverbrauch wesentlich steigern. Hierdurch machen sich die Kosten des Leerfeuerns indirekt bis zu einem gewissen Grade bezahlt.

Werden Dampfkräfte zur Erzielung einer größeren Wirtschaftlichkeit mit Heizbetrieben gekuppelt, so kann für die Beurteilung nicht mehr der Brennstoffverbrauch je kWh herangezogen werden, sondern es ist dann der Verbrauch je nutzbar verwendete Wärmeeinheit festzustellen. Um hierbei die Wirtschaftlichkeit für die Elektrizitätswirtschaft und die Wärmewirtschaft getrennt zu ermitteln, ist im Sinne der Darstellung auf Seite 186/187 eine Ausscheidung der Brennstoffersparnis auf die beiden Zwecke vorzunehmen, und zwar um so eher, je mehr sich die Wärmeerzeugung überhaupt nur durch die in der Kombination erzielte Verbilligung rechtfertigen läßt.

Um aus dem Brennstoffverbrauch die Brennstoffkosten zu ermitteln, sind die Verbrauchsziffern mit dem Brennstoffpreis je kg frei Lagerplatz zu multiplizieren. Mitunter stehen für ein Kraftwerk verschiedene Brennstoffe zur Auswahl, unter welchen der nach Frachtlage günstigste den Berechnungen zugrunde zu legen ist.

Neben dem Brennstoffverbrauch ist der Bedarf an Schmier- und Putzmaterial, Chemikalien, Packungen u. dgl. mit etwa 0,1 Pfg. je kWh bei Anlagen in der Größenordnung von 20000 kW bis herunter zu 0,03 Pfg. je kWh bei Anlagen in der Größenordnung von 200000 kW anzunehmen, wenn für Zylinderöl ein Preis von etwa 55 Mk. je 100 kg zugrunde gelegt wird.

Der Verbrauch an Treiböl für Großdieselanlagen ist an Hand der Angaben auf Seite 201 zu berechnen. Ein Unterschied in der täglichen Betriebsdauer der Dieselanlagen ist nicht zu machen, weil Dieselkraftwerke nahezu keinen Leerlaufsverlust aufweisen. Da bei Dieselanlagen neben dem Treibölverbrauch auch der Schmierölverbrauch eine erhebliche Bedeutung hat, ist auch dieser nach den Angaben auf Seite 202 zu berücksichtigen.

Um aus dem Brennstoffverbrauch und dem Schmierölverbrauch der Dieselmotoren die entsprechenden Kosten zu berechnen, sind die Kosten je Gewichtseinheit des Treiböles und der Schmiermittel in Rechnung zu ziehen.

Die Kosten von Dieseltreiböl (Gasöl) von 10000 kcal, welche im Frieden je nach der Frachtlage 7 bis 9 Mk. je 100 kg betrugen, belaufen sich in Deutschland nach den Preisen vom Frühjahr 1925 auf 10 bis 13 Mk. je 100 kg, bei Bezug in Kesselwagen frei Kraftwerk.

In den Ursprungsländern des Treiböls, in Rußland, Rumänien, Amerika, ist dieses erheblich billiger; insbesondere ist dort auch das Verhältnis zu den Kohlenkosten wesentlich günstiger. Indessen zeigen die Verbrauchsziffern, daß auch in Deutschland mit Großdieselanlagen als Ersatz für Dampfkraftwerke in den Fällen gerechnet werden muß, wo die Vorzüge der Dieselmaschinen, in erster Linie die rasche Betriebsbereitschaft, wie bei den Spitzenkraftwerken, eine besondere Rolle spielen. Sollte es gelingen, Dieselmaschinen mit Kohlenstaub zu betreiben, so zeigen die Wärmeverbrauchsziffern die große Wirtschaftlichkeit derartiger Anlagen, die sodann auch in Deutschland nicht nur als Spitzenwerke, sondern auch als Laufwerke großer Landesversorgungen verwendbar wären.

Stehen für die Kraftwerke einer Landesversorgung verschiedene Brennstoffarten zur Verfügung, so sind grundsätzlich die minderwertigen Brennstoffe für die durchgehenden Leistungen und die hochwertigen Brennstoffe für die Spitzenleistungen zu verwenden.

Ist für eine Landesversorgung die Energie ganz oder teilweise aus fremden Kraftwerken zu beziehen, so ist in die Betriebskostenberechnung für den Strombezug der Preis einzusetzen, der sich auf Grund vereinbarter Tarife ergibt bzw. bei zweckmäßig geführten Verhandlungen ergeben würde.

5. Bedienung und Verwaltung.

Bedienung. Die Kosten der Bedienung umfassen im wesentlichen die Ausgaben für Gehälter und Löhne der mit der Überwachung, Instandhaltung und dem Betrieb der Kraftwerke, Leitungsnetze und Transformatorstationen beschäftigten Ingenieure, Techniker, Betriebsbeamten und Arbeiter.

Soweit es sich um die Bedienung von Großkraftwerken, insbesondere von Wasserkräften und von Landesnetzen, handelt, sind diese Personalausgaben verhältnismäßig gering, denn es ist bei sorgfältiger und zweckmäßiger Ausführung der Kraftwerke und Leitungen die Bedienung aus zwei Gründen verhältnismäßig billig. Zunächst erfordern große Maschinen und Transformatoren je Einheit nicht mehr Bedienung als kleine; außerdem lohnt es sich, mit steigender Leistung der Kraftwerke immer mehr die verschiedenen Bedienungsvorgänge, wie das Reinigen von Rechen, das Ziehen von Schützen, die Beförderung von Kohlen usw. auf rein automatischem Wege durchzuführen und so auch in dieser Hinsicht an Bedienungsmannschaft zu sparen.

Im allgemeinen kann für das Bedienungspersonal von Wasserkraftanlagen für jede Maschine mit zugehörigen Schalteinrichtungen je Arbeitsschicht mit 1 bis 2 Mann Bedienung gerechnet werden. Hiezu kommt das für die Beaufsichtigung der Wasserbauten erforderliche Personal, welches für die Wehreinrichtungen mit 1 Mann je Schicht, für die Einrichtungen der Wasserschlösser und Apparatehäuser mit 1 bis 2 Mann je Schicht, für die Kontrolle der übrigen Wasserbauten je nach Größe der Anlage mit 4 bis 8 Mann anzusetzen ist. Dieses Personal wird in Zeiten von Eisgefahr, Hochwasser u. dgl. durch Einstellung von unständigen Hilfskräften ergänzt.

In Wärmekraftanlagen kann 1 Mann je Schicht auf 1 bis 2 Kessel gerechnet werden. Weitere 1 bis 2 Mann je Schicht sind für die zu einer Kesselgruppe von 4 bis 8 Kesseln gehörigen Kesselhilfsbetriebe erforderlich. Für die Maschinen mit Schalteinrichtungen pflegt man je Maschine und Schicht 1 bis 2 Mann zu verwenden. Für allgemeine Hilfsbetriebe wie Kohlenlager- und -Transporteinrichtungen, für die Ascheabfuhr, für die Werkstätten usw. sind je nach Art und Größe der Anlagen 40 bis 80% des Kessel- und Maschinenbedienungspersonals hinzuzurechnen.

Zum Bedienungspersonal kommen noch Betriebs- und Aufsichtsbeamte, wie Betriebsingenieure, Werk- und Maschinenmeister, Oberheizer, Obermaschinisten, Kolonnenführer u. dgl., hinzu, deren Zahl von der Größe des Werkes abhängt.

Bei vorstehenden Annahmen kommt man bei Dampfanlagen mit 16 bis 24stündigem Tagesbetrieb für Werke in der Größenordnung von 20000 kW auf eine Ausgabe von etwa 0,2 bis 0,3 Pfg./kWh; für Werke in der Größenordnung von 200000 kW auf eine Ausgabe von etwa 0,1 bis 0,15 Pfg./kWh.

Für Dieselanlagen kommen nur die Mannschaften für die Bedienung der Maschinen, die Aufsichtsbeamten und einige Arbeiter für die Hilfsbetriebe in Frage.

Für die mit den Landeskraftwerken verbundenen Transformatorstationen kann man auf je 2 Transformatoren 1 bis 2 Mann Bedienung je Schicht annehmen. Für den Streckendienst längs der Leitungen sind Arbeitskolonnen von 4 bis 6 Mann erforderlich, welche je eine Strecke von rd. 200 km beherrschen.

Für die Netztransformatorstationen der Landeswerke gilt bezüglich der Hochspannungsanlagen das gleiche wie für die Kraftwerksstationen; für die anschließenden Unterspannungsanlagen sind 2 bis 4 Mann je Station erforderlich.

Eine gewisse Schwierigkeit bietet die Abschätzung der Bedienung für diejenigen Anlagen, welche nur zeitweise, z. B. nur bei Wasserklemmen oder zur Deckung der winterlichen Spitzenleistungen in Betrieb genommen werden. In der Regel läßt es sich ermöglichen, Personal, welches in solchen Anlagen einen großen Teil des Jahres unbeschäftigt ist, für die laufenden Revisionen im Leitungsnetz zu verwenden, die unterbrochen werden können, sobald die betreffenden Arbeiter für die Bedienung der Kraftwerke benötigt werden.

Häufig findet man bei ausgeführten Anlagen den vorstehend angegebenen Personalbedarf wesentlich überschritten. Soweit der Grund hierfür darin liegt, daß die Werke Reparaturen, umfangreiche Baggerungen, Ufersicherungen u. dgl. selbst ausführen, ist das betreffende Personal in der Betriebskostenrechnung nicht unter „Bedienung", sondern unter „Reparaturen und Unterhaltung" zu rechnen. Mitunter liegt jedoch der Grund in einer gewissen Überorganisation, die namentlich bei großangelegten Werken zu finden ist, in der Meinung, daß die an sich verhältnismäßig niedrigen Personalkosten eine Steigerung unschwer ertragen. Der Nachteil einer solchen Überorganisation liegt indessen weniger in den Kosten als in der Kompliziertheit, die ein Betrieb erhält, in dem mehr Menschen beschäftigt sind, als er bei normaler Abwicklung erfordert.

Verwaltung. Die Verwaltung der Landesversorgungen bietet verhältnismäßig einfache Aufgaben, zumal sie sich nur auf wenige Kraftwerke, auf durchaus einheitliche Netze und Transformatorstationen und auf die Verrechnung mit nur sehr wenigen Abnehmern erstreckt.

Die Oberleitung und kaufmännische Verwaltung von Kraftwerken und Landesnetzen pflegt erfahrungsgemäß bei kleineren Anlagen ungefähr den gleichen Betrag wie die Bedienung zu erfordern. Bei sehr großen Werken kann sie auf ²/₃ bis ½ der Bedienungskosten zurückgehen. In diesen Beträgen sind auch die Ausgaben für den Bürobedarf, Porti u. dgl. enthalten.

Die Kosten für Bedienung und Verwaltung werden entsprechend größer, wenn nicht nur die Kraftwerke und das Landesnetz, sondern auch die Kreisnetze oder noch weitergehend die Ortsnetze in eine einheitliche Organisation zusammengefaßt werden.

6. Allgemeine Unkosten.

Die allgemeinen Unkosten von Landes-Elektrizitätsversorgungen bestehen wie bei den sonstigen Unternehmungen aus Personal- und Sachversicherungen sowie aus Steuern u. dgl.

Was speziell die Steuern anbetrifft, so ist es bei reinen Staatsunternehmen ziemlich gleichgültig, ob der Staat seine eigenen Werke auf der einen Seite besteuert und auf der anderen Seite die Steuern als Ausgaben der Werke bucht oder ob er von der Erhebung einer Steuer überhaupt absieht. Da Landesversorgungen, wenn sie vom Staate errichtet werden, in der Regel als gemeinnützige Unternehmungen begründet sind, ist eine Besteuerung, die nur eine Verteuerung der Stromkosten bedingen würde, besser zu vermeiden. Es ist vielmehr richtiger, durch Bereitstellung eines unbesteuerten und demgemäß möglichst billigen Stromes die gewerbliche Entwicklung des Landes zu heben und sodann die neu entstehenden, sich ausbreitenden und wachsenden Gewerbebetriebe zu besteuern. Aber auch gemischtwirtschaftliche Unternehmungen genießen in vielen Ländern Steuerermäßigungen und es ist deshalb wichtig, die Steuerfrage mit maßgebenden Mitgliedern der Staatsverwaltung besonders zu beraten, um in dieser Hinsicht zutreffende Angaben in der Kostenberechnung einsetzen zu können.

Für normale Fälle dürfte bei Landeswerken ein Betrag von 5% der gesamten Betriebskosten für die Bemessung der allgemeinen Unkosten ausreichen. Bei privatwirtschaftlicher Organisation können die allgemeinen Unkosten wegen der höheren Steuersätze 10 bis 15% der Selbstkosten betragen.

7. Zusammenstellung und Auswertung der Betriebskosten.

Sobald die Grundlagen der Betriebskostenberechnung, die Höhe der Verzinsung, Tilgung und Abschreibung, die Kosten der Betriebsstoffe usw. ermittelt sind, ist eine entsprechende Rechnung für die verschiedenen Ausbauten aufzustellen, wie sie z. B. in Liste 50 angegeben ist. Hierbei werden auch die wichtigsten Unterlagen der Betriebskostenberechnung: die Leistung, die Jahresarbeit an den Abgabestellen, die Arbeitsverluste in den Leitungen und Transformatoren, die Anlagekosten, die Wärmeverbrauchsziffern, die Einheitskosten der Brennstoffe usw. eingetragen.

Über die in der Regel noch erforderlichen vergleichenden Betriebskostenrechnungen zwischen der Gesamtversorgung durch das Landeswerk und der Einzelversorgung durch die Kreiswerke ist das Nähere im Abschnitt C über Wirtschaftlichkeitsberechnungen enthalten. An dieser Stelle ist nur darauf hinzuweisen, wie die Betriebskostenberechnungen unterteilt werden müssen, wenn eine Landesversorgung nicht nur die Hauptverteilung der Energie an die Kreiswerke, sondern auch die Unterverteilung innerhalb der Kreise bis zu den einzelnen Gemeinden und gegebenenfalls den Betrieb der Ortswerke mit übernimmt. Diese Unterteilung muß so vorgenommen werden, daß sich wie in Liste 51 die anteiligen Kosten für jede der verschiedenen Aufgaben gesondert ermitteln lassen. In der Liste ist zur leichteren Übersicht die bereits in Liste 50 erläuterte Unterteilung der Betriebskosten nach Verzinsung, Materialverbrauch usw. weggelassen und nur die Aufteilung der Kosten auf die verschiedenen Wirtschaftsstufen in vertikaler und horizontaler Gliederung gezeigt.

Die Liste enthält in Querspalte 1 die Einwohnerzahlen der einzelnen Versorgungsgebiete und in der Spalte 2 die Verteilung der Jahresarbeiten in ähnlicher Weise, wie dies auch in Liste 48 vorgesehen ist.

In Querspalte 3 ist die Ausscheidung der gesamten Betriebskosten in vertikaler Richtung auf die verschiedenen Wirtschaftsstufen und in horizontaler Richtung auf die verschiedenen Abnehmergruppen der einzelnen Wirtschaftsstufen vorgenommen. Die eingetragenen Kosten beruhen auf der Annahme, daß ein Landeswerk mit den zugehörigen Unterstufen nach neuzeitlichen Gesichtspunkten ausgebaut ist und daß eine Belastung mit Kapitalien für ältere minder brauchbare Anlagen nicht vorliegt.

In der Regel trifft diese Annahme namentlich für größere Städte sowie für ältere Kreiswerke nicht ohne weiteres zu. Diese besitzen nicht nur in ihren Leitungsnetzen, sondern auch in ihren Reservekraftwerken mitunter veraltete Einrichtungen, die

Liste 50.

Schema einer Betriebskostenberechnung für eine Landes-Elektrizitätsversorgung.

	I. Ausbau	II. Ausbau
	kW	kW
Erforderliche Höchstleistung	200 000	300 000
hievon werden gedeckt		
durch Wasserkräfte	150 000	200 000
durch Dampfkräfte einschl. Reserven	100 000	150 000
Erforderliche Jahresarbeit:	kWh	kWh
Abgegebene Arbeit auf der Kreisspannungsseite der Landes-netztransformatoren	720 000 000	1 130 000 000
Verluste in den Netz- und Kraftwerkstransformatoren sowie im Landesnetz	90 000 000	140 000 000
Erforderliche Jahresarbeit an den Schalttafeln der Kraft-werke	810 000 000	1 270 000 000
hievon werden gedeckt		
durch Wasserkräfte	680 000 000	1 020 000 000
durch Dampfkräfte	130 000 000	250 000 000
Anlagekosten:	Mk.	Mk.
Wasserkraftwerke	105 000 000	140 000 000
Dampfkraftwerke	36 000 000	53 000 000
Kraftwerk-Transformatorstationen	9 000 000	12 000 000
Leitungsnetz der Landesversorgung	20 000 000	25 000 000
Transformatorstationen der Landesversorgung	12 000 000	15 000 000
Gesamte Anlagekosten	182 000 000	245 000 000
Betriebskosten:	Mk.	Mk.
Verzinsung, Tilgung, Abschreibung und Unterhaltung		
für Wasserkraftwerke 12%	12 600 000	16 800 000
für Dampfkraftwerke 16%	5 800 000	8 500 000
für Kraftwerk-Transformatorstationen . . . . ca. 12%	1 100 000	1 500 000
für Leitungsnetz und Netztransformatorstationen ca. 12%	3 850 000	4 800 000
Kohle für die Dampfkraftwerke 1,0 bzw. 0,9 kg Steinkohle je kWh à 3 Pfg. = 3 bzw. 2,7 Pfg./kWh	3 900 000	6 750 000
Schmier-, Putz- u. sonst. Betriebsmaterialien ca. 0,05 Pfg./kWh	400 000	600 000
Bedienung, Verwaltung, allgemeine Unkosten		
für Wasserkraftwerke einschl. Kraftwerkstationen . . .	1 000 000	1 400 000
für Dampfkraftwerke einschl. Kraftwerkstationen	1 000 000	1 500 000
für Leitungsnetz und Netz-Transformatorstationen . . .	850 000	1 150 000
Gesamte jährl. Betriebskosten an den Bezugsstellen der Kreiswerke	30 500 000	43 000 000
d. i. je nutzbar abgegebene Kilowattstunde	4,2 Pfg.	3,8 Pfg.

durch spätere Verbesserungen überholt, aber nicht genügend abgeschrieben sind und die Ausgaben für die Stromverteilung erheblich belasten.

Ein mäßiger Nutzenzuschlag ist in die Selbstkosten mit eingerechnet. Dieser ist prozentual am geringsten angenommen bei den Landes-Elektrizitätswerken, die gewöhnlich auf gemeinnütziger Grundlage errichtet sind und am größten bei den Großstädten, die in der Regel darauf angewiesen sind, einen Teil der für allgemeine Zwecke benötigten Einnahmen aus den Gewinnen der von ihnen betriebenen technischen Werke zu erzielen.

In Querspalte 4 sind die Summen der Betriebskosten, wie sie sich jeweils an den verschiedenen Bezugstellen ergeben, eingetragen. Es enthält hierbei die erste Querreihe die Stromerzeugungskosten der Hauptkraftwerke, welche gleichzeitig die Strombezugskosten der Landesleitungsnetze darstellen. Die zweite Reihe enthält die Stromerzeugungs- plus Stromverteilungskosten der Landeswerke, welche gleichzeitig die Strombezugskosten der Kreiswerke bilden. Die dritte Reihe enthält die Strombezugskosten zuzüglich der Verteilungskosten der Kreiswerke, welche gleichzeitig die Strombezugskosten der Ortswerke bilden. Die letzte Reihe enthält unter Zuschlag der Ortsverteilungskosten die Beträge, welche die Ortswerke von den Abnehmern erhalten müssen.

Querspalte 5 enthält in gleicher Anordnung und Unterteilung die Stromerzeugungskosten an den Hauptkraftwerken, die Summe der Stromerzeugung plus Stromverteilung im Landesnetz usw. in Pfg. je kWh. Sie gewährt einen Einblick in die Zusammensetzung der für jede Wirtschaftsstufe sich ergebenden durchschnittlichen Strombezugs- bzw. Stromverkaufskosten.

Wie bekannt, können den Abnehmern der Ortswerke, den einzelnen Haushaltungen, Gewerbetreibenden, Fabriken usw. nicht die Durchschnittskosten verrechnet werden, es sind vielmehr diese Kosten wieder sehr verschieden, je nachdem der Strom in kleinsten Mengen für zahlreiche Beleuchtungsanlagen an vielen Stellen eines ausgedehnten Niederspannungsnetzes oder in größeren Posten an Kleingewerbebetriebe oder in wenigen sehr großen Einzelbeträgen an Fabriken abgegeben wird.

Zur Erläuterung, wie die durchschnittlichen Strompreise für die einzelnen Verwendungszwecke des Stromes variiert werden können, um die Gesamtkosten der größeren und kleineren Ortswerke zu decken, ist in der 6. Querspalte ein B e i s p i e l für die Aufteilung der Kosten unter Zugrundelegung üblicher Tarife vorgenommen. Bei dieser Aufteilung ist zu beachten, daß der Verkauf von Beleuchtungsstrom sowie der Verkauf von Kraftstrom für das Kleingewerbe und die Landwirtschaft mit viel größeren Unkosten belastet ist als der Verkauf an industrielle Großbetriebe und daß auch der Nutzenzuschlag für diese in der Regel nur ein ganz geringer sein kann, weil andernfalls die Fabriken, die sich den Strom mit eigenen Maschinen sehr billig herstellen können, als Abnehmer der Elektrizitätswerke zum Schaden nicht nur der Gemeinden, sondern auch der Kleinabnehmer nicht gewonnen werden können.

Aus der Zusammenstellung läßt sich leicht erkennen, daß die Landes-Elektrizitätswerke nahezu keinen direkten Einfluß ausüben auf die in den Gemeinden erforderlichen Kleinverkaufspreise. Der Einfluß der Landeswerke ist aber ein außerordentlich großer in bezug auf die Verbilligung der Stromkosten für Großabnehmer, die in der Regel nur infolge der reichlich und billig zur Verfügung stehenden Strommengen der Landeswerke beliefert werden können. Durch die Mitbelieferung der Großabnehmer werden indirekt durch bessere Ausnutzung der Kraftwerke und Leitungsnetze, durch günstigere Verteilung der allgemeinen Unkosten usw. die Vorteile erzielt, die in ihrer Rückwirkung auch eine relative Verbilligung der Kleinabnehmerpreise ermöglichen. Aus diesem Grunde haben in den zentral versorgten Ländern trotz allgemeiner Steigerung der Warenpreise gegenüber der Vorkriegszeit die Stromkosten im allgemeinen kaum eine Erhöhung erfahren.

Gliederung der Betriebskosten

Querspalte			Gesamte Landesversorgung
1	Einwohnerzahl des Versorgungsgebietes		6 000 000
2	Verteilung der Jahresarbeit:		kWh
	Abgabe der Kraftwerke bei Landesnetzspannung = Bezug des Landesnetzes	A	1 230 000 000
	Abgabe des Landesnetzes bei Kreisnetzspannung = Bezug der Kreiswerke	B	1 130 000 000
	Abgabe der Kreiswerke bei Ortsnetzspannung = Bezug der Ortswerke	C	1 000 000 000
	Abgabe der Ortswerke bei Gebrauchsspannung = Bezug der Abnehmer in den Gemeinden	D	920 000 000
3	Betriebskosten einschl. Risiko und Nutzen:		Mk.
	Stromerzeugung einschl. Kraftwerk-Transformatorstationen .	a	40 000 000
	Stromverteilung im Landesnetz	b	6 000 000
	Stromverteilung in den Kreisnetzen	c	24 500 000
	Stromverteilung in den Ortsnetzen	d	67 500 000
4	Zusammenstellung der Betriebskosten:		
	Stromerzeugung einschl. Kraftwerk-Transformatorstationen .	a	40 000 000
	Stromerzeugung + Stromverteilung im Landesnetz	$a+b$	46 000 000
	Stromerzeugung + Stromverteilung im Landesnetz und in den Kreisnetzen	$a+b+c$	70 500 000
	Stromerzeugung + Stromverteilung im Landesnetz, in den Kreisnetzen und in den Ortsnetzen	$a+b+c+d$	138 000 000
5	Durchschnittl. Betriebskosten je bezog. Kilowattstunde:		Pfg./kWh
	Stromerzeugung einschl. Kraftwerk-Transformatorstationen .	$\frac{a}{A}$	3,25
	Stromerzeugung + Stromverteilung im Landesnetz	$\frac{a+b}{B}$	4,05
	Stromerzeugung + Stromverteilung im Landesnetz und in den Kreisnetzen	$\frac{a+b+c}{C}$	7,05
	Stromerzeugung + Stromverteilung im Landesnetz, in den Kreisnetzen und in den Ortsnetzen	$\frac{a+b+c+d}{D}$	15,00
6	Beispiel für die Aufteilung der Gesamt-Betriebskosten bis einschl. der Ortsnetze auf die einzelnen Abnehmer in den Gemeinden unter Zugrundelegung üblicher Durchschnittsstrompreise:		
	Beleuchtung		
	Kleinkraftbetriebe 400 Volt		
	Mittlere Gewerbebetriebe 6000 Volt, sowie Kochstrom u. dgl.		
	Großkraftbetriebe 25000 Volt, sowie Bahnen u. dgl.		
	zusammen:		

einer Landes-Elektrizitätsversorgung.

Hievon entfallen auf			
8 Großstädte zum Teil mit örtl. Kraftwerken und unmittelbarem Anschluß an das Landeswerk	30 mittelgroße Städte an den Hauptknotenpunkten der Kreisnetze je 30 000 bis 7000 Einwohner	130 Kleinstädte mit Gewerbebetrieben je 7000 bis 2000 Einwohner	7000 Landgemeinden unter 2000 Einwohnern
1 400 000	500 000	900 000	3 200 000
kWh	kWh	kWh	kWh
560 000 000	175 000 000	230 000 000	265 000 000
	155 000 000	200 000 000	235 000 000
540 000 000	130 000 000	155 000 000	175 000 000
480 000 000	120 000 000	150 000 000	170 000 000
Mk.	Mk.	Mk.	Mk.
16 500 000	5 500 000	8 000 000	10 000 000
2 500 000	800 000	1 200 000	1 500 000
	2 200 000	7 800 000	14 500 000
27 000 000	7 500 000	11 000 000	22 000 000
16 500 000	5 500 000	8 000 000	10 000 000
19 000 000	6 300 000	9 200 000	11 500 000
19 000 000	8 500 000	17 000 000	26 000 000
46 000 000	16 000 000	28 000 000	48 000 000
Pfg./kWh	Pfg./kWh	Pfg./kWh	Pfg./kWh
2,95	3,15	3,50	3,80
3,50	4,05	4,60	4,90
	6,55	11,00	14,80
9,60	13,30	18,70	28,20

Millionen kWh	Pfg. je kWh	Millionen Mk.	Millionen kWh	Pfg. je kWh	Millionen Mk.	Millionen kWh	Pfg. je kWh	Millionen Mk.	Millionen kWh	Pfg. je kWh	Millionen Mk.
30	36	10,8	10	42	4,2	18	48	8,7	40	54	21,6
50	18	9,0	15	21	3,2	27	24	6,5	60	27	16,2
70	9	6,3	35	10,5	3,7	105	12	12,6	70	15	10,5
330	6	19,8	60	7	4,2	—	—	—	—	—	—
480		45,9	120		15,3	150		27,8	170		48,3

C. Wirtschaftlichkeitsberechnung und Tarif.

1. Vergleich der Selbstkosten bei Einzelversorgung und bei Gesamtversorgung.

Der wirtschaftliche Erfolg einer planmäßigen Landes-Elektrizitäts-Versorgung gegenüber einer Versorgung durch einzelne Ortswerke bzw. Kreiswerke besteht im wesentlichen im Ersatz zahlreicher kleiner unwirtschaftlicher Kraftwerke der einzelnen Gemeinden und Kreiswerke durch einige wenige Großkraftwerke der Landesversorgung, im Ersatz teurer Kräfte wie Steinkohlenwerke u. dgl. durch billigere Rohkohlenwerke und Wasserkräfte, in der Verminderung der Reserven und zum Teil auch in der einheitlicheren Verwaltung. Diesen Vorteilen gegenüber steht bei der Zusammenfassung in der Regel ein Mehraufwand an Leitungen und ein Mehraufwand an Stromverlusten für die zu übertragenden Kräfte.

Selbstverständlich ist bei jeder Landesversorgung auf Grund des fertiggestellten Projektes zu prüfen, ob sich der erwartete Nutzen der zentralen Stromerzeugung und Stromverteilung gegenüber dem Betrieb getrennter Einzelwerke herausstellt und wie groß dieser Nutzen ist. Diese Prüfung kann nur auf Grund von Vergleichsrechnungen geschehen, wobei in dem einen Vergleichsfall die Summe aller Stromerzeugungs- und Verteilungskosten der getrennt betriebenen Einzelanlagen und im anderen Vergleichsfall die Gesamtkosten der zentralen Stromerzeugung und Verteilung durch das Landes-Elektrizitätswerk zu berechnen sind.

Diese Vergleichsrechnungen sind unabhängig von der gewählten Organisation, von den Besitzverhältnissen und dgl., sie sind vielmehr lediglich abhängig von der technischen Disposition, nämlich der Zahl und Art der verwendeten Kraftwerke und der zu ihrer Übertragung nötigen Leitungen. Ein Beispiel für eine derartige Berechnung ist in dem nachstehenden Schema angegeben, in welchem ohne Rücksicht auf irgendwelche Besitzverhältnisse und Organisationseinrichtungen berechnet ist, wie sich in einem bestimmten Lande bei einem gegebenen Konsum die Wirtschaftlichkeit gestaltet, wenn die Stromerzeugung und Stromverteilung erfolgt:

I. durch Einzelversorgung mittels 16 Orts- bzw. Überlandwerken mit je einem Steinkohlenkraftwerk;

II. durch Gruppenversorgung mittels 4 Kreiswerken mit je einem Steinkohlenkraftwerk;

III. durch Gesamtversorgung mittels eines Landeswerkes mit einem Steinkohlenkraftwerk im Mittelpunkt des Versorgungsgebietes;

IV. desgleichen unter Verwendung eines Rohbraunkohlenkraftwerkes an gleicher Stelle;

V. desgleichen unter Verwendung einer besonders günstigen, wenn auch exzentrisch gelegenen Wasserkraft.

Die Disposition der Kraftwerke und der Leitungsnetze für diese verschiedenen Fälle ist aus Abb. 147 ersichtlich.

Die Abbildung zeigt, daß die Leitungsnetze der einzelnen Orts- bzw. Überlandwerke in sämtlichen Fällen gleich angenommen sind. Bei Ersatz der 16 Einzelkraftwerke mit Leistungen von 2000 bis 12000 kW durch 4 Großkraftwerke mit 20000 bis 45000 kW sind die zugehörigen 4 Kreisnetze als Ringnetze so disponiert, daß die Stromzuführung zu den einzelnen Orts- bzw. Überlandwerken derjenigen mit Einzelkraftwerken gleichwertig ist. Die Spannung dieser Kreisnetze ist etwa mit 50000 Volt zu denken.

Bei den Plänen der Landesnetze ist durch Anordnung umfangreicher Ringleitungen ebenfalls für eine gleichwertige Stromzuführung Sorge getragen. Die Spannung dieser Netze ist mit 100000 Volt anzunehmen.

Wie sich für die bezeichneten 5 Fälle die wirtschaftlichen Verhältnisse gestalten, ist in Liste 52 generell berechnet.

In nachstehender Liste ist die erforderliche Höchstleistung bei Versorgung durch 16 Einzelwerke mit zusammen 140000 kW angenommen. Wenn anstelle von 16 Werken nur 4 Werke verwendet werden, findet der in Abschnitt III erläuterte Ausgleich des Konsums statt, so daß die gleichzeitige Höchstleistung der Hauptkraftwerke mit 125000 kW genügend hoch bemessen ist. In den Fällen III—IV ist noch ein weiterer, wenn auch geringerer Ausgleich zu erwarten. Die Höchstleistung der Kraftwerke beträgt hierbei nur 120000 kW.

I. Die Stromerzeugung erfolgt durch 16 Steinkohlen-kraftwerke von 2000—12000 kW, zusammen 140000 kW + 40 000 kW Reserve.

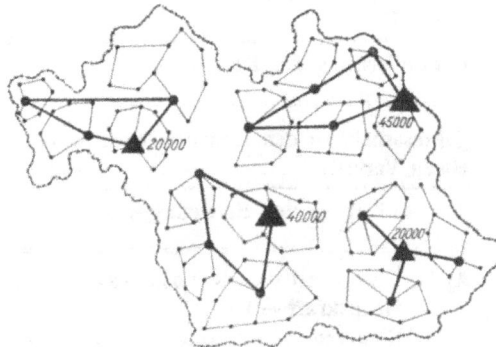

II. Die Stromerzeugung erfolgt durch 4 Steinkohlen-kraftwerke von 20000—45000 kW, zusammen 125000 kW + 35000 kW Reserve.

III. u. IV. Die Stromerzeugung erfolgt durch 1 Stein-kohlen- bezw. Braunkohlenkraftwerk von 120 000 kW + 30 000 kW Reserve.

V. Die Stromerzeugung erfolgt durch eine Wasserkraft von 120000 kW + 30000 kW Reserve.

Abb. 147. Vergleichsweise Disposition der Stromerzeugung und Stromverteilung für ein Versorgungsgebiet mit einer nutzbaren Jahresarbeit von 500 Millionen kWh bei verschiedenen Graden der Zusammenfassung.

Abgesehen von der zu deckenden Höchstleistung sind in den verschiedenen Fällen Reservemaschinen erforderlich, die bei 16 Kraftwerken naturgemäß eine größere Leistung als bei 4 Kraftwerken bzw. einem Kraftwerk erhalten. Es kann offen bleiben, ob die Reserven beim Zusammenschluß in den Hauptkraftwerken selbst aufgestellt werden oder ob als Reserven bestehende Einzelkraftwerke beibehalten werden.

Die Jahresarbeit an den Konsumschwerpunkten ist in allen Fällen mit 500 Millionen kWh angenommen. Beim Zusammenschluß treten hierzu die Verluste in der Fernübertragung, die im Falle II mit 40000000, in den Fällen III—V mit 60000000 kWh angenommen sind, woraus sich die gesamte an den Erzeugungsstellen erforderliche Jahresarbeit mit 500 bis 560 Millionen kWh ergibt.

Vergleichsweise Kostenberechnung der Stromerzeugung und Jahresarbeit von 500 Millionen Kilowattstunden

	I Einzelversorgung durch 16 Steinkohlen-Kraftwerke von 2000 — 12000 kW	
A. Stromerzeugung.		
Erforderliche Höchstleistung . . . . kW	140 000	
Hiezu Reserven . . . . kW	40 000	
Gesamtleistung der Kraftwerke . . . . kW	180 000	
Jahresarbeit an den Konsumschwerpunkten . . . . kWh	500 000 000	
Hiezu Verluste . . . . kWh	—	
Jahresarbeit an den Erzeugungsstellen . . . . . . kWh	500 000 000	
Anlagekosten der Stromerzeugung		
Hauptkraftwerke . . . . Mk.	65 000 000	
Reserven . . . . Mk.	15 000 000	
Gesamte Anlagekosten der Stromerzeugung . . . Mk.	80 000 000	
Betriebskosten der Stromerzeugung		
Verzinsung, Tilgung, Abschreibung und Unterhaltung Mk.	14 %	11 200 000
Kohlenkosten . . . . Mk.	1,2 kg/kWh je 3 Pfg. = 3,6 Pfg./kWh	18 000 000
Bedienung, Verwaltung, Betriebsmaterial, allgemeine		
Unkosten . . . . Mk.		4 800 000
Gesamte Betriebskosten der Stromerzeugung . . . Mk.	34 000 000	
das ist je nutzbare Kilowattstunde . . . . . . Pfg.	6,8	
B. Fernübertragung.		
Zahl und Spannung der Fernleitungsnetze	—	
Anlagekosten der Fernübertragung		
Leitungsnetze . . . . Mk.	—	
	—	
Transformatorenstationen . . . . Mk.	—	
	—	
Gesamte Anlagekosten der Fernübertragung . . . Mk.	—	
Betriebskosten der Fernübertragung		
Verzinsung, Tilgung, Abschreibung und Unterhaltung Mk.	—	
Bedienung, Verwaltung und allgemeine Unkosten . Mk.	—	
Gesamte Betriebskosten der Fernübertragung . . Mk.	—	
das ist je nutzbare Kilowattstunde . . . . . . Pfg.	—	
Gesamte Betriebskosten an den Konsumschwerpunkten A + B Mk.	34 000 000	
desgl. je kWh Pfg.	6,8	

Stromverteilung für ein Versorgungsgebiet mit einer nutzbaren bei verschiedenen Graden der Zusammenfassung.

II		III		IV		V	
Gruppenversorgung durch 4 Steinkohlen-Kraftwerke von 20 000 — 45 000 kW		**Gesamtversorgung durch 1 Steinkohlen-Kraftwerk von 120 000 kW**		**Gesamtversorgung durch 1 Braunkohlen-Kraftwerk von 120 000 kW**		**Gesamtversorgung durch 1 Großwasser-Kraftwerk von 120 000 kW**	
	125 000		120 000		120 000		120 000
	35 000		30 000		30 000		30 000
	160 000		150 000		150 000		150 000
	500 000 000		500 000 000		500 000 000		500 000 000
	40 000 000		60 000 000		60 000 000		60 000 000
	540 000 000		560 000 000		560 000 000		560 000 000
	36 000 000		28 000 000		32 000 000		96 000 000
	10 000 000		9 000 000		10 000 000		9 000 000
	46 000 000		37 000 000		42 000 000		105 000 000
14 % 0,8 kg/kWh je 3 Pf. = 2,4 Pfg./kWh	6 440 000	14 % 0,7 kg/kWh je 3 Pf. = 2,1 Pfg./kWh	5 180 000	15 % 3,0 kg/kWh je 0,4 Pf. = 1,2 Pfg./kWh.	6 300 000	12 % Reserve	12 600 000
	12 960 000		11 760 000		6 720 000		800 000
	2 400 000		1 860 000		2 280 000		1 400 000
	21 800 000		18 800 000		15 300 000		14 800 000
	4,4		3,8		3,1		2,95
4 Netze 50 000 Volt		1 Netz 100 000 Volt		1 Netz 100 000 Volt		1 Netz 100 000 Volt	
480 km 1 bzw. 2×3×70 Cu 12000 Mk./km im Mittel	5 700 000	400 km 2×3×70 Cu 19000 Mk./km	7 600 000	Wie unter III.		400 km 2×3×120 Cu 24000 Mk./km	9 600 000
	—	140 km 1×3×70 Cu 11000 Mk./km	1 540 000			100 km 1×3×120 Cu 14000 Mk./km	1 400 000
4 Kraftwk.-Stat.	3 400 000	1 Kraftwk.-Stat.	4 000 000			1 Kraftwk.-Stat.	4 200 000
13 Netz-Stat.	6 900 000	15 Netz-Stat.	14 260 000			16 Netz-Stat.	15 200 000
	16 000 000		27 400 000		27 400 000		30 400 000
12 %	1 920 000	12 %	3 300 000	12 %	3 300 000	12 %	3 600 000
	780 000		900 000		900 000		900 000
	2 700 000		4 200 000		4 200 000		4 500 000
	0,5		0,8		0,8		0,9
	24 500 000		23 000 000		19 500 000		19 300 000
	4,9		4,6		3,9		3,85

Die Anlagekosten und Betriebskosten sind zur leichteren Beurteilung der Verhältnisse für die Stromerzeugung und für die Fernübertragung getrennt angegeben, dabei sind die Anlagekosten auf Grund der in den Listen 22 bis 45 angegebenen Einzelkosten, die für generelle Überschlagsrechnungen ausreichen, unter angemessener Berücksichtigung der Reserven berechnet.

Bei Ermittlung der Betriebskosten ist für Verzinsung, Tilgung, Abschreibung und Unterhaltung für die Steinkohlenkraftwerke mit einem Satz von 14% der Anlagekosten gerechnet. Für das einer rascheren Abnützung unterworfene Braunkohlenkraftwerk sind 15%, für die in der Hauptsache aus Bauten bestehende Wasserkraft 12% vom Anlagekapital gerechnet.

Bei Ermittlung der Kohlenkosten ist die Ermäßigung des relativen Kohlenverbrauchs je nach der Größe der Kraftwerke und unter Beachtung der Benützungsdauer von 2800 bis 4650 Stunden berücksichtigt. Für die Steinkohlenkraftwerke ist mit einem Verbrauch von 1,2 bzw. 0,8 bzw. 0,7 kg Kohle von je 7000 kcal, demnach mit einem Verbrauch von 8400 bzw. 5600 und 4900 kcal je kWh und einem Preis von 30 Mk. je Tonne frei Kesselhaus gerechnet. Für das Rohbraunkohlenwerk ist mit einem Kohlenverbrauch von 3 kg Rohbraunkohle von 2000 WE = 6000 WE je kWh und mit einem Kohlenpreis von 4 Mk. je Tonne gerechnet, wodurch sich hier die Kohlenkosten bis auf 1,2 Pfg. je kWh ermäßigen.

Die Gesamtkosten der Stromerzeugung nehmen von 6,8 Pfg. je nutzbar abgegebene kWh im Falle I ab bis auf rd. 3,0 Pfg. je kWh im Falle V.

Um die Gesamtkosten des Stromes an den 16 Konsumschwerpunkten zu ermitteln, sind die zusätzlichen Kosten der Fernübertragung zu rechnen. In der Liste sind die nötigen Angaben über Zahl und Spannung der Netze, über Länge und Querschnitt der Leitungen und über die Zahl und Größe der Transformatorstationen angegeben. Die Anlagekosten der Stromverteilung von den Hauptkraftwerken bis zu den Konsumschwerpunkten sind im Falle I mit Null anzunehmen, da hier zusätzliche Leitungskosten nicht in Frage kommen. Für die weiteren 4 Fälle schwanken sie zwischen rd. 16 und 30 Millionen Mk.

Die Betriebskosten der Fernübertragung bestehen aus den Ausgaben für Verzinsung, Tilgung, Abschreibung und Unterhaltung, die durchgehend mit 12% eingesetzt sind, und aus den Kosten für Bedienung, Verwaltung und allgemeine Unkosten, die mit 800000 Mk. bis 900000 Mk. angenommen sind.

Die Gesamtkosten der Fernübertragung belaufen sich für die 50000-Volt-Netze im Falle II auf 0,5 Pfg. je kWh, in den Fällen III—V auf 0,8 bzw. 0,9 Pfg. je kWh.

Die Summe der Betriebskosten, d. h. die Kosten der Stromerzeugung zuzüglich der Fernübertragung bis zu den Konsumschwerpunkten belaufen sich in dem angenommenen Beispiel:

bei der Einzelversorgung durch 16 Kraftwerke auf . . . . 6,8 Pfg./kWh
bei der Gruppenversorgung durch 4 Steinkohlenkraftwerke auf . 4,9 „
bei der Gesamtversorgung durch 1 Steinkohlenkraftwerk auf . . 4,6 „
bei der Gesamtversorgung durch 1 Braunkohlenkraftwerk auf . . 3,9 „
bei der Gesamtversorgung durch eine günstige Wasserkraft auf. . 3,85 „

Die Berechnungen lassen erkennen, daß die Gruppenversorgung durch 4 Steinkohlenkraftwerke mit den zugehörigen Kreisnetzen gegenüber der Einzelversorgung eine Ersparnis um etwa 25% ergibt, daß die Gesamtversorgung durch ein Landeswerk bei Verwendung eines Steinkohlenkraftwerkes in dem angenommenen Beispiel diese Ersparnis nicht mehr wesentlich vergrößert, daß also bei der zugrunde gelegten Konsumdichte, bei den angenommenen Entfernungen und mit den angenommenen technischen Einrichtungen dieses Beispiel gerade die Grenze bilden würde, bei welcher die Gesamtversorgung durch ein Landeswerk mit einer Steinkohlenzentrale noch ebenso günstig, aber nicht vorteilhafter sein würde als die Gruppenversorgung durch 4 getrennte Kreiswerke. Würden die Entfernungsverhältnisse noch etwas ungünstiger, so würde man auf die Gesamtversorgung durch ein Landeswerk mit Steinkohlenzentrale verzichten müssen, man würde demnach die Versorgung nicht durch ein Landeswerk, sondern in Gestalt von 4 möglichst günstig disponierten Kreiswerken durchführen.

Fall IV läßt erkennen, daß eine Gesamtversorgung durch ein einziges Landeswerk wesentliche Vorteile bietet, sobald das Hauptkraftwerk nicht mit Steinkohlen, sondern mit besonders billigen Rohbraunkohlen betrieben werden kann. Die Ersparnisse gegenüber der Einzelversorgung betragen hierbei etwa 40%, gegenüber den Kreiswerken etwa 20%.

Fall V zeigt, daß die gleiche Verbilligung möglich ist unter Verwendung einer günstigen Wasserkraft, selbst wenn dieselbe am Rande des Konsumgebietes gelegen ist.

In analoger Weise wie im vorstehenden schematischen Beispiel ist die Vergleichsrechnung namentlich dann durchzuführen, wenn bei Projektierung einer Landesversorgung bereits bestehende Elektrizitätswerke zusammengeschlossen werden sollen. Eine der gründlichsten Berechnungen dieser Art ist bei der Projektierung des Bayernwerks durchgeführt worden, wobei der Vergleich gezogen wurde zwischen 7 großen Kreiswerken, die als erste Zusammenfassung der verschiedenen kleineren Einzelwerke angenommen waren, und der Gesamtversorgung durch das Bayernwerk.

Um diese Rechnung durchführen zu können, wurden für jedes einzelne der 7 Kreiswerke auf Grund der vorhandenen Anlagen und unter Berücksichtigung der erforderlichen Erweiterungen die Anlagekosten und Betriebskosten für die Stromerzeugung und Stromverteilung bei Einzelbetrieb berechnet, wobei für jedes Kreiswerk die günstigste Betriebsweise an Hand von Stromkurven ermittelt wurde. Im Vergleich hierzu wurden die Anlagekosten und Betriebskosten mit den dazugehörigen Stromkurven für die Gesamtanlage beim Zusammenschluß durch das Bayernwerk berechnet, wobei auch in diesem Falle die in den einzelnen Kreiswerken entstehenden Anlagekosten und Betriebskosten für die vorhandenen Kraftwerke und Kreisnetze in Rücksicht gezogen wurden. Die Zusammenfassung durch das Bayernwerk ergab gegenüber dem Einzelbetrieb getrennter Kreiswerke einen Nutzen von etwa 20%.

Um eine irrige Beurteilung dieser im Jahre 1918 angestellten Berechnungen, die den heutigen Verhältnissen in einzelnen Punkten entsprechen, in anderen jedoch wesentlich von ihnen abweichen, zu vermeiden, soll als Beispiel einer praktischen Auswertung an dieser Stelle nicht die Berechnung für das Bayernwerk, sondern die analog durchgeführte Ausrechnung für ein fiktives Projekt in Liste 53 Aufnahme finden, die aber gleichwohl ein anschauliches Bild des Vorganges bietet, zumal es sich hier nicht um die Absolutwerte der Anlagekosten und Betriebskosten, sondern nur um den Rechnungsvorgang als solchen handelt.

Die Liste ist nur für einen Ausbau aufgestellt und bildet auch im übrigen lediglich den Auszug aus den erforderlichen umfangreichen Einzelberechnungen, die an dieser Stelle wegbleiben können. Sie unterscheidet sich von dem vorhergehenden Beispiel der Liste 52 dadurch, daß im ersten Falle ein im wesentlichen noch unversorgtes Gebiet für die Vergleichsrechnung herangezogen wurde, während die folgende Berechnung das Vorhandensein von Kraftwerken und Leitungsnetzen voraussetzt, die beim Zusammenschluß zu einer Landesversorgung weiter verzinst, getilgt und, soweit sie nicht stillgelegt werden, auch abgeschrieben werden müssen. Es ist eine Landesversorgung in einem verhältnismäßig ausgedehnten Gebiet mit geringer Konsumdichte ähnlich dem von den Verfassern bearbeiteten Karpathenwerk angenommen. Gleichwohl ergibt die Berechnung, die auf Grund der vorhergehenden Erläuterungen ohne weiteres verständlich ist, eine Einsparung durch die Gesamtversorgung von etwa 20%, die durch Hinzuziehung besonders billiger Kraftquellen ermöglicht wird.

23*

Vergleich der Anlagekosten und Betriebskosten bei Einzelversorgung und Gesamtversorgung in einem bereits versorgten Gebiet

etwa entsprechend den Verhältnissen des Karpathenwerkprojektes.

A. Anlagekosten.

	Einzelversorgung								Summe bei Einzelversorgung	Gesamtversorgung
	Marhof	Rudolfstadt	Forbach	Karlstadt	Eisenburg	Brandrein	Regenstadt	Neudorf		
Versorgte Einwohner	40 000	80 000	40 000	130 000	50 000	30 000	40 000	50 000	460 000	460 000
Erforderliche Höchstleistung . . . . kW	1200	4200	1050	7500	1550	1050	1050	2400	20 000	18 000
hiervon werden gedeckt:										
durch Wasserkraft vorhanden . . . „	—	1600	—	1000	60	40	100	400	3 200	3 200
„ „ neu . . . . „	—	2400	—	—	—	300	800	—	3 500	7 200
„ Wärmekraft vorhanden . . . „	—	1200	—	—	350	300	100	600	2 550	2 550
„ „ neu . . . . „	1800	800	1800	9000	1800	900	300	2400	18 800	300
„ „ Strombezug von Narwig . . „	—	—	—	—	—	—	—	—	—	10 000
„ „ „ „ Florund . . „	—	—	—	—	—	—	—	—	—	2 000
Erforderliche Jahresarbeit . . . . kWh	2 900 000	14 500 000	2 100 000	24 000 000	3 400 000	2 400 000	2 400 000	8 300 000	60 000 000	66 000 000
die Jahresarbeit wird gedeckt durch:										
Wasserkräfte . . . . „	—	14 200 000	—	10 400 000	650 000	2 100 000	2 300 000	4 100 000	33 750 000	55 000 000
Wärmekräfte . . . . „	2 900 000	300 000	2 100 000	13 600 000	2 750 000	300 000	100 000	4 200 000	26 250 000	—
Strombezug von Narwig . . . . . . „	—	—	—	—	—	—	—	—	—	9 000 000
„ „ Florund . . . . . . „	—	—	—	—	—	—	—	—	—	2 000 000

Anlagekosten:

	Mk.	Mk.	Mk.	Mk.	Mk.	Mk.	Mk.	Mk.	Mk.	Mk.
A. Stromerzeugungsanlagen										
Wasserkräfte vorhanden	4 800 000	650 000	200 000	100 000	150 000	1 600 000	—	2 100 000	—	4 800 000
" neu	4 050 000	—	1 000 000	450 000	—	—	—	2 600 000	—	6 550 000
Wärmekräfte vorhanden	1 450 000	350 000	80 000	170 000	200 000	—	—	650 000	—	1 450 000
" neu	8 350 000	1 000 000	200 000	500 000	800 000	3 800 000	800 000	450 000	800 000	200 000
Umbaukosten für Kraftanlagen	200 000	—	—	—	—	—	—	200 000	—	200 000
Summe A	18 850 000	2 000 000	1 480 000	1 220 000	1 150 000	5 400 000	800 000	6 000 000	800 000	13 200 000
B. Stromübertragung:										
Oberspannungsnetz 60 000 Volt	—	—	—	—	—	—	—	—	—	3 500 000
Transf.-Stationen 60000/15000 Volt und zwar:										
4 Großstationen	—	—	—	—	—	—	—	—	—	1 400 000
6 Netzstationen	—	—	—	—	—	—	—	—	—	1 550 000
Nebeneinrichtungen	—	—	—	—	—	—	—	—	—	350 000
Summe B	—	—	—	—	—	—	—	—	—	6 800 000
C. Stromverteilung:										
Leitungen 10—15000 Volt vorhanden	500 000	—	—	—	—	250 000	—	250 000	—	500 000
" 15 000 " neu	4 250 000	290 000	450 000	450 000	610 000	670 000	600 000	570 000	610 000	4 250 000
Transf.-Stat. 10—15000/400 Volt vorhanden	250 000	—	—	—	—	150 000	—	100 000	—	250 000
" " 15000/5000 Volt neu	700 000	130 000	130 000	130 000	50 000	—	—	260 000	—	600 000
" " 15000/400 " neu	2 200 000	160 000	220 000	200 000	300 000	440 000	280 000	330 000	270 000	2 200 000
Umbau der zu erwerbenden Anlageteile	300 000	—	—	—	—	—	—	300 000	—	300 000
Summe C	8 200 000	580 000	800 000	780 000	960 000	1 510 000	880 000	1 810 000	880 000	8 100 000
D. Projektierung, Bauleitung, Allgem. Unkosten:										
Projektierung und Bauleitung	1 300 000	110 000	130 000	120 000	120 000	300 000	110 000	300 000	110 000	1 000 000
Allgemeine Unkosten einschl. Bauzinsen	1 950 000	160 000	200 000	170 000	170 000	450 000	170 000	460 000	170 000	1 400 000
Summe D	3 250 000	270 000	330 000	290 000	290 000	750 000	280 000	760 000	280 000	2 400 000
Gesamtanlagekosten	30 300 000	2 850 000	2 610 000	2 290 000	2 400 000	7 660 000	1 960 000	8 570 000	1 960 000	30 500 000

Vergleich der Anlagekosten und Betriebskosten bei Einzelversorgung und Gesamtversorgung in einem bereits versorgten Gebiet

etwa entsprechend den Verhältnissen des Karpathenwerkprojektes.

B. Betriebskosten.

	Einzelversorgung								Summe bei Einzelversorgung	Gesamtversorgung
	Marhof	Rudolfstadt	Forbach	Karlstadt	Eisenburg	Brandrein	Regenstadt	Neudorf		
	Mk.	Mk.	Mk.	Mk.	Mk.	Mk.	Mk.	Mk.	Mk.	Mk.
Betriebskosten:										
Verzinsung und Tilgung 10%	196 000	857 000	196 000	766 000	240 000	229 000	261 000	285 000	3 030 000	3 050 000
Erneuerung und Unterhaltung:										
Wasserkräfte 2%	—	92 000	—	32 000	3 000	11 000	24 000	13 000	175 000	227 000
Wärmekräfte 6%	48 000	78 000	48 000	228 000	60 000	40 000	17 000	81 000	600 000	111 000
Leitungen, Transformatoren u. dergl. 3%	26 000	55 000	26 000	45 000	29 000	23 000	24 000	17 000	245 000	447 000
Summe Verzinsung, Erneuerung und Unterhaltung	270 000	1 082 000	270 000	1 071 000	332 000	303 000	326 000	396 000	4 050 000	3 835 000
Brennstoffkosten:										
Kohlen 1,6—1,8 kg/kWh je 3 Pfg./kg . . .	160 000	—	—	660 000	150 000	—	—	—	970 000	} 100 000
Rohöl ca. 0,4 kg/kWh je 12 Pfg./kg . . .	—	20 000	100 000	—	—	20 000	10 000	200 000	350 000	
Schmier- und sonstige Betriebsmaterialien .	11 000	30 000	18 000	60 000	12 000	9 000	6 000	24 000	170 000	110 000
Bedienung der Centralen, Leitungs- und Transformatorenanlagen	29 000	92 000	25 000	86 000	32 000	25 000	25 000	46 000	360 000	260 000
Verwaltung und allgemeine Unkosten . . .	17 000	45 000	16 000	47 000	20 000	14 000	17 000	24 000	200 000	145 000
Strombezug von Narwig 3 Pfg. je kWh . .	—	—	—	—	—	—	—	—	—	270 000
" Florund 5 " " " . .	—	—	—	—	—	—	—	—	—	100 000
Summe der Betriebskosten	487 000	1 269 000	429 000	1 924 000	546 000	371 000	384 000	690 000	6 100 000	4 820 000
d. i. je abgegebene Kilowattstunde Pfg.	16,8	8,8	20,4	8,0	16,1	15,5	16,0	8,3	10,2	8,0

2. Verteilung des Nutzens der Gesamtversorgung auf die beteiligten Wirtschaftseinheiten.

Mit dem Gesamtvergleich der Ergebnisse für die Einzelversorgung und die gemeinsame Landesversorgung sind die wirtschaftlichen Untersuchungen in der Regel noch nicht abgeschlossen. Wie in Abschnitt I erläutert, umfaßt eine Landes-Elektrizitätsversorgung häufig verschiedene voneinander unabhängige Wirtschaftseinheiten und es muß deshalb durch weitere Wirtschaftlichkeitsberechnungen noch nachgewiesen werden, wie der durch die Landesversorgung erzielte Nutzen auf die verschiedenen selbständigen Wirtschaftseinheiten, die Großkraftwerke, das Landesnetz, die Kreiswerke und gegebenenfalls die Ortswerke in angemessenem Verhältnis sich verteilen läßt.

Die wirtschaftlichen Beziehungen zwischen den selbständigen Kraftwerken, Leitungsnetzen und Abnehmergruppen werden durch die Strombezugs- bzw. Stromlieferungsverträge geregelt, deren wichtigste Bestimmung die Preisfestsetzung, der Tarif, bildet.

Die Aufstellung und Ausrechnung der Tarife erfordert eine große Erfahrung, denn sie müssen nicht nur den Selbstkosten der jeweils als Lieferanten auftretenden Werke, sondern auch den Selbstkosten der jeweiligen Abnehmer, deren vorhandene oder fiktive Eigenwerke je nach Größe und Art der verfügbaren Kräfte unter sehr verschiedenen Wirtschaftsbedingungen arbeiten, entsprechen, da nur in diesem Falle die vorgesehenen Abnehmer bereit sein werden, sich an der Gesamtversorgung auch wirklich zu beteiligen.

Der am häufigsten vorkommende Fall der gegenseitigen Beziehungen besteht wohl darin, daß das Landes-Elektrizitätswerk Strom aus eigenen Kraftquellen an die Unterstufe, die Kreiswerke, liefert, die ihn ihrerseits mit eigenen Leitungsnetzen weiter verteilen. In diesem Falle muß geprüft werden, wie durch einen zweckmäßig gestalteten Tarif der Nutzen des Zusammenschlusses auf das Landeswerk einerseits und die verschiedenen Kreiswerke anderseits in gerechter Weise verteilt wird. Das Landeswerk muß durch den Tarif mindestens die Deckung seiner Selbstkosten zuzüglich einer Reserve für unvorhergesehene Störungen der Wirtschaftslage erhalten und die Kreiswerke müssen auf Grund des Tarifes den Strom mindestens so billig bekommen, daß sie sich nicht ungünstiger stellen als bei eigener Stromerzeugung.

Dabei ist es durchaus möglich, daß Kreiswerke mit sehr großem Stromverbrauch und mit vorzüglichen Kraftwerken aus dem Zusammenschluß einen prozentual geringeren Nutzen erzielen als kleine Kreiswerke mit minder günstigen Kraftquellen. Der hierin liegende teilweise Ausgleich der Stromkosten zwischen wirtschaftlich günstigen und minder günstigen Gebieten ist mit ein Grund zur Errichtung von Landesversorgungen. Soweit der direkte Nutzen für die größten und wirtschaftlichsten Kreiswerke nur in geringem Maße in Erscheinung tritt, erzielen sie gleichwohl einen sehr erheblichen indirekten Vorteil dadurch, daß ihnen fast beliebig große Kraftmengen ohne Aufwand eigenen Kapitals, das sie dann in erhöhtem Maße zum Ausbau der Leitungsnetze verwenden können, zur Verfügung gestellt werden und sie erzielen ihn auch dadurch, daß die landwirtschaftliche, gewerbliche und industrielle Entwicklung im ganzen Lande gehoben wird, wodurch sich die Rückwirkung auf alle beteiligten Stromverteiler von selbst ergibt.

Mitunter verfügt das Landes-Elektrizitätswerk, wie z. B. beim Bayernwerk, nur über das Landesnetz, aber nicht über die Kraftquellen. In diesem Falle ist die Verteilung des Nutzens mit Hilfe geeigneter Tarife auf die Besitzer der Kraftquellen, auf das Landesnetz und auf dessen Abnehmer, die Kreiswerke, vorzunehmen, zu welchem Zwecke neben den Stromlieferungstarifen des Landesnetzes auch Strombezugstarife für dasselbe ausgearbeitet werden müssen.

Übernimmt die Landes-Elektrizitätsversorgung nicht nur die Hauptverteilung des Stromes auf die Kreiswerke, sondern auch die Aufgabe der Unterstufe, so daß die Abnehmer der Landesversorgung die einzelnen Ortswerke bilden, so muß die Verteilung des Nutzens auf das Landeswerk einerseits und die Ortswerke anderseits geprüft werden und es ist auch in diesem Falle als Unterlage hierfür ein Tarif aufzustellen.

Hat ein Landeswerk in einem Teil des Gesamtgebietes den Strom an die Kreiswerke zu liefern, während es in einem anderen Teil die Aufgabe der Kreiswerke mit übernimmt, so müssen auf Grund unterteilter Selbstkostenberechnungen, wie sie in diesem Abschnitt unter Abteilung B erläutert sind, sowohl Tarife für die Stromabgabe an die Kreiswerke, als auch Tarife für die Stromabgabe an die Ortswerke ausgearbeitet werden, um auf Grund derselben die richtige Verteilung des Nutzens überprüfen zu können.

Der Fall, daß eine Landesversorgung auch die Stromlieferung innerhalb der Ortswerke, also direkt an die einzelnen Abnehmer übernimmt, ist nach den in Abschnitt I angegebenen Gründen nicht als wünschenswert zu bezeichnen. Wenn er gleichwohl in einem bestimmten Fall gewählt wird, so sind zur Berechnung der Wirtschaftlichkeit auf Grund von Kleinabnehmertarifen die Vorteile der Landesversorgung für die verschiedenen Verbrauchergruppen zu ermitteln. Die Selbstkosten des Stromes würden sich bei einer Landesversorgung, die den Strom bis zu den einzelnen Abnehmern liefert, in den größeren Städten infolge der dort herrschenden Konsumdichte niedriger stellen als in kleinen Landgemeinden. Wie weit durch die Tarifgestaltung bei einer auf dieser Grundlage errichteten Landesversorgung die Kleinabnehmerstrompreise gleichwohl in großen und kleinen Gemeinden einheitlich gestaltet werden sollen, hängt von wirtschaftspolitischen Erwägungen ab. Der Fall liegt ähnlich wie bei den großen Transportunternehmungen, bei welchen die Preispolitik die größere Verkehrsdichte in den Städten zu berücksichtigen pflegt, indem die Eisenbahnen für den dichten Stadt- und Vorortsverkehr niedrigere Kilometerpreise als für den Fernverkehr bewilligen, Post und Telegraph für den Ortsverkehr in den größeren Städten niedrigere Gebühren als für den allgemeinen Verkehr fordern.

Für die Ausrechnung der verschiedenen Tarife sind in jedem Falle die unter B dieses Abschnittes erläuterten Betriebskostenrechnungen heranzuziehen.

In Liste 54 ist angegeben, wie sich auf Grund einer entsprechend unterteilten Betriebskostenberechnung für den Verkauf ein und derselben Strommenge verschiedene Tarifarten errechnen lassen.

Um einen möglichst einfachen Fall zugrunde zu legen, bezieht sich das Beispiel auf die Stromlieferung aus einem Dampfkraftwerk, welches an Großstromverteiler, z. B. an eine Anzahl von Kreiswerken oder auch an die Landesversorgung Strom abgibt. Am Kopf der Liste ist als Ausgang der Rechnung angegeben die Leistung (Wirkleistung) des Kraftwerkes in kW ausschließlich etwaiger Reserven, die bei mittleren Abnahmeverhältnissen zu erwartende Blindleistung in Blind-kW und die sich aus Wirk- und Blindleistung ergebende Scheinleistung $= \sqrt{W^2 + B^2}$ in kVA, die nach dem Projekt in Aussicht genommene Jahresarbeit in kWh sowie die Blindarbeit in Blind-kWh.

Der einfachste und früher fast ausschließlich verwendete Tarif besteht in der Bezahlung der gelieferten kWh und es sind zur Ausrechnung dieses Tarifs in Spalte I der Liste lediglich die gesamten Betriebskosten einschließlich des etwa gewünschten Nutzens zu dividieren durch die Anzahl der zu liefernden kWh:

$$\frac{4\,500\,000}{100\,000\,000} = 4{,}5 \text{ Pfg./kWh.}$$

Der Tarif erhält hierbei die allgemeine Form: Der Abnehmer bezahlt *a* Pfg. für jede gelieferte kWh.

Es wurde bereits bei Erläuterung der Betriebskostenberechnung ausgeführt, daß diese wesentlich abhängen von der mehr oder weniger langen Ausnützung der für einen Abnehmer bereitgestellten Leistung und daß man deshalb größere Strommengen zurzeit in der Regel nach Leistungs- und Arbeitsgebühr verkauft, wobei die festen Kosten für Verzinsung, Tilgung und Abschreibung des Anlagekapitals durch einen Jahresbetrag je kW der beanspruchten oder bereitgestellten Leistung gedeckt werden, während die laufenden Kosten für Betriebsstoffe, Bedienung usw. durch eine Arbeitsgebühr für jede gelieferte kWh zu begleichen sind.

Um die Grundlagen für diesen Tarif zu ermitteln, sind in der Spalte 2 der Liste die Gesamtkosten aufgeteilt in feste und laufende Kosten; die festen Kosten sind durch die Anzahl der im Maximum bezogenen oder bereitgestellten kW $\frac{1\,600\,000}{30\,000}$

= 53 Mk./kW, die laufenden Kosten durch die Anzahl der gelieferten kWh $\frac{2\,900\,000}{100\,000\,000}$

= 2,9 Pfg. je kWh zu dividieren, um einen Tarif nach der allgemeinen Formel zu erhalten:

Der Abnehmer bezahlt jährlich *A* Mk. für die im Maximum bezogene bzw. für ihn bereitgestellte Leistung in kW zuzüglich *a* Pfg. für jede nutzbar abgegebene kWh.

Die in Abschnitt VI erläuterten Erscheinungen in ausgedehnten Hochvoltnetzen bedingen, daß die Kraftwerke von Landesversorgungen nicht nur die sog. Wirkarbeitsmengen, sondern auch die daneben erforderlichen Blindarbeitsmengen liefern müssen. Will man in Anlehnung an den reinen Arbeitstarif die Kosten ausscheiden, welche den Kraftwerken auf die Wirkarbeit und auf die Blindarbeit erwachsen, so ist zu berücksichtigen, daß vor allem die Anlagekosten der Generatoren und Schaltapparate mit den hierauf treffenden Gebäudekosten sich erhöhen, wenn neben Wirkstrom auch Blindstrom geliefert werden muß, während die Kosten der Antriebsmaschinen, der Kessel usw. keine Änderung erfahren. In bezug auf die laufenden Kosten der Arbeitserzeugung verursacht die Lieferung von Blindströmen keinen nennenswerten Verbrauch an Betriebsmaterial, da im wesentlichen nur die höheren Verluste durch Aufwand von Betriebsstoffen gedeckt werden müssen.

Unter Berücksichtigung dieses Umstandes läßt sich für jeden einzelnen Fall eine Ausscheidung der gesamten Betriebskosten auf Wirkarbeit und Blindarbeit vornehmen, sobald bekannt ist, für welche Blindstromerzeugung die Generatoren, Schaltanlagen usw. dimensioniert sind, wie dies in Spalte 3 der Liste geschehen ist.

Durch Division der ausgeschiedenen Teilkosten durch die für den Normalfall vorgesehenen Wirk- bzw. Blindarbeitsmengen erhält man einen Tarif folgender Art:

Der Abnehmer bezahlt *a* Pfg. für jede gelieferte Wirk-kWh zuzüglich *b* Pfg. für jede gelieferte Blind-kWh.

Will man in Anlehnung an Tarif II einen Leistungs- und Arbeitsgebührentarif nach Wirkleistung und Blindleistung sowie nach Wirkarbeit und Blindarbeit gliedern, so ist die Aufteilung der Betriebskosten wie in Spalte 4 der Liste vorzunehmen. Dieselbe ist ohne weiteres verständlich. Man erhält einen Tarif in der allgemeinen Form:

Der Abnehmer bezahlt *A* Mk. jährlich für die im Maximum bezogene bzw. bereitgestellte Wirkleistung in kW zuzüglich *B* Mk. jährlich für die gleichzeitig bezogene Blindleistung in Blind-kW zuzüglich *a* Pfg. für jede gelieferte Wirk-kWh und zuzüglich *b* Pfg. für jede gelieferte Blind-kWh.

Grundlagen der Tarifbildung

angewendet auf die Stromlieferung aus

	Betriebskosten einschl. des etwa gewünschten Nutzens	Tarif I Arbeitsgebühr	Tarif II Leistungs- und Arbeitsgebühr	
Wirkleistung . . . . kW	30 000		30 000	
Blindleistung . . . . BkW	25 000			
Scheinleistung. . . . . kVA	40 000			
Wirkarbeit . . . . kWh	100 000 000	100 000 000		100 000 000
Blindarbeit . . . . BkWh	120 000 000			
Anlagekosten:				
für Wirkleistung . . . . Mk.	9 000 000			
für Blindleistung . . . . „	1 500 000			
Betriebskosten:				
feste Kosten = 15% der Anlagekosten.				
für Wirkleistung	1 350 000		} 1 600 000	
für Blindleistung rd.	250 000			
für Scheinleistung				
laufende Kosten		} 4 500 000		
für Wirkarbeit	2 700 000		} 2 900 000	
für Blindarbeit	200 000			
Zusammen	4 500 000	4 500 000	4 500 000	
Tarif		4,5 Pfg. je kWh	53 Mk. je kW	+ 2,9 Pfg. je kWh
Kohlenklauseln:				
a) für alle Ansätze des Tarifs. Die Kohle gilt als Wertmesser für die festen und laufenden Kosten der Stromerzeugung (Kohlenwährung statt Goldwährung).				
b) Nur für die Arbeitspreise. Die Kohle gilt als Wertmesser nur für die laufenden Kosten der Stromerzeugung.				
Der vorstehende Tarif gilt f. einen Kohlenpreis von 30 Mk./Tonne Steinkohle von 6500 Kal. loko				
zu a) je 1 Mk. Kohlenpreisänderung bedingt eine Strompreisänderung von		0,15 Pfg. je kWh	1,80 Mk. je kW	0,1 Pfg. je kWh
zu b) je 1 Mk. Kohlenpreisänderung bedingt eine Strompreisänderung von		0,1 Pfg. je kWh	—	0,1 Pfg. je kWh

bei Landes-Elektrizitätswerken,

einem Dampfkraftwerk an das Landeswerk.

Die Betriebskosten verteilen sich auf

Tarif III Wirk- u. Blindarbeitsgebühr		Tarif IV Leistungs- und Blindleistungsgebühr, Wirk- und Blindarbeitsgebühr				Tarif V Scheinleistungsgebühr, Wirk- und Blindarbeitsgebühr		
100 000 000	120 000 000	30 000	25 000	100 000 000	120 000 000	40 000	100 000 000	120 000 000
4 050 000	450 000	1 350 000	250 000	2 700 000	200 000	1 600 000	2 700 000	200 000
4 500 000		4 500 000				4 500 000		
4,0 Pfg. je kWh	+ 0,4 Pfg je BkWh	45 Mk. je kW	+ 10 Mk. je kBW	+ 2,7 Pfg. je kWh	+ 0,2 Pfg. je BkWh	40 Mk. je kVA	+ 2,7 Pfg. je kWh	+ 0,2 Pfg. je BkWh
0,14 Pfg. je kWh	0,02 Pfg. je BkWh	1,50 Mk. je kW	0,30 Mk. je BkW	0,09 Pfg. je kWh	0,01 Pfg. je BkWh	1,40 Mk. je kVA	0,09 Pfg. je kWh	0,01 Pfg. je BkWh
0,09 Pfg. je kWh	0,01 Pfg. je BkWh	—	—	0,09 Pfg. je kWh	0,01 Pfg. je BkWh	—	0,09 Pfg. je kWh	0,01 Pfg. je BkWh

Die in der Liste 54 errechnete Ausscheidung der Kosten auf Wirk- und Blindleistung würde nur in engen Grenzen richtige Werte liefern, denn es ist ohne weiteres klar, daß ein Abnehmer, der sehr viel Blindleistung, aber nur wenig Wirkleistung benötigt, schließlich nur den Anteil für die zu seinen Gunsten aufgestellten Generatoren und Schaltapparate, aber nichts für die gleichfalls erforderlichen, wenn auch nicht ausgenützten Kessel und Antriebsmaschinen bezahlen würde.

Hat ein Werk eine größere Zahl von Abnehmern, von welchen die eine Gruppe mehr Wirkleistung, die andere mehr Blindleistung bezieht, so gleichen sich diese verschiedenen Beanspruchungen aus, indem diejenigen Anlageteile, die von den Blindleistungsbeziehern nicht ausgenützt und nicht bezahlt werden, den Wirkleistungsbeziehern zur Verfügung gestellt und aus deren Zahlungen verzinst und abgeschrieben werden können, so daß die Gesamteinnahmen immer noch das gewünschte Ergebnis liefern. Um der Gefahr einer unvollständigen Ausnützung der Anlagen unter allen Umständen zu begegnen, pflegt man die Ausscheidung der Betriebskosten, wie in dem Beispiel der Spalte V, vorzunehmen, indem man die Leistungsgebühr nicht unterteilt in eine Gebühr für Wirkleistung und Blindleistung, sondern eine Einheitsgebühr für die sog. Scheinleistung in kVA $= \sqrt{W^2 + B^2}$ vorschreibt.

Der Tarif erhält hierbei die allgemeine Form:

Der Abnehmer bezahlt C Mk. jährlich für die im Maximum bezogene bzw. für ihn bereitgestellte Scheinleistung in kVA, zuzüglich a Pfg. für jede gelieferte Wirk-kWh, zuzüglich b Pfg. für jede gelieferte Blind-kWh.

Dieser Tarif ergibt auch dann einen angemessenen Betrag für die Deckung der festen Kosten, wenn die bezogene Blindleistung im Verhältnis zur Wirkleistung sehr groß wird. Die Ausscheidung auf Wirkarbeit und Blindarbeit ist die gleiche wie im Falle IV.

Die im vorstehenden erläuterte Unterteilung der Betriebskosten ergibt bei Dampfkraftwerken fast immer richtige Durchschnittsbeträge für die Leistungs- und Arbeitsgebühren, die bei den praktisch vorkommenden Verschiebungen in der Art der Belastung weder für den Stromverkäufer noch für den Stromabnehmer ein besonderes Risiko enthalten.

Die Tarife II bis V können allerdings für das Kraftwerk etwas zu günstig werden, wenn die Einzel-Höchstleistungen der angeschlossenen Großverteiler in Summa wesentlich größer sind, als die Höchstleistung im Kraftwerk, wenn also ein erheblicher Ausgleich der gleichzeitigen Höchstleistungen stattfindet. Will man diesen Umstand berücksichtigen, so kann man die für gleichzeitig auftretende Höchstleistungen berechneten Leistungsgebühren im Verhältnis zu dem erwarteten Ausgleich, z. B. auf 80%, vermindern.

Etwas anders wie bei den Dampfkräften liegen die Verhältnisse bei den Wasserkräften, weil bei diesen die festen Kosten bei weitem den größten Teil der Jahresausgaben ausmachen, während die laufenden Kosten nur sehr geringe Beträge erfordern.

Ein Tarif, der nach Spalte I der Liste 54 bei Wasserkraftanlagen nur nach den gelieferten kWh bemessen würde, ist für den Verkäufer von Wasserkraftstrom sehr ungünstig, wenn der Stromabnehmer bei geringer Arbeitsentnahme große Leistungen anfordert.

Ein theoretisch richtig berechneter Leistungs- und Arbeitsgebührentarif nach Spalte II würde zwar für den Stromlieferanten bei jeder Art der Inanspruchnahme die Selbstkosten decken, er würde aber für diejenigen Abnehmer untragbar, die eine benötigte Leistung nicht, wie sie den Betriebsbedingungen der Wasserkräfte entspricht, 6000 bis 8000 Stunden, sondern vielleicht nur 1000 bis 2000 Stunden im Jahr ausnützen.

Unter diesen Umständen sind für die Stromlieferung aus Wasserkräften entweder besondere Abnahmeverhältnisse von vorneherein festzulegen oder es ist zumindest die Unterteilung in eine Leistungsgebühr und eine Arbeitsgebühr so zu gestalten, daß abweichend von der theoretisch richtigen Verteilung der Selbstkosten die Leistungsgebühr je kW vermindert und die Arbeitsgebühr je kWh entsprechend erhöht wird.

Auch in diesem Falle schließt der Tarif sowohl für den Stromlieferanten als auch für den Stromabnehmer ein gewisses Risiko in sich, das aber auf die beiden Kontrahenten in viel gleichmäßigerer Weise als bei der rein theoretischen Tarifbildung verteilt ist. Über die Berücksichtigung der Blindarbeit und der Blindleistung bei Wasserkraftwerken sind weitere Erläuterungen kaum erforderlich.

Für die Verrechnung zwischen einer Landesversorgung und ihren Abnehmern sind die Strompreise nicht auf die Betriebskosten ab Kraftwerk, sondern auf die Kosten der Kraftwerke zuzüglich den Kosten der Leitungsnetze zu beziehen. Es kommen deshalb sowohl für die festen, als auch für die laufenden Kosten zu jenen der Kraftwerke die des Landesnetzes hinzu, wobei auch die Stromverluste im Netz, also die Verminderung der nutzbar abgegebenen Arbeitsmengen, zu berücksichtigen ist.

Die Berechnung ist ganz analog wie in den vorstehend erläuterten Fällen durchzuführen und bedarf deshalb keiner weiteren Erklärung.

Im allgemeinen pflegt man die Gebühren für die Scheinleistung sowie für die Blindarbeit etwas höher anzusetzen, als sie der theoretischen Ausrechnung entsprechen, weil man hierdurch einen gewissen Druck auf die Abnehmer zur Verbesserung der lästigen Phasenverschiebung auszuüben hofft und auch das Risiko vermindert werden muß, das eine unwirtschaftliche Ausnützung der Leitungen und Kraftwerke durch Blindströme für den Verkäufer bietet.

Mitunter haben Landesversorgungen ein Interesse daran, vorhandene Leitungsanlagen und insbesondere Kraftanlagen zu gewissen Zeiten stärker auszunützen, als es dem normalen Verlauf des Konsums entsprechen würde. Wenn beispielsweise überschüssige Sommerkräfte oder überschüssige Nachtkräfte zur Verfügung stehen, so kann es zweckmäßig sein, die Abnahmeverhältnisse durch besonders billige Preisstellung in diesen Zeiten zu verbessern. Es werden dann in den in Betracht kommenden Jahreszeiten oder Tagesstunden billigere Einheitssätze oder besondere Rabatte berechnet oder es bleibt zu gewissen Zeiten ein Teil der Leistungsgebühr unberechnet u. dgl.

Alle diese Maßnahmen sind nur mit Vorsicht anzuwenden und sie dürfen einen mäßigen Umfang nicht überschreiten, weil andernfalls die Gefahr besteht, daß sich die Abnehmer lediglich den billigen Strom sichern, während sie den normalen Strombedarf durch eigene Maschinen erzeugen und dadurch die Wirtschaftlichkeit der Landesversorgung gefährden. Wenn deshalb Ausnahmetarife zu bestimmten Zeiten bewilligt werden, so wären sie zweckmäßig in der Form festzulegen, daß eine angemessene normale Stromentnahme zu normalen Preisen erfolgen muß und nur der darüber hinausgehende Mehrbedarf in den Überschußzeiten mit einer Verbilligung bedacht wird. Eine Ausnahme von diesem Grundsatz ist nur dann berechtigt, wenn ein Abnehmer veranlaßt wird, seinen normalen Strombedarf umzulegen, indem er durch Verwendung von Speicheranlagen einen Tagesbedarf in die Nachtstunden verlegt u. dgl.

Die durchschnittlichen Strompreise, welche sich auf Grund eines der besprochenen Tarife ergeben, können für die Strompreisberechnung ohne weiteres zugrunde gelegt werden, wenn die Größenordnung sämtlicher Abnehmer einer Landesversorgung ziemlich die gleiche ist. Hat jedoch eine Landesversorgung neben verhältnismäßig kleinen Abnehmern auch sehr große Abnehmer zu beliefern, so würde der errechnete Durchschnittspreis für die kleinen Abnehmer zu billig und für die großen Abnehmer, die sich den Strom mit eigenen Maschinen besonders wirtschaftlich erzeugen können, zu teuer. In solchen Fällen ist eine Abstufung der Mittelwerte erforderlich, die je nach den entnommenen Leistungen und Strommengen oder nach den gesamten Jahreszahlungen bemessen wird.

Eine besonders weitgehende Abstufung ist dann vorzunehmen, wenn eine Landesversorgung die Aufgabe der Kreiswerke mit übernimmt und direkt an die einzelnen Städte und Gemeinden den Strom liefert. Es ist in diesem Falle ausgeschlossen, für eine Stadt, die mehrere Millionen kWh im Jahr benötigt, denselben Strompreis zu machen wie für eine kleine Dorfgemeinde, die nur einige tausend kWh verbraucht, wobei zu beachten ist, daß die Landesversorgung eine große Strommenge, die sie an einer Stelle abgibt, erheblich billiger liefern kann, als wenn sie die gleiche Strommenge unter Zuhilfenahme eines weitverzweigten Verteilungsnetzes mit zahlreichen kleinen Transformatorstationen an vielen hundert Stellen mit erheblichen Jahresverlusten abgeben muß.

Ein Beispiel für eine weitgehende Staffelung der Strompreise bildet der nachstehend angeführte Friedenstarif der Pfalzwerke, bei welchem zwar die Leistungsgebühr je kW für alle Gemeinden gleich, die Arbeitsgebühr aber in weiten Grenzen gestaffelt ist.

Für Gemeinden als Wiederverkäufer beträgt beim Pfalzwerktarif 1912:

die monatliche Leistungsgebühr für die zur Verfügung gestellte Leistung: 5 Mk. je kW

die Arbeitsgebühr je kWh auf der Unterspannungsseite der Ortstransformatoren:

für die ersten 100000 kWh im Jahr	6 Pfg. je kWh
von 100001 bis 200000 kWh	5 „ „ „
von 200001 bis 600000 kWh	4 „ „ „
von 600001 bis 2000000 kWh	3 „ „ „
von 2000001 bis 8000000 kWh	2,5 „ „ „
über 8000000 kWh	2 „ „ „

Wichtig für die Beurteilung des vorstehenden Tarifs ist die Voraussetzung, daß sich die Staffelungen für die Abnahme je Transformatorstation beziehen, daß also nicht die juristische Person der Gemeinde, sondern die technische Einheit „Transformatorstation" den Abnehmer darstellt. Ein Kreiswerk oder eine Stadt mit 3 Transformatorstationen zahlt einen höheren Strompreis als bei Vorhandensein nur einer Station. — Anstatt die Staffelungen auf die einzelnen Transformatorstationen zu beziehen, kann man neben der Leistungsgebühr und der Arbeitsgebühr auch eine Stationsgebühr einführen und auch hierdurch die erhöhten Kosten für die Vermehrung der Abnahmestellen ausgleichen.

Um die Wirkung eines Tarifs den in Aussicht genommenen Abnehmern klar zu machen, ist es nötig, entsprechende Beispiele auszuarbeiten. In Liste 55 ist angegeben, wie sich bei Anwendung des Pfalzwerktarifs der Strompreis für verschieden große Gemeinden gestaltet. Die Liste zeigt, daß trotz der damals zugrunde gelegten sehr niedrigen Benützungsdauer für die verschiedenartigsten Verhältnisse angemessene Strompreise sich ergeben.

Gibt eine Landesversorgung Strom aus dem Landesnetz sowohl an Kreiswerke als auch an Ortswerke ab, so ist ein Preisunterschied in der Belieferung der Kreiswerke und der Ortswerke zu machen, der dadurch begründet ist, daß zu den Kosten und Verlusten des Landesnetzes im zweiten Falle noch die Kosten und Verluste der von der Landesversorgung mitzubetreibenden Kreisnetze hinzukommen. Der Unterschied kann z. B. in der Weise erzielt werden, daß der mit Ortsspannung abgegebene Strom

um einen gewissen Hundertsatz höher berechnet wird als der mit Kreisspannung abgegebene. Um in einem solchen Falle die Tarife richtig zu berechnen, muß man für
die verschiedenen Abnehmergruppen gesonderte Selbstkostenberechnungen aufstellen,
wie dies in Abschnitt B, Liste 51, angegeben ist.

Liste 55.

Beispiele über die Auswirkung eines Tarifs für verschieden große Gemeinden (Pfalzwerke).

	Stadt mit ca. 80 000 Einwohnern	Stadt mit ca. 40 000 Einwohnern	Stadt mit ca. 20 000 Einwohnern	Kleine Stadt mit gewerblichen Betrieben	Gemeinde mit landwirtschaftlichen Betrieben
Angeschlossener Konsum:					
Licht . . . . kW	920	600	300	100	15
Kraft . . . . kW	4 480	2 300	600	150	15
Zusammen . . . kW	5 400	2 900	900	250	30
Zur Verfügung gestellte Leistung . kW	2 200	1 200	400	125	15
Jährliche Benützungsdauer der zur Verfügung gestellten Leistung in Stunden . . . ca.	2 200	1 800	1 500	775	425
Vom Kreiswerk zu liefernde Strommenge in kWh	4 800 000	2 150 000	600 000	97 000	6 400
Stromkosten:					
a) Leistungsgebühr monatlich 5 Mk. je Kilowatt der im Maximum zur Verfügung gestellten Leistung . Mk.	132 000	72 000	24 000	7 500	900
b) Arbeitsgebühr 6—2 Pfg. je kWh	139 000	72 750	27 000	5 820	384
Gesamte Stromkosten Mk.	271 000	144 750	51 000	13 320	1 284
d. i. pro bezogene Kilowattstunde . . Pfg.	5,65	6,7	8,5	13,8	20,1

3. Wirtschaftsklauseln.

Die Selbstkostenberechnungen der Landesnetze basieren auf bestimmten Annahmen bezüglich der Verzinsung des Anlagekapitals, der Kohlenkosten, der Löhne u. dgl. Ändern sich diese Grundlagen, so ändern sich auch die Selbstkosten. Um einesteils die Landesversorgung vor Schaden zu bewahren, wenn sich durch Veränderung der Grundlagen die Selbstkosten erhöhen und andernteils die Abnehmer an einer etwaigen Verbilligung der Selbstkosten teilnehmen zu lassen, pflegt man die Tarife der Landesversorgungen mit Wirtschaftsklauseln zu versehen.

Zu den wichtigsten Wirtschaftsklauseln gehören die Kohlenklauseln, nach welchen je nach dem Steigen und Fallen der Kohlenpreise die Strompreise sich ändern.

Liste 56.

Vergleich der Betriebsergebnisse für ein Kreis-Elektrizitätswerk bei Eigenbetrieb und bei Strombezug vom Landeswerk.

	Eigenbetrieb		Strombezug vom Landeswerk	
	I. Ausbau	II. Ausbau	I. Ausbau	II. Ausbau
A. Höchstleistung und deren Deckung.	kW	kW	kW	kW
Erforderliche Höchstleistung	40 000	60 000	40 000	60 000
Dieselbe wird gedeckt durch:				
Dampfkräfte, vorhanden	20 000	20 000	20 000	20 000
Dampfkräfte, neu aufzustellen	40 000	60 000	—	—
Transformatoren für Strombezug	—	—	40 000	60 000
Gesamtleistung	60 000	80 000	60 000	80 000
Hiervon sind Reserve	20 000	20 000	20 000	20 000
B. Einrichtungen für die Stromübertragung.	Kreis-Speisenetz 60 kV		Landesnetz 100 kV	
Speiseleitungen	200 km 1×3×95 und 1×3×120 Cu	200 km 2×3×95 und 2×3×120 Cu	200 km 1×3×120 Cu	200 km 1×3×120 Cu
Transformatorstationen	4 Transformatorstationen 6/25, 6/60 und 60/25 kV mit zusammen 100 000 kW	4 Transformatorstationen 6/25, 6/60 und 60/25 kV mit zusammen 140 000 kW	4 Transformatorstationen 100/6 bzw. 100/25 kV mit zusammen 60 000 kW	4 Transformatorstationen 100/6 bzw. 100/25 kV mit zusammen 80 000 kW
C. Jahresarbeit und deren Deckung.	kWh	kWh	kWh	kWh
Erforderliche Jahresarbeit	140 000 000	220 000 000	140 000 000	220 000 000
Dieselbe wird gedeckt durch:				
Dampfkräfte	140 000 000	220 000 000	30 000 000	40 000 000
Strombezug vom Landeswerk	—	—	110 000 000	180 000 000

D. Anlagekosten.

Stromerzeugungsanlagen:

	Mk.	Mk.	Mk.	Mk.
Dampfkräfte, vorhanden	7 000 000	7 000 000	7 000 000	7 000 000
Dampfkräfte, neu aufzustellen	12 000 000	18 000 000	—	—
Dampfkräfte insgesamt	19 000 000	25 000 000	7 000 000	7 000 000
Speiseleitungen	3 000 000	4 000 000	zum Landesnetz gehörig	zum Landesnetz gehörig
Transformatorstationen	3 000 000	4 000 000	zum Landesnetz gehörig	zum Landesnetz gehörig
Gesamte Anlagekosten	25 000 000	33 000 000	7 000 000	7 000 000

E. Betriebskosten.

	Mk.	Mk.	Mk.	Mk.
Verzinsung, Tilgung, Abschreibung und Unterhaltung:				
Dampfkraftanlagen 15%	2 850 000	3 750 000	1 050 000	1 050 000
Speiseleitungen 12%	360 000	480 000	—	—
Transformatorstationen 12%	360 000	480 000	—	—
zusammen	3 570 000	4 710 000	1 050 000	1 050 000
Kohlenkosten 1,0/0,9 bzw. 1,0/1,0 kg Kohle je kWh entsprechend 3,0/2,7 bzw. 3,0/3,0 Pfg. je kWh	4 200 000	5 940 000	900 000	1 200 000
Schmier-, Putz- und sonstige Betriebsmaterialien	100 000	150 000	30 000	40 000
Bedienung, Verwaltung und allgemeine Unkosten	730 000	900 000	520 000	560 000
Strombezug vom Landeswerk lt. Tarif 4,0 bzw. 3,75 Pfg./kWh	—	—	4 400 000	6 750 000
Gesamte Betriebskosten	8 600 000	11 700 000	6 900 000	9 600 000
d. i. je Kilowattstunde	6,1 Pfg.	5,3 Pfg.	4,9 Pfg.	4,4 Pfg.
Jährlicher Mehrverbrauch gegenüber dem Strombezug	1 700 000	2 100 000		
d. i. in %	20%	18%		

Insofern als die Kohlenkosten in normalen Zeiten ein gewisses Maß auch für das Steigen und Fallen aller übrigen Erzeugungskosten bieten, genügen Kohlenklauseln, um den Änderungen der Wirtschaftslage in weiten Grenzen Rechnung zu tragen. Nimmt man die Kohlen als Wertmesser für die Gesamtkosten der Stromerzeugung und Stromverteilung an, so sind alle Tarifsätze proportional mit der Veränderung des Kohlenpreises zu ändern. In diesem Falle ist einfach von der Geldwährung zu einer reinen Kohlenwährung übergegangen. Ein Beispiel für eine derartige Tarifbildung sind die Strompreise des Bayernwerkes. Häufig werden jedoch die Kohlenklauseln nur auf die „laufenden" Faktoren der Selbstkostenberechnung angewendet in der Annahme, daß die Verzinsung, Tilgung und Abschreibung für die einmal bestehenden Anlagen unverändert bleiben und etwaige Neuanlagen in den Einheitspreisen nicht wesentlich von den alten abweichen.

Man könnte vermuten, daß eine Kohlenklausel nicht berechtigt ist bei Anlagen mit Wasserkräften, da diese, wenn sie einmal gebaut sind, von den jeweiligen Schwankungen der Kohlenpreise unabhängig sind. Soweit jedoch die Kohlenwährung als allgemeiner Wertmesser genommen wird, rechtfertigt es sich, auch die Wasserkräfte in diesen Wertmesser einzubeziehen, und zwar um so mehr, als bei sinkenden Kohlenpreisen die Strompreise der Landesversorgung sich unter allen Umständen an die günstigere Eigenerzeugung der Abnehmer anpassen müssen, weshalb es gerechtfertigt ist, auch bei steigenden Kohlenpreisen dem erheblichen Risiko im einen Falle eine Gewinnmöglichkeit im anderen Falle gegenüberzustellen.

Am Schluß der Liste 54 ist unter *a* angegeben, wie die Kohlenklauseln lauten müßten, wenn die Kohlenpreise als Wertmesser für die gesamten Selbstkosten genommen werden und unter *b*, wie sie zu lauten haben, wenn sie nur die Veränderung der laufenden Kosten erfassen sollen.

Es gibt Wirtschaftsklauseln, welche neben der Änderung der Kohlenpreise auch die Änderung der Löhne oder der Zinsen u. dgl. in Betracht ziehen; diese werden zu kompliziert und dürften sich auf die Dauer kaum empfehlen.

Sind die Tarife, nötigenfalls mit den erforderlichen Wirtschaftsklauseln, festgelegt, so läßt sich auf Grund derselben die Wirtschaftlichkeit für die verschiedenen Interessenten einer Landesversorgung ohne weiteres berechnen, indem man für die in Aussicht genommenen Abnehmer die Selbstkosten bei Eigenerzeugung und bei Strombezug unter Zugrundelegung der ausgerechneten Tarife ermittelt, wie dies in Liste 56 für den Fall der Belieferung eines Kreiswerkes durch ein Landeswerk gezeigt ist.

Zeigt es sich bei der Durchführung dieser Wirtschaftlichkeitsberechnung, daß bei dem angenommenen Tarif trotz eines vorhandenen Gesamtnutzens einzelne Abnehmer zu ungünstig wegkommen, so ist der Tarif durch anderweitige Staffelung so lange zu ändern, bis ein befriedigendes Ergebnis für alle Beteiligten erzielt wird. Da die für das Landeswerk nötigen Einnahmen gegeben sind, bedingt jede Tarifänderung für einzelne Abnehmergruppen eine Verteuerung, wenn für andere Abnehmergruppen eine Verbilligung erzielt werden soll.

Im allgemeinen geben bei Gründung der Landesversorgungen, aber auch bei späteren Neuanschlüssen die Verhandlungen über die Tarife zu den langwierigsten Erörterungen Anlaß. Eine großzügigere Auffassung wird sich in dieser Hinsicht erst allmählich durchsetzen, denn nicht in einer mehr oder weniger großen Ersparnis an den Stromerzeugungskosten liegt der Nutzen einer Landes-Elektrizitätsversorgung, sondern in der Bereitstellung beliebig großer Kräfte zu beliebigen Zeiten und an beliebigen Stellen des Landes, wodurch die Entwicklung des Stromkonsums für alle beteiligten Kreiswerke und Ortswerke eine Steigerung erfährt, die über die Bedeutung von Tarifvorteilen weit hinausragt und die das einzelne Werk, selbst wenn es noch so gut eingerichtet und geleitet ist, aus eigener Kraft kaum zu erzielen vermag.

Die Schwierigkeiten der Tarifbildung lassen sich erheblich mildern durch mehr oder weniger weitgehende Beteiligung der untergeordneten Wirtschaftseinheiten an den etwa erzielten Betriebsüberschüssen.

Die einfachste Form dieser Beteiligung bilden die Gewinnanteile, die je nach der Höhe des jährlichen Strombezugs oder der jährlichen Strombezugskosten gewährt werden. An Stelle der Gewinnanteile nach dem Strombezug kann auch ein Kapitalschlüssel gesetzt werden, wenn die einzelnen Abnehmer an der Kapitalbeschaffung für das Lieferwerk sich beteiligen.

Die Nutzenverteilung auf Grund von Tarifen kann unzureichend werden, wenn an einer Landesversorgung Kraftwerke teilnehmen, die verschiedenen Besitzern gehören und deren Übernahme auf das Landeswerk gemäß den Erläuterungen unter Abschnitt VI nicht gelungen ist, weil es trotz der vereinbarten Tarife schwierig werden kann, die selbständig betriebenen Kraftwerke nach Leistung und Arbeitsmenge so einzusetzen, wie es die größte Wirtschaftlichkeit des Gesamtbetriebes erfordert.

In solchen Fällen sucht man durch Bildung von Betriebsgemeinschaften, Pachtverhältnissen u. dgl. die Sonderinteressen auszuschalten.

Die Grundlage für alle derartigen Verträge bilden sorgfältig durchgeführte Vergleichsrechnungen, wie sie in Abschnitt VIII A für den Ankauf der Kraftwerke angegeben sind. An die Stelle der käuflichen Übernahme tritt jedoch der gemeinsame Betrieb mit einem Gewinnverteilungsschlüssel, der sich auf die Leistungsfähigkeit und den wirtschaftlichen Wert der Kraftwerke im Zeitpunkt der Vereinigung aufzubauen hat. Da es sich gegenüber den klaren Verhältnissen, wie sie sich für den Ankauf ergeben, lediglich um Aushilfen handelt, kann hier auf Einzelheiten verzichtet werden, zumal derartige Betriebsgemeinschaften, Pachtverhältnisse u. dgl. nach einigen Jahren zu dem angestrebten Besitzübergang zu führen pflegen.

Abschnitt IX.

Organisation.

1. Grad der Zusammenfassung.

Für die Wirkungsweise einer Landes-Elektrizitätsversorgung ist neben der technisch richtigen Ausgestaltung deren Organisation von ausschlaggebender Bedeutung.

Es wurde bereits in Abschnitt I darauf hingewiesen, daß eine Landes-Elektrizitätsversorgung nicht nur die Hauptkraftwerke und die Landesnetze, sondern auch die gesamte Unterverteilung einschließt. Dies gilt besonders auch für die organisatorischen Maßnahmen.

Die erste Frage, die in einem vollkommen freien Gebiet zu entscheiden ist, betrifft das Maß der Zusammenfassung der verschiedenen Stufen der Elektrizitätsversorgung.

Eine Vereinigung aller drei Stufen, nämlich der Stromerzeugung und Hauptverteilung über das ganze Land, der Unterverteilung innerhalb der verschiedenen Kreise und des Einzelverkaufs innerhalb der Gemeinden in einem einheitlich organisierten Unternehmen ist durchaus möglich. Der Vorteil dieser vollständigen Zusammenfassung besteht darin, daß ein und dieselbe Stelle über den Ausbau und die Verwendung der Kraftwerke, über die Disposition der Leitungsnetze und über die Tarife von den Hauptkraftquellen des Landes bis zu den letzten Abnehmern entscheidet, wodurch unter Umständen erhebliche Vorteile für die Wirtschaftlichkeit des Betriebes erzielbar sind.

Ein Nachteil dieser weitgehenden Zusammenfassung besteht darin, daß alle Maßnahmen von einer Stelle getroffen werden, womit die Gefahr einer zu weitgehenden Zentralisierung nahe rückt, die namentlich in bezug auf den Stromabsatz zu unerwünschten Hemmungen führen könnte. Der Nachteil ließe sich beheben, wenn die mit dem Stromverkauf befaßten Unterorgane der Gesellschaft ein möglichst großes Maß von Selbständigkeit erhalten, wodurch indessen der Nutzen der Zusammenfassung zum Teil wieder aufgehoben wird. Ein weiterer Nachteil einer allzuweit gehenden Zusammenfassung besteht darin, daß die Gemeinden und namentlich die größeren Städte keine selbständige Tarifpolitik betreiben können und auch nicht den Einfluß haben, der ihnen bezüglich der Erweiterung ihrer Ortsnetze u. dgl. erwünscht sein muß.

Die selbständige Organisation der größeren Ortswerke ist unter diesen Umständen vielfach nicht zu vermeiden, womit das Verbleiben vieler kleiner Gemeinden innerhalb der Gesamtorganisation kaum von Nutzen ist.

Diese Erwägungen gehen dahin, die Ortswerke womöglich als selbständige Wirtschaftsstufe zu belassen, zumal für sie auch die wichtige Monopolfrage unabhängig von den Bedürfnissen der übrigen Wirtschaftsstufen in einwandfreier Weise gelöst werden kann.

Weniger schwierig wie die Einbeziehung der Ortswerke gestaltet sich die Zusammenfassung der zweiten und dritten Wirtschaftsstufe, der Kreiswerke mit dem Landeswerk zu einer Wirtschaftseinheit. Es ist trotz einer solchen Zusammenfassung ohne weiteres möglich, eine Anzahl von Kreisnetzen nach technischen und wirtschaftlichen Gesichtspunkten unter der Leitung je eines Bezirksdirektors, der für die Entwicklung seines Gebietes Sorge zu tragen hat, abzugrenzen. Ein wenn auch nur loser Zusammenschluß läßt sich auch noch dann erzielen, wenn man die Kreiswerke zwar als selbständige Gesellschaften, jedoch mit gleichartigen Satzungen ausstattet und die Landesversorgung als eine Art Dachgesellschaft für die einzelnen Kreiswerke so organisiert, daß ihr Leiter einen maßgebenden Einfluß in der Verwaltung der Kreiswerke besitzt.

Die vollkommene wirtschaftliche Trennung der Kreiswerke vom Landeswerk wird man bei Neuorganisationen nur selten anstreben, weil hierdurch wesentliche Vorteile der zentralen Energieversorgung geopfert würden.

Wo umfangreiche Elektrizitätswerke bei Errichtung der Landes-Elektrizitätsversorgung bereits eingerichtet sind, muß man sich an die gegebenen Verhältnisse mehr oder weniger halten und lediglich versuchen, sie so weit als möglich den Bedürfnissen einer zentralen Versorgung anzupassen. Eine sehr weitgehende und erfolgreiche Anpassung besteht hierbei schon darin, daß man die vorhandenen, für eine gemeinsame Versorgung geeigneten Kraftwerke den Unterverteilern gegen entsprechende Entschädigung abnimmt und sie entweder in eine wirtschaftliche Zusammenfassung aller Kräfte — Betriebsgemeinschaft od. dgl. — oder direkt in die Organisation des Landeswerkes einbringt. Der gemeinsame Betrieb der Kraftwerke bietet außerordentliche Vorteile in bezug auf die zweckmäßigste Verwendung der verschiedenen Kräfte, in bezug auf ausreichende Bereithaltung von Reservekräften, z. B. durch Leerfeuern von Dampfanlagen u. dgl.

Werden die Kraftwerke mit dem Landesnetz gemeinsam betrieben, so bietet die Ausschaltung der Verrechnung zwischen diesen beiden Faktoren weitere Vorteile für die Gesamtheit, die nicht zu unterschätzen sind.

Trotz dieser Vorteile kommt es mitunter selbst bei Neuorganisationen vor, daß die Hauptkraftwerke, welche den Strom für die Landesversorgung liefern, aus der Gesamtorganisation ausgeschieden werden, wenn es sich um besonders wertvolle Kraftquellen handelt, die unter allen Umständen im Besitz des Staates als des Hüters der Naturschätze verbleiben sollen, während die Verteilungsanlagen aus praktischen Gründen nicht als rein staatliche Unternehmungen errichtet werden. In solchen Fällen sucht man die Schwierigkeit des getrennten Besitzes durch Pachtung der Kraftwerke seitens der Landesversorgung oder durch ähnliche Maßnahmen zu vermeiden, wie dies z. B. beim Bayernwerk der Fall ist.

2. Unternehmerform.

Unabhängig von dem Grad der Zusammenfassung ist die Entscheidung über die Unternehmerform. Landes-Elektrizitätswerke können auf rein kommunaler Grundlage, d. h. als Landes- bzw. Staatswerke ausgestaltet werden. Um hierbei die bekannten Mängel der Staatsbetriebe nach Möglichkeit zu beseitigen, hat man derartigen Werken, z. B. dem Bayernwerk, die Form von Aktiengesellschaften gegeben, deren gesamte Aktien im Besitze des Staates sich befinden. Wie weit hierdurch die gewünschte größere Selbständigkeit der Direktionen tatsächlich gewährleistet wird, hängt von dem Umfang des Aufsichtsrechtes ab, das sich Ministerien und Parlamente etwa vorbehalten, und von der Art und Weise, wie dieses Aufsichtsrecht geübt wird.

Häufig pflegt man die Landes-Elektrizitätswerke in der Form gemeinwirtschaftlicher Unternehmungen auszugestalten, indem die neu zu gründenden oder bereits bestehenden Kreiswerke und die größeren Ortswerke Teilhaber der Gesellschaft werden. Die Gesellschaftsform kann sowohl die einer Aktiengesellschaft als auch bei nur wenig Gesellschaftern die einer Gesellschaft mit beschränkter Haftung sein. Wenn unter den Gesellschaftern auch die Besitzer privater Kraftwerke und Überlandnetze sich befinden, spricht man von gemischtwirtschaftlichen Unternehmungen.

Mitunter treten in gemischtwirtschaftliche Unternehmungen mit dem Staat und etwaigen kommunalen oder privaten Kreiswerken und Ortswerken auch private Baufirmen, Bankinstitute u. dgl. ein, jedoch dürfte selten für eine Landes-Elektrizitätsversorgung die Form einer reinen Privatgesellschaft gewählt werden, weil die Interessen der Allgemeinheit eine maßgebende Mitwirkung öffentlicher Körperschaften mehr als bei anderen Wirtschaftsunternehmen erfordern, weil die Beschaffung der erheblichen Geldmittel bei Mitwirkung staatlicher oder kommunaler Stellen leichter als bei reinen Privatunternehmen vor sich geht und weil die vor allem anzustrebende Gemeinnützigkeit solcher Unternehmen keine großen Überschüsse zuläßt und deshalb ein Anreiz für rein private Gesellschaftsbildungen nicht vorliegt.

3. Sicherung der Organisation durch Verträge.

Um die gewählte Organisation einer Landesversorgung dauernd festzulegen, ist eine Anzahl von Verträgen nötig, die bereits bei der Projektierung der Landes-Elektrizitätswerke wenigstens in ihren Grundzügen ausgearbeitet werden müssen.

Bei Anlagen, die nicht rein staatlichen Charakter haben, ist ein Gesellschaftsvertrag für das Landeswerk, ev. mit Gründungs- und Einbringungsverträgen für die von einzelnen Gesellschaftern etwa eingelegten Kraftwerke und Leitungsanlagen erforderlich. Daneben sind unter Umständen Gesellschaftsverträge für die einzelnen Kreiswerke, ev. mit Gründungs- und Einbringungsverträgen nötig.

Ist das Landeswerk nicht als ein staatliches Unternehmen gegründet, so muß es mit dem Staat einen Konzessionsvertrag abschließen, der seine Rechte und Pflichten regelt. Daneben sind unter Umständen Konzessionsverträge für die Unterstufen, die Kreiswerke und gegebenenfalls die Ortswerke zu entwerfen.

Übernimmt das Landeswerk selbst die Aufgaben der Unterstufen, so sind die letztgenannten Konzessionsverträge zwischen dem Landeswerk und den Verwaltungskörpern der Verbrauchsgebiete abzuschließen, und zwar bezüglich der Kreisnetze, wenn das Landesnetz die Aufgabe der Kreiswerke mit übernimmt, sowie bezüglich der Stromverteilung in den einzelnen Gemeinden, wenn der Einzelverkauf in den Gemeinden ebenfalls vom Landeswerk übernommen wird.

Im Falle sich die Hauptkraftwerke nicht oder nur zum Teil in Händen der Landesversorgung befinden, sind Strombezugsverträge zwischen dem Landeswerk und den Hauptkraftwerken erforderlich.

Stromlieferungsverträge zwischen dem Landeswerk und seinen Abnehmern sind nötig und zwar:

mit den Kreiswerken, wenn die Organisation an dieser Stelle geteilt wird, demnach die Kreiswerke selbständige Wirtschaftseinheiten bilden;

mit den Ortswerken, wenn das Landesnetz die Aufgabe der zweiten Wirtschaftsstufe mit übernimmt und nur die Ortswerke selbständige Wirtschaftseinheiten bleiben;

mit den privaten Abnehmern, wenn auch der Einzelverkauf in den Gemeinden vom Landeswerk mit übernommen wird.

Die verschiedenen Verträge sind nachstehend an der Hand möglichst vereinfachter Musterbeispiele erläutert, wobei die minder wichtigen Vertragspunkte weggelassen oder nur angedeutet sind.

4. Gesellschaftsvertrag.

Als Beispiel ist der Vertrag gewählt, der bei der Projektierung des Bayernwerkes ausgearbeitet, aber nicht abgeschlossen wurde, weil das Bayernwerk infolge der seinerzeitigen Inflationswirkungen nicht als gemischwirtschaftliches, sondern rein staatliches Unternehmen gegründet wurde.

Vertrag
über
Errichtung der Gesellschaft m. b. H.
Bayernwerk.
(Nicht abgeschlossen.)

I. Name, Sitz, Dauer und Zweck der Gesellschaft.

§ 1.

Unter der Firma Bayernwerk G. m. b. H. errichten die Unterzeichneten eine Gesellschaft mit beschränkter Haftung mit dem Sitz in München. Die Gesellschaft ist berechtigt, an anderen Orten Zweigniederlassungen zu errichten. Die Gesellschaft ist auf unbestimmte Zeit errichtet.

Zu § 1: Als Gesellschaftsform wurde die einer G. m. b. H. gewählt, weil diese nach den gesetzlichen Bestimmungen eine größere Gewähr für eine dauernd gleiche Zusammensetzung der Gesellschaft und für den Ausschluß unbeteiligter Elemente als etwa eine Aktiengesellschaft bot.

§ 2.

Gegenstand des Unternehmens ist die Versorgung des rechtsrheinischen Bayern mit Elektrizität, und zwar durch Bezug, Erzeugung, Verteilung und Abgabe des elektrischen Stromes, sowie die Beteiligung an verwandten Unternehmungen in jeder Form, endlich die Erwerbung und Verwertung von der Elektrizität dienenden Rechten aller Art, einschließlich des Erwerbes von Eigentum und anderen Rechten an Grundstücken.

Zu § 2: Der Gegenstand des Unternehmens ist möglichst weit gefaßt. Die Beteiligung an verwandten Unternehmungen wurde vorgesehen, um eine Einflußnahme sowohl gegenüber den Unterstufen, den Kreiswerken, als auch gegenüber einer etwa kommenden Oberstufe, dem Reichswerk, zu ermöglichen und die Mitarbeit an selbständigen Kraftwerken und benachbarten Stromversorgungsanlagen zu erleichtern.

§ 3.

Öffentliche Bekanntmachungen der Gesellschaft erfolgen durch den Reichsanzeiger und die Bayerische Staatszeitung.

Zu § 3: Nichts zu bemerken.

II. Stammkapital und Geschäftsanteile.

§ 4.

1. Das Stammkapital der Gesellschaft beträgt 10 Millionen Mk. Auf dieses Stammkapital haben die Gesellschafter folgende Einlagen zu leisten:

1. der bayerische Staat . . . . 5 100 000 Mk.
2. die Stadt Augsburg . . . .
3. die Stadt München . . . .
4. die Stadt Nürnberg . . . .
5. die Amperwerke-A.-G. München . . . .
6. die Isarwerke-G. m. b. H. München . . . . .
7. die Lech-Elektrizitätswerke-A.-G. Augsburg . .
8. die Oberbayerische Überlandzentrale-A.-G. München . . .
9. das Großkraftwerk Franken-A.-G. Nürnberg . . .
10. das Fränkische Überlandwerk-A.-G. Nürnberg . .
11. die Gewerkschaft Gustav in Dettingen . . . .
12. die Bayerische Überlandzentrale-A.-G. Regensburg . . .
13. die Elektrizitäts-Lieferungs-Gesellschaft Berlin . .
14. die Allgemeine Elektrizitäts Gesellschaft Berlin . .
15. die E. A. G. vormals Schuckert & Cie. Nürnberg . .

2. Die Gesellschafter verpflichten sich, auf die vorgenannten Stammeinlagen bei Gründung der Gesellschaft eine Barzahlung in Höhe von 25% zu leisten. Weitere Einzahlungen werden von den Geschäftsführern mit Genehmigung der Gesellschafterversammlung einberufen. Gesellschafter, welche eingeforderte Beträge der Stammeinlage nicht rechtzeitig zahlen, haben vom Tage der Fälligkeit an 6% Zinsen zu entrichten.

3. Der Geschäftsanteil eines jeden Gesellschafters bestimmt sich nach dem Betrage seiner Stammeinlage.

Zu § 4: Bei Verteilung des Gesellschaftskapitals ist vorgesehen, daß der Staat 51% desselben übernimmt, um ihm die absolute Mehrheit der Stimmen in der Gesellschafterversammlung und damit den maßgebenden Einfluß auf die Leitung des Unternehmens zu sichern.

Die Frage der kommunalen Mehrheit gibt bei Gründung ähnlicher Werke fast regelmäßig zu langwierigen Verhandlungen Anlaß, weil die Privatbeteiligten hierdurch eine Schädigung ihrer Interessen fürchten. Wenngleich dieses Bedenken in der Regel unbegründet ist, weil das Wohl des Unternehmens, das für alle Beteiligten den Ausgang der Entschließungen bilden muß, zugleich auch das Wohl aller Gesellschafter bedeutet, so kann man doch dieser Streitfrage dadurch aus dem Wege gehen, daß man, wie dies z. B. beim Pfalzwerkvertrag geschehen ist, drei Gruppen von Gesellschaftern, z. B.

den Staat als Stromlieferant,

die Kreise und Städte als kommunale Körperschaften mit Abnehmerinteressen und

die privaten Überlandwerke

bildet, von welchen nur je zwei zusammen eine absolute Mehrheit erreichen.

§ 5.

1. Zur Veräußerung von Geschäftsanteilen oder Teilen von solchen ist die Genehmigung der Gesellschafterversammlung erforderlich.

2. Diese Genehmigung darf in folgenden Fällen nicht verweigert werden:

a) Zur Übertragung von Teilen der Geschäftsanteile des Bayerischen Staates.

b) Zur Übertragung von Geschäftsanteilen oder Teilen von solchen bis zum Gesamtbetrage von 900 000 Mk. seitens der anderen Gesellschafter an solche Stromgroßverteiler oder Städte oder öffentliche Körperschaften, welche vom Bayerischen Staate benannt werden. Zu dieser Übertragung sind die in § 2 Ziffer 2 mit 15 angeführten Gesellschafter nach dem Verhältnis ihrer Stammeinlage auf Verlangen des Bayerischen Staates verpflichtet.

c) Zur Übertragung der Geschäftsanteile nach den folgenden Ziffern 3 und 4.

3. Die Allgemeine Elektrizitäts-Gesellschaft Berlin, die E. A. G. vormals Schuckert & Cie. Nürnberg und die Gewerkschaft Gustav in Dettingen scheiden auf Verlangen der Gesellschafterversammlung als Gesellschafter aus, wenn nicht bis 1. Juli 1919 zwischen ihnen und dem Bayerischen Staate bindende Verträge über die Versorgung von Niederbayern, Unterfranken-Ost bzw. Unterfranken-West mit Elektrizität abgeschlossen sein werden. Sie sind in diesem Falle verpflichtet, ihre Geschäftsanteile an den Bayerischen Staat zur anderweitigen Vergebung an Stromgroßverteiler oder Städte oder öffentliche Körperschaften in den zurzeit noch nicht mit Elektrizität versorgten Gebieten von Niederbayern, Oberpfalz, Oberfranken und Unterfranken abzutreten. Solange diese Geschäftsanteile im Besitze des Bayerischen Staates sind, ruht das mit ihnen verbundene Stimmrecht.

4. Alle Gesellschafter sind verpflichtet, im Falle der Erwerbung der Anlagen des Bayernwerkes durch den Bayerischen Staat diesem auf sein Verlangen ihre ganzen Geschäftsanteile käuflich zu überlassen.

5. In den Fällen der Ziffer 2 und 3 werden für die Geschäftsanteile die Kapitaleinlagen zuzüglich Kosten und Spesen und 5% Zinsen pro Jahr und abzüglich etwaiger vom Bayernwerk bezahlter Gewinnanteile vergütet.

Im Falle der Ziffer 4 wird für die Geschäftsanteile der Betrag bezahlt, der sich berechnen würde, wenn die Gesellschaft liquidiert würde.

Zu § 5: Um die bei der Gründung vorgesehene Zusammensetzung der Gesellschaft möglichst dauernd zu erhalten, ist die Veräußerung von Geschäftsanteilen an die Genehmigung der Gesellschafterversammlung gebunden.

Ausnahmen bilden:

a) die Abtretung von Geschäftsanteilen des Staates, in der Annahme, daß dieser hierbei die Interessen des Unternehmens an und für sich wahren würde;

b) die im Verhältnis zu den Stammeinlagen erfolgende Abtretung von Anteilen an später sich meldende Kreiswerke oder Städte, zu welcher Abtretung die zunächst ins Auge gefaßten Gesellschafter auf Verlangen des Staates sogar verpflichtet sind;

c) für einzelne Gesellschafter, nämlich für die Baufirmen, die sich zu jener Zeit um Konzessionen für bestimmte Kreiswerke bewarben, ist die Abtretung ihrer Geschäftsanteile zur Pflicht gemacht, falls die bezüglichen Verhandlungen nicht zum Ziele führen sollten und deshalb andere Interessenten für die bezüglichen Kreiswerke gewonnen werden müßten.

Die Abtretung von Geschäftsanteilen könnte den Baufirmen auch aus anderen Gründen zur Pflicht gemacht werden.

Es geschieht mitunter, daß Baufirmen für ihre Leistungen zum Teil durch Gesellschaftsanteile bezahlt werden, um sie an dem Gewinn oder Verlust des von ihnen zu erbauenden Werkes wirtschaftlich zu interessieren. In diesen Fällen ist vorzusehen, daß die Firmen ihre Anteile während einer bestimmten Zeit an Dritte nicht veräußern dürfen, nach dieser Zeit aber verpflichtet sind, sie den öffentlichen Körperschaften gegen entsprechende Vergütung zu überlassen, wie dies z. B. beim Gesellschaftsvertrag der Pfalzwerke vorgesehen ist.

Die unter Ziffer 3 und 5 vorgesehenen Bestimmungen haben den Zweck, bei einer etwaigen Ablösung des Gesamtunternehmens durch den Staat den Ankauf und die daraus folgende Liquidation durch das vereinfachte Verfahren der Abtretung von Geschäftsanteilen zu ersetzen.

III. Vertretung und Geschäftsführung.

§ 6.

Die Organe der Gesellschaft sind:

a) die Geschäftsführer,
b) die Versammlung der Gesellschafter.

a) Geschäftsführer.

§ 7.

Die Gesellschaft wird durch einen oder mehrere Geschäftsführer gerichtlich und außergerichtlich vertreten. Nach Bedürfnis erfolgt die Aufstellung von Prokuristen.

Die Zeichnung erfolgt in der Weise, daß der bzw. die Geschäftsführer zu der Firma der Gesellschaft ihre Namensunterschrift beifügen. Im Falle des Vorhandenseins mehrerer Geschäftsführer hat die Zeichnung zu erfolgen entweder durch zwei Geschäftsführer oder durch einen Geschäftsführer in Gemeinschaft mit einem Prokuristen.

§ 8.

Der bzw. die Geschäftsführer sind der Gesellschaft gegenüber verpflichtet, die Beschränkungen einzuhalten, welche für den Umfang ihrer Befugnis, die Gesellschaft zu vertreten, durch die vorliegenden Satzungen, durch die Anstellungsverträge und die Beschlüsse der Gesellschafterversammlung festgesetzt werden.

Zu § 6, 7, 8: Nichts zu bemerken.

b) Die Versammlung der Gesellschafter.

§ 9.

Die Versammlung der Gesellschafter wird durch die Geschäftsführer berufen, und zwar mindestens jährlich zweimal. Eine Versammlung hat spätestens sechs Monate nach Schluß des Geschäftsjahres stattzufinden. Die Berufung erfolgt mittels eingeschriebener Briefe und mit einer Frist von mindestens zwei Wochen, welche mit dem Tage der Absendung der Briefe beginnt. Der Tag der Absendung der Briefe und der Tag der Versammlung sind hierbei nicht mitzurechnen. In den Schreiben ist die Tagesordnung der Versammlung mitzuteilen. Als Nachweis, daß die Berufung unter Bezeichnung der Tagesordnung erfolgte, genügt außer der Abschrift (Kopie oder Abdruck) der Briefe eine Postbescheinigung darüber, daß eingeschriebene Briefe an die Empfänger abgesandt worden sind.

Die Ladungsfrist kann abgekürzt werden, wenn dies von drei Gesellschaftern beantragt wird. Die Gesellschaftsführer sind berechtigt, eine Versammlung der Gesellschafter jederzeit zu berufen, falls sie diese im Interesse der Gesellschaft für erforderlich halten. Sie sind zur Einberufung einer Versammlung verpflichtet, wenn diese von drei Gesellschaftern beantragt wird.

Zu § 9: Nichts zu bemerken.

§ 10.

Die Gesellschafterversammlung erhält einen Vorsitzenden und zwei stellvertretende Vorsitzende. Der Vorsitzende wird jährlich vom Bayerischen Staate ernannt. Die Stellvertreter werden jährlich von der Gesellschafter-Versammlung gewählt, wobei sich der Staat der Abstimmung enthält. Der Vorsitzende und seine Stellvertreter haben die Geschäftsführung der Gesellschaft zu unterstützen und zu beaufsichtigen.

Zu § 10: Die drei Vorsitzenden der Gesellschafterversammlung sind als eine Art Aufsichtsrat gedacht. Durch die Fassung der Bestimmung soll gewährleistet werden, daß der Vorsitzende dieses Kollegiums alljährlich vom Staat und seine beiden Stellvertreter alljährlich von der Gesamtheit der übrigen Gesellschafter gestellt werden.

§ 11.

Die Leitung der Gesellschafterversammlung liegt in den Händen des Vorsitzenden oder eines seiner Stellvertreter. Die Versammlung ist beschlußfähig, wenn mindestens sechs Zehntel des Stammkapitals vertreten sind.

Kommt eine beschlußfähige Versammlung nicht zustande, so ist eine neue Versammlung zu berufen, die ohne Rücksicht auf die Höhe des vertretenen Stammkapitals beschlußfähig ist.

Ist die Versammlung nicht ordnungsmäßig berufen, so können Beschlüsse nur gefaßt werden, wenn sämtliche Gesellschafter anwesend und mit der Vornahme einer Abstimmung einverstanden sind.

Die in der Versammlung der Gesellschafter gefaßten Beschlüsse sind in ein Protokollbuch einzutragen und von dem Vorsitzenden zu unterzeichnen.

Zu § 11: Nichts zu bemerken.

§ 12.

In den Versammlungen kann sich jeder Gesellschafter nur durch einen Bevollmächtigten auf Grund schriftlicher Vollmacht vertreten lassen.

Alle Gesellschafter bzw. deren Bevollmächtigte sind stimmberechtigt. Je 1000 Mk. der Geschäftsanteile gewähren eine Stimme.

Außer den Bevollmächtigten können der Bayerische Staat mehrere und die übrigen Gesellschafter je einen Vertreter mit beratender Stimme in die Gesellschaftsversammlung entsenden.

Zu § 12: Die hier vorgesehenen Bevollmächtigten üben das Stimmrecht im Verhältnis zu den Geschäftsanteilen aus. Um die Bevollmächtigten in den verschiedenartigen technischen und wirtschaftlichen Fragen durch Spezialsachverständige beraten zu können, ist die Teilnahme weiterer Vertreter ohne Stimmrecht vorgesehen.

§ 13.

Die Gesellschafterversammlung hat zu beraten und zu beschließen über die ihr im Gesetze und in diesen Satzungen zugewiesenen Gegenstände, insbesondere über

1. die Bestellung und die Abberufung der Geschäftsführer sowie die Festsetzung ihrer Bezüge,
2. die Genehmigung der Anstellung von Prokuristen, Handlungsbevollmächtigten und Beamten, letztere soweit ihre jährlichen Einkünfte 5000 Mk. erreichen oder übersteigen,
3. Erwerb, Verkauf und Belastung von Liegenschaften, Neu- oder Umbauten, Neuanschaffungen sowie Bestellungen oder Ankäufe, soweit diese Angelegenheiten nicht den Geschäftsführern durch eine Dienstordnung übertragen sind,
4. die Beteiligung an anderen Unternehmungen,
5. den Abschluß und die Abänderung von Stromlieferungs- und Strombezugsverträgen,
6. die Aufnahme neuer Gesellschafter und die Übertragung von Gesellschaftsanteilen,
7. die Feststellung der Jahresbilanz und die Verteilung des Reingewinnes sowie die Entlastung der Geschäftsführer,
8. die Einforderung von Einzahlungen auf die Stammeinlagen,
9. die Ausgabe von Schuldverschreibungen und Aufnahme von Darlehen, die dauernde Anlegung von Barmitteln der Gesellschaft u. dgl.,
10. die Erhöhung oder Herabsetzung des Stammkapitals,
11. die Abänderung des Gesellschaftsvertrages,
12. die Auflösung der Gesellschaft.

Zu § 13: Die Beratungsgegenstände der Gesellschafterversammlung entsprechen im allgemeinen den üblichen Bestimmungen.

Zu beachten ist Punkt 5, nach welchem auch der Abschluß und die Abänderung von Stromlieferungs- und Strombezugsverträgen der Beschlußfassung durch die Gesellschafter unterliegt. Diese Bestimmung bezweckt, daß in einer der wichtigsten Fragen, nämlich der Verteilung des durch das Landeswerk erzielten Nutzens auf die verschiedenen Interessenten, nicht der Vorstand, sondern die Gesamtheit der Gesellschafter auf Grund besonderer Beratung entscheidet.

§ 14.

Vorbehaltlich der im Gesetz und im nachfolgenden Absatz enthaltenen besonderen Bestimmungen genügt für alle Beschlüsse einfache Stimmenmehrheit.

Gültige Beschlüsse über die in Ziffer 1, 5, 6, 9, 10, 11 und 12 des § 13 angeführten Gegenstände können nur von einer Mehrheit von wenigstens drei Viertel der abgegebenen Stimmen gefaßt werden.

Über die in Ziffer 2 und 3 des § 13 angeführten Gegenstände kann auch im Wege des Schriftwechsels, also ohne Gesellschafterversammlung abgestimmt werden, wenn nicht drei Gesellschafter gegen die schriftliche Abstimmung sich erklären.

Zu § 14: Hier ist eine qualifizierte Mehrheit für alle wichtigen Entscheidungen, insbesondere auch über diejenigen zu Punkt 5, vorgesehen, wodurch eine Majorisierung der einzelnen Gesellschaftergruppen durch die übrigen Gesellschafter nach Möglichkeit vermieden werden soll.

§ 15.

Die Gesellschafterversammlung ist berechtigt, bei Prüfung der Bücher und Schriften der Gesellschaft sowie von Vorgängen der Geschäftsführung, ferner bei Untersuchung der Anlagen und Bestände der Gesellschaft dritte Personen als Sachverständige zuzuziehen. Sie kann eines oder mehrere ihrer Mitglieder zu bestimmten Geschäften abordnen oder dritte Personen mit der Erledigung bestimmter Geschäfte betrauen.

Zu § 15: Nichts zu bemerken.

IV. Bilanz und Gewinnverteilung.

§ 16.

Das Geschäftsjahr beginnt mit dem 1. Oktober und endigt mit dem 30. September. Das erste Geschäftsjahr beginnt mit der Eintragung der Gesellschaft in das Handelsregister und endigt mit dem darauffolgenden 30. September.

§ 17.

Die Bilanz ist von den Geschäftsführern in den ersten drei Monaten nach Schluß des Geschäftsjahres aufzustellen, von dem Vorsitzenden der Gesellschaft oder seinem Stellvertreter zu prüfen und von der Gesellschafterversammlung zu genehmigen.

Zu § 16 und 17: Nichts zu bemerken.

§ 18.

Der Überschuß der Einnahmen über die Ausgaben wird nach Abzug angemessener Rückstellungen und Reserven sowie der den Stromabnehmern und Stromlieferanten zugestandenen Vergütungen nach Verhältnis der Geschäftsanteile verteilt.

Zu § 18: Die vorstehende Bestimmung nimmt auf eine Gewinnbeteiligung der Stromlieferanten und Stromabnehmer des Bayernwerkes Bezug, die in den Verträgen mit denselben vorgesehen war, um etwaige Übergewinne des Bayernwerkes in angemessenem Verhältnis den Besitzern der Kraftwerke sowie den Abnehmern rückzuvergüten.

§ 19.

Für alle Rechtsverhältnisse der Gesellschaft und der Gesellschafter, für welche in diesem Vertrag keine besonderen Bestimmungen vorgesehen sind, gelten die Vorschriften des Reichsgesetzes über die Gesellschaft mit beschränkter Haftung nach der Fassung der Bekanntmachung vom 20. Mai 1898.

§ 20.

Die sämtlichen durch die Gründung der Gesellschaft entstehenden Kosten an notariellen und gerichtlichen Gebühren sowie an Stempeln und Steuern werden von den Gesellschaftern nach dem Verhältnis ihrer Beteiligung getragen.

V. Schlußbestimmungen.

§ 21.

Herr N. N. wird bevollmächtigt, alle Entscheidungen zu treffen und Erklärungen abzugeben, die etwa vom Registerrichter hinsichtlich anderweitiger Fassung oder Ergänzung des vorstehenden Gesellschaftsvertrages noch für notwendig oder für wünschenswert erachtet werden sollten.

Zu §§ 19, 20, 21: Nichts zu bemerken.

Um auf Grund eines Gesellschaftervertrages, wie er vorstehend erläutert wurde, ein Unternehmen ins Leben zu rufen, ist noch ein Gründungsvertrag erforderlich, durch welchen sichergestellt wird, daß in der Gründungssitzung die für die einzelnen Gesellschafter vorgesehenen Verpflichtunngen auch wirklich erfüllt werden.

Diese Gründungsverträge sowie die etwa nötigen Einbringungsverträge sind unter Mitwirkung von Juristen bzw. Notaren aufzustellen und können an dieser Stelle übergangen werden.

Sind gleichzeitig mit dem Landeswerk für verschiedene Kreiswerke Unternehmungen zu gründen oder die Satzungen bestehender Unternehmungen im Hinblick auf störungsfreies Zusammenarbeiten mit dem Landeswerk zu ändern, so gelten für diese Verträge etwa die gleichen Gesichtspunkte, wie sie vorstehend erläutert wurden.

5. Konzessionsvertrag für ein Landeselektrizitätswerk.

Als Beispiel eines Konzessionsvertrages für ein Landeselektrizitätswerk ist nachstehend der Vertrag des Bayernwerkes mit dem Staat in gekürzter Form wiedergegeben. Auch dieser Vertrag wurde nicht abgeschlossen, weil bei der späteren Gründung des Bayernwerkes als rein staatliches Unternehmen ein besonderer Konzessionsvertrag nicht notwendig war. Verschiedene wichtige Bestimmungen dieses Vertrages, insbesondere soweit sie die Beziehungen des Bayernwerkes zu seinen Abnehmern betreffen, haben in den später abgeschlossenen Stromlieferungsverträgen zwischen dem Bayernwerk und den Kreiswerken Aufnahme gefunden.

Zwischen dem

Bayerischen Staate

vertreten durch das Staatsministerium der Finanzen

und dem

Bayernwerk, Gesellschaft mit beschränkter Haftung, München

ist folgender

Vertrag

abgeschlossen worden:

(Nicht abgeschlossen.)

§ 1.

Zweck, Umfang, Ausbau und Aufgaben des Bayernwerkes.

1. Das Bayernwerk hat den Zweck, die für die Elektrizitätsverteilung im rechtsrheinischen Bayern in Betracht kommenden eigenen und fremden Stromerzeugungsanlagen durch Hochspannungsleitungen untereinander und mit den Hauptverbrauchsgebieten zu verbinden. Es ist verpflichtet, hierzu ein Hochspannungsleitungsnetz nach dem beiliegenden allgemeinen Linienplan auszubauen. Der Ausbau ist stufenweise wie folgt durchzuführen:

a) Die Leitung von Kochel über München und Augsburg nach Nürnberg wird gebaut, wenn auf dieser Strecke ein jährlicher Verbrauch von mindestens 85 Millionen kWh gewährleistet ist.

b) Die Erweiterung zu einem geschlossenen Ring von München über Landshut, Regensburg, Haidhof und Amberg nach Nürnberg wird ausgeführt, sobald im ganzen Ring ein jährlicher Verbrauch von 110 Millionen kWh erreicht oder gesichert ist.

c) Die Erweiterung zum vollen Ausbau erfolgt, wenn im ganzen Leitungsnetz ein jährlicher Verbrauch von 150 Millionen kWh erreicht oder gesichert ist.

Hierbei ist für die Ausführung der einzelnen Ausbaustufen Voraussetzung, daß von dem bei der Ausführung einer weiteren Ausbaustufe zu gewährleistenden jährlichen Mehrverbrauche etwa die Hälfte auf die jeweils neu hinzukommende Leitungsstrecke entfällt.

Weitere Leitungsstrecken, die zum Anschluß neuer Stromerzeugungsanlagen oder Verbrauchsgebiete nötig werden, sollen zur Ausführung kommen, wenn durch den bereits erreichten oder gesicherten Stromverbrauch die Deckung aller dem Bayernwerk für die betreffende Leitungsstrecke anfallenden Kosten für Verzinsung, Tilgung, Abschreibung, Unterhaltung usw. gesichert ist.

2. Mit der Ausführung des Leitungsnetzes ist spätestens zwölf Monate nach Aufhebung des Kriegszustandes in Deutschland zu beginnen. Von den zur Ausführung kommenden Leitungsstrecken sind vierteljährlich im Durchschnitt mindestens 15% der Gesamtlänge betriebsfähig herzustellen.

3. Das Bayernwerk hat dafür zu sorgen, daß von Vollendung des staatlichen Walchenseewerkes an zur Stromversorgung des rechtsrheinischen Bayern aus seinem Leitungsnetz eine Höchstleistung von mindestens 50 000 kW und eine jährliche Arbeitsmenge von mindestens 120 Millionen kWh, gemessen an den Oberspannungssammelschienen der zu den Stromerzeugungsanlagen gehörenden Haupttransformatorstationen, zur Verfügung stehen.

Sobald diese Höchstleistung und Arbeitsmenge nicht mehr ausreicht, hat das Bayernwerk für eine entsprechende Vermehrung seiner Leistungsfähigkeit bis zu einer Höchstleistung von 75 000 kW und bis zu einer Arbeitsmenge von jährlich 180 Millionen kWh innerhalb längstens drei Jahren nach Aufforderung seitens des Staatsministeriums des Innern zu sorgen, unter der Voraussetzung, daß der jeweils geforderte Mehrbedarf eine Höchstleistung von mindestens 5000 kW mit mindestens 2500 jährlichen Benutzungsstunden umfaßt und der Stromlieferungsvertrag auf eine entsprechende Zeitdauer abgeschlossen wird.

4. Das Bayernwerk hat in erster Linie die gewerbsmäßigen Großverteiler des rechtsrheinischen Bayern mit Elektrizität zu versorgen. Die Stromlieferung an Selbstverbraucher darf und soll nur ausnahmsweise in folgenden Fällen stattfinden:

a) Das Bayernwerk ist berechtigt, auch Selbstverbraucher mit Elektrizität zu versorgen, wenn der in Betracht kommende gewerbsmäßige Großverteiler es ablehnt, den Selbstverbraucher zu den Bedingungen des Bayernwerkes, zuzüglich eines Aufschlages, der die Übertragungskosten und einen angemessenen Nutzen einschließt, zu beliefern, oder wenn trotz der Bereitwilligkeit des Großverteilers die Stromlieferung durch ihn auf so erhebliche technische oder wirtschaftliche Schwierigkeiten stößt, daß sie nur durch eine unmittelbare Stromversorgung aus dem Bayernwerk zu überwinden sind. Das Bayernwerk darf in solchen Fällen den Strom an den Selbstverbraucher keinesfalls billiger abgeben, als ihn der Großverteiler zu den Bedingungen des Bayernwerkes zuzüglich eines Aufschlages, der die Übertragungskosten und einen angemessenen Nutzen einschließt, zu liefern vermöchte.

b) Das Bayernwerk ist verpflichtet, unter den in Ziffer a) angegebenen Bedingungen an einen Selbstverbraucher elektrischen Strom unmittelbar zu liefern, wenn das Staatsministerium des Innern diesen Anschluß aus allgemein wirtschaftlichen Gründen verlangt und der Selbstverbraucher mindestens eine Höchstleistung von 2000 kW bei mindestens 2500 jährlichen Benutzungsstunden abnimmt.

c) Der Staat ist berechtigt, unter den in Ziffer a) angegebenen Bedingungen die unmittelbare Stromlieferung vom Bayernwerk für seine eigenen Anstalten und Betriebe zu verlangen.

5. Sollten Naturereignisse oder Feuerschäden, Krieg und seine unmittelbaren und mittelbaren Folgen, Aufstand, Arbeitseinstellung oder ähnliche Umstände, deren Verhinderung nicht in der Macht des Bayernwerkes stand, die rechtzeitige Fertigstellung der Anlagen oder die Erzeugung, den Bezug oder die Fortleitung und Abgabe der Elektrizität verhindern oder wesentlich beeinträchtigen, so ruhen die obigen Verpflichtungen des Bayernwerkes so lange, bis die Hindernisse und ihre Folgen beseitigt sind oder nach Lage der Verhältnisse beseitigt sein könnten.

Zu § 1 Ziffer 1: Der Zweck des Bayernwerkes ist auf die Verbindung der Hauptkraftquellen des Landes mit den Hauptkonsumgebieten beschränkt, d. h. auf die Errichtung und den Betrieb des Landesnetzes.

Diese Beschränkung war notwendig, weil die Kraftwerke zum Teil bereits im Besitz verschiedener Unternehmungen sich befanden und nur mit großen Schwierigkeiten hätten abgelöst werden können, weil die wertvollen Wasserkräfte des Landes nicht der gemischtwirtschaftlichen Gesellschaft überlassen, sondern dem Staate verbleiben sollten, weil ferner Kreiswerke in größerer Zahl bereits bestanden und deshalb die Vereinigung der 2. und 3. Wirtschaftsstufe zu einem einheitlichen Unternehmen, das an und für sich zweckmäßig gewesen wäre, nicht mehr durchführbar war.

Der Ausbau des Bayernwerkes war nach dem vorliegenden Projektplan stufenweise gedacht und von der jeweiligen Erzielung bestimmter Abnahmeverpflichtungen abhängig gemacht. Wichtig ist dabei, daß die jeweilige Ausdehnung des Netzes nicht von Abnahmeverpflichtungen der neu hinzukommenden Abnehmer allein abhängen sollte, sondern daß jeweils ein Teil des im Stammnetz erzielten Überschusses zur Deckung etwaiger Verluste in den neu hinzukommenden Netzteilen mit verwendet werden sollte, daß also Betriebsgewinne in erster Linie der Ausdehnung des Landesnetzes auf alle Konsumgebiete zugute kommen sollten.

Zu § 1 Ziffer 2: Beginn und Fortschritt des Ausbaues sind hier vorgeschrieben. Da die Projektierung des Bayernwerkes in die Kriegszeit fiel, ist für den Beginn des Ausbaues ein Jahr nach Aufhebung des Kriegszustandes vorgesehen.

Zu § 1 Ziffer 3: Neben der Ausdehnung des Leitungsnetzes sind hier für den jeweils erforderlichen Umfang der Kraftbeschaffung bindende Vorschriften gemacht.

Zu § 1 Ziffer 4: Um zu verhindern, daß das Bayernwerk den Unternehmern der Unterstufen eine unliebsame Konkurrenz bereitet, ist grundsätzlich vorgesehen, daß es den Strom nur an gewerbsmäßige Großverteiler wie Kreiswerke und ev. Großstädte liefern darf.

Da hierdurch die Kreiswerke ein unbeschränktes Monopol für die Unterverteilung in ihrem Stromversorgungsgebiet erhielten, mußte eine Durchbrechung dieses Monopols vorgesehen werden, wenn das betreffende Kreiswerk beim Weiterverkauf des Bayernwerkstromes seinen Abnehmern unangemessene Bedingungen stellen sollte. Die Durchbrechung des Monopols mußte allerdings auf große Einzelabnehmer beschränkt werden, da das Bayernwerk schon vermöge seiner technischen Anlagen zur Belieferung von Kleinabnehmern nicht in der Lage ist. Durch die vorgesehenen Bestimmungen über die Preisgestaltung im Falle einer Durchbrechung der Monopole sind die Kreiswerke vor einer Unterbietung durch das Bayernwerk geschützt.

Um zu verhindern, daß sowohl das zuständige Kreiswerk als auch das Bayernwerk die Belieferung besonders wichtiger Selbstverbraucher ablehnen, hat sich der Staat vorbehalten, für solche Selbstverbraucher gegebenenfalls die unmittelbare Stromlieferung durch das Bayernwerk nicht nur zu gestatten, sondern auch zu fordern. Das gleiche Recht steht dem Staate zu für eigene Anlagen, wenn ein Kreiswerk die Belieferung zu angemessenen Bedingungen verweigern sollte.

Zu § 1 Ziffer 5: Nichts zu bemerken.

§ 2.
Das Recht zur Benutzung staatlichen Eigentums.

1. Der Bayerische Staat erteilt dem Bayernwerk vorbehaltlich der Rechte Dritter und der besonderen Bedingungen für den Einzelfall (s. § 4), die Erlaubnis zur Führung seiner Starkstromleitungen mit Zubehör auf, über und unter Staatsgrund, öffentlichen und Staatsprivatgewässern und staatseigenen Anlagen innerhalb des rechtsrheinischen Bayern.

2. Erfolgt die Zurücknahme der Erlaubnis seitens des Staates, so ist mangels anderweitiger Einigung über die Belassung der auf staatlichem Eigentum befindlichen Anlagen das Bayernwerk verpflichtet, seine Anlagen auf, über und unter Staatsgrund, öffentlichen und Staatsprivatgewässern und staatseigenen Anlagen, soweit sich der Widerruf des Staates erstreckt, auf eigene Kosten zu entfernen, unter ordentlicher Instandsetzung der Straßen, Gebäude, staatlichen Bahnanlagen, Verständigungseinrichtungen und des sonstigen staatlichen Eigentums. Die Entfernung der Anlagen und die Instandsetzungsarbeiten haben innerhalb einer angemessenen Frist zu erfolgen, widrigenfalls der Staat berechtigt ist, die Arbeiten auf Kosten des Bayernwerkes vornehmen zu lassen.

3. Dem Staate steht das Recht zu, die Erlaubnis zur Benutzung staatlichen Eigentums sofort ohne Einhaltung einer Kündigungsfrist zu widerrufen, wenn das Bayernwerk trotz wiederholter schriftlicher Aufforderung innerhalb einer angemessenen Frist eine in diesem Vertrage zur Aufrechterhaltung seiner Zweckbestimmung übernommene wesentliche Verbindlichkeit schuldhafter Weise nicht erfüllt, oder — abgesehen von Fällen höherer Gewalt — zu erfüllen dauernd außerstande ist. In diesem Falle hat das Bayernwerk dem Staate auf Verlangen die Anlagen solange zur Verfügung zu stellen, bis der Staat diese Anlagen erwirbt, oder durch neue Anlagen ersetzt. Während dieser Zeit erfolgt die Betriebsführung auf Rechnung des Bayernwerkes durch den Staat. Die Erwerbung der bestehenden Anlagen oder die Errichtung neuer Anlagen muß längstens innerhalb fünf Jahren erfolgen. Im Falle der Erwerbung der Anlagen durch den Staat gelten für den Kaufpreis und die sonstigen Übernahmebedingungen sinngemäß die Bestimmungen in §§ 8 und 9. Wenn die Anlagen des Bayernwerkes vom Staate nicht erworben werden, so sind sie unter sinngemäßer Anwendung der Bestimmungen in Absatz 2 zu entfernen.

4. Für dieses Nutzungsrecht werden, außer einer Gebühr von jährlich 1000 Mk. (eintausend Mark), Vergütungen nicht beansprucht, soweit nicht durch die Benutzung staatlichen Eigentums ein wirklicher Schaden verursacht wird (s. § 6). Die Gebühr ist jeweils im voraus am 2. Januar und erstmals für das der Inbetriebnahme folgende Kalenderjahr zu entrichten. Einhebestelle ist das Stadtrentamt I München.

Zu § 2 Ziffer 1: Das Bayernwerk hat für die Führung der Leitungen auf Staatsgrund, wie ersichtlich, kein Monopol. Es konnte kein Monopol bekommen, weil die Kreiswerke bereits vorhanden waren und ein Monopol auf die dem Bayernwerk vorbehaltene Hauptverteilung der Kräfte technisch und juristisch nicht umschrieben werden konnte. Dieser Mangel eines unangreifbaren Monopols bedeutet für das Unternehmen eine gewisse Schwierigkeit, die in den Verträgen mit seinen Stromabnehmern nur zum Teil überwunden werden konnte.

Zu § 2 Ziffer 2 und 3: Nichts zu bemerken.

Zu § 2 Ziffer 4: Da das Bayernwerk als ein gemeinnütziges Unternehmen gedacht war, hat sich der Staat für die Benützung seines Eigentums an Straßen usw., abgesehen von einer Anerkennungsgebühr, keinerlei Abgaben vorbehalten.

§ 3.
Mitwirkung des Staates bei der Benutzung des Eigentums Dritter.

1. Zur Benutzung der nicht im Staatseigentum stehenden Grundstücke usw. für seine Leitungen mit Zubehör hat das Bayernwerk die Erlaubnis der Eigentümer oder Verfügungsberechtigten herbeizuführen und mit ihnen die näheren Bedingungen zu vereinbaren. Beim Abschluß der Verträge des Bayernwerkes mit Gemeinden oder sonstigen öffentlichen Körperschaften wegen der Benutzung ihres Eigentums wird das Staatsministerium des Innern auf Antrag des Bayernwerkes mitwirken und die berechtigten Forderungen des Bayernwerkes unterstützen. Soweit vom Staate oder von solchen vorgenannten Körperschaften über die Errichtung von elektrischen Leitungen samt Zubehör bereits abgeschlossene Verträge für den Bau oder Betrieb der Anlagen des Bayernwerkes ein Hindernis bilden sollten, wird das Staatsministerium des Innern auf deren Abänderung hinwirken.

2. Wird dem Bayernwerke die Erlaubnis zur Benutzung fremden Grund und Bodens verweigert oder werden von den Eigentümern Bedingungen gestellt, die den Bau und Betrieb der Leitungen samt Zubehör hindern oder wesentlich beeinträchtigen, oder Entschädigungen verlangt, die den ihnen entstehenden Nachteil übersteigen, und kommt eine gütliche Einigung zwischen ihnen und dem Bayernwerk nicht zustande, so bleibt es dem Bayernwerke überlassen, Antrag auf Zwangsenteignung nach Art. I A, Ziffer 16, mit Art. IV des Gesetzes vom 17. November 1837, die Zwangsenteignung betreffend, in der Fassung vom Jahre 1910, zu stellen.

Zu § 3 Ziffer 1: In diesem Absatz ist vorgesehen, daß das Bayernwerk mit den Eigentümern von Distriktsstraßen u. dgl. Zusatzverträge zum Staatsvertrag abschließt.

Da einzelne der bestehenden Kreiswerke das ausschließliche Recht für die Benutzung von Staatseigentum zur Führung von Leitungen in ihrem Versorgungsgebiet besaßen, mußte eine Abänderung dieser Verträge zugunsten des Bayernwerkes vorgesehen werden.

Zu § 3 Ziffer 2: Die Bestimmung gewährt dem Bayernwerk ein Enteignungsrecht mit abgekürztem Verfahren.

— 384 —

§ 4.

Bau- und Betriebsbedingungen.

1. Die gesamten Anlagen des Bayernwerkes sind nach Maßgabe der reichs- oder landesgesetzlichen Vorschriften und Verordnungen sowie der Normalien, Vorschriften und Leitsätze des Verbandes Deutscher Elektrotechniker einschließlich der vom Staatsministerium für Verkehrsangelegenheiten in seiner Eigenschaft als Staatsbehörde hierzu erlassenen allgemein gültigen Ausführungsbestimmungen auszuführen, zu unterhalten und zu betreiben.

2. Die besonderen Bedingungen für die Ausführung und den Betrieb der Anlagen des Bayernwerkes werden von den zuständigen Ministerien und sonstigen Staatsstellen nach Anhörung des Bayernwerkes bestimmt.

3. Bei der Planung und Errichtung seiner Anlagen hat das Bayernwerk auf den Schutz des Orts- und Landschaftsbildes Rücksicht zu nehmen und den diesbezüglichen Vorschlägen und Anordnungen der zuständigen Stellen nachzukommen, soweit es technisch und wirtschaftlich vertretbar ist.

4. Vor Ausführung der einzelnen Anlagen des Bayernwerkes sind jeweils die ausführlichen Entwürfe der Anlagen den zuständigen Staatsstellen rechtzeitig vorzulegen.

Der Staat behält sich die Genehmigung der einzelnen Entwürfe vor und überwacht die Ausführung und Unterhaltung der Anlagen.

5. Das Staatsministerium für Verkehrsangelegenheiten ist jederzeit befugt zu verlangen, daß das Hochspannungsnetz des Bayernwerkes innerhalb einer angemessenen Frist verlegt oder verändert wird, soweit dies im Interesse der zeitlich früheren staatlichen Schwachstromanlagen geboten ist. Im weiteren bestimmt das Staatsministerium für Verkehrsangelegenheiten in seiner Eigenschaft als Staatsbehörde, welche Bauvornahmen und Vorkehrungen infolge der Errichtung und des Betriebes der vorerwähnten Starkstromanlagen des Bayernwerkes zum Schutze der bestehenden staatlichen Schwachstromanlagen an diesen zu treffen sind. Die Kosten, die durch die vorerwähnten Verlegungen oder Veränderungen an den Anlagen des Bayernwerkes oder durch Bauvornahmen und Vorkehrungen an staatlichen Schwachstromanlagen erwachsen, trägt das Bayernwerk.

Zugunsten zeitlich späterer staatlicher Schwachstromanlagen können vom Staatsministerium für Verkehrsangelegenheiten auf Kosten des Bayernwerkes Verlegungen oder Veränderungen an den Anlagen des letzteren sowie Bauvornahmen und Vorkehrungen an staatlichen Schwachstromanlagen nur insoweit verlangt werden, als sich die für die Schwachstromanlage hinderliche oder störende Anlage des Bayernwerkes auf, über und unter Staatsgrund, öffentlichen und Staats-Privatgewässern und staatseigenen Anlagen befindet. Bei der Bestimmung, welche Verlegungen oder Veränderungen an den Anlagen des Bayernwerkes und welche Bauvornahmen und Vorkehrungen an staatlichen Schwachstromanlagen vorzunehmen sind, soll der Grundsatz maßgebend sein, daß dieselben, unbeschadet der Erfüllung ihres Zweckes, mit den geringsten Kosten bzw. wirtschaftlichen Verlusten oder Nachteilen verbunden sind.

Soferne durch Verlegungen oder Veränderungen der Bayernwerksanlagen oder durch Bauvornahmen und Vorkehrungen an staatlichen Schwachstromanlagen gegenüber dem früheren Zustande der Bayernwerksanlagen oder der staatlichen Schwachstromanlagen Vorteile entstehen, die eine größere Sicherheit, Leistungsfähigkeit oder einen wirtschaftlicheren Betrieb ermöglichen, fallen die hierfür aufgewendeten Ausgaben demjenigen Vertragsteile zur Last, zu dessen Gunsten der Vorteil wirkt.

6. Die vorstehend in Ziffer 5 für das Verhältnis der Bayernwerksanlagen zu den staatlichen Schwachstromanlagen niedergelegten Bestimmungen finden sinngemäße Anwendung auch auf andere staatliche Bauten und Einrichtungen.

7. Das Bayernwerk ist verpflichtet, bei der Vergebung des Baues seiner Anlagen und in den mit den Unternehmern abzuschließenden Werkverträgen, soweit es technisch und wirtschaftlich angezeigt ist, die in Bayern ansässigen Bewerber zu berücksichtigen.

Zu § 4 Ziffer 1—4: Nichts zu bemerken.

Zu § 4 Ziffer 5—6: Die Abschnitte regeln die wichtigen Beziehungen des Bayernwerkes zu vorhandenen oder künftig zu errichtenden staatlichen Anlagen. Die sehr eingehend beratenen und für beide Teile gerechten Grundsätze hierfür sind im allgemeinen die folgenden:

Die Kosten, welche zum Schutze vorhandener staatlicher Anlagen erwachsen, trägt das Bayernwerk. Die Kosten, welche zum Schutze späterer staatlicher Anlagen nötig werden, trägt das Bayernwerk nur so weit, als sich dessen zu verlegende oder zu ändernde Leitungen auf Staatsgrund befinden.

Damit scheiden Umlegungen oder Änderungen ganzer Leitungsstrecken zugunsten späterer staatlicher Anlagen im allgemeinen aus.

Bei erforderlichen Änderungen werden nicht unter allen Umständen die Bayern-werksleitungen, sondern diejenigen Anlagen geändert, deren Änderung die geringsten Kosten verursacht, es wird somit nach wirtschaftlichen Grundsätzen verfahren.

Wenn durch Änderungen, abgesehen von dem Schutz der Anlagen, noch sonstige Vorteile entstehen, so sind die anteiligen Kosten hierfür von dem Teil zu tragen, dem der Vorteil erwachsen ist.

Zu § 4 Ziffer 7: Die Bevorzugung inländischer Unternehmer ist aus den an früherer Stelle bereits angeführten Gründen im Staatsvertrag aufgenommen.

§ 5.
Strombezug und Stromabgabe.

1. Für den Strombezug des Bayernwerkes und die Stromabgabe aus dem Bayernwerke gelten die beiliegenden Bedingungen, die einen wesentlichen Bestandteil dieses Vertrages bilden. Ihre Abänderung oder Ergänzung ist nur mit Genehmigung des Staatsministeriums des Innern zulässig.

2. Verträge über den Strombezug oder die Stromabgabe mit einer Höchstleistung von über 4000 kW oder einer Jahresarbeit von über 10 Millionen kWh bedürfen der Genehmigung des Staatsministeriums des Innern.

Zu § 5 Ziffer 1: Hier ist vorgesehen, daß Tarifänderungen, selbst wenn sie laut Gesellschaftsvertrag mit ¾ Mehrheit der Gesellschafter-Versammlung unter Zu-stimmung der Staatsvertreter beschlossen sind, immer noch der Genehmigung durch die Staatsregierung bedürfen. Es ist somit gegen ungerechtfertigte Tarife, gleich-gültig, ob sie zu hoch oder zu niedrig sind, die denkbar größte Sicherheit geschaffen.

Zu § 5 Ziffer 2: Die Genehmigung für besonders umfangreiche Stromlieferungs-verpflichtungen ist vorgesehen, damit die wertvollen Naturkräfte des Landes wirk-lich der Allgemeinheit zugute kommen und nicht etwa an einzelne begünstigte Ver-braucher zu besonders niedrigen Preisen vergeben werden.

§ 6.
Haftung.

1. Das Bayernwerk haftet dem Staate gegenüber für alle Schäden, die diesem durch Herstellung, Bestand, Verlegung oder Beseitigung der Anlagen oder durch den Betrieb des Unternehmens entstehen. Das Bayernwerk hat dabei für alle von ihm beschäftigten Personen und Unternehmer einzustehen.

Zu § 6: Nichts zu bemerken.

§ 7.
Ablösungsrecht.

1. Der Staat hat das Recht, die gesamten dem Bayernwerke gehörenden Anlagen mit allen damit verbundenen Rechten und Pflichten, insbesondere mit den bestehenden Verträgen und allen Zugehö-rungen, jedoch frei von Hypotheken-, Grund- und Rentenschulden abzulösen, unter Ausschluß von Geschäften des Bayernwerkes, die nicht zu den im § 1 umschriebenen Aufgaben des Unternehmens gehören.

2. Das Ablösungsrecht kann zum ersten Male nach Ablauf von 50 Jahren nach der Inbetrieb-nahme des Bayernwerkes, späterhin jedes Jahr jeweils am 31. Dezember in allen Fällen unter Einhaltung einer fünfjährigen schriftlichen Voraussage ausgeübt werden. Der Tag der Inbetriebnahme ist urkund-lich festzulegen.

3. Neben dem Rechte zur Ablösung der Anlagen wird dem Staate vom gleichen Zeitpunkte ab auch das Recht auf Erwerb des gesamten Unternehmens durch Übernahme der Geschäftsanteile zu den im Gesellschaftsvertrage festgesetzten Bedingungen zugestanden.

Zu § 7 Ziffer 1: Bei dem hier behandelten Ablösungsrecht ist die Übernahme von Geschäften, die nicht zur Stromlieferung gehören, durch den Staat ausgeschlossen, um den Staat nicht in Geschäfte, die seinem Aufgabenkreis fern liegen, zu verwickeln.

Zu § 7 Ziffer 2: Die Übernahme nach 50 Jahren sichert den Gesellschaftern des Bayernwerks eine genügend lange Geschäftszeit, um die sehr kostspieligen An-lagen entsprechend abschreiben zu können.

Zu § 7 Ziffer 3: Die Bestimmung ermöglicht dem Staate zur Vereinfachung des Verfahrens die bereits beim Gesellschaftsvertrag besprochene Übernahme der ganzen Geschäftsanteile an Stelle eines Ankaufs mit Liquidation der Gesellschaft.

§ 8.

Ablösungspreis.

1. Der Ablösungspreis für die Anlagen des Bayernwerkes besteht aus einer Vergütung für den Anlagewert, der auf Grund der Geschäftsbücher der Gesellschaft aus den vom Bayernwerk aufgewendeten Gestehungskosten der ersten betriebsfähigen Anlage und der späteren Erweiterungen in der Weise berechnet wird, daß von diesen Kosten für jedes volle Geschäftsjahr seit ihrem Anfalle je 1% der Gestehungskosten abgezogen wird, so daß jeweils mit dem hundertsten Jahre die für die Berechnung des Anlagewertes maßgebenden Ansätze Null betragen würden. Als spätere Erweiterungen der Anlagen haben dabei nicht zu gelten: Instandsetzungsarbeiten, ferner Erneuerungen, insoweit sie weder eine Stoff- noch eine Wertmehrung darstellen. Aufwendungen des Bayernwerkes, die infolge staatlicher Auflagen an eigenen oder fremden Anlagen gemacht werden, gelten als Teile des Anlagewertes.

2. Für Anlagewerte, die bei der Ablösung nicht mehr betriebsfähig vorhanden sind, darf ein Ablösungspreis nicht berechnet werden. Auch dürfen durch Instandsetzungsarbeiten, ferner durch Erneuerungen, insoweit sie weder eine Stoff- noch eine Wertmehrung darstellen, die Gestehungskosten für die Berechnung des Ablösungspreises nicht erhöht werden.

Zu § 8 Ziffer 1: Der Ablösungspreis enthält eine Vergütung des Anlagewertes, nicht des Geschäftswertes, auch nicht, wie sonst vielfach üblich, des Buchwertes, denn der Abzug von 1% pro Jahr bedeutet nicht eine Abschreibung, sondern lediglich eine Tilgung des Anlagekapitals.

Die Bestimmung, daß durch vorgenommene Erneuerungen die der Ablösung zugrundeliegenden Anlagewerte nicht erhöht werden, ist im vorliegenden Falle richtig. Sie bedingt, daß der Unternehmer neben der Tilgung auch die Erneuerung der Anlagen durch entsprechende Rücklagen sicherstellt.

Zu § 8 Ziffer 2: Um zu verhindern, daß ein leichtfertiger Unternehmer die notwendigen Erneuerungen nicht vornimmt, obwohl er in den Strompreisen entsprechende Rücklagen eingerechnet hat, ist die Bestimmung aufgenommen, daß Anlageteile, die nicht mehr betriebsfähig vorhanden sind, bei der Übernahme nicht bezahlt werden.

Zweckmäßiger wäre in ähnlichen Verträgen eine Bestimmung, die den Unternehmer zur jährlichen Dotierung eines Erneuerungsfonds verpflichtet, der, soweit er nicht nachweisbar für notwendige Erneuerungen verbraucht wurde, bei der Ablösung an dem Kaufpreis abgezogen wird. Man würde in einem solchen Falle eine Tilgungsquote und eine Erneuerungsquote zu verrechnen, letztere aber nur in dem Umfange bei der Ablösung abzuziehen haben, als sie nicht zugunsten des Besitznachfolgers bereits bestimmungsgemäß verwendet wurde.

§ 9.

Sonstige Ablösungsbedingungen.

1. Die Ablösung darf weder mittelbar noch unmittelbar zugunsten eines anderen Unternehmers als des Staates erfolgen.

2. Neue Anlagen und Erweiterungen irgendwelcher Art dürfen nach der Ankündigung der Ablösung ohne Zustimmung des Staates nicht ausgeführt werden; ebensowenig sind dann Abänderungen an Verträgen oder der Abschluß neuer Verträge ohne Zustimmung des Staates zulässig.

3. Nach erfolgter Anzeige der Absicht des Staates zur Übernahme der Anlagen darf das Bayernwerk keinerlei willkürliche Einschränkungen des Betriebes gegenüber dem Vorjahr eintreten lassen; es ist vielmehr gehalten, den Betrieb in ebenso umsichtiger und gewissenhafter Weise zu besorgen und zu verwalten, wie es vor der Anzeige geschehen ist.

4. Das Bayernwerk ist verpflichtet, Anlageteile, die sich bei der Übernahme nicht in betriebsfähigem Zustande befinden, in kürzester Frist auf seine Kosten durch Beseitigung der Mängel in brauchbaren Stand zu bringen oder dafür auf seine Kosten Ersatz zu leisten.

5. Das Bayernwerk ist ferner verpflichtet, dem Übernehmer während des ersten Jahres nach dem Übergangstag gegen Erstattung der Selbstkosten der Gesellschaft mit einem angemessenen Aufschlage nach Möglichkeit jede gewünschte Unterstützung zu leisten, um eine glatte Abwicklung des Überganges ohne Betriebsstörung möglich zu machen.

6. Schließlich hat das Bayernwerk kostenlos dem Übernehmer die vorhandenen Zeichnungen über alle Teile der Anlagen und die die Anlagen und den Betrieb betreffenden Schriftstücke und Urkunden oder deren Abschriften abzugeben und die etwaigen neuen Betriebsbeamten in allen Betriebszweigen sorgfältig zu unterrichten.

7. Die vorstehenden Bedingungen gelten sinngemäß in gleicher Weise für den Fall, daß der Staat das Unternehmen statt durch Ablösung der Anlagen, nach dem ihm aus dem Gesellschaftsvertrage zustehenden Rechte durch die käufliche Übernahme der Geschäftsanteile erwirbt.

Zu § 9 Ziffer 1—7: Nichts zu bemerken.

§ 10.
Überwachung des Vertragsvollzuges.

1. Das Bayernwerk ist verpflichtet, die Anlagen in gutem betriebsfähigem Zustande zu erhalten und den Betrieb so umsichtig und gewissenhaft zu führen, daß die Interessen des Staates und der Allgemeinheit in billiger Weise gewahrt sind.

2. Der Staat ist berechtigt, durch Bevollmächtigte sich jederzeit über die Herstellung und den Zustand der Anlagen und über den Geschäftsbetrieb alle gewünschten Aufschlüsse zu erholen. Das Bayernwerk ist verpflichtet, den Beauftragten des Staates jederzeit nach vorhergehender Benachrichtigung den Zutritt zu allen Teilen der Anlagen zu gestatten und bei Untersuchungen über den Zustand der Anlagen jede sachdienliche Unterstützung zu gewähren. Das Bayernwerk haftet nicht für Schäden, die den Beauftragten des Staates bei solchen Besichtigungen zustoßen, soweit die Haftung nach dem Gesetze ausgeschlossen werden kann.

Zu § 10 Ziffer 1 und 2: Nichts zu bemerken.

§ 11.
Besondere Buchführung.

1. Das Bayernwerk ist verpflichtet, für die Zwecke einer etwaigen Ablösung der Anlagen oder eines Erwerbes der Geschäftsanteile durch den Staat eigene Geschäftsbücher zu führen und diese mit ihren Belegen den Beauftragten des Staates zur Einsichtnahme bereitzuhalten.

2. Gesondert und durch alle Jahre fortlaufend sind Aufstellungen zu führen über die vom Bayernwerk für alle Teile seiner Anlagen aufgewendeten Gestehungskosten und über die alljährlichen Abzüge.

3. Diese Aufstellungen sind jährlich spätestens bis zum 31. Dezember für das am 30. September abgelaufene Geschäftsjahr fertigzustellen und dem Staatsministerium des Innern vorzulegen.

Zu § 11 Ziffer 1—3: Diese Bestimmungen bilden eine wichtige Ergänzung zu den Ablösungsbestimmungen, da nur durch eine sorgfältige und dem Staat von Jahr zu Jahr bekannt gegebene Aufstellung der Herstellungskosten eine Sicherheit für die Richtigkeit der verrechneten Herstellungswerte geboten wird.

§ 12.
Rechtsnachfolger.

1. Das Bayernwerk hat sich bei jedem Vertragsabschlusse in seinem Geschäftsbetriebe das Recht vorzubehalten, seine Rechte aus den Verträgen auf einen Rechtsnachfolger zu übertragen.

2. Das Bayernwerk kann nur mit Genehmigung des Staates seine Rechte und Pflichten aus diesem Vertrage ganz oder teilweise an einen anderen Unternehmer abtreten und seine Verbindlichkeiten durch einen anderen erfüllen lassen. Zu einer Übertragung der Rechte und Pflichten dieses Vertrages auf einen Besitz- und Rechtsnachfolger wird der Staat seine Zustimmung nicht verweigern, wenn der Nachfolger sich als genügend leistungs- und zahlungsfähig erweist, alle Verpflichtungen des Bayernwerkes gegenüber dem Staate und den übrigen an der Gesellschaft Beteiligten einschließlich der die Ablösung betreffenden förmlich übernimmt und sich selbst verpflichtet, eine weitere Übertragung nicht ohne Zustimmung des Staates vorzunehmen.

Zu § 12 Ziffer 1 und 2: Nichts zu bemerken.

25*

§ 13.
Streitigkeiten.

1. Sollten mit Bezug auf diesen Vertrag und die hierdurch begründeten Rechtsverhältnisse Streitigkeiten irgendwelcher Art zwischen den Vertragsschließenden entstehen, so sind für deren Entscheidung, soweit im Vertrage nichts anderes bestimmt ist, die ordentlichen Gerichte zuständig. Als Gerichtsstand gilt München.

2. Mit Zustimmung beider Teile können jedoch Streitigkeiten unter Ausschluß des ordentlichen Rechtsweges durch ein Schiedsgericht nach den Vorschriften der Reichs-Zivil-Prozeß-Ordnung §§ 1025 bis 1048 entschieden werden. Die Zustimmung ist als verweigert anzusehen, wenn sie nicht innerhalb von drei Wochen nach schriftlicher Aufforderung seitens der einen Partei von der anderen Partei schriftlich erklärt wird.

3. Das Schiedsgericht soll in allen Fällen in der Weise zusammengesetzt sein, daß jeder der Streitteile innerhalb von 14 Tagen einen Schiedsrichter ernennt. Die so ernannten Schiedsrichter wählen einen Dritten als Obmann.

4. Wenn sich die beiden Schiedsrichter über die Wahl des Obmannes nicht einigen, so ist der Präsident des Obersten Landesgerichtes München oder dessen Stellvertreter um die Ernennung des Obmannes zu ersuchen.

Zu § 13 Ziffer 1—4: Hier ist im Gegensatz zu vielen anderen Verträgen das ordentliche Gericht normalerweise für die Schlichtung von Streitigkeiten vorgesehen, aber das Schiedsgericht alternativ in Aussicht genommen.

§ 14.
Vertragskosten und Ausfertigung.

Gebühren und sonstige Kosten für den Abschluß und den Vollzug dieses Vertrages einschließlich der notariellen Kosten, jedoch ausschließlich der Staatsgebühren, die bei der notariellen Verlautbarung anfallen, trägt das Bayernwerk. Jeder Vertragsteil erhält eine Ausfertigung des Vertrages.

Zu § 14: Nichts zu bemerken.

Beilagen: Der Linienplan,
Die Bedingungen des Bayernwerkes für den Strombezug und die Stromabgabe.

Nach dem Muster des Konzessionsvertrages für das Bayernwerk würden Verträge für Landeswerke zu entwerfen sein, die nicht die gesamten Kraftwerke und Leitungsnetze einer Landesversorgung in einer Organisation zusammenfassen, sondern nur die Aufgabe der Hauptverteilung erfüllen sollen.

6. Konzessionsvertrag für ein Kreiselektrizitätswerk.

Neben den Konzessionsverträgen für das Landeswerk sind ähnliche Konzessionsverträge für die Unterstufen erforderlich, die in der Regel wesentlich einfacher gehalten werden können. Nachstehend ist als Beispiel der seinerzeit ausgearbeitete Konzessionsvertrag für die Pfalzwerke angegeben.

Bedingungen
unter welchen den Pfalzwerken A.-G. in Ludwigshafen die Erlaubnis zur Führung von Starkstromleitungen auf Staatseigentum erteilt wird.

§ 1.

Der Bayerische Staat erteilt den Pfalzwerken A.-G. auf die Dauer von 75 Jahren die Erlaubnis zur Führung vom Starkstromleitungen mit Zubehör auf, über und unter Staatsgrund, öffentlichen und Staatsprivatgewässern und staatseigenen Anlagen.

Hierfür werden außer einer mäßigen Anerkennungsgebühr Vergütungen nicht beansprucht, soweit nicht durch die Benutzung von staatlichem Eigentum ein wirklicher Schaden verursacht wird.

Zu § 1: Die Pfalzwerke sind als ein rein kommunales Unternehmen gegründet worden, an welchem nur in den ersten Betriebsjahren die am Bau beteiligte Privatfirma mit einem Viertel des Aktienkapitals beteiligt war. Infolgedessen sind eine Reihe von Bestimmungen, wie insbesondere die lange Dauer des Monopols und die sehr günstigen Ablösungsbestimmungen für die Pfalzwerke sehr vorteilhaft gestaltet.

Ob diese Begünstigungen auch für Privatwerke zugestanden werden können, ist von Fall zu Fall sorgfältig zu prüfen. Das Recht zur Benutzung von Staatsgrund ist gemäß § 8 auf die Dauer von 25 Jahren ein ausschließliches, enthält somit für diese Zeit ein unangreifbares Monopol.

§ 2.

Schäden, die dem Staate durch Herstellung, Bestand, Verlegung oder Beseitigung der Anlagen der Pfalzwerke entstehen, haben diese innerhalb einer vom Staate zu bestimmenden Frist auf ihre Kosten zu beseitigen, widrigenfalls der Staat befugt ist, den Schaden auf Kosten der Pfalzwerke A.-G. zu beheben.

Ist der Staat Dritten gegenüber für Nachteile entschädigungspflichtig, die durch Anlagen der Pfalzwerke A.-G. entstanden sind, so haben die Pfalzwerke A.-G. alle aus dieser Entschädigungspflicht sich ergebenden Leistungen zu übernehmen oder die erwachsenden Kosten dem Staate mit Einschluß der Kosten der Prozeßführung zu ersetzen. Wird ein solcher Anspruch gegen den Staat erhoben, so hat der Staat den Pfalzwerken hiervon Kenntnis zu geben und auf ihr Verlangen die Streitsache im Prozeßwege auszutragen.

§ 3.

Die besonderen Bedingungen für die Erteilung der Erlaubnis zur Führung der Starkstromleitungen mit Zubehör haben die zuständigen Staatsstellen zu bestimmen.

Der Staat ist jederzeit befugt zu verlangen, daß die Stromverteilungsanlagen, die Staatsgrund usw. berühren, auf Kosten der Pfalzwerke A.-G. verändert oder verlegt werden, soweit er dies im eigenen Interesse für geboten erachtet.

§ 4.

Die Staatsregierung wird zur Wahrung der öffentlichen und staatlichen Interessen einen rechtskundigen und einen technischen Staatskommissar für die Pfalzwerke A.-G. aufstellen.

Diese Kommissare sind berechtigt, sich jederzeit über den Zustand der Anlage und über den Geschäftsbetrieb alle gewünschten Aufschlüsse zu erholen.

Zu den Sitzungen des Aufsichtsrates und zu den Generalversammlungen sind die Kommissare beizuziehen.

Zu § 2—4: Nichts zu bemerken.

§ 5.

Die Ausführungspläne über Errichtung der Pfalzwerke sowie wesentliche Änderungen und Erneuerungen der Anlagen bedürfen der Genehmigung des Staates.

Der erste Umfang der Anlage hat dem staatlich genehmigten Projekte zu entsprechen.

Die Stromerzeugungsanlagen müssen erweitert werden, wenn in einem Jahr der im Höchstfalle verbrauchte Strom unter Berücksichtigung der vorliegenden aber noch nicht angeschlossenen Anmeldungen die Leistung der vorhandenen Maschinenanlage vollständig beansprucht.

Dabei muß der jeweils größte Maschinensatz mit Kesseln und sonstigem Zubehör in Reserve stehen.

Das zur Genehmigung vorzulegende Mittelspannungsnetz hat mindestens 500 km zu umfassen. Der weitere Ausbau ist so zu betreiben, daß alljährlich nach einem staatlich zu genehmigenden Plan 150 km Mittelspannungsleitungen hinzugefügt werden, so daß innerhalb sieben Jahren eine Netzlänge von 1550 km erreicht und die Möglichkeit gegeben sein muß, daß alle Orte der Pfalz mit Strom versorgt werden können.

Zu § 5: Entsprechend den erteilten weitgehenden Rechten sind die Verpflichtungen bezüglich Bereitstellung der erforderlichen Kräfte und Ausdehnung des Leitungsnetzes sehr scharf gefaßt. Zu beachten ist, daß nicht nur die Ausführungspläne für die erste Anlage und ihre Erweiterungen, sondern auch für wesentliche Änderungen und Erneuerungen der staatlichen Genehmigung unterstellt sind.

§ 6.

Die Stromlieferungsbedingungen und ihre wesentlichen Änderungen unterliegen der staatlichen Genehmigung.

Den Gemeinden, die von den Pfalzwerken A.-G. zu eigenem Gebrauch und zum Wiederverkauf Strom beziehen, ist nach allgemeinen Grundsätzen, die der Genehmigung der Staatsregierung bedürfen, eine Gewinnbeteiligung an dem Unternehmen zu gewähren.

Dabei ist an die Gemeinden ein Gewinnanteil im Verhältnis des für den Strombezug geleisteten Aufwandes zu bezahlen.

Die Ausführung der Verteilungsnetze in den Gemeinden und die Hausinstallationen sowie die Lieferung aller übrigen Materialien und Einrichtungsgegenstände für den Stromverbrauch müssen dem freien Wettbewerb überlassen bleiben.

Zu § 6: Die grundsätzlich vorgesehene Gewinnbeteiligung der Gemeinden ist im Verhältnis zu den bezahlten Jahreskosten vorgesehen. Diese Art der Gewinnbeteiligung ist für die kleinen Gemeinden günstiger als etwa die Beteiligung im Verhältnis zur bezogenen Strommenge.

§ 7.

Die Pfalzwerke sind verpflichtet, bei gleichen Kosten der Dampferzeugung ihren Kohlenbedarf aus den staatlichen Gruben der Pfalz zu decken.

Sie haben zu diesem Zwecke die mit Dritten in Aussicht genommenen Kohlenlieferungsverträge der staatlichen Bergwerksverwaltung vorzulegen und diese ist berechtigt, innerhalb 14 Tagen in die Verträge einzutreten, wenn bei Verwendung der sodann vom Staat zu liefernden Kohlen die Kosten der Dampferzeugung die gleichen bleiben, wie bei der in Aussicht genommenen Kohle.

Die staatliche Bergwerksverwaltung wird hingegen den Pfalzwerken die Kohle zu den gleichen Preisen und Bedingungen anbieten, zu welchen sie dieselbe an Dritte unter ähnlichen Verhältnissen verkauft.

Zu § 7: Der Staat hat sich als eine Gegenleistung für das Recht auf die Straßenbenutzung ein Vorzugsrecht auf die von den Pfalzwerken benötigten Kohlenlieferungen gesichert, wodurch jedoch die Kohlenpreise gegenüber einem anderweitig möglichen Bezug nicht verteuert werden sollen.

§ 8.

Der Staat wird in den ersten 25 Jahren nach Inbetriebnahme der Krafterzeugungsanlage in Homburg anderen Unternehmern elektrischer Starkstromanlagen ohne Zustimmung der Pfalzwerke A.-G. keine Erlaubnis zur Benutzung staatlichen Eigentums für elektrische Leitungsanlagen erteilen.

Für seine eigenen Betriebe kann der Staat aus seinen eigenen Stromerzeugungsanlagen beliebig Leitungen über Staatseigentum führen, doch wird der Staat mit den Pfalzwerken A.-G. durch Stromabgabe aus staatlichen Werken an Dritte nicht in Wettbewerb treten.

Der Staat behält sich vor, die Führung von Leitungen auf Staatseigentum Dritten zu gestatten, soweit diese elektrischen Strom ausschließlich für die Fortbewegung von Eisenbahnzügen auf staatlichen Bahnstrecken liefern.

Der Staat behält sich ferner vor, die Benutzung von Staatseigentum zur Führung von Fahrdrahtleitungen und allen sonstigen auf dem Bahn- oder Treidelgestänge verlegten Leitungen für den elektrischen Bahn- oder Schiffahrtsbetrieb zu gestatten.

Der Staat behält sich schließlich vor, die Führung von Starkstromleitungen zu gestatten, soweit diese zum Zwecke einheitlicher Stromversorgung der Betriebsanlage eines und desselben Unternehmers auf, über und unter Staatseigentum geführt werden, welches diese Betriebsanlage durchschneidet.

Durch vorstehende Bestimmungen werden bestehende Verträge und bereits erteilte Genehmigungen zur Benutzung staatlichen Eigentums nicht berührt.

Zu § 8: Das hier erteilte Monopol ist ein sehr weitgehendes. Ihm stehen die weitgehenden Verpflichtungen der Pfalzwerke auf Bereitstellung ausreichender Kräfte, Ausdehnung des Leitungsnetzes, Gestaltung der Tarife, Gewinnbeteiligung der Gemeinden usw. gegenüber.

Bei künftigen Kreiswerksverträgen müßte durch eine entsprechende Einschaltung vorgesehen werden, daß die Errichtung von Landeswerken bzw. eines Reichswerkes durch das Straßenbenutzungsmonopol nicht verhindert oder erschwert wird.

§ 9.

Der Staat hat das Recht, die sämtlichen Stromerzeugungs- und Stromverteilungsanlagen der Pfalzwerke A.-G. abzulösen. Das Ablösungsrecht besteht nicht vor Ablauf von 50 Jahren nach der Inbetriebnahme der Stromerzeugungsanlage in Homburg. Die Absicht der Ablösung ist jeweils fünf Jahre vorher den Pfalzwerken bekannt zu geben.

Als Ablösungspreis ist zu bezahlen:

a) Der Herstellungspreis der ersten Anlage mit Einschluß der Erweiterungen unter Abzug von 2% dieser Herstellungspreise für jedes der verflossenen Jahre. Die Abzüge sind je nach dem Zeitpunkte der Inbetriebsetzung der ersten Anlage und etwaiger späterer Erweiterungen gesondert zu berechnen. Die Herstellungskosten der ersten Anlage zuzüglich der Herstellungskosten aller Erweiterungen sind zur Feststellung der Baukonti dem Staat halbjährlich vorzulegen.

Erweiterungsbauten und Verbesserungen, deren Kosten die Baukonti mit mehr als 20000 Mk. belasten würden, bedürfen vor ihrer Ausführung der staatlichen Genehmigung, wenn sie bei Feststellung der Ablösungssumme berücksichtigt werden sollen;

b) ein Betrag, der der Hälfte des durchschnittlichen Betriebsüberschusses der letzten vier Betriebsjahre, vervielfacht mit der Anzahl der bis zum Ablauf der Erlaubnis noch verbleibenden Betriebsjahre entspricht.

Als Betriebsüberschuß gilt der Überschuß der Einnahmen aus der Stromlieferung über die Ausgaben.

Als Betriebsausgaben sind hierbei zu rechnen: die Ausgaben für Gehälter, Löhne und Unkosten, für Betriebsmaterialien, für den von fremden Werken bezogenen Strom, ferner die Ausgaben für Reparaturen sowie 2% der jeweiligen Herstellungskosten der Pfalzwerke A.-G. für Erneuerung und 5% der jeweiligen Herstellungskosten der Pfalzwerke A.-G. für Verzinsung und Amortisation.

Der hiernach an die Pfalzwerke A.-G. zu bezahlende Betrag soll keinesfalls geringer sein, als der Wert der Grundstücke und der Altwert der zu übernehmenden Einrichtungen. Er darf andererseits nicht höher sein, als das Eindreiviertelfache des Herstellungswertes.

Zu § 9: Die Ablösungsbestimmungen sind, wie bereits erwähnt, für die Pfalzwerke sehr günstig, weil der Übergang von einer öffentlichen Hand in die andere für die Erstbesitzer keinesfalls mit Nachteilen verbunden sein sollte. Die auf den Geschäftswert bezüglichen Bestimmungen beruhen auf der Annahme, daß der Nutzen, welcher zwischen dem Zeitpunkt der Ablösung und dem Ablauf der Konzession erwartet werden kann, zwischen dem Erstbesitzer und dem ablösenden Staat geteilt wird.

§ 10.

Die Pfalzwerke A.-G. sind verpflichtet, die Anlagen im guten baulichen Stand zu erhalten und den Betrieb in einer Weise zu führen, daß die Interessen des Staates im Hinblick auf seine Anwartschaft als Besitznachfolger gewahrt sind. Im Falle der Ablösung wird der Staat die Interessen der an die Pfalzwerke angeschlossenen Gemeinden soweit als möglich berücksichtigen.

§ 11.

Die Erlaubnis zur Führung der Starkstromleitungen auf Staatseigentum wird auf 75 Jahre von der Inbetriebnahme des Homburger Werkes an erteilt und gilt auf unbestimmte Zeit verlängert, so lange sie nicht unter Einhaltung einer fünfjährigen Frist widerrufen wird.

§ 12.

Die Pfalzwerke A.-G. sind gehalten, die Beachtung aller vorstehenden Bestimmungen auch einem etwaigen Pächter des Betriebes zur Pflicht zu machen.

Zu § 10—12: Nichts zu bemerken.

Für etwaige Konzessionsverträge mit den einzelnen Gemeinden sind an dieser Stelle keine Angaben erforderlich, zumal richtig disponierte Landes- bzw. Kreiselektrizitätswerke die Lieferung an die Einzelabnehmer in den Gemeinden im allgemeinen nicht selbst durchführen, sondern den Strom an die Gemeinden verkaufen, die ihn ihrerseits unter Zuschlag für die Kosten der Ortsnetze weiter verteilen.

Wünschenswert wäre es allerdings, im Anschluß an richtig disponierte Landes- bzw. Kreiswerke zentrale Organisationen, z. B. Tochtergesellschaften, zu schaffen, die den kleinen Gemeinden den selbständigen Betrieb ihrer Leitungsnetze durch Beistellung einer gemeinsamen technischen und kaufmännischen Oberleitung erleichtern.

Über die Einzelheiten von Tarifverträgen sind Angaben an dieser Stelle kaum erforderlich, nachdem über die Tarife selbst das Nötige in Abschnitt VIII enthalten ist.

Schlußbemerkung.

In den vorhergehenden Abschnitten sind die Methoden angegeben, auf Grund deren technisch, wirtschaftlich, rechtlich und organisatorisch einwandfreie Landes-Elektrizitätsversorgungen geschaffen werden können. Ob es auf Grund sorgfältiger und unparteiischer Projekte mit allen für die Beurteilung nötigen Plänen, Berechnungen u. dgl. im Einzelfalle zur Errichtung einer Landesversorgung kommt, hängt von dem Weitblick der beteiligten Behörden und der etwa bereits bestehenden Unternehmungen ab, die über entgegenstehende Sonderinteressen den allgemeinen Nutzen der Zusammenfassung nicht übersehen dürfen.

In der Regel ist das gemeinsame Interesse der Beteiligten groß genug, um die Pläne in die Tat umzusetzen. Möglich ist auch der Weg der Gesetzgebung, wie er beispielsweise in England, in Rußland, in Jugoslavien und vielen anderen Ländern beschritten wurde.

Auch in Deutschland ist bekanntlich der Weg der Gesetzgebung eingehend geprüft worden. Eine Reihe von Gesetzesentwürfen wurde beraten und wieder verworfen, weil man schließlich zu der Überzeugung kam, daß wirtschaftliche Notwendigkeiten stark genug sind, um auch ohne den Zwang der Gesetze die Energiewirtschaft im Sinne einer immer weitergehenden Zusammenfassung zu beeinflussen.

In diesem Sinne ist in den letzten Jahren auch wiederholt die Frage erörtert worden, ob schon im jetzigen Zeitpunkt über den Zusammenschluß zu Landesversorgungen hinausgehend die vierte Wirtschaftsstufe, nämlich der Zusammenschluß zu Reichselektrizitätswerken empfehlenswert ist. Die Frage läßt sich nach den bisherigen Erläuterungen ohne weiteres dahin beantworten, daß ein Zusammenschluß zu einer Reichs-Elektrizitätsversorgung dann von Vorteil ist, wenn hierdurch besonders billige Kraftquellen, die in einer Provinz vorkommen, dort aber nicht genügend ausgenützt werden können, mit wirtschaftlichem Erfolg in andere Provinzen übertragbar sind.

In Deutschland verfügt der Süden über einen Überschuß von Wasserkräften, das Rheinland über außerordentlich ergiebige Steinkohlen- und Braunkohlenvorkommen usw., während andere Gegenden des Reiches mit sehr erheblichem Strombedarf derartige günstige Kraftquellen nicht besitzen. Es sind deshalb in Deutschland zweifellos die technischen Voraussetzungen für die Errichtung eines Reichselektrizitätswerkes gegeben und es sind deshalb Erwägungen über die zweckmäßigste Durchführung eines Reichswerkes wohl am Platze.

In Abb. 148 sind die hauptsächlichsten Kraftzentren des Reiches, die Wasserkräfte in Bayern und Baden, die Braunkohlenfelder im Rheinland, in Mitteldeutschland und in der Lausitz, sowie die Steinkohlenzentren im Ruhrgebiet, in Oberschlesien und in den Hafenstädten (Überseekohle, event. Treiböle) angegeben.

Überseekohle od. Treibole
400000 KW

Ruhrkohle 800000 KW

Rhein. Braunkohle
1000000 KW

Mitteldeutsche

Süddeutsche Wasserkräfte 1500000

Abb. 148. Plan eine

Überseekohle od. Treiböle
200000 KW

Tilsit
Königsbg
Insterbg
Elbing
Allenstein
Belgard

Braunkohle
500000 KW
Breslau
Oberschlesische Steinkohle
400000 KW

Zeichenerklärung:

Steinkohlen-Kraftwerke
Braunkohlen-Kraftwerke
Wasserkraftwerke
Steinkohlen-Versorgungsgebiete
Braunkohlen-   „
Wasserkraft-   „
200 000 Volt - Stationen
200 000 Volt - Reichsnetz
50 - 100 000 Volt - Stationen
50 - 100 000 Volt - Landesnetze
Reichsgrenze

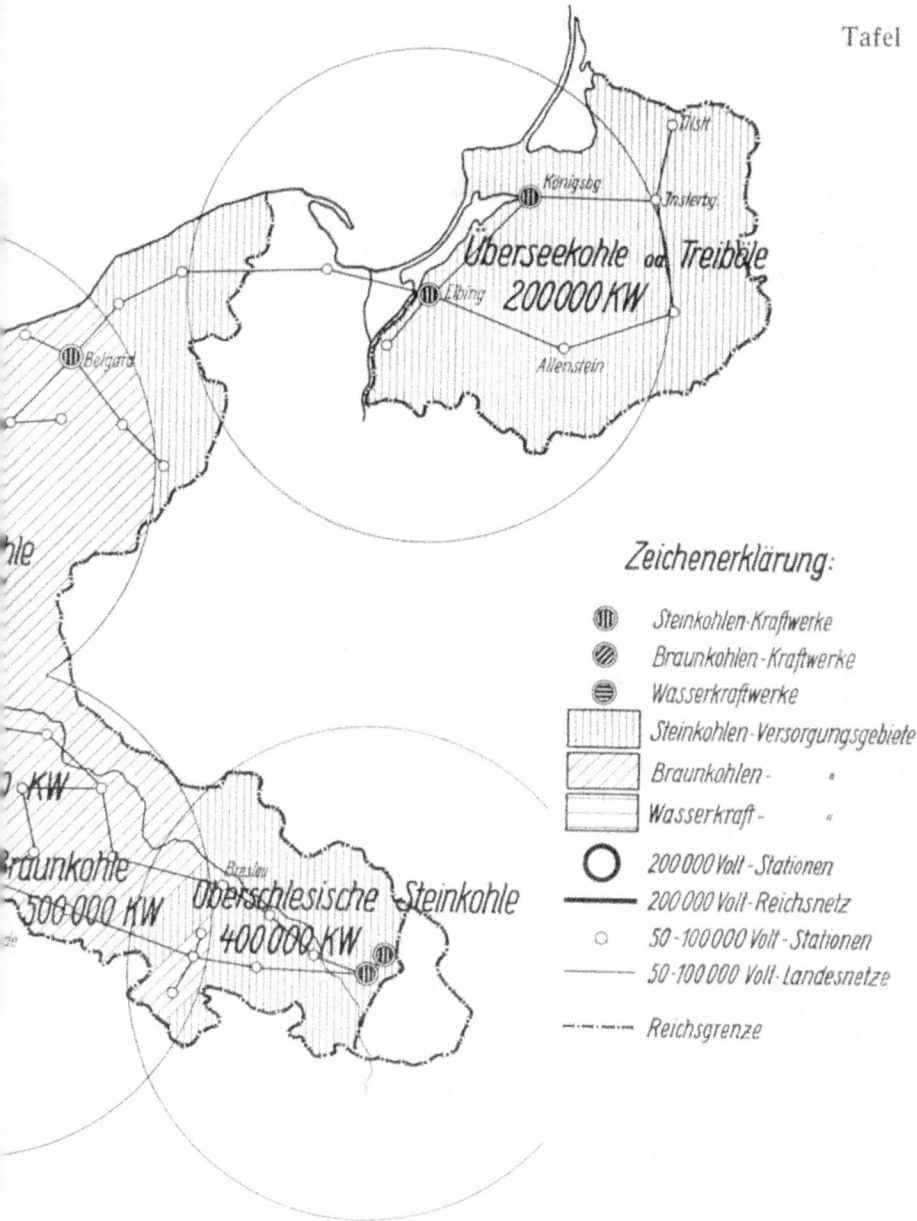

Ingenieurbüro Oskar von Miller G. m. b. H.

edarf der öffentlichen Elektrizitätsversorgung von Deutschland für Licht, Kraft und
Wärme um ca. 1940.

	Höchstleistung in kW	Jährliche Benutzungs-stunden	Jahresarbeit in kWh
mtverbrauch einschl. Verluste.	6 000 000	5 000	30 000 000 000
von werden gedeckt:			
rch Wasserkraftwerke	1 500 000	7 000	10 000 000 000
rch Braunkohlenkraftwerke . .	2 500 000	6 000	15 000 000 000
rch Steinkohlenkraftwerke . .	2 000 000	2 500	5 000 000 000
Zusammen	6 000 000	—	30 000 000 000

kes für Deutschland.

Jedes dieser Kraftzentren vermag für sich allein ein ausgedehntes Gebiet zu beherrschen, wobei unter Verwendung von Spannungen bis 100000 Volt mit Doppelleitungen von erheblichen Querschnitten selbst bei dem künftigen sehr großen Leistungsbedarf ein Aktionsradius bis zu 150 km für die Verteilung der Energie angenommen werden darf.

Diese Aktionsradien sind durch die in dem Plan eingetragenen Kreise angegeben, wobei die südbayerischen Wasserkräfte, in der Gegend von München konzentriert gedacht, bis gegen Stuttgart, Nürnberg, Amberg usw. verteilt werden; der Einfluß der rheinischen Braunkohle reicht bis in die Gegend von Frankfurt a. M., Cassel und Osnabrück, die Kohlenlager von Bitterfeld können, wie dies zurzeit tatsächlich geschieht, in dem Industriegebiet zwischen Hof, Dresden, Berlin usw. verteilt werden.

Will man den Aktionsradius dieser Kraftzentren weiter ausdehnen, so muß man den Zusammenschluß über das ganze Reich in der Weise projektieren, daß jeweils billige Kraft, soweit sie im eigenen Gebiet nicht verbraucht wird, in das Gebiet der teueren Kraft übertragen wird. Das kann geschehen, wenn man in den Kraftzentren Sammelpunkte schafft, an diesen den Strom auf eine hohe Spannung, z. B. 200000 Volt, transformiert und ihn mittels besonderer Leitungen auf Entfernungen von 200 bis 300 km überträgt, um sich dort neue Speisepunkte für die weitere Verteilung zu schaffen.

In Abb. 148 ist eine der möglichen Lösungen angegeben. Dabei werden die überschüssigen südbayerischen Wasserkräfte in der Nähe der Lechmündung gefaßt und mit den stark ausgezogenen Leitungen von 200000 Volt einerseits nach einem Speisepunkt bei Mannheim und anderseits nach einem Speisepunkt bei Hof übertragen, womit an diesen Punkten neue Verteilungsmöglichkeiten für diese Kräfte geschaffen werden.

Für die Verteilung der rheinischen Braunkohlenkräfte wird ein neuer Speisepunkt 200 km nördlich bei Osnabrück, für die Kräfte des mitteldeutschen Braunkohlengebietes werden neue Speisepunkte bei Hamburg und Stettin geschaffen, um dadurch die Verwendung überseeischer Kohle möglichst einzuschränken.

Um in den Zeiten geringer Wasserkraftleistung einen Ausgleich durch Wärmekräfte zu schaffen, könnte man, wie durch die Strichlinien angedeutet, das rheinische Braunkohlengebiet mit dem Wasserkraftgebiet bei Mannheim, das mitteldeutsche Braunkohlengebiet mit dem Wasserkraftgebiet bei Hof usw. verbinden. In ähnlicher Weise könnte eine Ausgleichsmöglichkeit zwischen den Braunkohlengebieten in West- und Mitteldeutschland durch die Leitung Osnabrück—Hamburg sichergestellt werden.

Aus der Abbildung ist ersichtlich, wie hierdurch die horizontal schraffierten Einflußzonen der süddeutschen Wasserkräfte bis in die Gegenden von Köln, Cassel, Leipzig und Dresden und die schrägschraffierten Einflußzonen des billigen Braunkohlenstromes bis in die Gegenden von Emden, Hamburg, Rostock und Kolberg erstreckt werden.

Für die Steinkohlen verbleiben als Einflußgebiete die vertikal angelegten Flächen, und zwar die örtliche Verwendung der Ruhrkohle in den großen rheinischen Zentralen sowie im Osten des Reiches.

Wo sich die Einflußgebiete verschiedener Energiequellen überschneiden, ist dies durch entsprechende Streifen dargestellt.

Die angedeutete Ausdehnung der Einflußzonen ist nicht etwa so aufzufassen, daß in dem wagrecht schraffierten Gebiet ausschließlich Wasserkraftstrom bzw. in dem schräg schraffierten Gebiet nur Braunkohlenstrom verwendet wird, sondern sie deuten an, daß erhebliche Mengen von Wasserkraftstrom bzw. Braunkohlenstrom nach diesen Gegenden übertragen werden.

Im einzelnen würde sich die Stromversorgung von Deutschland für Licht, Kraft und Wärme ohne Bahnbetrieb, der möglicherweise durch besondere Netze besorgt werden muß, etwa wie folgt gestalten:

Die in etwa 15 Jahren erforderliche Leistung für ganz Deutschland kann mit rund 6 Millionen kW Höchstleistung angenommen werden. Die Jahresarbeit einschließlich aller Übertragungsverluste wird man bei den Abnehmern zu etwa 30 Milliarden kWh = 500 kWh pro Einwohner schätzen dürfen.

Diese Zahl ist etwa doppelt so groß, als sie gelegentlich der Beratungen über das Elektrizitätsgesetz angenommen war.

An der Höchstleistung dürften die süddeutschen Wasserkräfte mit etwa 1,5 Millionen kW beteiligt sein; dabei ist angenommen, daß Deutschland auf Grund entsprechender Verhandlungen etwa die Hälfte der Rheinwasserkräfte auszunutzen vermag, die nach dem Friedensvertrag zur Gänze dem französischen Staat, jedoch gegen Entschädigung des halben deutschen Anteils, zugesprochen sind.

Sollten die Rheinwasserkräfte ausfallen oder sollte der Wunsch bestehen, die Leistung der Wasserkräfte zu vergrößern, so wären hierfür österreichische Kräfte heranzuziehen, wobei der Zusammenschluß auf die österreichischen Alpenländer erstreckt würde.

Die rheinischen und mitteldeutschen Braunkohlenfelder dürften zusammen mit 2,5 Mill. kW an der Gesamtversorgung teilnehmen. Für die Steinkohlenzentralen im Ruhrgebiet, in Oberschlesien und an den Küstenstädten verbleiben zusammen etwa 2 Mill. kW.

Die Jahresarbeit wird man für die Wasserkräfte bei rund 7000stündiger Ausnutzung auf 10 Milliarden kWh ansetzen können. Für die Braunkohlenzentralen würde man bei einer Ausnutzung von 6000 Stunden 15 Milliarden kWh erhalten. Für die Steinkohlen- bzw. Dieselzentralen dürfte im Durchschnitt eine Benutzungsdauer von 2500 Stunden, demnach 5 Milliarden kWh anzunehmen sein.

In dem Plan ist weiters angedeutet die Verteilung der von den Zentralstationen bzw. von den neugeschaffenen Hauptspeisepunkten gelieferten Kräfte über die einzelnen Versorgungsgebiete durch Höchstspannungsleitungen von 50000 bis 100000 Volt.

Diese in dem Plan mit dünnen Linien verzeichneten Netze entsprechen in großen Zügen den bisher ausgeführten Landes-Elektrizitätsversorgungen, wie des Bayernwerkes, des Badenwerkes, des Thüringenwerkes, der Sächsischen Werke usw. Sie werden im Laufe der Zeit wesentlich zu ergänzen und zu verstärken sein, so zwar, daß von einzelnen der gezeichneten Hauptspeisepunkte nicht 3 bis 4, sondern 6 bis 8 abgehende Leitungsstränge zu denken sind.

Über die wirtschaftlichen Verhältnisse eines Reichswerkes kann nur ein eingehendes Projekt näheren Aufschluß geben, doch sollen dieselben nachstehend überschläglich untersucht werden um zu prüfen, ob ein solches Werk überhaupt Aussicht auf Verwirklichung haben würde.

Nach dem in Abb. 148 angegebenen Plan sind drei Sammel-Transformatorstationen mit Leistungen von je 300—400000 kW und 5 Netzstationen mit durchschnittlich 200000 kW erforderlich, die den Strom von 100 kV auf 200 kV und wieder herab auf 100 kV transformieren. Die Kosten dieser 8 Stationen sind

durchschnittlich mit je etwa 7 500 000 Mark, zusammen anzunehmen mit rund . . . .   60 000 000 Mark

Für die Übertragung der Leistungen von durchschnittlich je
200 000 kW auf Entfernungen von durchschnittlich je 240 km sind
Leitungen von 2 × 3 × 300 qmm Kupfer-Hohlseil ausreichend. Die
Gesamtlänge dieser Leitungen wäre, wenn von einer Rücklieferung abgesehen wird, also nur die im Plan voll ausgezogenen
Leitungsstrecken gebaut werden, mit 1 200 km zu je 67 000 Mark
zu bemessen . . . .   80 000 000 Mark

Für Zubringerleitungen zu den Sammelstationen, für Reguliereinrichtungen u. dgl. dürften aufzuwenden sein . . . . .   20 000 000 Mark

Das gesamte Reichselektrizitätsnetz, ausreichend für die Übertragung von 1 000 000 kW würde sohin einen Kostenaufwand bedingen von . . . .   160 000 000 Mark

Rechnet man mit einem Jahresaufwand für Verzinsung, Tilgung und Abschreibung, Unterhaltung und Bedienung von rund
10 % des Anlagekapitals, so betragen die jährlichen Ausgaben
16 000 000 Mark.

Nimmt man die zu übertragende Jahresarbeit zu 6 Milliarden kWh
an, so ist jede Kilowattstunde für Kapitaldienst und Bedienung belastet mit einer Ausgabe von . . . .   0,27 Pfg.

Rechnet man als Jahresverlust der Übertragung etwa 9 % und
als Gestehungskosten der zu übertragenden Energie — im Durchschnitt von Wasserkraftstrom und Braunkohlenstrom — 1,5 Pfg./kWh,
so ist die zu übertragende Jahresarbeit je Kilowattstunde weiter belastet mit 9 % von 1,5 Pfg. = ...   0,13 Pfg.

Die gesamte Belastung des Stromes an den Erzeugungsstellen
durch die Kosten und Verluste der Übertragung beträgt somit rund   0,40 Pfg./kWh

Da die Anlage mit einem Jahreswirkungsgrad von 91 % arbeitet,
entfallen an Übertragungskosten auf die bei einer Spannung von
100 000 Volt nutzbar abgegebene Kilowattstunde insgesamt ca. . .   0,44 Pfg./kWh

Da die süddeutschen Wasserkräfte bei durchschnittlichen Ausbaukosten von
800 Mark je Kilowatt Ausbauleistung den Strom bei 6000 Benutzungsstunden an
der Erzeugungsstelle um durchschnittlich 1,2 Pfg. billiger liefern als die mit Frachten
belasteten Steinkohlenkraftwerke und da ferner Braunkohlenkraftwerke den Strom
um rd. 0,8 Pfg. billiger liefern als die Steinkohlekraftwerke in den kohlenarmen
Konsumgebieten, würde ein solches Reichselektrizitätswerk, auch wenn es nur für
eine Arbeitsübertragung von 6 Milliarden Kilowattstunden jährlich ausgeführt wird,
bereits durchaus wirtschaftlich sein.

Eine eingehende Wirtschaftsberechnung, in ähnlicher Weise aufgestellt, wie dies
in früheren Beispielen angegeben ist, würde zeigen, daß bei richtiger Auswahl der
Kräfte, bei richtiger Wahl der Speisepunkte und bei richtiger Dimensionierung der
Netze eine erhebliche Verbilligung der gesamten deutschen Stromerzeugung erzielbar ist.

Wie vorstehend für deutsche Verhältnisse wäre die vierte Wirtschaftsstufe der
Elektrizitätsversorgung auch für andere Staaten zu beurteilen.

Wichtig in jetziger Zeit ist es, die kommende Zusammenfassung zu ausgedehnten Reichswerken durch möglichst einheitliche, technisch und wirtschaftlich richtige Dispositionen der im Entstehen begriffenen Landeswerke zu erleichtern. Wichtig ist ferner, daß rechtzeitig ein maßgebendes Gesamtprojekt für ein solches Reichs-Elektrizitätswerk aufgestellt wird, um zu verhindern, daß einzelne Übertragungen ohne Rücksicht auf die Interessen der künftigen Gesamtversorgung ausgeführt werden.

In diesem Sinne zur Erzielung einer immer wirtschaftlicheren Strombeschaffung beizutragen, ist eine dankenswerte Aufgabe, an der mitzuwirken die Städte und Länder, die bestehenden Elektrizitätswerke und nicht zuletzt die Konstruktionswerkstätten berufen sind, welche die technischen Voraussetzungen der Stromerzeugung im großen und der Stromübertragung auf weiteste Entfernung in mustergültiger Weise ausgestaltet haben.

Verzeichnis der Listen.

Zu Abschnitt II. Vorerhebungen.

Seite

Liste 1. Erhebungen über den Licht- und Kraftbedarf der Gemeinden 14
,,   2. Erhebungen über den Strombedarf der Fabriken 16/17
,,   3. Vorhandene Energieerzeugungs- und Verteilungsanlagen (Thüringenwerk Projekt
1922) 20

       1. Allgemeine Übersicht 20
       2. Energieerzeugungsanlagen 21
       3. Energieverteilungsanlagen 22
       4. Energieerzeugung und Abgabe 23

,,   4. Leistung und Jahresarbeit der verfügbaren Wasserkräfte (Bayernwerk Projekt 1918) 38/39
,,   5. Zusammenstellung der verfügbaren Kohlenfelder 41

Zu Abschnitt III. Feststellung des Strombedarfes.

,,   6. Liste der Höchstleistungen und Jahresarbeiten, geordnet nach den Stromversorgungs-
gebieten (Thüringenwerk Projekt 1922) 48/49
,,   7. Zusammenstellung der von den Gemeinden und Fabriken ausgefüllten Fragebogen 52
,,   8. Konsumliste, geordnet nach Gemeinden 53
,,   9. Konsumliste, geordnet nach Konsumschwerpunkten, Speisepunkten und Hauptkonsumgebieten (Bayernwerk Projekt 1918) 54/55
,, 10. Zusammenstellung der von den vorhandenen Elektrizitätswerken ausgefüllten Fragebogen 56

Zu Abschnitt IV. Feststellung der zu verwendenden Kräfte.

,, 11. Liste der zu verwendenden Kräfte 91

Zu Abschnitt VI. Disposition und Berechnung der Leitungsnetze.

,, 12. Übersicht über die Eigenschaften elektrischer Leitungen 214/215
,, 13. Materialkonstanten und Vergleichsziffern für Freileitungsmaterialien 218

Zu Abschnitt VIII. Kostenberechnungen.

,, 14. Löhne für Bauarbeiter, Metallarbeiter und Monteure 284
,, 15. Großhandelspreise der hauptsächlichsten Bau- und Betriebsstoffe 284
,, 16. Frachtsätze der Deutschen Reichsbahn 285
,, 17. Beispiel der Preisberechnung einer einfachen Bauarbeit aus den Grundelementen, angewandt auf 1 cbm Betonmauerwerk 286
,, 18. Einheitspreise für Bauarbeiten und Bauleistungen 287
,, 19. Beispiel einer Preisberechnung für eiserne Gittermaste aus den Kosten der Grundelemente 288
,, 20. Zusammensetzung der Kosten für eine Eisenkonstruktion (Walzenwehr) 289
,, 21. Zusammensetzung der Kosten großer Turbineneinheiten 290
,, 22. Grunderwerb und Ablösung von Nutzungsrechten 292
,, 23. Kosten von Wehranlagen 294/295
,, 24. Kosten von Talsperren 296
,, 25. Kosten von Kanälen 298

Seite

Liste 26. Kosten von Stollen 299
,, 27. Kosten von Druckrohrleitungen 301
,, 28. Gewichte und Kosten von Wasserturbinen 302/303
,, 29. Gewichte und Kosten von Drehstrom-Generatoren 305
,, 30. Kosten von Wasserkraftanlagen 306/307
,, 31. Kosten von Hochbauten für Kraftwerke 310
,, 32. Gewichte und Kosten von Dampfkesseln 311
,, 33. Abmessungen und Kosten von Schornsteinen 313
,, 34. Gewichte und Kosten von Turbo-Generatoren 314
,, 35. Kosten von Dampfkraftanlagen 316/317
,, 36. Kosten von Großdieselanlagen 318
,, 37. Gewichte und Kosten von eisernen Leitungsmasten 319
,, 38. Gewichte und Kosten von Hängeisolatorenketten 320
,, 39. Gewichte und Kosten von Leitungsseilen 321
,, 40. Gewichte und Kosten von Hochspannungsleitungen 322
,, 41. Gewichte und Kosten von Drehstrom-Transformatoren 324/325
,, 42. Gewichte und Kosten von Drehstrom-Hochspannungs-Ölschaltern 326
,, 43. Kosten von Gebäude-Transformatorstationen 326
,, 44. Kosten von Freiluft-Transformatorstationen 326
,, 45. Kosten von Orts-Transformatorstationen 327
,, 46. Berechnung des Übernahmepreises für ein bestehendes Kraftwerk 329
,, 47. Berechnung der Übernahmepreise bestehender Anlagen als Mittel aus Buchwert
       und Gebrauchswert 330/331
,, 48. Gliederung der Hauptkosten einer Landesversorgung (etwa der Stromversorgung
       des rechtsrheinischen Bayern entsprechend) 334/335
,, 49. Wärmeverbrauch von Dampfkraftwerken 340
,, 50. Schema einer Betriebskostenberechnung für eine Landes-Elektrizitätsversorgung . 346
,, 51. Gliederung der Betriebskosten einer Landes-Elektrizitätsversorgung . 348/349
,, 52. Vergleichsweise Kostenberechnung der Stromerzeugung und Stromverteilung bei
       verschiedenen Graden der Zusammenfassung 352/353
,, 53. Vergleich der Anlagekosten und Betriebskosten bei Einzelversorgung und Gesamt-
       versorgung in einem bereits versorgten Gebiet (etwa entsprechend den Verhält-
       nissen des Karpathenwerkprojektes) . . . . 356—358
,, 54. Grundlagen der Tarifbildung bei Landes-Elektrizitätswerken 362/363
,, 55. Beispiele über die Auswirkung eines Tarifes für verschieden große Gemeinden . 367
,, 56. Vergleich der Betriebsergebnisse für ein Kreis-Elektrizitätswerk bei Eigenbetrieb
       und bei Strombezug vom Landeswerk 368/369

www.ingramcontent.com/pod-product-compliance
Lightning Source LLC
Chambersburg PA
CBHW081437190326
41458CB00020B/6227